utb 5893

Eine Arbeitsgemeinschaft der Verlage

Brill | Schöningh – Fink · Paderborn
Brill | Vandenhoeck & Ruprecht · Göttingen – Böhlau · Wien · Köln
Verlag Barbara Budrich · Opladen · Toronto
facultas · Wien
Haupt Verlag · Bern
Verlag Julius Klinkhardt · Bad Heilbrunn
Mohr Siebeck · Tübingen
Narr Francke Attempto Verlag – expert verlag · Tübingen
Psychiatrie Verlag · Köln
Ernst Reinhardt Verlag · München
transcript Verlag · Bielefeld
Verlag Eugen Ulmer · Stuttgart
UVK Verlag · München
Waxmann · Münster · New York
wbv Publikation · Bielefeld
Wochenschau Verlag · Frankfurt am Main

Prof. Dr. Rolf-Jürgen Gleitsmann, Technikhistoriker, lehrte bis 2020 Technikgeschichte am Karlsruher Institut für Technologie (KIT).
Prof. Dr. Rolf-Ulrich Kunze ist Neuzeithistoriker am KIT.
Dr. Günther Oetzel gehörte bis 2014 dem KIT-Institut für Geschichte an.

Rolf-Jürgen Gleitsmann / Rolf-Ulrich Kunze /
Günther Oetzel

Moderne Technikgeschichte

Eine Einführung in ihre Geschichte, Theorien, Methoden
und aktuellen Forschungsfelder

UVK Verlag · München

Umschlagabbildung: Ford River Rouge Fabrik. Arbeiter bei der Herstellung von Autobestandteilen (1933). Wandgemälde von Diego Rivera im Detroit Institute of Art. © Marmaduke St. John / Alamy Stock Foto

Bibliografische Information der Deutschen Nationalbibliothek
Die Deutsche Nationalbibliothek verzeichnet diese Publikation in der Deutschen Nationalbibliografie; detaillierte bibliografische Daten sind im Internet über http://dnb.dnb.de abrufbar.

DOI: https://doi.org/10.36198/9783838558936

– ein Unternehmen der Narr Francke Attempto Verlag GmbH + Co. KG
Dischingerweg 5 · D-72070 Tübingen

Internet: www.narr.de
eMail: info@narr.de

Einbandgestaltung: siegel konzeption | gestaltung
CPI books GmbH, Leck

utb-Nr. 5893
ISBN 978-3-8252-5893-1 (Print)
ISBN 978-3-8385-5893-6 (ePDF)
ISBN 978-3-8463-5893-1 (ePub)

MIX
Papier aus verantwortungsvollen Quellen
FSC www.fsc.org FSC® C083411

Inhalt

Vorwort

Als vor mittlerweile 13 Jahren das von Rolf-Ulrich Kunze, Günther Oetzel und mir verfasste utb-Lehrbuch „Technikgeschichte“ erschien, war es eine Publikation, die in der Fachhistoriographie längst überfällig war. Der vorangegangene einschlägige Sammelband „Technik-Geschichte. Historische Beiträge und neuere Ansätze“ von Ulrich Troitzsch und Gabriele Wohlauf, der einen Einblick in Methodik, Theorie und Forschungsstand des Faches gegeben hatte, stammte aus dem Jahre 1980 und war 2009 inzwischen 30 Jahre alt. Bei dieser Ausgangslage, und der rasanten Entwicklung, die das Fach Technikgeschichte inzwischen genommen hatte, verstand es sich letztlich von selbst, neuerlich darüber nachzudenken, wie sich die Technikhistoriographie etwa zehn Jahre nach der Jahrtausendwende darstellte, welche Entwicklung sie seit den 1980ern genommen hatte, wie es um die Methodendiskussion stand, und welche Zukunftsperspektiven sich für das Fach Technikgeschichte eröffnen könnten. Zudem musste es darum gehen, der universitären Lehre ein zeitgemäßes, einschlägiges Fachbuch an die Hand zu geben, um so den Studierenden eine geeignete Lernhilfe zu offerieren. Diese Ansinnen unserer Publikation stießen auf große wissenschaftsöffentliche Resonanz. Nun, eine Dekade weiter, ist es an der Zeit, dem aktuellen Stand der Technikgeschichte erneut Rechnung zu tragen. Mit der nun vorliegenden „Modernen Technikgeschichte“ wird eine neue, grundlegend überarbeitete und erweiterte Fassung des bisherigen Lehrbuches vorgelegt. Maßgebliche Impulse hierzu gingen zudem zum einen von jenen Seminarveranstaltungen aus, die wir sowohl fakultätsübergreifend als auch in den Studiengängen „Wissenschaft, Medien, Kommunikation“, „Geschichte“ sowie „Europäische Kultur und Ideengeschichte“ zur Einführung in die Technikgeschichte an der Universität Karlsruhe (TH), seit 2009 Karlsruher Institut für Technologie (KIT), abgehalten haben. Zum anderen war für eine umfassende Überarbeitung des Lehrbuches wiederum mit maßgeblich, dass die Reflektion über die Bedeutung von Technik für moderne Gesellschaften in Karlsruhe, dem Standort der ältesten polytechnischen Hochschule Deutschlands, eine gute und zugleich verpflichtende Tradition hat. Bereits seit 1825 zeichnet sich die Karlsruher Technikerausbildung nämlich dadurch aus, dass sie den historisch-gesellschaftlichen Kontext von Technik mit einbezog. Im zwanzigsten Jahrhundert haben insbesondere der Historiker Franz Schnabel und der (Technik)-Philosoph Günter Ropohl hierzu Bleibendes geleistet. Dies sicherlich auch deshalb, da sie sich an einer Technischen Hochschule bzw. Universität ständig sowohl disziplinären als auch transdisziplinären Anforderungen zu stellen hatten. Die Einbettung geistes- bzw. sozialwissenschaftlicher Lehr- und Forschungsinhalte in ein schwerpunktmäßig naturwissenschaftlich und technisch geprägtes universitäres Umfeld sowie die Orientierung technikhistorischer Lehrinhalte an den Bedürfnissen der Studierenden ist immer wieder eine große, aber lohnende Herausforderung. Um dieser gerecht zu werden, hatten wir beim Verfassen dieser Einführung stets nicht nur das technikhistorische Fachpublikum vor Augen, sondern eine interdisziplinäre Rezipientenschaft sämtlicher Disziplinen, die mit der Technikgeschichte in Berührung kommen. Insbesondere haben wir dabei aber die Studierenden der Technik- und Naturwissenschaften vor Augen gehabt, denen lernorientiert plausibel gemacht werden soll, warum man sich mit Technikgeschichte beschäftigen sollte, um das Werden und Vergehen technischer Zivilisationen zu verstehen. Die nun vorgelegte Publikation ist für sie und alle anderen geschrieben, die ähnliche Anforderungen an eine Einführung in das Themenfeld Technikgeschichte haben.

Seit 2009 hat sich auch das gesellschaftlich-politische Umfeld erheblich verändert, in dem technikgeschichtliche Forschung und Lehre als Teil des Selbstaufklärungs- und demokratischen Aushandlungsprozesses stattfinden. Einschneidende politische Entscheidungen wie der deutsche Ausstieg aus der Atomenergie als unmittelbare Reaktion auf die Reaktorkatastrophe von Fukushima im Jahr 2011 (vgl. Kapitel 4.3.5), vor allem aber kollektive Erfahrungen wie die immer spürbarer werdenden Folgen des Klimawandels stellen neue Anforderungen an die historische Analyse des Zusammenhangs von Geschichte, Gesellschaft, Wirtschaft und Politik. Dazu gehört zunächst die Frage, in welcher Kontinuität die politischen Reaktionen auf Krisenerfahrungen stehen, für die es in der Geschichte der technikabhängigen Hochmoderne zahlreiche Vorbilder gibt. Dazu gehört die Kette von schweren Reaktorunfällen seit den 1950er Jahren sowie eine der ersten Erfahrungen mit dem menschengemachten Klimawandel in der *dust bowl* des südlichen mittleren Westens der USA Anfang der 1930er Jahre. Hier hatte der plantagenförmige monokulturelle Großanbau von Baumwolle seit dem Amerikanischen Bürgerkrieg unter massiver Ausbeutung und Diskriminierung der nur formal als Bürger gleichberechtigten Arbeitskräfte der *people of color* den Boden so ausgelaugt, dass er der Winderosion nichts mehr entgegenzusetzen hatte. Die Folge war die größte inneramerikanische Elendsmigration von verarmten Farmern Richtung Westküste, von der wir wissen, weil sie John Steinbeck in seinem Roman „The grapes of wrath" (dt. „Die Früchte des Zorns") aus dem Jahr 1939 eindrucksvoll beschrieben hat. (Steinbeck 1939) Exakt dieses Phänomen hat sich seither ungezählte Male rund um den Globus, vor allem im globalen Süden, wiederholt, ohne dass die Weltöffentlichkeit in größerem Umfang davon Kenntnis genommen hat, weil kein amerikanischer Literaturnobelpreisträger darüber einen von Hollywood verfilmten Roman geschrieben hat. Auch die politischen Versuche, optimistische Antworten auf die gegenwärtigen Krisen in praktisch allen Bereichen der technikgestützten industriellen Lebensweise von Energie über Mobilität bis zu Information in Form von Artificial intelligence AI/Künstlicher Intelligent (KI) zu geben, sind alles andere als wirklich neu. Die angebliche Selbststeuerung sowohl des technologischen Fortschritts wie auch konkreter Technik gehört zu den ältesten Utopien eines Fortschritts durch Technik in der Moderne. Das politische Ziel, die Folgen des Klimawandels in erster Linie technologisch in den Griff zu bekommen, ähnelt zum Teil bis auf die euphorische Wortwahl der Atombegeisterung der 1950er Jahre, deren Versprechen es war, das Energieproblem der Menschheit ein für alle Mal lösen zu können. Ähnliche Muster sind im Bereich der Energiewende, der Elektromobilität und der Künstlichen Intelligenz zu beobachten. Sie wurden zum ersten Mal von dem Soziologen Ulrich Beck in seiner Monographie „Risikogesellschaft“ aus dem Jahr 1986 beschrieben. (Vgl. Beck 1986) Moderne industrielle Gesellschaften lösen bestimmte Probleme, die aus ihrer Technologieabhängigkeit resultieren, nicht mehr real, sondern diskursiv: Sie reden einfach anders darüber, ob es um Atommüll, die knappen Rohstoffe für leistungsfähige Batterien oder „grünes“ Wirtschaftswachstum geht. Viele junge Leute, die an den Klimaprotesten der Fridays for Future teilnehmen, wissen nicht, dass der Club of Rome-Bericht „Limits to growth“, (dt.: Die Grenzen des Wachstums) erschienen 1972, ökonomische Szenarien und ihre sozialen und ökologischen Folgen berechnet hat, deren Prognosen zum Teil bereits übertroffen wurden. Seit fünfzig Jahren wird über die Grenzen des Wachstums und die Nachhaltigkeit gestritten, während im Hinblick auf den Klimawandel die Zeit davonläuft. (Vgl. Kapitel 5.2.3) Das ist ein genuin (technik)geschichtliches Thema und ein so bleibendes wie drängendes planetarisches Problem. Es gibt auch eine historische Erfahrung, den Umgang damit betreffend: Jede Modernisierung erzeugt Gewinner und Verlierer.

Wenn im Titel nun von einer „modernen“ Technikgeschichte die Rede ist, drückt sich darin ein Erkenntnisprogramm aus: Wie entstand unsere moderne Gegenwart und welche Rolle spielte dabei die Technik nicht nur als funktionale, sondern konzeptionell bestimmende Kraft? Die Technikgeschichte der Gegenwart möchte vieles sein, unter anderem Kultur-, Global-, Postkolonial-, Umwelt-, Netzwerk-, Stoffströme- und Identitätengeschichte sowie Geschichte der materiellen Kultur nicht nur im globalen Westen. Von den auf Ideen, Strukturen und Akteuren gerichteten Erkenntnis-, Selbstaufklärungs- und Orientierungsinteressen der Hochmoderne, mit deren Geschichte das Fach Technikgeschichte eng verbunden ist, hat sich die vor allem an die *scientific community* gerichtete technikhistorische Publikationskultur ebenso weit entfernt wie von dem Anspruch, orientierungsrelevante Strukturanalyse zu betreiben. Unabhängig von den sich verändernden methodischen Präferenzen lässt sich die Postmoderne nicht ohne Moderne und Vormoderne verstehen und erklären. Dieses Lehrbuch macht Kontinuitäten und Zäsuren eines halben Jahrtausends der Beschäftigung mit Technik sichtbar und diskutierbar. Die überarbeitete und erweiterte Neuausgabe baut ein in der Lehre bewährtes, von den Autoren entwickeltes integriert technik- und allgemeingeschichtliches Orientierungskonzept aus, das sich an Studierende in den Geschichts-, Sozial- und Ingenieurwissenschaften richtet, darüber hinaus aber auch ausdrücklich an alle, die sich selbst ein Bild von der Bedeutung der Technik für die Geschichte der modernen Welt machen wollen.

Ursprünglich hatten Rolf-Ulrich Kunze und ich beabsichtigt, die im Jahre 2009 erschienene und zusammen mit unserem Kollegen Günther Oetzel erstellte „Technikgeschichte“ in leicht überarbeiteter Zweitauflage neu verlegen zu lassen. Bei der Konkretion dieses Vorhabens mussten wir allerdings feststellen, dass es dabei aus vielerlei Gründen so nicht bleiben konnte. Auch wenn mit dem nun entstandenen neuen Band „Moderne Technikgeschichte“ auf die damalige Publikation zurückgegriffen wird, so hat sich dennoch einiges grundsätzlich geändert. Vieles war neu zu überdenken, in andere Kontexte zu stellen, klarer und kohärenter zu formulieren, aber auch deutlich zu kürzen, bzw. andererseits durch neue inhaltliche Schwerpunktkapitel zu erweitern. Auch Fehler waren zu korrigieren und neue Schlussfolgerungen zu ziehen.

Diese moderne Technikgeschichte stellt in erster Linie Themen und Diskussionen der deutschen bzw. deutschsprachigen Technikgeschichte vor, die ohnehin von der Entwicklung in anderen Wissenschaftskulturen gerade im Bereich der Technikgeschichte nie zu trennen gewesen sind. Wissenschaft ist global. Die damit verbundenen Rezeptions- und Interaktionsprozesse werden auch thematisiert. Die Autoren halten es für wichtig, dass Studentinnen und Studenten, die sich in der Bundesrepublik mit Technikgeschichte beschäftigen, den wissenschafts-, fach- und institutionengeschichtlichen Rahmen des Standorts kennen, an dem sie studieren. Nur wer auch die Geschichte der eigenen Institutionen kennt, ist nicht gezwungen, sie zu wiederholen. Die deutsche Fachgeschichte seit 1900 – vor dem Hintergrund eines Technikdiskurses über die Dauer der gesamten Neuzeit hinweg – ist einer der inhaltlichen Schwerpunkte. Sie wird exemplarisch in die Problem- und Diskursgeschichte der Technikgeschichte seit der politisch-industriellen Doppelrevolution eingeordnet. Ein Lehrbuch blickt nicht nur zurück, sondern weist auch auf neue Forschungsfelder und auf Forschungsbedarf hin. In diesem Zusammenhang betrifft das die Technik- als Nachhaltigkeitsgeschichte.

Bei alledem konnte es nicht ausbleiben, dass die nun vorliegende „Moderne Technikgeschichte“ vom Textvolumen her den vormaligen utb-Band übersteigt. Falls es gelänge, mit dieser Publikation nicht nur den Studierenden einen soliden Einblick in das Forschungsfeld Technikgeschichte zu vermitteln, sondern darüber hinaus auch das Fach selbst anzuregen, über seine Funktion in der Geschichtswissenschaft sowie im Kontext des gesellschaftlichen Diskurses über Technik und technischen Wandel zu reflektieren, um damit die Weichen für eine erfolgreiche Zukunft der Technikhistoriographie zu stellen, wäre die Zielsetzung unseres Lehrbuchs mehr als erfüllt.

Im Text findet aus Vereinfachungsgründen das generische Maskulinum Anwendung. Die im Text versigelt zitierten Quellen, die Literatur sowie die genannten Websites sind am Ende der Kapitel sowie im Quellen- und Literaturverzeichnis am Ende aufgeführt.

Rolf-Jürgen Gleitsmann, Karlsruhe, im Februar 2022

Literatur

Ulrich Beck, Risikogesellschaft. Auf dem Weg in eine andere Moderne, München 1986
Dennis Meadows u. a., Die Grenzen des Wachstums, Stuttgart 1972
John Steinbeck, The grapes of wrath, New York 1939 u. ö.

1 Einleitung

„Da die Technik ein Bestandteil der Kultur ist, so gehören die technischen Wissenschaften (‚Ingenieurwissenschaften' im weiteren Sinne) in das grössere Gebiet der Kulturwissenschaft." (Zschimmer 1925, S. 533)

1.1 Gegenstandsbereiche und Fragestellungen

Dass wir in einer durch Technik geprägten Welt leben, ist offensichtlich. Schauen wir zurück in die Vergangenheit, so ist augenfällig, dass spätestens seit der Mitte des 18. Jahrhunderts die von England ausgehende Industrielle Revolution die Technik zu dem „[...] bestimmenden Faktoren in der Entwicklung der Menschheit [...]" (Albrecht 1993, S. 3) gemacht hat. Ohne Technik sind moderne Gesellschaften schlichtweg nicht mehr vorstellbar. Ohne Technik würden sie kollabieren, oder, wie es der Karlsruher Philosoph Hans Lenk treffend formulierte: „Die Menschheit ist von ihrer Technokultur abhängig geworden." (Lenk 1982, S. 9) Günter Ropohl, ebenfalls Technikphilosoph, unterstreicht dies mit seiner These vom „soziotechnischen System" (Ropohl 1991, S. 184), also dahingehend, dass Technik zunehmend für gesellschaftliche Strukturen und Prozesse konstitutiv sei. Für moderne Industriegesellschaften mag dies unstrittig außer Frage stehen.

Aber gehen Technikentwicklung und Menschheitsgeschichte nicht von jeher Hand in Hand? Beschrieb diesen Zusammenhang nicht bereits Benjamin Franklin im Jahre 1778 mit der griffigen Formulierung: „Man is a tool-making animal." (Hänsel 1982, S. 10) Und war es nicht der Soziologe Arnold Gehlen, der diese Sicht der Dinge dann 1953, also gut zweihundert Jahre später, in seinem Vortrag über „Die Technik in der Sichtweise der Anthropologie" vor dem Verein Deutscher Ingenieure (VDI) mit den Worten: „Die Technik ist so alt wie der Mensch" (Gehlen 1986) erneut ins Gedächtnis rief, indem er formulierte: „Überall dort, wo wir, so gesehen, bearbeitete oder zielgerichtet verwendete (Stein-) Werkzeuge finden, finden wir auch den Menschen. Einen Menschen, der sich zudem in sozialen Einheiten organisiert, um zu überleben. Es scheint, als ob hier technischer Fortschritt durch sich selbst technischen Fortschritt und soziale Differenzierung erzeugt und damit die Menschheitsentwicklung prägt." Menschheitsgeschichte und Technik gehen damit Hand in Hand. Ebenso die Einbettung technischer Entwicklungen in soziale bzw. gesellschaftlich Kontexte. Als griffige Formulierung ließe sich festhalten: Technik formt Gesellschaft und Gesellschaft formt Technik.

Darauf hatte in den späten 1970er Jahren bereits Lewis Mumford hingewiesen. Er betrachtete die schlichte Charakterisierung des Menschen nur als „Werkzeug benutzendes Tier" oder als „homo faber" als zu simpel und verwies insbesondere auf die Bedeutung der Sprache und ihrer Entwicklung für die Menschwerdung. Zudem ist eines nicht zu übersehen: die Technik der menschlichen Vor- und Frühgeschichte weist eine auffällige Tendenz nicht nur zur Kopie des vorhandenen technischen Inventars, sondern auch zu dessen Weiterentwicklung und Perfektionierung auf, wenn auch innerhalb langer Zeiträume. „Wie sonst", so der Karlsruher Soziologe Bernhard Schäfers „wäre es zu erklären, dass vom ersten homo erectus (vor ca. zwei Mio. Jahren) die gleichen Werkzeuge (Handbeile und zweischneidige Faustkeile) genutzt wurden wie vom späten homo erectus vor ca. 300 Tsd. Jahren?" (Schäfers/Korte 1997, S. 185)

Es findet ein Prozess gesellschaftlicher Technisierung statt, gekennzeichnet durch ein fortwährendes Ersetzen und Erweitern menschlicher Handlungs- und Arbeitsfunktionen mittels Technik (Albrecht 1993, S. 4) auf der einen, sowie, damit zwangsläufig verbunden, der Schaffung sozialer Differenzierungen auf der anderen Seite. Menschheitsgeschichte wäre damit zunächst und in allererster Linie als eine Geschichte des, wenn auch zunächst recht langsamen, technischen Wandels und seiner Folgen zu verstehen. Will man Geschichte schreiben, so müsste dies im besonderen Maße Technikgeschichte sein und genau das Gegenteil dessen, was noch bis weit ins 20. Jahrhundert hinein die Geschichtswissenschaft und ihr erkenntnisleitendes Interesse ganz in dem Sinne prägte, wie es ein Heinrich von Treitschke (1834–1896) in klassischer Weise formulierte „Wer das ewige Werden als das Wesen der Geschichte kennt, der wird begreifen, daß alle Geschichte zuerst politische Geschichte ist.[...] Die Thaten eines Volkes muß man schildern; Staatsmänner und Feldherren sind die historischen Helden [...] Je weiter man sich vom Staat entfernt, je mehr entfernt man sich vom historischen Leben." (Treitschke 1897, S. 63 f.) Heute sehen wir diese Positionierung einer Geschichtsschreibung sowohl in der historischen Zunft als auch in Politik und Gesellschaft grundlegend anders. Dies umso mehr, wenn man sich die Bedeutung vor Augen hält, die die Technik seit der Industriellen Revolution des 18. Jahrhunderts spielte. Man kommt seitdem schlichtweg nicht mehr umhin, der Technik und der Wissenschaft einen ihnen gebührenden Platz im historischen Erkenntnisinteresse zum Verständnis gesellschaftlicher Entwicklungen einzuräumen.

Anders als die so genannte ‚bürgerliche' hatte dies die marxistische Geschichtsschreibung – wenn auch im Dienst ideologischer Herrschaftssicherung – seit jeher getan: „Die Produktivkräfte sind das bestimmende und revolutionäre Element der Produktionsweise. Wachstum und Entwicklung der Produktivkräfte bestimmen die Höhe der Arbeitsproduktivität und sind letztlich die Quelle und das Kriterium des gesellschaftlichen Fortschritts. Ihre Entwicklung bedingt die ständige Veränderung der Produktionsverhältnisse, die andererseits auf die Produktivkräfte fördernd oder hemmend wirken können." (Klaus/Buhr 1972, S. 880) Oder, um es mit Karl Marx direkt auszudrücken: „Mit der Erwerbung neuer Produktivkräfte verändern die Menschen ihre Produktionsweise und mit der Produktionsweise, der Art, ihren Lebensunterhalt zu gewinnen, verändern sie alle ihre gesellschaftlichen Verhältnisse. Die Handmühle ergibt eine Gesellschaft der Feudalherren, die Dampfmühle eine Gesellschaft mit industriellen Kapitalisten." (MEW 1986, Bd. 4, S. 130)

Unter diesem Blickwinkel erlangte die Technikgeschichtsschreibung im Rahmen der marxistischen ‚Geschichte der Produktivkräfte' einen ungemein hohen Stellenwert. (Sonnemann 1996; Schädel 1972) Sie war es, die wesentlich dazu beizutragen vermochte, nicht nur den technischen, sondern in dialektischer Weise auch den damit zwangsläufig, das heißt gesetzmäßig, verbundenen gesellschaftlichen Wandel zu verstehen. Dies bedeutet: Technik und Wissenschaft werden zur Triebfeder des gesellschaftlichen bzw. gesellschaftspolitischen Wandels.

Man mag diese marxistische Position als ideologisch geprägt und damit als a priori falsch in Frage stellen. Allerdings steht dieser die ‚bürgerliche' Sicht der Dinge in der modernen Technikgeschichte keineswegs grundsätzlich entgegen. Wenn man nämlich nur vom durch den vom Marxismus unterstellten gesetzmäßigen Charakter des Geschehens abstrahiert, dann finden wir uns bei jener allgemein akzeptierten Position wieder, die die bundesrepublikanische Technikhistoriographie seit Mitte der 1970er Jahren unter einem programmatischen Begriff eint, nämlich desjenigen der „modernen Technikgeschichte". (Hausen/Rürup 1975; Troitzsch/Wohlauf 1980, S. 10-42) Auch hier wird, insbesondere unter Rückgriff auf Ropohls Technikbegriff (Ropohl 1979, S. 31; Troitzsch/Wohlauf 1980, S. 12), die Interdependenz zwischen technikwissenschaftlichem und gesellschaftlichem Wandel betont. Ebenso wird die herausragende Rolle unterstrichen, die damit der Betrachtung des technischen Fortschritts in der Menschheitsgeschichte zukommt. Hervorhebenswert bleibt, dass die Geschichtswissenschaft selbst, zumindest seit dem frühen 20. Jahrhundert begann, die geschichtsmächtige Kraft von Technik und Wissenschaft zu erkennen und diesen Zusammenhang in einschlägigen Publikationen würdigte.

Den so eingeschlagenen Weg hat der Erlanger Allgemeinhistoriker Karl H. Metz in einer Eindeutigkeit unterstrichen, die selbst den Technikhistorikern zu denken geben sollte. Sein Werk über die „Ursprünge der Zukunft. Die Geschichte der Technik in der westlichen Zivilisation" (Metz 2005) lässt augenfällig werden, dass Menschheitsgeschichte zuerst und in allererster Linie technikgeprägt ist und insbesondere in den Deutungsbereich der Technikgeschichte fällt. Dies ist deutlich zu unterstreichen, ohne allerdings zu verkennen, dass technische Entscheidungen selbstverständlich auch politische, soziale, ökonomische etc. Dimensionen aufweisen und damit in einen gesamtgesellschaftlichen Kontext und Wirkungszusammenhang eingebettet bleiben. Das heißt, auch die Technikentwicklung selbst basiert auf diesen gesellschaftlichen Wirkmechanismen. Dies bedeutet, dass Technikentwicklung nicht einseitig deterministisch zu interpretieren ist und schon gar nicht in dem Sinne verstanden werden kann, wie es in einem Beitrag des Physikers Werner Heisenberg angedeutet wird:

> „Es erscheint ‚die Technik' fast nicht als das Produkt bewusster menschlicher Bemühungen um die Ausbreitung der materiellen Macht, sondern eher als ein biologischer Vorgang im Großen, bei dem die im menschlichen Organismus angelegten Strukturen in immer weiterem Maße auf die Umwelt des Menschen übertragen werden; ein biologischer Vorgang also, der eben als solcher der Kontrolle durch den Menschen entzogen ist." (Zit. nach Rürup 1972, S. 52)

Richtig ist vielmehr, dass es der Mensch im Rahmen seines jeweiligen sozialen, politischen und ökonomischen Systems selbst ist, der bestimmt, welche gesellschaftlichen Motive der Invention, Innovation und Diffusion einer Technologie zugrunde liegen. Dabei kann nicht „[...] unberücksichtigt bleiben, dass ökonomische und soziale [...] [aber auch politische, d. Verf.] Veränderungen ihrerseits wieder Veränderungen in der Produktivkraftentwicklung verursachen. Insofern ist die Technik Subjekt und Objekt gesellschaftlichen Wandels." (Heggen 1997, S. 45 f.)

Die von dem amerikanischen Soziologen Robert L. Heilbroner aufgeworfene Frage: „Do machines make history?" (Heilbroner 1967) und die These, dass dem so sei, greift deutlich zu kurz. Sie postuliert zu einseitig einen deterministischen Einfluss von Technik auf sozialen Wandel und lässt dabei außer Acht, dass Technik und technischer Wandel bereits selbst ein gesellschaftlich geprägtes Konstrukt darstellen. Dies ändert allerdings nichts daran, dass Technik und Wissenschaft im Veränderungsprozess moderner Gesellschaften die Rolle der „großen Beweger des sozialen Wandels" zugewiesen werden. William F. Ogburn wäre einer jener Autoren, der im Rahmen seiner Theorie des „social change" (Ogburn 1992, zuerst 1923) diese Erkenntnis vehement vertraten. Dabei ist jedoch die Frage danach, welche Rolle der Technik im historischen Prozess tatsächlich zukommt, nicht hinreichend differenziert genug gestellt. Es geht nämlich nicht nur darum zu (er-)klären, was geschah und wie es geschah, sondern eben auch, warum es geschah und warum technische Entwicklung gerade so vonstattenging, wie sie vonstattenging. Damit wird dann auch der gesellschaftliche Charakter von Technikentwicklung unverkennbar.

Um das Gesagte mittels eines Beispiels zu verdeutlichen, mag es an dieser Stelle genügen, auf den aktuellen gesellschaftlichen Diskurs über die Elektromobilität zu verweisen. Die dahinterstehende grundsätzliche Erkenntnis wurde von dem Historiker Karl H. Metz folgendermaßen formuliert:

> „Die Welt des Menschen ist ein Artefakt, also ein durch Geschaffenes. Mehr noch: Der Mensch wird durch Technik erst zum Menschen. Das Genie seiner Hand verwirklicht sich zuerst im Werkzeug, das Genie seines Gehirns bildet sich in der immer komplexeren Formung von Werkzeugen. Das Werkzeug ist die erste Kategorie der Zukunft. Es ist zugleich der Anfang aller Transzendenz. Im Werkzeug bricht der Mensch die Totalität seiner Körperbezogenheit auf, wird weltaktiv, erfährt die Welt als ein Gegenüber, das instrumentalisiert wie interpretiert werden kann." (Metz 2005 II, S. 611)

Oder, prägnant und kurz:

> „Der Abstand zur Natur ist das Wesen des Menschen selbst: aus ihm ergibt sich alles andere. Zwischen seine biologische Allgemeinheit und die Eigenart seines jeweiligen Lebensraumes schiebt der Mensch seine artifizielle Spezialisierung, eine Spezifizierung durch Artefakte, d. h. durch Technik." (Metz 2005, S. 1)

Dass diese Erkenntnis zwar höchst treffend, dennoch allerdings nicht unbedingt neu war, zeigt ein Blick ins 16. Jahrhundert. Hier hatte der Humanist, Arzt und Bergbauspezialist Georg Agricola (1494–1555) in seinem Werk „Zwölf Bücher vom Berg- und Hüttenwesen“ (Agricola 1556, S. 11 f.) zur Bedeutung der Technik für die menschliche Gesellschaft – hier am Beispiel des für die damaligen Gesellschaften so elementaren bergbaulich gewonnenen Metalls und der daraus hergestellten Werkzeuge, Waffen und edelmetallenen Zahlungsmittel etc. – folgendes festgehalten:

> „Doch wozu bedarf es noch weiterer Worte? Wenn die Metalle aus dem Gebrauche der Menschen verschwinden, so wird damit jede Möglichkeit genommen, sowohl die Gesundheit zu schützen und zu erhalten als auch ein unserer Kultur entsprechendes Leben zu führen. Denn wenn die Metalle nicht wären, so würden die Menschen das abscheulichste und elendeste Leben unter wilden Tieren führen! Sie würden zu den Eicheln und dem Waldobst zurückkehren, würden Kräuter und Wurzeln herausziehen und essen, würden mit den Nägeln Höhlen graben, in denen sie nachts lägen, würden tagsüber in den Wäldern und Feldern nach der Sitte der wilden Tiere umherschweifen. Da solches der Vernunft des Menschen, der schönsten und besten Mitgift der Natur, gänzlich unwürdig ist, wird da überhaupt jemand so töricht oder hartnäckig sein, nicht zuzugeben, dass zur Nahrung und Kleidung die Metalle notwendig sind und dass sie dazu dienen, das menschliche Leben zu erhalten?“ (Agricola 1556, S.11f)

Wer, um es nochmals hervorzuheben, Menschheitsgeschichte schreiben möchte, muss Technikgeschichte schreiben. Wenn dem so ist, dann wäre Geschichte bzw. Geschichtsschreibung eigentlich zunächst und in aller erster Linie als Technikgeschichte zu konturieren, um den Gang der Dinge in der Zeit zu verstehen, und zwar ganz in dem Sinne, wie es in der Geschichtswissenschaft öffentlich prominent wohl erstmals im Jahre 1785 durch den Göttinger Universalhistoriker August Ludwig von Schlözer (1735–1809) gefordert worden war. Nach dessen Auffassung handelt derjenige als Historiker „[...] ernsthaft und zweckmäßig, [der] die Balgereien der Spartaner mit den Messeniern kaum berührt, aber die Erfindung des Feuers und Glases sorgfältig erzählt, und die Ankunft der Pocken, des Brannte-Weins, der Kartoffel in unserem Welt Theile nicht unbemerkt lässt, und so gar sich nicht schämt, von der Vertauschung der Wolle mit dem Linnen in unserer Kleidung, mehr Notiz zu nehmen, wie von den Dynastien Tzi Leang und Tschin.“ (Schlözer 1785, S. 70 f.)

Vor dem Hintergrund unserer bisherigen Reflektionen zur Bedeutung von Technik in und für Gesellschaften, bzw. für die Menschheits(entwicklung) einerseits, sowie die prägende Funktion von Gesellschaft auf deren konkrete Technik bzw. Technikentwicklung andererseits, liegt die Schlussfolgerung nahe, dass gerade die Technik als Gegenstand historischer Betrachtungen eigentlich wohl eine lange Tradition aufweisen müsste. Auf einen ersten Blick in die ältere Historiographie scheint dies allerdings keineswegs so zu sein. Ganz im Gegenteil. Lange Zeit standen Technik und Wissenschaft außerhalb des Erkenntnisinteresses einer auf politische Geschichte zentrierten Historiographie. Aufgrund dieses Befundes ergeben sich eine ganze Reihe von zu klärenden Fragen, denen im Rahmen dieser Publikation nachzugehen ist:

- In welchem Verhältnis standen die traditionelle Geschichtswissenschaft und der Gegenstandsbereich Technik/Wissenschaft im historischen Kontext?
- Weshalb und wann lässt sich hier ggf. ein Paradigmenwechsel verzeichnen?
- Wann und mit welcher Zielsetzung bildete sich eine Erfindungs- bzw. Technikgeschichtsschreibung heraus?
- Wo sind die Wurzeln einer Technikhistoriographie der Neuzeit zu finden?
- Welche Motive führten zur Beschäftigung mit technikhistorischen Fragestellungen?
- Wer beschäftigte sich eigentlich mit dieser Thematik?
- Welche Entwicklung nahmen Theorie und Methodik der Technikgeschichtsschreibung?
- Welche Charakteristika kennzeichnen die Technikhistoriographie im Laufe ihrer Geschichte?
- Welche entscheidenden Zäsuren sind hier zu verzeichnen?
- Wann, wie und weshalb fand eine Institutionalisierung der Technikgeschichte als wissenschaftliche Disziplin statt?
- Welche Entwicklung nahm das Fach „Technikgeschichte" als universitäre Disziplin im Laufe der Zeit, und in welche Kontexte ist diese Entwicklung einzuordnen?

Letztendlich soll es auch darum gehen, die Potenziale einer im gesellschaftlichen Diskurs um Technikzukünfte integrierten Technikhistoriographie zu reflektieren; und da Technik als gesellschaftlich formatiertes Phänomen zu verstehen ist, wird last but not least auch danach zu fragen sein, ob sich Charakteristika einer totalitären oder demokratischen Technik ausmachen lassen, und wie es um eine von Entwicklungstheoretikern postulierte „angepasste Technologie" für Staaten im globalen Süden steht.

1.2 Strukturierung der Studie und erkenntnisleitende Interessen

Jede Einführung in ein Fach, und dies gilt selbstverständlich auch für die Technikgeschichte, ist zwangsläufig subjektiv in dem Sinn, dass sie von einem auswählenden Subjekt geschrieben wurde. Leserschaft als auch die Autoren sind sich dessen bewusst. Umso wichtiger ist es, die Zielsetzungen und erkenntnisleitenden Interessen, die dieser Studie zugrunde liegen, klar auszuweisen. Eine Einführung in eine wissenschaftliche Disziplin kann unterschiedliche Zielsetzungen verfolgen. Es ist eine Einführung in wissenschaftliche Arbeitstechniken möglich, welche das Verfassen von wissenschaftlichen Arbeiten, die Literaturrecherche und die Benennung konkreter Ansprechpartner beinhaltet. (Vgl. Kolmer/Robsanter 2006; Fach Technikgeschichte: Weiss 1990) Die Aufgabenstellung einer Einführung kann auch inhaltlich als Darbietung eines zu beherrschenden Stoffkanons, also als Repetitorium, verstanden werden (Schneider 1992) oder aber als Überblick über die chronologische Entwicklung eines Faches. (Weber/Engelskirchen 2000) All dies soll im Folgenden nicht im Mittelpunkt stehen.

Das Anliegen dieser Einführung in die Technikgeschichte ist die Identifikation und Analyse von Grundstrukturen der Disziplin Technik als Problemgeschichte.

- Welche Grundbegriffe und Leitvorstellungen dominieren die Auseinandersetzung mit der historischen Dimension von Technik?
- Welche Fragestellungen hat die Disziplin an ihren Forschungsgegenstand herangetragen?
- Auf welche Weise wird der Forschungsgegenstand definiert?
- Welche Positionen und Selbstverständnisse wurden reklamiert? Und schließlich, welche Perspektiven eröffnen sich für die weitere inhaltliche Arbeit?

Bei der Beantwortung dieser Fragen wird deutlich, wie stark die inhaltliche Entwicklung eines Faches an den gesellschaftlichen Kontext gebunden ist. Technik und Geschichte sind keine Gegensätze, sondern die Kombination beider ist Voraussetzung des Verständnisses der Optionen und Entwicklungstendenzen einer Gesellschaft.

Die Einzelkapitel leisten eine Hinführung in die Thematik und zeigen Grundtendenzen auf. Die weiterführenden Literaturhinweise am Ende des jeweiligen Kapitels bieten eine Anregung für eine eigenständige Bearbeitung und Einarbeitung in die Themenkomplexe.

Das erkenntnisleitende Interesse bei dieser Einführung in die Technikgeschichte war es, Themen, Theorien und Methoden dieser Disziplin, sowie deren historisch Entwicklung für Studierende der unterschiedlichen Disziplinen, die sich mit technikhistorischen Fragestellungen und Interpretationsansätzen konfrontiert sehen, zu präsentieren. Diese Leserinnen und Leser sollen wichtige Fragen und Probleme – auch Streitfragen – technikgeschichtlicher Interpretation historischen Geschehens kennen lernen. Sie sollen sich ein Bild über die Historizität von Technik, sowie den Zusammenhang von Technik und Gesellschaft anhand zentraler Quellen und wichtiger Literatur machen können. Ebenso geht es darum, deutlich werden zu lassen, wer, wann und mit welcher Zielsetzung Technikgeschichte schrieb, sowie wie derartige Darstellungen dann letztlich ausfielen. Verbunden wird dies mit Informationen über wichtige Autoren und zentrale Institutionen der Technikgeschichte und deren zeitbezogene Wirkmächtigkeit. Und die Leserschaft soll auch einen kontextualisierten Eindruck davon bekommen, wie Technikhistoriker Technikgeschichte schrieben bzw. schreiben, was ihre Zielsetzungen waren und sind und auf welche Art und Weise sie ihr Anlegen durchzusetzen suchten, z. B. in Museen, Ausstellungen oder auch im Kontakt mit der Politik.

Im ersten Hauptkapitel dieser Publikation mit der Bezeichnung „500 Jahre Technikgeschichte. Ein historischer Abriss“ soll zunächst ein grundlegender Überblick über die Geschichte der Technikhistoriographie, ihre Ursprünge, ihrer Entwicklung, ihrer Methodik, ihrer Zielsetzung sowie ihren Protagonisten gegeben werden.

Bereits in diesem Kapitel wird einleitend auf einige Besonderheiten des Fachs hingewiesen, um spätere Missverständnisse auszuschließen. Gegenstand der Technikgeschichte sind die Entstehungs-, Wirkungs- und Folgekontexte von Technik in der

Geschichte, obwohl es anfangs wohl eher um eine reine Erfindungsgeschichte im engeren Sinne ging.

Das zweite Hauptkapitel der Studie wendet sich dem begrifflichen und methodischen Instrumentarium der Technikgeschichtsschreibung zu. Hierbei wird es zum einen darum gehen, sich insbesondere dem Technikbegriff als solchem, der im Laufe der Zeit zahlreiche Interpretationen erfuhr, anzunähern. Was eigentlich Technik ist, wird hierbei zu klären und im historischen Kontext darzustellen sein. Mit diesem Aspekt ist zum anderen aufs engste die Frage verbunden, was Technikgeschichte als Forschungsfeld zu leisten vermag, wo ihre Potentiale im gesellschaftlichen Diskurs liegen, und wie es darum bestellt ist, technischen Wandel, bzw. technischen „Fortschritt" überhaupt zu erklären. Die maßgeblichen hierzu präsentierten Theorieansätze, die in ihren Extremen zwischen Technikdeterminismus einerseits und der Sozialen Konstruktion von Technik (SCOT) andererseits positioniert sind, gilt es differenziert zu beleuchten.

Im darauffolgenden Kapitel 4 über ‚Technikgeschichtliche Interpretationsansätze' ist auf wichtige historische Deutungsversuche einzugehen, in denen die Bedeutung der Technik für die allgemeine historische Entwicklung im Mittelpunkt steht. Dabei wird von Bedeutung sein, dass die Begriffe von Raum, Zeit und Kausalität in den Natur- und Technikwissenschaften eine andere Bedeutung haben als in der geistes- und sozialwissenschaftlichen Argumentation. Von daher wird u. a. auf Themenfelder wie die „Sozialgeschichte der Technik", auf neue Paradigmen der modernen Technikgeschichte, auf Ansätze einer alternativen Technikgeschichte, oder auch auf die Mentalitätsgeschichte von Technik einzugehen sein. Diesen Interpretationen wurden ausgewählte Beispiele einer technikhistorischen Sicht der Dinge an die Seite gestellt. Die ‚Technotopgeschichten' sollen illustrativ zeigen, welche Periodisierungsmodelle der technikhistorischen der Vergangenheit zugrunde liegen, was sich mit dem ‚Technotopbegriff' verbindet, und welchen Erkenntniswert diese Begrifflichkeit für technikgeschichtliche Fragestellungen impliziert. Die Technotopgeschichten des Kapitels 5 spannen dabei einen Rahmen von den Konsumwelten der Massenkonsumgesellschaft und ihren Implikationen bis hin zu historischen Beispielen für nachhaltig agierende Gesellschaften der Vergangenheit.

Weitere ausgewählte Betrachtungsbereiche sollen vergleichend Aspekte der Technik in Agrargesellschaften zu solchen der Industriegesellschaft betreffen. Wie immer bei Beispielen zielen diese nicht auf Vollständigkeit ab, sondern auf Anschaulichkeit.

Die Technikgeschichte ist per se ein inter- und transdisziplinäres Fach, das von dem Austausch mit anderen Fachkulturen und deren besonderen Fragestellungen lebt. Darin liegen ihr Reiz und ihre Herausforderung. Das Kapitel 6 dieses Bandes über ‚Orte der Technikgeschichte' stellt vor, wie unsere Gesellschaft mit dem technisch-industriellen Kulturerbe umgeht, es erhält, neu nutzt, umdeutet, instrumentalisiert und zum Teil in musealer Form präsentiert. Der Bereich der Industriearchäologie gehört vor allem seit den 1990er Jahren dazu, auch als neues Berufsfeldern für Technikhistoriker. Dies ist allerdings, wie zu zeigen sein wird, stark von politischen und medialen Konjunkturen abhängig. Museen transformieren sich gegenwärtig gern zu ‚virtuellen Orten' der Technikgeschichte, insbesondere mit technikpädagogischen Ansprüchen. Dies wird in der Regel als adäquate Form einer Popularisierung und Heranführung weiter Bevölkerungskreise an Technik propagiert. Dass hierbei oftmals das auf der Strecke bleibt, was Museen in besonderer Weise charakterisiert und ihre Existenzberechtigung begründete, nämlich die Authentizität des zu zeigenden historischen Exponats, mag an dieser Stelle nur kurz angemerkt werden.

Im abschließenden Kapitel 7 geht es darum, nicht nur die aktuelle Situation des Faches Technikgeschichte zu reflektieren, sondern auch darzulegen, über welche Potenziale eine „moderne Technikgeschichte" verfügt, bzw. verfügen könnte, und zwar auch im Hinblick auf das, was programmatisch als „usable past" bezeichnet wird.

Literatur

Georg Agricola, Zwölf Bücher vom Berg- und Hüttenwesen, Basel 1556, dt. 1557

Helmut Albrecht, Technik als gesellschaftliches Phänomen, in: Helmut Albrecht, Charlotte Schönbeck (Hg.), Technik und Gesellschaft, Düsseldorf 1993, S. 3-31

Bernhard Hänsel, Vor- und Frühgeschichte, Werkzeug, Gerät, Waffen aus Stein und Metall, in: Ulrich Troitzsch, Wolfhard Weber (Hg.), Die Technik von den Anfängen bis zur Gegenwart, Braunschweig 1982, S. 8-25

Karin Hausen, Reinhard Rürup (Hg.), Moderne Technikgeschichte, Köln 1975

Alfred Heggen, Moderne Geschichtswissenschaft und Technik, in: APuZ, Beilage zur Wochenzeitung Das Parlament, Nr. B 320/1997, S. 41-54

Robert L. Heilbroner, Do machines make history?, in: Technology and Culture 8 (1967), S. 335-345

Institut für Marxismus-Leninismus beim ZK der SED (Hg.), Karl Marx, Friedrich Engels, Werke (MEW), Bd. 4, Berlin 1986

Georg Klaus, Manfred Buhr, Philosophisches Wörterbuch, Bd. 2, Berlin 1972

Lothar Kolmer, Carmen Robsanter, Geschichte schreiben. Von der Seminar- zur Doktorarbeit, Paderborn u. a. 2006

Karl Lamprecht, Deutsche Geschichte: Zur jüngsten deutschen Vergangenheit. Ergänzungsband 2,1, Berlin 1903

Ders., Die Technik und die Kultur der Gegenwart, in. Zeitschrift des Vereins Deutscher Ingenieure 57 (1913), Nr. 38, S. 1523-1526

Hans Lenk, Zur Sozialphilosophie der Technik, Frankfurt am Main 1982

Karl H. Metz, Technik als Geschichte, in: Forschung & Lehre 11 (2005), S. 610-612 [Metz 2005 II]

Ders., Ursprünge der Zukunft. Die Geschichte der Technik in der westlichen Zivilisation, Paderborn 2005

William F. Ogburn, Social Change: With Respect to Culture and Original Nature, New York 1992 (zuerst ebd. 1923)

Günter Ropohl, Technologische Aufklärung, Beiträge zur Technikphilosophie, Frankfurt am Main 1991

Reinhard Rürup, Die Geschichtswissenschaft und die moderne Technik, in: Aus Theorie und Praxis der Geschichtswissenschaft. Festschrift für Hans Herzfeld zum 80. Geburtstag, hg. von Dietrich Kurze, Berlin/New York 1972, S. 49-85

Rolf Sonnemann, Das Konzept der Geschichte der Produktivkräfte in der DDR-Geschichtswissenschaft, in: Dresdner Beiträge zur Geschichte der Technikwissenschaften 24 (1996), S. 1-19

Gudrun Schädel, Zur Rolle der Technikgeschichte in der Ideologie des Marxismus-Leninismus, in: Verein Deutscher Ingenieure (VDI), Technikgeschichte, Bd. 39, Düsseldorf 1972, S. 51-61

Bernhard Schäfers, Techniksoziologie, in: Hermann Korte, ders. (Hg.), Einführung in die Spezielle Soziologien, Opladen 1993 (Einführungskurs Soziologie, Bd. IV), S. 167-190

August Ludwig von Schlözer, Weltgeschichte nach ihren Hauptteilen im Auszug und Zusammenhang, Göttingen 1785

Franz Schnabel, Deutsche Geschichte im neunzehnten Jahrhundert, Bd. 3, Freiburg i. Br. 1934

Albrecht Timm, Einführung in die Technikgeschichte, Berlin 1972

Heinrich von Treitschke, Politik. Vorlesungen gehalten an der Universität zu Berlin, hg. v. Max Cornicelius, Bd. 1, Leipzig 1897

Wilhelm Treue (Hg.), Deutsche Technikgeschichte, Göttingen 1977

Ulrich Troitzsch, Gabriele Wohlauf (Hg.), Technik-Geschichte, Historische Beiträge und neuere Ansätze, Frankfurt am Main 1980

Wolfhard Weber, Lutz Engelskirchen, Streit um die Technikgeschichte in Deutschland 1945–1975, Münster u. a. 2000 (Cottbuser Studien zur Geschichte von Technik, Arbeit und Umwelt, Bd. 15)

Burghard Weiss, Wie finde ich Informationen zur Geschichte der Naturwissenschaften und der Technik, Berlin 2009

Eberhard Zschimmer, Zur Erkenntniskritik der technischen Wissenschaft, in: Festschrift anlässlich des 100jährigen Bestehens der Technischen Hochschule Fridericiana zu Karlsruhe, Karlsruhe 1925, S. 501-542

2 500 Jahre Technikgeschichte: Ein historischer Abriss

2.1 Das älteste technikhistorische Schrifttum vom ausgehenden 15. bis zum 18. Jahrhundert: Themen, Formen, Forschungsfelder und Autoren

Beginnen wir mit einem Blick auf die älteste „technikhistorische" Literatur, wie sie im Rahmen von Erfindungsgeschichten auszumachen ist. Hierbei geht es, um es besonders deutlich zu machen und möglicherweise falschen Schlussfolgerungen vorzubeugen, nicht um den Nachweis des Erstbelegs von Technikdarstellungen an sich, bzw. um die Präsentation jener Technik, die als aktuelle Technik der jeweiligen Zeit in Publikationen etc. präsentiert wird, auch wenn derartige Darstellungen wie z. B. Georg Agricolas „Zwölf Bücher vom Berg und Hüttenwesen" aus dem 16. Jahrhundert (Agricola 1556) uns heute wichtige historisch Quellenschriften sind. Hier ließe sich ganz im Sinne des heutigen Anti-Eurozentrismus unproblematisch u. a. bereits auf Derartiges im klassischen Ägypten, der Antike oder ggf. sogar auf Darstellungen aus der Vor- und Frühgeschichte verweisen. (Feldhaus 1914)

Vannuccio Biringuccios „Pirotechnia" (1540), Georg Agricolas „Zwölf Bücher vom Berg und Hüttenwesen", Basel 1556, die fünfunddreißigbändige „Encyclopedie" von D. Diderot und J. d'Alembert, Paris 1751–1780, die kaum weniger berühmten „Descriptions des Arts et Métiers" der Académie Royal des Sciences von 1761–1789 mit ihren 121 Bänden oder auch das deutsche technologische Schrifttum des 18. Jahrhunderts, mit Autoren wie zum Beispiel Johann Samuel Halle, (Halle an der Saale 1761–1779) Peter Nathanael Sprengel (Sprengel 1767–1777) oder auch das mit über 500 anschaulichen Kupferstichen versehene elfbändige Werk „Theatrum machinarum" (Leupold 1724–1735) von Jacob Leupold wären hier zu nennen. (Vgl. Aagard 1980) Das hier aufgeführte und anderes zeitgenössisches Schrifttum ist ausdrücklich nicht historisch angelegt, sondern bemüht sich darum, das aktuelle technische Wissen der Zeit zusammenzutragen, um so technische Kenntnisse publik zu machen und hierdurch Handwerk, Gewerbe und Manufakturen zu fördern.

Demgegenüber geht es uns vielmehr um die zeitgenössische Auseinandersetzung mit Technik in **historischer** Perspektive. Im weitesten Sinne reichen die Wurzeln einer Beschäftigung mit der Geschichte von Technik, hier im Sinne einer Erfindungsgeschichtsschreibung, bis ins späte 15. Jahrhundert zurück. Sie tradierte sich als Gegenstandsbereich der Betrachtung über Jahrhunderte hinweg. Noch bis ins späte 18. Jahrhundert war es üblich, Erfindungsgeschichten zu verfassen und dem gebildeten Publikum in immer wiederkehrenden Neuauflagen zu präsentieren. Ein Beispiel hierfür wären etwa die fünfbändigen „Beyträge[n] zur Geschichte der Erfindungen" des Technologen Johann Beckmann, erstmals erschienen 1780, die immer wieder neu aufgelegt und nachgedruckt wurden. (Beckmann 1780-1805, div. Auflagen u. Nachdrucke, daher divergierende Angaben) Den Publikationsreigen von Erfindungsgeschichten eröffnete allerdings Polydor Vergil mit seiner im Jahre 1499 erschienenen Schrift „De Inventoribus Rerum Libri Tres". (Vergil 1499) Diese erschien dann 1537 am Verlagsort Augsburg auch in deutscher Übersetzung, und zwar unter dem Titel „Von den erfyndern der dyngen". (Vergil 1537) Schaut man etwas genauer auf das erfindungsgeschichtliche Schrifttum seit dem 15. Jahrhundert, um es zu quantifizieren, so ergibt eine Auswertung der einschlägigen Bibliographien (Carl Graf von Klinckowstroem, Franz Maria Feldhaus 1923, S.1-21) folgendes Bild:

Insgesamt wurden zwischen dem 15. und 18. Jahrhundert die Werke von 84 Autoren publiziert. Von diesen Publikationen mit technik- bzw. erfindungsgeschichtlichen Anspruch entfielen zwei auf das ausgehende 15. Jahrhundert, dreizehn auf das 16. Jahrhundert, und zwar mit deutlichem Schwerpunkt auf die 2. Jahrhunderthälfte, siebzehn Publikationen sind dem 17. Jahrhundert zuzuordnen, und fünfzig schließlich dem 18. Jahrhundert. Es bestätigt sich, dass das technikhistorische Schrifttum, hier in Form der Erfindungsgeschichtsschreibung, eine Traditionslinie von gut 500 Jahren aufweist. Dabei zeigt sich allerdings auch, dass dieses Schrifttum bis weit ins 17. Jahrhundert hinein von *einer* immer wieder neu aufgelegten Publikation dominiert wurde, nämlich von Polydor Vergils „De Inventoribus Rerum Libri Tres". Vergil (1470–1555) war jahrzehntelang als Vertreter der päpstlichen Kurie in England tätig und war dort in seiner Funktion als Subkollektor für die Erhebung von Abgaben zuständig. Als humanistischer Gelehrter war er darüber hinaus höchst erfolgreich schriftstellerisch tätig. (Atkinson 2007) Wie erfolgreich, zeigt sich an den zahlreichen Neuauflagen seiner Publikationen „De Inventoribus". Johann Beckmann etwa, der bekannte Göttinger Technologe des 18. Jahrhunderts, verweist im Jahr 1782 erschienenen dritten Band seiner „Beyträge zur Geschichte der Erfindungen (Beckmann, III, 571) auf insgesamt 54 Ausgaben „des Vergil". John Ferguson kommt in seinen 1883 erschienenen „Bibliographical notes on histories of inventions and Books of secrets" sogar auf die stattliche Anzahl von 80 Vergilauflagen. (Ferguson 1883, S. 8) Und vermutlich waren es noch einige mehr.

Demgegenüber blieben, wie die Bibliografie von Graf Klinckowstroem und Franz Maria Feldhaus ausweist, (Klinckowstroem/Feldhaus 1923) die technik- bzw. erfindungshistorischen Autoren des 16. und 17. Jahrhunderts, z. B. Sabelicus (1502), Pastregicus (1547), Erlizzo (1554), Pancirole (1599), Francisci (1669-1673), Turner (1697) oder Zahn (1698), deutlich weniger rezipiert.

Gegenstandsbereich dieser Erfindungsgeschichtsschreibung war und blieb allerdings vieles, und dabei am Rande auch Technik. (Gleitsmann 2008) Dies steht gänzlich im Gegensatz zu dem, was seit dem 19. Jahrhundert zwingend mit dem Begriff Erfindung in Verbindung gebracht und auch heute darunter verstanden wird, nämlich in erster Linie Technik. In Meyers Konversationslexikon von 1974 heißt es: „[...] die Erfindung [muss] eine ausführbare Regel für ein technisches Handeln, für die Lösung eines technischen Problems geben." (Meyer 1974, S. 104) Der Brockhaus formuliert 1988: „[...] i. e. S. versteht man darunter nur tech[nische] E[rfindungen] [...]". (Brockhaus 1988, S. 514) Keineswegs ist dies aber immer so gewesen, diese Begriffseinschränkung ist eine der Moderne: „Erfinden aber heißt, aus schon bekannten Wahrheiten, neue Wahrheiten ableiten", konstatierte Joh. Chr. Vollbeding 1792 in seinem „Archiv nützlicher Erfindungen und wichtiger Entdeckungen in Künsten und Wissenschaften zur Erweiterung menschlicher Kenntnisse". (Vollbeding 1792, S.XVIII) Während es in Grimms Deutschem Wörterbuch von 1862 heißt: „Die Erfindung der Dinge ist nichts anders als eine sinnreiche Fassung aller Sachen, die wir uns einbilden können". (Grimm 1862, Sp. 800) Und die „sinnreiche Fassung aller Sachen" betraf zunächst und zuallererst nichttechnische Inhalte.

Bei Vergil sind dies, wie dem Titelblatt seines Werkes zu entnehmen ist,

> „[...] Auch all andere händel/Geystliche und Weltliche sachen/Als Polliceyen/Religionen/Orden/Ceremonien/und anders [...]". (Vergil 1537, Titelblatt) Dies betrifft, um hier anhand der von Vergil gewählten Kapitelüberschriften nur einige wenige Beispiele anzuführen: „Von Anfang christlicher Religion oder Geystlichkeyt", (4. Buch), „Von des Priesterthums Anfängen [...]", (4. Buch), „Von den ersten Urhebern der Irrgartenn", (3. Buch), „Wer erstlich der Hurerykunst aufgepracht/[...] oder des Harsferbung erfunden hat [...]", (3. Buch, Kap. 17), oder „Wer erstlich die kunst zu Reytten/oder den brauch Roß zu zämen [...] erfunden hab [...]", (3. Buch, Kap. 12), etc.

Auch Heinrich Zedler (1706–1751) geht es in seinem vielbändigen von 1732 bis 1754 herausgegebenen „Großen vollständigen Universal-Lexicon aller Wissenschaften und Künste" unter dem Stichwort „Erfindung" um sämtliche durch das menschliche Denken und Handeln hervorgerufenen Veränderungen. Also um „neue Wahrheiten", ob nun aus den Bereichen der Philosophie, der Medizin, der Sittenlehre, dem Recht, der Natur oder auch der Religion, (Zedler 1753, Sp. 1600-1602) wobei er zu Letztgenannter allerdings wärmstens empfiehlt: „In Glaubens-Sachen lasse man das Erfinden neuer Dinge bleiben." (Zedler 1732, Sp. 1601) Sämtlichen Autoren von erfindungsgeschichtlichen Publikationen, inklusive Polydor Vergil, ist allerdings eines gemein: Ihre Darlegungen stellen eine Mischung aus Tatsachen, Legenden und Irrtümern dar, basieren vorwiegend auf Angaben aus der antiken Literatur und lassen insbesondere jedwede Quellenkritik vermissen. (Einführend dazu Wolbring 2006, S. 79-131)

Zur Veranschaulichung dessen, wie Erfindungsgeschichte geschrieben wurde und was wir uns darunter vorstellen können, mögen wiederum einige aus dem Werk Vergils herausgegriffene, allerdings technikbezogene Beispiele genügen:

> „Das Ertz zu schmeltzen hat Aristoteles/der Lydus Scytha habs gelert/der Theophrastus vermeint den Delarn Phrygem. Aber der Strabo im vierzehenden buch von der Weld beschreybung spricht/die Völcker Telchines haben das eysen und ärtz oder mössing als aller ersten geschmidet [...]."

Im 6. Kapitel des 3. Buches lesen wir im Kapitel „Wer erstlichen den Flachs/die Netz die weyß zu näen oder spinnen/und zu Würken/oder die Walcker Kunste erfunden[...]":

> „Nun aber wölln wir auff die Sach komen. Den flachs hat Anarche die jung fraw/wölche auf dem land Lydia gewesen ist, am allerersten erfunden, als Plinius im sibenden Buch bezeuget. Wiewol wir befunden haben, das dasselbigen brauch bey den aller eltesten Juden lang davor gewesen sey. Die selbige/seer geschicht in dem wollwerck/hat die abgöttin Minervam zum kampfe aufgefordert/von wölcher sie inn ein thier/wölches ein spyn/genent wirt verendert ist worden/des Ovidius im sechsten buch der verenderung ein leere ist."

Und im 25. Kapitel des 2. Buches wird „Von erster erfyndung der Hafnerkunst/und wer das Haffner Rad erfunden habe" gehandelt:

> „Gebürlich ist es das man zu dem gemälde die Plasticen/das ist/Haffnerkunst hin zu flicken solt/wölliche auch auß der erden die geleichnus machet/die hat der Atheniensische Chorebus (wie Plinius im sibende buch sagt) erfunden. Aber eben derselbig auch im fünf und dreißigsten buch solliches dem Dibutadi zuzeichnet/da er spricht. Es hatts der Sicyonisch Dibutades/inn der statt Corintho am ersten erfunden/durch hilff seiner tochter [...]".

Der Erfindungsbegriff ist weit gefasst, wenig technikzentriert und geht grundsätzlich über das hinaus, was heute darunter zu fassen wäre. So verwundert es nicht, dass Vergil u. a. auch die „Erfindung" christlicher Institutionen oder Riten ebenso behandelt, wie die „Erfindung" des Alphabets, der antiken Agrarwirtschaft und weitere Aspekte der Kulturgeschichte. Die Beschäftigung mit Technik und technischen Inventionen im engeren Sinne bleibt ihm hingegen letztlich fremd. (Atkinson 2007)

Dieser weit gefasste, uns heute völlig fremde Erfindungsbegriff, ist selbst noch im 18. Jahrhundert z. B. bei Johann Beckmann präsent. In dessen „Beiträgen zur Geschichte der Erfindungen" werden ganz selbstverständlich Themenkomplexe wie „Die Tulpe", „Canarienvögel", „Falknerey", „Indianische Hühner", „Leihhäuser", „Findelhäuser", „Küchengewächse", „Lotterie" oder auch „Hahnenkämpfe" abgehandelt.

Auch wenn Beckmanns Fokus im Vergleich zu vorausgehenden Autoren, wie insbesondere Vergil, nun im 18. Jahrhundert durchaus schon technikzentrierter wird, so sieht sich Beckmann seiner Leserschaft gegenüber weniger dahingehend zur Rechtfertigung veranlasst, dass sich seine Erfindungsgeschichte auch außerhalb des Bereichs von Technik bewegt, sondern vielmehr dadurch, dass seine thematische Auswahl der behandelten Themen keiner erkennbaren Systematik zu unterliegen scheint. Und dies im Zeitalter der Aufklärung, welches sich im besonderen Maße der Rationalität, der Systematisierung von Wissenschaft und Wissen, sowie dessen enzyklopädischer Erfassung verpflichtet sah. Dessen war sich Beckmann vollauf bewusst, und zwar nicht nur aufgrund seines Gedankenaustauschs mit dem Naturforscher Carl von Linné (1707–1778), (Troitzsch 1973) sondern selbstverständlich auch aufgrund eigener Arbeiten, sowie aus der Kenntnis der zeitgenössischen, enzyklopädisch angelegten Literatur zur Technologie. (Aagard u. a. 1980) Beckmann sah sich im Hinblick auf seine erfindungsgeschichtliche Themenauswahl zu einer Rechtfertigung genötigt. In der Vorrede zum ersten Band seiner Erfindungsgeschichte rechtfertigt Beckmann diese dann auch mit den Worten:

> „Ich weis es zum voraus, dass manche hier Gegenstände finden werden, die sie der von mir darauf verwendeten Mühe unwert halten; aber diejenigen, welche wissen, wie relativisch unsere Urtheile über Brauchbarkeit und Nützlichkeit sind, werden mir die ihrigen nicht zur Last legen; und welche dieß noch nicht gelernt haben, oder für allen Eigendünkel nie lernen können, und welche also Erz, worin sie nicht gleich gediegenes Gold zu erkennen meynen, für taubes Gestein ansehen und über die Halden werfen, sind keine grosse Kenner, lassen sich gewiss oft durch Katzengold betriegen, und kümmern mich so wenig, als die, welche überhaupt nicht zu wissen verlangen, wie Erfindungen entstanden und allmälig zu der jetzigen Nutzbarkeit gediehen sind." (Beckmann 1783, S. 1)

Und darüber hinaus scheint Beckmann zumindest zu spüren, dass der von ihm verwendete weitere Erfindungsbegriff inzwischen zumindest einem inhaltlichen Wandlungsprozess unterworfen ist: „Wenn es ein Fehler ist, dass ich die Benennung: **Erfindung**, weiter als vielleicht gewöhnlich ist, so gar über Polizey-Anstalten, ausgedehnt habe, so wird er doch wohl unschädlich und verzeihlich seyn." (Ebd.)

Es wird dann schließlich der Beckmann-Schüler Johann Heinrich Moritz von Poppe (1776–1854) sein, der in seinem vierbändigen Werk „Geschichte der Erfindungen in den Künsten und Wissenschaften, seit der ältesten bis auf die neueste Zeit" von 1828/29 diesen Widerspruch auflöst, einen im Wesentlichen modernen, allein technikzentrierten Erfindungsbegriff verwendet und die Thematik systematisiert.

Im Zeitraum vom späten 15. bis zum 18. Jahrhundert blieben die Bemühungen, sich mit dem Themenkomplex Geschichte der Technik im Rahmen der allgemeinen Erfindungsgeschichte zu befassen, eher rudimentär ausgeprägt. Als Quelle für den Technikhistoriker sind sie so nur bedingt brauchbar, allerdings diskurs- und sozialgeschichtlich, also im Hinblick darauf, wie die Behandlung der Themen einer Zeit ihrer sozialen Verhältnisse beeinflusst.

Unter diesem Gesichtspunkt wäre es angebracht, zumindest zu hinterfragen, ob Vergil und seine Nachfolger mit ihren Erfindungsgeschichten tatsächlich uneingeschränkt dem Bereich des frühen technikhistorischen Schrifttums zugeordnet werden können, oder eine derartige Zuordnung bzw. Zuschreibung stattdessen doch eher einer Relativierung bedarf, bzw. nur partiell gelten kann. Vergil bleibt gleichwohl eine ausgezeichnete Quelle für die Geistesgeschichte des Aufbruchs in Europa um 1500 und seine humanistische Prägung.

Die skizzierten Besonderheiten des frühen erfindungsgeschichtlichen Schrifttums weist nach wie vor auch dasjenige des frühen 18. Jahrhunderts auf, etwa eines „Melissantes"/Johann Gottfried Gregorii (1685–1770). Zudem bleiben die deutschsprachigen Arbeiten wenig eigenständig. Während in Italien, England, Frankreich und den Niederlanden zahlreiche einschlägige Erfindungsgeschichten publiziert wurden, sind deren deutschsprachige Pendants, die vom späten 15. Jahrhundert bis Mitte des 18. Jahrhunderts erschienen, demgegenüber fast an einer Hand abzuzählen. Neben Vergil, 1537, sind dies im Wesentlichen:

- Erasmus Francisci, Die lustige Schaubühne von allerhand Curiositäten, darauf viel nachdenkliche Sachen, sonderbare Erfindungen etc. fürgestellet werden, 3 Bde., Nürnberg 1669–1673;
- Jacob Daniel Ernst, Die Neuauffgerichtete Schatz-Cammer, vieler hundert anmuthiger und sonderbarer Erfindungen, Gedancken und Erzehlungen, 4 Teile, Altenburg 1696–1704;
- Paul Jacob Marperger, Curieuse Nachricht von Erfindungen und Erfindern der Wissenschaften, Künste und Handwercken, Hamburg 1704;
- Joh. Gabr. Doppelmayr, Historische Nachricht von den Nürnbergischen Mathematicis und Künstlern, welche fast von dreyen Seculis her durch ihre Schrifften und Kunst-Bemühungen die Matehematic und mehreste Künste in Nürnberg vor andern trefflich befördert, und sich um solche sehr wohl verdient gemacht, Nürnberg 1730;
- Melissantes, Gemüths vergnügendes Historisches Handbuch für Bürger und Bauern, in welchem in Form eines kurtz gefassten Historischen Lexici von allerley Ständen, Künsten, Handwercken und Wissenschaften, deren Urhebern und Erfindungen kurtze Nachricht erteilet wird., Frankfurt am Main und Leipzig 1744.

Dies sollte sich erst im letzten Drittel des 18. Jahrhundert durch Johann Beckmanns „Beyträge zur Geschichte der Erfindungen“, aber auch durch eine Fülle weiterer erfindungsgeschichtlicher Literatur mit zunehmend auch technikhistorischen Bezügen im modernen Sinne grundlegend ändern (Beckmann 1780–1805), wobei in einigen Studien mit einer gewissen Berechtigung hervorgehoben wird, „[...] dass nach wie vor die Anfänge technikhistorischer Arbeiten in Deutschland inhaltlich, methodisch und theoretisch weitgehend im Dunkeln liegen“. (Meyer/Tetzlaff 1999, S. 276)

Um hier zu weiteren Erkenntnissen zu gelangen und das bisherige Bild abzurunden, könnten Autoren wie Busch, Fischer, Halle, Murr oder Vollbeding, um hier nur einige zu nennen, stärker mit in die Betrachtungen einbezogen werden.

2.1.1 Fazit zur Erfindungsgeschichtsschreibung bis zur Mitte des 18. Jahrhunderts

Für die Erfindungsgeschichtsschreibung bis zur Mitte des 18. Jahrhunderts ist folgendes zusammenfassend festzuhalten:

- Es handelt sich um die Publikation und Weitergabe von „Geschichtserzählungen“, die im Wesentlichen aus Werken der klassischen Autoren der Antike übernommen werden, ohne den Wahrheitsgehalt dieser Quellen zu prüfen oder gar kritisch zu hinterfragen.
- Die Erfindungsgeschichtsschreibung kann im Hinblick auf den Umgang mit ihren Quellen, also all dem an Texten, Gegenständen oder Tatsachen, aus denen heraus der (Technik)Historiker Kenntnisse der Vergangenheit gewinnen kann, und aus denen sie ihre Informationen schöpfen, nicht als wissenschaftlich dem heutigen

Verständnis nach gelten. Diese Charakterisierung ergibt sich daraus, dass als Hauptquelle der Erfindungsgeschichte die kompilatorische Exegese antiker Literatur dient, ohne diese quellenkritisch zu würdigen. Quellenkritik heißt dabei, dass vor allem zwei Überlegungen angestellt werden müssen, „[...] bevor eine beliebige Quelle im Prozess geschichtswissenschaftlicher Erkenntnis genutzt werden kann. Zum einen muß geprüft werden, ob die Quelle das wirklich ist, was sie zu sein vorgibt, das heißt also, ob sie echt ist. Zum anderen muß kritisch reflektiert werden, was aus einer Quelle entnommen werden kann und was nicht, mit anderen Worten, wieweit die Aussagekraft einer Quelle reicht." (Sellin 1995, S. 47 f.) Des Weiteren ist einzubeziehen, wer und in welcher Absicht etwas in der Vergangenheit entstanden und/oder erhalten geblieben ist und/oder erhalten wurde, das dann als Quelle genutzt werden: „Tradition" zur gezielten Unterrichtung der Nachwelt, z. B. Memoiren, im Unterschied zu „Überlieferung" aus laufenden Geschäften einer Vergangenheit, z. B. Akten), ferner ist zu fragen, um welche Art von Quellen es sich handelt, woher sie stammen und in welchem Maße sie zueinander in einem konsistenten Verhältnis stehen.

- Die Erfindungsgeschichtsschreibung wird von akademisch Gelehrten betrieben, die der Technik und ihrer Entwicklung im realen Leben eher fremd gegenüberstehen. Sie betrachten diesen Bereich der Lebens- und Geisteswelt nur am Rande mit und erklären technische Artefakte als solche, ihre Details, Konstruktionsmerkmale, Materialien oder auch Abmessungen in der Regel nicht. Es handelt sich um Gelehrte, die zwar humanistisch gebildet sind, aber kaum über technisches Fachwissen verfügen.
- Diese Art der Erfindungsgeschichtsschreibung ist im Hinblick auch auf technische Erfindungen bemüht, den Inventor möglichst namentlich zu benennen, der die Erfindung hervorgebracht hat, bzw. nach Darstellung der als ausschließliche Quelle genutzten antiken Literatur hervorgebracht haben soll. Dies wird in keinerlei Weise hinterfragt. Zudem wird versucht, die Invention bzw. Innovation dieser Erfindungen zeitlich zu bestimmen sowie bestenfalls auch noch deren Diffusion in der Antike nachzuzeichnen.
- Es wird keine „Erfindungsgeschichte" in dem Sinne betrieben, dass technische Entwicklungslinien und Verbesserungsinnovationen aufgezeigt werden. Es lassen sich auch keine Technikbeschreibungen im engeren Sinne finden, aus denen mehr ersichtlich wird, als dass es die entsprechende Technik gab, wie sie bezeichnet wurde und was damit gemacht bzw. hergestellt werden sollte. Funktionsprinzipien von Technik werden nicht erklärt, schon gar nicht im historischen Verlauf. Eine Kontextualisierung von Technik und Technikentwicklung in die gesellschaftlichen Systemzusammenhänge fehlt völlig.
- Allerdings besteht das Verdienst der erfindungsgeschichtlichen Literatur darin, dass sie die „gehobene" Leserschaft sowohl belehrte als auch zu deren Unterhaltung diente, also Technik insofern als ein selbstverständlicher Bestandteil des Alltags- und Weltverständnisses präsentiert wird.

- Sie richtete sich vornehmlich an die ‚gebildeten Stände' nicht jedoch an Handwerker, Gewerbetreibende, Manufakturisten oder „Techniker".
- Die klassische Erfindungsgeschichtsschreibung zielte in keiner Weise auf eine Darstellung technischer Inventionen im historischen Verlauf/Prozess ab. Noch weniger auf eine historische Fundierung technischer Innovationspotenziale oder gar auf eine Reflektion der historischen Entwicklung des technischen Inventars von Gesellschaften. Dies allerdings wäre in einer ständischen und durch das Zunftwesen bestimmten Gesellschaftsordnung auch ein undenkbares Themenfeld gewesen.

Literatur

Herbert Aagard u. a. (Hg.), Die technologische Literatur des 18. Jahrhunderts als historische Quelle, in: Das achtzehnte Jahrhundert. Mitteilungen der Deutschen Gesellschaft für die Erforschung des achtzehnten Jahrhunderts 4 (1980), S. 31-61

Académie Royal des Sciences, Descriptions des Arts et Métiers, faites ou approuvés par messieurs de l'Académie royale des sciences, Bde. 1-121, Paris 1761–1789

Catherine Atkinson, Inventing inventors in Renaissance Europe, Polydor Vergils De inventoribus rerum, Tübingen 2007

Johann Beckmann, Beyträge zur Geschichte der Erfindungen, Bd. III, Leipzig 1782, S. 449 ff. Bibliographie der Geschichte der Erfindungen

ders., Beyträge zur Geschichte der Erfindungen, 5 Bde., Leipzig 1783–1805, div. Ausgaben Nachdrucke, daher divergierende Angaben

Vannucio Biringuccio, Della pirotechnia libri X, Venezia 1540

Brockhaus-Enzyklopädie, Stichwort Erfindungen, Mannheim 1988, S. 514

Encyclopédie ou Dictionnaire raisonné des sciences des arts et des métiers, par une société des gens de lettres. Mis en ordre et publié par D. Diderot; et quant à la partie mathématique, par J. d'Alembert., 35 Bände, davon 12 Tafelbände, Paris u. a. 1751–1780

Seb. Erizzo, Trattato dellìnstrumento et via inventrice de gli antichi, Venedig 1554

Franz Maria Feldhaus, Die Technik der Vorzeit, der geschichtlichen Zeit und der Naturvölker, Leipzig, Berlin 1914

Ders., Carl Graf von Klinckowstroem, Bibliographie der erfindungsgeschichtlichen Literatur, in: Dies. (Hg.), Geschichtsblätter für Technik und Industrie 10 (1923), Heft 1-12, S. 1-21

John Ferguson, Notes on some books of receipts, or so-called „secrets", Part II (From: Transactions of the archeological society of Glasgow (1883), in: Bibliographical notes on histories of inventions and books of secrets, Part II, Glasgow 1896

Erasmus Francisci, Die lustige Schaubühne von allerhand Curiositäten, darauf viel nachdenkliche Sachen, sonderbare Erfindungen etc. fürgestellet warden, 3 Bde., Nürnberg 1669–1673

Rolf-Jürgen Gleitsmann, 500 Jahre Technikgeschichte bis heute – ein Überblick, in: Herbert Colla, Werner Faulstich (Hg.), Panta Rhei. Beiträge zum Begriff und zur Theorie der Geschichte, München 2008, S. 167-184

Jacob Grimm, Wilhelm Grimm, Deutsches Wörterbuch, Bd. 3, Leipzig 1862, hier: Sp. 800, „Erfindungen“

Johann Samuel Halle, Werkstätte der heutigen Künste, oder die neue Kunsthistorie, 6 Bde. Brandenburg/Leipzig 1761–1779

Hugo Theodor Horwitz, Virgil und die Technik, in: Technik und Kultur 22 (1931), S. 164-167

Joh. Gottfried Greg. Melissantes, Gemüths vergnügendes Historisches Handbuch für Bürger und Bauern [...], Frankfurt am Main/Leipzig 1744

Jacob Leupold, Theatrum machinarum, 11 Bde., Leipzig 1724–1735

Meyers Konversationslexikon, Stichwort Erfindungen, Leipzig/Wien 1974, S. 104

Torsten Meyer, Sven Tetzlaff, Zur Geschichte der deutschen Technikhistoriographie bis 1945. Eine Problemskizze, in: Günter Bayerl (Hg.), Johann Beckmann (1739–1811). Beiträge zu Leben, Werk und Wirkung des Begründers der Allgemeinen Technologie, Münster u. a. 1999, S. 275-286

Guido Panciroli, Rerum Memorabilium jam olim deperditarum & contra recens atque ingeniose inventarum, 2 Bde., Ambergae 1599

Guilelmus Pastregicus, De orginibus rerum libellus, Venedig 1547

Marius Antonius Sabellicus, Opera Mar./Ant., Venedig 1502

Volker Sellin, Einführung in die Geschichtswissenschaft, Göttingen 1995

Peter Nathanael Sprengel, Handwerke und Künste in Tabellen, 17 Theile, Berlin 1767–1777

Ulrich Troitzsch, Zu den Anfängen der deutschen Technikgeschichtsschreibung um die Wende vom 18. zum 19. Jahrhundert, in: Technikgeschichte 40 (1973), S. 33-57

William A. Turner, A Compleat History of the most Remarkable Providences ..., London 1697

Polydor Vergil, De inventoribus rerum Libri Tres, Venedig 1499

Ders., Von den erfyndern der dyngen. Wie und durch wölche [...], dt. Augspurg 1537

Ders., De Inventoribus Rerum Libri Tres, Venedig 1499, dt.: Polydor Vergil, Von den erfyndern der dyngen. Wie und durch wölche alle ding, nämlichen allen Künsten, Handwercker[...] Geystlich und Weltliche sachen [...] von anfang der Welt her biss auff diese unsere Zeit geübt [...], Augsburg 1537

Joh. Chr. Vollbeding, Archiv nützlicher Erfindungen und wichtiger Entdeckungen in Künsten und Wissenschaften zur Erweiterung menschlicher Kenntnisse, in alphabetischer Ordnung, Leipzig 1792, Suppl.-Bd., ebd. 1795

Barbara Wolbring, Neuere Geschichte studieren, Konstanz 2006

Joh. Zahn, Specula physico-mathematico-historica notabilium ac mirabilium..., 3 Teile, Norimbergae 1696

Heinrich Zedler, Großes vollständiges Universal-Lexicon aller Wissenschaften und Künste, Bde. 1-64, nebst Suppl.-Bdn., Halle a. d. S. 1732–1754, hier Artikel „Erfindung“, Sp. 1600-1602

2.2 Die wissenschaftliche Technikgeschichtsschreibung um 1800

Eine deutliche Wende bezüglich der Qualität, des methodischen Ansatzes, aber auch des Interesses an Technik und Technikgeschichte zeigte sich im 18. Jahrhundert. Nicht nur, dass die Anzahl einschlägiger Publikationen deutlich anstieg, und zwar im Vergleich zum 17. Jahrhundert etwa auf das Dreifache. Unter der Wirkung der Aufklärung und eines technologiefördernden Kameralismus – dies war die deutsche Variante der französischen merkantilistischen Wirtschaftspolitik im Zeitalter des Absolutismus, durch die die deutschen Territorialstaaten ihren wirtschaftlichen Entwicklungsstand zu heben beabsichtigten –, (Durchhardt 1998, S. 44-49; Philipp R. Rössner 2015) sowie der aufkeimenden Industriellen Revolution, richtete sich das Augenmerk der Zeitgenossen über die aktuelle bzw. zukünftige Technik hinaus auch auf deren Geschichte.

Dieses historische Erkenntnisinteresse war dabei von einer höchst profanen Zielsetzung geprägt. Der Geschichte sollte nämlich einen Erfahrungsschatz abgerungen werden, mit dem Ziel, diesen für die weitere Entwicklung der Technik zu verwenden. Bereits Bekanntes sollte, wie der Göttinger Technologe, Kameralist und Technikhistoriker Johann Beckmann (1739–1811) betonte, nicht wieder der Vergessenheit anheimfallen und damit entweder grundsätzlich verloren gehen, oder doch zumindest aufwendige „Nacherfindungen“ erforderlich machen. Kameralistisches Gedankengut, aber auch Überlegungen von einer Menschheitsgeschichte als Fortschrittsgeschichte lassen sich erkennen. Auch ist es für Beckmann nunmehr unbestreitbar, dass Technik und Kultur im innigsten Verhältnis zueinanderstehen. Kultur wird, so Beckmann, „[...] erst durch Technik geschaffen, kann ohne sie nicht existieren“, oder, wie der Technikhistoriker Thorsten Meyer hervorhebt: „ein Gegensatz zwischen Technik und Kultur besteht für ihn [Joh. Beckmann, d. Verf.] nicht. sind auch technische Entwicklungen immer mit kulturellen Faktoren verknüpft und ohne sie nicht denkbar.“ (Meyer 1997, S.172) Auch in dieser Hinsicht ist Johann Beckmann jener Auffassung, die um 1900 dann Ingenieure und Geisteswissenschaftler in heftigste Diskussionen über die „zwei Kulturen“ bzw. „Kultur und Zivilisation“ verwickeln würde, erkenntnistheoretisch weit voraus. (Dazu Zweckbronner 1984)

Abb. 1: Johann Beckmann (1739–1811)

Um der Zielsetzung einer anwendungsorientierten Technikgeschichtsschreibung gerecht werden zu können, war es unabdingbar, einen anderen als den bisherigen Zugang zur Erschließung des historischen Quellenmaterials zu entwickeln. Nicht mehr ein kompilierend-schwadronierendes Spekulieren über Lesefrüchte zur Geschichte von Technik und Technologie oder der unreflektierte Rückgriff auf „die Alten“, also die antiken Schriftsteller und deren Meinung zu dieser Thematik, konnte hier zum Ziel führen, sondern stattdessen eine kritisch-vergleichende Analyse der Ausführungen über Technik in den unterschiedlichen historischen Quellen, sowie vor allem deren quellenkritische Würdigung. (Troitzsch 1973 „Ich habe keine neue Hypothese, welche ich empfehlen will,“ so Johann Beckmann im 3. Stück des vierten Bandes seiner Beyträge zur Geschichte der Erfindungen, in dem es um die Geschichte des Metalls Zinn geht, „sondern mir ist allein um Wahrheit zu thun; ich suche Gewissheit, und wenn diese nicht zu gewinnen seyn solte, Wahrscheinlichkeit; wobey ich mich aber mit den Urtheilen der Verfasser der Wörterbücher, der Uebersetzer und Ausleger der Alten nicht begnügen kann, weil ich gewiß glaube, dass diese selbst keine Untersuchung darüber angestellet haben.“ (Beckmann Bd. 4, S.346)

Mit diesem Vorsatz wendete sich Johann Beckmann, der seit 1766 eine außerordentliche Professur für Philosophie in Göttingen bekleidete und später dann das Lehrfach Kameralwissenschaften vertrat, seinen „Beyträgen zur Geschichte der Erfindungen“ zu, die in unregelmäßiger Folge schließlich in fünf Bänden auf insgesamt 3.000 Seiten publiziert werden sollten. Hinzu kam eine erste „Bibliografie der Geschichte der Erfindungen“ (Beckmann 1783), sowie eine Beschäftigung mit Erfinderbiografien. Das Neue an Beckmanns Technikgeschichtsschreibung ist, dass hier eine durch belegte und kritisch gewürdigte Quellen abgesicherte Darstellung technikhistorischer Zusammenhänge erfolgte. Unter methodologischen Gesichtspunkten ist dies zunächst und in erster Linie eine Literatur-Bestandsaufnahme und Literaturauswertung mit dem Ziel, überlieferte Angaben zu verifizieren, also „Überlieferungsketten“ aufzuzeigen, sowie dann eine Chronologie von Erfindungen und Innovationen zu erarbeiten. Grundlage hierfür ist für Beckmann das Instrument der Quellenkritik sowie der Philologie. Dabei kam ihm im besonderen Maße zugute, dass er aufgrund seiner umfassenden Sprachkenntnisse nahezu sämtliche Quellen im Original zu lesen vermochte und so nicht auf zum Teil verfälschende Übersetzungen angewiesen war. Und noch in anderer Hinsicht ist Beckmann und sein Zugang zur Technikgeschichte beispielhaft. Er betrieb nämlich keine Technikgeschichtsschreibung im ingenieurmäßigen, also internalistischen Sinne, wie man später sagen würde. Rein technische Beschreibungen von Erfindungen interessieren ihn nicht vorrangig; und in dieser Hinsicht verweist er durchaus auch einmal auf Darstellungen in der technologischen Fachliteratur. Sein Augenmerk war viel stärker darauf gerichtet, technischen Wandel im gesellschaftlichen Kontext zu erfassen und darzustellen. Exemplarisch wäre das hier Gesagte an Beckmanns Beitrag zur Geschichte der Bandmühle zu exemplifizieren. In dieser Darstellung wird nicht nur die Historie der Bandmühle im engen Sinne ausgebreitet, also die Technik als solche beschrieben. Vielmehr hebt Beckmann in seiner Betrachtung der Bandmühlentechnik gerade die Quintessenz dessen hervor, was sie ausmacht, nämlich deren produktivitätssteigernden Effekt. Das Entscheidende an Beckmanns Darstellung ist dann aber, dass er diesen technisch bedingten Vorteil einer vielfachen Produktivitätssteigerung und Kostenreduktion durch Maschineneinsatz mit den sozialen Folgen konfrontiert. Zwangsläufig würde die Bandmühleninnovation die vormals handwerklich betriebene Bandweberei ablösen und die dort beschäftigten Arbeitskräfte arbeitslos machen, d. h. um Brot und Arbeit bringen. Dies jedoch könnte ganz und gar nicht im Interesse der Zunftgesellschaft sein. Im übergeordneten Sinne geht es, wie in einem lesenswerten Beitrag im Journal für Fabrik, Manufaktur, Handlung und Mode von 1797 ausführlich diskutiert, um „[...] die Nützlichkeit und Nothwendigkeit der Einführung der Maschinen". (Journal 1797) Beckmann beschreibt diese Problematik, also die Ambivalenz zwischen technischem Wandel einerseits und deren gesellschaftlichen Folgen andererseits folgendermaßen:

> „Zu denen Erfindungen, die mehr leisten, als man wünscht, oder die zur Verfertigung so vieler Waaren, als der jetzige Verbrauch verlangt, eine große Menge der bisherigen Arbeiter entbehrlich machen, also diese außer Verdienst setzen, und die eben deswegen, so witzig sie auch ausgedacht seyn mögen, für schädlich gehalten, und eine Zeitlang von der Obrigkeit unterdrückt sind, gehört die Bandmühle, Schnurmühle oder der Mühlenstuhl." (Beckmann 1780, Bd. I, 1. Stück, S. 122)

Darüber hinaus geht es Beckmann um das Schicksal des Erfinders, den der Rat der Stadt Danzig im 16. Jahrhundert aufgrund „gesellschaftsfeindlicher Erfinderumtriebe", also der Konstruktion produktivitätssteigernder Technik, zur „Lösung des Problems" und Wiederherstellung des gesellschaftlichen Friedens kurzerhand ertränken ließ. (Ebd., S. 126) Dass sich damit die Technologie erfundene dennoch nicht wieder aus der Welt schaffen ließ, bezeugt Johann Beckmann selbst, indem er in Form einer Abbildung den modernsten Bandwebstuhl des 18. Jahrhunderts in seinem Bandmühlenartikel vorstellt.

Auch an anderer Stelle lassen sich in Beckmanns Erfindungsgeschichte bezeichnende Beispiele für sein kameralistisch-technologisch geprägtes Denken finden, welches Technik und die historische Entwicklung von Technik immer in einen gesamtgesellschaftlichen Bezug zu stellen bemüht war. So werden im Artikel „Buchdruckerpresse" (Beckmann Bd. II, 1. Stück, 1784, 2. Aufl., S. 145-155) unter anderem die Innovation der Technik, der Grund hierfür, der Erfinder selbst und der Zeitpunkt der Erfindung ausführlich beschrieben. Ebenso deren Diffusion, also die Durchsetzung dieser Technologie in der Wirtschaft. Wiederum verliert Beckmann aber auch die Diffusionshemmnisse und auch die Folgen, die diese neue Buchdruckerpresse für Unternehmer wie Arbeiter mit sich brachte, nicht aus dem Blick. Bei Beckmann lesen wir hierzu:

> „Die Buchdruckerpresse, welche zu diesem Aufsatze die nächste Veranlassung gegeben hat, erfand H. Freytag in den Jahren 1777 und 1778; er ist durch sie bekanter, aber keines weges belohnt worden. Er wuste, dass schon viele verständige und reiche Buchdrucker viele Mühe und Kosten angewendet hatten, bey den alten Pressen, die nöthigen Schmiereyen die den

> Häusern nachtheiligen Streifen abzuschaffen, und sie mit weniger Anstrengung der Kräfte brauchen zu können. Meister Freytag machte sich mit den Erfordernissen einer solchen Presse bekannt, und erfand eine neue, die stat der Schraube und Schwengel blos einen Tritt hat, den ein Kind von 13 oder 14 Jahren, ohne Nachtheil des Körpers, regieren kann, und die, ohne die Unbequemlichkeit der alten, den Vorteil besitzt, dass das Licht von oben nicht gehemmet wird, dass sie einen kleinern Raum verlangt, und wegen ihrer Einfachheit sehr dauerhaft ist. Sie ward von Kennern genau untersucht und gut befunden. [...] Die erste Presse dieser Art ward nach Halle für die Cansteinische Bibeldruckerey verschrieben, und als sie tüchtig befunden war, ward die zweyte und noch eine dritte verlangt [...] Die Versendung ist leicht. Eine solche Presse kann ganz zusammen gesetzt in einen Kasten gepackt und in einer Viertel Stunde nach der Ankunft in jeder Stube an jedem Orte zum Gebrauche aufgestellet werden. Es ist keine halbe Stunde nöthig, um sie aus einander zu nehmen und wieder zusammen zu setzen. Hier in Gera stehen zwey und gehen beständig ohne Aufhören fort. Eine ist nach Wien in die grosse Tratnerische Druckerey gekommen [...] Eine ist nach Berlin, eine nach Altona, eine nach Copenhagen, eine nach Frankfurt, eine nach Stuttgart und zwo sind nach Erfurt gekommen. [...] Die Ursache, warum diese Presse noch nicht algemeiner geworden, haben mir Kenner so erklärt: Es ist unleugbar, dass sie die Arbeit der Drucker ungemein verringert und beschleunigt, und dass also täglich mehr darauf gedruckt werden kann. Nun sollte desfals der Arbeitslohn der Drucker verringert werden; dadurch werden diese unwillig und widerspenstig und wollen die Vorzüge der neuen Einrichtung nicht anerkennen. Sie müsten die einmal angewöhnten Arbeiten und Handgriffe mit andern vertauschen. [...] Viele scheuen auch die Kosten, die neue Presse aus der Ferne kommen zu lassen, weil sie sich solche grösser vorstellen, als sie in Vergleichung mit den künftigen Vortheilen sind. Manche warten, bis die Freytagischen Pressen in der Nähe gemacht werden [...] aber wahr ist es auch, dass die nachgemachten Stücke zum Theil schlecht gemacht sind [...]". (Beckmann Bd. II, 1. Stück, 1784, 2. Aufl., S.151-154)

Beckmanns Ansatz einer wissenschaftlichen Technikgeschichtsschreibung ist zudem als interdisziplinär, also fachübergreifend zu charakterisieren, wobei er hierin seiner Zeit deutlich vorauseilte und eine gewisse Entsprechung erst wieder in der sogenannten modernen Technikgeschichte der zweiten Hälfte des 20. Jahrhunderts findet. (Troitzsch 1973) Dessen ungeachtet fällt, wie bereits hervorgehoben und von Beckmann seiner Leserschaft gegenüber auch selbst zugestanden, die Themenwahl in den „Beyträgen" recht willkürlich aus. Sie steht zudem in der Tradition der älteren erfindungsgeschichtlichen Literatur des 16. und 17. Jahrhunderts, die Beckmann selbst allerdings höchst kritisch betrachtet:

> „Diejenigen, welche bisher diese Geschichte [die Geschichte der Erfindungen, d. Verf.] bearbeitet haben, theile ich in fünf Klassen. Zur ersten rechne ich die, welche eine algemeine Geschichte aller Erfindungen ohne Unterschied zu liefern gesucht haben; [...] [diese haben] sicherlich am wenigsten zur Aufklärung dieser Geschichte beygetragen [...] Ihre Schriftsteller haben, weil sie alles liefern wollen, am wenigsten geleistet; um recht viel zu sameln, haben sie aus gutem Glauben alles angenommen und wieder erzählt, was sie haben auffinden können,

ohne sich in eigene Untersuchungen einzulassen." (Beckmann Bd. III, 3. Stück, „Bibliographie der Geschichte der Erfindungen, 1784, S. 449-466, hier: S. 449 f.)

Beckmann wendet sich, im Unterschied zu dieser älteren erfindungsgeschichtlichen Literatur, allerdings wesentlich deutlicher und stärker auch dem Themenkomplex der realen Technik zu. Ein langsames Abrücken vom klassischen Erfindungsbegriff hin zu einem solchen, der Erfindung im Wesentlichen mit Technik bzw. technischer Erfindung gleichsetzt, ist unverkennbar. Ein Prozess, der sich in den Arbeiten des Beckmann-Schülers Johann Heinrich Moritz von Poppe fortsetzt und dazu führt, dass, wie Poppe im ersten Band seiner zwischen 1807 und 1811 erschienenen dreibändigen „Geschichte der Technologie" (von Poppe 1807–1811) hervorhebt, diese sich dann fast ausschließlich auf Erfindungen aus dem Bereich der Technik sowie der Naturwissenschaften bezieht: „[U]nter der Geschichte der Technologie [verstehe ich] die Geschichte aller Künste (im weitläufigen Sinne) zur Veredlung der Naturprodukte, wozu mehrere Wissenschaften so thätig mitgewirkt haben [...]". (von Poppe 1807, Bd. 1, S. IV) Poppe ist damit der erste, der sich von einer Geschichte der Erfindungen im klassischen abwendet und stattdessen die Geschichte der Technologie beschreibt. Eines Gegenstandsbereichs, der in Deutschland erst 1772 durch Johann Beckmann geprägt worden war und einerseits die Lehre von der Gewinnung und Verarbeitung von Roh- und Werkstoffen bezeichnete, andererseits einen Teil der Kameralwissenschaften umfasste.

Die Systematik dessen, was unter „Technologie" zu fassen war, erlaubte es dem Beckmann Schüler Poppe dann, die inhaltliche Willkürlichkeit der Erfindungsgeschichte hinter sich zu lassen und stattdessen in systematischer Abfolge die Geschichte der Technologie zu erarbeiten. Der Hamburger Technikhistoriker Ulrich Troitzsch kommt unter impliziter Verwendung des „modernen" Erfindungsbegriffs, der Erfindung nun ausschließlich technisch definiert, zu dem bezeichnenden Ergebnis, dass sich Poppe „anders als Johann Beckmann und die bisher untersuchten Verfasser [...] in seiner Darstellung auf den Bereich der Erfindungen und die mit ihnen in Beziehung stehenden naturwissenschaftlichen Entdeckungen [beschränkt], so dass man sie im vollen Wortsinne als technikgeschichtlich bezeichnen kann." (Troitzsch 1973, S. 54)

Damit ist der Weg beschritten, der in einer eng technikbezogenen, internalistische Technikgeschichtsschreibung mündet, wie sie, die zukünftige Technikhistoriographie bis zur Mitte des 20. Jahrhunderts beherrschen wird. Gleichzeitig bedeutet dies, dass mit Poppe, dessen Bedeutung in dieser Hinsicht bisher eher zu gering bewertet wurde, jene weitsichtige Beckmann'sche Konzeption der Reflektion über historische Technik für lange Zeit verloren geht, die Technik in den gesamtgesellschaftlichen Kontext einzubetten sucht und damit Technikentwicklung erst verständlich macht.

Die erste Welle einer wissenschaftlichen, das heißt quellenkritischen und der Methodik der Geschichtswissenschaft verpflichteten Technikgeschichtsschreibung, wie sie sich um die Wende vom 18. zum 19. Jahrhundert im Rahmen der Kameralwissenschaften um Technologen wie Beckmann, Poppe – im Übrigen einem der meistgelesenen Fachautoren seiner Zeit –, Gabriel Christian Benjamin Busch (1759–1823) (Busch 1790–1798) oder Johann August Donndorf (1754–1837) (Donndorf 1817–

1821) zu formieren begonnen hatte, verebbte allerdings schon bald wieder. Sie fiel zum einen dem Desinteresse der traditionellen Geschichtsschreibung und zum anderen der zunehmenden Spezialisierung von Wissenschaft, Technik und Wirtschaft zum Opfer. Beredter Beleg hierfür ist, dass zwischen der Mitte und dem zweiten Drittel des 19. Jahrhunderts eine im Vergleich zu den Dekaden davor nur bescheidenes Publikationsaufkommen zu verzeichnen ist, während dieses dann in den Jahrzehnten um 1900 herum deutlich erkennbar ansteigt und sich u. a. auch in einschlägigen technikhistorischen Monografien, z. B. von Conrad Matschoß, Franz Maria Feldhaus, den Gebrüdern Beck und anderen, niederschlägt.

2.2.1 Ein Protagonist der wissenschaftlichen Technikgeschichtsschreibung um 1800: Johann Heinrich Moritz von Poppe (1776–1854). Vom Uhrmacher zum geadelten Professor

Abb. 2: Johann Heinrich Moritz von Poppe (1776–1854)

Dass Johann Heinrich Moritz von Poppe einmal den Weg in eine akademische Karriere beschreiten würde, war ihm nicht mit in die Wiege gelegt worden. Als Kind eines Göttinger Universitätsmechanicus, in dessen Lehre er später eintrat, waren hierfür die Einkünfte der Eltern nicht hinreichend. Es war deshalb nur der Zufall widriger Zeitumstände, der Poppe 1793 dazu brachte, die Universitätslaufbahn einzuschlagen. Nur auf diesem Wege war es dem Siebzehnjährigen möglich, einer drohenden Zwangsrekrutierung für den Krieg gegen das revolutionäre Frankreich zu entgehen. Die Dauerhaftigkeit dieser Notlösung war allerdings keineswegs zu prognostizieren. Poppe war sich dieses Umstandes auch bewusst, und nahm das Studium der Mathematik, Physik, Technologie und Staatswirtschaft zielstrebig und entschieden auf. Später wird er hierzu festhalten: „Ich war jetzt praktischer Mechanikus und Studiosus. Welcher von beiden in Hinsicht meines Fortkommens vorherrschend seyn würde, wusste ich noch nicht." (Zit. Seubert 1999, S. 190) Der weitere Lebensweg Poppes sollte dann ganz anders verlaufen, als es diese schwierigen Anfänge erwarten lassen. Im Jahre 1803 promovierte er an der Universität Helmstedt, habilitierte sich und wurde an der Universität Göttingen als Privatdozent tätig. „Nebenbei" hatte Poppe 1794 bereits als Student im zweiten Semester mit dem Publizieren begonnen. Sein erster Aufsatz im

„Neuen Hannoverschen Magazin“ über den „jetzigen Zustand der Taschenuhren und der Uhrmacherkunst überhaupt (Poppe 1792) hatte ihm sogar das höchst willkommene Honorar von 24 Talern eingebracht. Und er beschritt diesen Weg, sein Einkommen durch Publikationshonorare aufzustocken, konsequent weiter. Im Jahre 1797 folgte seine sehr wohlwollend aufgenommene Monografie „Versuch einer Geschichte der Uhrmacherkunst“ (Poppe 1797) und zahlreiche weitere Publikationen sollten sich anschließen. Daneben profilierte er sich auf dem im aufklärerischen 18. Jahrhundert höchst gefragten Gebiet der Beantwortung von Preisfragen, wie etwa „Was für Maschinen und Erfindungen zur Rettung menschlichen Lebens aus verschiedenen Gefahren sind bekannt, und welche verdienen vor anderen den Vorrang“ und erlangte hierüber nicht nur Reputation, sondern auch die ausgelobten Preisgelder. Doch dabei sollte es auf dem Karriereweg Poppes keineswegs bleiben. Im Jahre 1801 wurde dem noch jungen Wissenschaftler der Titel des Rates des Thüringischen Reichs-Fürstentums Schwarzburg-Sonderhausen zugesprochen und die angesehene Göttinger Physikalische Gesellschaft nahm ihn als Ehrenmitglied auf. Ersteres drückte die gouvernementale, letzteres die naturwissenschaftliche Wertschätzung Poppes aus. Schließlich wurde er zum ehrenvollen Mitglied in fünfzehn gelehrten und gemeinnützigen Gesellschaften berufen. (ADB 1888, Bd. 26, S. 420) Auch avancierte er zum Berater der Königlich Württembergischen Regierung in Angelegenheiten der Gewerbeförderung, sowie des 1825 eingerichteten Stuttgarter Polytechnischen Instituts. (Zweckbronner 1988) Im Jahre 1836 wurde er sogar zum Ritter des Ordens der württembergischen Krone, und damit in den persönlichen Adelsstand erhoben.

Sein Engagement für das Bildungswesen der Handwerker, der wirtschaftswissenschaftlichen Diskussion um die „Maschinenfrage“, der praktischen Wirtschaftspolitik sowie der wissenschaftlichen Beamtenausbildung an Universitäten war wegweisend. Sein Weg führte ihn über die berufliche Position des Gymnasialprofessors in Frankfurt am Main (1805–1818) zum Inhaber des Lehrstuhls für „Technologie, Maschinenkunde, Mathematik und Experimentalphysik“ an der neugegründeten staatswissenschaftlichen Fakultät der traditionsreichen, geisteswissenschaftlich und insbesondere evangelisch theologisch profilierten Universität Tübingen. Hier wurde er 1822 sogar deren Rektor. Daneben machte sich Poppe als vielgelesener und beachteter Autor sowohl populär gehaltener als auch wissenschaftlich profilierter Veröffentlichungen einen weitbekannten Namen. Poppe veröffentlichte mehr als 149 Monografien (Zweckbronner 1988, S. 419) und zählte zu den meistgelesenen Autoren seiner Zeit. Aus seinen Verlagstantiemen soll Poppe das Vierzigfache seiner Tübinger Professorenbezüge zugefallen sein. Dies hatte allerdings auch negative Folgen, denn dieser publizistische Erfolg zog den neidvollen Blick seiner Kollegenschaft geradezu an. Schnell machte die Stigmatisierung Poppes als wissenschaftlich nicht ernstzunehmender „Schnell- und Vielschreiber“ die Runde. Sein Tübinger Professorenkollege, nämlich der bekannte Staatswissenschaftler Robert von Mohl (1799–1875), einer der Väter der deutschen Staatsrechtslehre im 19. Jahrhundert, konnte auch in seinen 1902 erschienenen Erinnerungen nicht von den Kontroversen absehen, die er mit Poppe über die Ausrichtung universitärer Lehre in seinem Fachgebiet Staatswissenschaften ausgetragen hatte. Er scheute nicht einmal davor zurück, sich auch schriftlich diskreditierend und beleidigend über seinen Kollegen von Poppe zu äußern:

> „Poppe, der Technologe, war wissenschaftlich eine Null, von Hause aus Uhrmacher; hatte keine Ahnung von der Bedeutung der Gewerbe und Gewerbekunde für den Staat und für die künftigen Beamten, dagegen den unbeneidenswerten Ruf, der entsetzlichste Vielschreiber in Deutschland zu sein [...]“. (von Mohl 1902, S. 166)

Aus von Mohl sprach die schichtungsspezifische Arroganz des etablierten Juristen aus gutem Hause in der Beurteilung eines Aufsteigers, also dem zu Ansehen und Wohlstand gekommenen Uhrmachersohn. Allerdings blieb von Mohl mit seiner Kritik an von Poppe keineswegs allein. Auch Karl Karmarsch (1803–1879), „Gründer und langjähriger Direktor der Polytechnischen Schule in Hannover, (sowie) weltweit anerkannte Kapazität [...]“ der wissenschaftlichen Technologie, (Troitzsch 1999, S. 260) kritisierte die Arbeiten Poppes dahingehend, dass sie zur grenzenlosen Verflachung und Herabsetzung der Wissenschaft in den Augen praktischer Techniker entscheidend beigetragen hätten. (Karmarsch 1872, S. 878)

Das unbegründete pauschale Negativurteil über Poppe hielt sich in der deutschen Technikgeschichtsschreibung fast bis zur Gegenwart. Als symptomatisch mag ebenfalls zu werten sein, dass Poppe im Themenheft „Technikgeschichte 1909–2009 – Biographische Dimension“ der Zeitschrift Technikgeschichte, anders als etwa Johann Beckmann, keine Berücksichtigung fand. (Technikgeschichte 2009) Dies mag mit daran gelegen haben, dass Poppes eigentliche Verdienste, obwohl auch als Technikhistoriker sowohl durch seine publizistische als auch universitäre Lehrtätigkeit ausgewiesen, doch eher im Bereich der Wirtschafts- und Gewerbeförderung, sowie der universitären Ausbildung in den Staatswissenschaften lagen. Hier verfolgte er den Anspruch, zumindest ein gewisses Maß an technischem Know-how an die zukünftigen Staatsbeamten zu vermitteln. Denjenigen, die Technologie studierten, um später als Staatsbeamte – und damit verbeamtete Reformer – tätig zu werden, sollte zumindest vermittelt werden, „wie diese oder jene Ware verfertigt [werde]; (auch wenn) man allerdings keineswegs von ihnen verlangen könne, selbst zur Verfertigung Hand an zu legen“. (Poppe 1823, Einleitung) Poppe war die Verkörperung eines engagierten Modernisierers. Er blieb vorwiegend praktischen wirtschaftspolitischen Fragen zugewandt, etwa der Maschinenfrage und ihre Auswirkung auf den Arbeitsmarkt, dem Gewerbeschulwesen oder auch der Vermittlung von technischem Grundwissen an die zukünftige Beamtenschaft. Es ist für Poppes Studienprüfungsfragen bezeichnend, dass er nach der Bedeutung gewerblicher Technologien fragte, etwa der Glasfabrikation, nicht jedoch nach verfahrenstechnischen Details der Produktion, und auch nicht nach verwaltungstechnischen, also juristischen Aspekten.

Poppes Interesse gerade auch an technikhistorischen Fragestellungen erklärt sich trotz seines sonstigen aktuellen Praxisbezugs aus drei Motiven. Zum einen war die Geschichte der Technik und Technologie Gegenstand seiner universitären Lehrtätigkeit, für die er sich selbst die entsprechenden Lehrbücher schrieb. Zum anderen hatte er selbst Interesse an der Geschichte der Technik; und nicht zuletzt hatte er seit dem Beginn seiner Universitätslaufbahn erkannt, dass in der kaufkräftigen Leserschaft ein Markt für technikhistorische Darstellungen bestand. Der Erfolg gab ihm recht, und Bestseller folgte auf Bestseller: „Geschichte der Technologie", (Poppe 1807–1811) „Über das Studium der Technologie", (Poppe 1818) „Lehrbuch der allgemeinen Technologie", (Poppe 1818/21) „Technologisches Lexicon", (Poppe 1816 20) „Die Physik vorzüglich in Anwendung auf Künste, Manufakturen und andere nützliche Gewerbe", (Poppe 1830) „Geschichte aller Erfindungen und Entdeckungen" (Poppe 1847) oder auch sein „Noth- und Hülfs-Lexikon zur Behütung des menschlichen Lebens". (Poppe1811) Vor allem die letztgenannte Publikation brachte ihm sogar den Ruf eines Philanthropen ein.

In methodischer Hinsicht knüpft Poppe akzentuierend an das an, was Johann Beckmann begonnen hatte. Wie dieser steht auch Poppe nach wie vor der professionellen Beschreibung von Technik im engeren Sinne und von rein technischen Komponenten fern. Allerdings konnte, anders als im Falle von Beckmann, gegen Poppe als Professor u. a. für Mathematik und Physik nicht vorgebracht werden, er verstünde nichts von der naturwissenschaftlichen Seite der Technik. Aber darum ging es ihm in seinen Geschichten der Technologie bzw. der Erfindungen und Entdeckungen auch gar nicht. Für ihn war ausschlaggebend, für seine Leser- und Hörerschaft die Grundlagen von – modern ausgedrückt – Inventionen, Innovationen und Diffusionsprozessen darzustellen, und zwar nach der historisch-kritischen Methode. Bezogen auf seine Hörerschaft an der staatswirtschaftlichen Fakultät in Tübingen, also den zukünftigen Beamten, bedeutete dies, fundierte Einblicke in die Geschichte der Gesamtheit der zur Gewinnung oder Bearbeitung von Stoffen nötigen Prozesse und Arbeitsgänge zu geben; nicht jedoch, sie zu Technikern auszubilden. Das diesbezüglich relevante Wissen sollte entweder über das polytechnische Schulwesen vermittelt werden, oder fand sich in gedruckter Form in der technologischen Spezialliteratur, auf die Poppe zu seiner Entlastung auch ausdrücklich verwies. (Poppe 1807, S. 492) Dass Poppes historischer Ansatz in einer sich dramatisch technisierenden und fortschrittsfokussierten Welt nicht mehr die Funktion zu erfüllen vermochte, die der Geschichte vormals als „großer Lehrmeisterin" zugedacht worden war, mag uns im Rückblick mehr einleuchten als Poppe selbst es zu erkennen vermochte. Von daher überholte die gesellschaftliche, die industrielle Realität des 19. Jahrhunderts Poppes technikhistorischen Ansatz und ließ diesen in seiner Zeit letztlich obsolet werden. Auch mit dieser Erfahrung einer Historizität von Technik war der Uhr- und Schrittmacher der Technikgeschichtsschreibung Johann Heinrich Moritz von Poppe ein „echter" Historiker und würdiger Vertreter dieser Zunft. (Vgl. Kahlert 2005, S. 211-225)

2.2.2 Fazit zur wissenschaftlichen Technikhistoriographie um 1800

Fassen wir zusammen, so ist zur wissenschaftlichen Technikgeschichtsschreibung um 1800 folgendes festzuhalten:

- Es handelt sich um Publikationen, die erstmals darum bemüht sind, eine durch Quellen abgesicherte Darstellung der Erfindungsgeschichte und hierbei auch technikhistorischer Zusammenhänge sicherzustellen. „Dabei handelt es sich zunächst mehr um eine literargeschichtliche Bestandsaufnahme, um die Verifizierung von Überliefertem und die Erarbeitung einer Chronologie der Erfindungen und Innovationen." (Troitzsch 1973, S. 57) Ebenso um den gesicherten Nachweis der Diffusion bestimmter Technologien im historisch-gesellschaftlichen Prozess.
- Im Hinblick auf den Umgang mit ihren Quellen, also all dem an gedrucktem oder ungedrucktem Textgut, an Artefakten, an Bildmaterial jedweder Art oder sonstiger Überlieferung, aus denen heraus die (Technik)Historiker Kenntnisse über die Vergangenheit gewinnen können, also ihre Informationen schöpfen, ist die Erfindungs- und Technikgeschichtsschreibung um 1800 als wissenschaftlich zu bewerten. Das heißt, sie bemüht sich insbesondere darum, rational mit ihren Quellen umzugehen und diese kritisch zu würdigen, um sie so einer wissenschaftlichen Überprüfbarkeit und Diskussion zugänglich zu machen. Diese Objektivierung der historischen Quellenbasis ist von substanzieller Bedeutung. Auch wenn die Quellenbasis der Technikgeschichtsschreibung um 1800 nach wie vor im Wesentlichen literarischer Natur bleibt, so wird diese, anders als bei der früheren Erfindungsgeschichte, nun jedoch philologisch bearbeitet und quellenkritisch analysiert. Es ist damit von einer historisch-kritisch-philologischen Methode zu sprechen, der insbesondere Johann Beckmann verpflichtet war.
- Nach wie vor wird die historische Beschäftigung mit der materiellen Vergangenheit um 1800 von Gelehrten betrieben, die selbst keine technischen Praktiker waren. Technische Zusammenhänge waren diesen eher fremd. Dennoch standen sie diesem Gegenstandsbereich bzw. Wissensfeld näher als ihre humanistisch geprägten Gelehrtenkollegen aus den vorangegangenen Jahrhunderten. Dies lag daran, dass an den Universitäten und gelehrten Anstalten im Kanon der Lehrfächer nun u. a. die Kameral- bzw. Staatswissenschaft, die Ökonomie oder auch die Technologie Platz gefunden und auf diesem Wege zumindest, wenn auch mehr oder weniger zwangsläufig, bei den Lehrenden eine gewisse Vertrautheit mit technischen Sachverhalten Einzug gehalten hatte. Hierfür war der Anspruch an die Ausbildung von Kameralbeamten mitverantwortlich, der darin bestand, dass derjenige, der Technologie studiert habe, um als Staatsbeamter tätig zu werden, zumindest wissen müsse, „wie diese oder jene Ware verfertigt (werde); auch wenn man allerdings keineswegs von ihm verlangen könne, selbst zur Verfertigung Hand an zu legen". (Nach Poppe 1823, Einleitung)
- Technische Artefakte werden als solche, ihre Details, Konstruktionsmerkmale, Materialien etc. nicht in einem ingenieur- bzw. konstrukteursgemäßen Sinne oder

derart beschrieben, dass hierauf basierend eine Umsetzung in die Praxis erfolgen könnte. Die rein technische Entwicklungsgeschichte von Maschinen, Apparaten, Geräten etc. im engeren Sinne wird kaum nachgezeichnet. Dennoch zeigt sich, wie an diversen Artikeln Johann Beckmanns, etwa zum „Flintenschloß", dem „Rubinglas" oder den „Getreidemühlen" erkennbar wird, doch eine gewisse Annäherung an die Technik als solche. Dieser Praxisbezug ist auch dadurch gegeben, dass den an den Universitäten auszubildenden Kameralbeamten zumindest eine, wenn auch nur allgemeine, Vorstellung über das vermittelt werden sollte, womit sie später in ihrer Verwaltungspraxis als genehmigende und beaufsichtigende Behörde befasst werden würden. Hierzu jedoch waren keine technischen Detailkenntnisse erforderlich.

- Neben das Motiv der Belehrung und Unterhaltung der ‚gebildeten Stände' tritt dessen ungeachtet nun auch die Absicht, Wissen, und insbesondere technisches Wissen, welches die Menschheit einmal erlangt hat, durch schriftliche Fixierung zu sichern. Auch sollte es das Ziel der Beschäftigung mit der Technik der Vergangenheit sein, hieraus Anregungen für die Bewältigung von Problemen der Gegenwart zu erlangen. Die große Lehrmeisterin Geschichte wird befragt, „zur Erweiterung menschlicher Kenntnisse", wie es im Titel von Vollbedings „Archiv nützlicher Erfindungen und wichtiger Entdeckungen" von 1792 heißt. Einmal vorhandenes Wissen, also dieser Erfahrungsschatz, soll nicht der Vergessenheit anheimfallen, so dass nicht immer wieder bereits an sich längst Bekanntes neu und gegebenenfalls aufwändig entwickelt oder erfunden werden muss.
- Eine Kontextualisierung von Technik und Technikentwicklung in die gesellschaftlichen Systemzusammenhänge ist bei Beckmann noch stark ausgeprägt, geht dann aber mit Poppe in seiner „Geschichte der Technologie" verloren. Beckmanns Betrachtung von Technik ist immer interdisziplinär und fachübergreifend angelegt; und
- es gibt zudem kaum tragfähige Argumente, die Bedeutung Johann Beckmanns für die Konstituierung einer wissenschaftlichen Technik- bzw. Erfindungsgeschichtsschreibung um 1800 infrage zu stellen. Gleichwohl wird es Johann Heinrich Moritz von Poppe sein, dem es gelingt, die Erfindungsgeschichte aus ihrer ursprünglichen begrifflichen Weite und Undifferenziertheit, die u. a. dann auch eine relative Willkürlichkeit der Themenauswahl bedingte, herauszuführen und die Erfindung als nunmehr rein technisches Gedankenkonstrukt zu charakterisieren. Dieses verbindet Poppe allerdings mit einer Enttextualisierung von technischer Entwicklung aus ihren gesellschaftlichen Bezügen. Diese Art der Beschäftigung mit Technik wird die Technikgeschichtsschreibung bis weit ins 20. Jahrhunderts hinein prägen.

Literatur

Allgemeine Deutsche Biographie (ADB), Bd. 26, Leipzig 1888, S. 418 ff.

Johann Beckmann, Beyträge zur Geschichte der Erfindungen, 5 Bde., Leipzig 1780–1805, ^{2}1783 ff.

Gabriel Christian Benjamin Busch, Versuch eines Handbuchs der Erfindungen, 8 Bde. Eisenach 1790–1798

Johann August Donndorf, Geschichte der Erfindungen in allen Theilen der Wissenschaften und Künste [...], 4 Bde., 2 Supplementbände., Quedlinburg/Leipzig 1817–1821

Heinz Durchhardt, Das Zeitalter des Absolutismus, 2. Aufl., München 1998

Journal für Fabrik, Manufaktur, Handlung und Mode, Bd.12, Leipzig 1797, Juli bis Dezember, S. 41-64 und S. 83-100

Helmut Kahlert, Johann Heinrich Moritz von Poppe (1776–1854): Würdigung einer umstrittenen Persönlichkeit, in: Zeitschrift für Württembergische Landesgeschichte 64 (2005), S. 211-225

Karl Karmarsch, Geschichte der Technologie seit der Mitte des 18. Jahrhunderts, München 1872

Torsten Meyer, Sven Tetzlaff, Zur Geschichte der deutschen Technikhistoriographie bis 1945. Eine Problemskizze, in: Günter Bayerl (Hg.), Johann Bechmann (1739–1811). Beiträge zu Leben, Werk und Wirkung des Begründers der Allgemeinen Technologie, Münster u. a. 1999, S. 275-286

Robert von Mohl, Lebenserinnerungen 1799–1875, 2 Bde., Stuttgart 1902, hier Bd. 1

Johann Heinrich Moritz Poppe, Die Physik vorzüglich in Anwendung auf Künste, Manufakturen und andere nützliche Gewebe, Tübingen 1830

Ders., Geschichte aller Erfindungen und Entdeckungen, Frankfurt am Main ²1847

Ders., Geschichte der Technologie seit der Wiederherstellung der Wissenschaften bis an das Ende des 18. Jahrhunderts, 3 Bde., Göttingen 1807–1811

Ders., Lehrbuch der allgemeinen Technologie, Stuttgart/Tübingen 1818/1821

Ders., Noth und Hilfs-Lexikon zur Behütung des menschlichen Lebens, 2 Bde., Nürnberg 1811

Ders., Technologisches Lexicon, Stuttgart/Tübingen 1816–1820

Ders., Über das Studium der Technologie, den Nutzen dieser Wissenschaft, und die rechte Würdigung neuer Erfindungen, Tübingen, 3. Aufl. 1823

Ders., Über den jetzigen Zustand der Taschenuhren und der Uhrmacherkunst überhaupt, in: Neues Hannoversches Magazin 4 (1794), S. 1649-1662

Ders., Versuch einer Geschichte der Uhrmacherkunst, Göttingen 1797

Philipp R. Rössner, Kameralismus, Kapitalismus und die Ursprünge des modernen Wirtschaftswachstums – aus Sicht der Geldtheorie, in: Vierteljahreschschrift für Sozial- und Wirtschaftsgeschichte 102 (2015), H. 4, S. 437-471

Rolf Seubert, Handwerksbildung als Beitrag zum Aufbau einer Nationalindustrie. Johann Hinrich Moritz Poppe, in: Günter Bayerl u. a. (Hg.), Johann Beckmann (1739–1811), Münster u. a. 1999, S. 185-201

Ulrich Troitzsch, Zu den Anfängen der deutschen Technikgeschichtsschreibung um die Wende vom 18. zum 19. Jahrhundert, in: Technikgeschichte 40 (1973), S. 33-57

Ders., Wilhelm Franz Exner (1840–1931) und sein Verhältnis zu Technologie und Technikgeschichte, in: Günter Bayerl, Jürgen Beckmann (Hg.), Johann Beckmann. 1739-1811, Münster u. a. 1999, S. 253–267

Verein Deutscher Ingenieure (Hg.), Technikgeschichte 76 (2009), H. 4

Gerhard Zweckbronner, Technikgeschichte – eine Brücke zwischen mathematisch-naturwissenschaftlicher und literarisch-geisteswissenschaftlicher Kultur. Allgemeine Betrachtungen zu Gegenstand, Methode und Funktion der Technikgeschichtsschreibung, in: Gesellschaft der Freunde der Universität Mannheim (Hg.), 33 (1984), Nr. 2, S. 20-29

Ders., Ingenieurausbildung im Königreich Württemberg, Stuttgart 1988

2.3 Die internalistische Technikgeschichtsschreibung zwischen 1900 und den 1940er Jahren

Die Technikgeschichte erfuhr dann in den Jahrzehnten seit 1870 einen beachtlichen Aufschwung. Die Welt war unübersehbar technischer geworden. Selbst die vor allem der Zukunft, nicht der Vergangenheit verpflichteten Ingenieure und ihre Interessenvertreter begannen zu erkennen, dass Technik auch Dimensionen aufwies, die nicht der Vergessenheit anheimfallen sollten. Man entdeckte so die Technikgeschichte für sich und wollte damit auch deutlich werden lassen, dass Technik als Kulturfaktor einen wesentlichen Einfluss auf die Menschheitsgeschichte besaß bzw. schon immer besessen hatte, und dass es eben auch die Ingenieure waren, denen damit eine kulturtragende Funktion nicht weiter abgesprochen werden konnte. Damit wurde von Ihnen die sie gesellschaftlich bisher deklassierende Kategorisierung zwischen geisteswissenschaftlicher Kultur einerseits und technischer Zivilisation andererseits infrage gestellt.

Nur, wie konnte denn diese augenscheinlich überholte Weltsicht in Frage gestellt werden? Und wie ließe sich dieses Problem besser als in historischer Reflektion darstellen? Wo waren eigentlich die Publikationen einer Geschichtswissenschaft, die die kulturmächtige Kraft der Technik in ihrer gesamtgesellschaftlichen Bedeutung bezeugen konnten? Wo fand sich z. B. die Geschichte der Dampfmaschine niedergeschrieben, wo diejenige des Maschinenbaus, des Eisenhüttenwesens, der Elektrizität, der Eisenbahn oder des Verkehrswesens, etwa mit der Geschichte des Automobils? Wo wurde über die revolutionäre Massenproduktion von Konsumgütern berichtet, und wo fand sich etwas über den technischen Wandel im alltäglichen Leben mit all seinen so fundamentalen Konsequenzen?

Blickte man aus der Gegenwart des 19. bzw. frühen 20. Jahrhunderts zudem etwas weiter in die Vergangenheit zurück, dann türmte sich ein Berg von der traditionellen Geschichtswissenschaft bisher ebenfalls kaum in den Blick genommener Themenfelder auf. Wo ließ sich die Geschichte jener großtechnischen Leistungen nachlesen, die für Antike und Renaissance hätten festgehalten werden müssen, und die allenfalls am Rande des gymnasialen Lateinunterrichts zumindest gelegentlich Erwähnung gefunden hatten? Wo also konnte man die grandiosen technischen Kulturleistungen der Techniker und Ingenieure von damals, mit ihren zahlreichen technischen Pionier- und Großtaten, wiederfinden? Wo war die Erfolgsgeschichte der Technik und ihrer „Macher" eigentlich beschrieben? (Vgl. Rosenberg 2012, S. 921-962)

Nicht nur die Geschichtswissenschaft des 19. Jahrhunderts hatte all dies ausgeblendet, vor allem in Deutschland. (Vgl. Berghahn 2003, S. 255-273) Der Kultur- und

Bildungsbegriff orientierte sich vorrgangig an der politischen Dimension der Vergangenheit und erst recht ihrer nationalstaatlichen Gegenwart. Das Erkenntnisinteresse der staatstragenden Geschichtswissenschaft war zudem auf eine Diplomatie-, Kriegs- und Machtgeschichtsschreibung ausgerichtet. Auf Dynastien von Königen, auf Staatsmänner, Feldherren und Hochkulturträger, deren ‚Großtaten' dann im Geschichtsunterricht der elitebildenden humanistischen Gymnasien als Ausdruck nationalkultureller Selbstfindung von Schülern umfänglich zu memorieren waren. Wo blieb dabei aber eigentlich die Technik und ihre Geschichte? Einer Technik, die unbestreitbar bereits in der Antike maßgeblich dazu beigetragen hatte, etwa Rom zur Weltmacht aufsteigen zu lassen und deren moderne Stahlkonstruktionen die neugotischen Fassaden der humanistischen Gymnasien des Kaiserreichs trugen. Einer Technik, die zudem dann seit der zweiten Hälfte des 19. Jahrhunderts unübersehbar die Welt prägte und einen weltgeschichtlich singulären Aufbruch, die politisch-industrielle Doppelrevolution, eingeleitet hatte. An diese geschichtsmächtige Kraft des technischen Wandels hatte in der Historikerzunft bisher kaum jemand einen Blick verschwendet. Aber gehörte sie unbestreitbar nicht auch zur Nationalstaatsgründung und Nationsbildung gerade der Deutschen? Warum konnte z. B. die Eisenbahn so außerordentlich populär sein, ohne in irgendeiner historischen Darstellung vorzukommen? Wie konnte es sein, dass in einer der technisch modernsten Gesellschaften um 1900, der deutschen, Technik und Bildung unvereinbare Gegensätze waren?

Sah man genauer hin, so zeigte sich die Geschichte der Technik tatsächlich nicht nur als ein weißer Fleck historischer Forschung, es hatte sich auch bisher offenbar noch niemand dafür zuständig gehalten, dies zu ändern. Mochte Technik als solche anerkanntermaßen allergrößte praktische Bedeutung besitzen und gesellschaftliche, auch wirtschaftliche Beachtung genießen, die Geschichte der Technik besaß all dies offenbar nicht. Was war zu tun, um die Geschichtswissenschaft auf das vernachlässigte Gebiet der Technik aufmerksam zu machen und dadurch für Abhilfe in einem Bereich zu sorgen, der nun wirklich nicht unberücksichtigt bleiben durfte, um Gesellschafts- und Staatsentwicklung zu verstehen?

Im Hinblick auf all die aufgeworfenen Fragen bestätigte sich zweierlei: Zum einen, dass ein den Ansprüchen von Technikern und Ingenieuren genügendes technikhistorisches Schrifttum tatsächlich einfach nicht existierte. Zum anderen, dass die entstehende professionelle universitäre Historiographie des 19. Jahrhunderts aus vielerlei Gründen keine Notwendigkeit zu erkennen glaubte, sich mit so profanen, bildungsfernen Dingen wie Technik abzugeben. „Euer Geist ist nicht von unserem Geist" (Matschoß 1913, S. 2054) war den Ingenieuren von Seiten der Geisteswissenschaften entgegengeschleudert und mit dem abwertend gemeinten Hinweis auf „[...] d[ie] materielle Seite der technischen Kultur" begründet worden. ‚Geist', ‚Kultur' und, vor allem, ‚Bildung' und ‚Nation' schlossen diesem Verständnis nach ‚Technik' nicht ein, sondern explizit aus. Die in diesem Geist formierte deutsche Geschichtswissenschaft des Historismus blieb ihrem Motto treu, wonach Geschichte eben politische Geschichte war, und zwar so, wie es der politische Neuzeithistoriker Heinrich von Treitschke paradigmatisch formuliert hatte:

> „Wer das ewige Werden als das Wesen der Geschichte erkennt, der wird begreifen, daß alle Geschichte zuerst politische Geschichte ist. […] Die Thaten eines Volkes muß man schildern; Staatsmänner und Feldherren sind die historischen Helden […] Je weiter man sich vom Staat entfernt, je mehr entfernt man sich vom historischen Leben." (Treitschke 1897, S. 63 f.)

Treitschke, als publizistischer Mitarbeiter des preußischen Ministerpräsidenten und Reichskanzlers Otto von Bismarck (1815–1898), wusste, wovon er sprach: Das Diktum beschrieb schlicht seine eigene Karriere als machtnaher Historiker und Apologet erfolgreicher politischer Machtanwendung. Dies sollte bis zur Mitte des 20. Jahrhunderts der grundsätzliche Charakterzug deutscher politischer Historiographie bleiben: Wo die Macht war, war das Recht. Technik war ein Instrument, aber keine Macht. (Lundgreen/Grelon 1994) Insofern war es konsequent, dass eine technik- oder kulturgeschichtlich ausgerichtete Historiographie ausdrücklich zurückgewiesen wurde:

> „Alle Geschichte ist vor allen Dingen eine Darstellung der res gestae und der handelnden Staatsmänner […]Vollends die Bedeutung der technischen Erfindungen ist bei weitem geringer für das geschichtliche Leben als man heutzutage zu behaupten pflegt. Wäre das nicht so, dann müssten wir unser gesamtes welthistorisches Urtheil verändern." (Treitschke 1897, S. 65 f.)

Schon der Begründer des Historismus, Leopold von Ranke (1795–1886), hatte betont, dass es Aufgabe der Geschichtsschreibung sei, ein allgemeines Gedächtnis der Gegenwart zu erzeugen, also an die großen geistigen Tendenzen zu erinnern, welche die Menschheit beherrschen. Sein Anliegen war es, auf dem Weg des einfühlenden Verstehens durch reine Anschauung der großen Epochen und Ideen der Menschheit zur Offenbarung eines universal wirkenden, göttlichen Geistes zu gelangen. (Kolmer 2008, S. 47 f.) Da Naturwissenschaften und Technik nur einen Teil dieses allgemeinen Geistes darstellten, bedurften sie nach Ranke keiner gesonderten Beachtung. Dies umso weniger, als sich der göttliche Geist ohnehin nur in einer epochenübergreifenden Betrachtung offenbaren würde.

Der Widerspruch zwischen der abstrakten historischen Wirklichkeit der deutschen Geschichtsschreibung und der Alltagsrealität wurde zwischen der Reichsgründung von 1871 und dem Ende des Ersten Weltkrieges immer größer. Denn eins war unverkennbar geworden, nämlich das „historische Leben“, nach dem der Historismus in den Staatsaktionen sowie diplomatischen Akten forschte, und dieses dann zum alleinigen Gegenstand historischer Forschung erklärte, hatte sich spätestens seit Beginn des 19. Jahrhunderts in Deutschland radikal verändert. Die Welt wurde schlichtweg von Technik geprägt. Nach der Technisierung der Produktionssphäre seit der Industriellen Revolution des 18. Jahrhunderts und der Eroberung von Raum und Zeit durch die Eisenbahn fand seit den 1880er Jahren eine durchgreifende Technisierung nicht nur der Produktion, sondern auch des Alltags statt. In der ersten Hälfte des 20. Jahrhunderts begannen die Grenzen von zivilem Alltag und Krieg, von Heimat und Front, eigentümlich zu verschwimmen. Und das hatte technisch-industrielle ebenso wie politische Gründe.

Die von den deutschen Historikern demgegenüber besonders beachteten Kriege, z. B. der Amerikanische Bürgerkrieg (1861–1865), der Deutsch-Dänische Krieg (1864), der Deutsche Krieg (1866), und der Deutsch-Französische Krieg (1870/71), waren bereits moderne, technisierte, logistikabhängige Massenkriege mit hohem Vernichtungspotential unter Mobilisierung letztlich kriegsentscheidender industrieller Ressourcen und tendenziell immer größerer Teile der Zivilbevölkerung.

Wenn man über Kontinentaleuropa hinausblickt, so beruhte Großbritanniens Stellung als einzige Supermacht des 19. Jahrhunderts auf industrieller und maritimer technischer Überlegenheit. Der Erste Weltkrieg wurde zum schrecklichen Inbegriff des ersten totalen industriellen, technisch geprägten Massen- und Vernichtungskrieges. (Rohkrämer 1994; Altgeld 2003) Auch die Technisierung des Alltages war tiefgreifend und darf keinesfalls aus den Augen verloren werden. Verbrennungsmotoren und die Produkte der chemischen Industrie hatten das Grauen des ersten industriellen Verschleißkrieges, die Elektrizität hatte die Rüstungsindustrie ermöglicht. Diese Errungenschaften verschwanden nach dem Krieg nicht, sie prägten eine neuartige Lebenswelt. Automobile, Fahrräder, Radios, Kino, Telefon, Telegraphie, schließlich Hochhausarchitektur und vieles mehr wurden so schnell in den industrialisierten Gesellschaften zu technischen Symbolen einer neuen Zeit, ja eines technologischen Quantensprungs in Energiebedarf, Mobilität und Kommunikation.

Kein Sektor blieb davon unberührt. In der Fleischindustrie der USA wurden Rinder und Schweine nun am Fließband geschlachtet. Als wohlfeile Konserven, etwa als Dosen-Cornedbeef, prägten sie den Geschmack der neuen Zeit – und erklärten sich ebenfalls aus den Erfahrungen der Kriegsversorgung. Massenproduktion im Fließprozess formte eine neue, moderne Wirtschaft und beherrschte nun nicht nur die Fleischindustrie, sondern auch Fords Automobilherstellung und vieles mehr. Backfabriken, z. B., erfanden neue Produkte, wie etwa das Toastbrot, das den Zeitgenossen zwar höchst gewöhnungsbedürftig schmeckte, und für den Verbraucher zunächst überhaupt nur unter Zuhilfenahme des Toasters in einen konsumierbaren Zustand zu versetzen war, sich aber auf der anderen Seite im industriellen Fließprozeß schnell, in Massen und damit kostenminimierend herstellen ließ. Der bisher gewohnte Geschmack musste sich den neuen Produkten anpassen. Maggi Suppen, Margarine, Knorrs Erbswurst und Konservengemüse begannen bis 1920 als Massenkonsumartikel den „industriellen" Geschmack in die Haushalte zu tragen. Diese Haushalte begannen, sich selbst den Maximen industrieller Produktion zu unterwerfen und die Hausarbeit zu „industrialisieren". Kein Schritt und kein Handgriff sollten, wie etwa in der von der Wiener Architektin Margarete Schütte-Lihotzky (1897–2000) konzipierten „Frankfurter Küche", mehr Aufwand erfordern als unbedingt erforderlich. Arbeits- und Bewegungsabläufe wurden so optimiert optimiert wie vorher u. a. in der Rüstungs- und in der Autoindustrie nach dem Vorbild Henry Fords (1863–1947). Darauf waren das gesamte Interieur sowie die Anordnung der verschiedenen Ausstattungselemente der Küche ausgerichtet. Die ergonomische Gestaltung des „Arbeitsplatzes" Küche wurde ebenso optimiert, wie dessen Beleuchtung oder auch dessen Funktionsabläufe als solche. Es ging, ganz in dem Sinn, wie es der Ingenieur und Erfinder der Prozessoptimierung Frederic W. Taylor (1856–1915) in seinem Konzept für die industrielle Produktion konzipiert hatte, auch in der privaten Küche sämtliche Arbeitsabläufe zu perfektionieren, sowie den Aufwand in jeder Hinsicht zu minimieren. Und selbst Hygieneaspekte kamen dabei nicht zu kurz: Die Farbgestaltung des Raumes der Frankfurter Küche wurde so gewählt, nämlich in einem bestimmten Blauton, dass sie für Fliegen weniger anziehend wirken sollte. (Allmayer-Beck 1996)

Die wissenschaftliche Betriebsführung nach Taylor und Ford, hier in Form der rationellen Haushaltsführung, fanden Einzug in das alltägliche private Leben. Auch hier galten nun die Leistungskriterien Effizienz, Rentabilität, Zeitökonomie und Produktivität. Dies spiegelt sich augenfällig auch darin wider, dass die für den Verein Deutscher Ingenieure tätige Rationalisierungsexpertin Irene M. Witte (1894–1976) den Leitfaden einer nach dem Beispiel des industriellen Fließprozess organisierten rationellen Haushaltsorganisation 1922 vom amerikanischen (Frederick 1921) ins Deutsche übersetzte, und so auf kürzestem Wege einem breiten Publikum zugänglich machte. (Witte 1922) Programmatisch präsentierte sich auch das von Erna Meyer 1926 unter dem Titel „Der neue Haushalt. Ein Wegweiser zur wissenschaftlichen Haushaltsführung" publizierte, wohl bedeutendste Werk der deutschen Haushalts-Rationalisierungsbewegung. Ihr Ziel war folgendes: Die neue Zeit konnte sich nicht auf den Bereich der industriellen Produktion beschränken, sondern musste und würde ihren Niederschlag auch im privaten Alltag finden. Es ging um eine Gesellschaftstransformation auf allen Ebenen.

Als einer der ersten, der dieser Erkenntnis Rechnung trug und in einer umfänglichen Publikation würdigte, kann der Schweizer Kunst- Kultur- und Technikhistoriker Sigfried Giedion (1888–1968) gelten. Mit der Formulierung „Mechanization takes command" als Titel seiner 1948 in New York erschienenen Publikation zur anonymen Geschichte, wie er es nannte, charakterisierte er die Zeitspanne des Aufbruchs in die Moderne, also die Jahre zwischen 1870 und 1930. Dabei richtete er seinen Blick genau auf das, was bisher die Defizite der allgemeinen Geschichtsschreibung ausmachte, nämlich auf die Geschichte des Alltags, der sich eben nicht mehr auf die Sphäre der Produktion beschränkt, sondern tief in die Lebensgewohnheiten des industriellen Menschen und in die Organisation seines Privatlebens eingriff: vom Essen bis zum Schlafen, vom Waschen bis zur Freizeit. Worum es ihm bei seiner historischen Analyse ging, ist dem programmatischen Vorwort seiner Publikation in aller Deutlichkeit zu entnehmen:

> „Am Anfang dieser Untersuchung stand der Wunsch, die Auswirkungen der Mechanisierung auf den Menschen zu begreifen und zu erkennen, bis zu welchem Punkte die Mechanisierung mit den unveränderlichen Gesetzen der menschlichen Natur im Einklang steht und in welchem Maße sie ihnen widerspricht. Die Frage der Grenzen der Mechanisierung muß sich in jedem Augenblick stellen, da man den menschlichen Aspekt, der der wesentliche ist, nicht außer Acht lassen kann." (Giedion 1948, dt. 1982, S. 13)

Und Giedion fährt fort:

> „Der Prozeß, der zur gegenwärtigen Rolle der Mechanisierung geführt hat, kann nirgends besser beobachtet werden als in den USA, wo die neuen Produktionsmethoden zuerst angewandt wurden und wo die Mechanisierung in die Lebensform und Denkweise tief eingedrungen ist. [...] Dadurch wird aber, wie ich hoffe, deutlich werden, wie dringend es ist, die *anonyme Geschichte* unserer Epoche zu erforschen und dem Einfluß der Mechanisierung auf unsere Lebensform nachzugehen – ihrer Auswirkung auf unser Wohnen, unsere Ernährung und unsere Möbel. Erforscht werden müssen auch die Beziehungen zwischen den Methoden, die in der Industrie angewandt werden, und den Methoden, deren man sich in anderen Bereichen bedient – in der Kunst und in dem ganzen Bereich der Visualisierung." (Ebd., S. 13f)

Mit dieser Art des Zugangs einer Technikgeschichtsschreibung zur Analyse des komplexen Geschehens der Industrialisierung und ihrer Folgen war Giedion seiner Zeit weit voraus. Er sprengte insbesondere auch jenen Rahmen, den die deutsche internalistische Technikhistoriographie mit größter Mühe und Rechtfertigungsdruck gegenüber der vorherrschenden Geschichtswissenschaft gerade erst zu implementieren bemüht war, nämlich die Einbeziehung der Technik als geschichtsmächtiger Kraft in die Geschichtsschreibung überhaupt. Es wird dann noch bis in die 1960er Jahre dauern, bevor Giedions Ansatz anerkanntermaßen Einzug in die Technikhistoriographie hielt.

Was Giedion als fundamental für technischen Wandel und seine gesellschaftlichen Folgen darzustellen suchte, wurde vorher schon an anderer Stelle, etwa von der künstlerischen Avantgarde der Zeit, deutlich wahrgenommen und beschrieben. Bertolt Brecht etwa fasste seine Gedanken zur „Neuen Zeit" in Gedichtform zusammen. In seinem 1929 veröffentlichten Gedicht „700 Intellektuelle beten einen Öltank an" bilanzierte er den Aufbruch in die Moderne unter der Begrifflichkeit „Fordschritt", bezeichnenderweise mit **„d"** geschrieben:

> „700 Intellektuelle beten einen Öltank an
>
> Ohne Einladung
> Sind wir gekommen
> Siebenhundert (und viele sind noch unterwegs)
> Überall her,
> Wo kein Wind mehr weht,
> Von den Mühlen, die langsam mahlen,
> Und den Öfen, von denen es heißt,
> Daß kein Hund mehr vorkommt.
>
> Und haben dich gesehen
> Plötzlich in der Nacht,
> Öltank.
>
> Gestern warst du noch nicht da,
> Aber heute bist nur du mehr.

Eilet herbei, alle
Die ihr abgesägt den Ast, auf dem ihr sitzet,
Werktätige!
Gott ist wiedergekommen
In Gestalt eines Öltanks.

Du Häßlicher,
Du bist der Schönste,
Tue uns Gewalt an,
Du Sachlicher!

Lösche aus unser Ich!
Mach uns kollektiv!
Denn nicht wie wir wollen
Sondern wie du willst.

Und bist du nicht gemacht aus Elfenbein
Und Ebenholz, sondern aus
Eisen.
Herrlich, Herrlich, Herrlich!
Du Unscheinbarer!

Du bist kein Unsichtbarer,
Nicht Unendlich bist du!
Sondern sieben Meter hoch.
In dir ist kein Geheimnis
Sondern Öl.
Und du verfährst mit uns
Nicht nach Gutdünken, noch unerforschlich
Sondern nach Berechnung.

Was ist für dich Gras?
Du sitzest darauf.
Wo ehedem Gras war
Da sitzest jetzt du, Öltank,
Und vor dir ist ein Gefühl
Nichts.

Darum erhöre uns
Und erlöse uns von dem Übel des Geistes
Im Namen der Elektrifizierung
Der Ratio und der Statistik!

(Brecht 1929, Ausg. 1988, S. 174-176; zum Werkskontext: Knopf 1986, S. 68 f. © mit freundlicher Genehmigung des Verlags Suhrkamp, Frankfurt.)

Diese alles durchdringende technische und gesellschaftliche Dynamik des Aufbruchs in die Moderne standen in einem auffallenden Kontrast zur Statik der neuhumanistischen Bildungswelt, die vom Bürgertum und seinen intellektuellen Vertretern nach wie vor kultiviert wurde. Der Kultur als Idealwelt stand eine Realität gegenüber, die abschätzig als Zivilisation bezeichnet wurde. Die materielle Dimension von Produktion und Reproduktion als gesellschaftliche Existenzbedingung wurde als banal und „ungeistig" verworfen und ignoriert. Der Literatur-Nobelpreisträger Thomas Mann brachte in einer Szene seines Epochen- und Schlüsselromans „Der Zauberberg" (1929) diese bürgerlichen Ressentiments ironisch auf den Punkt: „‚Ich bin Ingenieur, Herr Doktor', antwortete Hans Castorp mit bescheidener Würde. ‚Ah, Ingenieur!' und Dr. Krokowskis Lächeln zog sich gleichsam zurück, büßte an Kraft und Herzlichkeit für den Augenblick etwas ein. ‚Das ist wacker.'" (Thomas Mann 1990, S. 30)

Werner Sombart (1863–1941), einer der prominenten Vertreter der noch jungen historischen Nationalökonomie, setzte sich auf dem ersten Soziologentag im Oktober 1910 mit der Frage nach Technik und Kultur differenziert auseinander. Sombart entwarf eine komplexe Programmatik für eine ihm notwendig erscheinende systematische Analyse der Wechselwirkungen von Technik und Gesellschaft. Allerdings musste er das Ergebnis seines Vortrags rückblickend letztlich dann doch eher skeptisch bewerten: „Denn ich habe den Eindruck bekommen, dass man meine Absichten und Ansichten gründlich verkannt hat. Worauf es mir eigentlich ankam und worin ich den eigentlichen wissenschaftlichen Fortschritt meiner Ausführungen erblicke, hat man, haben jedenfalls die, deren Urteile und Einwände ich gehört habe, nicht gesehen." (Sombart 1911, S. 305)

Der Vortrag in seiner zwischen Zivilisation und Kultur vermittelnden Absicht geriet Sombart nach eigener Auffassung zum Fiasko. Noch härter traf es den Historiker Karl Lamprecht (1856–1915), der mit seinem Konzept einer morphologischen Kulturgeschichte als ‚totaler Geschichte' zum einen an eigenen Unzulänglichkeiten, vor allem aber an dem verbissenen Widerstand seiner historischen Fachkollegen scheiterte. (Vgl. Schorn-Schütte 1988) Lamprecht vertrat einen multiperspektivischen Ansatz von Geschichtsschreibung jenseits der traditionellen Politikgeschichte, wie er ihn zum Beispiel auf der Hauptversammlung des Vereins Deutscher Ingenieure im Jahre 1913 darlegte. Den anwesenden Technikern trug er, wenn auch deutlich zu optimistisch, dabei u. a. folgendes vor: „[...] so wird es nicht schwer sein, die besondere Stellung der Technik in dem engeren Bereich der geschichtlichen Erscheinungen der Gegenwart nicht bloß mit Rücksicht auf die Wissenschaften, sondern auf die gesamte Kultur von heute genauer festzustellen." (Lamprecht 1913, S. 152)

Dieses Auseinanderdriften der „zwei Kulturen", der zunehmende Konflikt zwischen nicht-technischer Idealität und technischer Realität, führte zu Beginn des 20. Jahrhunderts zu kritischen und emotional geführten Auseinandersetzungen über die dominierende Ideologie der geisteswissenschaftlichen Fächer. Wie wichtig gerade den Ingenieuren diese Debatte war, zeigt die 1909 vom Verband der Deutschen Diplom-Ingenieure ins Leben gerufene Zeitschrift mit dem programmatischen Titel „Technik und Kultur". In ihr bot sich ein Forum, um die vermeintlich tiefe Kluft zwischen Kultur einerseits und „kulturloser" sog. „technischer Zivilisation" andererseits, in Frage zu stellen.

Von Seiten der materiellen Kultur meldeten sich deren Protagonisten, also insbesondere die Ingenieure, zu Wort, die, durchaus von Emanzipationsbestrebungen geleitet, die Dominanz einer bildungsbürgerlich geprägten Interpretation von Kultur, von Staat, Wirtschaft, Gesellschaft und auch Geschichte in Frage stellten. Der spätere Direktor des Vereins Deutscher Ingenieure, Conrad Matschoß (1871–1942), kritisierte 1913 die traditionelle Sicht der Dinge unter anderem mit den Worten Lamprechts:

> „Wieviel Hochgebildete gibt es, die niemals eine Fabrik [von innen, d. Verf.] gesehen haben, niemals eine große Verkehrsorganisation, einen Rangierbahnhof etwa oder eine Speditionsanstalt erblickten: – und die dennoch glauben, über die Gegenwart allseits urteilen zu können! Denen niemals anschaulich klar geworden ist, was es heißt, in Reih und Glied zu stehen im Wirtschaftsleben, die nie eigentlich soziale Luft geatmet haben [...] und wie viele Gelehrte gehören in diese Kategorie! Und die dennoch glauben, wenigstens über die geistigen Bewegungen der Gegenwart und der Vergangenheit ein Urteil nicht bloß zu besitzen, nein, auch zum Gebrauche anderer mustergültig bilden zu können." (Matschoß 1913, S. 2054)

Aus den Worten des Ingenieurs Matschoß sprach unverkennbar zum einen das Selbstbewusstsein der Techniker, die sich als Avantgarde der Moderne verstanden, zum anderen aber auch die Unzufriedenheit der technischen Intelligenz über ihren gesellschaftlichen Status und die intellektuelle Geringschätzung von Technik und Technikwissenschaft, ganz zu schweigen von deren Geschichte. Beides akzentuierten Matschoß und seine Mitstreiter in zahlreichen Stellungnahmen, etwa folgenden Inhalts:

> „Die Technik ist noch nicht Gegenstand der zünftigen Geschichtsschreibung. [...] Wenn es neben den zahlreichen Literatur- und Kunstgeschichten auch eine Technikgeschichte – wie ungewohnt klingt sogar das Wort uns noch – geben wird, dann werden auch die Verfasser unserer Welt- und Kulturgeschichten an den großen Thaten der Ingenieure nicht mehr wie bisher stillschweigend vorbei oder mit einigen Zeilen darüber hinweggehen können. Ja, es wird dann auch die Zeit kommen, wo in den Museen nicht nur die Werkzeuge der Stein- und Eisenzeit, sondern auch die geschichtlich denkwürdigen Erzeugnisse des Maschinenzeitalters Platz finden werden. [...] Unsere Geschichtsschreiber haben zu viel von Kriegen und Helden, von Königen und Kaisern, von hoher Staatspolitik und Allenfalls von Künsten und Wissenschaften zu berichten [...]". (Matschoß 1901, zit. nach Lackner 2007, S. 41 f.)

War es unter diesen Gegebenheiten nicht geboten, dass Techniker und Ingenieure selbst in die Hand nahmen, was ihnen die traditionelle Geschichtswissenschaft offenkundig barsch verweigerte und für irrelevant erklärte, nämlich die Geschichte der Technik und damit auch die ihres eigenen Berufsstandes zu schreiben? Dies, da es zunächst nicht anders zu gehen schien, aus eigener Kraft, auch wenn dabei in Kauf genommen werden musste, dass man selbst keine historische Ausbildung genossen hatte. Diesen Weg zu beschreiten, war unausweichlich, wenn auch in der Hoffnung, dass den ingenieurtechnikhistorischen Autodidakten doch sicher bald schon die Professionalität von Allgemeinhistorikern zur Seite stehen würde, sobald in dieser Zunft die Einsicht gereift wäre, dass auch Technik, Wissenschaft und Anderes mit in den Kanon geschichtlicher Würdigung einzubeziehen sein würden. Der Verein Deutscher Ingenieure VDI, und damit die mächtige Vertretung des gesamten Berufsstandes, hatte sich dieses Ziel schon früh auf die Fahnen geschrieben und war insbesondere unter seinem späteren Direktor Conrad Matschoß intensiv bemüht, hierzu die entsprechenden Weichen zu stellen. Er betrieb eine energische Politik zur Etablierung und Institutionalisierung eines neuen Faches, nämlich der Technikgeschichte. (König 1983) Seit 1909 gab Matschoß ein VDI-Jahrbuch unter dem Titel „Beiträge zur Geschichte der Industrie und Technik" heraus, welches nach seinen Vorstellungen zum Kristallisationspunkt einer neuen historischen Beschäftigung mit Technik werden sollte und von Band 22 an den Titel „Technikgeschichte" trug. Darüber hinaus übernahm Matschoß 1909 an der Fakultät für Maschinenbau der TH Charlottenburg den ersten Lehrauftrag zur Technikgeschichte an einer deutschen Hochschule überhaupt an. Und selbstverständlich waren es Conrad Matschoß und der Verein Deutscher Ingenieure, die die Gründung des „Deutschen Museums für Meisterwerke der Naturwissenschaften und Technik" von 1903 lebhaft begrüßt und unterstützt hatten. Doch auch anderweitig waren die Ingenieure darum bemüht, Aufwind für ihre Technikgeschichte zu erzeugen. So gründeten Franz Maria Feldhaus und Carl Graf von Klinckowstroem 1914 die Zeitschrift „Geschichtsblätter für Technik, Industrie und Gewerbe". Daneben war bereits seit 1909 das „Archiv für die Geschichte der Naturwissenschaften und der Technik" in Leipzig erschienen. Im Jahr 1913 formierte sich unter dem Unternehmer und Hüttenfachmann Ludwig Beck der „Geschichtsausschuß des Vereins Deutscher Eisenhüttenleute" und 1926 wurde schließlich die „Georg-Agricola-Gesellschaft" mit der Zielsetzung der Förderung naturwissenschaftlicher und technikhistorischer Studien gegründet. Dass die Technische Hochschule Fridericiana zu Karlsruhe, eine der ältesten deutschen, 1825 gegründete Polytechnische Lehranstalt, im Jahre 1909 dem Ingenieur und Maschinenbauunternehmer Theodor Beck (1839–1917) den Titel „Dr.-Ing. e.h." verlieh, und zwar ausdrücklich und erstmalig in Deutschland mit der Begründung „in Anerkennung seiner Arbeiten zur Geschichte der Technik", unterstrich einmal mehr, welche Bedeutung die Technikgeschichtsschreibung im Selbstverständnis der Ingenieure inzwischen erlangt hatte. Allerdings sollte es bis Anfang der 1990er Jahre dauern, bis an der Fridericiana eine Professur für Technikgeschichte eingerichtet wurde.

Der Versuch, eine Neuausrichtung der Geschichtswissenschaft zu bewirken, wurde allerdings nicht nur auf diesen Wegen, sondern auch im aktuellen politischen Diskurs geführt, mit zum Teil auch höchst polemischen Formulierungen. Ein treffendes Beispiel hierfür ist der Artikel „Die Technik in der heutigen Geschichtswissenschaft" von 1910. In diesem forderte Conrad Matschoß eine Geschichtsschreibung im Sinne von Karl Lamprecht ein, die auch „[...] kein temperamentvoller Abiturient [mehr] mit Füßen treten [würde]". (Matschoß 1910, S. 300) Sein Anliegen formulierte er mit spitzer Feder dabei folgendermaßen:

> „Ich fuhr kürzlich in der Berliner Stadtbahn mit einigen Vätern zusammen, die froh bewegt sich von dem glücklichen Abiturientenexamen ihrer Söhne erzählten. Besonders freudig erinnerten sie sich an ihre eigene Jugendzeit, als der eine von seinem Sohne berichtete, das erste, was er nach bestandenem Examen getan habe, sei gewesen, dass er das Geschichtsbuch in die Ecke geworfen und mit Füßen getreten habe. Wenn auch das Grausen vor dem öden Zahlen-Schematismus nicht immer in so temperamentvoller Weise geäußert wird, nur zu oft kann man auch heute noch hören, wie freudig man alle die Kaiserreihen, Papstreihen usw. wieder vergisst, die man sich zur Prüfung eingepaukt hatte. [...] Woher kommt nun diese so vielfach noch heute zu findende geringe Schätzung der Geschichte? Sie rührt jedenfalls zum großen Teile daher, dass vielfach das, was Geschichte genannt wird, zu wenig im Zusammenhange steht mit dem, was uns umgibt, was uns interessiert, was uns berufsmäßig von früh bis abends zu beschäftigen hat. Die Geschichte, wie wir sie aus unserer Schulzeit noch kennen, war einseitige Kriegs- und Diplomatengeschichte und was wir haben wollten, war Kulturgeschichte in weitester Bedeutung des Wortes. In der eigentlichen Geschichtsstunde hörte man nur von Kampf und Totschlag und etwa noch von ewigen Verträgen, die ein Jahr später schon gebrochen wurden. Daß man von der unsere ganzen Beziehungen umgestaltenden Technik und Industrie in dieser Geschichte nichts wusste, war selbstverständlich. Das lag den aus den Philologenschulen hervorgehenden Geschichtslehrern jedenfalls unendlich viel ferner als chinesische Literaturgeschichte [...]". (Matschoß 1910, S. 296 f.)

Der Technikgeschichte fehlte es noch an Professionalität. Der Mangel bestand dabei weniger in der Ausgrenzung aus der Geschichtswissenschaft selbst, sondern vor allem im konkreten Mangel an technikgeschichtlichen Darstellungen und darin, dass die Aufgaben und Methoden, derer sich die Technikgeschichte zuwenden sollte, ebenfalls nicht klar umrissen waren. Ein Mangel, der, so die Auffassung der Techniker, nur durch den Ingenieur selbst behoben werden könne. Er sei es, der „die Geschichte seiner Kunst schreiben [müsse]: Es gibt niemanden, der ihm das abnehmen kann", so Matschoß, „weil nur in dem innigsten Zusammenhang mit der Technik sich die Geschichte der Technik schreiben lässt." (Matschoß, 1913, S. 2059)

Diese Einsicht trug schließlich ansehnliche Früchte, u. a. in Publikationen eines Franz Maria Feldhaus (Feldhaus 1923), Theodor Beck (Beck 1899), Hugo Theodor Horwitz (Horwitz 1914 und 1917), Georg Neudeck (Neudeck 1905), sowie nicht zuletzt Conrad Matschoß. (Matschoß 1908 und 1925) Dass unter diesen Autodidakten der Geschichtsschreibung nach wie vor sowohl methodische als auch formale Unsicherheiten darüber bestanden, wie Geschichte bzw. eine Geschichte der Technik zu schreiben sei, kann kaum erstaunen. Hugo Theodor Horwitz gab seinen Standeskollegen hierzu gelegentlich Nachhilfeunterricht, indem er sich nicht nur zu einer „Methodologie der Technohistorie" differenziert äußerte, sondern seinen Ingenieur-Fachkollegen auch Basiswissen zur wissenschaftlichen Geschichtsschreibung zu vermitteln suchte.

(Horwitz 1931) Sein programmatischer, 1929 in der Zeitschrift „Technik und Kultur" publizierter Aufsatz: „Forschungsgang und Unterrichtslehre der Geschichte der Technik (Methodologie der Technohistorie)" (Horwitz 1929) fand breite Beachtung, ebenso wie die klar umrissenen Aufgabenfelder, die Horwitz einer zukünftigen Technikhistoriographie zuwies. Dies sei in ihrer frühen Phase zunächst „registrierende und referierende Sammeltätigkeit", doch dieser gelte es dann unter Anwendung der „genetischen Methode" zu entwachsen. (Horwitz 1915, S. 202 f.) Die genetische Methode sei die ‚höchststehende' und ‚fruchtbarste' Betrachtungsweise:

> „Die Bezugsgrößen sind stets die technischen Gebilde [...] Hier ist das kontinuierliche Fortschreiten, die stetige Verbesserung aller technischen Verfahren zu erforschen, es sind die Zusammenhänge in verschiedenen Industriezweigen aufzudecken und die gegenseitigen Beeinflussungen aller technischen Arbeitsbetriebe zu erfassen. Die Verfolgung der technischen Wissenschaft gibt dabei Gelegenheit, die jeweiligen technischen Wissensgebiete und Gesichtskreise zu untersuchen; die theoretischen Abhandlungen wieder zeigen deutlich das intellektuelle Arbeiten und lassen die geistigen Strömungen der Zeit, die den praktischen Errungenschaften stets vorauseilen, erkennen." (Horwitz 1929, S. 216)

In seinem Aufsatz „Geschichte der Technik" hatte Horwitz bereits 1915 nach einem ausführlichen Forschungsbericht zum Stand des sich etablierenden Faches, dessen Aufgaben klar umrissen:

- die Geschichte der Technik müsse als wissenschaftliche Disziplin „[...] ihr Gebiet nach Möglichkeiten [...] vertiefen und ausbauen";
- sie müsse sich als „ein Zweig einer großen Universalgeschichtsschreibung [verstehen] „und als solche niemals die Zusammenhänge mit der Kulturgeschichte außer Acht lassen";
- der Technikgeschichtsschreibung falle auch die Aufgabe zu, die „Entwicklung einzelner Gewerbe- und Industriezweige" darzustellen;
- ferner müsse sie „[...] die Registrierung sämtlicher vorkommenden Neuerungen, der patentierten und nicht patentierten Erfindungen, der Ideen und der durchgeführten Versuche" vornehmen, und zwar mit dem Ziel, auch „den in der Praxis stehenden Fachleuten auf Anfrage entsprechende Auskunft zu erteilen";
- und schließlich sei es Aufgabe der Technikgeschichte, „Erfindungsanalyse" zu betreiben, um sich so dem Vorgang der Invention, aber auch der Person des Erfinders zu nähern. (Horwitz 1915, S. 206 f.)

Horwitz sieht beim erreichten Stand der technikhistorischen Forschung bereits im Jahr 1915 die Situation gegeben, nun die Ebene der nur registrierenden und referierenden Sammeltätigkeit zu überwinden und zur genetischen Methode der Technikhistoriographie überzugehen. Damit schien er allerdings der tatsächlichen Entwicklung des Faches weit vorgegriffen zu haben. Noch zwanzig Jahre später, nämlich 1936, bemängelte der Karlsruher Philosoph und Glastechnologe Eberhard Zschimmer in seinem Aufsatz „Ideen zu einer Geschichte der Technik" (Zschimmer 1936) die Situation in der Technikgeschichtsschreibung mit deutlichen Worten. Danach fehlte es zwar keineswegs an zugänglichen Materialien und Unterlagen, „[...] um an die Abfassung einer allgemeinen Geschichte der Technik zu denken." (Zschimmer 1936, S. 139) Dessen ungeachtet sei jedoch zu konstatieren, dass es nach wie vor an einer erkennbaren Bereitschaft mangele, diese Faktenfülle in eine allgemeine Geschichte der Technik umzusetzen. Die Flucht hiervor durch den Einwand zu begründen, dass eine hinreichende Faktendichte immer noch nicht erreicht sei, hielt Zschimmer für vorgeschoben und methodisch bedenklich: „Wir brauchen wohl nicht weiterzugehen mit der Widerlegung unfruchtbarer Standpunkte in der Technikgeschichte." Und er fährt fort:

> „Abwarten wollen mit dem Geschichteschreiben, bis einmal alles im einzelnen und besonders genau bekannt sei – es gibt auch solche Käuze in der Geschichte der Technik –, das würde bedeuten: man baut später ein Haus, weiß zwar noch nicht nach welchem Plan, türmt aber derweilen Unmassen von Baustoffen aller Art um sich auf." (Zschimmer, ebd.)

Worin Zschimmer die Aufgabe der Technikgeschichtsschreibung sieht, daran lässt er keinen Zweifel:

> „Wir sehen, wohin eine wahre Geschichte der Technik *als Ganzes* zu zielen hat: nach den vielfältigen, den Armen eines Polypen vergleichbaren Ausstrahlungen des Willens zur Macht über die Kräfte der materiellen Welt. Unter welchen geschichtlichen Bedingungen, welchen Bedingungen der Rasse und des Bodens, des Schicksals und des Zustandes der allgemeinen Kultur dieser *Machtwille des Geistes* seine Polypenarme bald hier-, bald dorthin ausstreckte, das müsste der Historiker lebendig vor Augen stellen. Das wäre Geschichte der Technik." (Zschimmer, ebd.)

Auch Horwitz Auffassung darüber, dass eine Erforschung der Geschichte der Technik letztendlich in einen größeren Kontext einer allgemeinen Kulturgeschichtsschreibung einzuordnen sei, war ausgesprochen weitblickend:

> „Vorerst ist die Geschichte der Technik rein als Wissenschaft zu betrachten, ebenso wie jede andere Disziplin, die ihr Gebiet nach Möglichkeit zu vertiefen und auszubauen sucht. Sie wird sich allerdings stets dessen bewusst bleiben müssen, dass sie ein Zweig einer großen Universalgeschichtsschreibung ist, und als solche niemals die Zusammenhänge mit der Kulturgeschichte außer acht lassen darf." (Horwitz 1915, S. 206)

Demgegenüber sprach der Chemie-Nobelpreisträger Wilhelm Ostwald (1853–1932) der Geschichtswissenschaft die für sie unlösbare Aufgabe zu, aufgrund zu ermittelnder Gesetzmäßigkeiten gesicherte Aussagen über die Zukunft zu ermöglichen. (Ostwald 1929) Sollte diese Prognosefähigkeit nicht erreicht werden, so sei der Geschichte jedwede Wissenschaftlichkeit abzusprechen:

> „Wenn nämlich die Kenntnis des Vergangenen uns die Voraussicht der Zukunft ermöglicht, und nur insofern dies geschieht, hat die Geschichte Anspruch darauf, als Wissenschaft, genauer als Hilfsmittel der Wissenschaft, anerkannt zu werden. Mit anderen Worten:

> Geschichte ist nur soweit Wissenschaft, als sie das Geschehene gesetzlich erfassen kann." (Ostwald, ebd., S. 4)

Und mit einem positivistischen Seitenhieb auf Rankes Definition der Aufgabe des Historikers: zu „sagen, wie es eigentlich gewesen", (Ranke 1874, S. VIII; vgl. Vierhaus 1977, S. 63-76) schreibt Ostwald: „Die geschichtliche Kenntnis von Tag und Stunde früherer Sonnenfinsternisse ist sicherlich keine Wissenschaft, solange sie sich auf die genaue Angabe beschränkt, wann und wie sie ‚eigentlich gewesen' sind." (Ostwald, ebd.) Für Ostwald war folglich klar, dass die im naturwissenschaftlichen Sinn gesetzlose, unwissenschaftliche und methodenlose Geschichtsschreibung in einer unfruchtbaren Faktenhuberei enden müsse:

> „Da sie [die Geschichtsschreibung, d. Verf.] von der vernunftmäßigen Wissenschaft noch nicht erfasst ist, so muß sich ihre Tätigkeit notwendig auf die Sammlung des Stoffes und die kritische Prüfung seiner Überlieferung beschränken. Und da noch kein Urteil möglich erscheint, was wichtig und was entbehrlich ist, so bleibt nichts übrig, als alles zu sammeln." (Ostwald, ebd., S. 5)

Um auch nicht den geringsten Zweifel darüber aufkommen zu lassen, was er von ihnen und ihrem Fach hielt, schrieb Ostwald den Historikern ins Stammbuch: „Ich meinerseits halte den historischen Sinn für eine Art kultureller Kinderkrankheit und empfinde die Befreiung von ihm als eine geistige Gesundung." (Ebd., S. 1)

Mit dieser Auffassung einer Rückübertragung des naturwissenschaftlich-positivistischen auf den Begriff von Geschichtswissenschaft blieb Ostwald allerdings selbst unter Natur- und Technikwissenschaftlern weitgehend allein. Diese, wie etwa der bereits genannte Eberhard Zschimmer, wiesen Ostwalds Grundeinstellung dem Geschichtlichen gegenüber als unzutreffend zurück. Zschimmer stellt in seinem Beitrag zu „Ideen zu einer Geschichte der Technik" ausdrücklich die Frage: „Waltet in der Technikgeschichte *eine Gesetzmäßigkeit*, die aus den Tatsachen erwiesen werden kann?" (Zschimmer 1936, S. 141) und beantwortet sie dann eindeutig abschlägig:

> „Solche geschichtlichen Gesetze haben nicht die Form der physikalischen, mathematisch ausdrückbaren Beziehungen, die ja immer nur Beziehungen unter Größen sind. Geschichtliche Kausalität ist so verschieden von Naturkausalität, dass man das Wort besser beiseite lässt, um keine Verwirrung der Begriffe zu stiften." (Zschimmer, Ebd., S. 142)

Mochten die Theoriediskussionen um derartige Themen von den Ingenieur-Technikhistorikern zunächst auch noch als eher randständig angesehen werden, so waren sie dennoch für die Konstituierung des Faches Technikgeschichte letztlich unentbehrlich. Dessen ungeachtet schien Anderes zunächst einmal mehr auf den Nägeln zu brennen. Umstritten war schon die Frage danach, welche Rolle der Ingenieur selbst in der Geschichtsschreibung seines Faches einnehmen sollte. Mochte Matschoß hierin eine originäre Aufgabe des Ingenieurs selbst sehen, so war Franz Maria Feldhaus demgegenüber doch völlig anderer Auffassung. In seiner Einleitung zu der Publikation „Die Technik der Antike und des Mittelalters" von 1914 hob er weitblickend hervor:

„Die Geschichte der Technik ist eine Angelegenheit der Geschichtsforschung, keine Angelegenheit der Technik." (Feldhaus 1914, S. 1); oder in der für Feldhaus typischen Polemik ausgedrückt: „Schreibt man Musiker-Biographien, indem man Solisten oder Orchestermitglieder zur Mitarbeit auffordert? Oder wendet man sich an Fachhistoriker/Lokalhistoriker oder ähnliche Leute?" (Zit. nach König 1985, S. XI) Dies müsse deshalb so sein, so Feldhaus in seiner diese Aussage begründenden Erläuterung, da

> „unser heutiges vielartiges und tiefgehendes technisches Wissen [...] uns bei geschichtlichen Betrachtungen über die Technik der Vergangenheit im Wege [ist]. Ich möchte sagen, daß derjenige mit größtem Vorteil eine geschichtliche Betrachtung über die Technik liest, der von der heutigen Technik möglichst wenig weiß." (Feldhaus 1914, S. 1)

Dies bedeutet allerdings keineswegs, wie möglicherweise voreilig geschlossen werden könnte, dass der gute Technikhistoriker generell möglichst wenig von Technik verstehen dürfe. (Dazu: Paulinyi 1995/96) Dies meint Feldhaus nicht. Es ging ihm um eine ganz andere Thematik, nämlich die Gefahr einer retrospektiven Betrachtung des technischen Wandels aus dem Blickwinkel der modernen Technik und durch deren exponierteste Vertreter, nämlich die Ingenieure. In deren Augen könnte historische Technik so leicht zum weniger vollkommenen Vorläufer der modernen Technik werden, zur reinen Vorgeschichte auf dem Weg zu immer größerer Vollkommenheit. Die Geschichte der Technik wäre dann nichts anderes als eine fortwährende grandiose Erfolgsgeschichte. Eine derartige Abstraktion und Wertung liefe allerdings der in Rankes Formel des Historismus gekleideten Überzeugung zuwider, dass „jede Epoche unmittelbar zu Gott" sei, was bezogen auf Technik nichts anderes bedeutet, als dass diese zu jeder Zeit als etwas für sich und kontextuell Gültiges anzusehen ist, „nicht bloß Durchgangsstadium einer Entwicklung zu einem vollendeteren Zustand [...]." (Ranke, zit. nach Berding 1971, S. 9 f.) Technik und ihre Entwicklung müssen in die gesellschaftlichen Kontexte ihrer jeweiligen Zeit gestellt und unter diesem Blickwinkel gewürdigt werden. Ein schlichter leistungs-, funktions- bzw. artefaktbezogener Rückblick auf die Technik bzw. Technikentwicklung der Vergangenheit durch die Brille einer Gegenwart wird dem nicht gerecht. Er hat mit Geschichte als Wissenschaft nichts zu tun.

Dass die von Feldhaus exemplarisch geäußerte Sorge vor einer Technikgeschichte als durch Ingenieure geschriebene Siegergeschichte eines ewigwährenden Fortschritts durch Technik(er) nicht gänzlich aus der Luft gegriffen war, zeigt sich deutlich im Schrifttum der Ingenieurs-Technikgeschichtsschreibung der ersten Hälfte des 20. Jahrhunderts. Besonders augenfällig z. B. in der Konzeption des 1903 gegründeten und 1924 dann eröffneten „Deutschen Museums für die Meisterwerke der Naturwissenschaft und der Technik". (Matschoß 1933) Gerade hier wurde Technikgeschichte als Erfolgsgeschichte verherrlicht. Bezeichnenderweise ging es um „Meisterwerke". Je mehr man sich der Technik der Gegenwart näherte, desto vollkommener wurden diese im Vergleich zu ihren Vorgängern. Historische Technik war zwar durchaus im Sinne eines Meisterwerks zu würdigen, dennoch aber nur der weniger vollkommene

Vorläufer späterer Technik. Dieser Fortschritt nicht nur der Zivilisation im Allgemeinen, sondern vor allem der deutschen Nation soll durch einen einfachen Rückblick z. B. auf Eisenbahnen, Automobile, Dampf- oder Werkzeugmaschinen etc. eindeutig belegt werden.

Geradezu exemplarisch naiv und als Beispiel für das Gesagte im besonderen Maße charakteristisch, findet sich diese anachronistische, Früheres am Maßstab des Späteren bewertende Perspektive in Georg Neudecks Publikation zur „Geschichte der Technik" von 1923 wieder. (Neudeck 1923) Vor die Frage gestellt, wie der Zugang zu seiner Thematik erfolgen solle, entschied sich Neudeck, den fachimmanenten Kriterien der Geschichtswissenschaft zu folgen und seinen Stoff gemäß deren wissenschaftlichen Standards im wesentlichen traditionell nach Epochen zu gliedern, also nach der „Technik der Urzeit", des „Altertums", des „Mittelalters" und der „Neuzeit". Dies ist vor dem Hintergrund des heterogenen Forschungsstandes seiner Zeit zur epochenbezogenen Technikkenntnis ein mutiger Schritt. Und dieser unterscheidet ihn von den ansonsten in der Ingenieur-/Technikhistoriographie seiner Zeit gängigen, nichtsdestotrotz aber wenig überzeugenden und einen Brückenschlag zur allgemeinen Geschichtswissenschaft eher hinderlichen Gliederungsweise nach Gewerben, Stoffen, der Stoffbehandlung bzw. Verarbeitung. Oder gar der zwar systematisch scheinenden, dennoch aber eher aus Hilflosigkeit heraus geborenen alphabetisch geordneten Präsentation des technikhistorischen Stoffes. Neudecks Ziel ist es, mit seiner Publikation bei der Leserschaft „Verständnis für Technik" zu wecken und deren Bedeutung für die Kultur zu unterstreichen:

> „Die Technik wird wohl von vielen für eine nützliche Sache gehalten, aber auch für trocken und schwierig [...]. Beim Lesen des Buches werden Schlüsse gezogen werden können, wie nahe Technik und Kultur zusammenhängen. [...] Ein gutes Mittel zur Verbreitung technischer Kenntnisse ist die „Geschichte der Technik", die es ermöglicht, ohne Voraussetzung großer Gelehrsamkeit technische Dinge in allmählicher Steigerung zu bringen, so daß mit wachsenden Ansprüchen am Wissen auch dieses sich steigert." (Neudeck 1923, S. 1 f.)

Technikgeschichte soll dahingehend instrumentalisiert werden, um über die vermeintlich „einfacher" zu verstehende historische Technik und deren Erklärung an das Verständnis komplizierterer moderner Technik heranzuführen. Ob diese Technik-, genauer gesagt Funktionalitätspädagogik überhaupt funktioniert, scheint zumindest in der Gedankenwelt Neudecks nicht zu problematisieren gewesen zu sein. Zudem dient ihm die Beschreibung historischer Technikartefakte nicht nur dazu, sie in ihren Funktionszusammenhängen zu erklären, sondern er nutzt sie als Folie, um daran seiner Verwunderung Ausdruck zu verleihen, dass „die Alten" nicht auf die Idee gekommen seien, diese Technik im Sinne moderner Anwendungen „weiterzuentwickeln". Warum dies eben gerade nicht geschah, blieb Neudecks Denken völlig verschlossen.

Im Artikel über die etwa 2.000 Jahre alte Äolipile des griechischen Mathematikers und Technikers Heron von Alexandria (zwischen ca. 200 v. und 300 n. Chr.), das ist die „älteste [...] Maschine, durch welche mittels der Dampfkraft eine fortwährende, sogar drehende Bewegung hervorgebracht […]" (Neudeck 1923, S. 80 f.) werden konnte, heißt es: „Es ist […] zu verwundern, dass es bei diesem Stande der damaligen Technik so lange gedauert hat, ehe die Dampfkraft eine größere Bedeutung und industrielle Anwendung fand, besonders, wo der Schritt von der Äolipile zur Turbine so leicht scheint." (Neudeck, ebd.) Im Sinne Neudecks müsste man fragen: Warum nur hat man in der Antike keine Dampfturbinen gebaut? Bar jedweden Bezuges zur historischen Realität fährt Neudeck fort weiter zu fabulieren, dass „die horizontale Drehung […] durch einige Zahnräder sehr leicht in die vertikale umgesetzt und auf ein Paar Räder übertragen werden [kann], angebracht an dem Gerüst, auf welchem die verschiedenen Teile ruhen. Man erhält dadurch eine höchst einfach konstruierte Lokomobile […]". (Neudeck, ebd.) Und wieder versagten die Antike und ihre Techniker in Neudecks Augen, und zwar weil sie keine Dampflokomobilen bauten.

Dieses Fehlen einer Weiterentwicklung von Technik mag einem Ingenieur tatsächlich verwunderlich erschienen sein, und es wäre zu erwarten, dass dem bisherigen noch die These folgen würde, dass die Industrielle Revolution des 18. Jahrhunderts doch eigentlich schon zur Zeit der griechischen Antike hätte erfolgen müssen. Den Historiker hingegen verwundert dies nicht, denn Technikentwicklung und die Zielsetzungen dieser, sind gesellschaftlich zu kontextualisieren. Die Äolipile wurde eben gerade deshalb nicht zur Turbine weiterentwickelt, weil dazu keinerlei technische, wirtschaftliche, kulturelle, politische oder sonstige Veranlassung bestand. Die antike Gesellschaft kannte keine Probleme, auf die eine Dampfturbine oder Dampflokomobile die passende Antwort gewesen wäre, vollkommen unabhängig davon, dass Heron von Alexandria bestimmte Funktionsprinzipien und Anwendungen solcher Maschinen bereits bekannt waren. (Vgl.: Landels 1979; Czech 2010) Auch hatte Heron von Alexandria die Technik sich auf Rädern bewegender mechanisch angetriebener Automatenfahrzeuge in ihrer Funktion sogar detailliert beschrieben:

> „Alle diese fahrenden Automaten erhalten den Antrieb zur Bewegung durch eine Schnur oder vielmehr ein Gegengewicht aus Blei. Gemeinsam ist dem bewegenden und dem bewegten Gegenstand eine Schnur, deren eines Ende an den bewegenden Körper gebunden, deren anderes ab er mittels einer Öse an dem bewegten Gegenstand befestigt ist, Der bewegte Körper ist eine Achse, um welche die Schnur gewickelt ist. An der Achse sitzen Räder fest. Wenn daher die Achse sich dreht und die Schnur sich abwickelt, drehen sich auch die Räder, die auf dem Boden ruhen." (Zit. nach Schneider 1992, S. 203)

Technik ist immer ein Produkt ihrer Zeit. Diese Erkenntnis blieb Neudeck, anders als dem eingangs zitierten Franz Maria Feldhaus, allerdings verschlossen. Es genügte den Griechen, um beim gewählten Beispiel zu bleiben, oftmals eine spezifische Ausprägung von Technik, also eine Realtechnik zu konstruieren und einzusetzen, die ihren Bedürfnissen entsprach. Sie benötigten keine Dampfmaschinen zum Antreiben von Arbeitsmaschinen. Stattdessen waren sie eher an dampfbetriebener Technologie interessiert, die sehr speziellen Zwecken, etwa im kultischen Bereich genügten. Derartiges war ein echtes „gesellschaftliches" Anliegen, auch wenn es uns heute eher wie eine technische Spielerei vorkommt. Konkret spiegelt sich dies in der Entwicklung und im Einsatz zum Beispiel dampfbetriebener Tempeltüröffner wider, mittels derer die Priesterschaft den Gläubigen sogenannte Tempelwunder präsentierten. (Landels 1979, S. 245 f.) Diese Wärmekraftmaschinen-Technologie erfüllte mehr als zur Genüge jene Zwecke, zu der man der Dampfkraft im Rahmen kultischer Handlungen sinnvollerweise bedurfte. Eine darüberhinausgehende Weiterentwicklung dieser Technologie für andere Anwendungsfelder stellte sich als Zielsetzung nicht. Erst eine mit ihren Kraftmaschinen an die Grenzen ihres Leistungsvermögens stoßende vorindustrielle Gesellschaft des späten 17. und vor allem des 18. Jahrhunderts, in der es, trotz aller Bemühungen um eine effizientere Energiewirtschaft, so wie bisher nicht weitergehen konnte, wurde mit der Notwendigkeit konfrontiert, über grundlegende Veränderungen ihrer Kraftmaschinentechnologie im Sinne eines Paradigmenwechsels nachzudenken. Bezeichnend charakterisiert der Technik- und Kulturhistoriker Friedrich Klemm dies als „den Kampf um eine neue Kraftmaschine". (Klemm 1982, S. 114 121)

Das eingangs angeführten Zitats von Karl Marx, in dem er auf die Bedeutung von Technik für die Entstehung gesellschaftlicher Klassen und deren Technik hinwies („Die Handmühle ergibt eine Gesellschaft der Feudalherren, die Dampfmühle eine Gesellschaft mit industriellen Kapitalisten"), lässt sich auch reziprok formulieren: Eine Gesellschaft der Feudalherren ergibt die Handmühle, eine Gesellschaft mit industriellen Kapitalisten die Dampfmühle. Weder können die Feudalherren mit der Dampfmühle noch die Kapitalisten mit der Handmühle etwas anfangen. Und damit wird verständlich, weshalb in der antiken Feudalgesellschaft für die Bereiche der Warenproduktion oder der Mobilität nicht mit der Entwicklung einer Dampfmaschinentechnologie gerechnet werden, kann.

Für Neudeck, um auf diesen und sein Geschichtsverständnis zurückzukommen, bleibt Technikgeschichte eine Beschreibung von Technik in der Geschichte, bzw. noch deutlicher formuliert: von Technik in der Vergangenheit. Zur historischen Dimension von Technik hat Neudeck letztlich aber dessen ungeachtet keinen Zugang. Neudecks Rückfall in geschichtsmethodische Unzulänglichkeiten, die spätestens seit den Arbeiten Johann Beckmanns im späten 18. Jahrhundert als überwunden hätten gelten sollen, zeigen sich auch darin, dass Belege und Quellenkritik für getroffene Aussagen fehlen, ebenso wie ein Anmerkungsapparat und ein Literaturverzeichnis. Auch werden die Quellen, die Neudeck verwendet, keiner in irgendeiner Weise kritischen Würdigung unterzogen. Dass gerade ein naturwissenschaftlich-technisch ausgebildeter Fachmann wie Georg Neudeck manchen Phantastereien antiker Autoren derart auf den Leim ging, dass es ans Absurde grenzte, ist unverständlich. Als Beispiel hierfür mag dienen, dass er die in der antiken Literatur beschriebene Schiffskonstruktion der „Pentere" für bare Münze nahm, ohne überhaupt daran zu denken, diese Darstellung auf ihren Wahrheitsgehalt hin zu prüfen oder die technische Funktionsfähigkeit zu hinterfragen. Eine Pentere (griechisch) bzw. Quinquereme, (lateinisch quinqueremis [navis], von quinque: fünf und remus: ‚Riemen'), Fünfruderer, bezeichnet ein antikes Ruderkriegsschiff, bei dem jeweils fünf Ruderer Reihen übereinander angeordnet gewesen sein sollen.

Eine Unsinnigkeit, wie sich technisch rational leicht verifizieren lässt. Überdenkt man nämlich das zugrundeliegende Konstruktionsprinzip, dann ergeben sich zahlreiche praktische und konstruktive Probleme, die entschiedene und gut begründbare Zweifel an der Existenz eines derartigen Schiffstyps nahelegen. Es handelt sich um ein Hirngespinst, um politisch motivierte Propaganda der damaligen Zeit, ohne jedweden realen Hintergrund.

Wenn man nur ein wenig anfangen würde nachzurechnen, so wäre unmittelbar zu erkennen, dass eine derartige Anordnung der Schiffsruderkonstruktion nicht möglich sein kann. Ruderlängen von weit mehr als 20 Metern wären unabdingbar und im Gleichtakt zu allen anderen, deutlich kürzeren Ruderreihen, welche im Minimum nur 2,50 m Ruderlänge aufzuweisen hätten, zu bewegen. Eine Unmöglichkeit, wie aus der nachfolgenden Abbildung einer Penteren-Zeichnung nach der Vorstellung eines Technikhistorikers des 20. Jahrhunderts unmittelbar ersichtlich wird.

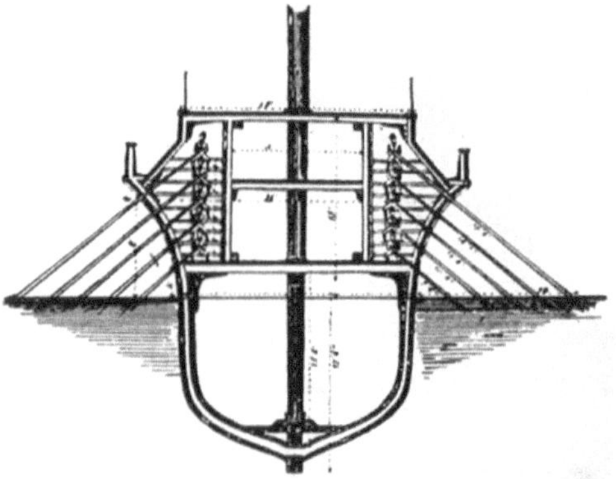

Abb. 3: Penterenkonstruktion nach Georg Neudeck

Bereits im Hinblick auf die Existenz von „Trieren“ als Realtechnik der Antike, also auf Schiffskonstruktionen mit nur drei Ruderer-Reihen übereinander, die allerdings tatsächlich gebaut wurden und nicht nur über literarische Quellen belegbar sind, schien im Hinblick auf ihre technische Realisierbarkeit zunächst eine gewisse Skepsis angebracht. Handelte es sich hier tatsächlich um Realtechnik, oder doch wiederum nur um schlichte Übertreibung antiker Autoren? Die Antwort auf diese Frage konnte endgültig dann erst in den 1980er Jahren im Rahmen der experimentellen Technikgeschichte gefunden werden. Einem Forscherteam zur experimentellen Technikgeschichte gelang es in Kooperation mit der griechischen Marine, eine Triere nachzubauen, funktionsfähig aufs Wasser zu bringen und praktisch zu erproben. (Morrison/Coates dt. 1990) Gleichzeitig war damit zudem aber auch belegt, dass Penteren, also Fünfruderer, real nicht existiert haben konnten, sondern der antiken Heroengeschichtsschreibung entsprungen waren.

So wie es Neudeck tat, konnte man natürlich keine Technikgeschichte schreiben, die den Standards der Geschichtswissenschaft entsprach. Auch dann nicht, wenn man neben der „profanen“ Technik gern die Heroen der Naturwissenschaft und Technik, wie etwa Archimedes, Frontinus, da Vinci, Galilei, Newton oder James Watt, für sich ins Feld führte. Die Würdigung, die Neudecks Publikation zur „Geschichte der Technik“ 1927 in den „Geschichtsblättern für Technik, Industrie und Gewerbe“ durch seinen Rezensenten Hugo Theodor Horwitz erfuhr, ließ dann an Deutlichkeit auch nichts zu wünschen übrig:

> „Eine zusammenfassende Geschichte der Technik ist bisher noch nicht geschrieben worden; Arbeiten über Teilgebiete sind allerdings schon eine große Anzahl erschienen. Während aber die Chemie [...] bereits eine wissenschaftlich einwandfreie historische Darstellung erfahren hat, sind diejenigen Gebiete, die man im engeren Sinne als die Wissenschaft des Ingenieurs bezeichnen kann, meistens nur in recht oberflächlich verfassten und im schlechten Sinne als ‚populär‘ zu bezeichnenden Werken bearbeitet worden. [...] Zu den Werken dieser unwissenschaftlichen Richtung gehört das Buch von Neudeck, und man empfindet beim Lesen dieser Schrift, gerade wegen des umfassenden Titels, nur Enttäuschung. Die Gliederung ist ein Durcheinander von teils zeitlich, teils gegenständlich geordneten Darstellungen, und vollständig missglückt ist auch der Versuch, die Geschichte der Technik teilweise in eine Geschichte von Technikern aufzulösen. Mit den historischen Kenntnissen des Verfassers sieht es recht böse aus. Beispielsweise lässt er (Seite 14) die Eolithen in Gräbern gefunden werden und nach Seite 23 beginnen um etwa 10.000 v. Chr. die Eisenzeit und die altsumerischen, altbabylonischen und altägyptischen Kulturperioden. [...] Und so geht es fort durch Altertum, Mittelalter, (das erst mit dem 13. Jahrhundert beginnt [...]) und die Neuzeit. Auch die neueste Zeit [...] lässt hinsichtlich einer gleichmäßigen Behandlung des Stoffes und einer Berücksichtigung der neueren Literatur alles zu wünschen übrig. [...] Wissenschaftlich ist das Buch vollkommen wertlos und Belehrung suchende Laien können davor nur gewarnt werden.“ (Horwitz 1927, S. 31 f.)

Und auch hinsichtlich des 12. Bandes des von Conrad Matschoß herausgegebenen Jahrbuches des Vereins Deutscher Ingenieure („Beiträge zur Geschichte der Technik und Industrie“) nahm Horwitz kein Blatt vor den Mund, auch wenn es etwas versöhnlicher klingt, wenn er schreibt:

> „Wie jede neue Wissenschaft, muß auch die Geschichte der Technik sich für jeglichen Beitrag, der in ihr Arbeitsgebiet fällt, erkenntlich zeigen. [...] Daß keiner der Aufsätze des Jahrbuches dilettantisches Gepräge zeigt, dafür schuldet man der Schriftleitung Dank. Immerhin wäre doch eine Verbesserung der Qualität der Veröffentlichungen möglich. Vor allem müsste es der geschichtlich arbeitende Techniker lernen, nicht nur die Technik seines Forschungsgebietes, sondern auch die Geschichte des Zeitabschnitts, mit der er sich befasst, vollständig zu beherrschen; und es geht nicht an, deswegen, weil der größte Teil der Techniker unter den Lesern jede historische Nachricht dankbar hinnimmt und die meisten Angaben kritiklos ließt, leichtsinnig zu arbeiten. [...] Wohl nur bei einer so jungen Wissenschaft, wie bei der Geschichte der Technik, die bisher über einen äußerst kleinen kritikfähigen Kreis verfügt, ist es möglich, dass solche falschen Angaben nicht nur von Autoren, sondern auch von Museen ohne jede Nachprüfung übernommen werden. – Ähnliche kritische Untersuchungen, wie die obige, könnten an den Jahrbuchaufsätzen noch manche angeführt werden; trotzdem muß

> man das Niveau der Arbeiten im allgemeinen als gut bezeichnen. Vielleicht wäre die häufigere genaue Anführung der Quellen, wie es sonst bei historischen Abhandlungen üblich ist, zu fordern." (Horwitz, Ebd., S. 78 f.)

Allerdings sind die aufgezeigten Monita nicht für die gesamte deutschsprachige Technikgeschichtsschreibung in der ersten Hälfte des 20. Jahrhunderts symptomatisch. Wenn auch nicht immer den Standards der Geschichtswissenschaft völlig entsprechend, so finden sich in der Regel doch Quellenbelege in Form von Zitaten, ein Anmerkungsapparat und ein Literaturverzeichnis ebenso wie Ansätze zur Quellenkritik. Zum sach- und fachgerechten Umgang mit Quellen ermunterte dabei einmal mehr immer wieder Hugo Theodor Horwitz. Beispielsweise in einem Beitrag mit dem einschlägigen Titel „Über Quellenanführung und Quellenkritik in der Geschichte der Technik", der 1931 in der „Zeitschrift Technik und Kultur" erschien. (Horwitz 1931)

Wie Horwitz selbst diese Problematik konkret behandelte, zeigt sein Aufsatz von 1931 zu „Virgil und die Technik", (Horwitz 1931 II) in dem er eine bereits früher von ihm behandelte Thematik, nämlich die „Technischen Darstellungen aus alten Miniaturwerken," (Horwitz 1920; Horwitz 1921) erneut aufgreift und vertieft. Auf der Grundlage breiter Literaturkenntnis und mit großer Akribie nähert er sich der bildlichen Technikdarstellung in einer auf Vergils Interpretation zurückgehenden antiken Quelle, analysiert vergleichend deren Interpretation bzw. Fehlinterpretation in zahlreichen Publikationen, bis hin zu denjenigen seiner zeitgenössischen Technikhistorikerkollegen Ludwig Beck und Franz Maria Feldhaus und entwickelt selbst eine klare Darstellung dessen, was auf der Miniaturmalerei tatsächlich abgebildet ist. Diese quellenkritische Auseinandersetzung kann als beispielhaft für eine Technikgeschichtsschreibung gelten, die den formalen Standards der Geschichtswissenschaft entspricht.

Neben Horwitz waren es Carl Graf von Klinckowstroem und insbesondere dann Franz Maria Feldhaus, der mit seiner Firma „Quellenforschungen zur Geschichte der Technik und Industrie G.m.b.H." in akribischer Sammeltätigkeit bemüht war, die Technikgeschichtsschreibung auf eine quellenfundierte Grundlage zu stellen. (Halle 2007) Seine mit der Infragestellung technikhistorischer Angaben in den Publikationen anderer Autoren verbundene, häufig polemisch vorgetragene Sachkritik war ebenso gefürchtet wie die ökonomische Verwertung seiner Kenntnis. Feldhaus wies anderen Autoren und auch Fachkollegen Fehler nach und nahm für sich und sein Archiv in Anspruch, vieles zu wissen, und nach seiner Auffassung vor allem alles besser. Dies war selten zu bestreiten, auch wenn es Feldhaus in den Kreisen seiner Kollegenschaft nicht unbedingt beliebt machte. Conrad Matschoß, und nicht nur er, vermochte ein Lied von Feldhaus' Besserwisserei zu singen. Da dieser zudem nicht davor zurückschreckte, dieses Wissen ökonomisch zu verwerten, d. h. selbst seinen Wissenschaftskollegen gegen Honorarforderung zur Korrektur ihrer fehlerhaften Darstellungen anzubieten, kann es kaum verwundern, dass sein Ansehen in Fachkreisen darunter deutlich litt und ihm sogar erbitterte persönliche Feinde schuf. Paul Adolf Kirchvogel vom Verein Deutscher Ingenieure zum Beispiel konstatierte im Hinblick auf Feldhaus und sein Gebaren folgendes:

> „F[eldhaus] hat fleißig gearbeitet wie jeder andere, Fehler gemacht wie jeder andere, er ist auf diesem Gebiet weder ein Stümper noch ein Herrgott. Alles was er sich darüber hinaus eingebildet hat, ist nicht mit normalen Maßstäben zu messen. Mein Bedarf an Feldhaus ist restlos gedeckt, und dies haben mir ebenso zahlreiche Leute gesagt, die je mit ihm in nähere Berührung kamen'." (Zit. nach Halle, ebd.)

Aber damit nicht genug. Feldhaus' Bemühen etwa, die von Conrad Matschoß, dem Vorsitzenden des Vereins Deutscher Ingenieure und seinen Mitarbeitern im Zusammenhang mit der Eröffnung des Deutschen Museums erstellte Sammelbiografie „Männer der Technik" nach heftigster Detailkritik zum Anlass zu nehmen, erforderliche Berichtigungen und Korrekturen an Matschoß zu verkaufen, führte zum Eklat. Die hierdurch ausgelöste heftige Kontroverse zwischen den beiden nahm immer persönlichere Züge an, spielte sich bald auch auf juristischer Ebene ab und trug mit dazu bei, dass Feldhaus seiner 1924 durch die Rheinisch-Westfälische Technische Hochschule Aachen verliehene Würde eines „Doktor-Ingenieur ehrenhalber" 1936 wieder verlustig ging. (Dazu König 1985)

In ihrer Intention, an die dominierenden Gegenstandsbereiche der Allgemeingeschichte der Zeit anzuknüpfen, orientierte sich die Technikhistoriographie ebenfalls an deren Heroengeschichtsschreibung. Auch in der Technik gab es deshalb „große Männer", die Geschichte gemacht hatten bzw. machten, und deren Taten es zu beschreiben galt. Zahlreiche biographische Arbeiten entstanden in diesem Sinne und gipfelten 1925 in Conrad Matschoß biographischem Handbuch „Männer der Technik" (Matschoß 1925) bzw. „Große Ingenieure, Lebensbeschreibungen aus der Geschichte der Technik." (Matschoß 1937) Naheliegend erschloss man sich zudem die Themenfelder Firmen- und Unternehmensgeschichte. (Lackner 2007, S. 39) Im Auftrag der Georg-Agricola-Gesellschaft und in Zusammenarbeit mit dem Verein Deutscher Ingenieure, dem Deutschen Museum sowie dem Deutschen Bund Heimatschutz unter seinem den Nationalsozialismus nahestehenden Vorsitzenden Werner Lindner, erstellte man zudem eine aufwendige Dokumentation zu „technischen Kulturdenkmalen". (Matschoß/Lindner 1932)

Und dennoch, zu einer Annäherung der Technikhistoriographie an die Allgemeingeschichte trug all dies so gut wie nichts bei. Aus der Perspektive des praktischen Ingenieurs bestand das Hauptinteresse der Geschichtswissenschaft in der bornierten Verteidigung eines humanistisch-elitären Bildungsbegriffs der Vergangenheit bei gleichzeitiger Ausgrenzung und Diskriminierung der technisch-naturwissenschaftlichen Welt. So allerdings, d. h. ohne jedwede Berührung mit dem „wirklichen" Leben, konnte diese Art der Geschichtsschreibung nun wahrlich keine Antwort auf die Fragen der neuen Zeit geben, geschweige denn eine Geschichte des 19. bzw. 20. Jahrhunderts schreiben.

Die unter methodologischen Gesichtspunkten als artefaktbezogen und damit internalistisch zu charakterisierende Technikhistoriographie wurde in der Allgemeingeschichte vor 1914 so gut wie nicht rezipiert. Im Gegenteil. Ein erster, von Karl Lamprecht im Jahre 1903 unternommener Vorstoß, auch die naturwissenschaftliche und technikgeschichtliche Entwicklung in seine „Geschichte des 19. Jahrhunderts" (Lamprecht 1903) aufzunehmen, scheiterte. Nicht etwa in dem Sinne, dass ihm die Publikation misslang, sondern vielmehr dahingehend, dass ihn die Geschichtswissenschaft zum Außenseiter stempelte, der demnach nichts mit dem zu tun haben könne, was eigentlich Geschichte sei. Es war nicht der letzte inhaltlich-methodische Abwehrkampf dieser Art, den die vermeintlichen Traditionswahrer eines fachlich wie auch politisch konservativen Historismus bis in die Mitte des 20. Jahrhunderts gegen Grenzgänger des Fachs führten – und nach wie vor regelmäßig gewannen. Dessen ungeachtet wurde schon im europäischen Vergleich immer offenkundiger, dass eine moderne deutsche Geschichtswissenschaft in der Gefahr stand, ohne Einbeziehung des Gegenstandbereiches Technik selbst irrelevant zu werden. Werner Sombart formulierte dieses Credo schon in seiner 1913 erschienenen Untersuchung „Die deutsche Volkswirtschaft im 19. Jahrhundert":

> „Es ist unerhört in der Weltgeschichte. Niemals ist auch nur annähernd in gleicher Zeit die Herrschaft des Menschen über die Natur dermaßen erweitert worden; niemals, soviel wir wissen, sind in so wenigen Menschenaltern die Grundlagen, auf denen das technische Vollbringen ruhte, so vollkommen umgestürzt worden. Und wer irgendeine Erscheinung des gesellschaftlichen Lebens in Europa während des 19. Jahrhunderts, es sei welche es wolle, verstehen lernen will, wird seinen Geist mit Andacht versenken müssen in diese Welt von tausend und abertausend Erfindungen und Entdeckungen, aus denen die moderne Technik aufgebaut ist." (Sombart 1913, S. 134)

Der deutsche Durchbruch für die Verbindung von Allgemein- und Technikgeschichte kam aus Karlsruhe. Franz Schnabel (1887–1966), Professor für Neuere und Neueste Geschichte an der Technischen Hochschule Fridericiana zu Karlsruhe, brach vor dem Hintergrund schon länger gehaltener Vorlesungen im Jahre 1934 die Ghettoisierung der Technikgeschichte durch die Allgemeingeschichte auf und widmete den 3. Band seiner „Deutschen Geschichte im neunzehnten Jahrhundert" gänzlich den „Erfahrungswissenschaften und der Technik". (Schnabel 1934; Gleitsmann/Oetzel 2003) Selbst hierbei und in einer Zeit, der Technik und Wissenschaft nun für jedermann erkennbar das Gepräge gegeben hatten, stand Schnabel seinen Historiker-Zunftkollegen gegenüber dennoch unter einem erheblichen Rechtfertigungszwang. Durfte sich ein Neuzeithistoriker nun tatsächlich in die Niederungen der materiellen Kultur begeben, um die Geschichte des 19. Jahrhunderts angemessen schreiben zu können? Für Schnabel war dies eine unverzichtbare, zwingende Notwendigkeit, die von den Erfahrungen an seinem Standort, der Friedericiana, ausgingen. Schnabel hatte die Bedeutung dessen, worüber er schreiben wollte, ständig vor Augen. Er wusste um die zentrale Bedeutung der Technik – z. B. der Rheinkorrektion oder der internationalen oberrheinischen Eisenbahnverbindung Basel–Karlsruhe–Mannheim für die Integration des jungen, politisch und gesellschaftlich modernen Großherzogtums Baden. Und er wusste, welche Rolle bei diesen technischen Großprojekten die Technikerschule der Fridericiana gespielt hatte. (Hoepke 2007) Wo, wenn nicht hier, ließ sich die Relevanz des technischen

Wandels für die gesellschaftliche Entwicklung aufzeigen? Schnabel legitimierte die Einbeziehung von Wissenschaft und Technik in seine geschichtliche Darstellung des 19. Jahrhunderts mit den Worten:

> „Bei dieser Sachlage war ich vor die Frage gestellt, ob es dem Historiker gestattet sei, so wesentliche und weite Lebensgebiete wie Naturwissenschaften und Technik von seiner Darstellung auszuschließen. Ich kenne die großen Bedenken, die sich meinem Wagnis entgegenstellen, und niemand hat ernster mit ihnen gerungen als ich. Doch wenn eine „Deutsche Geschichte im 19. Jahrhundert" überhaupt geschrieben werden soll, mußte ich meinen Weg gehen." (Schnabel 1934, Vorwort)

Und diesen beschritt Schnabel folgerichtig und konsequent. Allerdings wäre es wohl doch zu viel verlangt, von Schnabel ein noch weiterreichendes Abrücken von den Maximen der allgemeinen Geschichtsschreibung seiner Zeit zu erwarten. Vom methodischen Avantgardismus der ersten Generation der französischen Historikerschule der Annales in Straßburg, in kulturräumlicher Nähe zu Karlsruhe, die eine integrierte Sozial- und Mentalitätsgeschichte schrieben, blieb er weit entfernt. (Burke 1990) Schnabel war einer vorwiegend geistesgeschichtlich angelegten, erzählenden Darstellungsweise verpflichtet und schilderte Industrie und Technik als Fortschritt, der im humanistischen Sinn positiv zu bewerten sei. (Kunze 2003) Sein Interesse blieb eher dem „Geist der Technik im weitesten Sinne [...] und nicht dem [...] Detail der Ingenieurwissenschaften" verhaftet. (Treue 1968, S. 3)

Im Kapitel „Die Technik" (Schnabel 1934, S. 234-453) geht Schnabel so vor, dass er sich über die ‚Industrielle Revolution in England', immer wieder international einordnend und vergleichend, den ‚Anfängen der modernen Technik in Deutschland' zuwendet. Darauf aufbauend werden dann, unter Einbeziehung herausragender Unternehmer- bzw. Technikerpersönlichkeiten wie Johann Gottfried Tulla (1770–1820), Friedrich Harkort (1793–1880), Christian Peter Wilhelm Beuth (1781–1853), Friedrich List (1789–1846), u. a. verschiedene Entwicklungslinien Deutschlands im 19. Jahrhundert nachgezeichnet und mit den hierfür bedeutsamen Technikentwicklungen verknüpft. Hauptkapitel wie ‚Die Industrie in der preußischen Rheinprovinz', ‚Die Erziehung zur Industrie', ‚Die Zolleinigung Deutschlands', ‚Der Eisenbahnbau', ‚Das Bankwesen' oder auch ‚Das industrielle Tempo' sowie ‚Das Problem der technischen Kultur' sind hierfür bezeichnend. Technik wird im Kontext ihrer gesellschaftlichen Bedingtheit, aber auch staatspolitischen Bedeutung für Deutschland im 19. Jahrhundert dargestellt und interpretiert. Der zeittypische biographische Ansatz von Geschichtsschreibung im Sinne der „großen Männer" ist unverkennbar. Auch wenn Schnabel im 3. Band seiner Deutschen Geschichte im 19. Jahrhundert sein Augenmerk auf die Darstellung von Technik legt, so ist dieser Blick dennoch keineswegs in ingenieurtechnischer Dimension zu verstehen. Schnabel war Historiker, nicht Ingenieur.

Schnabel saß im Wortsinn an den Quellen seines historischen Erkenntnisinteresses, d. h. an denen der Fridericiana ebenso wie an denen des Karlsruher Generallandesarchivs, dessen Direktor Schnabel zeitweilig im Nebenamt war. Ausgehend von einer Definition moderner Technik als angewandter Naturwissenschaft, entwickelt Schnabel eine symbiotische Verbindung von Technik und Gesellschaftsform. Moderne Technik und Bürgertum bedingten einander und waren für ihn ohneeinander nicht denkbar. „Konsumtion und Maschine hießen seine [des Bürgertums, d. Verf.] beiden Lebenszwecke", so Schnabel. (Schnabel 1934, S. 240) Moderne Technik wurde auf diese Weise zur bürgerlichen, der technische Fortschritt zur „weltgeschichtlichen Aufgabe" des Bürgertums. (Schnabel, Ebd., S. 239) Die Entwicklung des 19. Jahrhunderts folgte für Schnabel einer inneren Notwendigkeit. Das Bürgertum „musste vollbringen, was an der Zeit war; und die Frage war lediglich, wie es seiner Sendung gerecht wurde und wohin der Weg zuletzt führen werde." (Schnabel, Ebd., S. 240) Die historischen Prozesse der Durchsetzung von Liberalismus und Technik folgten der gleichen Logik, nämlich dem Weg vom Idealen zum Realen auf der Grundlage der ‚reinen Wissenschaft'.

Im Unterschied zum Ansatz Karl Lamprechts führte Schnabels dritter Band seiner Deutschen Geschichte zu den „Erfahrungswissenschaften und der Technik" zu keiner, wie auch immer gearteten, Abwehrfront der Allgemeinhistoriker mehr. Eine massive Kritik an Schnabels Auffassung von Geschichte blieb aus. Im Gegenteil. Zwar mit einiger Verzögerung, aber dessen ungeachtet, fand Schnabel 1938 für sein methodisches Vorgehen sogar Anerkennung in der 1859 gegründeten „Historischen Zeitschrift" (HZ), der Flaggschiff-Publikation der deutschen Geschichtswissenschaft, die sich allerdings mit der hochgradig technikaffinen und technikabhängigen NS-Diktatur bereits selbstgleichschaltend arrangiert hatte. (Wiggershaus-Müller 1998) Das Schnabel hier noch 1939 eine höchst wohlwollende Rezeption fand, ist gleich aus mehreren, keineswegs allein fachlich-methodischen, sondern vor allem politischen Gründen erstaunlich: Schnabel hatte in der Weimarer Republik als Anhänger des politischen Katholizismus zu der absoluten Minderheit deutscher Historiker gehört, die sich mit Demokratie und Republik öffentlich identifizierten und stand insofern dem NS-Regime mit Distanz gegenüber. 1938 enthoben ihn die Nationalsozialisten eben deswegen seines Karlsruher Lehrstuhls. Wer den „Systemmann" Schnabel – so die nationalsozialistische Bezeichnung für die Anhänger der Weimarer Demokratie – und sei es nur auf fachhistorischem Gebiet als Historiker würdigte, machte damit im Jahr 1938 eine deutliche politische Aussage. Zwar bescheinigte der HZ-Rezensent Schnabels Publikation in naturwissenschaftlich-technischer Hinsicht eine ganze Reihe sachlicher Ungenauigkeiten, aber der Gesamttenor der Besprechung fiel dennoch ausgesprochen positiv aus:

> „Die Frage, ob er auch den Aufbau der Erfahrungswissenschaften und der Technik behandeln solle, hat Schnabel bejaht, die großen Schwierigkeiten im ganzen klug gemeistert und das Wagnis in der Hauptsache zu gutem Ende gebracht. Rückhaltloses Lob verdient die ansprechende äußere Form, in der der Vf. seinen Stoff mit besonderer Eindringlichkeit darbietet." (Kistner 1938, S. 143)

Was hatte nun zu diesem überraschenden Stimmungswandel in der Historikerzunft beigetragen, was Technik und ihre Bedeutung für das Staatswesen, sowie die Geschichtsschreibung hierzu betraf? Die politische Zeitumstände des Jahres 1938 dürften das eine gewesen sein. Ein gewisses, wenn auch bescheidenes Maß an Selbstbehauptung in der totalitären Diktatur, wenn auch nur zwischen den Zeilen, dürfte das eine gewesen sein. Der gesellschaftliche Makrotrend zur etablierten industriellen Massen- und Leistungsgesellschaft, zur Normalisierung des sozialen Wandels in Permanenz seit dem Ersten Weltkrieg das andere. Kurz gesagt: Ende der 1930er Jahre – also nach der ‚ungemütlichen' Weimarer Moderne (Gay 2004) und erst recht mit Blick auf die in technischer Hinsicht betont modern und sogar modernisierend auftretende NS-Herrschaft – (Ludwig 1997) konnte an der historischen Relevanz des Technischen bei der Interpretation des historisch-politischen Geschehens nicht mehr der geringste Zweifel bestehen. Chancen und Bedrohungen des 20. Jahrhunderts ließen sich ohne Technikbezug überhaupt nicht mehr beschreiben.

Während Sombart und Lamprecht der Aufbruch in die Moderne als Bestandteil eines aktuellen gesellschaftlichen Diskurses erschien, hatte die Technisierung der Lebenswelt in den 1930er Jahren längst in die „Modernen Zeiten" (Charlie Chaplin 1936) geführt. Die 1920er Jahre standen nach dem Untergang des Kaiserreiches und vieler traditioneller Orientierungsmodelle im Zeichen eines Strukturwandels, oder anders ausgedrückt, im Zeichen der Vollendung der Moderne nach amerikanischem Vorbild. Die Leitbegriffe dieser Zeit waren Fordismus, Rationalisierung und Neue Sachlichkeit. Alle standen für ein neuartiges Verständnis der Funktionsweise von Technik im Alltag. Ein anderes Momentum, welches einen Wandel innerhalb des Faches Geschichte selbst betraf, war der sich vollziehende Generationenwechsel. Die Sozialisationsprozesse und -strukturen der Gesellschaft des Kaiserreichs verloren ihre Verbindlichkeit, während eine junge Generation von Historikern aus ihrer andersgearteten lebensweltlichen Erfahrung heraus bereit war, neue Fragen zu stellen und andere Antworten zuzulassen. Ein gutes Beispiel hierfür ist der Wirtschafts- und Sozialhistoriker Wilhelm Treue (1909–1992). Treue studierte in Berlin Geschichte und Biologie. Sein Habilitationsversuch scheiterte in der NS-Zeit zunächst aufgrund mangelnder Regimekonformität. Nach dem Krieg, d. h. von 1954 bis zu seiner Emeritierung 1975, hatte Treue den Lehrstuhl für Geschichte am Historischen Seminar der Universität Hannover inne und wirkte als einer der maßgeblichen wirtschafts- und sozialgeschichtlichen Impulsgeber mit hoher Affinität zu technikgeschichtlichen Zusammenhängen. Treue kann sogar in der Funktion eines frühen Nestors einer sich in den 1960er Jahren zu formieren beginnenden modernen Technikgeschichtsschreibung gesehen werden.

Allerdings blieb ein Brückenschlag zwischen der Fachhistoriographie auf der einen und den historischen Initiativen der Ingenieure des Vereins Deutscher Ingenieure auf der anderen Seite seit den 1920er Jahren aus. Franz Schnabel wurde weder in der Fachzeitschrift *Technikgeschichte* noch in der Zeitschrift des Vereins Deutscher Ingenieure (VDI) auch nur mit einem Wort gewürdigt. Auch Horwitz, der wohl aufmerksamste Beobachter und Kommentator der Technikgeschichtsentwicklung seiner Zeit, äußerte sich nicht zu Schnabel. Und umgekehrt findet sich bei Schnabel, der die gesamte Palette der registrierenden und referierenden Technikhistorik seiner Zeit rezipiert und auf deren Verfasser, von Beck bis Matschoß, sämtlich Bezug nimmt, kein Wort über Horwitz, den wohl bekanntesten Methodiker des Faches und sein Werk. Sehr wahrscheinlich liegt der Grund wohl auf der Ebene der einander kaum wahrnehmenden Kommunikations- und Publikationswege der Fachkulturen, obwohl dies nicht alles erklärt. Das NS-Unrechtsregime hingegen sah beide als Gegner an: den politischen Katholiken Franz Schnabel aus politischen, Hugo Theodor Horwitz aus ‚rassischen' Gründen. Das gegenüber Franz Schnabel weder von der Sache noch den Intentionen der Technikgeschichtsforschung her zu verstehende Schweigen des Vereins Deutscher Ingenieure wirkt eigentümlich beredt. Über lange Jahre hatte man doch genau das von der Allgemeingeschichtsschreibung gefordert, was Franz Schnabel nun als Erster konkret einzulösen bemüht war, nämlich die Darstellung von Technik und Naturwissenschaft als geschichtsmächtiger Kraft. Darüber hinaus propagierte Schnabel sogar noch die Aufnahme von Technikern und Naturwissenschaftlern in die Ahnengalerie der Heroen der Nationalgeschichte. Wäre Schnabels „Deutsche Geschichte" zu Zeiten derjenigen von Karl Lamprecht erschienen, wie emphatisch hätte insbesondere Conrad Matschoß dies wohl öffentlich bejubelt und als großen Fortschritt der Historiographie gefeiert. Dass dies 1934 dann nicht geschah, mag Folge und Ausdruck eines Zeitgeistes gewesen sein, der mit der Machtergreifung der Nationalsozialisten zunehmend Raum griff und auch vor der Technikgeschichte nicht Halt machte. In den politisch sensiblen Zeiten wurde es ausschlaggebend, wer etwas gesagt hatte, weniger jedoch, was. Dementsprechend muss die weitgehend ausbleibende zeitgenössische Rezeption oder überhaupt die historische Auseinandersetzung mit Schnabels Werk auch mit den veränderten politischen Verhältnissen in Verbindung gebracht werden. Offen erkennbar ist, dass die von Conrad Matschoß herausgegebenen *Beiträge zur Geschichte der Industrie und der Technik*, inzwischen in ‚Technikgeschichte' umbenannt, mit dem Jahresband von 1934 eine politisch-ideologische Anpassungstaktik an die neuen Machthaber vollzogen. Das entsprach der Praxis der Historischen Zeitschrift. Das Themenheft der *Technikgeschichte* von 1934 zur ‚Geschichte des Straßenwesens' widmete sich z. B. ganz der neuen nationalen Aufgabe, und thematisierte die ‚Straßen des Führers', einer Thematik, die durch den nationalsozialistischen Ingenieur Fritz Todt vorgegeben wurde. Diese „Kapitulation vor der Politik" (Ludwig 1981, S. 407) beruhte auf den institutionellen Erfahrungen, die der VDI seit der ‚Machtergreifung' der Nationalsozialisten insbesondere mit dem „Kampfbund Deutscher Architekten und Ingenieure (KDAI)" hatte sammeln müssen.

Franz Schnabel verlor, wie gesagt, 1936 aus politischen Gründen seinen Karlsruher Lehrstuhl. Die Wirkung seines fortschrittlichen Gedankengutes blieb so hinter dem Wünschenswerten und Möglichen zurück. Der Verein Deutscher Ingenieure ordnete sich im Sinne einer vorauseilenden Selbstgleichschaltung den Initiativen der neuen Machthaber zur „Neuordnung der deutschen Technik" (Ludwig 1981, S. 407-424) unter.

Technikgeschichte verlor an Bedeutung. Auch Hugo Theodor Horwitz war hiervon betroffen. Als österreichischer Staatsbürger hatte er zwar noch bis zum Jahr 1934 regelmäßig auch in der VDI-Zeitschrift veröffentlicht. Dann aber nicht mehr, und dies, obwohl er nicht nur ein in der Fachwelt bestens ausgewiesener und bekannter Technikhistoriker war, sondern auch mit zwei besonders ambitionierten Fachvertretern der Technikgeschichtsschreibung, Conrad Matschoß und Franz Maria Feldhaus, in einem engen kollegialen Verhältnis stand. Das rettete ihn nicht. Nachdem 1938 der „Anschluss" Österreichs ans Reich vollzogen war, schloss sich an die intellektuelle Ausgrenzung nun die Verfolgung auch in physischer Hinsicht an. Im Herbst 1941 folgten für Horwitz und seine Frau Marianne die Deportation und schließlich die Ermordung in Minsk. Das dass „Verschwinden" von Horwitz auch nach dem Krieg selbst von seinen früheren engsten Fachkollegen ignoriert und er stattdessen der Vergessenheit anheimgegeben wurde, wirft ein deutliches Bild auf die Nachkriegszeit. Einzig Franz Maria Feldhaus versuchte nach dem Krieg bei der Wiener Israelitischen Kultusgemeinde in Erfahrung zu bringen, was aus Horwitz geworden sei. Dort teilte man ihm aber nur recht lapidar mit, Horwitz sei abgeholt worden und nicht wieder aufgetaucht. (Troitzsch 2008, S. 51)

Die zweite Schuld der technikhistorischen Zunft liegt darin, dass Horwitz aus dem Bewusstsein der technikhistorischen Fachgeschichtsschreibung bis in die 1980er Jahre wie getilgt blieb. Niemand schien sich an ihn und seine für das Fach wegweisenden Forschungen und Theoriebeiträge zu erinnern. Dabei hätte die Technikhistoriographie mit ihrer Methodendiskussion der 1960er und 1970er Jahre direkt bei Horwitz anknüpfen können. Erst Ulrich Troitzsch, der Hamburger Lehrstuhlinhaber für Technikgeschichte, war es, dem das Verdienst zukommt, mit seinem Aufsatz „Hugo Theodor Horwitz – ein fast vergessener Theoretiker der Technikgeschichte" von 1983 (Troitzsch 1983) dafür gesorgt zu haben, dass Horwitz und sein Werk nicht völlig vergessen wurden. Dass Horwitz nicht nur sein literarisches Gesicht wiedergegeben werden konnte, sondern durch eine Fotographie unerwartet sogar noch sein physisches, ist Folge der österreichischen Bemühungen, im Rahmen von Restitutionsforschung zur Ermittlung der Erben Verfolgter, was hier 2006 in der Person des Horwitz-Sohnes Anselm Barnet unerwartet gelang. (Technisches Museum Wien 2006; Brandstetter/Troitzsch 2008)

Nach 1945 begann sich die Technikgeschichte dann neu zu formieren, wobei Schnabels Ansatz erneut aufgegriffen und wohl am konsequentesten von Wilhelm Treue fortgeführt wurde. Dieser suchte dann, so Ulrich Troitzsch, „[...] in zahlreichen Aufsätzen sowie Beiträgen in historischen Handbüchern, wie dem Gebhardt Handbuch der deutschen Geschichte, der Technikgeschichte einen angemessenen Platz in der Geschichtswissenschaft zu sichern und gleichzeitig einen Brückenschlag zwischen beiden Bereichen zu schlagen." (nach Troitzsch 1976, S. 95; Treue 1975)

2.3.1 Protagonisten der Technikgeschichtsschreibung in der ersten Hälfte des 20. Jahrhunderts: Conrad Matschoß, Franz Maria Feldhaus, Hugo Theodor Horwitz und Sigfried Giedion

2.3.1.1 Conrad Matschoß (1871-1942)

> „Die Größe der Technik, ihre Leistungen und ihre Bedeutung für unsere gesamte Kultur klar zu legen, ist eine der Aufgaben, die die Geschichte der Technik zu erfüllen hat.“ (Matschoß 1901, Vorrede)

Abb. 4: Conrad Matschoß (1871-1942)

Der Diplomingenieur und spätere Direktor des Vereins Deutscher Ingenieure (VDI), Conrad Matschoß, war während der ersten Hälfte des 20. Jahrhunderts der wohl exponierteste Protagonist und Wegbereiter der Technikgeschichte seiner Zeit. Sowohl durch sein eigenes wissenschaftliches Werk als auch als Verbandsfunktionär und Herausgeber der Fachzeitschrift „Beiträge zur Geschichte der Technik und Industrie“ (Jahrbuch des VDI) entwickelte und realisierte Matschoß zahlreiche Initiativen, die einer sich formierenden Technikgeschichte als solcher zugutekamen und den Rahmen schufen, in dem sie sich institutionalisieren und professionalisieren konnte. Er nutzte die Möglichkeiten, die sich ihm boten. So gründete Matschoß etwa die Fachgruppe für Geschichte der Technik beim Verein Deutscher Ingenieure (VDI) die bis heute besteht.

Er nahm 1909 den ersten universitären Lehrauftrag war, den die Technikgeschichte in Deutschland überhaupt erlangte und wurde 1912 von der Königlich Technischen Hochschule zu Berlin dann sogar mit einer diesbezüglichen Honorarprofessur bedacht. Zudem war Matschoß seit 1926 Geschäftsführer der Georg-Agricola-Gesellschaft, Schriftführer (1917) und seit 1932 Vorstandsmitglied des ‚Deutschen Museums‘ und von 1938 bis 1942 Vorsitzender der ‚Deutschen Gesellschaft für die Geschichte der Medizin, Naturwissenschaft und Technik‘. All dies und noch einiges mehr leistete Matschoß neben seiner hauptberuflichen Funktion als Direktor des Vereins Deutscher Ingenieure (1916–1938).

Die Programmatik, die Matschoß im Hinblick auf die neue Disziplin Technikgeschichte vertrat, und aus der er die allgemeine Bedeutung der Technik für die modernen Gesellschaften ableitete, war eindeutig. Technikhistoriographie hatte die Funktion, Technik als Kulturleistung bzw. Kulturgut erkennbar werden zu lassen und damit auch den Weg zu einer größeren gesellschaftlichen Anerkennung des Ingenieurberufsstandes zu ebnen:

> „Die Technik hat unserer Zeit ihr Gepräge gegeben. Aus dem Leben der Kulturvölker lassen sich die Meisterwerke der großen Ingenieure nicht mehr hinwegdenken. [...] Wenn diese allgemeine Bedeutung der Technik für unser gesamtes Kulturleben Tatsache ist, so wird sie auch in immer gesteigertem Maße die Grundlage unserer allgemeinen Bildung beeinflussen müssen." (Matschoß 1909, Vorwort)

Und dies bedeutete für Matschoß auch, dass historische Technik als Bildungsgut konserviert und als Kulturgut in Museen präsentiert werden müsste. ‚Technische Kulturdenkmale', deren Erfassung und Erhaltung, sowie das technische Museumswesen als Hort der ‚Meisterwerke' aus Naturwissenschaft und Technik, lagen ihm am Herzen:

> „Wenn es erst neben den zahlreichen Literatur- und Kunstgeschichten auch eine Technikgeschichte – wie ungewohnt klingt sogar das Wort uns noch – geben wird, dann werden auch die Verfasser unserer Welt- und Kulturgeschichten an den großen Taten der Ingenieure nicht mehr wie bisher stillschweigend vorbei- oder mit einigen Zeilen darüber hinweggehen können. Ja, es wird dann auch die Zeit kommen, wo in den Museen [...] auch die geschichtlich denkwürdigen Erzeugnisse des Maschinenzeitalters Platz finden werden." (Matschoß, ebd.)

Diesen erhofften Platz hatte die Technikgeschichte allerdings vor allem in der Allgemeingeschichtsschreibung noch längst nicht erlangt. Nach wie vor waren deren Erkenntnisobjekt die ‚Haupt- und Staatsaktionen eines Volkes', während sozial-, wirtschafts- oder gar technikbezogene Aspekte aus dieser Geschichtsschreibung des Historismus weitgehend ausgegrenzt blieben: ein Umstand, den Matschoß im Hinblick auf die Berücksichtigung der Technik durch eine in die Allgemeingeschichte einzubringende Technikhistoriographie zu korrigieren bestrebt war. Dass ihm dies nicht gelang und sich die großen Hoffnungen, die er auf Karl Lamprecht gesetzt hatte, (Lamprecht 1903) nicht erfüllten, muss Matschoß außerordentlich geschmerzt haben. Hinzu kam, dass die in den 1920er Jahren ebenfalls einsetzende ‚antitechnische Kulturkritik' der ‚konservativen Revolution' (Sontheimer 1962/1990) ein Übriges tat, um einem durch Weltkrieg und unübersichtlicher Weimarer Moderne ohnehin desorientierten Bürgertum die Welt von Wissenschaft und Technik weiterhin zu entfremden. Dazu trug die Identifizierung ‚überfeinerter' Technik als Indikator für den unabwendbaren „Untergang des Abendlandes" in der gleichnamigen Sensationsschrift des Kulturpessimisten Oswald Spengler erheblich bei. (Spengler 1922) Diese düstere, an den Rändern totalitäre Absage an den zivilisatorischen Fortschritt an sich, war selbstverständlich nicht die Welt, für die Conrad Matschoß und seine Techniker bzw. Ingenieure standen. Sie setzten nach wie vor auf den technischen Fortschritt und verteidigten diesen vehement, auch wenn dieser vielfach als Ursache der großen Arbeitslosigkeit seit den späten 1920er Jahren ausgemacht und dementsprechend kritisiert worden war. Danach gingen technischer Fortschritt, Rationalisierung und Massenarbeitslosigkeit Hand in Hand. Konnte für die einen die Lösung dieses Problems nur darin bestehen, die sozialen Negativfolgen des technischen Fortschritts ‚abzufedern' oder noch besser, den die Krise hervorrufenden technischen Wandel möglichst einzudämmen, so sah der VDI demgegenüber in einer das ökonomische Wachstum und damit auch die Exportfähigkeit der deutschen Wirtschaft fördernden Technikmodernisierung die Basis zur Lösung des Problems Arbeitslosigkeit. Dass der VDI seinen stellvertretenden Direktor Matschoß im Jahre 1913 zu einem mehrmonatigen Aufenthalt in die USA entsandte, ist bezeichnend. Sein Auftrag war es, zum einen das weltwirtschaftlich so erfolgreiche und damit vorbildhafte System des „American way of manufacture" persönlich in Augenschein zu nehmen und daneben auch die amerikanische Ingenieurausbildung zu studieren, um so an Erkenntnisse zu gelangen, die hilfreich sein konnten, das deutsche Ingenieurstudium zu reformieren. Denn dass die amerikanische Industrie aufgrund ihrer Leistungsfähigkeit inzwischen Vorbildcharakter erreicht hatte, war weder zu übersehen noch zu bestreiten. Schon auf den Weltausstellungen in Chicago (1893) und Paris (1900) war dem technischen Fachpublikum schockartig vor Augen geführt worden, über welche Leistungsfähigkeit die amerikanische Technik verfügte. Die neue Welt hatte die alte Welt hier schlichtweg hinter sich gelassen. Und die zukunftsweisenden Entwicklungen auf dem Gebiet der Produktionstechnik, die in Europa als das ‚amerikanische System' bezeichnet wurde, hatten in den europäischen Staaten eine heftige Diskussion über die Reform des technischen Bildungswesens ausgelöst. Im Mittelpunkt des Diskurses stand die Frage danach, welche Ausbildungsinhalte und Ausbildungsformen zeitgemäß seien. Dies beinhalte einen Diskurs darüber, ob die deutschen technischen Hochschulen der „amerikanischen Gefahr" gewachsen seien, oder ob es einer grundsätzlichen Neuorientierung der Ausbildung der technischen Eliten bedürfe. Zu diesen Fragen musste der VDI sachkompetente Antworten finden und ließ Conrad Matschoß danach in Amerika suchen.

Im Hinblick auf ein weiteres Themenfeld, nämlich die Geschichte der Technik, legte Matschoß in den 1920er und 1930er Jahren die organisatorischen und inhaltlichen Grundlagen des Faches (Lackner 2007) und zeigte, wie Technikgeschichte vom Ingenieur aus gesehen wissenschaftlich betrieben werden müsste. Sein Interesse war dabei auf verschiedene thematische Felder gerichtet. Diese betrafen die ‚großen Männer der Technik', also den biographischen Aspekt im Sinne einer Heroengeschichtsschreibung, (Matschoß 1925; 1937) die Firmen- und Unternehmensgeschichte (Matschoß 1912; 1921; 1923), sowie die Beschäftigung mit technischen Kulturdenkmalen. (Matschoß/Lindner1932) Matschoß' Konzeptionen „sind von gesellschaftlichen Bedürfnissen geleitet, von Gesetzen deterministisch bestimmt, insgesamt positiv wertend und von Männern als handelnde Personen dominiert." (Lackner 2007, S. 47; König 1983) Sein Erkenntnisinteresse ist zunächst auf das technische Artefakt im engeren Sinne gerichtet, wie bereits seine erste Studie zur Geschichte der Dampfmaschine belegt. (Matschoß 1901)

Darüber hinaus betrachtete Matschoß die Technikgeschichte „als zur Kulturgeschichte erweiterte Geschichte technischer Erfindungen, Entwicklungen und Vorgänge." (Treue 1971, S. 88) Dies war die angestrebte wissenschaftspolitische Zielsetzung.

Allerdings blieben weder der Verein Deutscher Ingenieure noch sein Direktor Conrad Matschoß selbst von der ‚Machtergreifung' der Nationalsozialisten und dem damit einhergehenden neuen Zeitgeist verschont. Der VDI ordnete sich nach 1933 vielmehr in die Initiativen der neuen Machthaber zu einer „Neuordnung der deutschen Technik" ein. Kennzeichnend für diese Vereinspolitik war die Anerkennung des Arierparagraphen, sowie die Anwendung des Gesetzes zur Herstellung des Berufsbeamtentums sogar auf ‚Ehrenbeamte' des Vereins. Auch für den Nestor der deutschen Technikgeschichte und Vorsitzenden des Vereins Deutscher Ingenieure, Conrad Matschoß, brachte das Jahr 1935 einschneidende Veränderungen. Im Januar trat er gezwungenermaßen von seinem Posten im Direktorium des VDI zurück, um sich, so die offizielle Verlautbarung, nun ganz seinen technikgeschichtlichen Studien zu widmen. Matschoß wechselte allerdings in den Vorstand des VDI und setzte von dort aus seiner Arbeit für den Verein fort. 1936 dann kehrte der parteilose Matschoß für ein Jahr in das Direktorium des VDI zurück, um sich von 1937 an dann gänzlich seinem Forschungsgebiet und der Technikgeschichtsschreibung zuzuwenden. Das Kriegsende erlebte Matschoß nicht mehr. Er verstarb im März 1942 als angesehene Persönlichkeit, die sich nicht nur um den Vereins Deutscher Ingenieure große Verdienste erworben, sondern sich darüber hinaus insbesondere entschieden und mit Erfolg dafür eingesetzt hatte, die Kluft zwischen den Geisteswissenschaften und der Technik überwinden zu helfen.

2.3.1.2 Franz Maria Feldhaus (1874-1957): „Ich bin die Ordnung in Person" (Krajewski 2004)

> „Ich betone aber trotzdem immer wieder, dass ich die Kleinarbeit für die Grundbedingung aller Geschichte der Technik halte." (Feldhaus 1914, S. VII)

Abb. 5: Franz Maria Feldhaus (1874–1957)

Von seinen zeitgenössischen Fachkollegen, aber nicht nur von diesen, ist der Technikhistoriker Franz Maria Feldhaus immer wieder als streitbarer und schwieriger Zeitgenosse charakterisiert worden. Insbesondere seine langjährige und heftige Auseinandersetzung mit dem einflussreichen VDI-Direktor Conrad Matschoß (König 1985 S. VXIII) dürfte mit dazu beigetragen haben, dass Franz Maria Feldhaus vorwiegend in einem Licht betrachtet wurde, welches ihm möglicherweise nicht ganz gerecht zu werden vermag. Immerhin überrascht ein wenig, dass selbst Ulrich Troitzsch und Gabriele Wohlauf in ihrem Standardwerk zur Technikgeschichte noch 1980 zwar Conrad Matschoß, nicht jedoch Franz Maria Feldhaus biographisch würdigten. (Troitzsch/Wohlauf 1980) Auch wenn Markus Krajewski (Krajewski 2004) und Hans-Erhard Lessing (Lessing 2000) in ihren Publikationsüberschriften Feldhaus plakativ als „Privatregistrator“ oder unter der Fragestellung charakterisieren, „Kann man von der Geschichte leben?“, so schlug hier nach wie vor, wenn auch unterschwellig, ein skeptischer oder gar stigmatisierender Unterton mit. Erst Axel Halle schlägt hier in seinem Aufsatz „Bibliothek und Archiv als Grundlage der Forschung: Franz Maria Feldhaus und seine Sammlung“, (Halle 2007) in der er sich mit Feldhaus und dessen Werk auseinandersetzt, einen anderen Ton an. Bemüht man sich, die heterogenen Auffassungen zu Leben und Werk von Franz Maria Feldhaus kritisch würdigend zusammen zu fassen, so ergibt sich folgendes Bild:

Um Feldhaus’ Bildungsgang wird gestritten. Franz Maria Feldhaus hatte nach eigenen Angaben an der ETH Zürich und der TH Darmstadt Elektrotechnik studiert, wohl aber nicht abgeschlossen. Er will eine Ingenieurtätigkeit aufgenommen, diese aber im Jahre 1900 aufgegeben haben, um sich der freien Schriftstellerei der Technikgeschichte widmen zu können. Anderen Aussagen zufolge hatte er nicht einmal Abitur. Erste einschlägige Publikationen von Feldhaus sind für das Jahr 1903 nachgewiesen, (Feldhaus 1903) denen schon ein Jahr später sein vielbeachtetes „Lexikon der Erfindungen und Entdeckungen auf den Gebieten der Naturwissenschaft und der Technik“ folgte. (Feldhaus 1904) Insgesamt veröffentlichte er 3.800 (!) Aufsätze bzw. Artikel und 52 (!) Monografien technikhistorischen Inhalts. Hinzu kommt noch seine unermüdliche Sammeltätigkeit, die sich im Feldhaus-Archiv und in der Feldhaus-Bibliothek bis 1942 in einem Bestand von 70.000 Sach- und 20.000 Personenkarteikarten, sowie 15.000 Karteikarten zu tages- und zeitbezogenen Themen, 1.000 Akten mit Briefwechseln, Autografen etc., rund 5.000 Fotos und etwa 10.000 Büchern niedergeschlagen hat. (Halle 2007, S. 124)

Diese Produktivität und penible Akkuratesse auf alles, was im Hinblick auf technikhistorisches Faktenwissen relevant sein konnte, machte ihn in der fachhistorischen Zunft dennoch zum wenig beliebten Außenseiter. Ihm eilte der Ruf des Vielschreibers und selbsternannten Besserwissers voraus, der hieraus zudem noch finanziellen Vorteil schlug. Andererseits würdigte die Rheinisch-Westfälische Technische Hochschule Aachen Feldhaus publizistische Verdienste um die Technikgeschichte 1924 mit der Ehrendoktorwürde (Dr. Ing. e.h.) „in Ehrung seiner unermüdlichen, sich durch Jahrzehnte erstreckende Forschungsarbeit auf dem Gesamtgebiet der Technik, sowohl was die hingebungsvolle Sammel- und Kleinarbeit, die kritische Sichtung und Anlage bedeutungsvoller Archive anbelangt, wie auch die Verarbeitung des weltgeschichtlichen Stoffes zu selbständigen Monographien bleibenden wissenschaftlichen Wertes".

Dass ihm diese Ehrung 1936 wieder aberkannt wurde, hat Feldhaus nie verwinden können. Allerdings überrascht diese Entwicklung insofern nicht, als er in der Kritik von Kollegen oftmals alle Hemmungen fallen ließ, sie nicht nur korrigierte und öffentlich bloßstellte, sondern derartige Auseinandersetzungen auch vor Gericht trug. Ablehnung und selbst persönlicher Hass, wie etwa der von Conrad Matschoß, dem einflussreichen Direktor des Vereins Deutscher Ingenieure, waren die Folge. Dass diese tiefe persönliche Abneigung zwischen Matschoß und Feldhaus sich schließlich beiderseitig tief verwurzelte, war nicht zu verkennen. In einem Nachruf auf Feldhaus in den VDI-Nachrichten aus dem Jahr 1957 spricht der Wissenschaftshistoriker Hans Schimank mit Blick auf Feldhaus von „eine[r] Art manischen Hasses gegen Matschoß und den VDI". (Schimank 1957, S. 15)

Waren aber derartige Verhaltensweisen von Feldhaus, wenn nicht unbedingt klug und verständlich, so doch zumindest erklärbar? Und was lässt sich hierzu sagen? Zunächst, und dies mag vieles erklären, war Feldhaus akademischer Außenseiter und Autodidakt, da er allem Anschein nach weder einen universitären Abschluss in den Ingenieur- noch den Geisteswissenschaften vorzuweisen vermochte. Auch mag er diesem Personenkreis, also den Akademikern und Universitätsgelehrten, noch insofern suspekt gewesen bzw. geblieben sein, da er auf dem Gebiet der Technikgeschichte nicht nur, wie üblich, „standesgemäß" publizistisch tätig wurde, oder, schon etwas „anrüchig", durch Firmenjubiläumsschriften Geld verdiente, sondern darüber hinaus sein Wissen ökonomisch zu verwerten suchte. Jedermann war bekannt, und zwar häufig durch persönliche Erfahrung, dass Feldhaus u. a. eine gebührenpflichtige „Auskunftei" zu Fragen und Quellen der Technikgeschichte betrieb. Die 1908 gegründete Feldhaus-Firma „Historia-Photo GmbH" war der erste Ansatz hierzu – und das erste technikbezogene Bildarchiv überhaupt. Schon Matschoß hatte an derartiger Verwertung wissenschaftlicher Erkenntnisse Anstoß genommen, indem er bereits 1911 eine Veröffentlichung von Feldhaus in der VDI-Zeitschrift mit der Begründung abgelehnt hatte, dass hier eine Verquickung von Historie und Kommerz bestünde, die für sich keinen Anspruch auf Wissenschaftlichkeit erheben könne. (Halle 2007, S. 119) Infolge dieser Zurückweisung wurde auch die lebenslange Feindschaft der beiden Männer begründet, die nie wieder gekittet zu werden vermochte. Für Feldhaus ging es in dieser Fehde nicht nur um Eitelkeiten, sondern um seine wirtschaftliche Existenz. Zumindest erschwerte ihm diese Kritik von Matschoß die Übernahme lukrativer, für Feldhaus selbst jedoch existentiell unverzichtbarer Aufträge zur Erstellung von Firmengeschichten. (Halle, Ebd., S. 120) Stellte der mächtige Verein Deutscher Ingenieure sich gegen ihn, so war eines klar, kaum ein Unternehmen würde Feldhaus zukünftig mit der Erstellung einer Firmengeschichte beauftragen. Und so kam es dann auch. Sicher ist, dass Feldhaus mit seinem 1920 gegründeten Unternehmen „Quellenforschungen zur Geschichte der Technik und Industrie G.m.b.H., Berlin Tempelhof" 1930 Konkurs anmelden musste.

Und dies war, aller widrigen Zeit- und Wirtschaftsumstände zum Trotz, insbesondere eine Folge der Aktivitäten und Interventionen von Conrad Matschoß und seines Vereins Deutscher Ingenieur gegen Franz Maria Feldhaus und seines als verwerflich verstandenes Geschäftsmodell der Vermarktung technikhistorischen Wissens. Dass bei diesem Konkurs auch das in Feldhaus' Firma investierte Kapital seines Partners, Carl Graf von Klinckowstroem (1884–1969) (Husberg 1996) verloren ging, sei nur am Rande vermerkt. Ebenso wie Feldhaus' persönliche Belastung durch mehre Scheidungen, zumal seine Ehefrauen ihm immer als Sekretärinnen zur Seite gestanden hatten.

Für die beamteten Mandarine der akademischen Rechtschaffenheit und die Kader der verbandsmäßigen Macht bestätigte der wirtschaftliche Bankrott von Feldhaus lediglich dessen intellektuellen Offenbarungseid. Dabei geriet manches aus dem Blick. Feldhaus war ein amerikanischer Typus von unternehmendem Selfmade-man. Er hatte in wirtschaftlich äußerst schwierigen Zeiten etwas höchst Ungewöhnliches versucht, nämlich von der technikgeschichtlichen Informationsbewirtschaftung außerhalb des Universitäts- und Verbandsbetriebes leben zu können. Und all dies, ohne auf das Netz einer institutionellen Absicherung in Form einer Anstellung z. B. beim einflussreichen und die Technikgeschichte fördernden VDI oder der Universität bzw. eines technischen Museums zurückgreifen zu können. Matschoß hingegen verfügte über all dies.

Hans Schimank (1888–1979), selbst Physiker und Naturwissenschaftshistoriker, urteilte in seinem Nachruf, dass Feldhaus' Stärke „nicht in der geschichtlichen Synthese, sondern im Sammeln [gelegen habe]." (Schimank 1957, S. 15) Feldhaus betrieb Technikgeschichte dem eigenen Selbstverständnis nach insbesondere mit dem Anspruch des leidenschaftlichen Sammelns, Archivierens und Erschließens von Daten und Angaben jedweder Art. Für die Technikgeschichtsschreibung seiner Zeit mochte das durchaus sinnvoll sein. Methodisch blieb dies rein positivistische Sammeln und Präsentieren historischer Fakten allerdings höchst problematisch. Axel Halle wirft ihm zu Recht vor, dass der grundlegende Fehler von Feldhaus darin bestand, „[...] seine Vorgehensweise bei der Erarbeitung technikhistorischer Publikationen als wissenschaftliche Methode missverstanden [zu haben]", und resümiert: „Er [Feldhaus] war in einem Themengebiet tätig, das zwar populär war, aber sich nur mit viel Mühe und Fleiß ökonomisch für einen selbständigen Broterwerb eignete. Als Fazit bleibt: Die Hinterlassenschaft von Franz Maria Feldhaus ist außerordentlich bedeutend, ein Teil seiner Schriften ist auch heute noch lesenswert. Sein persönliches Schicksal, trotz seines hohen Lebensalters, das er erreichte, hingegen tragisch." (Halle 2007, S. 134f.) Versöhnlicher hatte der Mentalitäts- und Kulturhistoriker Ulrich Raulff 1996 in der Frankfurter Allgemeinen Zeitung (FAZ) über die Schriften von Feldhaus geurteilt: „Ihrer faktenseligen Naivität wegen belächelt, stehen sie doch als Klassiker neben Mumfords ‚Geschichte der Maschine' und Siegfried Giedions ‚Herrschaft der Mechanisierung'." (Raulff 1996)

Geradezu erstaunlich ist, dass das Feldhaus-Archiv und seine Bibliothek die Fährnisse des ‚Weltbürgerkriegsjahrhunderts', sowie die verschiedenen Insolvenzen ihres Gründers gut überstanden haben. Das Feldhaus-Archiv befindet sich heute im Deutschen Technikmuseum Berlin (www. Dtmb.de/Rundgang/p22.html), während die

Bestände der Feldhaus-Bibliothek an der Universitätsbibliothek Kassel sogar online recherchiert werden können, und zwar unter (http://opac.bibliothek.uni-kassel.de/). Die Feldhaus-Bibliothek stellt einen nach wie vor wichtigen Bestand für die technikhistorische Forschung dar und unterstreicht damit, dass Feldhaus, allen Fährnissen zum Trotz, ein bedeutendes Lebenswerk hinterlassen hat.

2.3.1.3 Hugo Theodor Horwitz (1882-1941/?42)

> „Die Geschichte der Technik als Wissenschaft soll uns ein möglichst klares Bild von dem jeweiligen Stand des technischen Wissens und Könnens geben; sie soll aber auch die Zusammenhänge mit anderen Gebieten aufdecken, die genetische Entwicklung großer, bedeutender Ideen bis zu ihrem ersten Auftauchen zurückverfolgen und uns die Urheber dieser Ideen als Fachleute und Menschen näher bringen." (Horwitz 1929, S. 217)

Abb. 6: Hugo Theodor Horwitz (1882-1941/?42)

Hugo Theodor Horwitz, herausragender Wiener Theoretiker der Technikgeschichte, Ingenieur und Publizist, wurde im Ghetto von Minsk als ‚rassisches' Opfer des Holocaust ausgelöscht. Dieser physischen Vernichtung folgte zunächst das Vergessen in der deutschsprachigen Fachgeschichte: Der technikgeschichtliche Avantgardist Horwitz ist ein so typisches wie deprimierendes Beispiel für eine zweite Schuld im Umgang mit den Opfern des nationalsozialistischen Menschheitsverbrechens des Judenmords.

Hugo Theodor Horwitz kämpfte in den 1920er und 1930er Jahren für eine methodische Neuorientierung der deutschen Technikgeschichte, die zu diesem Zeitpunkt als eine Geschichte der Techniker für Techniker in eine theoretische Sackgasse zu geraten drohte. Horwitz entwickelte die innovative Basis einer neuen Technikgeschichte, die er selbst als Technohistorie bezeichnete. Darin nahm er Diskurse vorweg, die in Deutschland erst in den 1960er Jahren in der Konzeption einer „Modernen Technikgeschichte" und in den 1980er Jahren als Ansätze einer neuen Kulturgeschichte der Technik in Erscheinung traten. Horwitz schickte sich an, die Technik als kulturelles Phänomen in einen interdisziplinären Kontext zu stellen, ohne dabei den Menschen als Innovator, Nutzer und Anwender aus dem Blick zu verlieren.

Doch sein persönliches Schicksal sowie seine unkonventionelle, oft provozierende Publizistik verhinderten zunächst die Akzeptanz und Fortführung seiner konzeptionellen Ansätze in der Technikgeschichtsschreibung. Horwitz' Spur verlor sich mit seiner Deportation in das Ghetto von Minsk, wo er und seine Frau 1941 oder 1942 ermordet wurden. Nach Kriegsende verlor sich auch die Erinnerung an sein Werk. Neben dem Desinteresse seiner Fachkollegen, die, wie zum Beispiel Conrad Matschoß und Franz Maria Feldhaus, über Jahre mit ihm eng zusammengearbeitet hatten, trug sicherlich auch die Publikationsweise von Horwitz mit dazu bei, ihn zu übersehen. Er hinterließ keine Monografien, keine geschlossenen und umfangreichen theoretischen Abhandlungen. Stattdessen finden sich seine Beiträge zur Geschichte der Technikgeschichte und ihrer Theorie in einer Vielzahl verstreuter Einzelpublikationen in z. T. entlegenen Fach- und Allgemeinzeitschriften. Worauf dies zurückzuführen ist, lässt sich leicht erklären. Horwitz war nach seinem Studium des Maschinenbaus an der TH Wien, 1899–1905, sowie seiner Promotion bei Conrad Matschoß an der TH Berlin 1914 und nach kurzer Tätigkeit in der Automobilindustrie, zum freien Publizisten geworden. Ermöglicht hatte ihm dies zunächst sein wohlhabendes Elternhaus. Aus einem Brief, den Horwitz im Mai 1930 an seinen Wiener Anwalt Dr. Emil Marburg schrieb, geht hervor, dass Horwitz „vor der Entwertung der österreichischen Krone" von seinen Eltern eine Jahresapanage in Höhe von 4.500 bis 5.000 Kronen erhielt. (Horwitz V/1930) Dies war nicht unbedingt viel Geld, genügte jedoch zur Bestreitung eines zumindest bescheidenen Lebensstils. Dies bestätigt sich in den Preisen einiger weniger als Referenzgröße herangezogener Konsumgüter: Ein Kilo Brot kostete damals 0,57 Kronen, ein Kilo Fleisch 7,14 Kronen und eine Kilowattstunde Strom schlug mit 0,84 Kronen zu Buche. Nach der österreichischen Währungsreform von 1924/25 pendelten sich die Preise, nun in Kronen, auf etwa gleichem Niveau ein. Um auf Dauer von der finanziellen Unterstützung seiner Eltern bzw. Schwiegereltern unabhängig seinen Lebensunterhalt bestreiten zu können, war Horwitz letztlich aber auf seine eigene wissenschaftlich publizistische Tätigkeit und damit den Verkauf und die Honorierung seiner Artikel angewiesen. Dass dies, trotz emsigster Bemühungen und zahlreicher Publikationen auf technikhistorischem Gebiet letztendlich nicht gelang, bestätigt sich in seinen bescheidenen Honorareinkünften. In diese gibt Troitzsch zumindest einen kleinen Einblick: „Für die Publikationen in den Jahren 1920 und 1921 dürfte das Gesamthonorar jeweils 900-1000 Mark und in den Folgejahren, in denen Horwitz lediglich zwei oder drei Aufsätze unterbringen konnte, nur einige hundert Mark betragen haben." (Brandtstetter/Troitsch 2008, S. 29)

Mehr ist auch für die Folgejahre nicht zu erfahren. Aber auch in diesen dürfte es kaum anders ausgesehen haben, zumal in den späteren 1920er Jahren die allgemeine Wirtschaftskrise ein Übriges tat. Blickt man retrospektiv auf die publizistischen Tätigkeiten von Horwitz zurück, so ergibt sich in finanzieller Hinsicht ein düsteres Bild. Subsummiert man nämlich sämtliche von ihm zwischen 1907 und 1942 publizierten, und damit honorarfähigen Artikel in Periodika, so waren dies insgesamt kaum mehr als 116. Im Durchschnitt also gerade einmal etwas mehr als 3 Publikationen pro Jahr.

Mochten hier auch erhebliche Spannbreiten enthalten sein, die von einem Artikel pro Jahr bis hin zu 11 (1920; 1927) oder gar fünfzehn (1921) reichten, so lassen diese Zahlen doch eines völlig klar werden, von seiner publizistischen Tätigkeit vermochte Horwitz seinen und den Lebensunterhalt seiner Familie, zu der nicht nur seine Frau, sondern auch der 1921 geborene Sohn Anselm zählte, keineswegs zu bestreiten. Und hierbei half auch nur wenig, dass seine Frau Marianne (1893–1941/?42), Tochter des Wiener Arztes Dr. Ignatz Ehrmann (gest.1917), die Horwitz 1920 „nach katholischem Ritus" (Troitzsch 2008, S. 25) geheiratet hatte, Klavierstunden gab, „[...] um das knappe Familienbudget aufzubessern. (Troitzsch 2008, S. 25) Darüber hinaus war Marianne Horwitz von jeher in die publizistisch-wissenschaftliche Tätigkeit ihres Mannes eng eingebunden. Sie war es, „die die Textentwürfe von Horwitz kritisch begleitete, zunächst in Kurzschrift notierte, mit der Maschine abschrieb und dann nach der Korrektur das druckreife Manuskript anfertigte. Auch viele der Skizzen und Umzeichnungen in den wissenschaftlichen Veröffentlichungen stammen von Marianne Horwitz." (Zit. ebd.)

Vielleicht hatte Horwitz, indem er an seinem eingeschlagenen Weg als freischaffender Privatgelehrter gegen alle Widrigkeiten festhielt, darauf gehofft, eines Tages doch noch auf eine Professur berufen zu werden, also die universitäre Karriere einschlagen zu können. Oder er hatte mit dem Gedanken gespielt, eine Anstellung im Museumsbereich zu erlangen. Ersteres scheiterte an einer hierfür erforderlichen Habilitation, die er nicht erlangte. Zweites lässt sich im Rückblick nicht erklären, scheiterte dessen ungeachtet aber ebenfalls. Die höchst prekäre finanzielle und zudem berufliche, wie auch gesundheitliche Situation von Horwitz erschließt sich aus Darlegungen, die sein Anwalt im Rahmen der nach dem Tode von Horwitz Vater (18.4.1929) einsetzenden Erbschaftsauseinandersetzung folgendermaßen formulierte:

> „Dr. H. bekam aus der Verlassenschaft im Jänner l.J. S 25.000,–. Auf Rechnung des Pflichtteils hatte er bis dahin seit dem Ableben des Vaters in kleinen Beträgen schon S 2.000, -- zum Leben bekommen. Er hatte also nach der Auszahlung des Kapitals kaum S 100,- monatlich an Zinsen. Sukzessive Aufzehrung des Kapitals und sichere baldige Mittellosigkeit müssen die Folge sein. Das es heute nicht für jeden Arbeitswilligen Erwerb gibt, weiss jeder. Und erst recht nicht für einen Fünfziger von der seelischen und körperlichen Beschaffenheit des Dr. H. Wissen seine Angehörigen denn nicht, wie belastet dieser Mann ist? Haben sie vergessen, dass er schon mit zwanzig Jahren Kuren gegen Melancholie, Menschenscheu und Weinkrämpfe machen musste? Dass er wegen seiner Gehörüberempfindlichkeit jahrelang ohne rechten Schlaf blieb, dadurch geschwächt war und beim geringsten Geräusch schweissgebadet und mit Herzklopfen erwachte? Dass sein versagt gebliebenes Verlangen nach Arbeitsruhe ihn wiederholt in fürchterliche Erregungszustände brachte etc. etc.? Trotzdem hat Herr Dr. H. auf seinem *allerdings abseitigen Gebiet* und trotz der grössten Hemmungen nicht ganz erfolglos gearbeitet und bis in die jüngste Zeit Anerkennung autoritärer Fachkollegen gefunden. Auch sein Gesundheitszustand könnte sich unter der Voraussetzung etwas stabilerer Verhältnisse bessern, und er könnte es, wenn er äusserlich und innerlich Arbeitsruhe hat, noch immer zu

einer gewissen bescheidenen Existenz bringen. Das ist aber absolut ausgeschlossen, wenn er weiss, dass er der sicheren baldigen Existenzlosigkeit preisgegeben bleibt." (Marburger 1930)

Ohne familiäre Zuwendungen, die Horwitz auch immer wieder entschieden einforderte, wäre es ihm selbst im fortgeschrittenen Alter von über fünfzig Jahren unmöglich gewesen, seinen Lebensunterhalt zu bestreiten. Die Situationseschreibung, die Rechtsanwalt Marburger, der Rechtsbeistand von Horwitz, zu und über seinen Mandanten gibt, ist bedrückend. Dieser kann aus eigener Kraft weder seinen noch den Lebensunterhalt seiner Familie bestreiten, befasst sich mit einem „abseitigen" Forschungsgebiet und ist zudem psychisch höchst angeschlagen. Die Folgen liegen auf der Hand. Sie münden in innerfamiliären juristischen Auseinandersetzungen um das Erbe nach dem Tode von Horwitz Vater, und dass diese die Familie spalten musste, ist tragisch. (Vgl. Technisches Museum Wien)

Hinzu kommt, dass sich Horwitz immer wieder in psychotherapeutische Behandlung begeben musste. Es zeigt dessen ungeachtet aber, dass Horwitz unbeirrt an dem von ihm eingeschlagenen Weg als Privatgelehrter sowie an seiner wissenschaftlich-publizistischen Tätigkeit festzuhalten gedachte, koste es, was es wolle. (Horwitz, Briefwechsel 1929/1930, ebd.) Dass dieser Traum längst an der Realität zerplatzt war, schien er sich nicht eingestehen zu wollen. Die finanziellen Fakten sprachen demgegenüber eine eindeutige Sprache. Hatte sich das Vermögen seiner Eltern bis zum 1. Weltkrieg, der später damit verbundenen Inflationszeit und der Österreichischen Währungsreform von 1924/25 noch auf respektable 650.000 Kronen belaufen, so war dieses Vermögen beim Tode seines Vaters auf gerade einmal noch 155.000 Schilling zusammengeschmolzen. (Horwitz, Briefwechsel 1929/1930, ebd.) Von dieser Erbschaft sollten Horwitz zudem nur 27.000 Kronen zustehen. (Ebd) Damit war klar, dass sich auf dieser finanziellen Basis die Fortsetzung eines Lebens als Privatgelehrter, zudem mit Frau und Kind, auf Dauer nicht fortsetzen ließ. Dass Horwitz sich mit aller Kraft bemühte, doch noch einen Weg zu finden, um dieser aussichtslosen Situation zu entgehen, liegt auf der Hand. Seine diesbezüglichen Überlegungen zielten 1932 auf eine Habilitation für das Fach der Geschichte der Technik an der Technischen Hochschule Wien ab. Doch dieses Vorhaben scheiterte an der Ablehnung seines letztlich aus der Not geborenen und eher hilflos anmutenden Versuchs, mittels eines Habilitationsantrages doch noch jene akademischen Würden zu erlangen, die für eine universitäre akademische Karriere unabdingbar waren. (Brandstetter/Troitzsch 2008, S. 35-37) Was ihm danach zur Bestreitung des Lebensunterhaltes auf Dauer blieb, war die Aufzehrung der begrenzten Mittel aus dem ererbten Vermögen seiner Eltern.

Dass Horwitz ein NS-Opfer war, ist das eine. Dass sein Werk aber auf Jahrzehnte hin der Vergessenheit anheimfiel, ist das andere und bleibt kaum verständlich. Erst in den 1980er Jahren würde sich dies dann ändern. „Hugo Theodor Horwitz – ein fast vergessener Theoretiker der Technikgeschichte". Unter diesem Titel veröffentlichte der Hamburger Technikhistoriker Ulrich Troitzsch im Jahre 1983 in der Zeitschrift „Technikgeschichte" seinen Aufsatz zur Rehabilitierung eines Pioniers der deutschen Technikhistoriographie, der aufgrund seiner besonderen Veröffentlichungsweise und seiner spezifischen Lebensgeschichte kaum Aufmerksamkeit in der aktuellen scientific community gefunden hatte. (Troitzsch 1983) Dies war umso verwunderlicher, da Horwitz als *der* herausragende deutsche Exponent einer modernen Kulturgeschichte der Technik und als Theoretiker der Technikgeschichtsschreibung gelten konnte. „Hugo Theodor Horwitz war ohne Zweifel der herausragende theoretische Kopf unter den deutschsprachigen Technikhistorikern der Zwischenkriegszeit", so Troitzsch 1983 in seinem Aufsatz. (Troitzsch, S. 352) Gerade Horwitz Bemühungen um eine methodische Weiterentwicklung des Faches und die Entwicklung einer tragfähigen theoretischen Basis technikhistorischer Fragestellungen machten ihn zu einem „einsamen Rufer in der Wüste". (Troitzsch, ebd., S. 345) Troitzsch, der sich dem „Phänomen" Horwitz inhaltlich näherte und erste Rechercheergebnisse zum publizierten Gesamtwerk vorlegte, konnte sich in seiner Einschätzung auch auf Karl-Heinz Ludwig berufen, der, allerdings nur in einer Fußnote, die herausragende Stellung von Horwitz in der deutschen Technikgeschichte der 1920er und 1930er Jahre gewürdigt hatte. (Ludwig 1978)

Trotz des Rehabilitationsversuchs von Ulrich Troitzsch blieb das Werk von Horwitz auch weiterhin wenig beachtet. Obwohl nun durchaus zumindest als wichtiger Theoretiker der Technikgeschichte charakterisiert, unterblieb dennoch eine tatsächliche Auseinandersetzung mit Horwitz Konzeption der „Technohistorie". Dies muss umso mehr verwundern, da in der zeitgenössischen Technikgeschichtsschreibung der 1970er und 1980er Jahre nach wie vor eine heftige Diskussion darüber geführt wurde, wie sich das Fach zwischen Technik- und Geisteswissenschaften ausrichten und platzieren sollte. Im Jahr 1991 verwies dann Rolf-Jürgen Gleitsmann in seinem Beitrag „Technik und Geschichtswissenschaft" im Rahmen der Reihe „Technik und Kultur" auf Horwitz als wichtigen Pionier einer modernen Technikgeschichte. (Gleitsmann 1991, S. 122) Auch in der Bestandsaufnahme „Technikgeschichte in Österreich" von Helmut Lackner, Günther Luxbacher und Christian Hannesschläger aus dem Jahr 1996 wird Horwitz dann als „wohl interessantester Vertreter" der deutschen Technikgeschichte in den 1920er Jahren bezeichnet, der „zu einer umfassenderen Entwicklungsgeschichte der Technik in übergreifender, die ingenieurwissenschaftliche Fokussierung überwindende Perspektive" gelangte. (Lackner, Luxbacher, Hannesschläger 1996, S. 12) Lackner und andere konnten dabei auf die in dieser Angelegenheit nur Insidern bekannten Archivbestände des Technischen Museums Wien zurückgreifen. Dessen ungeachtet blieben diese unerwähnt, und die Autoren basierten ihre Einschätzung der Bedeutung von Horwitz für die Technikhistoriographie ausschließlich auf dem Artikel von Troitzsch aus der Zeitschrift Technikgeschichte. Dies ist umso erstaunlicher, als das Technische Museum in Wien über einen Nachlass Horwitz verfügte, der für die Bestandsaufnahme allerdings nicht berücksichtigt wurde. Der aktuelle Forschungsstand schließt diese Lücke. Im Jahre 2008 legten Thomas Brandstetter und Ulrich Troitzsch eine umfassende Studie zum Werk und Wirken von Horwitz vor, in die dann sämtlichen verfügbaren Quelle von und über Horwitz Eingang fanden. Auch kommt im Vorwort dieser Publikation Anselm Horwitz zu Wort, der, anders als seine

Eltern, als 15jähriger unter dem Namen „Barnet“ noch der NS-Verfolgung entfliehen und über England (London) und Irland nach Australien auszuwandern vermochte. (Brandstetter/Troitzsch, S. 11f)

Die fehlende Aufmerksamkeit, die Horwitz sowohl von seinen Zeitgenossen, aber vor allem auch in der Etablierungsphase des Faches Technikgeschichte in der Bundesrepublik der 1960er Jahren zuteilwurde, kontrastiert auffallend zu der Wertschätzung, die er z. B. vom Mentor der amerikanischen Technikgeschichte, Lynn T. White (1907–1987), erhielt. White, dessen Arbeitsgebiet in erster Linie die vorindustrielle Technologie seit dem Mittelalter umfasste, stellte Horwitz gleichberechtigt in eine Reihe mit den Gründungsvätern der französischen Schule der Annales, Georges Lefebvre und Marc Bloch. (White 1975) Damit wird Horwitz prononciert in den Zusammenhang dieses umfassenden Paradigmenwechsels in der Geschichtswissenschaft eingeordnet und somit nicht nur für den Bereich der Technikgeschichte als deutschsprachiger Vertreter einer methodischen Avantgarde interessant, sondern auch bedeutungsvoll für die Allgemeinhistoriographie.

Trotz der Vielschichtigkeit der Themenfelder, die sich in Horwitz Publikationen ausmachen lassen, zeichnen sich zwei Hauptarbeitsgebiete in besonderem Maße ab. Dies sind zum einen die Entwicklung einer Methodologie der Technohistorie und zum anderen die Identifizierung von Gesetzen und Entwicklungsprinzipien der Technik, und zwar auch im interkulturellen Vergleich. Seit dem Jahr 1915 beschäftigte sich Horwitz mit der Entwicklung einer Methodik der Technikhistorie. Sein Interesse für methodologische Fragen ergab sich aus seiner Einsicht, dass die bisher geleistete Arbeit auf dem Gebiet der Geschichte der Technik an einer mangelnden Rezeption kulturhistorischer Theorien und daraus folgend an einem Theoriedefizit litt. Nach einem kurzen Abriss über die Geschichte der Technik im Jahr 1915 verfolgte er in seinen weiteren Veröffentlichungen häufig die Strategie, dass er nach einer kurzen methodischen Einführung die Erläuterung anhand von historischen Beispielen folgen ließ. Im Jahr 1929 fasste Horwitz seine Überlegungen in einer Veröffentlichung unter dem Titel „Forschungsgang und Unterrichtslehre der Geschichte der Technik (Methodologie der Technohistorie)“ in der Zeitschrift des Verbands Deutscher Diplom-Ingenieure (VDDI) „Technik und Kultur“ zusammen. Im Jahr 1931 folgte eine Polemik gegen eine Geschichte der Technik, die im „Unzureichenden“ und „Dilettantischen“ steckengeblieben war und auch die einfachsten Regeln von Wissenschaftlichkeit negierte. (Horwitz 1931) Horwitz belehrte seine Ingenieur-Fachkollegen in so elementaren Fragen der Geschichtswissenschaft, wie Quellen zu benutzen waren und wie Literatur zitiert werden musste. Bereits der Titel seiner Publikation „Über Quellenanführung und Quellenkritik in der Geschichte der Technik“ ist ein Hinweis auf den Versuch, die Geschichte der Technik auf eine wissenschaftliche, d. h. überprüfbare und formal korrekte Grundlage zu stellen. Dazu griff Horwitz auf die Einteilung des Historikers Ernst Bernheim (1850–1942) zurück, die dieser in seiner Einleitung in die Geschichtswissenschaft entwickelt hatte. (Bernheim u. a. 1926) Die Wahl von Bernheim als historischem Bezugspunkt war nicht willkürlich, sondern bewusst gewählt. Bernheim hatte versucht, in seinen damals viel gelesenen Werken einen Anknüpfungspunkt zur zeitgenössischen Soziologie und vor allem auch zu einer Berücksichtigung quantifizierender, statistischer Methoden herzustellen. Horwitz mahnte für das junge Fach Technikgeschichte die Auseinandersetzung mit den zeitgenössischen Ergebnissen der Geschichtswissenschaft, Geschichtsphilosophie und Kulturwissenschaften an. Horwitz definierte den Gegenstandsbereich der Technohistorie dabei im Rahmen eines dreistufigen Bezugssystems in einem weitern und einem engeren Sinne, sowie im Hinblick auf die Entwicklung der Geschichte von Technik folgendermaßen:

- *Geschichte der Technik im weitesten Sinne nach Horwitz*
  - Die Technik in Beziehung zur gesamten Menschheit (Technik und Kulturentwicklung)
  - Die Technik in Beziehung zum einzelnen Menschen (Der schöpferisch tätige Techniker)
- *Geschichte der Technik im engeren Sinne*
  - Die Technik als empirische Fertigkeit (Erste Stufe des technischen Fortschritts)
  - Die Technik als Verbindung von empirischer Fertigkeit und Wissenschaft (Zweite Stufe des technischen Fortschritts); sowie
- *Die Entwicklung der Geschichte der Technik*
  (Horwitz 1929, S. 213)

Mit diesem Konzept nahm Horwitz die Kompromissformel vorweg, die die modernen Technikgeschichte seit den 1960er Jahren gefunden hatte, um das bestehende Dilemma zwischen einer internalistischen und einer darüber hinausreichenden Technikbetrachtung aufzulösen. Man unterschied, ganz im Sinne von Horwitz, nun zwischen einer speziellen und eine allgemeine Technikgeschichte, für die jeweils unterschiedliche Zuständigkeiten und Wissensbestände galten. Ebenfalls stand eine Zuordnung der Geschichte der Technik zu den historischen Wissenschaften, wie schon für Horwitz, auch für die „moderne" Technikhistoriographie völlig außer Frage. Die Perspektive eines historisch interessierten Maschinenbauingenieurs überschritt er mit der Forderung nach einer Rezeption der Arbeitsergebnisse kulturhistorischer Fächer in die Technikhistoriographie. Damit ließ er auch die Isolation der Geschichte der Technik hinter sich, die sich in der Diagnose von Horwitz noch in einem Stadium der referierenden, d. h. erzählenden und vorwissenschaftlichen Darstellungsweise befand. Trotz der immensen Perspektiverweiterung der von Horwitz propagierten Technohistorie blieb er dennoch auch den Vorgaben einer engeren Technikergeschichte verhaftet. Seine humane Dimension der Technik beschränkte sich auf den Menschen als Schöpfer und Produzent von Technik, während eine Nutzerperspektive, wie sie z. B. Werner Sombart zur gleichen Zeit formulierte, außerhalb des technischen Verständnisses von Horwitz lag. Mit der kulturwissenschaftlichen und humanen Dimensionserweiterung lieferte er dennoch eine Methodologie, die auf eine innovative Weiterentwicklung des Faches hinzuwirken versuchte.

Entsprechend der Einteilung des Historikers Bernheim definierte Horwitz die zentrale Zielsetzung historischer Forschung als die Identifikation von Entwicklungslinien. Dieser „genetische" Ansatz eines Systems historischer Phänomene verleitete ihn zu dem Versuch, die Geschichte der Technik auf Gesetzmäßigkeiten hin zu analysieren. Horwitz erhoffte sich die Reduktion des technischen Fortschritts auf einige wenige Entwicklungstendenzen. Wenn der Technohistorie dieser genetische Zugang zur technischen Entwicklung gelang, so würde sich ihr die Möglichkeit erschließen, über historische Erkenntnis die gegenwärtige Technikentwicklung zu verstehen und letztendlich die Möglichkeit zu entwickeln, diese zu lenken, bzw. zumindest lenkbar zu machen. Damit billigte Horwitz der Technohistorie eine prognostische Dimension zu und ordnete ihr als Aufgabe die Entwicklung einer Programmatik von Technikentwicklung und Technikfolgenabschätzung zu. Auch hierin nimmt er eine Dimensionserweiterung im Hinblick auf die Funktion von Technikgeschichte vor, die erst wieder in den 1960er Jahren aufgegriffen wird, zuvor allerdings bereits im Rahmen der marxistischen Geschichte der Produktivkräfte formuliert und von Ostwald als grundsätzliches Kriterium für die Wissenschaftlichkeit einer Disziplin eingefordert worden war.

Die zwei zentralen Entwicklungsprinzipien von Technik, die Horwitz als grundlegend in der Menschheitsgeschichte ansah, und die er im Rahmen seiner Studien wiederholt zum Untersuchungsgegenstand machte, waren das Relais-Prinzip und das Prinzip der Drehbewegung. (Horwitz 1929; 1932; 1933) Ulrich Troitzsch stellte das Relais-Prinzip, welches Troitzsch im Jahr 1983 noch skeptisch beurteilt hatte, dennoch in den Mittelpunkt einer ersten edierten Textsammlung von Horwitz. (Troitzsch 2008) Dabei bewertete Troitzsch das Relais-Prinzip als kommunikationstheoretisch zukunftsfähigen Ansatz, der es verdiente, in der aktuellen Mediendiskussion wieder aufgenommen zu werden, und deshalb zukunftweisend sei. In seiner Beschäftigung mit der Drehbewegung in ihrer Bedeutung für die Entwicklung der materiellen Kultur (Horwitz, Anthropos 1933) setzt sich Horwitz kritisch mit der These des Technikphilosophen Ernst Kapp (1808–1896) zur Organprojektion auseinander. Dieser hatte vor dem Hintergrund einer viel älteren philosophisch-anthropologischen Diskurstradition die These aufgestellt, dass sämtliche technischen Artefakte letztendlich im Sinne einer Organprojektion zu verstehen seien. (Kapp 1877, S. 29 ff.) Dies hieß, dass technische Werkzeuge nichts anderes als „Nachempfindungen" der menschlichen Anatomie seinen, und dementsprechend nichts originär Kreatives. Hammer und Beil entsprächen demnach Unterarm und Faust, Säge und Feile seien auf das Vorbild der Schneidezähne zurückzuführen, der Zeigefinder mit seiner Nagelschärfe wird in technischer Nachbildung zum Bohrer, und die greifende Hand zur Beißzange, etc. Damit wäre, so Kapps Auffassung, technische Entwicklung im Menschen organisch und geistig angelegt, entspränge seiner ureigensten Physis, nicht jedoch seiner besonderen Kreativität. Kapp sagt, so Horwitz in seinem Aufsatz zur Organprojektion (Horwitz 1932, S. 41-42; Troitzsch 2008, S .194): „[...] der Mensch erzeugt sich im Werkzeug stets nur selbst und von dem Glied, dessen Gebrauchsfähigkeit und Kraft vervielfacht werden kann,

kann allein die entsprechende Werkzeugform geliefert werden." (Zit. ebd.) Dieser Interpretation hatten sich bereits verschiedentlich Autoren entgegengestellt, etwa Max Eyth, Ernst Mach, F. Müller-Lyer oder auch Eberhard Zschimmer. (Horwitz, ebd., S. 196) Horwitz nun verwies auf die Drehbewegung, die im Organischen des Menschen keinerlei Vorbild besaß und von daher als Abstraktion des menschlichen Geistes von natürlichen Vorgaben zu betrachten sei. Damit hatte Horwitz ein technisches Funktionsprinzip erkannt, welches originär dem menschlichen Genius entsprungen war und in der Natur keinerlei Vorbilder besaß, an denen er sich hätte orientieren können.

2.3.1.4 Sigfried Giedion (1888-1968): „Auch in einem Kaffeelöffel spiegelt sich die Sonne"

> „Die Beherrschung der Mechanisierung verlangt eine noch nie dagewesene Überlegenheit über die Produktionsmittel. Sie erfordert, daß alles den menschlichen Bedürfnissen untergeordnet wird, [...]. Es ist an der Zeit, daß wir wieder menschlich werden und alle unsere Unternehmungen von einem menschlichen Maßstab leiten lassen." (Giedion, 1982, S. 769 f.)

Abb. 7. Sigfried Giedion (1888-1968), links mit Brille (Radierung von Eugen Zeller 1931; mit freundlicher Genehmigung des Sigfried Giedion Archivs/Zürich)

Das Defizit der deutschen Technikgeschichte war lange Zeit die mangelnde Rezeption kreativer Ideen und Modelle. Dabei brachte der deutsche Sprachraum sehr wohl beachtliche innovative Potentiale hervor, die allerdings von den wenigen professionellen Technikhistorikern wohl deshalb ignoriert und verdrängt wurden, da sie selbst gegenüber der etablierten Geschichtswissenschaft in einem heftigen Legitimationskampf verwickelt waren. Diese Auseinandersetzung, in der es darum ging, was denn eigentlich geschichtsrelevant wäre, und wie, bzw. ob die Geschichte der Technik dabei überhaupt eine Rolle spielen müsste, absorbierte einen Gutteil des Kräftepotentials der sich zu etablieren suchenden Technikhistoriographie. In diesem Umfeld gab es wohl wenig Veranlassung, um von einer naheliegenden Position abzurücken, nämlich derjenigen der Geschichtsmächtigkeit von Technik. Und dabei schien eine Position plausibel und letztlich unangreifbar, Technikgeschichte musste zunächst einmal Artefaktgeschichte und damit internalistisch bleiben, um sich auf historischem Gebiet zu etablieren. Dies schien naheliegend, wenn auch, in retrospektiver Betrachtungsweise, letztlich nicht zukunftsweisend.

Ein herausragendes Beispiel für das Unvermögen auf kreative Herausforderungen zu reagieren, ist die Nichtrezeption der Ingenieur-Technikhistoriker mit dem Gedankengut einer „anderen" Technikgeschichte, wie sie von Sigfried Giedion (1888–1968) entwickelt worden war. Giedion, ausgebildeter Maschinenbauingenieur, wandte sich über den Umweg der Kunstgeschichte in den 1920er Jahren der Architektur zu. Im Umfeld des deutschen Bauhauses wurde Giedion zu einem der einflussreichsten Protagonisten der deutschen Architekturavantgarde. Als Generalsekretär des „Internationalen Kongresse für Neues Bauen" (CIAM) war Giedion eine der Leitfiguren des Funktionalismus, der heute vor allem mit den Namen von Walter Gropius (1883–1969) und Le Corbusier (1887–1965) verbunden ist und eine Revolutionierung der Architektursprache zugunsten einer radikalen Modernität anstrebte. Obwohl als Schweizer vor den Verfolgungen der Nationalsozialisten geschützt, verlegte Giedion seinen Lebensmittelpunkt seit den Jahr 1938 Jahren zunehmend in die Vereinigten Staaten. Als Dozent für Architektur und Architekturgeschichte an der Harvard University, sowie später dann am Massachusetts Institute of Technologie, sowie an der ETH Zürich veröffentlichte Giedion in den 1940er Jahren seine zwei Hauptwerke, die er bezeichnenderweise in englischer Sprache vorlegte, nämlich „Time, Space and Architecture" (1941), sowie „Mechanization takes Command". (1948) Während das erste schnell zum Standardwerk der Architekturgeschichte avancierte, wies die Fragestellung des zweiten in Richtung auf eine historische Perspektive, die erst Jahrzehnte später in ihrer Tragweite erkannt und gewürdigt werden würde. Es dauerte ganze 34 Jahre, bis im Jahre 1982 unter dem Titel „Die Herrschaft der Mechanisierung" die deutsche Rückübersetzung von Giedions „Mechanization takes command" erschien. (Giedion 1982) Es handelte sich um ein Werk von beinahe 800 Seiten, welches nicht nur den Zeitgeist treffend einfing, sondern auch aufzeigte, welch kreatives Potential in einer Technikhistoriographie giedionscher Perspektive lag.

Seine Konzeption einer „anonymen Geschichte" gab jetzt Impulse für eine Entdeckung des Alltäglichen als alternativer Geschichtsperspektive, und zwar sowohl im Hinblick auf Produktion als auch Konsumtion von Gütern. Dieser Blick auf Technik und Geschichte war neu und revolutionär. Hinzu kam, dass zentrale Erkenntnisbegriffe, die Giedion bereits Ende der 1940er Jahre formuliert hatte, in den 1970/80er Jahren angesichts der sich global formierenden Umweltbewegung wiederentdeckt wurden. Giedions erkenntnistheoretische Ansätze von einem dynamischen Gleichgewicht, dem Ende des mechanischen Weltbildes oder der notwendigen Rückkehr zum menschlichen Maßstab klangen in den 1980er Jahren nicht mehr befremdlich, sondern standen nun im Mittelpunkt gesellschaftlicher Diskurse. Die zweite Entdeckung Giedions, nämlich die als Technikhistoriker, stand damit an.

Die Emigration des intellektuellen Avantgardisten Giedion in die USA war einerseits die Konsequenz der politischen Zeitumstände in Europa, andererseits war sie ideologisch und theoriebezogen keinesfalls zufällig. Die Avantgarde der europäischen Architekten, wie auch die progressiven Vertreter der technischen Intelligenz, schauten gebannt auf das „Labor der Moderne", also auf die USA. Diese waren das Land, in dem die modernen Tendenzen der Technikentwicklung und damit der Zukunft am ausgeprägtesten und konsequentesten umgesetzt wurden. Dies wurde optisch für jedermann schon an der durch modernste Wolkenkratzersilhouetten geprägten Ansicht amerikanischer Großstädte augenscheinlich. Die Faszination der Avantgarde konzentrierte sich auf die Revolutionierung der Produktionssphäre und den amerikanischen Technikstil, der Massenproduktion im Fließprozeß. Die „zweite Entdeckung Amerikas" war die Entdeckung einer neuen Form von Technologie, die „Entdeckung der großen Produktionssysteme" sowie den daraus resultierenden Folgen. (Hughes 1991) Zum Symbol der Neuen Zeit wurde die Autoproduktion in den Ford Werken. Die Fließproduktion – das klassische Fließband ist nur eine Variante dieser Produktionsform – erschien als Ausgangspunkt eines neuartigen Gesellschaftsvertrages, der die Konfrontation von Kapital und Arbeit aufheben und den Weg in die Überflussgesellschaft ebnen sollte. Produktivität der Produktion war jene Basis, die in eine für Alle bessere Zukunft wies, die Zukunft in eine moderne Gesellschaft, einer „affluent Society". (Galbraith 1959) Dieser Modernisierungsprozess würde letztendlich und zwangsläufig dann mit einer ganzen Reihe struktureller Wandlungsprozesse verbunden sein. Natürlich mit Wirtschafts- und Wohlstandswachstum, aber auch mit einem allgemeinen gesellschaftlichen Wertewandel, hin zu Individualität, Privatheit, Autonomie, sozialer und räumlicher Mobilität, Freizeit, politischer Partizipation und vielem mehr. „Mechanization takes command" auf allen Ebenen.

Gerade in Europa waren der amerikanische „Fordismus" und auch der „Taylorismus" populär. Andere Bezeichnungen für das gleiche Phänomen waren: Neue Sachlichkeit, weißer Sozialismus und Rationalisierung. Und dies bezog sich keineswegs nur auf die industrielle Sphäre der Produktion. Auch das Alltägliche unterlag dieser Art von Rationalität. Selbst die Avantgarde der Architekten des Bauhauses träumten von einer Fließbandproduktion, und zwar der des Bauens. Es ging ihnen um Wohnraum, der totalen Funktionalisierung des Wohnens, der multifunktionellen Standardwohnung, wie sie dann beispielsweise in Form der Frankfurter Küche zur Realität wurde.

Kein Wunder, dass sich Giedion zur Beantwortung seiner Leitfragen zur Herrschaft der Mechanisierung und der anonymen Geschichte hauptsächlich auf die amerikanische Entwicklung stützte. Hier erhoffte er sich Aufschluss darüber zu gewinnen, was geschah, wenn die industrielle Produktion von Allem und Jedem Besitz ergriff. Es ging ihm also nicht um die schlichte Analyse technischer Artefakte und Produktionsweisen allein, sondern darum, welche Gesellschaftsformation und Mentalität in den Artefakten und Produktionsprozessen zum Ausdruck kam und welche Rückwirkungen dies wiederum auf Gesellschaft und Individuum hatte. Als Ausgangspunkt seines Erkenntnisinteresses wählte sich Giedion die bisher von der historischen Forschung noch kaum in den Blick genommene Entwicklung der Alltagstechnik, die er dann detailliert in ihrer Entwicklung zu dokumentieren suchte. Diese Rekonstruktion der Geschichte von Alltagsgegenständen, etwa des Kühlschranks, des Staubsaugers, der Entwicklung der Hygienetechnik im Bad, der Sitzmöbel in Wohnungen etc., sollte den Blick auf die zugrunde liegenden Prinzipien eröffnen. Dies war die Ebene der Mechanisierung des Haushalts, (Giedion 1982, S. 557-768) einem Gegenstandsbereich, der in der Technikgesichte bisher völlig unberücksichtigt geblieben war. Dem zur Seite stellt er aber auch die Sphäre der neuen Produktion, also der Analyse der Mechanisierung dieses Bereichs gesellschaftlicher Reproduktion. Im hierfür zentralen Kapitel seiner Arbeit: „Mechanisierung und organische Substanz" (Giedion, ebd., S. 157-290), finden sich Themenfelder, die, obwohl von größter allgemeiner Bedeutung, bisher völlig unbeachtet geblieben waren. Was verband sich mit der Mechanisierung der Landwirtschaft? Welche Folgen hatte diese? Was mit der Mechanisierung der Herstellung des Lebensmittels Brot, welches infolge industrieller Produktionsnotwendigkeiten zum „Toastbrot" mutieren musste? Was implizierte die Mechanisierung des Todes in den Fleischfabriken Chicagos? Und was hatte es mit der Mechanisierung des Wachstums auf sich? All dem und vielem mehr ging Giedion in seinen grundlegenden Untersuchungen nach, und er offerierte bis dahin unbekannte Erklärungsmuster. Das diese nicht aus der Luft gegriffen waren, sondern auch einen Zugang zu dem vermittelten, was technischer Wandel in der sozialen Dimension von Technik bedeutete, darauf hatte ein Zeitgenosse Giedions, der Schriftsteller Upton Sinclair (1878–1968), bereits mit aller Deutlichkeit aufmerksam gemacht. Seine Schilderungen dessen, was die Konsequenzen der Fließbandproduktion für jene Menschen bedeuteten, die ihr als Teil des maschinell dominierten Getriebes der Massenproduktion alltäglich ausgeliefert waren, hatte Sinclair in seinen vielbeachteten sozialkritischen Publikationen „The Jungle" (1906), sowie „The Flivver King (1937), deutsch: „Am Fliessband. Mr. Ford und sein Knecht Shutt" (1985), mehr als klar verdeutlicht. Ein Übriges erschloss sich aus dem Film „Modern Times" (Moderne Zeiten) von 1936 mit Charlie Chaplin in der Hauptrolle.

Ob Zeitgeist oder kollektiv Unbewusstes, es waren diese Strukturen der von der französischen Historikerschule der Annales mit dem Begriff der Mentalität beschriebenen Phänomene des Verhaltens und der Haltung, die sich am deutlichsten in scheinbar banalen Alltagsgegenständen und Produktionsabläufen zeigten. Diese waren letztlich etwas Flüchtiges, nicht geschaffen, um zu überdauern, sondern sie waren die zukünftigen Überreste des Industriezeitalters und gerade deshalb von herausragender Bedeutung für den Technikhistoriker und im besonderen Maße wert, festgehalten zu werden. Alltagstechniken und ihre Historie erlaubten Aussagen in vielerlei Hinsicht. Aussagen über Hoffnungen, Ängste, Wünsche, Ziele, Menschenbild oder gesellschaftliche Verhältnisse, sowie in struktureller Hinsicht über den Gang der Dinge im Allgemeinen. Giedions Metaphern zur Beschreibung von Mentalität stammten nicht aus der politischen Geschichte und der ihrer Protagonisten, sondern stattdessen spiegelte sich gerade in der Performanz des Alltäglichen das wider, was eine Gesellschaft letztlich ausmachte. In diesem Sinne schreibt er in der Einleitung zu seiner „Anonymen Geschichte“:

> „Die Geschichte ist ein Zauberspiegel: Wer in ihn hineinblickt, sieht sein eigenes Bild in Gestalt von Entwicklungen und Geschehnissen. Die Geschichte steht nie still, sie ist ewig in Bewegung, wie die sie beobachtende Generation. Nie ist sie in ihrer Ganzheit zu fassen, sondern enthüllt sich nur in Bruchstücken, entsprechend dem jeweiligen Standpunkt des Beobachters.“ (Giedion, ebd., S. 19)

Und er fährt fort:

> „Wir fragen in erster Linie nach den Werkzeugen, die das heutige Leben geformt haben, wir wollen wissen, wie es zustande gekommen ist und wie der Wachstumsprozess vor sich ging. Es sind äußerlich bescheidene Dinge, um die es hier geht, Dinge, die gewöhnlich nicht ernstgenommen werden, jedenfalls nicht in historischer Beziehung. Aber so wenig wie in der Malerei kommt es in der Geschichte auf die Größe des Gegenstandes an. *Auch in einem Kaffeelöffel spiegelt sich die Sonne.*“ (Giedion, ebd)

Historische Erkenntnis fokussierte damit nicht nur in der großen Politik der ‚Haupt- und Staatsaktionen‘, sondern gleichermaßen selbst in den kleinsten Artefakten der Industriegesellschaft. Der Alltagsgegenstand wurde zum Ansatzpunkt nicht nur für eine Analyse des alltäglichen Verhaltens von Menschen, sondern darüber hinaus auch für die „großen“ Strukturen“, etwa der wirtschaftlichen Austauschverhältnisse, des politischen Geschehens und der globalen gesellschaftlichen Verhältnisse. Was war das für eine Gesellschaft, die das symbolische Bild einen Kaffeelöffel für historische Reflektion benötigte, um tatsächliche historische Realität aufzuzeigen? Was zeigt sich daran eigentlich? Giedion selbst bietet durch seine „anonyme Geschichte“ an, sich dieser Fragestellung zu nähern. Für ihn geht es darum, all das ans Licht zu holen und in historische Reflektionen einzubeziehen, was den Alltag des modernen industriellen Menschen ausmacht. Und dies waren nicht in erster Linie die großen Staatsaktionen, denen sich die traditionelle Geschichtsschreibung verschrieben hatte, sondern das Alltägliche, um das sich letztlich alles drehte, weil es alle betraf. Dies allerdings war in den etablierten Wissenschaften nach wie vor keine Selbstverständlichkeit.

Giedion traf bei der Erforschung der „anonymen Geschichte“ auf ungeahnte Schwierigkeiten. Weniger die Quellenlage als die Zugänglichkeit der Quellen war problematisch. Seine Quellen, im Idealfall bestehend aus Werbebroschüren, Firmen-, Patent- und Zeitschriftendokumenten, Konstruktionszeichnungen, Bildern etc. waren nirgends amtlich archiviert. Ebenfalls schienen sie nicht in den Unternehmen selbst archiviert worden zu sein. Niemand hielt sie offenbar der Überlieferung für würdig oder vermutete, das hierin irgendwann einmal ein historisches Interesse bestehen könnte. Sie verschwanden deshalb ebenso, wie die Gegenstände, auf die sie sich bezogen. Giedion sah sich mit dem Problem konfrontiert, dass zwar jedes Aktenstück der öffentlichen Verwaltung aufgehoben worden zu sein schien, aber schon die das tägliche Leben aufs Intensivste prägende Alltagstechnik und Produktgeschichte von gestern nicht mehr zu rekonstruieren war, bzw. nirgendwo dokumentiert schien. Dies war für die Alltags- und Mentalitätsgeschichte ein fundamentales Quellenproblem. Aus diesen Gründen war Giedion auf eine neuartige Form der Geschichtsschreibung und Quellenerschließung angewiesen. Die gegebene Ausgangssituation bedurfte langfristig einer grundsätzlichen Korrektur, sollte die anonyme Geschichte etabliert werden. Dies traf sich mit den Überlegungen und dem Kulturverständnis von Giedion. Seinem Verständnis nach war Kultur fragmentarisch und nur assoziativ erfassbar. Die künstlerischen und wissenschaftlichen Konzeptionen von Giedion kreisten, um historische Realität erfassen zu können, daher immer auch um das Mittel der Montage. Der Historiker, so seine Auffassung, sah sich mit einer unendlichen Vielzahl von Geschehnissen konfrontiert, die parallel stattfanden. Jede Beschäftigung mit der Vergangenheit war deshalb notwendigerweise eine Konstruktion. Die Arbeit des Historikers musste zwangsläufig darin bestehen, Beziehungen aufzudecken, herzustellen, in einen sinnhaften Kontext einzuordnen. Von daher musste Giedions eigenes Werk, die „Herrschaft der Mechanisierung", immer auch so verstanden werden, dass es genau dieser Aufgabe gerecht zu werden versuchte. Der an Akten und bürokratisch-administrativen Schriftquellen geschulten Praxis der historistischen Staatsgeschichtsschreibung – „quid non est in actis, non est in mundo", „was nicht in den Akten steht, gibt es nicht" – war dies diametral entgegengesetzt. Man könnte den Ansatz Giedions am ehesten als Versuch der Visualisierung von Mentalitäten und ihrem Wandel in der Moderne charakterisieren.

Als Anhänger der Ideale des Funktionalismus faszinierte Giedion im Besonderen das, was sich als Symbol der Rationalisierung bezeichnen ließe, nämlich Fließproduktion im Sinne von Ford und Taylor. In dieser Idee eines kontinuierlichen, in sich geschlossenen und höchst effizienten Produktionsprozesses sah Giedion eine der von ihm erkannten formativen Strukturen der Moderne. Die Fließbänder in den Ford-Fabriken von Highland Park und River Rouge waren nur die materielle Manifestation eines spezifischen Raum-Zeit-Verständnisses höchster Effektivität. Mosaikartig rekonstruierte Giedion Vorstufen dieses Techniksystems und verband diese durch Assoziationen zu neuen Sinnzusammenhängen. Es waren letztlich eben nicht mechanische technische Artefakte und Produkte, wie zum Beispiel das Automobil, an denen die Prinzipien der Fließproduktion entwickelt worden waren, sonders es waren stattdessen und ursprünglich organische Substanzen, an denen die Massenproduktion im Fließprozeß entwickelt und zu erprobt wurde. Neben der vollautomatischen Getreidemühle aus dem Jahr 1783, die nach den Quellenstudien als erste realisierte Fließproduktion gelten kann, war es vor allem die Auseinandersetzung mit dem massenhaften Töten von Tieren zur Fleischproduktion, die zu ersten Schritten der Vollmechanisierung führten. Der Vorläufer des Ford-Fließbandes stand von der Grundkonzeption her also nirgendwo anders als in den Schlachthöfen von Chicago. Dass dies keine willkürliche Beziehungsstiftung ist, wird dadurch belegt, dass Ford und seine Ingenieure tatsächlich die Stock Yards von Chicago und die Schlachtfabriken aufsuchten, um hier zu studieren, wie Massenproduktion im Fließprozess effektiv konzipiert und umgesetzt worden war. Diese „Blaupause“ fand dann in Fords Autofabriken ihre Rezeption. Was diese Anfänge über den Prozess der Vollmechanisierung aussagen, soll an dieser Stelle der freien Assoziation des Lesers überlassen bleiben. Giedion war sich hinsichtlich seiner Schlussfolgerungen sicher: „Mechanization Takes Command“.

2.3.2 Exkurs: Soziologie, Nationalökonomie und Technikgeschichte: Werner Sombart (1863-1941)

> „Und wer irgendeine Erscheinung des gesellschaftlichen Lebens in Europa während des 19. Jahrhunderts, es sei welche es wolle, verstehen lernen will, wird seinen Geist mit Andacht versenken müssen in diese Welt von tausend und abertausend Erfindungen und Entdeckungen, aus denen die moderne Technik aufgebaut ist.“ (Sombart 1913, S. 134)

Abb. 8: Werner Sombart (1863–1941)

Der Staatswissenschaftler und Soziologe Werner Sombart war kein Technikhistoriker im engeren Sinn. Dennoch lässt sich in Sombarts Werken, insbesondere in seinen Studien zur deutschen Volkswirtschaft im 19. Jahrhundert, (Sombart 1903) oder auch seinem mehrbändigen Hauptwerk zum modernen Kapitalismus (Sombart 1902) seine deutliche Affinität zur Technik und historischen Fundierung seiner Erkenntnisse nicht verleugnen. Wer sich wie Sombart mit den Strukturen der Wirtschaft in der modernen Gesellschaft beschäftigte und sich mit den Grundlagen des Kapitalismus auseinandersetzte, kam an einer Analyse des Faktors Technik nicht vorbei. Sombart fasste seine Position hierzu wie folgt zusammen:

> „Denn wenn man auch nicht so weit zu gehen braucht wie manche Schriftsteller, namentlich natürlich die Vertreter der technischen Wissenschaften, die ohne weiteres technische und wirtschaftliche Entwicklung gleichsetzen, so wird man doch nicht verkennen dürfen, daß die ökonomische Revolution, die sich während des vergangenen Jahrhunderts vollzogen hat, nicht zuletzt technischen Veränderungen ihr Dasein verdankt. [...] Und wer irgendeine Erscheinung des gesellschaftlichen Lebens in Europa während des neunzehnten Jahrhunderts, es sei welches es wolle, verstehen lernen will, wird seinen Geist mit Andacht versenken müssen in diese Welt von tausend und abertausend Erfindungen und Entdeckungen, aus denen die modern Technik auferbaut ist.“ (Sombart 1913, S. 134)

Auch wenn Sombart diese Erkenntnis schlichtweg zum Allgemeingut zu erklären suchte: „alles dies braucht man ja heutigentags niemand mehr in langatmiger Auseinandersetzung zu beweisen; es ist Gemeingut aller Gebildeten", (Sombart, ebd.) so irrte er hierin und war seiner Zeit eindeutig voraus. Selbst dem Verein Deutscher Ingenieure (VDI) war dies bewusst. Dessen Vorsitzender, Conrad Matschoß, der es sehr genau wissen musste, hatte in einem Beitrag in der VDI-Zeitschrift „Technik und Wirtschaft" ausdrücklich bemängelt. (Matschoß 1910, S. 208) Sombarts Betonung der besonderen gesellschaftlichen Rolle von Technik, auch in der „Emanzipation von den Schranken des Organischen [...]", (Sombart, ebd., S. 142), blieb allerdings auch Anfang des 20. Jahrhunderts innerhalb der historischen Schule der Nationalökonomie nach wie vor eine Außenseiterposition. Diese Erfahrung musste Werner Sombart einmal mehr auch anlässlich seines Vortrages „Technik und Kultur" auf dem Deutschen Soziologentag im Jahr 1910 machen. (Sombart 1911) Seine Ausführungen stießen auf heftigen Widerspruch. Sombarts Analyse der Wechselwirkung von Technik und Kultur traf auf Unverständnis, weil sie außerhalb des Verständnishorizonts seiner Kritiker lag. In einer später ausgearbeiteten schriftlichen Fassung seines Vortrags ging Sombart mit seinen Kollegen dementsprechend hart ins Gericht. Hinter einer zeitüblichen Höflichkeitsfloskel griff Sombart seine Kritiker frontal an. Er warf ihnen vor, seine Ausführungen nicht verstehen zu können, bzw. zu wollen, da dies eine Revision des dominierenden Paradigmas der Sozialwissenschaften erfordert hätte. Deshalb zögen es seine Kollegen vor, seinen Ansatz zu ignorieren. Über diese Form des Nichtverstehen wollen beschwerte sich Sombart auch in seinem Hauptwerk „Der moderne Kapitalismus". Hierin schrieb er über den intellektuellen Mainstream seiner Zeit:

> „Es ist unerhört in der Weltgeschichte. Niemals ist auch nur annähernd in gleicher Zeit die Herrschaft des Menschen über die Natur dermaßen erweitert worden; niemals, soviel wir wissen, sind in so wenigen Menschenaltern die Grundlagen, auf denen das technische Vollbringen ruhte, so vollkommen umgestürzt worden." Und dennoch lehnten es die Angehörigen der Kultureliten ab, sich mit den materiellen Seiten der modernen Lebensform auseinanderzusetzen." (Sombart 1913, S. 134)

Statt des von Sombart geforderten intensiven Interesses an den Entwicklungstendenzen und -potentialen der modernen Technik, distanzierte sich der überwiegende Teil der Geistes- und Sozialwissenschaften von den „Banalitäten" der Zivilisation. Der Preis des Desinteresses war das prinzipielle Nichtverstehen der Grundlagen der Moderne. Damit verfehlten die Geisteswissenschaften aber ihre Aufgabenstellung und ihre Ergebnisse gerieten in einen immer größeren Gegensatz zur modernen Lebenwelt. Zu einer vorbehaltlosen Analyse der Welt der modernen Technik waren Sombarts Kritiker offenbar nicht bereit, und so waren sie nach Sombarts Auffassung auch nicht in der Lage, einen konstruktiven Beitrag zur Analyse der Moderne zu leisten. Sie mussten als Konsequenz an dem Phänomen der Moderne scheitern.

Aber worin lag das Revolutionäre an den Überlegungen, die Sombart im Jahr 1910 seinen Soziologenkollegen vorstellt hatte? Zum einen darin, eine Systematik der Wechselbeziehungen zwischen Gesellschaft/Kultur und Technik aufzuzeigen, zum anderen in der Vorgehensweise Sombarts als solcher, mit der er die Technik in Bezug zu gesellschaftlichen und mentalen Phänomenen der gesellschaftlichen Entwicklung und Gegenwart setzte. Am Anfang der Sombartschen Technikanalyse stand die Einordnung der Technik in den Gesamtzusammenhang menschlicher Existenz. Hier distanzierte sich Sombart zunächst von einer rein „technologischen Geschichtsbetrachtung", welche die Kultur als eine schlichte Funktion der Technik begriff, und grenzte sich damit auch von Karl Marx ab. Unter der Devise „Das Sein bestimmt das Bewusstsein" hatte Karl Marx der Technik als Grundlage der materiellen Basis gesellschaftlichen Seins eine allein bestimmende Funktion in der menschlichen Entwicklung zugebilligt.

Dieser Auffassung hielt Sombart entgegen, dass Technik weder ein allein aus sich selbst, noch allein aus der Klassengeschichte zu erklärendes Phänomen sei, auch wenn für ihn feststand: „es gibt keine Technik im (sozial) luftleeren Raum". (Sombart 1911, S. 316) Stattdessen sei Technik nicht außerhalb eines Kulturzustandes zu denken. Jede Technik findet innerhalb kultureller Zusammenhänge statt, sie ist grundsätzlich „Sozialtechnik". Der Marxschen Kausalität, dass Technik die Kultur präge, setzte Sombart seine Vorstellung der Gesellschaft als eines komplexen Systems der Wechselwirkungen entgegen. Technik war ein Teilsystem eines größeren Ganzen, allerdings ein Teilsystem mit Sonderstatus aufgrund ihrer Querschnittbedeutung. Die Technik bestimmte die materielle Kultur deshalb, „weil die gesamte menschliche Kultur an den Gebrauch von Sachgütern gebunden ist." (Sombart 1911, S. 320) Daher folgerte Sombart, dass Technik jedem anderen Teilsystem der Gesellschaft immanent wäre. Im Ergebnis hieß das: Keine Menschheitsgeschichte ohne Berücksichtigung der Technik und ihrer Kontexte.

Werner Sombart (1863-1941), Soziologe, Nationalökonom und Staatswissenschaftler

Sombart ist der umstrittenste der Gründungsväter der modernen Soziologie in Deutschland. Dies liegt vor allem an seiner signifikanten ideologischen und politischen Entwicklung. Verkürzend lässt sich sein Werdegang folgendermaßen beschreiben: Vom Sozialisten zum Anhänger der konservativen Revolution und eines nationalen Sozialismus innerhalb eines Führerstaates. Sein „Flirt" mit den nationalsozialistischen Machthabern endete allerdings 1934 abrupt, als sein Werk „Deutscher Sozialismus" von den nationalsozialistischen Machthabern als nicht der national-sozialistischen Weltanschauung entsprechend abgelehnt wurde. Sein besonderes Interesse galt der europäischen Wirtschaftsgeschichte sowie dem Verhältnis von Kapitalismus und Sozialismus. Aufgrund seiner positiven Auseinandersetzung mit den Gesellschaftsanalysen von Karl Marx wurde seine Berufung als Professor mehrfach von höchster politischer Stelle verhindert. Die Universität

Berlin verweigerte ihm als Sozialisten das Recht, Vorlesungen zu halten, um ihn dann im Jahr 1917 schließlich doch zum Professor für Soziologie zu berufen.

In einer Zeit, die eine strikte Trennung von Kultur und Zivilisation vornahm und diesen ideologisch überhöhte, weigerten sich allerdings viele Intellektuelle, vor allem in den Geistes- und Sozialwissenschaften, diesen Gedanken Sombarts zu folgen und sich mit den Banalitäten der (technischen) Realität des Gesellschaftssystems auseinanderzusetzen.

Systemtheorie nach Sombart

„In allen Kulturerscheinungen steckt also notwendig Technik, und darum ragt in alle Kulturerscheinungen notwendig die Technik hinein." (Sombart, Technik und Kultur, S. 321)

Im programmatischen Titel seines Vortrages „Kultur und Technik," auf dem Deutschen Soziologentag benutzte Sombart zwei Begriffe, die er als Soziologe zunächst zu definieren suchte: Technik und Kultur. Beide standen in komplexen Wechselwirkungen zueinander. Unter dem Begriff Technik konnten zunächst zwei verschiedene Phänomene verstanden werden. Technik im weiteren Sinn umschrieb alle bestimmten Verfahrensweisen, die zur Erzielung einer Zweckerfüllung eingesetzt wurden. Demzufolge gab es, um einige allgemeine Beispiele zu nennen, eine Gesangstechnik, eine Schwimmtechnik etc. Technik in diesem Sinn ist definiert als ein regelgeleitetes, sich wiederholendes Handlungsmuster, das funktional einem bestimmten Ziel dient. Technik im engeren Sinn, und nur für dieses konzentrierte sich das Erkenntnisinteresse Sombarts, war hingegen die materielle Technik, die er als Produktionstechnik bezeichnete. Der Begriff war etwas unglücklich gewählt, suggeriert er doch eine Einschränkung des Analysebereiches, den Sombart selbst so nicht gemeint hatte und auch nicht akzeptierte. Wie im Weiteren deutlich wird, beschäftigte sich Sombart sogar in erster Linie nicht mit Produktionstechnik, sondern stattdessen mit dem Konsum von Technik und dessen Konsequenzen. Die materielle Technik setzte sich aus der Summe der technischen Verfahrensweisen und dem „Geist" der Technik zusammen, der moderner mit Technikstil zu bezeichnen wäre. Den Geist der modernen Technik dominierte nach Sombarts Auffassung die Rationalität und der Hang zur Rationalisierung. In der Konsequenz lag das Ziel der Emanzipation von den Schranken der organischen Natur. (Sombart 1913)

Technikdefinition nach Sombart

- Technik im engeren Sinn
  - Technische Verfahrensweisen
  - „Geist" der Technik
- Technik im weiteren Sinn
  - Allgemeine Verfahrensweisen

Kultur, der zweite in seinem Vortrag verwendete Begriff, setzt sich nach Sombart aus zwei Komponenten zusammen. Die materielle Kultur, d. h. der Gebrauch von Sachgütern, hing in ihrer Struktur dominierend vom Stand der Produktionstechnik ab. Sie bildete die Grundlage jeder Manifestation der ideellen Kultur. Diese umfasst einen Bereich der Ordnungen, Organisationsformen und Einrichtungen des sozialen Lebens, die Sombart als institutionelle Kultur bezeichnete. Innerhalb dieses Gefüges realisierte sich der Bereich des gesellschaftlichen Lebens, der traditionell mit dem Begriff der Kultur belegt wurde, also der Ideale und Wertvorstellungen, welche die Ausrichtung, Struktur und Handlungsoptionen einer Gesellschaft bestimmen. Es wird deutlich, welche Ausweitung des Kulturbegriffs von Sombart vorgenommen wurde und warum diese in einer Zeit des akademischen Neu-Idealismus und Anti-Materialismus extrem provozierend auf diejenigen wirken musste, die im Rahmen der akademischen Institutionen dieses Definitionsmonopol bisher für sich beansprucht hatten. Die von Sombart dargestellten Kulturen waren kollektive, mit der Gesellschaftsstruktur zusammenhängende, aber nicht einfach im marxistischen Sinn aus ihr abzuleitende Phänomene. Sie formten zusammen das, was Sombart als objektive Kultur bezeichnete. Das war aus Sicht seiner Widersacher und des bürgerlich-wilhelminischen Zeitgeistes bereits marxismusverdächtig und dementsprechend zurückzuweisen.

Die Wertvorstellungen stellten nach Sombart ein Angebot an das Individuum dar, das sich das darin enthaltene Kulturgut erschließen konnte. Die objektive Kultur traf auf die persönliche Kultur. Das Ergebnis des Aufeinandertreffens schließlich manifestierte parallel zum Technikstil den kulturellen Stil. Kultureller Stil und Technikstil bildeten zusammen die Strukturen der Gesellschaftsformation.

Kulturdefinition nach Sombart

Objektive Kultur

- Ideelle Kultur
  - Institutionelle Kultur
    Wertvorstellungen
- Materielle Kultur

Die Reihenfolge der Begriffe, die Sombart für seinen Vortrag mit „Technik und Kultur" gewählt hatte, war nicht als wertend gedacht. Vielmehr orientierten sie sich an der spezifische Analyseperspektive, der er zu folgen gedachte. Natürlich konstatiert Sombart eine Wechselwirkung zwischen Kultur und Technik, aber sein vorrangiges Interesse galt dem Einflusspotential der Technik auf den Kulturstil. Die umgekehrte Richtung der kulturellen Formung der Technik durch Mentalitäten lässt Sombart ausdrücklich außer Acht. Dies war nicht die Fragestellung, mit der er sich hier auseinanderzusetzen gedachte. Nach Sombart übt Technik in zweierlei Hinsicht Einfluss auf das gesellschaftliche Leben aus. Zum einen sind dies die allgemeinen Wirkungen, worunter Sombart die Symbiotik von Kulturstil und Technikstil versteht. Die Prinzipien der Technik finden sich in denen der Kultur wieder und umgekehrt. Als Soziologe bezieht sich Sombart auf die konkret analysierbaren speziellen Wirkungen von Technik. Dabei kann Technik zunächst direkt durch den Produktionsprozess selbst eine Wirkung ausüben. Diese unmittelbaren Wirkungen betreffen z. B. den Menschen als Produzenten. Der Arbeiter am Hochofen, am Fließband, im Handwerk etc. ist in einen Arbeitsprozess eingebunden und seinen Konsequenzen ausgesetzt. Diese prägen seine persönliche Kultur und seine physische Verfassung entscheidend. Die Art der Produktionsverfahren geht in ihrem Einfluss aber weit über das Individuum hinaus. Eine industrielle Produktionsweise erfordert die Existenz von Fabrikationskomplexen und von Infrastrukturen. Sie prägt das Landschaftsbild, die Architektur und die Lebensformen der Menschen, insbesondere in Städten. Zudem sieht sich das Individuum in der modernen Gesellschaft mit den Ergebnissen des Produktionsprozesses konfrontiert, also mit den hergestellten industriellen Gütern. Diese mittelbaren Wirkungen durch die Verwendung von Sachgütern sind wiederum mit zwei Aspekten verknüpft. Der Mensch reagiert hierauf entweder aktiv, in dem er ein technisches Produkt benutzt, oder passiv, indem er den Auswirkungen von Technikverwendung ausgesetzt ist.

Einflusspotentiale der Technik nach Sombart

- Spezielle Wirkungen
- Mittelbare Wirkungen
  - aktiv
  - passiv
- Unmittelbare Wirkungen
- Allgemeine Wirkungen („Stil der Technik")

Um die Dimensionen der speziellen Wirkungen der Technik auf Menschen und Gesellschaft zu demonstrieren, veranschaulicht Sombart sie anhand einiger Beispiele aus unterschiedlichen kulturellen Bereichen:

- **Monopolistischer Charakter technischer Systeme**
  Z. B.: Verkehrsgewerbe, Beleuchtungswesen, Wasserversorgung (Infrastruktur). Die Technik übt hier einen bestimmenden Einfluss auf die staatlichen oder städtischen Organe aus, sie bietet den Anreiz zu einer bestimmten Gestaltung der staatlichen Kultur. Um zu funktionieren, bedürfen die technischen Systeme entsprechender Kontrolle, Instandhaltung und Systembedingungen.
- **Frauenemanzipation**
  Die Entstehung eines tertiären Sektors in der Dienstleistungsgesellschaft schuf neue Beschäftigungsmöglichkeiten und neue Berufsbilder. Die Sekretärin oder das „Fräulein vom Amt" in der Telefonzentrale stehen stellvertretend für eine neuartige Lebensform junger Frauen. Sie schufen die Idee einer selbständigen Frau mit außerhäuslicher Beschäftigung.
- **Bilderwelten**
  Der Siegeszug der visuellen Kultur, wie ihn der Medientheoretiker Marshall Mc Luhan (1911–1980) ihn in den 1960er Jahren euphorisch als den Untergang der Gutenberg-Galaxie feierte, (Mc Luhan 1968) beschäftigte Sombart bereits zu Beginn des 20. Jahrhunderts. Was passiert, wenn die menschliche Kommunikation dominant über Bilder geführt wird? Auch in diesem Fall gab sich Sombart eher als Vertreter einer grundsätzlichen Kulturkritik zu erkennen: „In diesen Zusammenhang gehört auch die Würdigung des Zuges nach dem Sinnlich-Augenfälligen, der unsere Zeit beherrscht; dass wir lieber Bilder anschauen wollen, statt nachdenken zu müssen: beim Lesen einer Zeitung, beim Besuch des Theaters. Hier hat die Technik in mehrfachem Sinne unsere Geschmacksrichtung bestimmend beeinflusst: direkt dadurch, dass sie die Möglichkeiten der bildmäßigen Darstellung so außerordentlich stark ausgeweitet hat; indirekt dadurch, dass sie müde, „abgespannte" Menschen geschaffen hat, die Gedankenarbeit irgendwelcher Art aus dem Wege gehen." (Sombart 1911, S. 340).
- **Musikkultur**
  Diese Distanz Sombarts zu den mittelbaren Wirkungen moderner Technik wird im Bereich der klassischen Hochkultur noch deutlicher. Der Anhänger klassischer Musik kann den neuen Musikstilen aus Radio und vom Grammophon und Schallpatte wenig abgewinnen. Auch hier dominieren für ihn die Verluste. „Aus keinem Berlin oder New-York mit Autos oder elektrischen Straßenbahnen wären je Mozartsche oder Schubertsche oder Lannersche Weisen erklungen." (Sombart 1911, S. 325) Die Musik als Ausdruck des kulturellen Stils einer Zeit hat sich der industriellen Produktionsweise, also dem technischen Stil angepasst. Sie ist selbst technisch geworden. „Wir verstehen aber sehr wohl, wie aus dem Jagen und dem Lärm unserer Zeit eine harte, kalte lieblose Musik erwachsen konnte, die selbst nur noch Technik ist. Oder in den Niederungen eine flache, internationalisierte und egalisierte Gassenhauermusik." (Sombart 1911, S. 343) „Vom Walzer zum Two-Stepp: ist ein wichtiges Kapitel in der Geschichte unserer Zeit zu überschreiben". (Sombart 1911, S. 344)

Augenfällig verbindet Sombart anhand seiner Beispiele technischen Wandel mit seinen mentalitätsgeschichtlichen Auswirkungen. Als Soziologe verknüpft er damit

Phänomene, die in dieser Weise in der Technikhistoriographie seiner Zeit noch keine Beachtung gefunden hatten. Erst wesentlich später, nämlich Ende der 1970er Jahre, wird Günter Ropohl in seiner Systemtheorie der Technik die soziale Dimension von Technik aufgreifen, um sie begriffsinhaltlich dem Themenfeld Technik zuzuordnen. (Ropohl 1979) Die soziale Dimension von Technik beschäftigt gleichermaßen die Technikgeschichte und die Techniksoziologie, wenn auch auf der Grundlage teilweise verschiedener Fragerichtungen, d. h. retrospektiv in der Geschichte, gegenwartsbezogen in der Soziologie. Hinzu treten unterschiedliche disziplinäre methodische Traditionen der Fächer, nämlich genetisch und ‚verstehend' in der Geschichte, theoriegeleitet empirisch und modellbildend in der Soziologie. Im Verhältnis von Technikgeschichte und Soziologie der Technik werden einige grundsätzliche Probleme der Verschiedenheit von Geschichts- und Sozialwissenschaft erkennbar. Es war vor allem die Bielefelder Schule um den Sozialhistoriker Hans Ulrich Wehler, die durch ihr Verständnis der Geschichte als historische Sozialwissenschaft diese Verschiedenheit seit Mitte der 1970er Jahre zumindest begrifflich in den Hintergrund treten ließ. Die Soziologie kann als Sozialwissenschaft mit Modellen arbeiten, die empirisch falsifizierbar sind. Die Geschichte hingegen, ganz allgemein verstanden als quellengestützte Vergangenheitswissenschaft, kann so nicht vorgehen. Die historische Wirklichkeit, soweit sie aus Quellen rekonstruierbar ist, geht nie ganz im Modell eines Teilaspekts der Gegenwart auf. Werden Versatzstücke sozialwissenschaftlicher Modelle unkritisch oder aufgrund einer bestimmten politischen Motivation in die historische Analyse übernommen – so z. B. in der von einer bestimmten Phase der amerikanischen Modernisierungstheorie der 1950er Jahre beeinflussten deutschen Modernisierungsgeschichte der 1960er und 1970er Jahre (Wehler 1975/1995) – besteht die Gefahr, dass das Geschichtsbild reduktionistisch, bisweilen sogar mit normativem Anspruch fehlgezeichnet wird. Die in das Modell eingeflossenen Annahmen über die Gegenwart werden auf einen bestimmten Ausschnitt der Vergangenheit projiziert und an ‚passenden' Quellen verifiziert. Die Vergangenheit wird durch dieses methodisch seit dem Historismus nicht mehr statthafte teleologische, also auf ein bestimmtes Ziel der Geschichte hin orientierte Vorgehen, von ihrem Kontext gelöst und zur Vorgeschichte eines bestimmten historischen Ergebnisses in der Gegenwart erklärt. Stellt man diese historische Professionalitätsproblematik in Rechnung, ist es umso wichtiger, die Gemeinsamkeiten und Unterschiede technikhistorischer und techniksoziologischer Fragestellungen zwischen Technikgeschichte und Techniksoziologie zu benennen:

Gemeinsamkeiten von Technikgeschichte und Techniksoziologie

- Der mehrdimensionale Technikbegriff verbindet die theoretisch aufgeklärte, nicht lediglich artefaktbezogene Technikgeschichte und die Techniksoziologie. Gegenstand der Analyse in beiden Fachperspektiven ist Technik als „soziales Totalphänomen", (Schäfers 1993, S. 169) als soziale Tatsache im Sinne der Gegenstandsdefinition der Soziologie von Émile Durkheim (1858–1917). Der Techniksoziologe Hans Linde (1913–1994) sprach in diesem Zusammenhang von der technischen

Sachdominanz in Sozialstrukturen, (Linde 1972) die sich besonders deutlich in komplexen technischen Systemen manifestiert. (Rammert 1989).

- Auch im Hinblick auf die Untersuchungsgegenstände finden sich zahlreiche Übereinstimmungen zwischen Technikgeschichte und Techniksoziologie, u. a. bei den Themen Technik und Arbeit, Technik und Alltag, Technikfolgen, Technik und Entwicklungsländer, Technik und Gesellschaft, technischer Wandel, technischer Staat, Einstellungswandel gegenüber der Technik. (Schäfers 1993, S. 171).
- Technikanthropologische Ansätze wie die Auffassung von Technik als ‚zweiter Natur' und die Betonung der kulturschöpferischen Bedeutung der Technik, deren Innovationsgeschichte zugleich Kulturschwellen hervorgebracht hat, sowie Genderaspekte im Hinblick auf die geschlechtsspezifischen Mentalitäten im Umgang mit Technik, lassen sich ebenfalls technikgeschichtlich und techniksoziologisch operationalisieren. Als erster schlug Werner Sombart bereits zu Beginn des 20. Jahrhunderts eine Brücke zwischen Soziologie und der sich konstituierenden Technikhistoriographie.

Unterschiede zwischen Technikgeschichte und Techniksoziologie

- Für die Konstituierung und das Selbstverständnis der Soziologie als junger Leitwissenschaft der technisch-industriellen Moderne war, wie Bernhard Schäfers betonte, der Technikbezug u. a. bei Claude Henri de Saint-Simon (1760–1825) sowie bei Karl Marx und Friedrich Engels von zentraler Bedeutung – dies unabhängig von der Frage, ob dieser Umstand in den Soziologien des 20. Jahrhunderts immer präsent gewesen ist. Formulierten die Anhänger Saint-Simons mit ihrem Leitbild der wissenschaftlich-technischen Zivilisation „eine auf Technik basierende Ideologie der Herrschaftsgestaltung, (Schäfers 1993, S. 174) so wiesen Marx und Engels der Technik einen neuen Stellenwert im Kapitalismus zu. Sie verstanden Technik als Element gezielter Gesellschaftsplanung und, mentalitätsgeschichtlich wohl am bedeutendsten, als genuine Ausdrucksform der Selbsterschaffung des Menschen durch seine Arbeit. Auch wenn sich dies nicht als Techniksoziologie im engeren Sinn verstehen lässt, wies das Werk von Marx und Engels mit allem ideologischen Nachdruck auf den für die Soziologie des 20. Jahrhunderts prägenden Zusammenhang von Technik, Herrschaft und Gesellschaftssteuerung durch planendes und kontrollierendes Handeln der sozialen Akteure in Wirtschaft und Staat hin.
- Von der Sozialphilosophie Hans Freyer (1887–1969) (Freyer 1933) über die Neuthematisierung der wissenschaftlich-technischen Zivilisation vor dem Hintergrund der Technologiewelle nach dem Sputnik-Schock des Jahres 1957 durch Helmut Schelsky (1912–1984) (Schelsky 1965) bis zu dem von Ulrich Beck (1944–2015) entwickelten Begriff der Risikogesellschaft zur Charakterisierung der möglichen sozialen Gefahren technologischer Entwicklungen (Beck 1986) begleiten die Fragen nach dem Verhältnis von Technik und Macht, sowie von Technik und rationaler Steuerung der Gesellschaft das soziologische Nachdenken über die soziale Rolle der Technik und des Technischen.

- Wesentlich einflussreicher als in der historischen war in der soziologischen Interpretation von William F. Ogburn (1886–1959) die provozierende These vom „cultural lag“, der Verzögerung der kulturellen gegenüber der technisch-industriellen Entwicklung. (Ogburn 1967) Schäfers sieht dies differenzierter und hebt hervor, dass „technische Neuerungen [...] nicht als solche eine Implementierungs- und Durchsetzungschance haben, weil sie im Sinne der Techniker smart sind, sondern weil es kulturelle und soziale, historische oder weltgesellschaftliche Zustände gibt, die ihre Anwendung und Verbreitung befördern.“ (Schäfers 1993, S. 178)
- Eine selbständige Techniksoziologie in Abgrenzung u. a. von Marx, aber auch von unterkomplexen modernisierungsaffirmativen Ansätzen der 1950er und noch der 1960er Jahre entwickelte sich, so Burkhart Lutz, verhältnismäßig spät, und zwar ab ca. 1970. (Lutz 1987, S. 34-53) Sie beschäftigt sich mit den gegenwärtigen Bedingungen von Technikentwicklung und -umsetzung im Spannungsfeld von Staat, sozialen Bewegungen, Unternehmen und Wissenschaft. (Rammert 1992) Weitere Untersuchungsgegenstände sind die Informationsgesellschaft, technische Großsysteme (Hughes 1988) und bis zum Ende der 1990er Jahre die Technikfolgenabschätzung. (Grunwald 2010)

Von einer breiten Rezeption soziologischer Ansätze und Themen in der technikgeschichtlichen Literatur kann nicht die Rede sein. Erkennbar ist z. B. bei Joachim Radkau das Bemühen um im weitesten Sinn kultursoziologische, stark technikzentrierte Perspektiven im Bereich der Mentalitätsgeschichte der technischen Moderne, (u. a. Radkau 1998) sowie der Umweltgeschichte (Radkau 2000), die allerdings außerhalb des technikgeschichtlichen Mainstreams liegen. (Gleitsmann 2009) Der Bezug auf Max Weber in Hans-Ulrich Wehlers *Deutsche Gesellschaftsgeschichte* (Wehler 1987, S. 6-31) spiegelt weder den soziologischen Diskussionsstand der 1980er Jahre noch berücksichtigt er die Bedeutung der Technik in der Moderne. Demgegenüber fließen technik- und allgemeingeschichtliche Perspektiven in die techniksoziologische Darstellung ein. (Rammert 1993) Einen guten Überblick zum Diskussionsstand der Umwelt- u. a. im Verhältnis zur Technikgeschichte bietet Melanie Arndt in einem Beitrag für Docupedia Zeitgeschichte. (Arndt 2015) Allerdings wächst die Entfernung der Umwelt- von der Technikgeschichte.

2.3.3 Fazit zur internalistischen Technikgeschichtsschreibung zwischen 1900 und den 1940er Jahren

Wenn wir zusammenfassen, so ergibt sich zur Technikhistoriographie zwischen 1900 und den 1940er Jahren folgendes Bild:

- Es handelt sich im Wesentlichen um Publikationen, die sich der Beschreibung von Technik im engeren, d. h. ingenieur-technischen, internalistischen Sinne zuwenden. Vordringliches Ziel dieser Bemühungen war das Sammeln technikhistorischer Fakten, das Erstellen von Erfinderbiografien und Erfindungslexika, sowie der Aufbau von Chronologien (Zeittafeln) zur Geschichte der Technik und Erfindungen. Diese Arbeiten wurden dabei eher bescheiden als erste Vorarbeiten, d. h. als Materialsammlungen aufgefasst, um darauf aufbauend später einmal eine umfassende Geschichte der Technik schreiben zu können. Methodisch reflektierende Studien zum Fach Technikgeschichte selbst und zur Aufgabe des Technikhistorikers, wie insbesondere von Hugo Theodor Horwitz propagiert, sind die Ausnahme. Dessen ungeachtet werden höchst fundierte und auch den Standards der Geschichtswissenschaft entsprechende Monographien zu verschiedenen Technik- und Gewerbebereichen vorgelegt (Geschichte des Eisens, der Dampfmaschine, des Maschinenbaus etc.). Auch an einschlägigen Firmenschriften mangelt es nicht (F. M. Feldhaus). Das gleiche gilt für biographische Nachschlagewerke, wobei hier methodologische Gründe, also das Sammeln von Material und die Dominanz von Daten, mit didaktisch-emanzipatorischen Gründen, also dem Herausstellen „großer Männer der Technik" im Sinne von historischen Vorbildern, zusammentrafen (Matschoß). Auf der anderen Seite ist es verständlicherweise die Erfolgsgeschichte der Technik, die den Ingenieur-Technikhistorikern des frühen 20. Jahrhunderts am Herzen lag und von ihnen geschrieben wurde. Ihr Bestreben war es stets, sich und ihrer Thematik einen Platz in der Geschichtswissenschaft zu erstreiten.

- Im Hinblick auf den Umgang mit ihren Quellen, also all dem an Texten, Gegenständen, Bildern oder Tatschen, aus denen heraus die (Technik)Historiker Kenntnisse der Vergangenheit gewinnen können, und aus denen sie ihre Informationen schöpfen, ist die sich formierende Technikgeschichtsschreibung durchaus um „Wissenschaftlichkeit" bemüht. Allerdings gelingt es ihr hier nicht immer, den Standards der Geschichtswissenschaft gerecht zu werden. So bleibt z. B. ein technikhistorischer Autor wie H. Neudeck mit seinen diesbezüglichen „handwerklichen Unzulänglichkeiten" keineswegs eine Ausnahme. Es zeigte sich offen, dass er Ingenieur und in historischer Hinsicht nur Autodidakt war. Allerdings wird die historisch-kritische Methode für die Technikgeschichtsschreibung entschieden propagiert. Verstöße dagegen werden, z. B. von Hugo Theodor Horwitz, einem der wohl in dieser Hinsicht engagiertesten Technikhistoriker seiner Zeit, angeprangert und als Defizite der Ingenieur-Technikgeschichtsschreibung offen benannt.
- Die Beschäftigung mit der materiellen Vergangenheit wird nun von Technikern und Ingenieuren, also technischen Fachleuten, getragen. Dass diese allerdings auf keinerlei fachhistorische Ausbildung zurückgreifen können, ist ein erhebliches Defizit im Bestreben, in der Geschichtswissenschaft Fuß zu fassen. Es sind in der Regel Ingenieure, TH-Professoren der einschlägigen Fächer oder „Industriekapitäne", historische Autodidakten, die Technikgeschichtsschreibung, und zwar mit durchaus beachtlichen Erfolgen, als „Freizeitbeschäftigung" betreiben. Das Erkenntnisinteresse ist zunächst technikimmanent ausgerichtet und deshalb methodisch als internalistisch zu charakterisieren. Allerdings gekoppelt mit einer Reihe weiterer Motive.

Zum einen dem Bestreben, eine auf gesellschaftliche Anerkennung zielende Standesgeschichte zu schreiben, oder wie der VDI-Vorsitzende Theodor Peters 1908 formulierte: Man war es „sich und seinem Stande schuldig, auch der Vergangenheit zu gedenken und die Geschichte seines Berufes, seines Faches sicherzustellen." (Peters 1908, Geleitwort) Zum anderen wird darauf abgezielt, die sich in den Begriffen „Kultur" und „Zivilisation" ausdrückende Kluft zwischen geistiger und materieller Welt zu überwinden. Dieses Emanzipationsstreben zielte darauf ab, jene Vorurteile, die eine durch humanistische Bildungsideale geprägte bürgerliche Gesellschaft den Technikern und ihrer Welt entgegenbrachte, endlich zu überwinden. Technik sollte als Kultur- und Erinnerungsgut Anerkennung finden, und mit ihr die Techniker. Zudem sollten die Technik und ihre Entwicklung als solche in das historische Bewusstsein Eingang finden.

- Ein gesellschaftlicher Bezug von Technik und Technikentwicklung als Teil des ganzen gesellschaftlichen Lebens ist im Denken der Ingenieur-Technikhistoriker unterschwellig zwar vorhanden, bleibt dessen ungeachtet anders als ansatzweise bei Johann Beckmann im ausgehenden 18. Jahrhundert aber unterentwickelt. Die Ingenieur-Technikgeschichtsschreibung ist positivistisch-induktiv verengt. Sie basiert auf einer eher theoriefeindlich ausgerichteten Materialsammlungsmentalität. Ihr Erkenntnisinteresse ist auf die Interpretation materieller Technikentwicklung und ihrer Geschichte beschränkt. Infolgedessen gerät diese internalistisch angelegte Technikgeschichtsschreibung zu einer reinen Erfolgsgeschichte der Technik. Der Blick in die Vergangenheit zeigt deren Technik als minder vollkommen, als die aktuelle Technik. In der Reihung einer Entwicklung von technischen Artefakten, z. B. der Kraftmaschine, wird die zeitlich vorausgehende Konstruktion zum weniger vollkommenen Vorläufer ihrer Nachfolger. Conrad Matschoß etwa schreibt dazu in der Einleitung zu seinem zweibändigen Werk „Die Entwicklung der Dampfmaschinc":

> „In hervorragendem Maße war und blieb es die Aufgabe der Technik, den durch die Wirtschaftsentwicklung sich immer mehr steigernden Arbeitsbedarf zu befriedigen. Menschliche und tierische Muskelkraft, unterstützt durch Werkzeuge und einfache Maschinen, Wasser- und Windkraft, die Explosionskraft der Pulvergase und schließlich die in unseren Brennstoffen schlummernde Wärmeenergie sind nacheinander und miteinander die Träger der erforderlichen Arbeitsgrößen geworden. Je machtvoller die Arbeitsleistung und die Anwendung der Kraftmaschine sich gestalten, um so höher zeigt sich auch der allgemeine Stand der Technik. Die Leistungsfähigkeit der Kraftmaschine ist ein besonders geeigneter Maßstab zur Beurteilung der Technik in den einzelnen Zeitabschnitten." (Matschoß 1908, Einleitung)

Dass eine derartige Technikgeschichtsschreibung der Historizität ihres Untersuchungsobjektes nicht gerecht zu werden vermochte, blieb Matschoß verschlossen;

- Die Technikgeschichtsschreibung um 1900 ist bemüht, Anschluss an und Integration in die Allgemeinhistoriographie ihrer Zeit zu finden. Der Historiker Karl

Lamprecht zeigte sich hier als erster, dem die Übernahme einer derartigen Brückenfunktion hätte zugetraut werden können. Dass dieser Hoffnungsträger der Ingenieurhistoriker mit dem Versuch scheiterte, einen Paradigmenwechsels in der Geschichtswissenschaft herbeizuführen und diese auch für den Bereich der materiellen Kultur zu öffnen, war ein schwerer Schlag für all jene, die sich mit Conrad Matschoß der Geschichte der Technik als historischer Disziplin verschrieben hatten. Erst etwa dreißig Jahre nach Lamprechts Vorstoß wird es dem Karlsruher Historiker Franz Schnabel 1934 dann möglich sein, in seine Geschichte des 19. Jahrhunderts auch die Erfahrungswissenschaften und die Technik mit aufzunehmen. Allerdings blieb Schnabels Interesse an der Technik geistes- und ideengeschichtlich ausgerichtet und war „[...] nicht dem geschichtlichen Detail der Ingenieurwissenschaften verhaftet." (Schnabel 1934, S. 68) Dabei gelang es ihm allerdings, die Grundzüge der technischen Entwicklung des 19. Jahrhunderts zu erfassen und in den allgemeinhistorischen Zusammenhang einzubetten. Darauf rekurrierte die sich in den 1960er Jahren neu begründende moderne deutsche Technikgeschichtsschreibung, um ihre Hinwendung zur humanen und sozialen Dimension von Technik mitzubegründen.

- In der Ingenieur-Technikgeschichtsschreibung wird, insbesondere nach 1900, der Prozess der Institutionalisierung und Professionalisierung entschieden vorangetrieben. Neben der Publikation zahlreicher technikhistorischer Monografien wurde über die Gründung von Fachzeitschriften eine Bühne für die wissenschaftliche Präsentation und des fachlichen Gedankenaustausches geschaffen. Darüber hinaus widmeten sich ebenfalls neu ins Leben gerufene Institutionen wie Museen, etwa das Deutsche Museum für Meisterwerke der Naturwissenschaft und Technik in München, oder das Wiener Technische Museum, sowie Vereine und Gesellschaften zusammen mit den Standesorganisationen der Ingenieure einer Institutionalisierung der Technikgeschichte. Mit dem Lehrauftrag für Conrad Matschoß an der TH Charlottenburg von 1909 gelang sogar eine erste universitäre Anbindung des Faches Technikgeschichte. Und 1927 vermag Franz Maria Feldhaus nicht ohne Stolz darüber Nachricht zu geben, dass die Satzung für eine Internationale Gesellschaft für die Geschichte der Technik ratifiziert worden sei. (Feldhaus 1927).
- Insbesondere aber durch Technikhistoriker wie Hugo Theodor Horwitz und Sigfried Giedion werden bereits früh Wege beschritten, die aus der verengten Betrachtungsweise einer internalistischen, d. h. artefaktbezogenen technikhistorischen Betrachtungsweise herausführen. Sie sind es, die Technik und ihre Entwicklung bereits als gesellschaftliches Phänomen charakterisieren und deshalb fordern, dieses dementsprechend kulturhistorisch einzuordnen. Allerdings wird es noch mehr als ein Jahrhundert dauern, bis sich in der Technikgeschichtsschreibung eine derartige Sicht der Dinge durchzusetzen vermochte.

Literatur

Renate Allmayer-Beck, Zusammenhänge zwischen Wohnungsbau und Rationalisierung der Hauswirtschaft anhand der Küchenplanungen von Margarete Schütte-Lihotzky, in: Peter Noever (Hg.) Margarete Schütte-Lihotzky. Soziale Architektur, Zeitzeugin eines Jahrhunderts, Wien 1996, S. 235-246

Melanie Arndt, Umweltgeschichte, Version: 3.0, in: Docupedia-Zeitgeschichte, 10.11.2015 http://docupedia.de/zg/Arndt_umweltgeschichte_v3_de_2015 [28.01.2022]

Ludwig Beck, Die Geschichte des Eisens, 5 Bde., Braunschweig 1884–1905

Theodor Beck, Beiträge zur Geschichte des Maschinenbaus, Berlin 1888

Helmut Berding, Leopold von Ranke, in: Hans-Ulrich Wehler (Hg.), Deutsche Historiker, Bd. 1, Göttingen 1971, S. 7-24

Volker Berghahn, Das Kaiserreich 1871–1914. Industriegesellschaft, bürgerliche Kultur und autoritärer Staat, Stuttgart [10]2003 (Gebhardt Handbuch der deutschen Geschichte, Bd. 16), S. 255-273

Ernst Bernheim, Einleitung in die Geschichtswissenschaft. Berlin u. a. [3]1926

Thomas Brandstetter, Ulrich Troitzsch (Hg.) Hugo Theodor Horwitz. Das Relais-Prinzip, Schriften zur Technikgeschichte, Wien 2008

Bertolt Brecht, 700 Intellektuelle beten einen Öltank an, in: Bertolt Brecht, Werke, Bd. 11, Gedichte I, Sammlungen 1918-1938, Frankfurt am Main 1988, S. 174–176 (bearbeitet von Jan Knopf und Gabriele Knopf)

Peter Burke, Offene Geschichte. Die Schule der Annales, Berlin 1990 (zuerst Oxford 1990)

Brigitte Cech, Technik in der Antike, Darmstadt 2010

Franz Maria Feldhaus, Die Erfindung der elektrischen Verstärkerflasche durch Ewald Jürgen von Kleist, Heidelberg 1903

Ders., Die Geschichte der Magnet-Operation im Auge, Leipzig 1903

Ders., Die Technik der Antike und des Mittelalters, Leipzig 1914

Ders., Die Technik der Vorzeit, der geschichtlichen Zeit und der Naturvölker. Ein Handbuch für Archäologen und Historiker, Museen und Sammler, Kunsthändler und Antiquare, Leipzig, Berlin 1914, München [2]1965

Ders., Geschichte der Technik, in: Geschichtsblätter für Technik, Industrie und Gewerbe 11 (1927), S. 1-5

Ders., Lexikon der Erfindungen und Entdeckungen auf den Gebieten der Naturwissenschaft und der Technik, Heidelberg 1904

Ders., Offener Brief an Herrn Dr. Ing. ehr. Conrad Matschoß [...] 1925, in: Wolfgang König, Männer machen Technikgeschichte. Die ‚Matschoß-Feldhaus-Kontroverse' als Exempel früher Technikgeschichte zwischen Wissenschaft, Kommerz und Rivalität, in: Conrad Matschoß, Männer der Technik. Ein biographisches Handbuch, Berlin 1925, ND Düsseldorf 1985, S. V-XIII, hier S. XI, XIV

Ders., Ruhmesblätter der Technik, Leipzig 1923

Christine Frederik, Die rationelle Haushaltsführung: Betriebswissenschaftliche Studien, Berlin 1921

John Kenneth Galbraith, The affluent society, New York 1959, dt. Gesellschaft im Überfluß, München 1963

Peter Gay, Die Republik der Außenseiter: Geist und Kultur der Weimarer Zeit, 1918–1933, Frankfurt am Main 2004

Sigfried Giedion, Die Herrschaft der Mechanisierung. Ein Beitrag zur anonymen Geschichte, Frankfurt am Main 1982 (zuerst u. d. T. Mechanization takes command, New York 1948)

Ders.„ Raum, Zeit, Architektur: die Entstehung einer neuen Tradition, Ravensberg 1965 (zuerst 1941 „Space time and architecture")

Rolf-Jürgen Gleitsmann, Günther Oetzel, Franz Schnabel, die Technik und die Geschichtswissenschaft, in: Zeitschrift für die Geschichte des Oberrheins 151 (2003), S. 635-653

Ders., Technik und Geschichtswissenschaft, in: Armin Hermann, Charlotte Schönbeck (Hg.): Technik und Kultur. Bd. 3 Technik und Wissenschaft, Düsseldorf 1991, S. 111-136

Ders., Technikgeschichte als Umweltgeschichte. Versuch einer Bilanz, in: Bernd Herrmann (Hg.), Beiträge zum Göttinger Umwelthistorischen Kolloquium 2008-2009, Göttingen 2009, S. 209-234

Armin Grunwald, Technikfolgenabschätzung. Eine Einführung, Berlin [2]2010

Axel Halle, Bibliothek und Archiv als Grundlage der Forschung: Franz Maria Feldhaus und seine Sammlung, in: Wolfgang König, Helmuth Schneider (Hg.), Die technikhistorische Forschung in Deutschland von 1800 bis zur Gegenwart, Kassel 2007, S. 117-136

Klaus-Peter Hoepke, Geschichte der Fridericiana: Stationen in der Geschichte der Universität Karlsruhe (TH) von der Gründung 1825 bis zum Jahr 2000, Karlsruhe 2007

Hugo Theodor Horwitz an Emil Marburg, Schriftwechsel vom 26.V.1930

Ders., Beiträge zur außereuropäischen und vorgeschichtlichen Technik, in: Beiträge zur Geschichte der Technik und Industrie 7 (1917), S. 169-189

Ders., Das Relais-Prinzip, in: Technik und Kultur 20 (1929), S. 125-129 und S. 141-146

Ders., Die Drehbewegung in ihrer Bedeutung für die Entwicklung der materiellen Kultur, in: Anthropos 28 (1933), S. 721-755 u. 29 (1934), S. 337-358

Ders., Entwicklungsgeschichte der Traglager, Diss., Berlin 1914

Ders., Forschungsgang und Unterrichtslehre der Geschichte der Technik (Methodologie der Technohistorie), in: Technik und Kultur 20 (1929), S. 214-220

Ders., Geschichte der Technik, in: Deutsche Geschichtsblätter 16 (1915), S. 195-207

Ders., Organprojektion, in Ingenieur-Zeitschrift 12 (1932), S. 41-42

Ders., Rez. Georg Neudeck, Geschichte der Technik, in: Geschichtsblätter für Technik, Industrie und Gewerbe 11 (1927), S. 31 f.

Ders., Rez. Bd. 12., VDI-Jb. Beiträge zur Geschichte der Technik und Industrie, in: Geschichtsblätter für Technik, Industrie und Gewerbe 11 (1927), S. 78 f.

Ders., Über Quellenführung und Quellenkritik in der Geschichte der Technik, in: Technik und Kultur 22 (1931), S. 111-115

Ders., Technische Darstellungen aus alten Miniaturwerken, in: Beiträge zur Geschichte der Technik und Industrie 10 (1920), S. 175-178

Ders., Technische Darstellungen in Bilderhandschriften des 13. bis 17. Jahrhunderts, in: Beiträge zur Geschichte der Technik und Industrie 11 (1921), S. 179-184

Ders., Über Quellenführung und Quellenkritik in der Geschichte der Technik, in: Technik und Kultur 22 (1931), S. 111-115

Ders., Virgil und die Technik, in: Technik und Kultur 22 (1931), S. 164-167 [Horwitz 1931 II]

Thomas Parke Hughes, Die Erfindung Amerikas. Der technologische Aufstieg der USA seit 1870, München 1991

Volker Husberg, Technikgeschichte als Kulturgeschichte: Carl Graf von Klinkowstroem, in: Technische Intelligenz und ‚Kulturfaktor Technik'. Kulturvorstellungen von Technikern und Ingenieuren zwischen Kaiserreich und früher Bundesrepublik Deutschland, hg. v. Burkhard Dietz u. a., Münster u. a. 1996, S 133-154

Ernst Kapp, Grundlinien einer Philosophie der Technik. Zur Entstehungsgeschichte der Cultur aus neuen Gesichtspunkten, Braunschweig 1877, hier Kap. 2, „Die Organprojektion"

Adolf Kistner, Rez. Franz Schnabel, Deutsche Geschichte, Bd. 3, in: Historische Zeitschrift 158 (1938), S. 143 f.

Friedrich Klemm, Geschichte der Technik. Der Mensch und seine Erfindungen im Bereich des Abendlandes, München 1983

Christian Klösch, Aufstellung der von Anselm Barnet am 5. Oktober 2006 und am 30. März 2007 dem Technischen Museum Wien gewidmeten Dokumente aus dem Nachlass seines Vater Ing. Dr. Hugo Theodor Horwitz (1882–1941), Wien 2007

Jan Knopf, Brecht-Handbuch. Lyrik, Prosa, Schriften, Stuttgart 1986

Wolfgang König, Männer machen Technikgeschichte. Die ‚Matschoß-Feldhaus-Kontroverse' als Exempel früher Technikgeschichte zwischen Wissenschaft, Kommerz und Rivalität, in: Conrad Matschoß, Männer der Technik. Ein biographisches Handbuch, Berlin 1925, ND Düsseldorf 1985, S. V-XIII

Ders., Programmatik, Theorie und Methodologie der Technikgeschichte bei Conrad Matschoß, in: Technikgeschichte 50 (1983), S. 306-335

Lothar Kolmer, Geschichtstheorie, Paderborn 2009

Markus Krajewski, Der Privatregistrator: Franz Maria Feldhaus und seine Geschichte der Technik, in: Sven Spieker (Hg.). Bürokratische Leidenschaften. Kultur- und Mediengeschichte im Archiv, Berlin 2004, S. 295-318

Rolf-Ulrich Kunze, Franz Schnabel revisited. Bildung durch humane Wissenschaft. Franz Schnabel über ‚Humanismus' und deutsche Geschichte, in: Zeitschrift für die Geschichte des Oberrheins 151 (2003), S. 673-684

Helmut Lackner, Von der Geschichte der Technik zur Technikgeschichte: Die erste Hälfte des 20. Jahrhunderts, in: Wolfgang König, Helmuth Schneider (Hg.), Die technikhistorische Forschung in Deutschland von 1800 bis zur Gegenwart, Kassel 2007, S. 35-61

Ders., Günther Luxbacher, Christian Hannes Schläger, Technikgeschichte in Österreich. Eine bibliographische und museale Bestandsaufnahme, München/Wien 1996

Karl Lamprecht, Deutsche Geschichte: Zur jüngsten deutschen Vergangenheit. Ergänzungsband 2,1, Berlin 1903

Ders., Die Technik und die Kultur der Gegenwart, in. Zeitschrift des Vereins Deutscher Ingenieure 57 (1913), Nr. 38, S. 1523-1526

John Gray Landels, Die Technik in der antiken Welt, München 1979

Friedrich Lenger, Werner Sombart, 1863–1941. Eine Biographie, München 1994

Hans-Erhard Lessing, Franz Maria Feldhaus. Kann man von Technikgeschichte leben?, in: Peter Blum (Hg.), Pioniere aus Technik und Wirtschaft in Heidelberg, Aachen 2000, S. 80-91

Hans Linde, Sachdominanz in Sozialstrukturen, Tübingen 1972

Karl-Heinz Ludwig, Der VDI als Gegenstand der Parteipolitik 1933 bis 1945, in: ders. (Hg.), Technik, Ingenieure und Gesellschaft. Geschichte des Vereins Deutscher Ingenieure 1856–1981, Düsseldorf 1981

Ders., Entwicklung, Stand und Aufgaben der Technikgeschichte, in: Archiv für Sozialgeschichte 18 (1978), S. 502-523

Ders., Technik, in: Enzyklopädie des Nationalsozialismus, hg. v. Wolfgang Benz u. a., Stuttgart 1997, S. 257-374

Peter Lundgreen, André Grelon (Hg.), Ingenieure in Deutschland, 1770–1990, Frankfurt am Main 1994

Burkhart Lutz (Hg.), Technik und sozialer Wandel. Verhandlungen des 23. Deutschen Soziologentages in Hamburg 1986, Frankfurt am Main/New York 1987

Thomas Mann, Der Zauberberg (1929), in: ders., Gesammelte Werke in dreizehn Bänden, Bd. III, Frankfurt am Main 1990

Emil Marburg an Berthold Lehnert, Schriftwechsel vom 23. Oktober 1930

Conrad Matschoß, 1872–1922 Donnersmarckhütte, Berlin 1923

Ders., August Thyssen und sein Werk, Berlin 1921

Ders., Beiträge zur Geschichte der Technik und Industrie. Jahrbuch des Vereins Deutscher Ingenieure 1 (1909), Vorwort

Ders., Das Deutsche Museum – Geschichte, Aufgaben, Ziele, München 1933

Ders., Der Ingenieur und die Aufgaben der Ingenieurerziehung, in: Zeitschrift des Vereins Deutscher Ingenieure 57 (1913), S. 2049-2056

Ders., Die Entwicklung der Dampfmaschine, 2 Bde., Berlin 1908

Ders., Die Maschinenfabrik R. Wolf Magdeburg-Buckau 1862–1912, Magdeburg 1912

Ders., Die Technik in der heutigen Geschichtswissenschaft, in: Verein Deutscher Ingenieure (Hg.), Technik und Wirtschaft, Berlin 1910, 3. Jg., S. 296-300

Ders., Geschichte der Dampfmaschine. Ihre kulturelle Bedeutung, technische Entwicklung und ihre großen Männer, Berlin 1901

Ders., Große Ingenieure. Lebensbeschreibungen aus der Geschichte der Technik, München 1937

Ders. (Hg.) Männer der Technik. Ein biographisches Handbuch, Berlin 1925

Ders., Wilhelm Lindner (Hg.) Technische Kulturdenkmale. Im Auftrag der Agricola-Gesellschaft beim Deutschen Museum München 1932

Renate Mayntz, Thomas P. Hughes (Hg.), The Development of Large Technical Systems, Frankfurt am Main 1988

Marshall Mc Luhan, Die Gutenberg-Galaxis. Das Ende des Buchzeitalters, Düsseldorf 1968

Thomas Mergel, Geschichte und Soziologie, in: Hans-Jürgen Goertz (Hg.), Geschichte. Ein Grundkurs, Reinbek 1998, S. 621-651

Erna Meyer, Der neue Haushalt. Ein Wegweiser zur wissenschaftlichen Haushaltsführung, Stuttgart 1926

John S. Morrison, John F. Coates, Die athenische Triere. Geschichte und Rekonstruktion eines Kriegsschiffs der griechischen Antike, Mainz 1990

Georg Neudeck, Das kleine Buch der Technik. Ein Handbuch über die Entwicklung und den Stand der Technik, nebst Angabe über technische Schulen und Laufbahnen, Stuttgart 1905

Ders., Geschichte der Technik, Stuttgart/Heilbronn 1923

William F. Ogburn, Die Theorie des ‚Cultural Lag', in: Hans Peter Dreiztel (Hg.), Sozialer Wandel. Zivilisation und Fortschritt als Kategorien der soziologischen Theorie, Neuwied/Berlin 1967, S. 328-339

Wilhelm Ostwald, Grundsätzliches zur Geschichte der Technik, in: Zeitschrift des Vereins Deutscher Ingenieure 73 (1929), S. 1-8

Akoš Paulinyi, Wi(e)der eine neue Technikgeschichte (?)!, in: Blätter für Technikgeschichte 57/58 (1995/96), S. 39-49

Theodor Peters, Geleitwort zu: Conrad Matschoß, Die Entwicklung der Dampfmaschine, Berlin 1908

Rita Pokorny, Die Rationalisierungsexpertin Irene M. Witte (1894–1976), Berlin 2003

Joachim Radkau, Das Zeitalter der Nervosität. Deutschland zwischen Bismarck und Hitler, München/Wien 1998

Ders., Natur und Macht. Eine Weltgeschichte der Umwelt, München 2000

Werner Rammert, Technik aus soziologischer Perspektive. Forschungsstand. Theorieansätze. Fallbeispiele. Ein Überblick, Opladen 1993

Ders., Art. Techniksoziologie, in: Günter Endruweit, Gisela Trommsdorff (Hg.), Wörterbuch der Soziologie, Bd. 3, Stuttgart 1989, S. 724-735

Ders., Wer oder was steuert den technischen Fortschritt? Technischer Wandel zwischen Steuerung und Evolution, in: Soziale Welt 43 (1992), S. 7-25

Leopold von Ranke, Geschichte der romanischen und germanischen Völker von 1494-1514, Leipzig [2]1874

Ulrich Raulff, Radiergummi, Wärmflasche, Weltwunder: Franz Maria Feldhaus, der Sammler und Historiker, in: Frankfurter Allgemeine Zeitung 9.3.1996

Thomas Rohkrämer, Die Verzauberung der Schlange. Krieg, Technik und Zivilisationskritik beim frühen Ernst Jünger, in: Der Erste Weltkrieg. Wirkung, Wahrnehmung, Analyse, hg. v. Wolfgang Michalka, München/Zürich 1994, S. 849-874

Günter Ropohl, Eine Systemtheorie der Technik. Zur Grundlegung der Allgemeinen Technologie, München/Wien 1979

Emily Rosenberg, Transnationale Strömungen in einer Welt, die zusammenrückt, in: dies. (Hg.), 1870–1945. Weltmärkte und Weltkriege, München 2012 (Geschichte der Welt), S. 815-998

Luise Schorn-Schütte, Karl Lamprecht. Kulturgeschichtsschreibung zwischen Wissenschaft und Politik, Göttingen 1988

Upton Sinclair, The Flivver King, Detroit 1937, dt. u. d. T. Am Fließband. Mr. Ford und sein Knecht Shutt, Reinbek 1985

Ders., The Jungle, New York 1906, dt. u. d. T. Der Dschungel, Reinbek 1985

Werner Sombart, Die deutsche Volkswirtschaft im 19. Jahrhundert, Berlin[3] 1903 (u. a. 1913)

Ders., Der moderne Kapitalismus, 3. Bde., Berlin 1902

Ders., Kultur und Technik, in: Archiv für Sozialwissenschaft und Sozialpolitik 33 (1911), S. 305-347

Kurt Sontheimer, Antidemokratisches Denken in der Weimarer Republik. Die politischen Ideen des deutschen Nationalismus zwischen 1918 und 1933, München ^{3}1992 (zuerst ebd. 1962)

Oswald Spengler, Der Untergang des Abendlandes, München 1922

Bernhard Schäfers, Technik, in: Bernhard Schäfers (Hg.), Grundbegriffe der Soziologie, Opladen ^{6}2000, S. 392-397

Ders., Techniksoziologie, in: Hermann Korte, ders. (Hg.), Einführung in die Spezielle Soziologien, Opladen 1993 (Einführungskurs Soziologie, Bd. IV), S. 167-190

Hans Schimank, Nachruf Franz Maria Feldhaus, in: VDI-Nachrichten 13 (1957), S. 15

Helmuth Schneider, Einführung in die antike Technikgeschichte, Darmstadt 1992

Technik und Kultur, Zeitschrift des Verbandes Deutscher Diplom-Ingenieure, Bd. 1 zu 12 Heften, Berlin 1909 ff.

Technisches Museum Wien, Aufstellung der von Anselm Barnet am 5. Oktober 2006 und am 30. März 2007 dem Technischen Museum Wien gewidmeten Dokumente aus dem Nachlass seines Vaters Ing. Dr. Hugo Theodor Horwitz (1882–1941), bearbeitet von Mag. Dr. Christian Klösch, Wien, April 2007

Heinrich von Treitschke, Politik. Vorlesungen gehalten an der Universität zu Berlin, hg. von Max Cornecelius, Bd. 1, Leipzig 1897

Wilhelm Treue, Conrad Matschoß 100 Jahre, in: Technikgeschichte 38 (1971), S. 87-92

Ders., Gesellschaft, Wirtschaft und Technik Deutschlands im 19. Jahrhundert, München 1975 u. ö. (Gebhardts Handbuch der deutschen Geschichte, Bd. 17)

Ders., Vorbemerkungen zu: Gustav Goldbeck, Technik als geistige Bewegung in den Anfängen des deutschen Industriestaats, Düsseldorf 1968

Ulrich Troitzsch, Die historische Funktion der Technik aus der Sicht der

Geisteswissenschaften, in: Technikgeschichte 43 (1976), S. 92-100

Ders., Hugo Theodor Horwitz – ein fast vergessener Theoretiker der Technikgeschichte, in: Technikgeschichte 50 (1983), S. 337-358

Ders., Gabriele Wohlauf (Hg.), Technik-Geschichte, Historische Beiträge und neuere Ansätze, Frankfurt am Main 1980

Rudolf Vierhaus, Rankes Begriff der historischen Objektivität, in: Reinhart Koselleck, Wolfgang J. Mommsen, Jörn Rüsen (Hg.), Objektivität und Parteilichkeit in der Geschichtswissenschaft, München 1977, S. 63-76

Wolfhard Weber, Lutz Engelskirchen, Streit um die Technikgeschichte in Deutschland 1945–1975, Münster u. a. 2000 (Cottbuser Studien zur Geschichte von Technik, Arbeit und Umwelt; 15)

Hans-Ulrich Wehler, Deutsche Gesellschaftsgeschichte, Bd. I: Vom Feudalismus des Alten Reiches bis zur Defensiven Modernisierung der Reformära 1800–1815, München 1987

Ders., Modernisierungstheorie und Geschichte (1975), in: Ders., Die Gegenwart als Geschichte. Essays, München 1995, S. 13-123

Lynn White, The Study of Medieval Technology 1924–1974 in: Technology and Culture 16 (1975), S. 519-530

Ursula Wiggershaus-Müller, Nationalsozialismus und Geschichtswissenschaft. Die Geschichte der Historischen Zeitschrift und des Historischen Jahrbuchs 1933–1945, Hamburg 1998
Irene Margarete Witte, Die rationelle Haushaltsführung. Betriebswirtschaftliche Studien, dt. Berlin 1922
Eberhard Zschimmer, Ideen zu einer Geschichte der Technik, in: Technikgeschichte 25 (1936), S. 139-144

2.4 Die moderne deutsche Technikgeschichtsschreibung nach 1945

2.4.1 Technikgeschichte in der Bundesrepublik Deutschland

Seit den 1950er Jahren haben sowohl die Motive, aus denen heraus Technikgeschichte betrieben wurde, als auch das Verhältnis zwischen Technik- und Allgemeingeschichte einen tiefgreifenden Wandel erfahren. Dies dürfte auch damit zu tun gehabt haben, dass sich die Welt grundlegend verändert hatte. Die von dem amerikanischen Ökonomen John Kenneth Galbraith (1908–2006) beschriebene *affluent society*, die Überflussgesellschaft, (Galbraith 1959, dt. 1963) war strukturell technikabhängig. Gesellschaftlicher Wohlstand und technischer Wandel, als Fortschritt verstanden, gingen Hand in Hand. Damit musste sich auch das Erkenntnisinteresse der Geschichtswissenschaft an derartigen Veränderungsprozessen neu ausrichten. Technikgeschichte als Teildisziplin der Allgemeingeschichte bekam eine wichtige neue Bedeutung, und mit ihr diejenigen, die sich damit befassten. Dessen ungeachtet war es für die deutsche Zeitgeschichte verständlicherweise der Zivilisationsbruch der Verbrechen des NS-Regimes, der zunächst zum zentralen Bezugspunkt ihres Selbstfindungsprozesses nach 1945 wurde. (Doering-Manteuffel 1993)

Für die sich neu konstituierende westdeutsche Technikhistoriographie hingegen trat die Reaktion auf den von Galbraith beschriebenen, in den USA bereits seit den 1920er Jahren erkennbar werdenden Strukturwandel in den marktwirtschaftlichen Industriegesellschaften in den Vordergrund des Interesses. Dies war nicht nur im Hinblick auf das Themenfeld Technik und Gesellschaft ein Forschungsfeld größter Bedeutung, sondern rückte technikhistorische Erkenntnis zudem in den Focus der Planungsbestrebungen politischen Handelns. Ganz nebenbei konnte auf diese Weise zudem die beunruhigende Frage nach den Verstrickungen der Ingenieure, Wissenschaftler und Techniker, aber auch der Technik- und Wissenschaftsgeschichte in das nationalsozialistische Zeitgeschehen zumindest erst einmal in den Hintergrund treten. Karl-Heinz Ludwig war es dann, der als Technikhistoriker 1974 in seinem Standardwerk über „Technik und Ingenieure im Dritten Reich" (Ludwig 1974) schließlich dennoch zumindest erste Antworten auf viele offene Fragen gab. Dass zu dieser Thematik längst nicht das letzte Wort gesprochen war, zeigt sich anhand zahlreicherer späterer Publikationen, etwa von Alan D. Beyerchen 1980, Rainer Brämer 1983, Marc Walker 1989, Christoph Meinel/Peter Voswinckel (1994), des Vereins Deutscher

Ingenieure zu seiner Geschichte (1983), oder Rolf-Jürgen Gleitsmann (2011), um hier nur einige wenige zu nennen.

„In den ersten Jahren nach 1945 war", wie Wolfhard Weber später treffend charakterisierte, „von der Vorkriegs-Technikhistoriographie in Deutschland nichts übrig geblieben [...]." (Weber 1995/96, S. 25) Damit trat auch das technisch-praktische und das kulturgeschichtliche Motiv eines um gesellschaftliche Anerkennung ringenden Ingenieurstandes als Gegenstandsbereich technikhistorischen Interesses in den Hintergrund. Einzig Friedrich Klemm (1904–1983), der Bibliotheksdirektor des Deutschen Museums, führte eine vorwiegend geistes- bzw. kulturhistorisch angelegte Naturwissenschafts- und Technikgeschichtsschreibung fort und knüpfte damit an Ansätze von Franz Schnabel aus der Mitte der 1930er Jahre an. (Aagard 1980) Allerdings wurde Klemms Geistesgeschichte der Technik schon bald als überholt angesehen und von einer sozial-, wirtschafts- und politikgeschichtlich geprägten Strukturgeschichte der Technik abgelöst, wie sie der Sozial- und Strukturhistoriker Werner Conze (1910–1986) Ende der 1950er Jahre angeregt hatte. (Conze 1957; dazu Wehler 2001, S. 43-60) Die Strukturgeschichte „[...] beschreibt in der Form der quantitativen Geschichte die Struktur und die Strukturwandlungen der einzelnen Bereiche der Geschichte, die von den verschiedenen geschichtlichen Wissenschaften repräsentiert werden. Ihr Ziel ist die Darstellung der von solchen Wandlungen hervorgerufenen Wirkungszusammenhänge." (Ludwig 1966, S. 110 f.) Auch die Wirtschaftsgeschichtsschreibung, insbesondere in der Person des einflussreichen Göttinger Historikers Wilhelm Treue, stützte diese Ausrichtung historischer Forschung und stellte sie als zukunftsweisend dar. Verständlicherweise trugen dann u. a. auch Technikhistoriker wie Albrecht Timm oder Ulrich Troitzsch Beiträge zur Festschrift anlässlich des 60. Geburtstages von Wilhelm Treue bei, um deutlich zu machen, dass auch sie den von Treue eingeschlagenen Weg der Historiographie für maßgeblich hielten. (Manegold 1969) Karl-Heinz Ludwig schließlich war es, der als Technikhistoriker diesen Ansatz der Strukturgeschichte als fruchtbar für sein Fach erkannte und aufgriff. Sein 1966 in der Zeitschrift *Technikgeschichte* publizierter Aufsatz „Technikgeschichte als Beitrag zur Strukturgeschichte" (Ludwig 1966) beeinflusste die fachinterne Diskussion über Methoden, Theorien und Aufgaben einer Technikhistoriographie nachhaltig. Die Kernpositionen von Ludwig waren dabei folgende:

- „Der Technikgeschichte insgesamt muss der ausgedehnte Technikbegriff zugrunde gelegt werden, der sowohl das technische Denken und Können sowie die schöpferische Konstruktion als auch die Wissenschaft, das Verfahren sowie das fertige Produkt, die Maschine als Einzel- oder Massengegenstand und jedwede technische Anlage in der Ein- und Mehrzahl umfasst." (Ludwig 1966, S. 107)
- Eine „[...] Benennung ‚Technikgeschichte' rechtfertigt sich [...] in Analogie zu ‚Wirtschaftsgeschichte' und ‚Sozialgeschichte'. Beide Disziplinen bemühen sich letztlich um die Darstellung der wirtschaftlichen und der sozialen Entwicklung in ihrem Verhältnis zur Gesamtgeschichte." (Ebd.) Ziel soll es also sein, „[...] die Bedingungen und Auswirkungen der Technik in der Geschichte, und insbesondere im

Zusammenhang mit den sozialen, wirtschaftlichen und politischen Gegebenheiten [zu] untersuchen und darzustellen […]." (Ebd., S. 108)

- „Die einzelnen Schritte der auf eine Untersuchung der Auswirkungen der Technik hinzielenden Methode bestehen darin, in einem bestimmten geschichtlichen Raum deren Verbreitung qualitativ festzustellen und sodann einen auftretenden Strukturwandel zu erkennen." (Ebd., S. 110)
- „Als Beitrag zur Strukturgeschichte kann die Technikgeschichte vor allem Erkenntnisse über die Auswirkungen der Technik erarbeiten und dazu beitragen, dass ihre Bedeutung in der allgemeinen Geschichtsschreibung stärker berücksichtigt wird. Mit der quantitativen Einbeziehung der Technik […] soll aber nicht einem ‚technologischen Determinismus' in der Geschichte das Wort geredet werden." (Ebd., S. 120)
- „Das Wirksamgewordensein über den eigenen Sachbereich hinaus und in den allgemeinen menschlichen Bereich hinein ist das entscheidende Kriterium für eine Technikgeschichte als Teilgebiet der allgemeinen Geschichte." (Ebd., S. 106)
- „Die Darstellung von Wirkungszusammenhängen wird sogar zu einem Hauptgegenstand, denn seitdem Auswirkungen der Technik und des technischen Fortschritts auf die heutige Menschheit mit Hilfe der sozialwissenschaftlichen Methoden und Theorien erforscht, bewiesen und dargestellt werden, besteht auch für die Geschichtswissenschaft die Aufgabe, gleiche oder ähnliche Tatsachen in der Vergangenheit zu untersuchen." (Ebd.)

Den Aufschwung, den die Technikgeschichte dann seit den 1960er Jahren durch die Schaffung einer ganzen Reihe universitärer Lehrstühle nahm (München 1963, Bochum 1966, Stuttgart 1968, Hamburg 1976, etc.), verdankte sie wohl auch jenen Zeitumständen, die ihr eine deutlich politische Bedeutung zumaßen bzw. zumessen wollten. Zum einen war dies der durch den Ost-West-Konflikt im Kalten Krieg ausgelöste Wettlauf der Systeme, in dem der Technik und Wissenschaft erhebliche Bedeutung für die Wettbewerbsfähigkeit des ‚nationalen Innovationssystem' zuwuchs. Planung und Steuerung wurden im Zeichen der gelenkten Großforschung nun auch im Westen üblich. Die Technikgeschichte profitierte von diesem Zeitgeist, indem durch sie Erkenntnisse über all jene Faktoren erwartet wurden, die als entscheidend für die Planbarkeit von technischer Zukunft angesehen wurden. In diesem Zusammenhang wurde auch zum ersten Mal deutlich, dass es nicht mehr nur die eine fortschrittsorientierte Technikzukunft gab, sondern vielmehr mehrere Pfade in diese Richtung. Um so wichtiger schien es, aus diesen optionalen Technikzukünften die richtige, technikhistorisch aufgeklärte, auszuwählen.

Der Trend zur Planbarkeit und damit Beherrsch- und Steuerbarkeit technischen Wandels auch die Institutionalisierung technikgeschichtlicher Reflektion. (Grundlegend Schild/Sywottek 1998) Die politischen Affinitäten zu diesem Thema waren in den 1950er Jahre aus heutiger Sicht zum Teil durchaus überraschend verteilt. Die traditionell modernisierungs- und technikfreundliche SPD gehörte zu den programmatischen Befürwortern der politischen Planbarkeit gesellschaftlich-technischer Innovationsprozesse. Sie begrüßte die sog. Zukunftstechnologien euphorisch, darin noch ganz der auf Marx zurückgehenden positiven Technikbewertung der deutschen Arbeiterbewegung verpflichtet. Hierzu zählten in den 1950er und 1960er Jahren insbesondere die Automatisierung, sowie die Kernenergie. Im „Atomplan der SPD", (SPD 1956, S. 357 ff.) erarbeitet vom Ausschuss für Fragen der Atomenergie beim Vorstand der SPD und verabschiedet auf dem Münchner Parteitag von 1956, war zu lesen: „der Aufbau und der Betrieb von Atomkraftwerken wird durch die öffentliche Hand durchgeführt, ihr Zusammenwirken mit den übrigen Elektrizitätserzeugungsunternehmen erfolgt nach langfristig festzusetzenden Plänen; die Entwicklung von Kernkraftmaschinen an Stelle der Dieselmotoren und anderer Verbrennungskraftmaschinen für feste und fahrbare Kraftstationen, für Schiffe, Flugzeuge und andere Verkehrsmittel muß den Platz Deutschlands in der Reihe der Industrievölker sichern." (Ebd., S. 358) Nur in einer Gesellschaft, in der das Energieproblem zukunftssicher gelöst war, gab es ökonomische Spielräume für moderne interventionsstaatliche soziale Umverteilung.

Die Grundsatzreferate des bezeichnenderweise im Deutschen Museum München, also der symbolträchtigen Präsentationsstätte von Meisterwerken aus Naturwissenschaft und Technik, stattfindenden Parteitages der SPD zum Thema „Die zweite industrielle Revolution" (SPD 1956, S. 148-185) hatten mit Leo Brandt, später Staatssekretär und Leiter des Landesamtes für Forschung des Landes Nordrhein-Westfalen, und Carlo Schmid (1896–1979) dabei führende Köpfe der damaligen Sozialdemokratie gehalten. (Helmut Schmidt 1996) Dass Schlüsseltechnologien, wenn nicht verstaatlicht, so doch, wie z. B. durch das Atomgesetz, zumindest einer einschneidenden staatlichen bzw. rechtlichen Kontrolle zu unterwerfen waren, war politischer Konsens über alle Parteigrenzen hinweg. Dass der Deutsche Gewerkschaftsbund die Forderung erhob, „Atomindustrie nur in staatlicher Regie" (Frankfurter Rundschau 1957) zu betreiben, lag ganz auf dieser Linie. Aber auch das konservative, traditionell wirtschaftsfreundliche politische Lager von CDU/CSU stellte die Frage nach der Plan-, Beherrsch- und Steuerbarkeit von technischem Wandel. Diese Planbarkeitsdoktrinen aller damals maßgeblichen politischen Akteure entsprachen der Zeitstimmung. Die Zukunft von Wirtschaft und Gesellschaft sei planbar, so das Credo, und eine maßgebliche Rolle hier bei würde die gezielte Steuerung des technisch-wissenschaftlichen Fortschritts spielen. Verstand man dessen Genese in der Vergangenheit, so würde man auch für die Zukunft die richtigen Entscheidungen treffen können. Damit gelangte eine Disziplin in den Focus des politischen Interesses, der man zubilligte, entscheidende Erkenntnisse über die Ursachen, den Verlauf sowie die relevanten Faktoren des bisherigen technischen Fortschritts zu besitzen, bzw. ermitteln zu können, nämlich die Technikgeschichte. Der CSU-Politiker Siegfried Balke (1902–1984), von 1956 bis 1962 als Nachfolger von Franz-Joseph Strauß Bundesminister für Atomfragen bzw., wie sein Ressort ab 1957 hieß, für Atomkernenergie und Wasserwirtschaft, stellte als Vorsitzender des Deutschen Verbandes wissenschaftlich technischer Vereine Überlegungen an, welche Rolle die Technikgeschichte „als Voraussetzung für Forschung und Planung in der Industriegesellschaft" einnehmen könne. (Weber 1995/96, S. 28) Das Argument und die dahinterstehende Mentalität waren, retrospektiv betrachtet, recht positivistischer Natur und beruhten auf einem unterkomplexen Fortschritts- und Technikbegriff. Allerdings stellte diese Haltung, wenn auch unterschiedlich ideologisch polarisiert, in der Bundesrepublik wie der DDR so etwas wie Gemeingut dar. Der planwirtschaftlich organisierte Fortschrittsglaube beherrschte den Realsozialismus der DDR und ihre Doktrin der „Produktivkraftentwicklung". Seine Geschichte der DDR in den 1960er Jahren veröffentlichte der DDR-Zeithistoriker Stefan Wolle unter dem Titel „Aufbruch nach Utopia". (Wolle 2011)

Auch wenn der Technikgeschichte eine dergestalt unterstellte prognostische Dimension letztlich fehlte und als einem historischen Fach auch fremd sein musste, so war sie dennoch nicht davor gefeit, hierfür von der Politik in Anspruch genommen zu werden, und dies nicht einmal ungern. Denn hierdurch war größeres wissenschaftspolitisches Gewicht zu erlangen, was wiederum half, die Institutionalisierung des Faches voranzubringen. Hinzu trat seit den späten 1960er Jahren ein weiterer Aspekt. Ein Paradigmenwechsel in der Geschichtswissenschaft fand statt, und zwar hin zu einer stärkeren Betonung der sozialhistorischen Aspekte. Damit gewann nunmehr auch der technikhistorische Blickwinkel für die Allgemeingeschichte an Bedeutung. Hierfür gab es erste eindeutige Indizien. Bereits 1962 war die Technikgeschichte erstmals als eigenständige Sektion auf dem 25. deutschen Historikertag in Duisburg, dem Treffen des deutschen Historiker-Fachverbands, vertreten gewesen. Und auch der Kölner Neuzeithistoriker Theodor Schieder (1908–1984), zwischen den 1950er und 1970er Jahren wohl der einflussreichste deutsche Historiker überhaupt, (vgl. Nonn 2013) äußerte sich 1974 in der Beilage der Zeitung ‚Die Welt' wohlwollend zur Relevanz der Technikgeschichte: „In der Geschichte der Technik, der Naturwissenschaften erwachsen dem geschichtlichen Bewusstsein ganz neue Dimensionen [...] Die Geschichte des technischen Zeitalters und der Technik selbst muß voll in die Geschichtswissenschaft und die Geschichtsschreibung integriert werden." (Schieder 1974)

Die Lebenswirklichkeit der 1970er Jahre schien Schieder zu bestätigen. Einerseits wuchs die globalpolitische und -ökonomische Bedeutung des Themenfelds von Technik und Umwelt sowie Technik und Ressourcenproblematik noch weiter, wie sich in den beiden Ölkrisen und in der Debatte um die Kernenergie zeigte. Andererseits rückte eine zunehmend kritischer werdende Betrachtung des technischen Fortschritts an sich und des Fortschrittsglaubens von den Rändern in die Mitte der Gesellschaften des globalen Westens und Nordens. (Sieferle 1984; Radkau 2000) Das bildete auch die Repräsentation von Technikgeschichte im Museum ab. Teils war sie noch ganz konventionell technikverherrlichend, teils bereits technikkritisch. Damit stieg allerdings auch das gesellschaftliche Bedürfnis nach einer Technikgeschichte, die es verstand, ihren Gegenstand in seinen gesellschaftlichen Bezügen und Konsequenzen darzustellen und zu analysieren. Unschwer lässt sich vor diesem Hintergrund auch das stärker werdende Interesse erklären, welches andere Fachdisziplinen, etwa die Philosophie, die Techniktheorie, die Wirtschaftswissenschaften, die Politikwissenschaft, die Soziologie und selbst die Literaturwissenschaft (Sachse 1974–1976) nun der Technikgeschichte entgegenbrachten. Den erhofften sachkundigen Zuwachs an Erkenntnismöglichkeiten, den der Bereich Technikgeschichte zu bieten schien, hatten u. a. Friedrich Klemm in einem bereits 1959 für die Deutsche Forschungsgemeinschaft bestimmten Memorandum zusammengefasst:

> „Ohne ein hinlängliches Maß von Wissen über die Entwicklung der heutigen Naturwissenschaft und Technik kann deshalb weder der Gang der europäischen Geschichte vollständig analysiert und zutreffend dargestellt werden, noch lassen sich ohne solche Kenntnisse die Ursachen, Motive und Tendenzen des gegenwärtigen politischen und wirtschaftlichen Geschehens durchschauen und bewerten." (Deutsche Forschungsgemeinschaft 1959, S. 43)

Die Voraussetzungen für einen Aufschwung der Technikgeschichte waren in der Bundesrepublik also durchaus gegeben. Im Weststaat formierte sich allmählich eine Technikhistoriographie, die nunmehr technischen Wandel in seinen gesellschaftlichen Bezügen und Wechselwirkungen zu begreifen und darzustellen suchte. Sie rückte von der traditionsreichen, internalistisch formierten deutschen Technikgeschichtsschreibung der Vergangenheit ab und bezog sich stattdessen nun explizit auf amerikanische, britische und französische Vorbilder. Außerdem nahm sie genau zur Kenntnis, was sich in der DDR als Geschichte der Produktivkräfte zu formieren begonnen und Dimensionen angenommen hatte, an die in der Fachgeschichtsschreibung und Museumskultur im Westen nicht zu denken war. Um so stärker wog das Motiv, in diesem Wettbewerb nicht dauerhaft zu unterliegen. Denn in der DDR war die Geschichte der Produktivkräfte als stark geförderte Herrschaftswissenschaft nach sowjetischem Vorbild sehr gut institutionalisiert worden und dazu publizistisch-wissenschaftlich produktiv. (Weber/Engelskirchen 2000, S. 167-198) Wie auch die DDR-Historiker im Allgemeinen, gehörten die zumindest äußerlich konformen DDR-Technikhistoriker zu den gefragten ideologischen Legitimationsspendern eins Regimes, das sich auf die marxistisch-leninistische Weltanschauung des dialektischen und historischen Materialismus stützte und immer wieder auf seine historische und wissenschaftliche Berechtigung verwies.

Wolfhard Weber und Lutz Engelskirchen geben in ihrer Publikation „Streit um die Technikgeschichte in Deutschland 1945–1975" (Weber/Engelskirchen 2000) hierzu einen detailreichen Einblick. Sie verweisen u. a. auf die bereits 1952 erfolgte Gründung des Instituts für die Geschichte der Technik und Naturwissenschaften unter Richard Woldt (1878–1952) am TH-Traditionsstandort Dresden. Das Institut wurde, politisch motiviert, zwar 1963 aufgelöst, dann aber als Philosophisches Institut mit mehreren Abteilungen an der TU Dresden weitergeführt. (TU Dresden, Lehrstuhl für Technik- und Technikwissenschaftsgeschichte 2008) Die Abteilung 3 war der Geschichte der Produktivkräfte gewidmet und unterstand Jürgen Kuczynski (1904–1997). „Nach Aufbau des Lehrstuhls für Wirtschaftsgeschichte durch Rolf Sonnemann [...] umfasste [...] der Wissenschaftsbereich Geschichte der Produktivkräfte ab 1976/78 sowohl die Geschichte der Wirtschaft wie die der Technikwissenschaften, die sich der proklamierten wissenschaftlich-technischen Revolution widmeten." (Weber 1995/96, S. 27)

Dieser institutionelle Aufbau war schon recht früh durch eine ideologisch dominierte Geschichtsschreibung flankiert worden. Bereits 1964 lag in deutscher Übersetzung das mehr als achthundertseitige Werk „Geschichte der Technik“ der sowjetischen Autoren Sworykin, Osmowa, Tschernyschew und Schuchardin vor, welches nur zwei Jahre zuvor im russischen Original erschienen war. (Schuchardin 1962) Auch Aleksander A. Kusins Theorieband „Karl Marx und Probleme der Technik“ erschien 1968 im VEB Fachbuchverlag Leipzig in deutscher Übersetzung. (Kusin 1970) Autorenkollektive aus der DDR, darunter u. a. Rolf Sonnemann, Siegfried Richter, Burchhard Brentjes, Jürgen Kuczynski, Gerhard Harig, Wolfgang Jonas, Hans Mottek legten eine Vielzahl meist mehrbändiger Publikationen zur Geschichte der Technik vor (Sonnemann 1978), u. a. zur Geschichte der Produktivkräfte, (Jonas 1969) der Wirtschaftsgeschichte, (Mottek 1976) oder auch der Geschichte des Alltags. (Kuczynski 1983 ff.) Aufgrund ihrer weitgehenden Konkurrenzlosigkeit auf dem deutschen Büchermarkt beschworen diese schon bald die Gefahr herauf, dass eine marxistische Interpretation der Technikgeschichte die Deutungshoheit erlangen würde.

Dies umso mehr, als sich nun auch in der Bundesrepublik marxistische Autoren zu Wort meldeten, und zwar mit dem Ziel, auf den Prozess der methodischen Neufindung des Faches Technikgeschichte im marxistischen Sinn einzuwirken. Bereits 1977 formulierte der Bremer Sozialwissenschaftler Hellmuth Lange eine scharfe und umfängliche Ideologiekritik der westdeutschen Technikgeschichte. (Lange 1977) Auf gut 160 Seiten seiner Publikation „Technik im Kapitalismus“ wird die vermeintliche Krise der Disziplin Technikgeschichte in der Bundesrepublik analysiert, sowie eine schrittweise Annäherung an „die marxistische Theorie der Produktivkraftentwicklung und die marxistische Gesellschaftsanalyse“ eingefordert. (Ebd., S. 166) Lange sieht diesen Weg ansatzweise bereits als beschritten an, und zwar über eine stärkere „Versozialwissenschaftlichung“ (ebd.) der Technikgeschichte und nennt in diesem Kontext als Kronzeugen die Namen Rürup, Troitzsch, Ludwig und Weber. Mit seiner Studie beabsichtigte Lange, in den methodologischen Selbstfindungs- und Neuausrichtungsprozess, der die westdeutsche Technikgeschichte in den 1970er Jahren heftig beschäftigte, einzugreifen. Dies allerdings gelang nicht.

Unabhängig davon ist die deutsch-deutsche Interpendenz der Technikgeschichte über die ideologische und machtpolitische Systemgrenze hinweg beachtlich. Die Wissenschaftsgeschichte der Technikgeschichte in der Bundesrepublik erschließt sich nicht ohne den Blick auf die Konkurrenz aus dem „anderen Deutschland“. Wer sich mit der westdeutschen Technikgeschichte beschäftigen will, darf die in dieser Hinsicht führende DDR nicht ausblenden. Ein guter Überblick zu den frühen Publikationen der DDR-Technikgeschichtsschreibung, hier als Geschichte der Produktivkräfte, findet sich bei Rudolf Forberger: „Theoretische und empirische Bemerkungen zum Thema: Die Industrielle Revolution in der Sicht der Genesis der Produktivkräfte“. (Forberger 1980, S. 302-327, Anm. 1) Ein Beitrag, der beachtenswerterweise 1980 im westdeutschen (!) Sammelwerk „Technikgeschichte“ von Troitzsch/Wohlauf abgedruckt wurde. Ein überaus interessantes Phänomen, welches die These von der DDR-Deutungshoheit im Bereich der deutschen Technikgeschichtsschreibung eindrucksvoll untermauert. Besonders schmerzlich wurde dieser Trend der westdeutschen Technikhistoriographie vor Augen geführt, als das 1978 erschienene Übersichtswerk „Geschichte der Technik" der DDR-Autoren Rolf Sonnemann und Kollegen (Brentjes/Richter/Sonnemann 1978) dann ausgerechnet auch noch vom westdeutschen Aulis-Verlag in Köln nachgedruckt wurde. (Sonnemann 1987)

An ähnliche Überblickswerke zur Geschichte der Technik war in der Bundesrepublik der 1970er Jahre noch bei weitem nicht zu denken. Erst 1982 legten hier zwei namhafte Vertreter der bundesdeutschen Technikhistoriographie, Ulrich Troitzsch und Wolfhard Weber, dann im Westermann-Verlag ein reich bebildertes, populärwissenschaftliches Werk mit dem Titel „Die Technik. Von den Anfängen bis zur Gegenwart" (Troitzsch/Weber 1982) vor. Warum aber gab es angesichts der politischen Erwünschtheit und beginnenden Institutionalisierung zu den Veröffentlichungen aus der DDR lange keine adäquate Entsprechung von Technikhistorikern aus der Bundesrepublik? Die Gründe hierfür sind vielschichtig und lassen sich auf mehreren Ebenen ausmachen. Einer, vielleicht der wichtigste, ist konzeptioneller Art. Die westdeutsche Technikgeschichte befand sich in einer Umbruch-, Aufbau- und Selbstfindungsphase. In der jungen Bundesrepublik formierte sich seit den 1960er Jahren eine neue Technikgeschichtsschreibung. Sie begann, sich von der früheren, von Ingenieuren beherrschten Ausrichtung zu emanzipieren, rückte von manchen Traditionen ab, übernahm vieles aus dem amerikanischen, britischen und französischen Wissenschaftsraum. Sie hatte auch keine Berührungsängste mehr vor der hinsichtlich ihrer Institutionalisierung und Produktivität bemerkenswert weit entwickelten DDR-Variante der Technikgeschichte, der Geschichte der Produktivkräfte. Die neue Technikhistoriographie im Westen fing nun an, technischen Wandel in seinen gesellschaftlichen Bezügen und Wechselwirkungen zu begreifen und darzustellen. (Weber/Engelskirchen 2000) In der Bundesrepublik standen in einer nicht unmittelbar politisch gelenkten Wissenschaft eher noch Spezialstudien auf dem Programm, und auch die methodische Selbstpositionierung war durchaus noch nicht abgeschlossen. Erst 1980 konnten Ulrich Troitzsch und Gabriele Wohlauf mit ihrem Suhrkamp-Taschenbuch „Technik-Geschichte, Historische Beiträge und neuere Ansätze" (Troitzsch/ Wohlauf 1980) eine überblicksartige Beschreibung des Faches in der Bundesrepublik, der verschiedenen methodologischen Herangehensweisen an die Thematik Technikgeschichte, sowie der aktuellen Forschungsfelder und Forschungsdesiderate vorlegen. Und es dauerte schließlich noch über eine Dekade, bis es in den 1990er Jahren schließlich mit großer Kraftanstrengung dann endlich gelang, epochenübergreifende, wissenschaftlich-technikgeschichtliche Sammelwerke (Georg-Agricola-Gesellschaft 1990–1993) und einen Handbuch-Standard (König 1991–93) vorzulegen, um dem etwas an die Seite zu stellen, was nicht nur in der DDR, sondern insbesondere auch im englischsprachigen Raum mit der fünfbändigen „History of technology" von Charles Singer u. a. wesentlich früher, nämlich bereits seit den 1950er Jahren, längst vorlag. (Singer 1954–58)

Was waren die Themen der methodisch-theoretischen Neuaufstellung der Technikgeschichte in der Bundesrepublik in den 1960er Jahren, die den vorstehend genannten Großpublikationen zugrundelagen? Eine vorläufige sozialhistorische Bilanz zogen 1975 Karin Hausen und Reinhard Rürup in ihrem programmatischen Sammelband „Moderne Technikgeschichte". (Hausen/Rürup 1975) Der programmatisch gewählte Titel *moderne* Technikgeschichte war einerseits eine Abgrenzung gegenüber der älteren Tradition deutscher Technikgeschichtsschreibung. Andererseits brachte der Titel zum Ausdruck, dass in dem Sammelband „im wesentlichen die moderne Technik seit Beginn der Industriellen Revolution" behandelt wurde. (Ebd., Einleitung) Die insgesamt sechzehn abgedruckten Beiträge waren in sechs Problemkreise gegliedert, und zwar Technik und Wirtschaft; Theorieprobleme; Innovationsprozesse; Technik und Industriearbeit sowie Technik Staat und Politik.

Dazu waren von Hausen und Rürup in ihrem Sammelband fast ausschließlich Aufsatzbeiträge ausländischer Technik-, Sozial- und Wirtschaftshistoriker herangezogen worden, was die Dominanz amerikanischer, englischer und französischer Forschung in diesem Bereich abbilden sollte. Dieser gegenüber habe, so das Statement von Hausen und Rürup, die Forschungslandschaft in der Bundesrepublik Nachholbedarf, und zwar in jedweder Hinsicht. Dies unterstrichen sie zudem mit der ausdrücklichen Begründung, dass sich „in der Auswahl der Beiträge [...] die gegenwärtige Dominanz der amerikanischen, französischen und englischen Forschung [zeigt], der gegenüber die einst international führende deutsche Technikgeschichte deutlich zurückgefallen ist [...]". (Ebd.) Diese polemische Art der Argumentation, war unter den Protagonisten der sich etablierenden deutschen Sozialgeschichte dieser Zeit durchaus üblich. Auch der Bielefelder Sozialhistoriker Hans-Ulrich Wehler betonte in seiner ebenfalls 1975 erschienenen, für die Popularisierung der Modernisierungstheorie in der Geschichtswissenschaft wichtigen Monographie „Modernisierungstheorie und Gesellschaftsgeschichte" (Wehler 1975) stark den westdeutschen Rezeptionsbedarf in Sachen Theorie. Diese Kritik zahlte sich aus, indem sie zum Nachdenken darüber anregte, wie mit Geschichte in der Wissenschaft umzugehen sei.

In seiner Rezension des Sammelbands von Hausen und Rürup führte der Technikhistoriker Ulrich Troitzsch dann auch aus: „Durch die Ausschließung von weiteren deutschen Beiträgen hat sich nach dem Erscheinen des Bandes unter den Fachvertretern der Technikgeschichte eine gewisse Enttäuschung breitgemacht, nicht zuletzt, weil durch die getroffene Auswahl indirekt ein negatives Urteil über die deutsche Technikgeschichtsforschung gesprochen wird, das sie so nicht ganz verdient hat." (Troitzsch 1978, S. 593) Und er fuhr fort: „In der dem Bande angehängten Bibliographie sind eine ganze Reihe deutschsprachiger Aufsätze enthalten, deren erneute Veröffentlichung durchaus gerechtfertigt gewesen wäre, auch wenn sie nicht [...] jenen sozialwissenschaftlichen ‚touch' besitzen, der die ausländischen Beiträge auszeichnet." (Ebd.) Die in dieser Stellungnahme enthaltene Kritik, Hausen und Rürup hätten in ihrem Sammelband zur „modernen Technikgeschichte" durchaus auch auf wegweisende deutsche Beiträge zurückgreifen können, wiegt schwer. Andererseits reagierte die deutsche Technikhistoriographie auch auf die von Hausen und Rürup bilanzierten Defizite. Sie musste die eigene Sicht auf die Fachsituation und zum Forschungsstand der Technikgeschichte in Deutschland darlegen. Dabei ging es nicht ausschließlich um eine inhaltliche Korrektur der von Hausen und Rürup implizit unter Beweis gestellten prekären Lage der Technikgeschichte in Deutschland, sondern darüber hinaus auch darum, die Diskurshegemonie und die Technikgeschichte nicht der als fachlich-institutionell randständigen angesehenen historischen Sozialwissenschaft zu überlassen, die nach der Technikgeschichte griff.

1980, also gerade einmal fünf Jahre nach Hausen und Rürups provokativem Sammelband, erschien der von Ulrich Troitzsch mitherausgegebene Sammelband „Technik-Geschichte. Historische Beiträge und neuere Ansätze". (Troitzsch/Wohlauf 1980) Er enthielt Beiträge der damals neuesten deutschen technikhistorischen Forschung. In elf hierzu neu verfassten Beiträgen reflektierten die Autoren an unterschiedlichsten Themenfeldern ihren Ansatz einer modernen Technikgeschichtsschreibung. Mit zwei Ausnahmen, nämlich Lothar Suhlings eher prozessorientierter Technikgeschichtsschreibung, die der von ihm behandelten Thematik der Prozessinnovationen in der Silberproduktion des mitteleuropäischen Montanwesens der Renaissance geschuldet war, (Suhling 1980, S. 139-179) sowie Kurt Mauels Beitrag „Arbeit und Leistung. Ihre Bestimmung und Messung in der Technik seit dem 18. Jahrhundert", (Mauel 1980, S. 269-301) die an die Tradition der internalistischen Technikgeschichtsschreibung des 19. Jahrhunderts anknüpfte, waren alle anderen Autoren dem Ansatz einer struktur- bzw. sozialhistorisch ausgerichteten Technikgeschichtsschreibung verpflichtet. Auch hierin unterstrich die Fachgeschichtsschreibung einmal mehr ihre Ausrichtung an einer externalistischen, modernen Technikhistoriographie als integraler Teil der allgemeinen Geschichtswissenschaft, nicht als additive Bindestrichdisziplin am Rand.

Einen konstruktiven Beitrag zur theoretischen Grundlegung der Technikanalyse liefert der Karlsruher Technikphilosoph Günter Ropohl 1979 in seiner „Systemtheorie der Technik". (Ropohl 1979) Nach Ropohl wies Technik eine naturale, eine humane und eine soziale Dimension auf, die zusammengenommen den Begriffsinhalt von Technik bestimmen. Jede dieser Dimensionen von Technik war wiederum mit spezifischen Erkenntnisperspektiven verbunden, so dass der Gegenstandsbereich von Technikgeschichte weit über traditionelle artefaktbezogene Vorstellungen von Ingenieuren hinausging. Diese kamen in Ropohls Technikdefinition trotzdem prominent vor, nämlich in der naturalen Dimension von Technik und in ihren natur- wie ingenieurwissenschaftlichen Erkenntnisperspektiven. Mit Ropohls Technikbegriff konnte die moderne Technikgeschichte gezielter nach dem Verhältnis von Technik und Gesellschaft fragen. Dies setzt, wie schon von Ludwig in den 1960er Jahren erkannt worden war, Interdisziplinarität voraus. (Ludwig 1966, S. 105-120) Diesem Verständnis nach war Technikgeschichte endgültig in der Geschichtswissenschaft angekommen. Und dabei ist es bis heute geblieben, auch wenn gelegentlich die unfruchtbare Kontroverse darüber, wer wohl der bessere Technikhistoriker sei, der Praktiker, also: der Ingenieur, oder der Geistes- und Sozialwissenschaftler, immer wieder einmal aufblitzt. Erstaunen oder beunruhigen muss dies nicht. Dass im Verlauf solcher Rituale die längst überwunden geglaubte und vormals in wertender und hierarchisierender Absicht verwendete Differenzierung zwischen einer Welt der Kultur und einer der Zivilisation gelegentlich wieder aufbricht, mag auch unbewusste Folge der Sozialisation der Fachvertreter in unterschiedlichen Wissenschaftsdisziplinen sein. Das unterstrich auch im Rückblick Akoš Paulinyi. (Paulinyi 1995/96) Technikhistoriographie dürfe nicht im Sinne einer kleinteiligen ‚Schräubchenzählerei' betrieben werden. Vielmehr unterstrich er, dass für ihn „[...] kein Zweifel daran [bestehe], dass Technikgeschichte in toto zur Geschichtswissenschaft gehört." (Ebd., S. 42) Für Paulinyi muss das technikhistorische Erkenntnisinteresses struktur- bzw. sozial- und mentalitätshistorisch ausgerichtet sein. Dass dies allerdings auch immer wieder zu einer zu großen Distanz gegenüber technischen Sachsystemen führen kann, betont Paulinyi auch. Um dies aufzuzeigen, prägte er den polemischen „Kuli-Mandarin-Vergleich". (Ebd., S. 43) Er wirft insbesondere den Vertretern einer Sozialgeschichte der Technik vor, als ‚Mandarine' Technikgeschichtsschreibung die bedauernswerten ‚Ingenieurkulis' als historische Hilfswissenschaftler zu missbrauchen, die nur dazu gut seien, den „Mandarinen" zu deren Erklärung der Welt zuzuarbeiten, aber diese selbst nicht zu verstehen. Paulinyis Polemik und Rückfall in ein technikhistorisches längst überholtes Denkmuster des Oben und Unten zeigt, welch weiten Weg die deutsche Technikgeschichte im 20. Jahrhundert von der ahistorischen Ingenieurs- zur Sozialhistoriker-Technikgeschichte zurückgelegt hat. Unbestreitbar berechtigt bleibt allerdings auch Paulinyis Hinweis darauf, dass die sachtechnische Kompetenz nicht aus der technikhistorischen Analyse ausgegrenzt werden darf.

Wie steht es nun um die Themenfelder, mit denen sich die westdeutsche Technikgeschichte seit den 1960er Jahren befasst hat? Dass die Technikgeschichtsschreibung nicht darauf beschränkt blieb, sich mit dem Themenkomplex der „großen produzierenden Industrie" und ihrer Technik, also der gewerblichen Produktion oder auch der Distribution im weitesten Sinne zu befassen, zeigt das weite Themenspektrum, welches sie sich nach und nach erschloss. Als guter Spiegel derartiger Entwicklungen kann die Zeitschrift *Technikgeschichte* fungieren, in der die jeweils aktuellen Fragen, denen sich sowohl das Fach als auch die allgemeine Geschichtswissenschaft zuwandte, ihren Niederschlag fanden. Diese reichten, um hier nur diejenigen Wissenschaftsfelder herauszugreifen, die sich im Laufe der Zeit einen festen Platz sowohl in der Technik- wie der Allgemeinhistoriographie schaffen konnten, von der Umwelt- bzw. Energiegeschichte, der Alltagsgeschichte, der Infrastrukturgeschichte und der Konsumgeschichte bis hin zum Bereich der Gender-Geschichtsschreibung, deren Anspruch und Selbstverständnis allerdings – mehr oder minder erfolgreich – über das Thematische auch auf das Paradigmatische zielt. (Vgl. Heinsohn/Kemper 2012) Überraschend unterrepräsentiert stellt sich hingegen nach wie vor das Themenfeld der Nachhaltigkeits-Geschichtsschreibung dar, obwohl dieses immense Potentiale birgt, aus technikhistorischer Perspektive auch zum aktuellen gesellschaftlichen Diskurs über diese Thematik beizutragen. (Gleitsmann 2013)

Die Technikhistoriographie war und blieb immer auch ein Kind ihrer Zeit. Charakteristisch für sie scheint auch das Muster versetzter Rezeption zu sein. In den technikkritischen, negative Technikfolgen betonenden 1970er Jahren erfuhr der amerikanische Kulturphilosoph und Kulturhistoriker Lewis Mumford (1895–1990) in der Bundesrepublik ein Comeback. Jahrzehnte nach ihrem Erscheinen in den USA trafen Titel wie „The culture of cities", (Mumford 1938) „The city in history" (Mumford 1961, dt. 1963) oder insbesondere der „Mythos der Maschine. Kultur, Technik und Macht" (Mumford 1974) den Nerv der Zeit. Zeitversetzt fand in den 1980er Jahren auch die Wahrnehmung des Pioniers einer Mentalitätsgeschichte der Technik, Siegfried Giedion, (1888–1968) statt. 1948 war in den USA sein Schlüsselwerk „Mechanization Takes Command" erschienen, (Giedion 1948) mit dem er sich zum Vordenker einer „anderen" Technikgeschichte, einer, wie er formulierte, „anonymen" Technikgeschichte machte. Das Werk wurde allerdings erst 1982 in deutscher Übersetzung unter dem Titel „Die Herrschaft der Mechanisierung" (Giedion 1982) verfügbar gemacht. Hans Magnus Enzensberger charakterisierte Giedion als „Forscher und Unternehmer, Techniker und Journalist, Organisator und Historiker, Reporter und Archäologe zugleich." (Enzensberger 1983) Giedions Zielsetzung bestand darin, „[...] die Auswirkungen der Mechanisierung auf den Menschen zu begreifen und zu erkennen, bis zu welchem Punkte die Mechanisierung mit den unveränderlichen Gesetzen der menschlichen Natur in Einklang steht und in welchem Maße sie ihnen widerspricht." (Giedion 1982, S. 13) Unter dieser Aufgabenstellung wird auch Giedions sonst möglicherweise leicht zu Missverständnissen Anlass gebende Äußerung nachvollziehbar, in der er ausführte:

> „In ‚Mechanization takes command' war ich nicht an der Entwicklung der Technik interessiert. Ich wollte wissen, was geschah, wenn die industrielle Produktion von der intimsten Sphäre des Menschen Besitz ergriff und was geschah, wenn die industrielle Produktion versuchte, die organische Substanz zu meistern, wenn sie den Ackerbau mechanisierte, den Charakter des Brotes – zumindest in den USA – völlig veränderte, oder wenn sie versuchte, Tiere mechanisch zu töten und vieles mehr." (Giedion 1982, S. 81)

Giedion musste, wollte er seinem Anspruch genügen, dabei auch ganz vehement die Entwicklungsgeschichte von Technik im engeren Sinne zum Gegenstand seiner Betrachtungen machen. Erst auf dieser Basis wurde es ihm möglich, dem Spannungsfeld von „Mechanisierung" und „menschlicher Natur" näher zu kommen. Giedion ging in seiner *anonymen Geschichte* um eine Technikgeschichte von unten. Und deren Protagonisten ließen sich nur ausnahmsweise einmal dingfest machen und deren Produkte, ebenso wie die entsprechenden Technologien, verlieren sich schon bald wieder im Dunkel der Geschichte. Zu Recht kritisiert Giedion 1948 in diesem Zusammenhang:

> „Es war mir zum Beispiel nicht möglich, eine einzige Darstellung so revolutionärer Vorgänge wie der Entwicklung der Bandproduktion oder der Einführung mechanischen Komforts und seiner Geräte in unserer intimen Umgebung zu finden. Ich musste also auf die Quellen zurückgehen, da ich nicht hoffen konnte, die Auswirkungen der Mechanisierung zu verste-

> hen, ohne zumindest in Umrissen ihre Entwicklung zu kennen. [...] Eine unbegreifliche historische Blindheit hat jedoch verhindert, dass wichtige historische Dokumente, Modelle, Werksarchive, Kataloge und Werbebroschüren usw. aufbewahrt wurden. [...] Man kann dem Fabrikanten, der anscheinend wertlose Dokumente vernichtete, keinen Vorwurf machen [...] Den Historikern ist ein Vorwurf zu machen, denen es nicht gelungen ist, ein Gefühl für die Kontinuität der Geschichte zu wecken. [...] Es wird deutlich, wie dringend es ist, die anonyme Geschichte unserer Epoche zu erforschen und dem Einfluss der Mechanisierung auf unsere Lebensform nachzugehen – ihre Auswirkungen auf unser Wohnen, unsere Ernährung und unsere Möbel. Erforscht werden müssen auch die Beziehungen zwischen den Methoden, die in der Industrie angewandt werden, und den Methoden, deren man sich in anderen Bereichen bedient – in der Kunst und in dem ganzen Bereich der Visualisierung." (Giedion 1982, S. 14)

Und da Giedion konstatiert, dass die Universitäten seiner Zeit vor dieser Aufgabe versagen würden, forderte er: „Es sollten Lehrstühle für anonyme Geschichte geschaffen werden, nicht nur um Tatsachen und Zahlen zusammen zu tragen, sondern um zu zeigen, welchen Einfluss auf die Kultur und welche Bedeutung sie für uns haben." (Ebd., S. 14 f.) Mag sich dieser Wunsch in der Technikgeschichte so zwar nicht realisiert haben, wie Giedion es sich vorgestellt hatte, so ist eines dennoch offenkundig: Die Forschungsfelder Mentalitäts-, Alltags- und Konsumgeschichte vermochten sich, wenn auch Jahrzehnte nach Giedion, ganz in dem Sinne, wie er es gemeint hatte, in der Technikhistoriographie zu verankern. (Z. B. König 1993; 2000) Giedion wurde zum Vorbild für eine Mentalitätsgeschichte der Technik, die u. a. in August Nitschke, (Nitschke 1975) Henning Eichberg, (Eichberg 1978) vor allem aber in Wolfgang Schivelbusch (1977) Nachfolger fand und bis heute produktiv vertreten wird. (Vgl. u. a. Mom 2004; Möser 2009)

Der 1941 in Berlin geborene, seit 1973 in den USA lebende Publizist Schivelbusch hat u. a. durch seine exzellent geschriebene „Geschichte der Eisenbahnreise" (Schivelbusch 1977) Erhebliches für die Akzeptanz der modernen Technikgeschichte beim lesenden Publikum geleistet. (Vgl. auch Schivelbusch 1980 und 1983) Traditionell offen für die Mentalitätsgeschichte der Technik als Teil des amerikanischen Selbstverständnisses ist der US-Buchmarkt, auf dem immer wieder bewiesen wird, dass sich mit technikgeschichtlicher Publizistik auch Publikumserfolge erzielen lassen. Deutsche Übersetzungen bestätigen das: z. B. John W. Olivers „Geschichte der amerikanischen Technik" (Oliver 1956; dt. 1959) und Thomas P. Hughes „Die Erfindung Amerikas". (Hughes 1989; dt. 1991) Einem Trend folgen auch populäre Alltags- und Konsumgeschichten wie z. B. die von Leah Hager Cohen über „Glas, Bohnen, Papier", (Cohen 1997) die von Mark Kurlansky über den Kabeljau, (Kurlansky 1997) oder Wolfgang Königs „Geschichte der Konsumgesellschaft". (König 2000) Sie alle verbindet etwas, was sich von den meisten technikgeschichtlichen Detailstudien nicht unbedingt sagen lässt, sie sind hervorragend geschrieben und lassen sich demzufolge gut lesen.

Immer stärker diffundieren moderne technikgeschichtliche Perspektiven auch in die technisch-museale Spartenpublizistik, deren Markt aufgrund des hohen Attraktionswerts der Artefakte schier unerschöpflich zu sein scheint. Dies ist übrigens auch ein nicht unwesentliches Betätigungsfeld für Technikhistoriker. Herausgegriffen sei hier stellvertretend für zahlreiche andere ein Ausstellungsbildband des DB-Museums Nürnberg über den europäischen Reisezugklassiker ‚Rheingold' auf der Strecke Basel-Hoek van Holland aus dem Jahr 1997. (DB Museum 1997)

2.4.2 Technikgeschichte in der Deutschen Demokratischen Republik

Die technikhistorische Forschung in der DDR konstituierte sich im Arbeitskreis „Geschichte der Produktivkräfte", der sich infolge des wiederbelebten Interesses in der nachstalinistischen Sowjetunion an Themen der Technikforschung allgemein und damit auch an deren historischen Perspektiven bildete. Das Gründungsjahr 1957 markiert dabei nicht nur den Aufbruch in den Staaten des Ostblocks, sondern auch den Beginn einer technologisch definierten Konfrontation der Systeme in Ost und West. Die Neuorientierung der technikhistorischen Forschung unter dem Vorzeichen der offiziellen Technikeuphorie des Weltraum- und Atomzeitalters, sowie der politischen, wirtschaftlichen und technologischen Konkurrenzideologie im Wettkampf der Systeme fand in der DDR seinen theoretischen Niederschlag im Konzept der „Wissenschaftlich-Technischen Revolution" (WTR).

Wissenschaftlich-Technische Revolution (WTR)

„Die Begründung der Wissenschaft von den dynamischen Regelprozessen und die Entwicklung der Elemente der Steuer- und Regeltechnik leiteten gegen Ende der vierziger Jahre dieses Jahrhunderts einen revolutionären Prozeß im Bereich der gesellschaftlichen Produktivkräfte ein, dessen ganze Tragweite und Auswirkung heute noch nicht im vollen Umfang übersehen werden kann. Kernprozeß dieser beginnenden revolutionären Umgestaltung ist die Automatisierung der Produktion. Die wissenschaftlich-technische Revolution ist genauso wenig wie die industrielle Revolution des Kapitalismus eine nur technische Revolution, sie erfaßt und wandelt die gesamte Struktur der Gesellschaft." (Jonas 1969, S. 27)

Im offiziellen Lehrbuch *Dialektischer und historischer Materialismus: Lehrbuch für das marxistisch-leninistische Grundlagenstudium* des Ministeriums für Hoch- und Fachschulwesens wird die WTR wie folgt definiert:

> „Qualitativ neue Beziehungen zwischen Wissenschaft und Technik kennzeichnen die gegenwärtige wissenschaftlich-technische Revolution. Ihre grundlegende Besonderheit, die auch in ihrem Namen ausgedrückt ist, besteht darin, daß in ihr die wissenschaftliche und die technische Revolution eine Einheit bilden, sich wechselseitig durchdringen, wobei die Produktion und technologische Anwendung wissenschaftlicher Erkenntnisse zu einem wichtigen Moment des gesellschaftlichen Reproduktionsprozesses werden und zu einer grundlegenden

> qualitativen Veränderung der Produktivkräfte führen, die eine sprunghafte Steigerung der Arbeitsproduktivität und Erhöhung der Effektivität der Produktion bewirkt."(Autorenkollektiv 1987, S. 227)

Die WTR blieb bis in die 1980er Jahre die offizielle Legitimation des Systems des real existierenden Sozialismus. (Sonnemann, Richter 1974) Das Zauberwort der neuen Zeit hieß „Kybernetik", die eine grundlegende Planbarkeit von technischen und gesellschaftlichen Prozessen verhieß. In den westlichen Industrienationen entstand parallel, wie bereits dargelegt, ebenfalls eine Planungseuphorie unter dem Stichwort der Systemforschung (*Operation Research).* Die Automation und Planungswissenschaften sollten im Rahmen der WTR eine revolutionäre Automatik in Gang setzen, an deren Ende das sozialistische System über das des Westens triumphieren würde. „Mag der Imperialismus noch so geschickte Manipulationen entwickeln, mag er noch diese und jene Erfolge auf wissenschaftlich-technischem Gebiet erzielen – die Menschheit steht heute erst am Anfang der wissenschaftlich-technischen Revolution, und mit jedem Schritt werden die Widersprüche in der kapitalistischen Gesellschaft heftiger, wird der Fäulniszustand stärker und die Werktätigen entschlossener, diese Gesellschaftsordnung zu ändern." (Ebd., S. 29)

Innerhalb der WTR wurde auch die Technikgeschichte eingeordnet und ihr ihre spezifische Funktion im gesellschaftlichen Transformationsprozess zugeordnet. Technikgeschichte sollte das Verständnis für die Entwicklung der Gesellschaft im marxistisch-leninistischen Sinn nicht nur wecken, sondern auch erklären. Dies beinhaltete vor allen zunächst einmal die Einordnung in die Doktrin des offiziellen Marxismus. Die Zugangsweise zur Geschichte der Produktivkräfte musste weitestgehend vom sachlichen Charakter der Produktionsprozesse und dem humanen Aspekt der produzierenden Menschen abstrahieren, um zu diesem Ziel zu gelangen. Aus diesen Vorgaben heraus, und der Einbindung in ein vorgegebenes Theoriesystem, ergab sich in der Praxis eine Bevorzugung der Darstellung historischer Zusammenhänge mit Hilfe sozialgeschichtlicher Methoden. Dies bedeutete u. a. die Zusammenfassung von Forschungserkenntnissen in „Strukturbildern" und in quantitativ aufbereitete Tabellen und Schaubilder. Wolfgang Jonas, führender Technikhistoriker der DDR in den 1960er Jahren, widmete in seinem Lehrbuch zur „Geschichte der Produktivkräfte seit der Urgemeinschaft bis zu den Anfängen der industriellen Revolution" allein ca. 30 Seiten seiner Publikation der didaktischen Aufbereitung des Stoffes, um diesen für Lehrende an allgemeinbildenden Schulen oder für parteiinternen Schulungen aufbereitet zur Verfügung stellen zu können. (Ebd., S. 368-397)

Die didaktische Funktion der Technikgeschichte erschöpfte sich im Rahmen dieses Konzepts jedoch nicht in der Schaffung von Akzeptanz für die aktuellen gesellschaftlichen Zustände der DDR, sondern sie bestand auch in der Absicherung und Rechtfertigung des Konzepts der WTR und damit des offiziell definierten technischen Fortschritts und seiner Gesetzmäßigkeiten. Besonders deutlich wurde dies u. a. in der euphorischen Bewertung der Atomenergie als Lösung aller menschlichen Energieprobleme. Einer Position im Übrigen, die sich von derjenigen, die in der Bundesrepublik vertreten wurde, allerdings in keiner Weise unterschied. Abweichende Meinungen konnte es aufgrund des ideologischen Charakters der WTR in der DDR nicht geben. Der historisch notwendige und nicht diskutierbare Ablauf der Gesellschaftsgeschichte stellte sich dementsprechend folgendermaßen dar:

Perioden der Technikgeschichte

1. Einfache handwerkliche Produktion
   Jeder einzelne Arbeiter verwendet einzelne Arbeitsmittel
2. Manufaktur
   Der Gesamtarbeiter verwendet einzelne Arbeitsmittel
3. Maschinelle Produktion
   Der Gesamtarbeiter verwendet Gesamtarbeitsmittel (das System der Maschinen)
4. Komplex-automatisierte Produktion
   Jeder einzelne Arbeiter verwendet Gesamtarbeitsmittel

(Kusin 1970, S. 71)

Ein besonderes Augenmerk legte die Geschichte der Produktivkräfte auf die Abgrenzung von der so genannten bürgerlichen Technikgeschichte des Westens. Deren größtes Manko lag nach der Auffassung der Vertreter des Marxismus-Leninismus in deren fehlender Abstraktionsfähigkeit. Im Mittelpunkt der bürgerlichen Technikgeschichte stünde nämlich nur das technische Artefakt als solches, also das Produktionsinstrument, nicht jedoch dessen gesellschaftliche Bedingtheit. Mit dieser Reduktion gesellschaftlicher Realität geriet die bürgerliche Technikgeschichte in „die Gefahr einer bloß technokratischen Behandlung der Phänomene", (Forberger 1980, S. 302) also der Ausblendung ihrer gesellschaftlichen Dimension und materialistischen Determiniertheit.

Aus der ideologisch marxistischen Perspektive deckte sich diese Kritik durchaus mit dem Ansatz der modernen Technikgeschichte in der Bundesrepublik. Auch diese bemühte sich, die Geschichte der Technik durch die Berücksichtigung sozialwissenschaftlicher Elemente in gesellschaftliche Kontexte einzubetten. Allerdings setzte die Geschichte der Produktivkräfte diesem bürgerlichen Reduktionismus das komplexe marxistische Konzept eines Systems der Produktivkräfte entgegen. Das Interesse der Geschichte der Produktivkräfte konzentrierte sich definitionsgemäß auf den mittelbaren und unmittelbaren Arbeits- und Produktionsprozess, als dem gesellschaftlich entscheidenden Aneignungsprozess von Natur. Die Frage nach der Art der Produktion dominierte dabei die Frage nach dem Produkt. (Lärmer 1974, S. 263-271) Diese Perspektive hatte Karl Marx bereits durch seine Radikalkritik an der Grundsatzorientierung kulturwissenschaftlicher und technikwissenschaftlicher

Technikanalyse vorweggenommen, welche sich dann die marxistische Geschichte der Produktivkräfte zu eigen machte.

Definition der Geschichte der Produktivkräfte

„Die Geschichte der Produktivkräfte hat es mit der Gesamtheit der am Produktionsprozess beteiligten Kategorien und Elemente der Produktivkräfte zu tun.
Sie hat zu beachten, daß diese Kategorien und Elemente einzeln und zusammen in der Produktion wie auch aufeinander wirken und zugleich Impulse von den Produktionsverhältnissen und von Phänomenen des geistigen Überbaus empfangen." (Forberger 1980, S. 302)

Das System der Produktivkräfte bestand nach Marx aus drei Elementen, nämlich der Arbeitskraft als physischem und psychischem Ausgangspunkt jeder Naturaneignung, dem Arbeitsgegenstand, als dem Objekt der Aneignung, und dem Arbeitsmittel, das sich zwischen Produzenten und Produkt schob.

System der Produktivkräfte

- Arbeitskraft
- Arbeitsgegenstand
- Arbeitsmittel

„Jedes dieser Elemente hat, für sich genommen, außerhalb des unmittelbaren Arbeitsprozesses keine Existenz" (Geschichte der Produktivkräfte 1985–1990, Bd. 1, S. 18)

Eine weitere Differenzierung dieses Basismodells führte schließlich zu einem komplexen theoretischen Zugang zur materiellen Produktion. Dieser Zugang war von Beginn an interdisziplinär angelegt und vereinigte Aspekte der Wirtschaftsgeschichte, Industriegeschichte, Agrargeschichte, Verkehrsgeschichte, der geographischen Wirtschaftsgeschichte, der Geschichte der Wissenschaften, der Bildungsgeschichte und der Sozialgeschichte. (Hellige 1978) Einen aufschlussreichen retrospektiven Einblick in die vielschichtigen Dimensionen, Zielsetzungen und Wissenschaftskontroversen, mit denen sich die Etablierung der „Geschichte der Produktivkräfte" in der DDR verband, und in welchen idiologisch-politischen Rahmen sie eingespannt war, gab 1996 Rolf Sonnemann (1928–2010). Dieser hatte ab 1968 den Lehrstuhl für Wirtschaftsgeschichte und Geschichte der Produktivkräfte an der TH Dresden inne und war als Beteiligter auch ausgewiesener Kenner all dessen, was sich mit der Technik- und Wissenschaftsgeschichtsschreibung in der DDR verband. Sonnemanns in der Schriftenreihe „Dresdner

Beiträge zur Geschichte der Technikwissenschaften" publizierter Aufsatz „Das Konzept der Geschichte der Produktivkräfte in der DDR" (Sonnemann 1996) fasst das im kritischen Rückblick zusammen.

In den Jahren 1985 bis 1990 veröffentlichte der Arbeitskreis für die Geschichte der Produktivkräfte einen dreibändigen Überblick über die Forschungsergebnisse der letzten dreißig Jahre. Diese „Geschichte der Produktivkräfte in Deutschland" deckte den Zeitraum von 1800 bis 1945 ab und wurde zu einem unbeabsichtigten Abschlussbericht zum Forschungsgegenstand „Geschichte der Produktivkräfte". Diese Geschichte der Produktivkräfte provozierte in der Bundesrepublik eine Gegenreaktion in Form der fünfbändigen Propyläen-Technikgeschichte (1990–1992). Für einen Gesamtüberblick über den Stand und die Aktivitäten einer deutschen Technikgeschichte bis zur Vereinigung der beiden deutschen Staaten müssen diese beiden Standardwerke komplementär herangezogen werden.

Die Stärke der Geschichte der Produktivkräfte lag in der Ausarbeitung einer theoretischen Grundlage für die Analyse des Produktionsprozesses, die interdisziplinär ausgerichtet war. Das Forschungsprogramm einer systematischen Geschichte der Produktivkräfte fiel entsprechend umfangreich und anspruchsvoll aus. Diese Komplexität war zugleich aber auch eine der Hauptschwächen dieser Forschungskonzeption. Der Reduktion auf das Produkt im Rahmen einer Geschichte der Technik setzte die Geschichte der Produktivkräfte eine ebenso rigide Reduktion auf die Perspektive des Produktionsprozesses entgegen. Die materielle Produktion als entscheidender ideologischer Fixpunkt verhinderte die Berücksichtigung der Anwendung und des Massenkonsums von Technik, wie auch der Folgen eines sich wandelnden Mensch-Technik bzw. Mensch-Umwelt-Verhältnisses. Das waren die ideologisch eingebauten Grenzen des Marxismus.

Geschichte der Produktivkräfte/Forschungsprogramm

- Forschungen über die Produktions-, Distributions-, Zirkulations- und Konsumtionsverhältnisse.
- Forschungen über die Entwicklung der Fertigkeiten und Kenntnisse der Arbeitenden.
- Forschungen zur Entwicklung der Technik und Technologie.
- Forschungen über den Menschen als Träger der Arbeitskraft aus medizinischer, anthropologischer, physiologischer und anderer Sicht.
- Forschungen über die natürlichen Bedingungen des unmittelbaren Arbeitsprozesses (geographisch, geologisch, klimatologisch, biologisch usw.).
- Forschungen aus gesellschaftshistorischer Sicht (z. B. politik-, kultur- und militärhistorischer Sicht).

(Nach: Geschichte der Produktivkräfte 1985–1990, Bd. 1)

Die Geschichte der Produktivkräfte offenbarte sich als radikale Wachstumsideologie und erlag genau der Gefahr, die sie der bürgerlichen Technikgeschichte attestiert hatte, nämlich der Gefahr zu einer technokratischen Vollzugsideologie der politischen Macht zu degenerieren.

Zielsetzungen der Geschichte der Produktivkräfte

„Welche Reichweite besitzen Aussagen, wie beispielsweise die, daß der ‚Zustand der Produktivkräfte [...] Hauptkriterium der gesamten gesellschaftlichen Entwicklung' sei, daß ‚die Arbeitsproduktivität ... in letzter Instanz das allerwichtigste, das ausschlaggebende für den Sieg der neuen Gesellschaftsordnung' sei? Und gibt es eine Weiterentwicklung der Produktivkräfte, die sich nicht in einer Erhöhung der Arbeitsproduktivität niederschlägt?" (Geschichte der Produktivkräfte 1985–1990, Bd. 1, S. 14)

Dies waren rhetorische Fragen, die in der Systemlogik des real existierenden Sozialismus nur mit einem prinzipiellen „Nein" zu beantworten waren und somit zu folgender Gleichsetzung führten: Fortschritt ist Wachstum, ist bedingungslose Erhöhung der Arbeitsproduktivität, und damit unbegrenzte Steigerung des materiellen Outputs. Es waren nicht die Inhalte der Systemlogik, die dabei den Unterschied zwischen der Geschichte der Produktivkräfte und der Technikgeschichte in der Bundesrepublik ausmachten, sondern die potenzielle Offenheit, diese Systemlogik zum Gegenstand einer kritischen Analyse zu machen. Die Diskrepanz zwischen dem theoretischen Anspruch und den praktischen Ergebnissen der Geschichte der Produktivkräfte lag in ihrer ideologischen Funktion begründet. Eine konsequente Anwendung der eigenen Modelle hätte das Überschreiten der selbstauferlegten Grenzen der Reflektion bedeutet. Das subversive Potential der marxschen Kategorien hätte die Systemgrenzen des real existierenden Sozialismus gesprengt. Deshalb blieb es bei einem vor der eigenen Haustür ungenutzten Potential, während das Bild vom SED-konformen Loblied auf einen banalen Fortschrittsglauben beherrscht wurde. Provozierend formuliert, lautet die Diagnose des Scheiterns der Geschichte der Produktivkräfte: Die Geschichte der Produktivkräfte litt nicht an zu viel Marx, sondern an zu wenig.

Nach dem Zusammenbruch des real existierenden Sozialismus, der nicht zuletzt als Konsequenz einer technologischen Konfrontation mit dem Westen kollabierte, vollzog sich die Abwicklung des ideologisch belasteten Wissenschaftsbereichs der Geschichte der Produktivkräfte und ihrer Interpretation der historischen Technikanalyse von Karl Marx. Das Kapitel „Marx und die Technik" schien zumindest mittelfristig geschlossen.

2.4.3 Zur neuen Marxrezeption durch die modernen Technikgeschichtsschreibung nach 1989

Der Wegfall der ideologischen Vereinnahmung und der Einbindung der DDR-Technikhistoriographie in den aktuellen politischen Diskurs eröffnete nach 1989 allerdings auch Chancen für die moderne Technikgeschichtsschreibung. Ein anderer Marx konnte wiederentdeckt werden: Der Ideologe und Politiker Marx verschwand zugunsten des Ökonomen und Theoretikers der Industriellen Revolution. Diese war es, die im 18. Jahrhundert den Weg in die moderne Industriegesellschaft eröffnet hatte, und über diesen fundamentalen Strukturwandel lohnte es nachzudenken.

Im Bereich der Technikgeschichte griff der Darmstädter Technikhistoriker Akoš Paulinyi auf die wissenschaftliche Analyse der Ursachen der Industriellen Revolution durch Karl Marx zurück (Paulinyi 1998) und erschloss damit ein bislang nicht genutztes Potential der Untersuchungen von Marx für die moderne Technikgeschichte. Marx' Analyse der Entstehung und Entwicklung des industriekapitalistischen Systems, vor allem der Ursachen des Phänomens der Industriellen Revolution bzw. Industrialisierung, erreichten eine Qualität und Wirkungsgeschichte, die sie zu einem Klassiker der historisch-politischen Interpretation industrieller Gesellschaften machte. Jede historische oder philosophische Auseinandersetzung mit der Formationsphase des Industriesystems musste sich zwangsläufig mit diesem Gedankengut auseinandersetzen.

Paulinyi bezog sich dabei auf die Spätschriften von Marx, dem er einen Lernprozess in Bezug auf die Reflektion technischer Entwicklungen attestierte. Paulinyi unterschied drei Phasen der Analyse von Marx:

- 1845–46: die Lektüre der englischen Technologen Charles Babbage (1791–1871) und Andrew Ure (1778–1857)
- 1851: die Berücksichtigung deutscher technologischer Schriften von Johann Heinrich Moritz von Poppe (1776–1854) und Johann Beckmann (1739–1811), sowie
- 1862/63: das Studium technischer Fachliteratur aus dem Bereich Maschinenbau.

Den Mittelpunkt und Höhepunkt bildete dabei das 13. Kapitel von Marx' Hauptwerk „Das Kapital" unter dem Titel „Maschinerie und große Industrie", das als Resultat des technologischen Selbststudiums entstanden war und es unternahm, eine gemeinsame Grundlage der aktuellen Maschinentechnik zu rekonstruieren. Die Bedeutung der Marxschen Analyse lag in der Berücksichtigung des zeitgenössischen technologischen Schrifttums als Grundlage des Versuchs, die Strukturen des technischen Wandels zu verstehen. Marx kam damit dem Ideal technikhistorischer Forschung entgegen, das Paulinyi im internen Fachdiskurs entwickelte.

Karl Marx und die Technikgeschichte

„Die Bedeutung dieses Kapitels liegt in der auch durch Aneignung dezidierter technischer Kenntnisse ermöglichten Analyse der Maschinentechnik und in dem von einem Ökonomen und Sozialkritiker wohl zum ersten Male geleisteten Versuch, das technische Prinzip dieser Maschinentechnik zu erkennen und die Kausalbeziehungen ihrer Entstehung und Entfaltung herauszuarbeiten." (Paulinyi 1998, S. 8)

Die Auswertung der technologischen Schriften führte Marx zu zwei originären Leistungen, und zwar:

1. der Definition des seiner Analyse nach entscheidenden Elements der Industrialisierung, der Maschine; und
2. der Einsicht in die Bedeutung der Art des Produktionsprozesses.

Im Unterschied zu einem einfachen Werkzeug besitzt eine Maschine immer Systemcharakter. Ein Maschinensystem ist ein Maschinenensemble, das drei Funktionen umfasst: ein Teilsystem sorgt für die Energieversorgung, das zweite Teilsystem transportiert die Energie, ein drittes Teilsystem führt die Relativbewegung aus und bearbeitet den Arbeitsgegenstand.

Maschinendefinition nach Marx

Komponenten eines Maschinensystems:

- Antriebsmaschine/Kraftmaschine
- Transmissionsmaschine
- Arbeitsmaschine

Diese Definition gilt für zentrale und dezentrale Produktionssysteme jeder Art. In der Fabrik der Industriellen Revolution bestand dieses Maschinensystem z. B. aus einer zentralen, aber lokalen Antriebseinheit, der Dampfmaschine, einem Übertragungsmechanismus, den Transmissionsriemen, und den einzelnen Arbeitsmaschinen am Arbeitsplatz. Denkt man weiter, so kann die geographische Einheit des Produktionssystems vollständig aufgelöst werden, z. B. in einer aktuellen Produktion von Wissen an dezentralen Computerarbeitsplätzen. Die Antriebsmaschine wird dabei prinzipiell zentralisiert in Form eines Kraftwerks, die Übertragung der Energie geschieht mit Hilfe eines überall abrufbaren elektrischen Versorgungsnetzes, die Arbeitsmaschine im erweiterten Sinn umfasst den einzelnen Computer.

Entgegen der bereits zu Marx' Zeiten populären Vorstellung, dass die Entwicklung der Dampfmaschine die Industrialisierung ausgelöst habe, verlegte Marx den Ausgangspunkt der revolutionären Dynamik in den Bereich der Produktionstechnologie. Die Maschinentechnologie der Industriellen Revolution zeichnete sich durch eine Übertragung der Bearbeitung des Arbeitsgegenstands an einen Mechanismus aus.

Damit wurde das Wissen des Arbeiters in einen mechanischen Prozess überführt. Der Umschlagpunkt war in dem Moment erreicht, als eine Produktion von Maschinenteilen durch Maschinen möglich wurde. Dabei war es zunächst unerheblich, von welcher Art Kraftmaschine die Arbeitsmaschine angetrieben wurde, ob von einer Dampfmaschine, einem Wasserrad, einem Windrad, tierischer oder menschlicher Kraft. Erst die Entfesselung der Produktion durch ihre Teilautomatisierung löste die Suche nach einer angepassten Energieform aus, die den gesteigerten Bedarf decken konnte. An diesem Punkt ermöglichte die Dampfmaschine die volle Ausnutzung des Potentials der Arbeitsmaschinen.

Zu einer ähnlichen Einschätzung des Potentials von Marx für eine moderne Technikgeschichte gelangte der Karlsruher Technikphilosoph Günter Ropohl, der Ende der 1970er Jahre einen Technikbegriff entwickelte, der innerhalb der deutschen Technikgeschichte schnell als Konsens galt. Einen Aufsatz zu „Karl Marx und die Technik" von 2007 definierte Ropohl als „Versuch, Marx als Vorläufer und Vordenker der modernen Technikforschung zu rekonstruieren." (Ropohl 2007, S. 80) Trotz einer Konzentration des Technikbegriffs auf den Produktionsprozess bescheinigt Ropohl Marx einen modernen Technikbegriff, denn Technik umfasst bei Marx sowohl deren Sachdimension als auch die komplexen Prozesse von Produktion und der Verwendung der erzeugten Güter. Gerade im Bereich der Konsum- und Warentheorie gilt es demnach, die Potentiale, die Marx enthält, für die historische Technikforschung zu nutzen.

Wie diese Potentiale konkret aussehen können, zeigte der Berliner Technikhistoriker Wolfgang König mit seinen Untersuchungen zur Konsumgeschichte. In der Auseinandersetzung u. a. mit der Konsumtionstheorie von Karl Marx gelangte König zu einer Neuformulierung der Verwendungsdimension von Technik. Es ging ihm um eine gleichberechtigte Betrachtungsweise zwischen den gesellschaftlichen Sphären der Produktion einerseits und den Bereichen des gesellschaftlichen und individuellen Konsums andererseits. (König 2000, S. 15-32) Beides seien nichts anderes als die unterschiedlichen Seiten ein und derselben Medaille und fielen so in das Erkenntnisinteresse der Technikgeschichte.

Einen ganz anderen Weg der Industrialisierungs- als Mentalitätsgeschichte war bereits 1981 Wolfgang Schivelbusch gegangen, der in seiner bahnbrechenden Studie zur Geschichte der Eisenbahnreise die Auswirkungen der technischen Mobilität auf den Wahrnehmungsapparat und die Selbstwahrnehmung des Menschen untersucht hatte. (Schivelbusch 1981) Schivelbusch setzte sich inhaltsbezogen mit der Warentheorie von Marx auseinander, aus der er sein Modell einer „Industrialisierung des Bewusstseins" entwickelte. Schivelbusch konstatierte am Beispiel der Eisenbahn einen Prozess der inneren Industrialisierung, d. h. ein Übergreifen der Produktionssphäre auf die psychische Struktur von Mensch und Gesellschaft.

Literatur

Autorenkollektiv, Dialektischer und historischer Materialismus. Lehrbuch für das marxistisch leninistische Grundlagenstudium, Berlin 1987

Rudolf Forberger, Theoretische und empirische Bemerkungen zum Thema: Die Industrielle Revolution in der Sicht der Genesis der Produktivkräfte, in: Ulrich Troitzsch, Gabriele Wohlauf (Hg.), Technik-Geschichte. Historische Beiträge und neuere Ansätze, Frankfurt am Main 1980, S. 302-327

Hans Dieter Hellige, Grundlinien der Technikgeschichtsschreibung in der DDR, in: Geschichte und Gesellschaft 4 (1978), S. 272-288

Wolfgang Jonas (Hg.), Die Produktivkräfte in der Geschichte 1. Von den Anfängen in der Urgemeinschaft bis zum Beginn der Industriellen Revolution, Berlin 1969

Wolfgang König, Geschichte der Konsumgesellschaft, Stuttgart 2000

Mark Kurlansky, Cod. A Biography of the Fish that changed the World, New York 1997

Aleksander A. Kusin, Karl Marx und die Probleme der Technik, Leipzig 1970

Karl Lärmer; Vierte Jahrestagung des interdisziplinären Arbeitskollektivs zur Erforschung der Geschichte der Produktivkräfte. Tagungsbericht, in: Jahrbuch für Wirtschaftsgeschichte 1974/II, S. 263-271

Kurt Möser, Fahren und Fliegen in Frieden und Krieg. Kulturen individueller Mobilitätsmaschinen 1880–1930, Ubstadt-Weiher u. a. 2009

Gijs Mom, The Electric Vehicle. Technology an Expectations in the Automobile Age, Baltimore 2004

Akoš Paulinyi, Karl Marx und die Technik seiner Zeit, Mannheim 1998 (LTA-Forschung, Heft 26)

Produktivkräfte in Deutschland von 1800 bis 1945, Bd. 1-3, Berlin 1985–1990 (Institut für Wirtschaftsgeschichte der Akademie der Wissenschaften der DDR)

Günter Ropohl, Karl Marx und die Technik, in: König, Wolfgang, Schneider, Helmuth (Hg.), Die technikhistorische Forschung in Deutschland von 1800 bis zur Gegenwart, Kassel 2007, S. 63-82

Wolfgang Schivelbusch, Geschichte der Eisenbahnreise. Zur Industrialisierung von Raum und Zeit im 19. Jahrhundert, Frankfurt am Main 1981

Rolf Sonnemann, Das Konzept der Geschichte der Produktivkräfte in der DDR-Geschichtswissenschaft, in: Dresdner Beiträge zur Geschichte der Technikwissenschaften 24 (1996), S. 1-19

Ders., Siegfried Richter, Ursprung und Verlauf der Wissenschaftlich-Technischen Revolution, in: Jahrbuch für Wirtschaftsgeschichte 1974/III, S. 35-53

2.4.4 Zur Aktualität der Begriffe Produktivkräfte und Wissenschaftlich Technische Revolution

Um es ausdrücklich vorab zu betonen, es geht in diesem Kapitel nicht um die direkte oder indirekte Rehabilitierung einer herrschaftsstabilisierenden Ideologie, sondern um einen Blick auf das, was DDR-Bürgerinnen und DDR-Bürgern in ihrer Hochschulausbildung bis 1989 verpflichtend als Lehrinhalt vermittelt und als Prägung auf ihren weiteren Lebensweg mitgegeben wurde. „Von der marxistisch-leninistischen Dogmatik wurde der Historische Materialismus zu einer umfassenden Theorie des geschichtlich-gesellschaftlichen Lebens ausgebaut und in den Rang absoluter Glaubenssätze gehoben. Solcherart kanonisiert wurde er zur Herrschaftsideologie, deren Überwindung ja gerade ein Ziel der materialistischen Geschichtsauffassung ist." (Ullrich 1994, S. 316)

Der zentrale marxistische Begriff der Produktivkräfte hat seinen systematischen Platz im Kapitel über „Die Produktionsweise materieller Güter". (Fiedler u. a. 1987, S. 223-234) Dies ist Teil des Abschnitts zum dialektischen und historischen Materialismus (ebd., S. 39-460), der Geschichtstheorie des Marxismus und des Bewegungsprinzips seiner Gesellschaftsinterpretation. Überhaupt kennzeichnet das marxistische Denken ein starker Geschichtsbezug. „Produktivkräfte sind alle jene Kräfte, die die Menschen einsetzen, um materielle Güter zur Befriedigung ihrer Bedürfnisse, das heißt, Gebrauchswerte, herzustellen [...]." (Fiedler 1987, S. 223) Die Produktivkräfte der Arbeit sind gesellschaftlich durch ihren notwendigerweise kooperativen und historisch durch ihren Entwicklungscharakter im Lauf der Zeit. Besonders genau ist der historische Materialismus bei der Analyse aller Voraussetzungen der gesellschaftlichen Arbeit, weil die eine zentrale argumentative Rolle in Marx' Hauptwerk „Das Kapital" spielt (Fetscher 2018, S. 53-60; 93-96) Der Arbeitsprozess hat einen *Arbeitsgegenstand*, vorgefundene Rohstoffe und generierte Werkstoffe, bedient sich bestimmter *Arbeitsmittel*, insbesondere *Produktionsinstrumente*. (Ebd., S. 224) Das sind alle die Produktion ermöglichenden Infrastrukturen von Energie- über Maschinen- bis zu Mobilitätssystemen, die in ihrer Summe die *Produktionsmittel* darstellen. (Ebd.)

Der historische Materialismus mit seiner besonderen Aufmerksamkeit für die Organisationweise der *Hauptproduktivkraft*, der menschlichen Arbeit, kann helfen, die vielfältigen wirtschafts-, sozial- und technikgeschichtlichen Voraussetzungen der modernen industriellen Arbeitsgesellschaft wieder sichtbar zu machen, die für uns so selbstverständlich geworden sind, dass wir sie gar nicht mehr wahrnehmen. Menschliche Arbeit in allen ihren diversen Formen von der Produktions- bis zur Wissens- und Kulturarbeit liegt allen diesen Voraussetzungen zugrunde, trägt zu ihrer Erhaltung und zu ihrem Ausbau bei. Diejenigen, die diese Arbeit verrichten, sieht der historische Materialismus als die eigentlichen Akteure des geschichtlichen Prozesses: „Daraus, daß die Entwicklung der materiellen Produktivkräfte der Menschen aller Geschichte zugrunde liegt und diese Entwicklung das Werk der arbeitenden Menschen ist, folgt, daß sie, die Produzenten der materiellen Güter, die Schöpfer der Geschichte sind. Gerade dadurch, daß sie ihre materiellen Produktivkräfte betätigen und entwickeln, machen sie Geschichte." (Fiedler 1987, S. 226)

Gerade für das in der Technikgeschichte immer wieder auf neue Weise relevante Thema der Mensch-Technik- und insbesondere der Mensch-Maschine-Beziehungen liegt darin ein erhebliches humanes Emanzipationspotential, das einen Beitrag zur Kritik vieler Arten von interessiertem positivistischem Sachzwangdenken und -handeln leisten kann. Alle Technik und alle Maschinensysteme, so komplex und virtuell sie auch sein mögen, beruhen im Kern auf menschlicher Arbeit. Sie sind kein Schicksal, sondern gemachte Geschichte. So abhängig der postmoderne Mensch in seinen technotopischen Lebenswelten auch von ihnen ist und diese Abhängigkeit noch immer weiter erhöht, so wenig ändert dies etwas daran, dass diese geschaffenen Umwelten menschengemacht und veränderbar sind.

Die Wissenschaftlich-Technische Revolution ist, systematisch gesehen, Ausdruck einer besonderen Entwicklung der Produktivkräfte auf ein Niveau von Hocheffizienz und Wissenschaftsabhängigkeit, das neue Anforderungen an die Arbeits- und Wissensorganisation sowie an die Produktion stellt: „Ihre grundlegende Besonderheit [die der WTR, d. Verf.] […] besteht darin, daß in ihr die wissenschaftlich-technische Revolution eine Einheit bilden, sich wechselseitig durchdringen, wobei die Produktion und technologische Anwendung wissenschaftlicher Erkenntnisse zu einem wichtigen Moment des gesellschaftlichen Reproduktionsprozesses werden […].“ (Fiedler 1987, S. 227) Dies ist die marxistische Beschreibung der modernen Wissensgesellschaft, die unter einem enormen und immer weiterwachsenden Innovationsdruck steht und in der sich ein erheblicher Teil der gesellschaftlichen Arbeit auf die Bereitstellung des erforderlichen technischen Wissens und Könnens richten muss. Darin liegt eine „grundlegende […] qualitative[…] Veränderung der Produktivkräfte insgesamt […].“ (Ebd.) Wiederum werden hier Themen berührt, die unmittelbar mit aktuellen Debatten der Technikgeschichte im historisch-politischen Kontext zusammenhängen: Auf welche Weise sichern wissenschafts- und technikabhängige Gesellschaften ihre diesbezüglichen Kompetenzen, also ihre „Innovationsfähigkeit“, auch für die Zukunft? Wie sollen die „Innovationssysteme“ organisiert werden und welchen Anforderungen müssen sie genügen? Welche technologischen Pfadabhängigkeiten resultieren aus bestimmten Formen des gesellschaftlichen, politischen und wirtschaftlichen Umgangs mit technischem Wissen und wie beeinflusst dies die Handlungsspielräume bzw. -zwänge bei den großen technischen Fragen unserer Zeit: Energie, Information und Mobilität? Wie hängen neue Technik und ihre (Nicht-)Akzeptanz zusammen? Wie steuerbar ist das, was der DDR-Marxismus als *WTR* bezeichnet? Geht sie einfach immer weiter? Was bedeutet das etwa für die Frage nach den Grenzen des Wachstums? Kann eine ressourcenbewusste Wissens- im Unterschied zu einer ressourcenvernichtenden Konsumgesellschaft auch immer weiterwachsen? Wie sieht die Arbeit aus, die in der Wissensgesellschaft verrichtet werden muss? Wie wird diese global verteilt? Wem gehört der Gewinn, den diese Arbeit abwirft? und Wer haftet für die Folgen dieser Produktionsweise, etwa ihrer Klima- oder sonstigen Ökologiefolgen sowie gesellschaftlicher bzw. globaler Umstrukturierungen?

Eines der zwei Theoriepostulate jedenfalls ist widerlegt, denn es behauptete: „Die wissenschaftlich-technische Revolution macht (…) einen neuen, höheren Typ des Produzenten notwendig, den von Ausbeutung befreiten, hochgebildeten, diszipliniert arbeitenden Produzenten, der sich seiner gesellschaftlichen Verantwortung bewußt ist. Dieser neue Produzententyp bildet sich im Prozeß der Errichtung der kommunistischen Gesellschaftsformation heraus.“ (Ebd., S. 228) Aber ist deshalb auch das zweite Theoriepostulat widerlegt? Jenseits der Engführung mit der Herrschaftsideologie des SED-Staats geht es hier um Probleme, die den Kern dessen betreffen, was die Technikgeschichte beschäftigt: die moderne Welt des arbeitenden homo faber mit allen ihren Widersprüchen, Paradoxien und Chancen. Das Thema ist zu groß und herausfordernd, um auch nur auf ein Instrument zu seiner Behandlung wie u. a. auch die Frage nach der Geschichte der Produktivkräfte a priori zu verzichten.

Literatur

Iring Fetscher, Marx. Eine Einführung, Berlin 2018

Frank Fiedler u. a., Dialektischer und historischer Materialismus. Lehrbuch für das marxistisch-leninistische Grundlagenstudium, Berlin 1987

Volker Ullrich, Historischer Materialismus, in: Geschichte. Lexikon der wissenschaftlichen Grundbegriffe, hg. v. Manfred Asendorf u. a., Reinbek 1994, S. 314-316

2.4.5 Die moderne Technikgeschichte etabliert sich: Albrecht Timm (1915-1981), Karl-Heinz Ludwig (geb. 1931), Wolfhard Weber (geb. 1940) und Ulrich Troitzsch (geb. 1938)

> „Die Technik ist die existentielle Grundbedingung im Interaktionsprozeß des Menschen mit der Natur. Seltsamerweise legte die Geschichtsschreibung dieser einfachen Tatsache lange Zeit keinen größeren Wert bei. Namentlich die an der Prädominanz des Staatlichen geschulte deutsche Historiographie fand kein inneres Verhältnis zur Technik und schloss sie aus ihrem Gegenstandsbereich geradezu aus. Erst in jüngster Zeit wurde ein Wandel spürbar, und zwar vornehmlich unter dem Einfluß der modernen Sozialwissenschaften. Starke Impulse gingen auch von der materialistischen Geschichtstheorie aus, die der Technik als dynamischstem Element der Produktivkräfte eine Schlüsselstellung zuweist. Von einem ‚Forschungsstand' in der neuen Disziplin Technikgeschichte […] kann aufgrund des Gesagten nur sehr bedingt die Rede sein. Auch die Phase des ‚Dritten Reiches' ist von dieser Feststellung nicht auszunehmen, obwohl gerade ihr besondere Beachtung gebührt." (Ludwig 1974, S. 11)

Die noch junge und 1966 mit einem ersten eigenen Lehrstuhl an der neu gegründeten Universität Bochum ausgestattete Technikgeschichte in der Bundesrepublik, eingenommen von Albrecht Timm, war in ihrer Institutionalisierungs- und Formierungsphase der 1960er und 1970er Jahre in einem heftigen methodischen Selbstfindungs- und Selbstdarstellungsprozess begriffen. Viele Akteure beteiligten sich daran. (U. a. Timm 1964; Treue 1965; Ludwig 1966; Borchardt 1967; Timm 1968; Rüsen 1970; Rüsen 1971; Timm 1972; Rammert 1972; Rürup 1972; Ropohl 1976; Troitzsch 1976; Troitzsch/Weber 1977; Lange 1977; Ludwig 1978; Heggen 1979; Paulinyi 1980)

Diesen methodologischen Selbstfindungsprozess bedingten eine Reihe von Faktoren. Wohl am wichtigsten war, dass ein einfaches Anknüpfen an und damit das Fortführen der traditionsreichen Ingenieurs-Technikgeschichtsschreibung der Vorkriegszeit so nicht mehr möglich schien. Die Zeiten hatten sich grundlegend geändert und damit auch die Fragestellungen, die an die Geschichte gestellt wurden und von ihr beantwortet werden sollten. Neben der recht einfachen Frage, wie etwas war, stellten sich drängend die Fragen nach den Ursachen, Motiven, Formen und gesellschaftlichen Folgen bestimmter technischer Optionen, und auch nach den Akteuren und den Betroffenen. Technik in den historischen Kontext zu stellen, bedeutet immer, nicht nur nach dem *Was* und *Wie*, sondern vor allem nach dem *Warum* und *Wozu* zu fragen. Technik erklärte sich, wie die als Vorbild aufgefasste angloamerikanische und französische Historiographie längst belegt hatte, nicht mehr aus sich selbst heraus. Auch der methodologische Ansatz auch der Technikhistoriographie war zu revidieren. Gerade die Methodendiskussion seit Mitte der 1960er Jahre war dann auch der Wegbereiter für jenen Übergang in eine moderne Technikgeschichtsauffassung, die Technik als gesellschaftliches Konstrukt verstand, und zwar ganz dialektisch in dem Sinne, dass Technik- und Gesellschaftsentwicklung sich wechselseitig beeinflussende und prägende Geschichtsdeterminanten waren, die nicht voneinander getrennt werden dürfen. In diesem Sinne war es nicht nur denkbar, sondern konsequent, von „autoritärer" oder „demokratischer" Technik zu sprechen, wie es etwa Lewis Mumford getan hatte. (Mumford 1974) Der Publizist und SPD-Politiker Freimut Duve (1936–2020) forderte deshalb 1980 eine „andere Technikgeschichte", (Duve 1980), eine „zeitgemäße" Technikgeschichte, die sich auch ihrer politischen Dimension bewusstwerden sollte, denn, so Duve: „Technische Entscheidungen sind politische Entscheidungen, technische Zukunftsentwürfe sind politische Zukunftsentwürfe." (Duve 1980, Umschlag)

Auch wenn Duve mit dieser Sicht der Dinge nicht mit der Zustimmung der gesamten Technikhistorikerzunft rechnen konnte und zum Beispiel Wolfgang König, damals beim VDI beschäftigt, ihm auch prompt vorwarf, mit seinem „[…] großenteils schlecht durchgeführten Versuch […] Positionen der ‚Grünen' in die Technikgeschichte hineinzutragen […] und vom Methodologischen her nichts Neues [zu bieten]", so traute König diesem Ansatz dennoch zu, „neue Fragestellungen in der Technikgeschichte anzuregen und zu vertiefen." (König 1982, S. 13) Damit war klar: An einer sozialhistorischen Ausrichtung konnte eine ‚moderne' Technikgeschichte nicht mehr vorbeikommen. Insofern fiel die programmatische, in mancher Beziehung provozierende Publikation „Moderne Technikgeschichte" der Sozialhistoriker Karin Hausen und Reinhardt Rürup 1975 nicht nur auf den fruchtbaren Boden des Zeitgeistes, (Hausen/Rürup 1975) sondern war von der breiten innerfachlichen Methodendiskussion der Technikhistoriographie der 1960er und 1970er Jahre vorbereitet worden.

In der Technikgeschichte waren es vor allem Karl-Heinz Ludwig, Ulrich Troitzsch und Wolfhard Weber, die dieser Herausforderung begegneten, sie in Perspektiven technikgeschichtlicher Forschung übersetzten und in der Diskussion um die Ausrichtung des Faches eine nachhaltige Wirkung hinterließen. Stichworte sind hier Ludwigs „Strukturgeschichte der Technik", (Ludwig 1966; 1978) sowie die methodologischen Überlegungen von Troitzsch und Weber. (Troitzsch/Weber 1977) Im Rückblick überrascht, dass dem von Ludwig, Troitzsch, Weber und anderen eingeforderte methodischen Ansatz einer Struktur- bzw. Sozialgeschichte der Technik so wenig Widerstand entgegengesetzt wurde. (Weber/Engelskirchen 2000) Selbst der Verein Deutscher Ingenieure, hier mit seinem technikhistorischen Fachgruppenleiter Kurt Mauel, stemmte sich den neuen Entwicklungen in der Geschichtswissenschaft nicht wirklich ernsthaft entgegen. Dies mag u. a. daraus ersichtlich werden, dass der wissenschaftlichen Leitung der 1965 vom VDI wiederbegründeten Fachzeitschrift „Technikgeschichte" von Anfang an der Historiker Wilhelm Treue angehörte und in dieses Gremium seit 1976 neben Kurt Mauel und Wilhelm Treue nun auch Karl-Heinz Ludwig und Ulrich Troitzsch aufgenommen worden waren, also gerade jene Professoren, die eine moderne Technikgeschichte vertraten. Karl-Heinz Ludwig hatte seit 1971 den Lehrstuhl für Sozial- und Technikgeschichte in Bremen inne, während Ulrich Troitzsch als Technikhistoriker 1975 den Hamburger Lehrstuhl für Sozial- und Wirtschaftsgeschichte übernahm. Mit Wolfhard Weber auf dem Lehrstuhl für Wirtschafts- und Technikgeschichte in Bochum (1976), sowie später dann Hans-Joachim Braun an der Universität der Bundeswehr in Hamburg auf dem Lehrstuhl für Neuere Sozial-, Wirtschafts- und Technikgeschichte (1982), waren in der Formationsphase des Faches die Vertreter einer modernen Technikhistoriographie aus der Bochumer Schule Albrecht Timms in der Mehrheit. Diese technikgeschichtlichen Lehrstühle mit Pionierfunktion wurden durchgängig mit Historikern besetzt. Das Bild des universitären Lehrfaches Technikgeschichte lässt sich noch dahingehend abrunden, dass mit Akoš Paulinyi (1929–2021) im Jahre 1977 ein Wirtschaftshistoriker den Lehrstuhl für Technik- und Wirtschaftsgeschichte der Technischen Universität Darmstadt übernahm. Dass die Besetzung des Lehrstuhls für die Geschichte der Naturwissenschaften und der Technik an der Universität Stuttgart – im Kern eine alte TH – 1968 diesem allgemeinen Trend nicht folgte, sondern mit Armin Hermann einen ausgebildeten Physiker berief, muss als Besonderheit gelten. Ein Umstand allerdings, der durch das breite wissenschaftliche Interessenspektrum, welches Hermann entwickelte, sich eher als Vor- denn als Nachteil für die Fachentwicklung herausstellen sollte.

Das Gesamtbild einer sich der externalistischen Technikgeschichtsschreibung zuordnenden Fachdisziplin wird noch eindeutiger, wenn man auf die Autoren jener Publikationen verweist, die im Sinne einführender Lehrbücher das Fach und seine Methoden vorstellten: Albrecht Timm mit einer ersten ‚Einführung in die Technikgeschichte' von 1972 (Timm 1972), sowie Ulrich Troitzsch und Gabriele Wohlauf mit ihrer ‚Technik-Geschichte. Historische Beiträge und neuere Ansätze' von 1980. (Troitzsch/Wohlauf, 1980) Damit war die Positionierung der Technikgeschichte als historische Disziplin bei aller innerfachlichen Pluralität abgeschlossen. (Troitzsch 1976) Auch die öffentliche Wahrnehmung des Faches nahm zu. Einen Überblick hierzu lieferte für den Zeitraum 1970 bis 1980 Fritz Kraft mit seinem mehr als 160 Seiten umfassenden Bericht „Naturwissenschafts- und Technikgeschichte in der Bundesrepublik Deutschland und in West-Berlin 1970–1980. Eine Übersicht über die Forschung und Lehre an den Institutionen". (Kraft 1980) Die Institutionalisierung der Technikgeschichte schritt zügig voran.

Literatur

Knut Borchardt, Technikgeschichte im Lichte der Wirtschaftsgeschichte, in: Technikgeschichte 34 (1967), S. 1-13

Freimut Duve (Hg.), Technologie und Politik 16, Demokratische und Autoritäre Technik. Beiträge zu einer anderen Technikgeschichte, Hamburg 1980

Karin Hausen, Reinhard Rürup (Hg.), Moderne Technikgeschichte, Köln 1975

Alfred Heggen, Moderne Geschichtswissenschaft und Technik, in: APuZ 30 (1979), S. 41-54

Fritz Kraft, Naturwissenschafts- und Technikgeschichte in der Bundesrepublik Deutschland und in West-Berlin 1970–1980. Eine Übersicht über die Forschung und Lehre an den Institutionen, Wiesbaden 1980

Wolfgang König, ‚Moderne' Technikgeschichte als Sozialwissenschaft und ‚nachmoderne' Technikgeschichte, in: Ferrum. Nachrichten aus der Eisen-Bibliothek der Georg Fischer Aktiengesellschaft 53 (1982), S. 11-13

Karl-Heinz Ludwig, Entwicklung, Stand und Aufgaben der Technikgeschichte, in: Archiv für Sozialgeschichte 18 (1978), S. 502-523

Ders., Technikgeschichte als Beitrag zur Strukturgeschichte, in: Technikgeschichte 33 (1966), S. 105-120

Ders., Technik und Ingenieure im Dritten Reich, Düsseldorf 1974

Lewis Mumford, Mythos der Maschine. Kultur, Technik und Macht, Wien 1974

Akoš Paulinyi, Stand und Möglichkeiten der Technikgeschichte, in: Loccumer Protokolle 19 (1980): Technik und Geschichte, S. 81-102

Werner Rammert, Technik, Technologie und technische Intelligenz in Geschichte und Gesellschaft. Eine Dokumentation und Evaluation historischer, soziologischer und ökonomischer Forschung zur Begründung einer sozialwissenschaftlichen Technikforschung, Berlin 1972

Günter Ropohl, Die historische Funktion der Technik aus der Sicht der Technikwissenschaften, in: Technikgeschichte 43 (1976), S. 125-134

Reinhard Rürup, Die Geschichtswissenschaft und die moderne Technik. Bemerkungen zur Entwicklung und Problematik der technikgeschichtlichen Forschung, in: Aus Theorie und Praxis der Geschichtswissenschaft. Festschrift Hans Herzfeld zum 80. Geburtstag, hg. v. Dieter Kurze, Berlin 1972, S. 49-85

Jörn Rüsen, Geschichte der Technik in philosophischer Perspektive, in: Technikgeschichte 38 (1971), S. 1-16

Ders., Technik und Geschichte in der Tradition der Geisteswissenschaften, in: Historische Zeitschrift 211 (1970), S. 530-555

Albrecht Timm, Einführung in die Technikgeschichte, Berlin u. a. 1972

Ders., Geschichte der Technik und Technologie – Grundsätzliches vom Standort des Historikers, in: Technikgeschichte 35 (1968), S. 1-13

Ders., Kleine Geschichte der Technologie, Stuttgart 1964

Wilhelm Treue, Technikgeschichte und Technik in der Geschichte, in: Technikgeschichte 32 (1965), S. 3-18

Ulrich Troitzsch, Die historische Funktion der Technik aus der Sicht der Geschichtswissenschaften, in: Technikgeschichte 43 (1976), S. 92-101

Ders., Wolfhard Weber, Methodologische Überlegungen für eine künftige Technikhistorie, in: Deutsche Technikgeschichte. Vorträge vom 31. Historikertag, hg. von Wilhelm Treue, Göttingen 1977, S. 99-122

Ders., Gabriele Wohlauf, Technik-Geschichte, Frankfurt am Main 1980

Wolfhard Weber, Lutz Engelskirchen, Streit um die Technikgeschichte in Deutschland 1945–1975, Münster u. a. 2000

2.4.6 Fazit zur modernen deutschen Technikhistoriographie nach 1945

Wenn wir zusammenfassen, so ergibt sich zur modernen Technikgeschichtsschreibung nach 1945 folgendes Bild:

- Es handelt sich zunächst einmal um einen Neuanfang der Technikhistoriographie in Deutschland, und zwar sowohl in West wie Ost, der nicht, bzw. allenfalls rudimentär, an die traditionsreichen Vorläufer aus der Zeit um 1900 anknüpft. Vorbildcharakter besitzt für die Bundesrepublik nun die sozialhistorisch ausgerichtete Historiographie Großbritanniens, der USA und Frankreichs, während sich die DDR an den Mustern der Technikgeschichtsschreibung der UdSSR und damit der Geschichte der Produktivkräfte, sowie der Wissenschaftlich-Technischen Revolution ausrichtet.
- Nach einer zum Teil heftigen und langwierigen Methodendiskussion setzt sich in der Bundesrepublik in den 1970er Jahren das Konzept der modernen Technikgeschichte mit ihrer struktur- bzw. sozialhistorischen Ausprägung durch, die sich von der historischen Sozialwissenschaft abgrenzt. In der DDR dominiert das marxistische Konzept der Geschichte der Produktivkräfte. In beiden Fällen wird damit die Geschichte der Technikentwicklung im gesellschaftlichen Systemzusammenhang gesehen. Die Unterschiedlichkeit der Konzepte besteht vor allem darin, dass die Geschichte der Produktivkräfte der Technikentwicklung, marxistisch-leninistischem Dogma folgend, Gesetzescharakter zuweist und auf den revolutionären bzw. revolutionierenden Charakter im Verhältnis von Produktivkraftentwicklung und Produktionsverhältnissen verweist. Diese ideologische Position lehnt die Technikgeschichte in der Bundesrepublik zwar grundsätzlich ab, sieht Technikentwicklung dessen ungeachtet allerdings unbestreitbar auch als in die gesellschaftlichen Systemzusammenhänge eingebettet an. Im Gegensatz zur DDR-Technikgeschichtsschreibung vermag sie hier allerdings keinen gesetzmäßigen Charakter der Entwicklung auszumachen und den Blick für die industriellen Produktionsbedingungen zu schärfen.
- Der Technikbegriff erlangte durch die von Günter Ropohl in seinen 1979 vorgetragenen Überlegungen zu einer „Systemtheorie der Technik" einen neuen Erkenntnisstand. Die definitorische Untergliederung von Ropohls Technikbegriffs in eine naturale, eine humane und eine soziale Dimension wurde von der Technikgeschichtsschreibung aufgegriffen. Ropohls Technikdefinition erlangte auch dadurch allgemeine Akzeptanz, da sie die alte innerfachliche Kontroverse zwischen

dem internalistischen und externalistischen Ansatz in der Technikhistoriographie zu überwinden und den Weg in die historische Sozialforschung zu ebnen half. Beide Perspektiven fanden sich nun formal gleichberechtigt in Ropohls Technikdefinition wieder.

- Das Ziel des strukturgeschichtlichen Ansatzes von Karl-Heinz Ludwig aus dem Jahr 1966 war es, auch unter quantifizierenden Gesichtspunkten Erkenntnisse zusammenzutragen, die es dann erlauben, Technik und technischen Wandel als gesellschaftliche Phänomene zu begreifen und in ihren Wechselwirkungen zu verstehen. Dabei kam es zudem darauf an, beides historisch einzuordnen. Es geht also um das „Wirksamgewordensein" von Technik über den eigenen, engen Bereich hinaus, um das Erkennen typischer und generalisierbarer Strukturen, also darum, das Allgemeine im geschichtlichen Prozess sichtbar zu machen. Nicht mehr in erster Linie das „Wie" in erzählender Beschreibung stellt den methodischen Zugang der Technikgeschichte zu ihrem Forschungsgegenstand dar, sondern stattdessen das verstehende und erklärende „Warum" (Ludwig 1966).
- Der Begriff der *modernen* Technikgeschichte wurde 1975 von Karin Hausen und Reinhard Rürup in die Methodendiskussion um die Technikgeschichtsschreibung der Zukunft eingebracht und stellt auf das Konzept einer Sozialgeschichte der Technik ab. Dieses sollte Technik in ihren gesellschaftlichen Bezügen und Konsequenzen erfasst. Das Leitbild dieses Erkenntnisinteresses ist historisch-sozialwissenschaftlich. Dabei tritt eine enge technik- und artefaktbezogene Sichtweise in den Hintergrund. Das Konzept der modernen Technikgeschichte eröffnet im besonderen Maße die Möglichkeit, insbesondere auch nach dem Verhältnis von Technik und Gesellschaft zu fragen, nach technologischen Determinanten von gesellschaftlicher Freiheit oder aber Unfreiheit zu suchen („Atomstaatdebatte") und die beabsichtigten bzw. unbeabsichtigten Folgen des wissenschaftlich-technologischen Fortschritts zu analysieren. Es geht um die Determinanten gesellschaftlicher Technikzukünfte und auch den Diskurs hierüber. Zwar könnten konstruktionstechnische Veränderungen z. B. im Automobilbau durchaus in internalistisch-ingenieursmäßiger Perspektive erfasst und dargestellt werden, aber das „Warum" ist damit nicht geklärt und bedarf der Kontextualisierung (z. B. CO_2-Problematik, Treibstoffminimierung etc.).
- Die Methodik, mit deren Hilfe sich die moderne Technikgeschichtsschreibung ihrem Erkenntnisobjekt nähert, sind grundsätzlich diejenigen der Geschichtswissenschaft (historisch-kritisch-genetisch-verstehende Methoden). Zudem spielen Interdisziplinarität und transdisziplinäre Betrachtungsweisen, aber auch technische Sachkompetenz im engeren Sinn eine wichtige Rolle. Technikgeschichte wird sowohl von Wissenschaftlern betrieben, die eine naturwissenschaftlich-technische (Grund-)Ausbildung vorzuweisen haben, als auch von solchen, deren fachliche Heimat die Geistes- und Sozialwissenschaften sind. Infolge der Verankerung der Technikgeschichte in der Geschichtswissenschaft und dem Selbstverständnis als historische Disziplin sind es allerdings vorwiegend deren Vertreter, die die

aktuelle Technikhistoriographie repräsentieren. *Die Unterschiede der Erkenntniswege, z. B. von Sozialwissenschaftlern und Historikern, von Kulturwissenschaftlern und Historikern, oder vor allem aber von Technikern und Historikern dürfen nicht verschleiert, sie müssen vielmehr deutlich herausgearbeitet, betont und als Ressource genutzt werden.* (Technik-)Geschichte lässt sich nicht in historische Sozial- oder Kulturwissenschaft auflösen; erst recht nicht in historische Technikwissenschaft. Die (Technik)Geschichte hat eigene Methoden, eigene Aufgaben und ein anderes Selbstverständnis als ihre Nachbardisziplinen. Von daher ist es von großer Bedeutung, ob von Geschichte der Technik, von Technikgeschichte oder von Kulturgeschichte der Technik gesprochen wird.

- Das Spektrum des technikhistorischen Erkenntnisinteresses, sowie der einschlägigen Publikationen umfasst den Gegenstandsbereich Technik in seiner ganzen inhaltlichen wie epochalen Breite, und zwar die Vor- und Frühgeschichte, die Antike, das Mittelalter, die frühe Neuzeit, die Moderne bis hin zur Gegenwart. Allerdings mit einem deutlichen Schwerpunktsetzung auf den Zeitraum seit der Industriellen Revolution des 18. Jahrhunderts. So wie andere historische Bindestrich-Disziplinen ist auch die Technikgeschichte in Forschung und Lehre vielfach ausdifferenziert, und zwar letztlich mit einer Zuständigkeit ‚vom Faustkeil bis zum Atomkraftwerk'. Darin liegt auch ihr besonderer Reiz sowie ihr Bezug zur Allgemeingeschichte. Die universitäre Institutionalisierung des Faches in der Bundesrepublik – mit einem Schwerpunkt an Technischen Universitäten – konnte seit den 1990er Jahren als abgeschossen gelten. Sie umfasste etwa sechzehn Standorte mit entsprechend ausgewiesenen Lehrstühlen bzw. Professuren, und zwar an der RWTH Aachen, der TU Berlin, der Universität Bochum, der TU Braunschweig, der Universität Bremen, der BTU Cottbus, der TU Darmstadt, der TH Dresden, der TU Bergakademie Freiberg, der Helmut-Schmidt-Universität der Bundeswehr Hamburg, der Universität Hamburg, der TU Ilmenau, der Universität Karlsruhe (TH)/inzwischen: KIT, der TU München, der Universität der Bundeswehr München sowie der Universität Stuttgart. Allerdings gingen bis zur Gegenwart zumindest vier dieser Standorte für die Technikgeschichte wieder verloren (Aachen, Bremen, Cottbus, Hamburg).
- Im technischen Museumswesen ist, neben unzähligen kleineren Einrichtungen, auf eine ganze Reihe von Großinstitutionen mit z. T. internationaler Bedeutung zu verweisen, etwa auf das Deutsche Museum München, das Deutsche Technikmuseum in Berlin, das Technoseum in Mannheim, das Rheinische Industriemuseum Oberhausen, das Technikmuseum Sinsheim oder das Museum der Arbeit in Hamburg. Hinzu kommen die international renommierten technischen Unternehmensmuseen, etwa von Daimler, BMW, Porsche etc.
- Die führenden deutschsprachigen Fachzeitschriften im deutschsprachigen Raum sind nach wie vor die Zeitschrift „Technikgeschichte" und die „Blätter für Technikgeschichte" (Wien). Aufmerksamkeit verdient zudem die Zeitschrift „Industrie-

kultur" welche mit Engagement dem Themenkreis „Denkmalpflege, Landschaft, Sozial-, Umwelt- und Technikgeschichte" verpflichtet ist. (Industriekultur/Essen).

- Das wissenschaftliche Vereinswesen ist bunt und umfasst, um nur einige wenige Akteure zu nennen: die Georg-Agricola-Gesellschaft, die Fachgruppe Technikgeschichte beim Verein Deutscher Ingenieure, die Gesellschaft für Technikgeschichte oder die Gesellschaft für die Geschichte der Medizin, Naturwissenschaft und Technik. Ebenso ist über das ‚International Committee for the History of Technology' (ICOHTEC) eine Einbindung der nationalen in die internationale Technikhistoriographie sichergestellt.
- Für die technikgeschichtliche Forschung in der Bundesrepublik spielte die Techniktheorie und Technikanalyse von Marx im Gegensatz zur DDR bis in die zweite Hälfte der 1970er Jahre keine Rolle.
- Seit 1957 hatte sich in der DDR unter der Bezeichnung „Arbeitskreis Geschichte der Produktivkräfte" eine institutionelle Basis der Technikgeschichtsschreibung im Sozialismus auf universitärer Ebene etabliert. Das Ende der DDR bedeutete auch das Ende der Geschichte der Produktivkräfte. Als ideologisch belasteter Wissenschaftsbereich wurden die Institutionen abgewickelt.
- In der gegenwärtigen Technikgeschichtsschreibung mag sich eine gewisse Skepsis gegenüber dem, wie technischer Wandel zu bewerten sei, etabliert haben. Aber eins scheint nach 500 Jahren Technikgeschichte klarer denn je, das Fach darf sich, trotz aller neuerdings auch eliteuniversitärer Verheißungen, einer wohlfeilen ideologischen Vereinnahmung nicht wieder hingeben und sollte seine über Jahrhunderte erworbene Kompetenz als Instanz kritischer, interdisziplinärer Analyse technik- und technikwissenschaftsbasierten Wandels dem demokratischen Selbstaufklärungsprozess einer offenen Gesellschaft bereitstellen. Und dabei düfte dann auch klar werden, dass Technik eben nicht ein wertneutrales „reales Sein aus Ideen, durch finale Gestaltung und Bearbeitung aus naturgegebenen Beständen" (Dessauer 1956, S. 234) ist, sondern in sich selbst die Entstehungsparameter ihrer gesellschaftlichen Bedingtheit widerspiegelt.

In einem Satz zusammengefasst: Das Bezugswort des Substantivs Technikgeschichte ist Geschichte, nicht Technik, und deshalb sollten Technikhistoriker, um im Bild Bert Brechts zu bleiben, auch keine Öltanks anbeten.

Literatur

Herbert Aagard, Friedrich Klemm, Kommentar und Auswahl, in: Ulrich Troitzsch, Gabriele Wohlauf (Hg.), Technik-Geschichte, Historische Beiträge und neuere Ansätze, Frankfurt am Main 1980, S. 92-102

Alan D. Beyerchen, Wissenschaftler unter Hitler, Köln 1980

Rainer Brämer (Hg.), Naturwissenschaft im NS-Staat, Marburg 1983

Leah Hager Cohen, Glass, Paper, Beans. Revelations on the Nature and Value of Ordinary Things, New York 1997; dt. 1997

Werner Conze, Die Strukturgeschichte des technisch-industriellen Zeitalters als Aufgabe für Forschung und Unterricht, Düsseldorf 1957
DB Museum, Rheingold – ein europäischer Luxuszug, hg. v. Jürgen Franzke, Nürnberg/Frankfurt am Main 1997
Friedrich Dessauer, Streit um die Technik, Frankfurt am Main [5]1956
Deutsche Forschungsgemeinschaft (Hg.), Die Geschichte der Medizin, der Naturwissenschaft und der Technik, Bad Godesberg 1959
Anselm Doering-Manteuffel, Deutsche Zeitgeschichte nach 1945. Entwicklung und Problemlagen der historischen Forschung zur Nachkriegszeit, in: Vierteljahreshefte für Zeitgeschichte 41 (1993), S. 1-29
Henning Eichberg, Leistung, Spannung, Geschwindigkeit. Sport und Tanz im gesellschaftlichen Wandel des 18./19. Jahrhunderts, Stuttgart 1978
Hans Magnus Enzensberger, in: Der Spiegel 37 (1983), Nr. 6., S. 196-201
Ossip Flechtheim (Hg.), Programmatik der deutschen Parteien, Bd. 3, Berlin 1963
Rudolf Forberger, Theoretische und empirische Bemerkungen zum Thema: Die Industrielle Revolution in der Sicht der Genesis der Produktivkräfte, in: Troitzsch/Wohlauf (Hg.), Technik-Geschichte, Frankfurt am Main 1980, S. 302-327
Frankfurter Rundschau, Atomindustrie nur in staatlicher Regie, 13 (4.11.1957), Nr. 256, S. 2
John Kenneth Galbraith, The affluent society, New York 1959, dt. Gesellschaft im Überfluß, München 1963
Georg Agricola Gesellschaft (Hg.), Technik und Kultur, 10 Bde. und Registerband, Düsseldorf 1990–1993
Sigfried Giedion, Mechanization takes command, New York 1948; dt. Die Herrschaft der Mechanisierung, Frankfurt am Main 1982
Rolf-Jürgen Gleitsmann, Über die Verantwortbarkeit wissenschaftlicher Erkenntnis: Das Fallbeispiel Kernforschung und Atombombe 1938–1945, in: Matthias Maring (Hg.), Fallstudien zur Ethik in Wissenschaft, Wirtschaft, Technik und Gesellschaft, Karlsruhe 2011, S. 36-45
Karin Hausen, Reinhard Rürup (Hg.), Moderne Technikgeschichte, Köln 1975
Kirsten Heinsohn, Claudia Kemper, Geschlechtergeschichte, Version: 1.0, in: Docupedia-Zeitgeschichte, 04.12.2012
Thomas P. Hughes, American Genesis. A Century of Invention and technological enthusiasm, 1870-1970, New York 1989; dt.: Die Erfindung Amerikas. Der technologische Aufstieg der USA seit 1870, München 1991
Wolfgang Jonas (Hg.), Die Produktivkräfte in der Geschichte, Bd. 1 ff., Berlin 1969 ff.
Wolfgang König, Auf dem Weg in die Konsumgesellschaft, Tübingen 1993
Ders., Geschichte der Konsumgesellschaft, Stuttgart 2000
Ders. (Hg.), Propyläen Technikgeschichte, 5 Bde., Berlin 1991–1993
Mark Kurlansky, Cod. A Biography of the Fish That Changed the World, New York 1997; dt. 1997
Aleksandr A. Kusin, Karl Marx und Probleme der Technik, Leipzig 1970
Jürgen Kuczynski, Geschichte des Alltags des deutschen Volkes, Bd. 1 ff., Berlin 1983 ff.

Landschaftsverband Rheinland/LVR-Industriemuseum u. a. (Hg.), Industriekultur. Denkmalpflege, Landschaft, Sozial-, Umwelt- und Technikgeschichte, 27. Jg., Heft 94, Essen 2021

Hellmuth Lange, Technik im Kapitalismus, Köln 1977

Karl-Heinz Ludwig, Technik und Ingenieure im Dritten Reich, Düsseldorf 1974

Ders., Technikgeschichte als Beitrag zur Strukturgeschichte, in: Technikgeschichte 33 (1966), S. 105-120

Ders., Wolfgang König, Hg. v. Verein Deutscher Ingenieure, Technik, Ingenieur und Gesellschaft. Die Geschichte des Vereins Deutscher Ingenieure 1856–1981, Düsseldorf 1983

Kurt Mauel, Arbeit und Leistung. Ihre Bestimmung und Messung in der Technik des 18. Jahrhunderts, in: Troitzsch, Gabriele Wohlauf (Hg.), Technik-Geschichte, Frankfurt am Main 1980, S. 269-301

Christoph Meinel, Peer Voswinckel (Hg.), Medizin, Naturwissenschaft, Technik und Nationalsozialismus. Kontinuitäten und Diskontinuitäten, Stuttgart 1994

Hans Mottek, Wirtschaftsgeschichte Deutschlands. Ein Grundriss, 3 Bde., Berlin 1976 ff.

Lewis Mumford, Mythos der Maschine. Kultur, Technik und Macht, Wien 1974

Ders., The city in history, New York 1961; dt., Die Stadt, Köln/Berlin 1963

Ders., The Cultures of Cities, New York 1938

August Nitschke (Hg.), Verhaltenswandel in der industriellen Revolution. Beiträge zur Sozialgeschichte, Stuttgart 1975

John William Oliver, History of American Technique, New York 1956; dt. 1959

Akoš Paulinyi, Wi(e)der eine neue Technikgeschichte (?), in: Blätter für Technikgeschichte 57/58 (1995/96), S. 39-49

Joachim Radkau, Natur und Macht. Eine Weltgeschichte der Umwelt, München 2000

Hans Sachsse (Hg.), Technik und Gesellschaft, 3 Bde., München 1974–1976

Rolf Peter Sieferle, Fortschrittsfeinde? Opposition gegen Technik und Industrie von der Romantik bis zur Gegenwart, München 1984

Charles Singer u. a. (Eds.), A history of technology, 5 Bde., Oxford 1954–1958

Rolf Sonnemann (Hg.), Geschichte der Technik, Leipzig 1978 (ND Köln 1987)

Lothar Suhling, Bergbau, Territorialherrschaft und technologischer Wandel. Prozeßinnovationen im Montanwesen der Renaissance am Beispiel der mitteleuropäischen Silberproduktion, in: Ulrich Troitzsch, Gabriele Wohlauf (Hg.), Technik-Geschichte, Frankfurt am Main 1980, S. 139-179

Axel Schildt, Arnold Sywottek (Hg.), Modernisierung im Wiederaufbau. Die westdeutsche Gesellschaft der 50er Jahre, Bonn 1998

Theodor Schieder, Eine Elle für den Menschen, in: Die geistige Welt. Beilage zu ‚Die Welt' vom 16.3.1974

Wolfgang Schivelbusch, Das Paradies, der Geschmack und die Vernunft: eine Geschichte der Genussmittel, München/Wien 1980

Ders., Geschichte der Eisenbahnreise. Zur Industrialisierung von Raum und Zeit im 19. Jahrhundert, München/Wien 1977 u. ö.

Ders., Lichtblicke: Zur Geschichte der künstlichen Helligkeit im 19. Jahrhundert, München/Wien 1983

Helmut Schmidt, Carlo Schmid 1896–1979: Vortrag vor dem Gesprächskreis Geschichte der Friedrich-Ebert-Stiftung in Bonn am 16. Oktober 1996, Bonn 1996
Semen Viktorovič Schuchardin, Grundlagen der Geschichte der Technik, Leipzig 1963
Ulrich Troitzsch, Rezension Karin Hausen, Reinhard Rürup, Moderne Technikgeschichte, in: Vierteljahresschrift für Sozial- und Wirtschaftsgeschichte 65 (1978), S. 593 f.
Ders., Wolfhard Weber (Hg.), Die Technik. Von den Anfängen bis zur Gegenwart, Braunschweig 1982
Vorstand der SPD (Hg.), Protokoll der Verhandlungen des Parteitages der Sozialdemokratischen Partei Deutschlands vom 10. bis 14. Juli 1956 in München, Bonn 1956
Mark Walker, German National Socialism and the Quest of Nuclear Power 1939–1949, Cambridge 1989
Wolfhard Weber, Grundzüge der Entwicklung der Technikhistoriographie in Deutschland nach 1945, in: Blätter für Technikgeschichte 57/58 (1995/96), S. 25-38
Ders., Lutz Engelskirchen, Streit um die Technikgeschichte in Deutschland 1945–1975, Münster u. a. 2000
Hans-Ulrich Wehler, Historisches Denken am Ende des 20. Jahrhunderts, Göttingen 2001
Ders., Modernisierungstheorie und Gesellschaftsgeschichte, Göttingen 1975; Nachdruck in: Hans-Ulrich Wehler, Die Gegenwart als Geschichte. Essays, München 1985, S. 13-123
Stefan Wolle, Aufbruch nach Utopia. Alltag und Herrschaft in der DDR 1961–1971, Bonn 2011
http://docupedia.de/zg/heinsohn_kemper_geschlechtergeschichte_v1_de_2012 [28.01.2022]

3 Technikgeschichte: Definitionen, Gegenstand, Methoden sowie Theorien des technischen Wandels

Kommunikation basiert auf der Definition von Begrifflichkeiten. Der Deutungszusammenhang der Begriffe strukturiert den Inhalt der Kommunikation. Mit Hilfe von Begriffen wird gesellschaftliche Deutungsmacht geschaffen und damit auch reale Macht konstituiert. Wer die Begriffe des öffentlichen Diskurses inhaltlich dominiert, bestimmt damit auch, worüber gesprochen werden kann. Damit wird die sprachliche Bezeichnung eines wissenschaftlichen Untersuchungsbereiches zu einer Konkurrenz unterschiedlicher Modelle und Konzepte dessen, was analysiert werden und auf welchem Weg dies geschehen soll. Der Gegenstandsbereich und die Methode eines Faches sind historische Bestimmungsgrößen, die einem stetigen Veränderungsprozess unterliegen und die immer wieder neu ausgehandelt werden müssen. Diese Veränderungen spiegeln sich in einem wechselnden sprachlichen Selbstverständnis des Faches. Die Reflektion über Technik in historischen Zusammenhängen brachte in Deutschland vier miteinander konkurrierende begriffliche Bestimmungen des Faches hervor, nämlich:

Technik-Geschichte
Geschichte der Technik
Technikgeschichte
Geschichte der Produktivkräfte

Diese Begriffe werden bzw. wurden parallel und zum Teil weitgehend synonym verwendet. Allerdings implizieren sie deutlich unterschiedliche inhaltliche Schwerpunktsetzungen. Geschichte der Technik etwa, fokussiert sich auf Technik als solche, also auf das technische Artefakt selbst. Technik-Geschichte hingegen stellt die Bereiche Technik und Geschichte nebeneinander, wenn auch miteinander durch eine Bindestrichbeziehung verbunden, während Technikgeschichte diese ungetrennt miteinander verbindet, wobei Geschichte des Haupt- und Bezugswort darstellt. Um hier für Klarheit zu sorgen, soll zunächst die zentrale Begrifflichkeit „Technik" geklärt werden, denn sie ist der Gegenstand der Technikgeschichte.

3.1 Definition Technik

Technik ist ein Begriff, der sich durch seine Multifunktionalität einer konkreten Definition leicht entzieht. Diese Feststellung von Günter Ropohl stand am Anfang seines Versuchs, Technik dennoch als wissenschaftliche Kategorie analytisch zu fassen.

In seiner Untersuchung zu einer „Systemtheorie der Technik“ (Ropohl 1979) gelangte Ropohl zu einer Sprachverwendungsregel, die innerhalb des akademischen Faches Technikgeschichte nahezu geschlossen als Basisbeschreibung des Fachgegenstandes „Technik“ akzeptiert wurde. Im Hinblick auf Ausführungen zu einer detaillierten Geschichte des Begriffs „Technik“ kann an dieser Stelle verzichtet werden, und zwar sowohl unter Hinweis auf die Untersuchung von Ropohl als auch auf die Ausführungen von Albrecht Timm (Timm 1964; 1972) bzw. Troitzsch/Wohlauf in ihrem Band „Technikgeschichte“. (Troitzsch/Wohlauf 1980)

Den Ausgangspunkt der Sprachverwendungsregel nach Ropohl liefert die Realtechnik, die als Ensemble vorwiegend künstlicher Objekte definiert wird, die vom Menschen erzeugt und für bestimmte Zwecke verwendet werden. Die historische Technikforschung würde sich also zunächst und in allererster Linie mit der Ebene der Artefakte zu beschäftigen haben. Diese Art der Eingrenzung des Untersuchungsobjekts blieb allerdings nicht unwidersprochen. Ropohl ging darüber hinaus, indem er alldem, was mit Technik zusammenhing, ein bewusstes zielorientiertes Handeln unterstellte, und zwar sowohl im Hinblick auf deren Entstehung als auch deren Verwendung.

Die zweite Grundannahme der Sprachverwendungsregel von Ropohl war der Befund einer zweiten Realität von Technik. Der Mensch einer industriellen Welt habe es konkret nur noch mit einer durch Technik kulturell überformten Umwelt zu tun. Das lässt sich zum Beispiel daran verdeutlichen, dass selbst heutige Naturschutzgebiete, wie etwa die Lüneburger Heide, nichts anderes darstellen als technisch überformte Natur. Für die technikgeschichtliche Interpretation ist dabei besonders relevant, dass es sich um die Schadensfolge einer vorangegangenen Übernutzung der Ressourcen der Ursprungslandschaft durch den Holzbrennstoffbedarf der Lüneburger Salinen handelt. Der Umweltschaden anthropogener (vom Menschen ausgehender) Ressourcennutzung wird in nachträglicher Interpretation zur schützenswerten Natur. Die Welt wurde von Technik überformt. Ropohl führt zur Interpretation dieses Geschehens den Begriff des Technotops ein.

Technotop

„Die Welt, in der wir leben, ist eine künstliche geworden. Wir wohnen in geometrisch geformten Gehäusen aus Stein und Beton, aus Glas und Metall. Wir schaffen uns durch Heizung, Klimatisierung und Beleuchtung Lebensbedingungen, die uns von den Einflüssen der Witterung und des Sonnenstandes unabhängig machen. Rohrleitungs- und Kabelnetze versorgen unsere Behausungen mit Wasser, elektrischem Strom und Nachrichten. Einen erheblichen Teil unserer Umwelterfahrungen verdanken wir den Medien des Telefons, des Rundfunks und des Fernsehens. Die Konglomerationen unserer Häuser bedecken weite Landstriche; Asphaltbänder und Schienenstränge verbinden diese Siedlungen und erlauben uns, mit Fahrzeugen Geschwindigkeiten zu erreichen, die weit über die Möglichkeiten unserer physischen Ausstattung hinausgehen. Die meisten Lebensmittel haben industrielle

Umwandlungsprozesse durchlaufen, ehe wir uns davon ernähren. [...] Und selbst die Landschaft, die unsere Naturschützer bewahren wollen, ist, abgesehen von den Wildnissen der Hochgebirge, der Urwälder und der Wüsten, alles andere als unberührte Natur, hat sich vielmehr aus jahrhundertelanger agrikultureller Überformung ergeben." (Ropohl 1979, S. 12)

Das Kunstwort Technotop, das aus einer Verbindung des Begriffs Technik mit dem des biologischen Systems „Biotop" entstanden ist, bezeichnet eine Grunderfahrung des modernen Menschen: Die Welt, in der wir leben, haben wir selbst zu dem gemacht, was sie jetzt ist, und zwar mittel Technik.

Die Stichworte, die in der Definition des Technotops als Zustandsbeschreibung geliefert werden, lauten:

- „Emanzipation von der Natur" (Zwänge und Grenzen);
- Wahrnehmung und Erfahrung als technisch vermittelter Zusammenhang; sowie
- Technisierung menschlicher Bedürfnisse (Beispiel Nahrung).

Wenn der Begriff des Technotops ernstgenommen wird, so hat dies entscheidende Konsequenzen für die Interpretation der Gesellschaft. Menschliches Handeln erfolgt in Technotopen grundsätzlich in einem technischen Bezugssystem und wird von diesem konstituiert. Eine technikhistorische Analyse muss sich diesem Bezugssystem stellen, wenn eine verstehende Analyse historischer Entwicklungen angestrebt wird. Der Sozialhistoriker Werner Conze (1910–1986) fasste diesen Befund zusammen und zog daraus weitreichende Schlussfolgerungen:

Geschichte und Technik im Technotop

„Das Phänomen der Technik als Planung und Gestaltung ist nicht ein Sonder- oder gar Randbereich der menschlichen Geschichte, sondern die Grundlage der Geschichte überhaupt, oder anders gesagt: die Grundlage für alles, was gemeinhin unter dem Begriff der Geschichte verstanden wird. Eine so verstandene Technikgeschichte rückt in das Zentrum der Geschichtswissenschaft." (Conze 1972, S. 17)

Das Verständnis jedweder historischen Entwicklung setzt das Verständnis der zeitgenössischen technischen Entwicklung voraus, d. h. der materiellen Möglichkeiten, die bestehen, um technotopwirksam werden zu können. Geschichte, und nicht erst seit dem Zeitalter der Industrialisierung, ist ohne Einbeziehung von Technik, bzw. der technischen Entwicklung der jeweiligen Zeit, nicht sinnvoll beschreibbar. Diese grundlegende Einsicht fand zunächst allerdings nur wenig Resonanz und noch weniger konsequente Umsetzung in und durch die historische Forschung.

Das Technotop im Sinne von Ropohl beschreibt eine fundamentale Technisierung von Menschen und Umwelt. Diese Technisierung stellt für Rophl einen universellen Trend dar, der prinzipiell unumkehrbar ist. Das Ende dieser Entwicklung ist noch lange nicht erreicht. Im Hinblick auf die lange Dauer der Universalgeschichte hat es gerade erst begonnen. Die Technik ist für Ropohl eine unbewältigte Determinante unserer Realität. Dies gilt sowohl für die praktische Bewältigung technischer Prozesse, den Technisierungsprozess als solchem, sowie auch für die Folgen der Technisierung. Ein Nachdenken über Technik und die sozialkonstruktivistische Reflektion über „Technikzukünfte", die nebeneinander bestehenden und miteinander konkurrierenden technotopischen Zukunftsvorstellungen im Plural, hat zwar eingesetzt, aber auf gesellschaftlicher oder gar politischer Ebene noch wenig an Tiefenschärfe gewonnen. Das Ziel aller Bemühungen muss es sein, die geistigen und moralischen Kräfte zu entwickeln, „die wir benötigen, um unserer eigenen Technik Herr zu werden." (Ropohl 1979, S. 13) Das Verständnis von Technik und technischen Handlungen sowie ihrer Folgen im gesellschaftlichen Kontext ist zum entscheidenden Faktor des Überlebens geworden, und dies bedeutet, die technische Rationalität muss einer humanen Vernunft untergeordnet werden, um nicht ins Desaster zu führen. Um diese Zielsetzung einer Gestaltungshoheit des Menschen zu erreichen, entwirft Ropohl Instrumente für das Verständnis des Verhältnisses von Technik, Mensch und Gesellschaft. Dabei beschreibt Ropohl das Phänomen der Technik als mehrdimensionales System:

Sprachverwendungsregel für Technik nach Ropohl

Naturale Dimension
Humane Dimension
Soziale Dimension

- „Die **naturale Dimension** der Technik besteht darin, dass die Sachen der Technik, die Artefakte, aus natürlichen Beständen gemacht sind, und, als dingliche Gegebenheiten in Raum und Zeit existieren, (und dabei) wie die Naturdinge den Naturgesetzen unterliegen." (Ropohl 1979, S. 32 f.)
- Die **humane Dimension** setzt den Menschen als notwendiges Bezugssystem jeder technischen Rationalität ein: „Es ist grundsätzlich der Mensch, der technische Artefakte verfertigt und für seine Zwecke verwendet." (Ropohl 1979, S. 35)
- Die **soziale Dimension** bindet technisches Handeln an seinen gesellschaftlichen Kontext: „Jede Aktivität in Herstellung und Gebrauch technischer Artefakte ist unmittelbar oder doch mittelbar auf menschliche Gesellschaft bezogen." (Ropohl 1979, S. 39)

Auf Basis dieser drei Grunddimensionen entwickelt Ropohl ein komplexes Modell der potenziellen Perspektiven einer allgemeinen Technikwissenschaft.

3.1.1 Der dreidimensionale Technikbegriff von Günter Ropohl

Im Jahre 1979 erschien Günter Ropohls (1939–2017) technik-philosophische und soziologische Habilitationsschrift „Eine Systemtheorie der Technik. Zur Grundlegung der Allgemeinen Technologie". Diese entstand an der Fakultät für Geistes- und Sozialwissenschaften der Universität Karlsruhe (TH) bei dem Philosophen Hans Lenk, Jahrgang 1935, und dem Soziologen Hans Linde (1913–1994). Die Arbeit steht in der Tradition technikwissenschaftlicher Reflektion am TH-Standort Karlsruhe. Ropohl demonstrierte die Anwendbarkeit eines systemtheoretischen begrifflichen Instrumentariums bei der multifaktoriellen Technikanalyse. Man kann von einer Technikgeschichte vor und nach Ropohl sprechen. Seine Systemtheorie der Technik bot u. a. die Möglichkeit einer theorie- und faktorenorientierten Gesellschaftsgeschichte der Technik, deren Faktoralität allerdings nicht reduktionistisch, zu vereinfachend, war. Darin lag ein Angebot, von dem das Fach Technikgeschichte Gebrauch machen konnte, und dass ihm dabei half, die fachinterne Theoriediskussion einen entscheidenden Schritt voranzubringen.

Ropohl lehnt einen metaphysischen, idealtypologischen und funktionalistischen, Technik mit zweckrationalem Handeln gleichsetzenden Gesamtbegriff *der* Technik ab. Im Unterschied hierzu definiert Ropohl Technik als „Realtechnik":

> „Wir wollen immer dann, und nur dann, von ‚Technik' im Sinne von ‚Realtechnik' sprechen, wenn vorwiegend künstliche Objekte, also Artefakte, von Menschen erzeugt und für bestimmte Zwecke verwendet werden; wenn z. B. ein Steinbrocken mit einer scharfkantigen Schneide versehen und zu einem Faustkeil-Werkzeug gemacht wird; wenn Fasern versponnen, gewebt und zu Kleidungsstücken verarbeitet werden, die dem Witterungsschutz oder auch dem Schmuckbedürfnis dienen; wenn aus der Fülle verschiedener Baumaterialien und Aggregate ein Kraftwerk erstellt wird, das elektrische Energie liefert; und dergleichen mehr." (Ropohl 1979, S. 31)

Ropohl unterscheidet drei Dimensionen des Technikbegriffs:

- die Artefakte selbst,
- deren Herstellung durch den Menschen und
- deren Verwendung im Rahmen zweckorientierten Handelns.

Den Technikbegriff behält Ropohl dem auf diese Weise umrissenen Objektbereich vor, während er unter Technologie das „objektsprachliche Aussagensystem" der Wissenschaft von der Technik, sowie der Technikforschung versteht. (Ebd. S. 32) Technik ist die Sache und ihr Umgang damit, Technologie die Rede davon.

Die Technik hat nach Ropohl drei fundamentale Dimensionen:

- Die **naturale Dimension**: Die Perspektiven der auf sie bezogenen Technikforschung sind natur- und ingenieurwissenschaftlich sowie ökologisch. „Die naturale Dimension der Technik besteht darin, dass die Sachen der Technik, die Artefakte, aus natürlichen Beständen gemacht sind und, als dingliche Gegebenheiten in Raum und Zeit existent, wie die Naturdinge den Naturgesetzen unterliegen." (Ebd., S. 32 f.) Typische erkenntnisleitende Fragestellungen der naturalen Technikdimension betreffen u. a. die naturgesetzlichen Grundlagen technischer Artefakte, ihren Aufbau und ihr Verhalten sowie das Verhältnis von Artefakt und natürlicher bzw. bereits technisch durchgestalteter Umwelt. Ropohl weist ausdrücklich darauf hin, dass diese Dimension das z. T. erhebliche Spannungsverhältnis zwischen Natur- und Technikwissenschaften berührt. Letztere lassen sich nicht angemessen als angewandte Naturwissenschaft verstehen, sondern verfolgen eigenständige Erkenntnisziele. „Die ingenieurswissenschaftliche Theoriebildung verfolgt vorrangig zwei Ziele: (a) das Verhalten eines geplanten technischen Gebildes bzw. die Ergebnisse eines geplanten technischen Verfahrens vorauszusagen und (b) für ein angestrebtes Verhalten bzw. für angestrebte Ergebnisse denjenigen Aufbau des technischen Gebildes bzw. diejenigen Regeln des technischen Verfahrens vorauszubestimmen, mit denen der gewünschte Effekt erzielt wird." (Ebd., S. 34) Berücksichtigt die technikgeschichtliche Analyse diese Eigenständigkeit der ingenieurswissenschaftlichen Problemauffassung nicht, erzeugt sie ein Zerrbild der komplexen historischen Realität. Das ist auch der Fall, wenn sie den ökologischen Aspekt der Voraussetzungen und Folgen der Herstellung von Technotopen völlig ausklammert oder zum alleinigen Maßstab macht. In der naturalen Dimension der Technik sind stets natur-, erfahrungs- und umweltwissenschaftliche Perspektiven enthalten, die sich nicht gegeneinander ausspielen lassen. Als typische Problemfelder der naturalen Dimension von Technik und ihre Erkenntnisperspektiven nennt Ropohl: „die naturgesetzlichen Grundlagen technischer Artefakte; Verhalten und Aufbau technischer Artefakte, sowie das Verhältnis zwischen Artefakt und natürlicher Umwelt". (Ebd., S. 32)

- Die **humane Dimension**: Die Erkenntnisperspektiven der Technikforschung zur humanen Dimension der Technik sind u. a. anthropologisch, physiologisch, psychologisch und ästhetisch. Die erkenntnisleitenden Fragen zur humanen Technikdimension sind u. a. auf die Artefakte als Mittel und Ergebnisse der Arbeit bzw. des Handelns, auf die Interaktion mit dem menschlichen Organismus, die Wirkungen auf die Psyche, sowie auf die Ästhetik der Artefakte gerichtet. „Alles Gemachte", so Ropohl, „hat seinen Urheber, von dem es gemacht, und seinen Adressaten, für den es gemacht ist." (Ebd., S. 35 f.) Ropohl weist in diesem Zusammenhang auf die Bedeutung des Technikbegriffs von Karl Marx hin, der nachdrücklich die Aufmerksamkeit auf den arbeitsvermittelten Zusammenhang von Menschen und Natur gerichtet hat. Ferner wirkt in der psychologischen Betrachtung des Mensch-Maschine-Verhältnisses der Marxsche Entfremdungsbegriff weiter. Die ästhetische Perspektive öffnet die Technikforschung zur Kulturwissenschaft hin, indem sie u. a. dafür Bewusstsein schafft, dass die Schönheit technischer Artefakte ein wichtiger Teil des Projekts der industriellen Moderne ist: vom Eiffelturm über das Bauhaus bis zu den Klassikern des PKW-Design oder der amerikanischen Universalküchenmaschine *Kitchen-Aid*, die seit den 1960er Jahren in nahezu unveränderter Form erfolgreich angeboten wird. Typische Themenkomplexe der humanen Dimension von Technik sind: „Artefakte als Mittel und Ergebnis der Arbeit bzw. des Handels, Zusammenwirken mit dem körperlichen Geschehen des menschlichen Organismus, das Zusammenwirken mit dem psychischen Geschehen des Individuums, sowie die Schönheit der Artefakte." (ebd.)

- Die **soziale Technikdimension**: Ihre Fragerichtungen sind ökonomisch, soziologisch, politikwissenschaftlich und historisch, also sozialwissenschaftlich im weiteren Sinn. Typische Problemfelder, mit denen sich die soziale Dimension von Technik befasst, betreffen die Rolle der Technik im ökonomischen Prozess, die gesellschaftlichen Kontexte der Herstellung, Verwendung und Abwicklung von Technik, sowie Technikfolgen, aber auch die Funktion von Politik und Staat bei der Technikgenese und -verbreitung, die Akzeptanz von Technik sowie Technik und sozialen Wandel. Ropohl betont, dass, wer von der sozialen Einbindung aller Technik absieht, das Verhältnis von Menschen und Technik als „Robinsonade" beschreibe: (Ebd., S. 39) „Abgesehen davon, daß [...] nahezu jede Aktivität in Herstellung und Gebrauch technischer Artefakte unmittelbar oder doch mittelbar auf menschliche Gesellung bezogen ist, manifestiert sich die soziale Dimension im Horizont des Gemachten spätestens dann, wenn Urheber und Adressat des Gemachten nicht mehr in einer Person zusammenfallen und das Artefakt dann nicht mehr zwischen Menschen und Natur, sondern gleichermaßen auch zwischen Mensch und Mensch steht." (Ebd.) Als typische Arbeitsfelder technikhistorischer Untersuchung im Themenfeld der sozialen Dimension von Technik benennt Ropohl: „die Technik als Produktivkraft und als Mittel der Bedürfnisbefriedigung, die gesellschaftlichen Zusammenhänge der Technikherstellung und -verwendung, die Verstaatlichung der Technik und die Technisierung des Staates, sowie die Technik im Wandel der Zeit." (Ebd., S. 32)

Den engeren Interessenbereich der Technikgeschichte hat Ropohl so definiert: „Zu verschiedenen Zeiten sind unterschiedliche technische Probleme aufgetaucht, und im Wandel der Zeit sind ebenso verschiedenartige Lösungen für gleiche Probleme ersonnen worden; es gibt eine historische Abfolge technischer Erfindungen, Produkt- und Prozeßinnovationen, doch ist noch keineswegs ausgemacht, ob diese Abfolge einem Akkumulationsmodell des technischen Fortschritts genügt oder ob nicht auch andere Verlaufsformen wie etwa die einer zyklischen Wiederkehr oder einer Gleichzeitigkeit des Ungleichzeitigen eine Rolle spielen." (Ebd., S. 43) Hier münden Ropohls methodologische Überlegungen in den Mainstream des allgemeinhistorischen Methodendiskurses und seiner Frage nach der Konstruktion historischen Sinns ein.

Eine rein artefaktbezogene, primär die Mechanik des Artefakts rekonstruierende, die Erkenntnismethoden einer natur- bzw. technikwissenschaftlichen Disziplin, die Perspektiven von Ökologie, humanen Technikfolgen oder der Objektästhetik verabsolutierende technikhistorische Analyse genügt allein nicht den Anforderungen von Ropohls Technikbegriff. Das gilt allerdings auch und erst recht für eine technikfreie Allgemeingeschichtsschreibung, die politischen und gesellschaftlichen Wandel ohne

Bezug zur Technik darstellt oder diese als untergeordnete, ökonomisch oder politisch determinierte und abgeleitete Funktion der Modernisierung versteht. Die bleibende Bedeutung von Ropohls Ansatz im Vergleich zu einseitig sozialkonstruktivistischen Theorien wie z. B. der Akteur-Netzwerk-Theorie liegt in ihrer Anwendbarkeit auf die konkrete Arbeit mit realen Quellen der Technikgeschichte, an deren Ende nicht neue Theorien, sondern tatsächliche Historiographie steht.

Literatur

Hans Lenk, Günter Ropohl, Technik im Brennpunkt interdisziplinärer Reflektion, in: Fridericiana Zeitschrift der Universität Karlsruhe (TH) 15 (1974), S. 93-121

Hans Linde, Sachdominanz in Sozialstrukturen, Tübingen 1972

Günther Ropohl, Eine Systemtheorie der Technik. Zur Grundlegung der Allgemeinen Technologie, München/Wien 1979 (zugl. Habilitationsschrift Philosophie Universität Karlsruhe (TH) 1978)

Albrecht Timm, Einführung in die Technikgeschichte, Berlin u. a. 1972

Ders., Kleine Geschichte der Technologie, Stuttgart 1964

Ulrich Troitzsch, Gabriele Wohlauf (Hg.), Technik-Geschichte, Frankfurt am Main 1980

Bernhard Schäfers, Technik, in: ders. (Hg.), Grundbegriffe der Soziologie, Opladen [6]2000, S. 392-397

3.1.2 Geschichte in der Technikgeschichte

Als Teildisziplin der allgemeinen Geschichtswissenschaft muss sich die Technikhistoriographie auch mit ihrem Selbstverständnis von Geschichte auseinandersetzen. Im Folgenden scheint ein kurzer Blick auf diesen Gegenstandsbereich aus Sicht der Fachdisziplin Technikgeschichte angebracht zu sein. Die geschichtsphilosophische Frage nach der Definition des Gegenstandes, mit dem sich historischer Forschung zu beschäftigen habe, blickt auf einen über zweihundertjährigen Diskurs zurück. (Vgl. Kolmer 2008) Dieser soll und kann hier nicht rekonstruiert und wiedergegeben werden, denn dies ginge im Hinblick auf unsere Fragestellung erheblich zu weit. Stattdessen steht eine eher minimalistisch anmutende Arbeitshypothese am Beginn unserer Überlegungen, die einige Grundgedanken des Verhältnisses von Geschichte und Technik in der Technikgeschichte darzustellen versucht. Darin liegt auch die Ermunterung zur Beschäftigung mit den Problemen der Geschichtstheorie und -methodologie.

Der Arbeitsbereich des Historikers umfasst den Menschen in der Vergangenheit, gesehen au einer jeweiligen Gegenwart. Jakob Burckhardt (1818–1897), Schweizer Kulturhistoriker und einflussreicher Geschichtstheoretiker, definierte den Gegenstandsbereich seines Forschungsfeldes allumfassend als die Gesamtheit menschlichen Tuns und Leidens in der Vergangenheit. Damit unterstrich Burckhardt die Doppelrolle des Menschen als Subjekt und als Objekt von Geschichte. Bis in die 1960er Jahre dominierte als Ideal historischer Forschung der Historismus. Sein Erkenntnisziel lag nach der berühmten Formel Leopold von Rankes (1798–1876) in einer möglichst genauen und neutralen Beschreibung, „wie es eigentlich gewesen". (Vgl. Kolmer 2008, S. 47 f.) Die Methode des Historikers war das quellengesättigte, verstehende Erzählen des Vergangenen aus seinem Kontext heraus. Gegen diesen Objektivitätsbetriff, vor allem aber auf die weniger bei Ranke als bei seinen preußisch-deutschen Nachfolgern vorherrschende Beschränkung der historischen Darstellung auf die große Politik, Diplomatie und Krieg, formierte sich seit Ende des 19. Jahrhunderts wiederholt Widerstand.

Rankes Diktum, der Historiker solle „sagen, wie es eigentlich gewesen", ist deshalb so bedeutend, weil es ein geschichtstheoretisches Grundproblem deutlich macht, das sich in der Technikgeschichte sogar besonders ausgeprägt zeigt. Das wird verständlich, wenn man zunächst nach den drei Bedeutungen fragt, die das Wort „eigentlich" semantisch haben kann. Als ein Adjektiv hat es die Bedeutung von „tatsächlich", „wirklich", z. B. in dem Satz: Das ist die eigentliche Bedeutung von etwas. Als Adverb hat es die Bedeutung von „in Wahrheit", z. B. in dem Satz: Eigentlich bin ich Vegetarier. Als Partikel bedeutet es eine Relativierung oder Verstärkung, z. B. in dem Satz: Weißt du eigentlich, was er gesagt hat? Rankes Definition der Aufgaben des Historikers enthält alle drei Bedeutungen. Der Historiker soll also

- die „tatsächliche" Vergangenheit rekonstruieren, die sich an Quellen belegen lässt. Die Abgrenzung erfolgt hier zwischen Fakten und Fiktionen, Empirie und Erfindung. (Evans 1998, S. 11-23) Die Schwierigkeit liegt darin, dass die historische Darstellungsweise, das Erzählen, fiktionale Stilmittel der Darstellung auf Fakten anzuwenden gezwungen ist. Historiographie ist immer Literatur und Wissenschaft.
- Die Vergangenheit „in Wahrheit" zu verstehen und darstellen zu wollen, ist ein gefährlicher Anspruch. Er erweckt den Eindruck, als habe derjenige, der ihn erhebt, eine besondere Einsicht in die Essenz, in das Wesen der Geschichte und ihre Bewegungsprinzipien. Hier öffnet sich die Falltür zu Ideologien aller Art, in deren Dienst die Rekonstruktion der Vergangenheit dann tritt. Es geht nicht mehr um die tatsächliche Vergangenheit, sondern um diejenigen Aspekte des Vergangenen, die zur Ideologie passen, z. B. zur Deutung der Geschichte als Geschichte von Offenbarungswahrheiten oder von Klassenkämpfen.
- Die relativierende und verstärkende Bedeutung von „eigentlich" ist wichtig, weil Geschichte als diskursive Wissenschaft in der Gesellschaft immer wieder neu ausgehandelt wird. Die Wahrnehmung, was „eigentlich" relevant ist, verschiebt sich im Prozess der historischen und gesellschaftlichen Entwicklung, am deutlichsten in der ‚wandernden' Zeitgeschichte als der unabgeschlossenen Geschichte der Gegenwart.

Alle drei Bedeutungen existieren neben- und gegeneinander. Sie sind ein typischer Ausdruck der modernen gesellschaftlichen Selbstverständigung über die Relevanz der Vergangenheit für die Gegenwart und Zukunft. Keine Statusgruppe und kein Individuum kann die „Eigentlichkeit" von Aussagen über Geschichte mit dem Argument für sich allein beanspruchen, die eigenen Aussagen hätten von vornherein eine höhere Geltung als die aller anderen. Deshalb ‚gehört' die Technikgeschichte weder den Ingenieuren noch den Historikern, den Philosophen, Soziologen, oder Kulturwissenschaftlern, sondern der diskutierenden Gemeinschaft insgesamt. Deshalb muss sie auch immer wieder neu geschrieben werden.

Johan Huizinga (1872–1945), niederländischer Kulturhistoriker, der durch seine Darstellung von Lebensweisen im Spätmittelalter bekannt wurde, forderte z. B. eine grundsätzliche Revision des Geschichtsbildes des Historismus. Geschichte wurde nach Huizingas Auffassung zur geistigen Form, in der eine aktuelle Kultur über sich selbst reflektierte. Geschichte war dementsprechend immer ein Produkt der gesellschaftlichen Selbstvergewisserung und damit immer gesellschaftliche Interpretation des Vergangenen. Geschichtliche Erkenntnis, und damit Geschichte selbst, waren somit grundsätzlich gebunden an die spezifische Perspektive und Interessenlage des Betrachters, der den Gegenstand seiner Beobachtung erst im und durch den Akt des Betrachtens als kreative Leistung schuf.

Der Bezugsrahmen von Geschichte ist das Vergangene. Geschrieben wird sie in einer Gegenwart. Damit ist der Historiker mit der Grundproblematik konfrontiert, dass sein Untersuchungsgegenstand im Moment der Analyse nicht mehr existent ist. Das Vergangene erschließt sich in der Gegenwart nur interpretativ anhand von Quellen der Tradition, der gezielten Information der Nachwelt z. B. in Memoiren, oder durch textliche und materielle Überreste, die aus einer Vergangenheit übriggeblieben sind. Der Historiker hat es nämlich mit vielen möglichen Rekonstruktionen von Vergangenheiten zu tun, die je nach Erkenntnisziel variieren. Was im Überlieferten Relevanz besitzt und befragt wird, entscheidet die Perspektive des Betrachters, d. h. seine Fragestellung an die Vergangenheit. Diese wird nicht an sich rekonstruiert, sondern als ein quellengestütztes Bild von ihr: eines von vielen möglichen Bildern. Dennoch – und das ist für Natur- und Technikwissenschaftler vor dem Hintergrund ihrer Objektivitätsbegriffe nicht ohne weiteres zu verstehen – führt die Multiperspektivität nicht zu einer Beliebigkeit in der Annäherung an Vergangenes. Geschichte als Wissenschaft konstituiert sich über spezifische Methoden und Regeln der Rekonstruktion, die es ermöglichen, Fakten und Fiktionen zu unterscheiden. Der Historiker muss die Regeln der Quellenkritik befolgen und sich mit seinen Arbeitshypothesen dem wissenschaftlichen Diskurs stellen. Objekt ist nicht der Einzelne, sondern die diskutierende Gemeinschaft. Historische Erkenntnisse sind deshalb auch nicht für die Ewigkeit gemacht, sondern müssen in jeder Generation neu ausgehandelt werden: weil es neue Quellen, neue Fragen und neue Antworten gibt.

Jede Gesellschaftsformation wie auch jedes Individuum steht vor der Aufgabe, drei existentielle Fragen zu beantworten: Woher? Wohin? Warum? Diese großen Fragen verweisen auf die älteren Zuständigkeiten der Philosophie und der Theologien, hier geht es um die der Geschichte als Wissenschaft. Jedes Gesellschaftsmodell muss als Ganzes für seine Mitglieder verbindliche Antwortsysteme entwickeln und anbieten. Verlieren diese gesellschaftlichen Angebote an Bindungskraft, gerät das Gesellschaftsmodell in eine Krise, die allerdings durch das Entstehen neuer Antwortsysteme gelöst werden kann. Die Legitimation gesellschaftlicher Realität entsteht u. a. durch eine Interpretation der Vergangenheit mit dem Ziel, Konsens über einen wünschenswerten gegenwärtigen und zukünftigen gesellschaftlichen Zustand herzustellen. Zu diesem Zweck entwickeln Gesellschaften „große Erzählungen", die ein Angebot kollektiver Sinnstiftung enthalten. Sie konstruieren damit eine als natürlich dargestellte Entwicklungsrichtung und implizieren so bestimmte Handlungsnotwendigkeiten. Die Geschichtswissenschaften haben nun die Aufgabe, derartige Systeme kollektiver Sinngebung zu identifizieren und zu analysieren, um damit die kulturellen Tiefenstrukturen von Gesellschaften in den Bereich bewusster Reflektionsmöglichkeit zu bringen.

Große Erzählungen

Kollektive Sinnsysteme zur Legitimation gesellschaftlicher Realität

- Beziehungssetzung zur Vergangenheit
- Anzustrebende Zukünfte
- Entwicklungslogik

Beispiele für derartige große Erzählungen im Bereich der europäischen Moderne sind u. a.:

Große Erzählungen der Moderne

- Sieg der Vernunft (Aufklärung)
- Nationalismus
- Fortschritt (Industrialisierung bis zur Konsumgesellschaft)
- Geschichte als Geschichte des Klassenkampfes
- Globalisierte Wissensgesellschaft (Informationsgesellschaft)
- Kampf der Kulturen

Das Charakteristikum dieser modernen großen Erzählungen ist deren technisch-wissenschaftliche Dimension, die so weit gehen kann, dass Technik zur zentralen und dominierenden Legitimationsstruktur gesellschaftlicher Realität wird. Das Verständnis der Funktionalität moderner oder postmoderner Gesellschaftsmodelle setzt zwingend die Rekonstruktion der technischen Dimension ihrer Realitäten voraus. Die Kombination des Technotop- und Technikbegriffes von Günter Ropohl, verbunden mit einem (de-)konstruktivistisch orientierten Geschichtsbegriff, bietet sich zu diesem Zweck als Arbeitsgrundlage der Geschichts-/Technikgeschichtsschreibung in besonderem Maße an:

„Der Umzug der Menschen vom Biotop ins Technotop (Ropohl), von den organischen zu den (vorerst noch überwiegend unbelebten) technischen Lebenswelten [...] hat ein großes Orientierungsbedürfnis hinterlassen. Die Geschichte dieses Umzuges muß immer wieder neu erzählt werden, wenn wir sie und damit uns selbst verstehen wollen. [...] Als ‚Medium der Vergegenwärtigung eigener und fremder Identität' ([Hermann]Lübbe) findet das Interesse an der Geschichte seinen Ausgang in der Gegenwart, die zur Selbstverständigung und Selbstvergewisserung die Kommunikation mit der Vergangenheit sucht. In dem Maße wie wir Technik als Bestandteil oder Bedrohung unserer Identität empfinden, bedürfen wir ihrer Geschichte." (Ulrich Wengenroth, Was ist Technikgeschichte? (Entwurf 1), München 1998 (Manuskript unveröffentlicht), S. 2 f.)

3.1.3 Zum Verhältnis von Allgemeingeschichte und Technikgeschichte – Stationen einer schwierigen Annäherung

Die Technikgeschichte steht am Rand der politischen deutschen Neuzeit- und Zeitgeschichte. Als Disziplin mit einer besonderen Verwobenheit in den Prozess der deutschen Nationsbildung im 19. sowie in die doppelte deutsche Diktaturerfahrung im 20. Jahrhundert widmet sich die allgemeine deutsche Geschichtswissenschaft Untersuchungsgegenständen überwiegend aus den Bereichen des politischen Systems, der politischen Kultur, der politischen Institutionen und Akteure. Die lange vorherrschende Notwendigkeit zur Aufarbeitung des nationalsozialistischen Zivilisationsbruchs hat diesen Trend für den Bereich der Zeitgeschichte sogar noch verstärkt. Selbst die auffällige Rolle der Technik in der nationalsozialistischen Herrschaft wurde verhältnismäßig spät, d. h. in den 1970er Jahren, erstmals gründlich analysiert und dokumentiert, wie Karl-Heinz Ludwig u. a. mit Blick auf seine Studie „Technik und Ingenieure im Dritten Reich" aus dem Jahr 1974 festgehalten hat. Die Rolle der Technik in der SED-Diktatur gehörte lange zu den DDR-geschichtlichen Forschungsdesideraten. (Augustine 2007)

Es war zunächst der Kulturhistoriker Karl Lamprecht (1856–1915), der im Rahmen seiner umfangreichen „Deutschen Geschichte" um 1900 als Erster den Versuch unternahm, auch die Entwicklung der Technik im 19. Jahrhundert mit zu berücksichtigen. Technikgeschichte im engeren oder weiteren Sinn war Lamprechts Hinweis auf die Relevanz der Technik für das Zeitalter der Industrialisierung allerdings noch keineswegs, eher eine programmatische Aufforderung an die Geschichtswissenschaft zur Erweiterung ihrer erkenntnisleitenden Interessen. Dessen ungeachtet wurde er wegen dieses sozial- und mentalitätsgeschichtlichen Ansatzes von der deutschen Historikerzunft, die auf den fachkulturellen Code des Neohistorismus festgelegt war, marginalisiert. Man stempelte ihn zum Außenseiter des Faches und durch diese Stigmatisierung wurde es ihm unmöglich gemacht, mit dieser Weitung des historischen Erkenntnisinteresses wirksam zu werden. Weiterhin blieb Technik für lange Zeit als

Gegenstandbereich der allgemeingeschichtlichen Betrachtung des 19. Jahrhunderts und der Zeitgeschichte ausgeschlossen.

Es dauerte nach Lamprecht über dreißig Jahre, bis der zur Wahrnehmung allgemeingeschichtlicher Lehre an der Technischen Hochschule (TH) Karlsruhe habilitierte Studienrat Franz Schnabel (1887–1966) Lamprechts Postulat einlösen sollte. Als erster deutscher Neuzeithistoriker widmete Schnabel 1934 einen ganzen Band seiner „Deutschen Geschichte im neunzehnten Jahrhundert" den Erfahrungswissenschaften und der Technik. (Schnabel 1934) Schnabels Perspektiven waren durch seinen Karlsruher TH-Standort und ein Ingenieursumfeld geprägt. Die Geschichte der Fridericiana, des 1825 gegründeten badischen Polytechnikums, und die Entwicklung der polytechnischen Ausbildung hin zu einer disziplinären Wissenschaft von der Technik prägten seine Interessen:

> „Was aber im 19. Jahrhundert das eigentlich Neue war und dem deutschen Geiste vornehmlich verdankt wurde, das waren die neben den Vorlesungen einhergehenden Übungen: sie ergaben sich aus den Bedürfnissen der neuen, induktiven Wissenschaft und ihrer methodischen Arbeit." (Schnabel 1934, S. 135)

Das Konzept einer allgemeingeschichtlichen Bildung von angehenden Ingenieuren, am Karlsruher Polytechnikum seit seiner Gründung praktiziert, hatte Schnabel für die große Bedeutung der Technik in der Moderne sensibilisiert. Der dritte Band seiner „Deutschen Geschichte" zeigt Chancen und Grenzen einer ideen- und kulturgeschichtlich konturierten Technikbetrachtung auf. Bevor Schnabel überhaupt zum Themenfeld Technik gekommen war, hatte er sich u. a. mit der Geschichtsphilosophie Georg Wilhelm Friedrich Hegels (1770–1831) befasst und dabei auch die Entwicklung der Geschichtswissenschaften zur eigenen Disziplin unter dem Einfluss u. a. von Leopold Ranke (1795–1886) und Johann Gustav Droysen (1808–1884) mit einbezogen. Schnabels „Deutsche Geschichte des 19. Jahrhunderts" enthält bemerkenswerte, in Ansätzen auch sozialgeschichtliche Einblicke in die Wissens- und Wissenschaftsorganisation, sowie die Universitäts- und Gelehrtengeschichte im deutschen Sprachraum. Stets blieb Schnabels Stil dabei essayistisch und von der Absicht bestimmt, Grundlagenwissen an Nichtfachleute zu vermitteln. Inhaltlich stellt Schnabel in den Abschnitten über Naturwissenschaften und Technik die geistige Wirkungsgeschichte natur- und technikwissenschaftlicher Innovationen dar. Diese werden in der Regel mit starkem Bezug auf die Person des Erfinders bzw. Entdeckers als Heroengeschichte präsentiert:

> „Gauß war der geistige Urheber, Weber der ausführende Physiker. Auf die Anregung von Gauß hin hat sich dann Steinheil an die Aufgabe gemacht, den Nadeltelegraphen so umzugestalten, daß er die ankommenden telegraphischen Zeichen niederzuschreiben vermochte." (Schnabel 1934, S. 392 f.)

Hinsichtlich der Funktionsweise von Technik, sowie deren konkreten Konstruktionsmerkmalen verharrt Schnabel auf einer recht oberflächlichen Betrachtungsweise. Technikdetails interessierten ihn weniger. Schnabels Stärken liegen im Aufzeigen der Bedeutung von Technik für das Selbstverständnis einer modernen, bürgerlichen

Gesellschaft, sowie in der Schaffung von Problembewusstsein für die technische Zivilisation, nicht jedoch in der Präsentation ingenieurtechnischer Zusammenhänge. Anders als Lamprecht dreißig Jahre zuvor, erfuhr Schnabel mit seinem Ansatz der Historiographie nun allerdings keine Ablehnung durch die Allgemeingeschichtsschreibung mehr. (Gleitsmann/Oetzel 2003) Dessen ungeachtet benötigte die von Franz Schnabel vorgeführte Integration der Technikgeschichte in die Allgemeingeschichtsschreibung letztlich noch einmal mehr als 35 Jahre, um dort endgültig anzukommen. Der Düsseldorfer Neuzeithistoriker Kurt Düwell, Jahrgang 1937, war es, der 1976 auf dem Mannheimer Historikertag ein Referat „zum Verhältnis der Technik des Industriezeitalters zur allgemeinen Geschichtswissenschaft“ (Düwell 1977) hielt und hierbei die Bedeutung Schnabels besonders hervorhob. Vom Ergebnis her, so Düwell, sei es Schnabel gelungen, in der Geschichtswissenschaft eine Sensibilisierung zugunsten technikgeschichtlicher Aspekte zu erreichen und zu verankern.

Zur Charakterisierung von Schnabel diesbezüglicher Leistung ist vor allem folgendes festzuhalten:

- Schnabels Darlegungen zur Naturwissenschaft und Technik sind vorwiegend geistes- bzw. kulturhistorisch angelegt. Friedrich Klemm wird diesen Ansatz später fortführen und ausbauen.
- Schnabel schilderte Industrie und Technik als Errungenschaften der Menschheit, und zwar als beherrschte Technik im optimistischen Sinne seiner Zeit mit der Zielsetzung durch Technik und Wissenschaft „Herrschaft über die Natur zu (er)langen.“ (Schnabel 1934, S. 241).
- Infolge der im 19. Jahrhundert vorhandenen Mittel der Naturwissenschaften und der Technik werden die organischen Schranken der Produktion, die dem Menschen bisher gesetzt waren, durchbrochen. (Ebd. S. 246) Zum fortschrittlichen Charakteristikum der gesellschaftlichen Warenerzeugung wird die Massenproduktion im Fließprozess, wie von Henry Ford exemplarisch gezeigt worden war.
- Für Schnabel wird Technik zum Schrittmacher für Rechtsstaat und Demokratie und damit zum Fundament einer bürgerlichen Gesellschaft.
- Schnabels Interesse war eher dem „Geist der Technik im weitesten Sinne [verhaftet ...] und nicht dem geschichtlichen Detail der Ingenieurwissenschaften.“ (Ebd. S.68) Doch es gelang ihm, ohne dass umfangreiche Vorarbeiten zur Technikgeschichte des 19. Jahrhunderts vorlagen, die technische Entwicklung der Zeit zu erfassen und in den allgemeinhistorischen Zusammenhang einzubetten. Auch deshalb rekurrierte die sich in den 1960er Jahren formierende Technikgeschichtsschreibung, also die sogenannte „moderne externalistische Technikhistoriographie, immer wieder auf Franz Schnabel, um so ihre Hinwendung zur humanen und sozialen Dimension von Technik mitzubegründen (Ropohl 1979, S. 32 ff.) und schließlich
- Schnabels kulturhistorischer Ansatz erschloss durch die Ausweitung der Untersuchungsperspektiven auf Veränderungsprozesse der Mentalität eine neue historische Dimension. Es ging dabei um die individual- und kollektivpsychologischen Transformationen im Kontext der Entstehung und des Gebrauch moderner Technik.

Auch wenn der Publizist und spätere Heidelberger Politikwissenschaftler Dolf Sternberg (1907–1989) für sich nicht in Anspruch nehmen konnte, ein Historiker zu sein, so bestach er dennoch dadurch, dass er sich sehr früh ebenfalls einem mentalitätsgeschichtlichen Ansatz der Gesellschaftsanalyse verpflichtet sah. Von 1934 bis 1943 war Sternberger Redakteur der renommierten Frankfurter Zeitung. Im Jahr 1938 erschien seine Essaysammlung „Panorama oder Ansichten vom 19. Jahrhundert". (Sternberger 1938) In dieser beschäftigte er sich mit der über Technik vermittelten Darstellung von Umwelt über Projektionen, ähnlich der des Kinos, nun aber in Form von Panoramen. Inszenierte Rundumansichten von Schlachten, aber auch von Stadtbildern galten im letzten Dritttel des 19. Jahrhunderts als Besucherattraktion. Sternbergs Analysen dieses Phänomens enthalten wichtige Anregungen u. a. zur mentalitätsgeschichtlichen Kontextualisierung des Lebensgefühls im Jahrhundert des Bürgertums und der Industrialisierung. Sternberger legt dabei besonderen Wert auf die technikvermittelten Perspektivwechsel. Man findet hier Denkansätze, die sich später bei Wolfgang Schivelbusch und seiner Darstellung dessen, was er als technikvermitteltes „panoramatisches Sehen" bezeichnet. (Schivelbusch 1977) Anders als Franz Schnabel bot Sternberg allerdings keine systematische Entwicklungsgeschichte von Technik und Gesellschaft, zählte aber zu den ersten deutschen Autoren, die nachdrücklich auf die mentalitätsprägende Bedeutung von Technik auf die Habitusentwicklung der modernen Leistungsgesellschaft im 19. Jahrhundert hingewiesen haben.

Einen qualitativen Sprung stellte die Historiographie des Münchner Neuzeithistorikers Historikers Thomas Nipperdey (1927–1992) dar. Nipperdey behandelt in seiner zwischen 1983 und 1992 erschienenen dreibändigen „Deutschen Geschichte" (Nipperdey 1983–1992) ausführlich das Problem der natur- und technikwissenschaftlichen Bildung am Beispiel der Entwicklung des Schul- und Hochschulwesens. Auch seine alltagsgeschichtliche Darstellung der Lebensumstände der Angehörigen verschiedener Schichten der deutschen Gesellschaft, insbesondere der neuen Klasse der Industriearbeiterschaft, berücksichtigt technikgeschichtliche Aspekte. Die Modernisierungsschübe der zweiten Industrialisierung in der Zeit des Deutschen Kaiserreichs präsentiert Nipperdey als Ensemble soziotechnischer, soziokultureller und sozioökonomischer Voraussetzungen mit weitreichenden politischen Folgen.

Wenig technikaffin ist hingegen das gesellschaftsgeschichtliche Konzept des Bielefelder Sozialhistorikers Hans-Ulrich Wehler (1931–2014). Wehlers aus einer selektiven Interpretation Max Webers gewonnene Leitkategorien, die auf die Strukturprozesse der Wirtschaft, der sozialen Ungleichheit, der politischen Herrschaft und der Kultur zielen, ordnen technikgeschichtliche Gesichtspunkte konsequent einer dieser Perspektiven zu, ohne allerdings wie Nipperdey, die Ausgestaltung der modernen deutschen Gesellschaft als hyperkomplexes Technotop darzustellen. Technik ist für Wehler, ebenso wenig wie Religion, kein eigenständiger Faktor des sozialen Wandels, sondern vielmehr Funktion übergeordneter Größen.

Im Hinblick auf die Berücksichtigung der Technikgeschichte stellt die neunte Auflage von Gebhardts Handbuch der Geschichte aus den 1970er Jahren eine Ausnahme dar. In Band 12 dieses Handbuches aus dem Jahr 1975 widmet sich der wirtschafts- und unternehmensgeschichtlich ausgewiesene Neuzeithistoriker Wilhelm Treue (1909–1992) von der Universität Hannover der Thematik „Gesellschaft, Wirtschaft und Technik Deutschlands im 19. Jahrhundert". Allerdings hielt „der Gebhardt" später, d. h. seit der 2001 erschienenen 10. Auflage dieses Handbuchs, nicht an dieser thematischen Einteilung fest. Die Einzelbände der aktuellen Nachdrucke der 10. AUflage, u. a. von Friedrich Lenger und Volker Berghahn, ordnen technikgeschichtliche Themen nun modernisierungsgeschichtlichen Kategorien zu. Der Informationsgehalt über technikgeschichtlich relevante Fragestellungen ist im Unterschied zu Treues Monografie gering.

Auch in den 30 Bänden der monographischen Darstellungen „Deutsche Geschichte der neuesten Zeit", erschienen zwischen 1986 und 1996 bei dtv, und in der seit 1979 erscheinenden Lehrbuchreihe „Oldenbourg Grundriß der Geschichte" kommt der Technikgeschichte keine integrierende Funktion für die Geschichte der politisch-industriellen Moderne zu. Dies gilt auch für die Bände 5 bis 7 des politikgeschichtlich ausgerichteten Handbuchs der europäischen Geschichte, seit 1968 herausgegeben von dem bedeutenden Kölner Neuzeithistoriker Theodor Schieder (1908–1994).

Allerdings gibt es in der Allgemein- und Politikgeschichte in den letzten Jahren Bewegung. Die globalgeschichtliche Wende seit den 2000er Jahren hat u. a. vor dem Hintergrund vorliegender konsumgesellschaftsgeschichtlicher Überblicke aus technikgeschichtlicher Sicht (vgl. König 2000) zu einer stärkeren Berücksichtigung der Wirtschafts- Konsum und Technikgeschichte auch in der politischen Geschichte geführt. Einen guten begriffs- und prozessgeschichtlichen Überblick für die gesamte Neuzeitgeschichte bieten dazu Jürgen Osterhammel und Niels P. Petersson in ihrer „Geschichte der Globalisierung". (Osterhammel/Petersson 2003) Emily S. Rosenberg behandelt in ihrem Beitrag zur C.H., Beck/Harvard University Press-Geschichte der Welt im Rahmen der Transnationalität 1870 bis 1945 u. a. Ingenieure als wesentliche Akteure globaler Wissensnetzwerke. Ein weiterer Schwerpunkt ist die Entstehung der modernen Konsumgesellschaft u. a. im Kontext sowohl der Industrialisierungs- und Imperialismusgeschichte wie beider Weltkriege des 20. Jahrhunderts. (Rosenberg 2012, S. 815-998) In der deutschen Zeitgeschichte sorgte der NS-Spezialist Götz Aly mit seiner 2005 formulierten, aufwendig archivalisch gestützten These für Aufsehen, dass „Hitlers Volksstaat" eine begrenzt konsumistische und vor allem wohlfahrtsstaatliche Gefälligkeitsdiktatur auf Kosten aller Gegner des Nationalsozialismus und des besetzten Europas gewesen sei. Die NS-Kriegsdiktatur habe die politische Akzeptanz für die politischen Ziele des Nationalsozialismus und des Zivilisationsbruchs durch materielle Zugeständnisse an die Volksgenossen regelrecht erkauft. Hierdurch wurden, so schlussfolgert Aly, auch die Grundlagen zu den Erwartungshaltungen für die Sozialstaatlichkeit nach 1945/49 gelegt. (Aly 2005)

In ihrem Beitrag „1945 bis heute" der Publikation „Geschichte der Welt" gehen die Autoren John R. McNeill und Peter Engelke explizit auf die Entstehungszusammenhänge des ersten durch irreversible Eingriffe des Menschen gestalteten Erdzeitalter, des Anthropozäns, ein. Sie richten dabei ihren Blick auf die politischen Aspekte von Ressourcenregimen, prekär gewordenen Grenzen des Wachstums, sowie auf die Interdependenz von „Kalte[m] Krieg und Umwelt". (McNeil/Engelke, 2013, S. 357-534)

Der Heidelberger Zeithistoriker Edgar Wolfrum hingegen geht in seiner „Andere[n] Geschichte des 20. Jahrhunderts" (Wolfrum 2017) ausführlich auf die Ambivalenzen von wirtschaftlich-technischem Fortschritt und politischen Katastrophen ein. (Wolfrum 2016) Dabei macht er deutlich, dass jede Modernisierung Gewinner und Verlierer erzeugt und eine „Welt im Zwiespalt" hervorruft. In ähnlichem Sinne argumentiert auch Rolf-Ulrich Kunze in seiner Publikation „Global History und Weltgeschichte". (Kunze 2017)

Aber auch die Technikgeschichte zeigt neuerdings erstmals wieder Tendenzen, sich im Rahmen ihres Forschungsfokus neuerlich mit dem Themenfeld der Politik zu beschäftigen. Das Leitthema der 2019 in Karlsruhe abgehaltenen Jahrestagung der Deutschen Gesellschaft für Technikgeschichte (GTG) war erstmals wieder „Technik und Politik" (Popplow 2020) mit Schwerpunkten u. a. in den Bereichen Kalter Krieg, Kooperation von Experten und Politik sowie technische Zukunftsvisionen. Weiterhin gilt, was Popplow in seiner Einleitung des Themenheftes feststellt: „Ein Patentrezept für die Analyse des vielschichtigen Verhältnisses von Technik und Politik wird es [...] nicht geben." (Ebd., S. 294) Die Karlsruher GTG-Tagung hat einmal mehr gezeigt, dass weniger die jeweils modischen theoretischen Zitierstandards wie die Akteur-Netzwerk-Theorie (ANT) neue Erkenntnisse bringen, sondern nach wie vor die quellengestützte Beschäftigung mit Ideen, Strukturen und Akteuren.

Literatur

Götz Aly, Hitlers Volksstaat. Raub, Rassenkrieg und nationaler Sozialismus, Frankfurt am Main 2005

Volker Berghahn, Das Kaiserreich 1871–1914, Stuttgart 2003 (Gebhardt Handbuch der deutschen Geschichte, Bd. 16)

dtv Deutsche Geschichte der neuesten Zeit. Vom 19. Jahrhundert bis zur Gegenwart, hg. v. Martin Broszat u. a., München 1986 ff.

Kurt Düwell, Die Technik des Industriezeitalters und die ‚allgemeine' Geschichtswissenschaft, in; Wilhelm Treue (Hg.), Deutsche Technikgeschichte. Vorträge vom 31. Historikertag in Mannheim 1976, Göttingen 1977, S. 10-28

Rolf-Jürgen Gleitsmann/Günter Oetzel, Franz Schnabel, die Technik und die Geschichtswissenschaft, in: Zeitschrift für die Geschichte des Oberrheins 151 (2003), S. 635-654

Handbuch der europäischen Geschichte, 7 Bde., hg. v. Theodor Schieder, Stuttgart 1968–1987

Wolfgang König, Geschichte der Konsumgesellschaft, Stuttgart 2000

Rolf-Ulrich Kunze, Global History und Weltgeschichte. Quellen, Zusammenhänge, Perspektiven, Stuttgart 2017

Friedrich Lenger, Industrielle Revolution und Nationalstaatsgründung (1849–1870er Jahre), Stuttgart 2003 (Gebhardt Handbuch der deutschen Geschichte, Bd. 15)

Karl-Heinz Ludwig, Technik, in: Enzyklopädie des Nationalsozialismus, hg. v. Wolfgang Benz u. a., Stuttgart 1997, S. 257-274

Ders., Technik und Ingenieure im Dritten Reich, Düsseldorf 1974

John R. McNeill, Peter Engelke, Mensch und Umwelt im Zeitalter des Anthropozän, in: Akira Iriye (Hg.), 1945 bis heute. Die globalisierte Welt, München 2013, S. 357-534

Thomas Nipperdey, Deutsche Geschichte, 3 Bde., München 1983–1992

Oldenbourg Grundriss der Geschichte, hg. v. Jochen Bleicken u. a., Bd. 1 ff., München 1979 ff.

Jürgen Osterhammel, Niels P. Peterson, Geschichte der Globalisierung. Dimensionen, Prozesse, Epochen, München 2003 u. ö.

Marcus Popplow, Einleitung, Themenheft ‚Technik und Politik'; in: Technikgeschichte 87 (2020) H. 4, S. 287-294

Emily Rosenberg, Transnationale Strömungen in einer Welt, die zusammenrückt, in: 1870–1945. Weltmärkte und Weltkriege, Hg. v. ders., München 2012 (Geschichte der Welt), S. 815-998

Franz Schnabel, Deutsche Geschichte im neunzehnten Jahrhundert. Bd. 3: Erfahrungswissenschaften und Technik, Freiburg i. Br. 1934 (ND München 1987)

Dolf Sternberger, Panorama oder Ansichten vom 19. Jahrhundert, Frankfurt am Main 1974 (zuerst Düsseldorf/Hamburg 1938)

Wilhelm Treue, Gesellschaft, Wirtschaft und Technik Deutschlands im 19. Jahrhundert, München 1975 (Gebhardts Handbuch der deutschen Geschichte, Bd. 17)

Hans-Ulrich Wehler, Deutsche Gesellschaftsgeschichte, 5 Bde., München 1987 ff

Edgar Wolfrum, Welt im Zwiespalt. Eine andere Geschichte des 20. Jahrhunderts, Stuttgart 2017

3.1.4 Wie das Neue in die Welt kommt: Theorien des technischen Wandels

Die Menschheitsgeschichte ist seit jeher geprägt durch Technik und technischen Wandel. Dieser basiert im Wesentlichen darauf, dass der Mensch technische Hilfsmittel entwickelte, die ihm dazu dienen sollten, sich zu verteidigen, als auch sich Natur im täglichen Überlebenskampf anzueignen und diesen Aneignungsprozess unter den unterschiedlichsten Rahmenbedingungen und Zielsetzungen möglichst zu optimieren. Technik und Kultur gehen dabei Hand in Hand.

Über die Bedeutung von Technik für Mensch und Gesellschaft kann heutzutage nicht ernsthaft gestritten werden. Dies umso weniger, als unsere gegenwärtige Welt längst zu einem technikgeprägten Technotop geworden ist. Allerdings stellt sich die Frage, wie sich technischer Wandel konstituiert, worauf dies basiert, welche Technik gesellschaftlich Wirkmächtig wird, und welche Erklärungsansätze bzw. Theorien es hierzu gibt.

3.1.4.1 Invention, Innovationen, Diffusion

Will man sich dem Phänomen „technischer Wandel" nähern, so sind es zunächst drei grundlegende Begriffe, die es hier einleitend zumindest kurz zu erläutern gilt. Dies sind gemäß der klassischen Sichtweise des Gesamtprozesses des technischen Wandels die

Begriffe der Invention, der Innovation sowie der Diffusion, die die zentralen Phasen technischen Wandels charakterisieren.

Mit **Invention** wird dabei jene schöpferische und kreative Leistung bezeichnet, die etwas Neues, bisher nicht Dagewesenes hervorbringt. (Vgl. Braun 2003) Meist wird dieser Vorgang mit der Person des genialen Erfinders verknüpft, dessen „Geistesblitz" die Basis an Wissen dafür liefert, dass Technik sich grundlegend verändern kann. Die Ursachen für das Hervorbrechen derartig revolutionäre Ideen bzw. Gedanken lassen sich letztlich nicht bestimmen, sondern werden üblicherweise auf die Genialität der Erfinderpersönlichkeit zurückgeführt. „Hinter derartige Erklärungen", so der Technikhistoriker Wolfgang König, „kann in der Regel nicht zurückgegangen werden." (König 2009, S. 58) Auch im Hinblick auf die Motive, die potenzielle Erfinder dazu veranlassen, sich mit einem Betätigungsfeld zu befassen, kann nur auf höchst unterschiedliche Impulse verwiesen werden. Deren Spektrum kann vieles umfassen: die grundsätzliche Begeisterung an der Auseinandersetzung mit technischen Problemen an sich; das Streben nach sozialer Anerkennung und ökonomischem Erfolg; oder auch persönliche Eitelkeiten; schließlich das Aufgreifen von und die Auseinandersetzung mit technischen Problemen, mit denen sich Gesellschaften in zentralen Bereichen ihrer Lebenswelt zu bestimmten Zeiten konfrontiert sahen. Typische Beispiele für letztgenanntes wären, um hier nur einige wenige zu nennen, etwa:

- die Wasserhebeprobleme im Bergbau seit dem Mittelalter, die zur Erfindung von Wasserhebemaschinen führte;
- der Mangel an der gesellschaftlichen Zentralressource Holz, der seit dem 16. Jahrhundert zur Invention von Holzspartechnologien ebenso anregte, wie zur Suche nach alternativen Energieträgern und der für eine Steinkohlenutzung erforderlichen neuen Techniken. (Vgl. Gleitsmann 1985);
- und auch die infolge der Industriellen Revolution zunehmende an ihre bisherigen Grenzen stoßenden Kraft- und Arbeitsmaschinen wurden zum Impulsgeber für eine rege Erfindertätigkeit, die sich schließlich mit Namen wie James Watt (1736–1819) oder James Hargreaves (1720–1778) verband.

Gelegentlich waren es auch glückliche Umstände oder Zufälle, die zu Inventionen führten. Als Beispiel hierfür kann der Alchimist Ehrenfried Walther von Tschirnhaus (1651–1703) gelten, der nach einem Herstellungsverfahren für Gold suchte, aber stattdessen zufällig Hartporzellan erfand. Das Qualitätsprädikat „genial", mit dem Erfinder häufig bedacht werden, um den Ursprung ihre Leistung verständlich zu machen, dürfte zwar hin und wieder durchaus zutreffen, muss aber doch eher als idealtypische Charakterisierung gelten. Bereits einem der Großen der Erfinderzunft, Thomas Alva Edison (1847–1931), wird das Bonmot zugeschrieben, dass seiner Erfahrung nach, das Erfinden nur zu einem Prozent durch Inspiration geprägt sei, aber zu 99 % auf Transpiration beruhe. Dies wirft ein durchaus anderes Licht auf die Erfindertätigkeit und deren maßgebliche Voraussetzungen. Sie sind vor allen nicht planbar.

Um technisch wirkmächtig werden zu können, muss die Invention zur **Innovation** werden. Das heißt, die Erfindung als gedankliche Neuerung muss sich materialisieren und zu einem technischen Artefakt, einem Verfahren bzw. zu einem Produkt mit Marktreife entwickeln können. Der damit eingeleitete Prozess lässt sich, ganz im Sinne des Nationalökonomen Joseph Schumpeter (1883–1950), als Beginn einer „schöpferischen Zerstörung" (Schumpeter 1942/2005, S. 134-142) deuten, in deren Folge alte, z. B. technische Strukturen verdrängt und durch neue ersetzt werden. (Schumpeter 1942) Es ist die Unternehmerschaft, in deren Händen diese Transformation liegt. Damit entstehen Innovationen in Unternehmen, während die erfolgreiche Durchsetzung des Neuen im Markt bzw. der Gesellschaft, in der klassischen Innovationstheorie begrifflich als **Diffusion** bezeichnet, sich als Zusammenspiel von Unternehmen und Verbraucher vollzieht. Diese recht lapidar klingende Feststellung der traditionellen Innovationstheorie war der Unternehmerschaft seit jeher eine sattsam bekannte Tatsache. Und dennoch, diese auf den ersten Blick so banal wie selbstverständlich klingende Feststellung ist richtig und falsch zugleich. Richtig insofern, als Innovationen sich tatsächlich auf Unternehmensebene konkretisieren. Falsch insofern, als Innovationen in Innovationskontexten stehen, also u. a. in gesellschaftlichen Innovationskulturen. Und diese wiederum werden durch mehr als einen Faktor geprägt. Sie entspringen größeren, d. h. systemischen Zusammenhängen. Dies wiederum bedeutet, dass Innovationen sich nicht allein aus technisch-unternehmensbedingten Kontexten erklären lassen. Ropohl hat diesen Zusammenhang in seiner Systemtheorie der Technik (Ropohl 1978) und der zugehörigen Technikdimension mit ihrer naturalen, sozialen und humanen Dimension mehr als deutlich gemacht. (Ropohl 1978, S. 32)

Vom Gegenstandsbereich her kann zwischen Produktionsmittel- (Maschinen, Werkzeuge, Werkstoffe), verfahrenstechnischen, Vermarktungs- und Produktinnovationen unterschieden werden, und zwar mit einer Typisierungsmöglichkeit in:

- Basis- und Verbesserungsinnovationen, wobei Basisinnovationen das Fundament sich daraus dann neu entwickelnder Industrie- und Gewerbebereiche bilden, während Verbesserungsinnovationen bereits Bestehendes optimieren;
- Produkt- und Prozessinnovationen;
- Indifferenz-, Kooperations- und Konkurrenzinnovationen. Diese Typisierung stellt „Innovationen in der Diffusionsphase in größere Marktzusammenhänge. Der Indifferenztyp bietet neue, konkurrenzlose Lösungen; der Kooperationstyp wirkt mit vorhandenen technischen Lösungen zusammen, während der Konkurrenztyp sich gegen vorhandene technische Lösungen durchsetzen muss". (König 2009, S. 63);
- Angebots- und nachfrageinduzierte Innovationen. Angebotsinduziert Innovationen gehen aus Erfinder- oder Forschungstätigkeit hervor, ohne dass diese bereits ein späteres Nutzungskonzept begleitet. Nachfrageinduzierte Innovationen offerieren eine Lösung für bestehende, d. h. bekannte gesellschaftliche Bedürfnisse, die zum Impuls für die Suche nach technischen Innovationen werde. (Nach ebd.)

Technische Innovationen und ihre Entwicklung im Kontext von Diffusionsprozessen sind, und zwar im deutlichen Gegensatz zu technikdeterministischen Interpretationsansätzen, ein gesellschaftliches Phänomen. Die Diffusion technischer Innovationen ist abhängig von zahlreichen Faktoren außertechnischer Natur, und von den Interessen und Zielsetzungen verschiedenster Akteure. Sie ist eingebunden in gesellschaftliche Wertvorstellungen, Normen, Ziele, „cultural factors" sowie „Pfadabhängigkeiten", (Hughes 1975) als auch gesellschaftliche Befindlichkeiten. Und auch nationale Technikstile bzw. Technikkulturen spielen eine Rolle, wobei hierunter das Phänomen verstanden wird, dass sich Technik trotz ihrer Tendenz zur globalen Konvergenz sich in unterschiedlichen Gesellschaften national verschieden auszuformen vermag. (Vgl. Möser 2012) Die Fassbarkeit nationaler Technikstile exemplifiziert die technikhistorische Forschung häufig am Vergleich der amerikanischen zur deutschen Technikentwicklung im 19. und 20. Jahrhundert. Dabei wurde darauf verwiesen, dass in der deutschen Technikkultur Unternehmen insbesondere dann erfolgreich waren, wenn es ihnen gelang, neues Wissen in marktfähige Investitionsgüter umzusetzen.

> „Der daraus hervorgehende Technikstil zeichnete sich durch sein technisches Niveau und seine Qualität aus, durch Energie- und Materialeffizienz, aber häufig auch durch einen hohen Preis. In der amerikanischen Technikkultur erzielten die Unternehmen dagegen die größten Erfolge mit in rationeller Massenproduktion gefertigten, kostengünstigen Konsumgütern für den Binnenmarkt. Die Qualität war der Nachfrage angepasst, Energie- und Materialsparen spielte keine Rolle." (König 2009, S. 70; Radkau 1989)

Als Begründung dafür wird auf volkswirtschaftlich unterschiedliche Faktorausstattungen, sowie Kapital- und Nachfragesituationen verwiesen. Allerdings scheint dem Postulat dieser nationalen Technikstile, zumindest seit dem 20. Jahrhundert, ein gegenläufiger Prozess entgegenzuwirken, nämlich die Tendenz zur weltweiten Homogenisierung des technischen Inventars nationaler Volkswirtschaften. Überdenkt man all dies, so muss es der Technikhistoriographie um die genaue Analyse all dieser systemisch bedingten Kontexte gehen, um zu verstehen, wie das Neue in die Welt kam, und welche konkreten Ausgestaltungen Technik dabei erfuhr. Damit geht es um das Verständnis von Innovationssystemen als höchst komplexen Erklärungsmodellen, die Innovationen im Kontext ihrer gesellschaftlichen Bedingtheit interpretieren. Es geht der Technikgeschichte darum zu analysieren, was Innovationen ausmacht, sie auslöst, bedingt, prägt und ausformt, ggf. auch be- oder verhindert. Diese Analyse der Systemabhängigkeit technischer Entwicklungspfade von Gesellschaften macht es erforderlich, eine Systemtheorie der Technik, aber auch Aspekte der nationalen Technikstile, der Innovationskulturen (Radkau 1989) und der Pfadabhängigkeiten technischer Entwicklungspotentiale einzubeziehen.

3.1.4.2 Technikdeterminismus und Sozialkonstruktivismus

Das Verhältnis von Technik und Gesellschaft ist dynamisch, d. h. es ist stetiger Veränderung unterworfen und unterliegt der wechselseitigen Beeinflussung. In der

Beschreibung der Strukturen dieses Verhältnisses lassen sich zwei völlig gegensätzliche Grundsatzpositionen unterscheiden. Zum einen handelt es sich dabei um die Position des Technikdeterminismus mit der Vorstellung, dass es in diesem wechselseitigen Wirkzusammenhang zwischen Technik und Gesellschaft die Technik sei, von der der zentrale und entscheidende Impuls zu jedweder weiteren Entwicklung ausgehe. Ihr käme die dominante Funktion zu. Sie forme die Gesellschaft in ihrem technischen Inventar. Die Gesellschaft habe sich nach der Technik zu richten. Im diametralen Gegensatz hierzu wird in den Theorieansätzen des Konstruktivismus dieses Interpretationsmodell technikgesellschaftlichen Wandels zurückgewiesen. Stattdessen wird die zentrale Rolle der Gesellschaft betont, die die Ausformung einer ihr gemäßen Technik erzwinge, den Umgang mit ihr aushandle und dain die Dominanz des Faktors Gesellschaft auf technische Innovationen nicht nur unterstreiche, sondern beweise.

Diese grundsätzlich unterschiedlichen Theorieansätze sollen nachfolgend dargestellt werden. Ist es die Technik, die Veränderung auslöst und die Strukturen des Wandels bestimmt, oder ist Technik eher das Produkt gesellschaftlicher Vorgaben und Bedürfnisse?

Technikdeterminismus

Technikdeterminismus kann als eine Art Meta-Ideologie oder möglicherweise auch als Zeitgeist-Komponente verstanden werden. Dabei ist die Deutung von Technik als Ursache gesellschaftlicher Veränderungen dann ein gemeinsames Fundament nahezu jeden Modells des Verständnisses gesellschaftlicher Realität. Im Sinne der technikdeterministischen Theorie wird die Gesellschaft insgesamt monokausal durch Technik determiniert, die Anpassungen sowohl in individueller wie kollektiver Hinsicht erzwingt. Der technischen Entwicklung wird eine Eigengesetzlichkeit unterstellt, (Ropohl 1982) die sich dem Einfluss der Gesellschaft entzieht. Dieser Interpretation nach bliebe der Gesellschaft nurmehr die Möglichkeit, sich an diesen eigendynamisch ablaufenden technisch bedingten Entwicklungsprozess bestmöglich anzupassen. (Vgl. Grunwald 2007, S. 67 f.) Dies bedeutet, so Grunwald: „Der Kausalpfeil nimmt seinen Ausgang in der Technik und führt zum Sozialen; eine umgekehrte Richtung ist nicht vorgesehen und nach der die Technik antreibende Kraft wird […] nicht weiter gefragt." (Ebd.) Damit werden durch Technik Sachzwänge geschaffen, denen der Mensch und seine sozialen Organisationsformen nicht ausweichen können. Technik ist dem Zugriff gesellschaftlich-sozialer Instanzen entzogen, da sie sich quasi naturwüchsig und eigenständig aus sich selbst heraus entwickelt.

Allerdings wäre, so Grunwald weiter, gegen das Theoriekonstrukt sowohl eines Technik- wie auch Sozialdeterminismus grundsätzlich einzuwenden, dass es auf einer künstlich-analytisch herbeigeführten Trennung zwischen Technik und Gesellschaft beruhe, „[…] um dann nach den gegenseitigen Beeinflussungen zu fragen […]." (Ebd., S. 67) Und dies führe zwangsläufig zu der Frage, ob Sozial- und Technikdeterminismus tastsächlich alternative Deutungen des Verhältnisses von Gesellschaft und Technik seien, von denen nur eine wahr sein könne. Oder ob es sich nicht vielmehr um

Interpretationen handele, die gleichzeitig zutreffen würden, nur in je verschiedener Perspektive des Betrachters? (Ebd., S. 66)

> „Damit werden Technik- und Sozialdeterminismus zu [...] Formen der Anschauung, nicht in einem transzendentalen Sinne, aber in einem pragmatischen Verständnis. Technik- und Sozialdeterminismus sind keine Behauptungen über eine bestimmte Verfasstheit realer Verhältnisse, sondern Formen, die bestimmten Deutungsleistungen entstammen, dann aber ihre eigenen Wirkungen auf die wissenschaftliche und gesellschaftliche Wahrnehmung des Verhältnisses von Technik und Gesellschaft ausüben." (Ebd., S. 72)

Grundsätzlich gilt, dass Technik und Gesellschaft miteinander aufs engste verwoben sind und sich nur unter analytischen Gesichtspunkten im idealtypischen Sinne voneinander trennen lassen. Technik ist im Laufe der Menschheitsgeschichte dennoch ohne Frage zur wohl bedeutsamsten gesellschaftsprägenden Kraft geworden und damit zu einem soziokulturellen, technischen System, welches dazu beigetragen hat, die Lebenswelt der Gegenwart zu einem Technotop umzugestalten. Der Mensch ist damit zum „Cyborg" geworden, wie der Münchner Technikhistoriker Ulrich Wengenrot hervorhebt. (Wengenrot 2000) Die Unzulänglichkeiten des biologischen Artefakts Mensch werden durch Technik ausgeglichen und überkompensiert. Der Cyborg Mensch und seine Gesellschaft erhalten „Technikprothesen". Mehr noch, in den modernen Gesellschaften des 19. und 20. Jahrhunderts ist Technik zum Garanten für Wohlstand, Wachstum, Fortschritt und Macht geworden.

Das 1999 aufgelegte Aktionsprogramm der rot-grünen Bundesregierung: „Innovation und Arbeitsplätze in der Informationsgesellschaft des 21. Jahrhunderts" kann hier als ein beliebiges Beispiel des Mainstream-Technikdeterminismus dienen. Dort ist zu lesen:

> „*1. Chancen und Herausforderungen.* An der Schwelle zum 21. Jahrhundert befindet sich Deutschland im Übergang zur Informationsgesellschaft. Die durch die neuen Informations- und Kommunikationstechnologien angestoßenen Entwicklungen werden dabei in allen Lebensbereichen zu teilweise fundamentalen Veränderungen führen. Kaum ein Bereich des Privatlebens und der Arbeitswelt wird davon ausgenommen sein". (https://dserver.bundestag.de/brd/1999/D551+99.pdf [08.02.2022], S. 17)

Der Technikdeterminismus ist durch ein hierarchisches Modell der Weltbeschreibung gekennzeichnet, das ausgehend von der technischen Basis ein ökonomisches Modell ableitet, das wiederum die kulturelle und gesellschaftliche Sphäre bedingt. Deren Realität erscheint so als Funktion der technischen Basis. Die Theorie des Technikdeterminismus stellt sich konzeptionell keineswegs als monolithisches Gedankengebäude dar, sondern ist durch verschiedene Varianten gekennzeichnet. Die extremste Position besagt, dass von einer autonomen Technikentwicklung auszugehen sei, die die Formatierung einer Gesellschaft in ihrer Gesamtheit bestimmen und prägen würde. Demgegenüber versteht eine abgeschwächte Variante des Technikdeterminismus die gesellschaftswirksame Funktion von Technik dahingehend, dass diese zwar gesellschaftliche Entwicklungen maßgeblich beeinflusse und somit gesellschaftswirksam sei, aber nicht der einzige Faktor sozialen Wandels sei. Diese Interpretation mittlerer Reichweite der Bedeutung von Technik für gesellschaftliche Entwicklungs- und Transformationsprozesse impliziert eine Anschlussfähigkeit an sozialkonstruktivistische Theorien, denn es wird eine gesellschaftliche Gestalt- und Steuerbarkeit technischer Innovationen unterstellt.

Demgegenüber betont die Pfadabhängigkeits-Variante des genetisch-nomologischen (auf Anlagen und Gesetzmäßigkeit abstellenden) Technikdeterminismus, dass die Technikentwicklung unabhängig von soziokulturellen und gesellschaftlichen Einflüssen erfolge, sondern stattdessen auf eigenen Gesetzmäßigkeiten und Selbstreferentialität beruhe. Der einmal beschrittene Technikpfad kann nicht mehr verlassen werden und beschränkt hierdurch zwangsläufig die technischen Entwicklungsmöglichkeiten. Alternative Technikzukünfte werden so auf eine einzige, alternativlose Technikzukunft reduziert. Ein derartiges Theoriemodell ist deterministisch. Dennoch wird und wurde es, etwa im Bericht „Europa und die globale Informationsgesellschaft. Empfehlungen für den Europäischen Rat" (Bangemann-Bericht), in dem zudem noch von einer neuen Industriellen Revolution die Rede ist, noch 1994 entschieden vertreten. Darin heißt es:

> „Die Informations- und Kommunikationstechnologien haben auf der ganzen Welt bereits eine neue industrielle Revolution eingeleitet, die in ihrer Bedeutung und Reichweite denen der Vergangenheit nicht nachsteht.
> Es ist eine Revolution, die sich auf Information stützt, worin wiederum das menschliche Wissen zum Ausdruck kommt. Der technische Fortschritt versetzt uns in die Lage, Informationen jeglicher Art – mündliche, schriftliche oder visuelle – unabhängig von Entfernung, Zeit und Menge zu verarbeiten, zu speichern, wieder aufzufinden und weiterzuleiten. Diese Revolution eröffnet der menschlichen Intelligenz riesige neue Kapazitäten und ist die Quelle zahlreicher Veränderungen in der Art unserer Zusammenarbeit und unseres Zusammenlebens." (Bangemann-Bericht, 1994, https://op.europa.eu/en/publication-detail/-/publication/44dad16a-937d-4cb3-be07-0022197d9459/language-da/format-PDFA1B [08.02.2022], S. 4)

Dieses offizielle EU-Strategiepapier als politisch-wirtschaftliche Handlungsmaxime spricht der technologischen Entwicklung, spezifisch der Informationstechnologie, ein grundlegendes und dominantes Veränderungspotential zu. Obwohl in dieser Art von visionären Zukunftsentwürfen viel von einer Ausweitung der menschlichen Möglichkeiten die Rede ist, kommt dem Menschen dennoch letztlich nur eine passive Rolle in der Zukunftsgestaltung zu. Es sind eben nicht mehr die politischen, ökonomischen, gesellschaftlichen oder ideologischen Systeme, und damit die Menschen selbst, die die Zukunft gestalten, sondern es ist die Technologie, die dies tut, und die von den genannten Systemen schlicht und einfach eine Anpassungsleistung einfordert. Obwohl zu konstatieren ist, dass auch die Technik ein Produkt menschlicher Kreativität darstellt, wird der Technologie dennoch eine fast mythische Macht attestiert. Als neutrale, geschichtsprägende Kraft führt sie demzufolge ein Eigenleben nach eigenen Gesetzmäßigkeiten, ganz im Sinne eines genetisch-nomologischen Technikdeterminismus, der weder der Kritik noch der demokratischen Kontrolle mehr zugänglich ist. Sie wird zum Inbegriff eines Sachzwangs. Sich dem entgegenstellen zu wollen, oder auch nur über die Sinnhaftigkeit von Technikentwicklungen zu diskutieren, erscheint als wirklichkeitsfremd. Wer zukunftsfähig sein möchte, muss sich an die Spitze der technischen Zukunft setzen. Was die Worthülsen ‚zukunftsfähig' und ‚an die Spitze setzen' inhaltlich bedeuten, bleibt dabei offen und ist nicht hinterfragbar. Der menschliche Gestaltungswille erschöpft sich in der möglichst reibungslosen Umsetzung der technologischen Vorgaben. Angelegt war dieses technologische Sachzwangdenken bereits in der Technikeuphorie der 1950er Jahre: „Es wird ein neuer Typus von Mensch nötig, der diese neuen Verrichtungen [gemeint sind die sog. „Elektronengehirne" in der Automation, d. Verf.] als Werkzeug meistern kann", so der Ingenieur und Bonner „Atomminister" Siegfried Balke (1902–1984) in einem Beitrag zur „Automation als Aufgabe in Technik und Wirtschaft" im Jahr 1957. (Balke 1957, S. 2) In wiederkehrenden Phasen der Technikeuphorie wird diese Form des Technikdeterminismus seit den 1950er Jahren zur dominanten gesellschaftlichen Ideologie stilisiert. Technik und Technologie entwickeln sich zu einem Leitnarrativ der Moderne und der Post-Moderne, sie sind die „Große Erzählung" der Gegenwart.

Der öffentliche Diskurs in Politik, Wirtschaft und Medien reduziert sich auf Zukunftstechnologien, denen revolutionäre Veränderungspotentiale für Mensch und Gesellschaft attestiert werden. Damit reduziert sich das mediale *Agenda setting* auf eine Übernahme der vereinfachten These von Karl Marx, wonach die materielle Basis den ideologischen Überbau bestimmt. Auf diese Weise hat sich, so scheint es, durch die Hintertür die Marxsche Gesellschaftsanalyse doch noch durchgesetzt und zur dominanten Handlungsmaxime der postindustriellen technokratischen Gesellschaft entwickelt.

Demgegenüber präsentiert sich der Theorieansatz des konsequenziellen Technikdeterminismus als deutlich gemäßigter. Hier wird formuliert, dass jede neue Technik zwar auf ihren Vorläufern aufbaue, aber andererseits neue bzw. alternative technische Möglichkeiten eröffne. Nach wie vor ist von einer inneren Logik technischer Entwicklung die Rede, aber diese ist aus sich selbst heraus keineswegs mehr zwingend und besitzt keineswegs Gesetzescharakter wie im Sinne des genetischen Technikdeterminismus. Vielmehr treffen technische Innovationen im Rahmen des Diffusionsprozesses auf gesellschaftliche Bedürfnisse. Innovationen, die aus technischen Rationalitäten heraus entstanden sind, werden damit Nutzungsangebotsmöglichkeiten an die Gesellschaft. Sie sind dabei dann allerdings einem gesellschaftlichen Diskurs unterworfen, der über Akzeptanz, Überformung, oder auch Ablehnung entscheidet. Damit wirkt die Technik nicht mehr als unabdingbarer und unausweichlicher Sachzwang, sondern verändert nur die damit variablen Handlungsspielräume von Gesellschaften. (Vgl. König 2009, S. 73) Welche Spielräume sich hierdurch für Gesellschaften eröffnen, die selbst ihren eigenen, ideologisch übergeordneten ökonomischen Optimierungsparadigmen blind folgen, also gegenwärtig dem Streben nach Rationalisierung, Effizienz, Kostenminimierung Arbeitsteilung, Globalisierung etc., muss dahingestellt bleiben.

Die künstliche Trennung der Kategorien Technik und Gesellschaft wird durch den konsequenziellen Technikdeterminismus zumindest ansatzweise aufgelöst, aber sie bleibt eine Herausforderung.

Sozialkonstruktivismus

Die Gegenposition zum Technikdeterminismus in seinen unterschiedlichen Varianten stellt der Technikkonstruktivismus bzw. die Sozialkonstruktion von Technik dar. Ihr geht es um eine übergreifende Theorie der technischen Entwicklung, die demzufolge nicht aus sich selbst heraus erklärt werden kann, sondern in gesellschaftliche Kontexte einzuordnen ist. Technik ist in dieser Interpretation, anders als nach technikdeterministischer Vorstellung, sozial konstruiert. Das heißt, technische Inventionen, Innovationen und insbesondere deren Diffusion sind gesellschaftlich bedingt. Technik wird dabei nicht mehr als ein selbstreferentielles System interpretiert, sondern stattdessen als gesellschaftliches Phänomen verstanden. Technik entsteht demzufolge in gesellschaftlichen Kontexten und ist von Anbeginn an einem Diskurs über die Gesellschaft und ihre Entwicklung unterworfen. Invention, Innovation und Diffusion des technischen Neuen, sowie damit des technischen Wandels, unterliegen einer Konsensaushandlung durch die relevanten beteiligten sozialen Gruppen. Es ist die Definitions- und Handlungsmacht dieser Akteure als Stakeholder (Rolle von Personen, deren Interessen relevant sind), die die konkrete Ausformung von Technik in einer Gesellschaft bestimmen. „Der Kausalpfeil", so Grunwald, „weist hier vom Sozialen zur Technik [...] [Z]eitlich primär sind die sozialen Gestaltungsprozesse, daran anschließend kommt es zu einer entsprechend gestalteten Technik." (Grunwald 2007, S. 67 f.)

Für die sozialkonstruktivistische Sicht ist die Behauptung der Neutralität und Objektivität von Technik eine besondere Provokation. In technikdeterministischer Sicht sind technische Inventionen und Innovationen kein Sachzwang, sondern lediglich ein Angebot an die Gesellschaft, welches diese nach technikexternen Kriterien nutzen oder missachten könne. Technik entstehe aus ihrer eigenen Entwicklungslogik heraus, und zwar unabhängig von sozialen sowie gesellschaftlichen Kontexten und späteren realen „Nutzanwendungen". Das gesellschaftliche Subsystem Technik unterliege anderen Kriterien als die Gesellschaft. Technik sei aus sich selbst heraus deshalb nur dem Prinzip der Rationalität verpflichtet, sie funktioniert, oder sie tut es nicht. Dies bedeutet, dass Technik ein neutrales Mittel zur Erreichung von Zielen sei, d. h. sie ist beliebig einsetz- und nutzbar, sie ist in ethischer Hinsicht weder gut noch böse, sie ist ein reines Instrument in den Händen ihrer Anwender und deren Zielsetzungen. Jedwede Verantwortung für die Folgen von Technikverwendung liegt bei deren Nutzern, nicht bei der Technik als solcher.

Dass Technik selbst das Produkt ihrer gesellschaftlichen Entstehungskontexte darstellt, wird dabei ausgeblendet. Den ‚Schwarzen Peter' der Verantwortung für den Technikeinsatz, d. h. die Technikfolgen, hat dieser Interpretation nach allein der Nutzer, die neutrale und rationale Technik ist unschuldig.

Gegen diese These der Neutralität, Objektivität und Wertfreiheit technischer Inventionen und Innovationen setzt die konstruktivistische Theorie das Prinzip der kulturellen Codierung von Technik. Deren Entwicklung wird dabei grundsätzlich als ein sozialer bzw. gesellschaftlicher Prozess verstanden. Es sind demnach eben nicht technische Kriterien, die für die Invention und Diffusion von Technik ausschlaggebend sind, sondern externe Kriterien des gesellschaftlichen Umfelds. Um Technik in ihrer Entstehung und Durchsetzung, aber auch in ihrem Austausch verstehen zu können, bedarf es einer Analyse der sozialen, gesellschaftlichen und symbolischen Sinnkonstruktionen, in denen sie steht. Dies bedeutet:

- Technik ist sozial/gesellschaftlich konstruiert. Konstruiert wird sie in einem diskursiven Zusammenspiel relevanter sozialer Gruppen, die die Technik als Lösung eines Problems sehen; und
- Technik ist ein Zeichensystem und eine Metapher gesellschaftlicher Realität. Sie erzeugt Sinn;

Technik erscheint auf diese Weise letztendlich als Machtfrage. Welche Interpretation und damit Technik sich durchsetzt, ist eine Frage der gesellschaftlichen Deutungsmacht und der Fähigkeit, die Diskurshegemonie zu behaupten. Insofern relativiert sich die von dem Soziologen Hans Freyer (1887–1969 vertretene populäre These eines „technologischen Imperativs" deutlich. (Freyer 1955, S. 167) Diese besagt, dass der Mensch danach strebe, alles, wozu er technisch in der Lage sei, auch zu realisieren. Dass die potenzielle Technikdiffusion allerdings im Sinne der sozialen Konstruktion von Technik erst einem gesellschaftlichen Aushandlungsprozess unterliegt, und damit im Hinblick auf eine Nutzung oder aber Verwerfung ergebnisoffen ist, bleibt dabei unberücksichtigt. Beispiele für „failed innovations", also am konkreten gesellschaftlichen Diskurs über technische Neuerungen im Diffusionsprozess gescheiterten Innovationen, lassen sich, wie das einschlägige technikhistorische Forschung belegt, zuhauf namhaft machen. (Vgl. u. a. Bauer 2006) Deutlich wird das bei der quantitativen Analyse von erfolgreichen und gescheiterten Innovationen. Dabei stellt sich das Scheitern als der Normalfall heraus. Etwa 90 % der Neuerungen konnten sich nicht durchsetzen. Sie erlangten weder Marktreife noch konnten sie sich als Diffusion auf dem Markt durchsetzen. (König 2009, S. 62) Die Ursachen hierfür sind vielfältig, können allerdings an dieser Stelle nicht weiter erörtert werden.

Die eingangs vorgestellten Alternativen eines technikinduzierten oder gesellschaftsinduzierten Wandels lösen sich in einer Betrachtungsweise auf, die auf die Erzeugung von Sinnressourcen durch Techniknutzung wie in der social construction of technology (SCOT) abstellt. Techniknutzung in der Interpretation als sozialer Prozess verändert auf allen Ebenen die Prozessbeteiligten, und zwar sowohl die Technikproduzenten, die Technik selbst, das erzeugte Produkt, sowie auch die Techniknutzer. Das technische Produkt vermittelt dabei als kommunikatives Symbol zwischen Produktion und Konsumtion. Die gesellschaftlichen Beziehungen zwischen Techniknutzern und Technikproduzenten dominieren letztlich die gesellschaftlichen Realitäten der Technikaneignung. In diesem kommunikationstheoretischen Zugang der Bedeutungsaufladung von Technik liegt gleichzeitig die Stärke und Schwäche dieses Ansatzes. Seine Stärke ist die Schaffung einer grundlegenden Analysebasis für das Verständnis der Nutzung oder Verwerfung von technischen Handlungsoptionen in einem gesellschaftlichen System. Seine Schwäche liegt im Modell gesellschaftlicher Kommunikation durch relevante gesellschaftliche Gruppen. Die Beschreibung solcher kommunikationsrelevanten Gruppen und die Kommunikationsstrukturen zur Festlegung der Bedeutungszuschreibung gerade im Bereich der Techniknutzer gestalten sich äußerst schwierig.

Die Theorie der sozialen Konstruktion von Technik (SCOT) haben Wiebe Bijker, Jahrgang 1951, u. a. in ihrer Publikation „The Social Construction of Technological Systems" detailliert ausgebreitet. (Bijker 1984) Der Schweizer Technikhistoriker David Gugerli, Jahrgang 1961, liefert darüber hinaus im Kontext der Aufgabenbeschreibung für die Technikhistoriographie eine prägnante Definition des sozialkonstruktivistischen Modells:

> „Technikgeschichte untersucht Angebote technischer Entwicklungen, welche in bestimmten historischen Kontexten entstanden sind und von sozialen Gruppen oder ganzen Gesellschaften als Möglichkeit sozialen Wandels wahrgenommen, ausgehandelt und schließlich genutzt oder vergessen worden sind." (Gugerli 2012)

Literatur

Georg Agricola, Zwölf Bücher vom Berg- und Hüttenwesen, Basel 1556, deutsch 1557

Siegfried Balke, Die Automatisierung als Aufgabe in Technik und Wirtschaft, in: VDI-Zeitschrift 99 (1957), S. 2-7

Reinhold Bauer, Gescheiterte Innovationen. Fehlschläge und technologischer Wandel, Frankfurt am Main/New York 2006

Wiebe Bijker, Thomas Parke Hughes, Trevor Pinch, The Social Construction of Technological Systems, Cambridge, Mass.1984

Hans-Joachim Braun, Die 101 wichtigsten Erfindungen der Weltgeschichte, München 2003

Werner Conze, Die prognostische Bedeutung der Geschichtswissenschaft. Möglichkeiten und Grenzen, in: Technikgeschichte. Voraussetzung für Forschung und Planung in der Industriegesellschaft, Düsseldorf 1972 (Deutscher Verband wissenschaftlich-technischer Vereine), S. 16-26

Europa und die globale Informationsgesellschaft. Empfehlungen für den Europäischen Rat" (Bangemann-Bericht), Brüssel 1994, https://op.europa.eu/en/publication-detail/-/publication/44dad16a-937d-4cb3-be07-0022197d9459/language-da/format-PDFA1B

Hans Freyer, Theorie des gegenwärtigen Zeitalters, Stuttgart 1955

Rolf-Jürgen Gleitsmann, Jürgen E. Wittmann (Hg.), Innovationskulturen um das Automobil. Von gestern bis morgen, Stuttgart 2011

Ders., „Wir wissen aber, Gott Lob, was wir thuen": Erfinderprivilegien und Technologischer Wandel im 16. Jahrhundert, in: Zeitschrift für Unternehmensgeschichte, 30 (1985) H. 2, S. 69-95

Armin Grunwald, Technikdeterminismus oder Sozialdeterminismus: Zeitbezüge und Kausalverhältnisse aus der Sicht des ‚Technology Assessment', in: Ulrich Dolata, Raymund Werle (Hg.), Gesellschaft und die Macht der Technik, Frankfurt 2007, S. 63-82

David Gugerli, Redeströme. Zur Elektrifizierung der Schweiz 1880–1914, Zürich 1996

Ders., Technikgeschichte, in: Historisches Lexikon der Schweiz (HLS), Version vom 11.09.2012. Online: https://hls-dhs-dss.ch/de/articles/045891/2012-09-11/, http://www.tg.ethz.ch/lehjre/infos/Technikgeschichte.htm [08.02.2022]

Thomas Parke Hughes, American Genesis. A Century of Invention and technological enthusiasm 1870–1970, New York 1989, dt.: Die Erfindung Amerikas. Der technologische Aufstieg der USA seit 1870, München 1991

Ders., Das technologische Momentum in der Geschichte. Zur Entwicklung des Hydrierverfahrens in Deutschland 1889–1933, in: Karin Hausen, Reinhard Rürup (Hg.), Moderne Technikgeschichte, Köln 1975, S. 358-383

Wolfgang König, Technikgeschichte. Eine Einführung in ihre Konzepte und Forschungsergebnisse, Stuttgart 2009

Kurt Möser, Innovationskulturen um das Automobil? in: Rolf-Jürgen Gleitsmann, Jürgen E. Wittmann (Hg.), Innovationskulturen um das Automobil. Von gestern bis morgen, Stuttgart 2011, S. 25-50

Joachim Radkau, Technik in Deutschland, Frankfurt am Main 1989

Günter Ropohl, Eine Systemtheorie der Technik. Zur Grundlegung der Allgemeinen Technologie, München/Wien 1979

Wolfgang Sachs, Die Liebe zum Automobil. Ein Rückblick in die Geschichte unserer Wünsche, Hamburg 1984

Semen Viktorowitsch Schuchardin, Grundlagen der Geschichte der Technik. Versuch einer Ausarbeitung der theoretischen und methodologischen Probleme, Leipzig 1963

Joseph A. Schumpeter, Kapitalismus, Sozialismus und Demokratie (1942), Stuttgart [8]2005

Ulrich Troitzsch, Gabriele Wohlauf (Hg.), Technikgeschichte. Historische Beiträge und neuere Ansätze, Frankfurt am Main 1980

Ulrich Wengenrot, Wir Cyborgs. Die Technisierung des Alltags, in: Kultur & Technik, 24 (2000), H. 4, München 2000, S. 39-43

3.1.4.3 Technikdiffusion: Nationale Technikstile als Triebfedern divergierenden technischen Wandels: Ein Vergleich der USA und Deutschlands im 19./20. Jahrhundert

Im Zeitalter der seit dem 19. Jahrhundert einsetzenden Globalisierung der Warenproduktion, die auch als eine ökonomische und technologische Konfrontation zwischen konkurrierenden Volkswirtschaften definiert werden kann, erscheint Technik als nivellierendes Element. In der Konkurrenz der globalen Wirtschaftsakteure gilt mit Blick auf technische Innovationen der kategorische Imperativ. Das heißt, dass jede technische Neuerung mit geringstmöglichem Zeitverzug aufzugreifen und zu übernehmen ist. Nur eine Gesellschaft auf dem neuesten Stand der Technik ist wettbewerbs- und damit zukunftsfähig. Der gesellschaftliche Leitdiskurs konzentriert sich in dieser

Frage auf den reibungslosen Diffusionsvollzugs des technischen Fortschritts, und zwar in globaler Hinsicht. Eine zwangsweise Folge hiervon ist, dass sich das technische Inventar unterschiedlicher Volkswirtschaften zunehmend homogenisiert, d. h. die eingesetzten Techniken sich einander angleichen. In der Technikgeschichtsschreibung war das bereits 1929 durch Hugo Theodor Horwitz konstatiert worden. Dieser hatte im Hinblick sich unterscheidender nationaler Technikstile auf den nivellierenden Charakter des technischen Wandels infolge global verfügbaren Technikwissens verwiesen. Durch die Begriffe „Technikstil" bzw. „Technikkultur" wurde zum Ausdruck gebracht, dass die Ausstattung nationaler Volkswirtschaften mit sich qualitativ und/oder quantitativ unterscheidenden Produktionsfaktoren, dies sind nach klassischer ökonomischer Theorie „Boden, Arbeit und Kapital", (Gabler 1972) zwangsläufig auch unterschiedliche Produktionstechniken entwickelt haben und zum Einsatz gekommen sein mussten. (Reith 2006) Diesem Theorem zufolge schien sich also ein nun global verfügbares Technikwissen sowie die Konkurrenzsituation sowohl auf nationalen wie internationalen Märkten zu egalisieren. Horwitz hatte hierzu 1929 in seinem Beitrag zum „Forschungsgang und Unterrichtslehre der Geschichte der Technik" folgendes ausgeführt:

> „Im vorigen Jahrhundert hätte man vielleicht noch zwischen englischer, europäisch-kontinentaler und nordamerikanischer Technik unterscheiden können, heute ist der Unterschied zwischen den beiden ersten nicht mehr vorhanden und auch gegenüber letzterer kaum mehr wahrzunehmen." (Horwitz 1929, S. 216)

Der von Horwitz beschriebene Trend zur Konvergenz scheint plausibel zu sein und erklärt sich folgendermaßen: Bei der Produktion von Gütern stehen Unternehmen sowie Volkswirtschaften im Wettbewerb zueinander. Es geht ihnen, um bestehen zu können, bei der Warenproduktion um Produktivität, Effizienz und Kostenminimierung. Um bestmögliche Wettbewerbskonditionen zu erlangen, ist der Faktoreinsatz bei der Warenproduktion zu optimieren und hierbei insbesondere auf die unter diesem Gesichtspunkt jeweils verfügbare modernste Technik zurückzugreifen. So setzen sich dann sowohl auf Unternehmens-, nationaler als auch globaler Ebene Innovationen durch, die das technische Niveau der Zeit *state of the art* repräsentieren. Dies führt im internationalen Vergleich letztendlich zu einer Nivellierung des technischen Inventars von Volkswirtschaften, als auch zur Auflösung der durch unterschiedliche Faktorausstattungen begründeten Technikausprägungen bzw. Technikstile.

Dennoch spielt im gesellschaftlichen Diskurs über Invention, Innovation und Diffusion von Technik nach wie vor die nationale Faktorausstattung eine nicht unbedeutende Rolle. Sie ist es, die entscheidend mit darüber bestimmt, ob eine Volkswirtschaft sich eher als Rohstofflieferant, Konsumwarenproduzent oder auch als Investitionsgüterhersteller zu positionieren vermag. Sie ist es, die damit zudem über Wohlstand und Armut, Macht und Abhängigkeit entscheidet. Ein Blick zurück in die Geschichte mag dies verdeutlichen. Am Beginn des gesellschaftlichen Globalisierungsdiskurses ab Ende der 1980er Jahre wurde innerhalb der Technikgeschichte die Frage nach der Gültigkeit und der Reichweite des Globalisierungsdogmas und damit der These der Auflösung nationaler Technikstile infolge eines sich homogenisierenden technischen Wandels in den modernen Industriegesellschaften aufgeworfen. Dies sollte sich am Beispiel eines Vergleichs der deutschen und US-amerikanischen Entwicklung während des 20. Jahrhunderts zeigen. Ein derartiger Vergleich konnte insofern als aufschlussreich gelten, als diese nationalen Volkswirtschaften über eine unterschiedliche Faktorausstattung verfügten. Auf der amerikanischen Seite, um nur die zentralen Unterschiedlichkeiten hervorzuheben, eine schier unbegrenzte Verfügbarkeit an preiswerten Rohstoffen, ungelernten Arbeitskräften sowie einem riesigen nationalen Binnenmarkt. In Deutschland hingegen geographische wie materielle Begrenztheiten, allerdings verbunden mit hochqualifizierten Arbeitsfachkräften, leistungsfähigen tertiären technischen Bildungseinrichtungen wie Technischen Hochschulen und einem Spitzenstandard im Bereich der Investitionsgüterindustrie. Die Kernfragen, um die es ging, bezogen sich auf Folgendes: Gab und gibt es nationale Technikstile, die als Kontinuitäten bzw. Muster gesellschaftliche Mentalitäten prägen und zeitunabhängig erhalten bleiben? Oder findet stattdessen mittels technischer Innovationen trotz unterschiedlicher Faktorausstattungen eine globale Angleichung des technischen Inventars von Gesellschaften statt?

Um einer Antwort näherzukommen, konnte auf bereits bestehende wissenschaftliche Analysen zurückgegriffen werden. Der Historiker Joachim Radkau, Jahrgang 1943, hatte sich in einer umfänglichen Studie bereits der Darstellung der Entwicklung der Technik in Deutschland seit den ersten Anfängen der Industrialisierung gewidmet, (Radkau 1989) während der amerikanische Technikhistoriker Thomas Parke Hughes (1923–2014) den Aufbau technischer Großsysteme in den USA seit Ende des 19. Jahrhunderts analysiert hatte. (Hughes 1991) Hughes war dabei sogar so weit gegangen, dass er den amerikanischen Gründungsmythos in Frage gestellt hatte. Statt sich auf das Selbstverständnis des Landes der Freiheit und des *individual pursuit of happiness* zu berufen, hatte Hugs stattdessen auf den auf einen technologischen Gründungsmythos Amerikas aufmerksam gemacht, der sich auf die Entwicklung von Systemtechniken gigantischen Ausmaßes bezog. Das charakteristische an den USA, so Hughes, sei nicht eine besondere sozialmoralische Integrität, sondern der Aufbau von kontinental vernetzten Infrastruktureinheiten. Sie werde insbesondere sichtbar in der Elektrifizierung des Landes, in der Motorisierung oder der Errichtung der Telekommunikationsnetze durch technologische Großkonzerne wie General Electric oder Bell Telephone, im Aufbau neuartiger Produktionssysteme, exemplarisch verkörpert von Henry Ford und Frederik Winslow Taylor. Erst im technologischen Aufstieg der USA zur Weltmacht seit Ende des 19. Jahrhunderts habe Amerika zu seinem spezifischen Selbstverständnis gefunden. Der Glaube an die *technological superiority* habe am Beginn der „Erfindung Amerikas“ gestanden. Die Produktions- und Infrastruktursysteme seien deshalb der eigentliche Ausgangspunkt einer „zweiten Entdeckung“ Amerikas gewesen, und deshalb vorbildlich.

Joachim Radkau stellte seiner Untersuchung zum deutschen Industrialisierungsstil eine programmatische Skizze zur Einführung der Dampfmaschinentechnologie in Deutschland voran. Die Dampfmaschine bestimme demzufolge bis heute das populäre Verständnis der Industriellen Revolution. Die Dampfmaschine sei mit der neuen Zeit identifiziert worden. Gemessen an den Vorgaben der Globalisierungsdiskussion, habe Deutschland allerdings Ende des 17. bzw. Anfang des 18. Jahrhunderts versagt. Die Leittechnologie der Dampfmaschine habe zum einen nahezu einhundert Jahre bis zu ihrer konkurrenzlosen Durchsetzung benötigt. Ein für die Diffusion einer Innovation ungemein langer Zeitraum. Zum anderen seien die ersten Versuche, die Dampfmaschine in Produktion und Transport einzusetzen, schlichtweg gescheitert und hätten sogar zum Verschwinden der Prototypen und dem Rekurs auf traditionelle Kraftmaschinen geführt. Diesen zögernden Technologietransfer von der Invention über die Innovation bis zur Diffusion deutet Radkau allerdings nicht als das Versagen des Technologiestandorts Deutschland. Vielmehr sieht er es als Ausdruck von dessen technologischer Kompetenz. Die vermeintliche neue Leittechnik Dampfmaschine wurde, gemessen am Maßstab ihres Wirkungsgrades, also anhand ihrer angeblich zukunftsweisenden technischen Leistungsfähigkeit, als der bisherigen Kraftmaschinentechnik unterlegen eingestuft. „Am Wirkungsgrad der Energieumwandlung gemessen, war die Wasserkraftnutzung bei weitem fortschrittlicher als die Dampfkraft." (Radkau 1989, S. 14) Die Dampfkraft stand dennoch für den Übergang zu einem anderen Techniksystem und damit verbunden mit einem anderen Gesellschaftsmodell. Kein technischer Sachzwang habe zum Einsatz der Dampfmaschine geführt, sondern die Wunschvorstellung von Wachstum, Expansion und zentralisierter Arbeitsorganisation und -kontrolle.

Technik in Deutschland

„In einem simplen Kausal- oder Widerspiegelungsmodell von der Geschichte ist die Rolle der Technik nicht unterzubringen; man braucht vielmehr Modelle der Wechselwirkung, der verstärkenden Rückkopplung und der Synergie. Die Maschine ist kein Motor der Geschichte; aber um bestimmte Technologien kristallisieren sich ökonomische Machtstrukturen, soziale Mentalitäten, technische communities. Technik ist ein Element, das Querverbindungen, ‚Wechselströme' (Thomas P. Hughes) und Vernetzungen stiftet." (Radkau 1989, S. 19)

Die unterschiedlichen Strukturen von technologischen Durchsetzungsprozessen bzw. das Scheitern von Versuchen des Technologietransfers sowie der Technikdiffusion öffnen den Blick für eine regionale Perspektive des technologischen Wandels. Die Konzentration auf Leittechnologien dagegen versperrt die Einsicht in den komplexen Charakter technologischen Wandels. Die wirtschaftliche Leistungs- und Konkurrenzfähigkeit äußert sich nicht in einer unhinterfragten, beschleunigten Technikimplementierung, sondern in einer kritischen Abwägung der Folgen und der Anpassung von technologischen Optionen an regionale und gesellschaftliche Spezifika. Radkau kehrt damit die in Wirtschaft und Politik populäre Vorstellung technischen Fortschritts um. Statt einer Anpassung der Gesellschaft und des Menschen an neue Technologien fordert er einen Anpassungsprozess der Technik an die jeweiligen Gesellschaftsmuster und Menschenbilder. Das Ideal einer „angepassten Technologie" gilt nicht nur für den aktuellen Technologietransfer in Entwicklungsländer, sondern für jede Form erfolgreicher Einbindung von Technik. Die technikorientierte Interpretation erweist sich als Technikillusion, die an den komplexen Realitäten vorbeigeht.

Technikillusion

„Der Dampf als Triebkraft der ‚Industriellen Revolution': das ist ein Musterbeispiel jener Technikillusion, die oft den Blick dafür versperrte, daß es nicht auf monstrose Mechanismen, sondern auf die Wahrnehmung von Marktchancen und Standortvorteilen, auf Arbeitserfahrung und Organisation ankommt." (Radkau 1989, S. 18)

Wenn die Realität technischer Systeme Reaktion auf die regionalen, gesellschaftlichen und humanen Gegebenheiten, sowie auf die bestehende Faktorausstattung von Volkswirtschaften ist, sind Aussagen über die technische Systemlogik nur durch eine Analyse eben jener Rahmenbedingungen möglich. Die Analyse muss daher bei der Gesellschaft sowie den vorgegebenen Faktorausstattungen ansetzen, nicht bei der Technik. So wie im 18. und frühen 19. Jahrhundert die Verbreitung der Dampfmaschine keine Einschätzung des technischen Stands der Zeit und einer Region erlaubt habe, so wenig aussagekräftig seien, so Radkau, die aktuell beliebten Statistiken zum Durchsetzungsgrad bestimmter Technologien. Die Untersuchung von regionalen bzw. nationalen Unterschieden des Umgangs mit technischen Optionen führt letztlich zum Konzept der Technikstile. Technikstil bezeichnet die regionalen und gesellschaftlichen Determinanten technischen Wandels, von Invention, Innovation und Diffusion, insbesondere im Hinblick auf die gegebenen grundlegenden Faktorausstattungen. Diese Determinanten technischen Wandels weisen eine erhebliche Kontinuität auf und verfestigen sich zu gesellschaftlichen Mustern im Umgang mit Technik. In letzter Konsequenz bedeutet dies, dass die Unterscheidung zwischen einer z. B. amerikanischen Technik bzw. einem amerikanischem Technikstil oder einer deutschen Technik bzw. einem deutschen Technikstil, sinnvoll ist. Daher formulierte Radkau die Zielsetzung seiner Analyse wie folgt:

> „Es ist das Ziel dieses Buches, mit einem Überblick über die deutsche Technikgeschichte zugleich auch die Rolle der Technik in der deutschen Geschichte zu erörtern. Dabei soll die in der Geistes- und Sozialgeschichte mit Leidenschaft erörterte Frage nach dem ‚deutschen Weg' in die Technikgeschichte eingeführt werden. ‚Deutscher Weg' ist dabei in mehrfachem

Sinne einer Prägung der Technik durch deutsche Ideologien, Gesellschaftsstrukturen und Machtverhältnisse als auch in dem einer Anpassung der Technik an deutsche Standort- und Umweltverhältnisse." (Radkau 1989, S. 21)

Die Demonstration des Modells der Technikstile bzw. der Technikkulturen an den beiden Beispielen USA und Deutschland weist dabei auf einen Zusammenhang hin, der über eine erstaunliche Kontinuität verfügt. Bis in die Gegenwart konstituieren sich die amerikanische und die deutsche Technikkultur in einem wechselseitigen Sonderverhältnis. Die USA waren das Land, in dem moderne Tendenzen und Neuerungen am ausgeprägtesten und konsequentesten umgesetzt wurden. Doch auch diese nationale Zuschreibung einer Vorbildfunktion konnte sich verändern. Die USA wurden als „Labor der Moderne" (Giedion 1982) definiert, einschließlich zentraler Begriffe wie Taylorismus oder auch Fordismus. Doch auch diese ließen sich in den deutschen Sprachraum übertragen, ebenso wie im Gegenzug deutschsprachiges Vokabular eine Übertragung in den englischen Sprachraum fand. (Schivelbusch 2001, S. 335) Nach der Übernahme von amerikanisch geprägten Begriffen wie Taylorismus und Fordismus als Ausdruck der Revolutionierung der Produktionssphäre wurde in der zweiten Hälfte der 1920er Jahre der deutsche Begriff der Rationalisierung seinerseits als Fremdwort in den amerikanischen Sprachgebrauch integriert und modern. *The German Rationalisierung* wurde auf der anderen Seite des Atlantiks zum Schlagwort einer systematischen und erfolgreichen Umgestaltung der Produktionsverhältnisse. Wenn Joachim Radkau pointiert festhält: „Seit 1870 lässt sich ein Gutteil der deutschen Technikgeschichte als Aufeinanderfolge von Amerikanisierungsschüben [...] darstellen", (Radkau 1989, S. 177) so gilt umgekehrt auch, dass sich die amerikanische Technikgeschichte, zumindest bis in die 1960er Jahre, auch als Reflex auf die europäische, speziell deutsche Technologieentwicklung, darstellen lässt. Die Gegenseitigkeit der Wahrnehmung betont auch Hughes: „Nur Deutschland [...] schien auf diesem Gebiet ein ernsthafter Konkurrent zu sein. Angeregt durch die technischen Leistungen der Deutschen richteten führende amerikanische Unternehmen wie General Electric, Du Pont, General Motors und Bell Telephone industrielle Forschungslabors ein." (Hughes 1991, S. 17) Hughes kann dabei als ausgewiesener Experte für die deutsche Technikentwicklung gelten. Sein Beitrag zur Technologie der Kohlehydrierung der IG Farben in den 1920er und 1930er Jahren mit dem theoretischen Ansatz eines „technologischen Momentums" erschien in deutscher Übersetzung bereits1975 in dem programmatischen Sammelband „Moderne Technikgeschichte", herausgegeben von Karin Hausen und Reinhard Rürup.

Die Nähe der deutschen und amerikanischen Technikkulturen betont auch Wolfgang Schivelbusch, wenn er ein Sonderverhältnis dieser zueinander postuliert. (Schivelbusch 2001) Beide Nationen waren neu im Konzert der Industriemächte, die am Ende des 19. Jahrhunderts das bisher vorherrschende Großbritannien abzulösen begannen und dabei die mit Abstand dynamischsten Volkswirtschaften entwickelten. Dieses Sonderverhältnis existierte gerade auch deshalb, da die USA und das Deutsche Reich aus ihrer wirtschaftlichen und technischen Dynamik ihr Selbstverständnis abgeleitet auf der gleichen Basis ökonomisch-technischen Fortschritts entwickelt hatten. „Begnügten

England und Frankreich sich in ihrem Verhältnis zu Amerika weise damit, Modelle für und Lieferanten von Hoch- und Luxuskultur (Kunst, Literatur, Mode, Tradition) zu sein, so trat Deutschland forsch auf als Konkurrent auf dem ureigen amerikanischen Feld der Technik- und Industriekultur." (Schivelbusch 2001, S. 301) Im Wettbewerb auf dem Weltmarkt prallten zwei Nationen mit höchst unterschiedlicher Faktorausstattung und ebenso verschiedenen Technikstilen aufeinander.

Die besonderen Beziehungen der beiden Nationen und Gesellschaften zueinander resultierten also aus einem speziellen Konkurrenzverhältnis. Im Jahrzehnt vor der Jahrhundertwende entwickelte sich aus der latenten Konkurrenz der expandierenden Industrieapparate allmählich eine konkrete Konkurrenz. Die Weltausstellung von 1893 in Chicago machte den deutschen Besuchern schlaglichtartig eines klar: die amerikanische Industrie würde sich nicht länger mit dem amerikanischen Binnenmarkt zufriedengeben. Ihre wirtschaftlichen Ambitionen zielten nun auch auf den Weltmarkt. Damit wurde das Deutsche Reich in den Augen der Industriellen und Techniker direkt herausgefordert. Es galt demzufolge, die bisherige führende Weltmarktstellung deutscher Industrieprodukte gegen die sich neu orientierende US-Industrie zu verteidigen.

Die Weltausstellung in Paris im Jahr 1900 markiert dann einen Wendepunkt in der öffentlichen Wahrnehmung amerikanischer Technik in Europa. Die Vorstellung amerikanischer Werkzeug- und Produktionsmaschinen für die Massenherstellung machte unmissverständlich deutlich, dass mit den USA nun ein Konkurrent auf dem Weltmarkt in den Startlöchern stand. Bisher hatten die Fachleute aus Technik und Wirtschaft zwar die Entwicklung in der amerikanischen Industrie aufmerksam verfolgt. Als ein direkter Konkurrent für die exportorientierte deutsche Industrie waren die USA zu diesem Zeitpunkt allerdings noch nicht wahrgenommen worden. Auf der Weltausstellung von 1900 wurde nun deutlich, dass die US-Industrie zunehmend auf den Export ihrer hochwertigen technischen Güter setzte und auch die traditionellen deutschen Exportmärkte ins Blickfeld nahm. In Europa, speziell in Deutschland, wurden diese Absichtserklärungen verständlicherweise mit großem Interesse und mit Besorgnis zur Kenntnis genommen. Zusätzlichen Nachdruck erhielten diese Befürchtungen durch die Präsentation einer technischen Innovation, welche den Werkzeugmaschinenbau zu revolutionieren versprach, nämlich die des Schnelldrehstahls. (Wagoner 1968) Diese Innovation von Frederic Winslow Taylor ermöglichte völlig neue Dimensionen der Arbeitsgeschwindigkeit bei spanabhebenden Fertigungsverfahren durch eine bis dahin nicht realisierbare Qualität der Arbeitswerkzeuge. Taylors Innovation wurde zum Symbol für die Dynamik der amerikanischen Technik im neuen Jahrhundert und bedrohte in ihren Konsequenzen die bisherige Dominanz des deutschen Werkzeugbaus im Sektor der Investitionsgüterindustrie.

Mit Hughes verändert sich die bisherige technikhistorische Diskussion um nationale Technikstile infolge gegebener Faktorausstattungen. Die „zweite Entdeckung Amerikas" (Hughes 1991) spiegelte sich in einer neuen Wahrnehmung der Vereinigten Staaten durch die technischen Eliten in Europa wider. Speziell die Auseinandersetzung der deutschen Ingenieure mit dem *American System of manufacture,* also der arbeitsteilig organisierten

Massenproduktion von Gütern im Fließprozess des Fordismus, (vgl. Giedion 1982) nahm die innovativen Produktionsmethoden der US-Industrie aus dem Blickwinkel der deutschen Konkurrenten in den Blick. Um dieser amerikanischen Herausforderung zu begegnen, entwickelten die deutschen Ingenieure zwei Strategien. Zum einen setzten sie notgedrungen auf das Mittel des Technologietransfers. Dies war eine Reaktion, die ursächlich auf die bestehende scharfe Wettbewerbssituation zurückzuführen war, hatte man bisher doch entschieden davor zurückgeschreckt und es vermieden, ausländische Technikinnovationen mehr oder weniger direkt zu übernehmen. Die im Kontext anderer Technikstile entstandenen ausländischen Innovationen müssten notwendigerweise zunächst den deutschen Produktionsverhältnissen angepasst werden, um hier erfolgreich sein zu können. Worin diese Modifikationen allerdings konkret bestehen sollten, und wie eine Anpassung amerikanischer Produktionsmethoden an den deutschen Kontext aussehen könnte, blieb zunächst umstritten. Einen aufschlussreichen Einblick in diese Frage und die Komplexität des Adaptionsprozesses amerikanischer Produktionsmethoden in die deutsche Technikkultur legte der Technikhistoriker Jürgen Bönig in seine Studie zur „Einführung von Fließbandarbeit in Deutschland bis 1933" vor. (Böning 1993) Diese lässt auf der einen Seite die Notwendigkeit einer Anpassungsstrategie deutlich werden, zeigt allerdings auch die Komplexität des hierzu erforderliche Handlungsrahmens und seiner Umsetzung auf.

Kommen wir auf das zeitgenössische Geschehen im frühen zwanzigsten Jahrhundert zurück. Gemeinsam war der deutschen Technikelite die Überzeugung, dass die durch Ford und Taylor symbolisierten Veränderungen des industriellen Produktionsprozesses den bisherigen nationalen Produktionsformen überlegen waren. Nicht die Notwendigkeit einer Anpassung, sondern das Wie der Übernahme des American systems of manufacture wurde zum Gegenstand des internen Diskurses der Techniker.

Darüberhinaus setzte man, um der amerikanischen Herausforderung zu begegnen, nicht nur auf Technologietransfer, sondern auch auf eine Reform des bisher unbestritten erfolgreichen deutschen technischen Bildungswesens. Damit formierte sich neben der Auseinandersetzung mit der Reform der konkreten Technologien und den Organisationsstrukturen der deutschen Industrie ein fachspezifischer Diskurs der technischen Eliten über die Zukunftsfähigkeit und des Reformbedürfnisses des technischen Ausbildungswesens. Nachdem das deutsche Modell der Ingenieurausbildung an Technischen Hochschulen und technischen Mittelschulen internationalen Leitbildcharakter hatte, mehrten sich um 1900 die Stimmen von Kritikern, die diesem System seinen Leitbildcharakter absprachen. Allerdings lässt sich beobachten, dass zu dieser Zeit die Infragestellung der Leistungsfähigkeit technischer Ausbildung durchaus ein internationales Phänomen war, wobei wiederum eine besondere Intensität der Auseinandersetzung mit dieser Thematik in den USA und Deutschland festzustellen ist. Das Amerikabild der deutschen Techniker sowie das Deutschlandbild der amerikanischen Techniker pendelte zwischen Extremen. Auf der einen Seite stand der Konkurrent, auf der anderen das Vorbild. Die Eigenwahrnehmung in der Abgrenzung zum anderen pendelte ebenso unsicher zwischen Furcht und Überlegenheitsgefühl. Die gegenseitige

Wahrnehmung führte zu einer kritischen Analyse der Strukturen des jeweils anderen Technikstils bzw. der zugehörigen Technikkultur. Auf dieser Basis konstituierte sich dann das eigene technische Selbstverständnis.

Eine Analyse der Ergebnisse des geschilderten Technikerdiskurses könnte auch für die technikgeschichtliche Diskussion um nationale Technikstile fruchtbar sein und Ansatzpunkte für weitere Forschungen liefern. Allerdings lässt sich dessen ungeachtet bereits festhalten, dass nationale Technikstile, basierend auf nationalen Faktorausstattungen, infolge zunehmend globalisierter Produktion und Arbeitsteilung deutlich an Bedeutung verloren haben. Technische Innovation und Diffusion wirken dabei als nivellierendes Element.

Literatur

Jürgen Bönig, Die Einführung der Fließarbeit in Deutschland, 2 Bde., Münster/Hamburg 1993

Dr. Gablers Wirtschaftslexikon, Bd. 5, Wiesbaden 1972

Sigfried Giedion, Die Herrschaft der Mechanisierung. Ein Beitrag zur anonymen Geschichte, Frankfurt am Main 1982

Rolf-Jürgen Gleitsmann, Jürgen E. Wittmann (Hg.), Innovationskulturen um das Automobil, Stuttgart 2012

Hugo Theodor Horwitz, Forschungsgang und Unterrichtslehre der Geschichte der Technik, in: Zeitschrift des Verbandes Deutscher Diplom-Ingenieure (Hg.), Technik und Kultur, 20 (1929), H. 12, S. 213-220

Thomas Parke Hughes, Das „technologische Momentum" in der Geschichte. Zur Entwicklung des Hydrierverfahrens in Deutschland 1898–1933, in: Karin Hausen, Reinhard Rürup (Hg.), Moderne Technikgeschichte, Köln 1975, S. 358-383

Thomas Parke Hughes, Die Erfindung Amerikas. Der technologische Aufstieg der USA seit 1870, München 1991

Joachim Radkau, Technik in Deutschland, Frankfurt am Main 1989

Reinhold Reith u. a. (Hg.), Innovationskultur in historischer und ökonomischer Perspektive. Modelle, Indikatoren und regionale Entwicklungslinien, Innsbruck 2006

Wolfgang Schivelbusch, Die Kultur der Niederlage. Der amerikanische Süden 1865, Frankreich 1871, Deutschland 1918, Berlin 2001

Walter Volpert, Richard Vahrenkamp (Hg.), Frederick Winslow Taylor. Die Grundzüge wissenschaftlicher Betriebsführung, Weinheim 1977

Harless D. Wagoner, The U.S. Machine Tool Industry from 1900 to 1950, London 1968

3.1.4.4 Pfadabhängigkeiten und Momentum. Technische Traditionen und ihre Wirkmächtigkeit

Bei der Invention, Innovation und Diffusion von Technik handelt es sich keineswegs um einen selbstreferentiellen, das heißt aus sich selbst heraus zu verstehenden Prozess. Dem wird in der Theorie der Pfadabhängigkeit bzw. des Momentums, des Beharrungsvermögens, Rechnung getragen. Diese besagt, dass auch technischer Wandel einer Kontextualisierung in historische Zusammenhänge bedarf, um ihn verstehen zu können. „Die Begriffe „Pfadabhängigkeit“ [...] und „Momentum“ betonen die historische Wirkmächtigkeit von Traditionen [...] Einmal geschaffene Strukturen besitzen häufig ein erstaunliches Beharrungsvermögen, beeinflussen zumindest die weitere Entwicklung.“ (König 2009, S. 86) Pfadabhängigkeiten setzen Rahmenbedingungen oder auch Standards für die zukünftige technische Entwicklung. Von diesen kann nur schwer und vor allem nur durch großen ökonomischen und technischen Aufwand abgewichen werden. Die zukünftige Technik steht damit unter dem Einfluss der Vorhergegangenen, sowie deren ursprünglicher Rationalität. Zur Veranschaulichung des Gesagten mag ein Beispiel genügen: die Anordnung der Tasten auf der Computertastatur. Sie entspricht schlicht der 1879 standardisierten Schreibmaschinentastatur. Ähnliches gilt im Hinblick auf die Spurweiten von Eisenbahnschienensystemen oder auch die Stromspannung in Elektronetzen.

Pfadabhängigkeit und technisches Momentum zeigen ihre Wirksamkeit, und in diesen Fällen durchaus außerhalb zwingender technischer Rationalitäten. Der einmal historisch eingeschlagene Weg der technischen Entwicklung setzt Standards und einen Bezugsrahmen für die Zukunft. (Weingart 1989) Sind gesellschaftlich einmal die Weichen gestellt worden, etwa im Hinblick auf Verkehrsinfrastruktur, Energieversorgungssysteme, die Kommunikations-, sowie Ver- und Entsorgungstechnologien, und all der darauf beruhenden Nutzungsimplikationen der Gesellschaft, dann wird eine Abkehr hiervon nicht nur unter volkswirtschaftlichen Gesichtspunkten problematisch. König verweist darauf, dass der ursprünglich eingeschlagene Technikpfad auf historisch kontingente Weise entstehe und dabei vielfältige Ursachen habe. Diese beträfen „die Bedürfnisse der Menschen, die Nachfrage der Kunden, die Marktmacht von Unternehmen, politische Entscheidungen, besondere Zeitumstände, (sowie) das vorhandene Wissen und Können zur jeweiligen Zeit.“ (Nach König 2009, S. 86) Die Abkehr von einem einmal beschrittenen Technikpfad wird zu einer gesellschaftspolitischen Zerreißprobe und einer Herausforderung elementarer Dimension, denn „beim Verlassen des Pfades müssen beträchtliche strukturelle Veränderungen eingeleitet und durchgesetzt werden.“ (Ebd., S. 87) Dies bedingt heftige gesellschaftspolitische Diskurse. Für die aktuelle Situation der 2020er Jahre mögen hierzu als Stichworte „Energiewende“, „Elektromobilität“ oder auch „Nachhaltigkeit“ genügen. Pfadabhängigkeit und Momentum verweisen auf „das Beharrungsvermögen und die Wirkmächtigkeit soziotechnischer Systeme und der in sie inkorporierten technischen Lösungen.“ (König 2009, S. 89)

Literatur

Thomas P. Hughes, Das „technologische Momentum“ in der Geschichte des Hydrierverfahrens in Deutschland 1898–1933, in: Karin Hausen, Reinhard Rürup (Hg.), Moderne Technikgeschichte, Köln 1975, S. 358-383

Ders., Technological Momentum, in: Merrit R. Smith, Leo Marx (Hg.), Does Technology Drive History? The Dilemma of Technological Determinism, London 1994, S. 101-114

Ders., The Evolution of Large Technological Systems, in: Wiebe E. Bijker, Thomas P. Hughes, Trevor J. Pinch (Hg.), The Social Construction of Technological Systems. New Directions in the Sociology and History of Technology, London 1987, S. 51-92

Wolfgang König, Technikgeschichte, Eine Einführung in ihre Konzepte und Forschungsergebnisse, Stuttgart 2009

Peter Weingart, „Großtechnische Systeme" – ein Paradigma der Verknüpfung von Technikentwicklung und sozialem Wandel?, in: Ders. (Hg.), Technik als sozialer Prozess, Frankfurt am Main 1989, S. 174-196

4 Technikhistorische Interpretationsansätze

4.1 Grundmuster der Technikgeschichte im 20. Jahrhundert

> „Wer es unternimmt, einige allgemeine Überlegungen zur Technikgeschichte als Wissenschaft anzustellen, wird davon ausgehen müssen, daß der Geschichte im Bereich der modernen Technik im allgemeinen allenfalls eine Randbedeutung zugebilligt wird. Die Technik erscheint auf eine eigentümliche Weise geschichtslos, und sie provoziert nicht die Frage nach der Vergangenheit, sondern nach der Gegenwart und Zukunft. [...] Wir stehen der außerordentlichen Beschleunigung technischer Entwicklungen mehr oder weniger hilflos gegenüber: dem Gefühl einer praktischen Ohnmacht entspricht eine theoretische Orientierungslosigkeit, und die Historie scheint nicht die Wissenschaft zu sein, von der die so dringend benötigten Orientierungshilfen zu erwarten wären." (Rürup 1972, S. 49 f.)

„Die technikhistorische Forschung, wie sie heute international an den Hochschulen etabliert ist," so der Historiker Joachim Radkau Ende der 1980er Jahre, „ist zu einem Gutteil ein Produkt der späten fünfziger und frühen sechziger Jahre: der Zeit des „Sputnik-Schocks", der Entdeckung des „technological gap", des beginnenden High-Tech-Rüstungswettlaufs." (Radkau 1989, S. 24) Diese These Radkaus gibt Anlass zu einer differenzierteren Analyse. Eine Beschäftigung mit Begrifflichkeiten und die Benennung von zentralen Ereignissen, die als Initialzündungen für fachhistorische Grundausrichtungen interpretiert werden, kann vieles sein, immer aber auch eine Auseinandersetzung mit Inhalten, oder, zugespitzter formuliert, mit Ideologien. Wer von *Technik-Geschichte* spricht, also von zwei durch Bindestrich miteinander verbundenen Substantiven, und dabei Technik an erste Stelle stellt, setzt Schwerpunkte. Hier mit der Technik im Fokus. Noch pointierter bringt dies der Begriff *Geschichte der Technik* zum Ausdruck. Ganz im Sinne einer internalistischen Technikgeschichtsschreibung, wie sie um 1900 herum gepflegt wurde, dreht sich hierbei alles um die Technik und deren historische Entwicklung im engeren Sinne. Wer hingegen *Technikgeschichte* sagt, nimmt damit ebenfalls bereits eine grammatikalische Bestimmung seiner Auffassung der Beziehung der Begriffe „Technik" und „Geschichte" vor. „Geschichte" ist das Leit- bzw. Grundwort, „Technik" hingegen wird zum genaueren Bestimmungswort. „Geschichte" ist die Methode und Grundlage der Erkenntnis. „Technik" bezeichnet den Gegenstand des Interesses. (Vgl. Kapitel 3)

Eine „Technikgeschichte" in diesem Sinne existiert, von wenigen Ausnahmen abgesehen, erst seit den späten 1950er Jahren. Das, was zuvor geleistet wurde, ist mit dem Begriff „Geschichte der Technik" zutreffender beschrieben. Karin Hausen und Reinhard Rürup provozierten im Jahr 1975 mit ihrer Diagnose eines „wissenschaftlichen Dilettantismus", der in der Technikhistoriographie bis in die 1950er Jahre dominiert habe, die Fachwelt. (Hausen/Rürup 1975) Hinter dem scheinbar emotionalen Begriff des

„Dilettantismus“ verbirgt sich eine nüchterne Analyse des zum Thema Technik und Geschichte existierenden Schrifttums bis zur Mitte des 20. Jahrhunderts.

Der postulierte „wissenschaftliche Dilettantismus“ besitzt eine inhaltliche und eine professionelle Dimension. Hinter Publikationstiteln wie „Geschichte des Eisens“ (Ludwig Beck 1884–1905), „Geschichte des Maschinenbaus“ (Theodor Beck 1899) oder „Geschichte der Dampfmaschine“ (Matschoß 1908) verbirgt sich genau das, was man bei oberflächlicher Betrachtung auch erwarten würde. Und dies ist eines „Ingenieurs-Technikgeschichtsschreibung“ mit internalistischem Erkenntnisinteresse. Es handelt sich zum einen um umfangreiche historische Rekonstruktionen technischer Innovationen. Zum anderen werden Inventions-, Innovations- und Diffusionsprozesse mit einer starken Betonung der Erfinder- oder Unternehmerpersönlichkeiten verbunden, ganz im Sinne einer Heroengeschichtsschreibung. Eine von Conrad Matschoß zur Eröffnung des Deutschen Museums vorgelegte Biografien Sammlung zu herausragenden Technikern brachte diese Grundkonzeption einer Geschichte der Technik sehr treffend auf einen griffigen Nenner, nämlich „Männer der Technik“. (Matschoß 1925)

Die professionelle Dimension des Dilettantismusbegriffs hingegen bezieht sich auf die berufliche Herkunft der Autoren und damit auf deren Erkenntnishorizont. Es handelte sich um Ingenieure, deren Interesse fachbezogen und standesorientiert war, die aber keine akademische Historikerausbildung vorzuweisen vermochten. In der Historikerzunft waren sie hierdurch disqualifiziert. Laien, die auf dem Gebiet der Geschichte dilettierten und mit den Standards des Faches nicht vertraut waren. (Vgl. Horwitz 1929, Forschungsgang) Damit war auch das Zielpublikum der technikhistorischen Studien vorgegeben. Die Geschichte der Technik kann bis zur Mitte des 20. Jahrhunderts als Geschichte von Technikern für Techniker charakterisiert werden, auch wenn sich dies mit deren Zielsetzung verband, Technik als Kulturfaktor auszuweisen.

Die bis in die 1950er Jahre geltende gesellschaftliche und wissenschaftliche Isolierung der Geschichte der Technik war eine der entscheidenden Hypotheken des Faches Technikgeschichte bis in die jüngere Vergangenheit hinein. Die diversen Initiativen, die von der Technikgeschichte seit dem Ende der 1950er Jahre ausgingen, um dies zu ändern, und die im Folgenden vorgestellt werden sollen, sind als Versuche der Neuerfindung des Faches zu verstehen. Der Selbstfindungsprozess des Faches Technikgeschichte ist bis heute nicht abgeschlossen. Auch nach 70 Jahren der Inhalts- und Methodendiskussion ist das, was unter Technikgeschichte verstanden wird, stark divergierend. Vielleicht sollte deshalb auch besser von „Technikgeschichten“ gesprochen werden, die zumindest eines gemeinsam haben, nämlich Technik als Ansatzpunkt eines vielfältigen Spektrums an Erkenntnisinteressen. Dabei müssen die Offenheit und der Methodenpluralismus nicht unbedingt als negativ gewertet, sondern können auch als fachimmanente Chance begriffen werden.

Der Versuch, das Verhältnis von Technik und Geschichte neu zu definieren, löste innerhalb der Technikhistoriographie eine Reihe von Konjunkturen aus. In immer neuen Diskursen wurden fachintern experimentell die inhaltlichen und methodischen

Grenzen dessen ausgelotet, was Technikgeschichte darstellen sollte. Dabei reagierte das Fach auf drei Arten von externen Einflüssen. Dies waren:

- *Nationale gesellschaftliche Diskurse über technische Innovationen und Diffusionen.* Als Beispiele hierfür können die Energie- und Umweltdiskussion seit etwa der Mitte der 1970er Jahre gelten. Später dann die Nachhaltigkeitsdebatte, die Gentechnologie oder die Elektromobilität, um an dieser Stelle nur einige zu nennen.
- *Wissenschaftliche Entwicklungen in den Leitdisziplinen der Geistes- und Kulturwissenschaften.* Wissenschaftliche Disziplinen durchlaufen eine diskontinuierliche Abfolge von Paradigmenwechseln. (Kuhn 1962) In den Kulturwissenschaften sind hier das sozialwissenschaftliche Paradigma, der Strukturalismus, der „cultural turn", oder der „pictural turn" zu nennen, womit bereits sprachlich die wissenschaftliche Orientierung an den Entwicklungen in den USA und in Großbritannien kennzeichnend ist.
- *Internationale Leitdiskurse.* Unabhängig von den wissenschaftsinternen Orientierungen erweist sich für die deutsche Technikgeschichte gerade in ihrer Formationsphase der 1950er und 1960er Jahre der Einfluss internationaler politischer Strukturen als prägend.

Für das Selbstverständnis des Faches wurde gerade die dritte Form externer Einflüsse zu einer problematischen, weil nicht hinterfragten und nicht bewusst artikulierten zweiten Struktur und Hypothek (Determinante). Das plötzliche Interesse an einer neuen Technikgeschichte Ende der 1950er Jahre lässt sich durch das weltpolitische Geschehen der Nachkriegszeit erklären. Die Entwicklung einer modernen deutschen Technikgeschichte ist ohne die Systemkonkurrenz zwischen dem Politikmodellen Kapitalismus versus Marxismus/Sozialismus infolge des Kalten Krieges nicht zu verstehen.

Hypotheken der modernen Technikgeschichte

- Wissenschaftlicher Dilettantismus
  - Isolation
  - Methodische Defizite
  - Fortschrittsglaube
- Ideologisierung im Rahmen einer technologischen Systemkonkurrenz

Aufgrund des marxistischen Modells der Produktivkräfte und der ideologischen Einschätzung der Technik als revolutionärer Kraft erreichte eine komplexe Technikbetrachtung in der UdSSR frühzeitig eine staatliche Förderung. Bereits in den 1920er Jahren entstand in Moskau ein Zentrum für die Geschichte der Naturwissenschaften und der Technik. In einem zweiten Schritt wurde die Geschichte der Produktivkräfte in die Technikerausbildung an den technischen Hochschulen der UDSSR und später dann der DDR integriert. Bezeichnenderweise fanden diese ersten Initiativen einer modernen Technikgeschichte ihr Ende mit dem Beginn der stalinistischen Industrialisierungskampagne. Im Moment der Realisierung eines stalinistischen staatlichen Industrialisierungsprogramms u. a. mit den Symbolen Magnitogorsk und Dnjeprostroi wurde die historische Analyse technischer Entwicklung zum Tabu. Erst nach dem Ende des Stalinismus im Jahr 1953 wurde an der Moskauer Akademie der Wissenschaften ein entsprechendes Institut neu gegründet. In den Folgejahren folgten ähnliche Gründungen in allen wesentlichen Ländern des sowjetischen Herrschaftsbereiches. In der DDR entstand im Jahr 1957 der „Arbeitskreis Geschichte der Produktivkräfte". Nun allerdings mit einer neuen Zielsetzung. Im Konkurrenzkampf der ideologischen Systeme kam der Geschichte der Produktivkräfte eine eminent politische Aufgabe zu, nämlich der Nachweis der Überlegenheit der realsozialistischen Technikanwendung. Dass dies nicht unbedingt einfach war, sondern häufig einer ideologischen Fundierung durch die Partei bedurfte, stellte die beteiligten Wissenschaftler immer wieder vor schwierig zu lösende Aufgaben. Wie konnte z. B. erklärt werden, dass das Fließband im Kapitalismus ein Ausbeutungsinstrument der Arbeiterklasse, im Sozialismus hingegen ein Instrument der Befreiung und des Volkswohlstandes war? Oder was hatte es mit den Umweltfolgen der eingesetzten Produktivkräfte auf sich, die es als Negativfolge eigentlich nur im Kontext des Kapitalismus geben konnte?

Im kapitalistischen Westen wurde die Geschichte der Produktivkräfte bis in die 1970er Jahre weder methodisch noch inhaltlich wahrgenommen oder rezipiert, sondern als Ideologie des Klassenkampfes abgetan. (Hausen/Rürup 1975, S. 15) Allerdings sind die Parallelen in der Entwicklung technikhistorischer Initiativen und der Rolle dieses Wissenschaftszweiges für die zukünftige Entwicklung in Ost und West unverkennbar. Unter dem Eindruck der nuklearen Aufrüstung und vor allem unter dem Einfluss des Sputnik-Schocks von 1957 wurde die Thematik Technik sowie deren Invention, Innovation und Diffusion zum Leitthema des gesellschaftlich politisch-ökonomischer Diskurses. Der sowjetische Satellit wurde in den USA kollektiv als Herausforderung und Infragestellung des Dogmas der technologischen Überlegenheit Amerikas und des kapitalistischen Systems interpretiert. Dies hatte zur Folge, dass das technische Bildungswesen reformiert und auf den ideologischen Konkurrenzkampf ausgerichtet wurde. Die Technikgeschichte erhielt dabei einen neuen, und zwar hohen Stellenwert. Dies führte u. a. dazu, dass sie stärker universitär institutionalisiert und deutlich ausgebaut wurde. Zudem entstanden Foren, über die sich das Fach international vernetzen und austauschen konnte. Im Jahr 1958 fand die Gründung der „Society for the History of Technology" (SHOT) statt, die fortan das Leitorgan und Forum der westlichen Technikgeschichte herausgab, die Zeitschrift „Technology and Culture". Der mehr oder weniger bewusste Auftrag an die Technikgeschichte war ihrem sowjetischen Pendant durchaus ähnlich. Es ging darum, den Erweis der Überlegenheit des eigenen technologischen und damit Gesellschaftssystems zu erbringen. Auch wenn dies nicht immer im Gleichklang erfolgte, und z. B. der amerikanische Technikhistoriker Lewis Mumford eine Radikalkritik der Industriegesellschaft und Großtechnik (Megamaschine) formulierte, (Mumford 1974) so hatte der unartikulierte Konsens der

Wissenschaftler außerhalb des Ostblocks hinsichtlich der Überlegenheit des westlichen technologischen Systems dennoch Bestand. Auf beiden Seiten wurde die technisch-wissenschaftliche Zivilisation im Rahmen einer technologischen Systemkonfrontation in ihrer jeweiligen Ausrichtung zur Vision stilisiert und nicht als Ideologie verstanden.

Gesellschaftliche Ursprünge der modernen Technikgeschichte

- Wissenschaftlich-technische Zivilisation
- Gesellschaftliche Diskurse über technischen Wandel
- Rüstungswettlauf
- Systemkonkurrenz (Raumfahrt ab 1957/„Atomzeitalter" ab 1955)
- Technik und Konsum (Massenphänomen Technikkonsum) – Automation

Literatur

Ludwig Beck, Die Geschichte des Eisens, 5 Bde., Braunschweig 1884–1905
Theodor Beck, Beiträge zur Geschichte des Maschinenbaus, Berlin 1899
Karin Hausen, Reinhard Rürup (Hg.), Moderne Technikgeschichte, Köln 1975
Thomas S. Kuhn, Die Struktur wissenschaftlicher Revolutionen, Darmstadt 1962
Conrad Matschoß, Die Entwicklung der Dampfmaschine, 2 Bde., Berlin 1908
Ders. (Hg.), Männer der Technik, Berlin 1925
Lewis Mumford, Mythos der Maschine. Kultur, Technik und Macht, Wien 1974
Joachim Radkau, Technik in Deutschland, Frankfurt am Main 1989
Wolfhard Weber, Lutz Engelskirchen, Streit um die Technikgeschichte in Deutschland 1945–1975, Münster u. a. 2000 (Cottbuser Studien zur Geschichte von Technik, Arbeit und Umwelt; 15)

4.2 Sozialgeschichte der Technik: Phasen einer Diskussion

Moderne Technikgeschichte ist, nach dem Verständnis einer programmatischen Veröffentlichung von Karin Hausen und Reinhard Rürup aus dem Jahr 1975 (Hausen/Rürup 1975) Sozialgeschichte. Diese Neudefinition des Faches hatte bereits in den 1960er Jahren ihren Anfang genommen. Dabei konnte die sich nun formierende Technikgeschichte an mehreren gesellschaftlichen Trends partizipieren, die eine Institutionalisierung des Faches erheblich erleichterten.

Zum einen war dies die Funktion, die ihr im Rahmen des Wettlaufs der Systeme zwischen Ost und West zugesprochen worden war. Zum anderen spielte der Umschlag der Fortschrittseuphorie der 1950er Jahre in den Planungsoptimismus der 1960er Jahre eine Rolle, und darüber hinaus begann auch die Diskussion um die deutsche Bildungskatastrophe (Picht 1964) Wirkung zu zeigen. Im Gefolge der amerikanischen

Bildungsreformen nach dem Sputnik-Schock erreichte der Diskurs um eine grundsätzliche Neugestaltung des technischen Bildungswesens Anfang der 1960er Jahre Europa. Bildung sollte den Anforderungen angepasst werden, die das technisch-wissenschaftliche Zeitalter stellte. In Horrorszenarien beschworen Publizistik wie auch die Politik einen existentiellen Mangel an Ingenieuren und Naturwissenschaftlern herauf. Um für die erwartete Konkurrenz auf einem zukünftigen Weltmarkt gerüstet zu sein, musste der Ausstoß an technologischer Elite erheblich gesteigert, sowie deren Qualifikation mit Blick auf die Zukunftsfelder technischer Herausforderungen zudem neu konditioniert werden. Dabei sah man sich in Europa von zwei Seiten bedroht. Zum einen von den realsozialistischen Ländern, die scheinbar die Zeichen der Zeit erkannt und die Ausbildung von Ingenieuren und Naturwissenschaftlern zur Priorität ihres Systems erklärt hatten. Für manche Bildungsreformer der westlichen Welt stellten sich die Sowjetunion und die DDR in ihrer Technikerausbildung als Vorbilder dar. Zum anderen Vorbild avancierten die USA, die ihre technologische Entwicklung forciert und hierbei auch dem Ausbildungswesen große Bedeutung zugemessen hatten. Vor dem Hintergrund dieser Entwicklungen drohte in Deutschland und Europa eine „technologische Lücke", sollte hierauf nicht reagiert werden können.

Die zweite gesellschaftliche Struktur, die die Technikgeschichte bei ihrer Institutionalisierung begünstigte, war der Glaube insbesondere der politischen Entscheidungsträger an eine grundsätzliche Planbarkeit gesellschaftlicher Realität. In diesem Kontext wurde die Soziologie mit neuen Trends wie der Operations-Research und anderen Managementtechniken zur Leitdisziplin auf der Suche nach politischen Steuerungsinstrumenten. Beide Entwicklungen zusammen, also die Bildungsreformdebatte und die Planungseuphorie, begünstigten zudem die Demokratisierung der akademischen Bildung und lösten damit den Einstieg in die Massenuniversität aus. Der Ausbau des Universitäts- und technischen Hochschulwesens, sowie eine massive Welle von Universitätsneugründungen, eröffneten einem neuen Fach wie der Technikgeschichte, die zudem eine hohe Affinität zur technisch-wissenschaftlichen Zivilisation besaß, enorme Möglichkeiten zur Etablierung im akademischen Bereich. Als Disziplin war die Technikgeschichte zum richtigen Zeitpunkt am richtigen Ort. Dies bestätigte sich zum Beispiel darin, dass die Technikgeschichte auf dem Historikertag in Duisburg im Jahr 1962 erstmals als eigenständige Sektion im etablierten akademischen Zusammenhang vertreten war. Die Vorträge auf der Sektion „Technik und Geschichte" konnten allerdings kaum als richtungsweisend für eine Neuausrichtung des Faches gelten, da sie nach wie vor der traditionellen Ausrichtung einer „Ingenieurstechnikhistoriographie" verhaftet blieben. (Geschichte in Wissenschaft und Unterricht 1962, S. 81-85) Sie bewegten sich weiterhin auf dem eingeschlagenen Pfad einer traditionellen Geschichte der Technik. Dies zeigt sich u. a. im Fazit einem Beitrag zur Einführung der Dampfmaschine, in dem der Autor ganz im Sinne der Ingenieurgeschichtsschreibung festhält:

> „Die Dampfmaschine fand in Deutschland nur langsam Eingang. Schwierigkeiten mannigfacher Art mussten erst überwunden werden: der psychologische Widerstand der Menschen vom Fürsten und Staatsmann, bis herab zum kleinen Bürger, die Privilegien der Zünfte

und Gilden, die Zollschranken, die schlechten Verkehrsverhältnisse vor Einführung der Eisenbahn, die mangelnde Kenntnis der Mechaniker und Arbeiter." (Geschichte in Wissenschaft und Unterricht 1962, S. 84)

Um wissenschaftlich und öffentlich wahrgenommen zu werden, bedurfte es demgegenüber dringend einer methodischen Neuorientierung des Faches, und diese musste, wie etwa in den hierfür als vorbildlich angesehenen britische und amerikanische Fachkulturen, an einer Sozialgeschichte der Technik orientiert sein. (Hausen/Rürup 1975) Die konzeptionelle Grundlage einer zu begründenden Sozialgeschichte der Technik bildete die These von der wissenschaftlich-technischen Zivilisation. Günter Ropohl, Techniksoziologe und -Philosoph, bündelt dieses Konzept im Jahr 1979 unter der Begrifflichkeit des „Technotops". (Ropohl 1979) Ropohls Technikbegriff, wie auch seine Technotopthese bilden seither den unbestrittenen Fachkonsens in der Technikhistoriographie. Dem Technotopbegriff liegt zugrunde, dass menschliches Handeln grundsätzlich in einem technischen Bezugssystem stattfindet und durch dieses geprägt wird. Die grundlegende Technisierung sämtlicher Lebensbereiche, also von Menschen und Umwelt, führt dazu, dass an die Stelle des Biotops als Lebensraum nun das Technotop tritt. Dies hat zur Folge, dass unter historischem Blickwinkel jedwedes Nachdenken über den Menschen generell auch Technik mit einzubeziehen hat. Der Historiker Werner Conze (1910–1986), eine der ersten Leitfiguren des begriffs- und sozialgeschichtlichen Ansatzes, unterstrich dies im Jahr 1972 programmatisch mit den Worten: „Das Phänomen der Technik ist kein Sonder- oder gar Randbereich [...], sondern die Grundfrage der Geschichte überhaupt. Eine so verstandene Technikgeschichte rückt in das Zentrum der Geschichtswissenschaft." (Conze 1972, S. 17) Conze formulierte einen revolutionären Gedanken, der sich sowohl gegen die bisherige Geschichte der Technik als auch gegen die Geschichtswissenschaft als Ganzes richtete.

Conze vertrat mit dieser Position ein aggressiv expansives Konzept und erhob den kategorischen Anspruch der Verortung einer neuen Technikgeschichte in der Geschichtswissenschaft. Er enteignete damit die bisherigen Protagonisten der Geschichte der Technik, also Ingenieure und Techniker, zugunsten einer Professionalisierung der Technikhistoriographie auf fachhistorischer Grundlage, vertreten durch deren akademische Repräsentanten, also Historiker. In gleicher Weise enthielt Conzes These aber auch einen Frontalangriff auf das Selbstverständnis seiner Historikerkollegen. Deren Vorstellung einer Geschichtsschreibung unter Ausblendung des Faktors Technik musste angesichts der Realität der wissenschaftlich-technischen Zivilisation absurd erscheinen und bedurfte von daher unausweichlich der Korrektur. Den Einstieg in die theoretische und methodische Diskussion um eine „neue" Technikgeschichte bildeten zwei Beiträge des Bremer Technikhistorikers Karl-Heinz Ludwig. Der erste erschien im Jahre 1964 unter dem Titel „Grundfragen der Technikgeschichte". (Ludwig 1964) Diesem folgte wenig später, d. h. 1966, eine ausführlichere weiterer programmatische Publikation in der im Jahr 1965 wiedergegründeten VDI-Zeitschrift „Technikgeschichte", dem neuen Fachorgan der deutschen Technikhistoriographie. Ludwigs Aufsatz trug den Titel „Technikgeschichte als Beitrag zur Strukturgeschichte" und war als Diskussionsbeitrag zur

Neuformation des Faches gedacht. Darin war Ludwig bestrebt, die Technikgeschichte an die neuesten fachlichen Entwicklungen der Geschichtswissenschaft anzubinden und von einer internalistischen Ausrichtung zu befreien.

Hier vollzog sich zeitgleich ein Paradigmenwechsel hin zur Sozial- und Strukturgeschichte, wie sie Werner Conze definiert hatte: „Sozialgeschichte meint Geschichte der Gesellschaft, genauer der sozialen Strukturen, Abläufe, Bewegungen. Sie ist daher sowohl der Geschichtswissenschaft wie der Soziologie verbunden." (Conze 1966, S. 19) Exakt in diesem Sinne forderte Ludwig eine Technikgeschichte, die sich als „quantitative Geschichte" (Ludwig 1966, S. 115) verstand und ihre Erkenntnisse vor allem in Form von Statistiken, Tabellen und graphische Darstellungen vermittelte, sich also der Instrumente der Soziologie, bzw. der Sozialwissenschaften bediente. Hierbei vermochte sich Ludwig auf die Theorieansätze der Soziologen Werner Sombart und Max Weber, aber auch auf Karl Marx zu berufen. Für die weitere Entwicklung des Faches prägend erwies sich Ludwigs Versuch, die „alte" Geschichte der Technik und die „neue" Technikgeschichte als harmonisches Ganzes zu kombinieren und hierdurch miteinander zu versöhnen. Hierzu schlug er vor, zwischen eine speziellen und allgemeinen Technikgeschichte zu unterscheiden. Die „spezielle Technikgeschichte" war Aufgabenbereich des Ingenieurs. Sie untersuchte die historische Entwicklung von Materialien, Geräten, Maschinen oder Verfahren. Auf den Erkenntnissen der speziellen Technikgeschichte baute schließlich die „allgemeine Technikgeschichte" auf. Diese war Spezialgebiet des Historikers und beschäftigte sich mit der Bedeutung der Technik im Gesamtgefüge der Gesellschaft. Als Vorbild verwies Ludwig dabei interessanterweise auf eine Randfigur der amerikanischen Technikgeschichte, nämlich auf den MIT-Professor und radikalen Kapitalismuskritiker Lewis Mumford. Mit seiner Zweiteilung in eine spezielle und eine allgemeine Technikhistoriographie formulierte Ludwig ein Kompromissangebot zwischen Traditionalisten und Reformern, mit dem beide leben konnten, da ihre jeweiligen Aufgabenbereiche und Wissensgebiete getrennt blieben, sich aber dennoch miteinander verbinden ließen. Die nachfolgend abgebildete Dichotomie-Tabelle verdeutlicht dies:

Systematik der Technikgeschichte nach Ludwig

Spezielle Technikgeschichte	Allgemeine Technikgeschichte
Artefakte	Technik – Gesellschaft
Verfahren	Subdisziplin Geschichte
Entwicklungstendenzen	Strukturgeschichte der Technik

Die inhaltliche Ausrichtung der Technikgeschichte sah Ludwig darin, „das gesamte technische oder die Technik betreffende Material der Vergangenheit [...] zu erfassen, kritisch zu untersuchen sowie in seinen speziellen technischen – und danach allgemein geschichtlichen – Zusammenhang einzuordnen." (Ludwig 1964, S. 78) Da Ludwig zudem mit einem sehr offenen Technikbegriff operierte und gleichzeitig komplexe Wechselbeziehungen zwischen Mensch und Technik zugrunde legte (siehe Grafik), war dies ein kaum begrenzbares Feld an Analyseoptionen.

Wechselwirkungen zwischen Mensch und Technik nach Ludwig

1. Produzent
   Erfinder, Konstrukteur realisierende Instanz
2. Anwender
   Arbeitswelt
3. Konsument

Besonderen Wert legte Ludwig auf die Integration der sich seit den 1950er Jahren zunächst in Großbritannien formierenden Industriearchäologie. Sie sollte helfen, die Technikgeschichte zur Strukturgeschichte weiterzuentwickeln. Die technischen Artefakte, Verfahren und Überreste dokumentierten den umfassenden Quellenbegriff, von dem eine Technikgeschichte auszugehen hatte und in dem sie sich von der klassischen Geschichtswissenschaft unterschied.

Die Jahre nach Ludwigs Versuch, die Technikgeschichte mit dem Mainstream der Sozialwissenschaften zu verbinden, waren geprägt durch einen Expansionsprozess des Faches im akademischen und institutionellen Bereich. Hinter der Aufbauarbeit trat der Methoden- und Theoriediskurs innerhalb des Faches allerdings in den Hintergrund. Erst Mitte der 1970er Jahre brachte ein Impuls von außen den Diskussionsprozess wieder in Gang. Der Sozialhistoriker Reinhard Rürup veröffentlichte zusammen mit seiner Kollegin Karin Hausen unter dem programmatischen Titel „Moderne Technikgeschichte" einen Aufsatzband, dem eine Einleitung zu Methode und Theorie des Faches vorangestellt war. Diesem Sammelband war ein Grundsatzaufsatz von Rürup unter dem Titel „Die Geschichtswissenschaft und die moderne Technik" vorangegangen, in dem Rürup ausführlicher auf die Problematik der deutschen Technikgeschichte und ihrer Perspektiven einging. (Rürup 1972) Bereits in der Auswahl der Beiträge des Sammelbands von Hausen und Rürup verbarg sich ein Affront gegen die damalige aktuelle deutsche Technikgeschichtsschreibung in der Bundesrepublik und in der DDR. Hausen und Rürup stützten ihre Bestandsaufnahme der neuesten Entwicklungen im Fach ausdrücklich und ausschließlich auf die nichtdeutsche internationale wissenschaftliche Avantgarde und betonten dies expressis verbis: „In der Auswahl der Beiträge spiegelt sich die gegenwärtige Dominanz der amerikanischen, französischen und englischen Forschung, der gegenüber die einstmals führende deutsche Technikgeschichtsschreibung deutlich zurückgefallen ist." (Hausen/Rürup, S. 9) Als Vertreter der Geschichtswissenschaft in der Bundesrepublik nahmen die Autoren den Sozialhistoriker Jürgen Kocka mit einer Untersuchung zu Produktionsstrukturen in den sich formierenden Siemens-Werken auf, nicht jedoch Arbeiten, die aus der deutschen Technikhistoriographie selbst stammten, obwohl hier durchaus berücksichtigenswerte Arbeiten vorlagen. (U. a. Ludwig; Timm 1964 und 1966) Die Anfänge der deutschen Technikgeschichtsschreibung bewerteten die Autoren zudem überaus kritisch. Wie kritisch, verdeutlicht der Begriff des wissenschaftlichen Dilettantismus, mit dem sie die Technikgeschichte um 1900 brandmarkten.

Mit der Feststellung, dass es dieser Forschung an kritischer Distanz zu ihrem Gegenstand fehle, sprach Rürup explizit der ingenieursgeschichtlich geprägten Technikhistoriographie ihre Wissenschaftlichkeit ab. (Rürup 1972, S. 62 ff.) Mit den Methoden und Zielsetzungen der Ingenieure um Matschoß, Feldhaus usw. sei allenfalls eine Datensammlung chronologischen Charakters erreicht worden, bzw. eine Enzyklopädie der Technik, die dem Geist des 18. Jahrhunderts näherstünde als der modernen Wissenschaft. Lediglich auf dem Gebiet der Inventarisierung, Erhaltung und Erforschung von Industriedenkmalen sprachen Hausen und Rürup den Arbeiten von Conrad Matschoß und Werner Lindner richtungweisenden Charakter zu. Allerdings habe die deutsche Technikgeschichte so Hausen und Rürup weiter, nach dem Zweiten Weltkrieg den Anschluss an die internationale Entwicklung verpasst. Den aktuellen Zustand im Jahr 1975 beschrieben sie als desolat: „Angesichts der Geschwindigkeit, mit der sich die Technikgeschichte allenthalben [...] als akademische Disziplin etabliert hat, kann es kaum überraschen, daß die theoretische Begründung des neuen Faches mit diesem Tempo nicht Schritt halten konnte." (Hausen/Rürup 1975, S. 18) Auch hier betonten die Autoren nochmals nachdrücklich ihre Forderung zur Notwendigkeit eines methodisch-theoretischen Neuanfangs in der deutschen Technikgeschichte. Dieser Neuanfang könne zudem nur durch eine Anbindung an die in dieser Hinsicht fortgeschrittenere, vor allem britische und amerikanische Technikgeschichtsschreibung erfolgreich verlaufen. Als beispielgebend betonten Hausen und Rürup die Gesamtdarstellungen insbesondere folgender amerikanischer Autoren: Abbott Payson Usher (1883–1965), Lewis Mumford (1895–1990) und Roger Burlingame (1889–1967). Außerdem wiesen sie ausdrücklich auf die Vorarbeiten im realsozialistischen Lager mit ihrer Produktivkraftgeschichtsschreibung hin, deren Rezeption noch ausstehen würde. Auch hiermit wird eine Kritik an der Isolation des Fachs in der Bundesrepublik formuliert. „Die Einordnung der Technikgeschichte (der DDR, d. Verf.) in die Theorie und Praxis des Marxismus-Leninismus [...] verhinderte jedoch für lange Zeit, dass diese Entwicklungen außerhalb des sozialistischen Lagers überhaupt zur Kenntnis genommen, geschweige denn als positive Herausforderung oder gar als Modell akzeptiert worden wären." (Hausen/Rürup 1975, S. 15; Rürup 1972, S. 69 ff.)

Hausen/Rürup lieferten nicht nur einen theoretischen Überblick, sondern auch eine detaillierte Interpretation der gesellschaftlichen Kontexte, die in den 1970er Jahren ein signifikantes Ansteigen des Interesses an technikhistorischen Fragestellungen, sowie am Fach Technikgeschichte selbst hervorriefen. Als interessenleitend betrachteten sie neben der Systemkonkurrenz der Supermächte und der daraus resultierenden Expansion der Bildungssysteme den Verlust an Strahlkraft des technischen Fortschritts, der in den 1960er Jahren viel von seiner Leitfunktion für gesellschaftliches Handeln eingebüßt hatte. Die Problemdimensionen des technischen Fortschritts provozierten gesellschaftliche

Konflikte. Neben die Erfahrung von technologisch bedingter Arbeitslosigkeit seit Mitte der 1960er Jahre trat seit dem öffentlichen Bewusstwerden der „Grenzen des Wachstums“ durch die Publikation des Club of Rome im Jahr 1972 (Meadows u. a. 1972) nun ein gesellschaftlicher Grundsatzdiskurs zur Umwelt- und Energieproblematik. Demnach war es gerade die Infragestellung des traditionellen Fortschrittsoptimismus, der die Anfänge der deutschen Geschichte der Technik dominant beherrscht hatte, und der hierdurch nicht nur zu Revitalisierung technikhistorischer Fragestellungen führte, sondern diese völlig neu ausrichtete. Der Neuanfang der Technikgeschichte musste deshalb einen radikalen Bruch mit den Strukturen der vormaligen Geschichte der Technik vollziehen. Die Protestbewegungen der 1960er Jahre, so Hausen und Rürup, hätten neue Perspektiven an eine historische Erforschung der Wirkungszusammenhänge von Technik herangetragen:

Moderne Technikgeschichte

„In den Mittelpunkt der theoretischen Diskussionen traten nun die Fragen nach dem Verhältnis von Technik und Gesellschaft, von technischer Determination und gesellschaftlicher Freiheit und nach den praktischen Folgen des wissenschaftlichen Fortschritts.“ (Hausen/Rürup 1975, S. 16 f.)

Aufgrund dieses radikalen Perspektivwandels bzw. Paradigmenwechsels wurde die Technik nun als zentraler Faktor des modernen Lebens interpretiert, den es zu analysieren und in seiner gesellschaftlichen Wirkung zu verstehen galt. Nur so würde es möglich sein, das, was sich unter dem Begriff „Technotop“ subsummierte, historisch zu fassen. Dabei spielten zwei Technikdiskurse in den Sozial- und Wirtschaftswissenschaften eine entscheidende Rolle. In der Soziologie fand seit Anfang der 1960er Jahre eine teils emotionale Debatte um die technologischen Strukturen der Gegenwartsgesellschaft statt. In der Technokratiedebatte standen sich dabei zwei fundamental divergierende Auffassungen zu den Gestaltungsoptionen moderner Industriegesellschaften gegenüber. Dabei formulierten Helmuth Schelsky und Jürgen Habermas Positionen, die bis heute Einfluss auf die soziologischen Technikinterpretationen haben. In den Wirtschaftswissenschaften hingegen führte die Erkenntnis in die potenzielle Krisenanfälligkeit des kapitalistischen Wirtschaftssystems zu neuen Bewertungen des Faktors Technik in Bezug auf das Wirtschaftswachstum.

Fasst man es zusammen, so bedingten zwei Krisen die inhaltliche Weiterentwicklung der Technikgeschichte zur „modernen Technikhistoriographie“. Zum einen eine Legitimationskrise des Staates, zum anderen die Erfahrung der Wirtschaftskrise von 1966 und der Ersten Ölkrise von 1972. Beide provozierten neuartige Perspektiven auf Technik und technischen Wandel. Auf beide Herausforderungen konnte die bis dahin existierende deutsche Technikgeschichtsschreibung kaum Antworten geben. Vor diesem Hintergrund und der Intension Rürups, der Technikgeschichte eine neue Ausrichtung geben zu müssen, ist es beinahe grotesk, dass Rürup selbst dem Konzept der sozialwissenschaftlichen Planungseuphorie verpflichtet war und der neuen, also modernen Technikgeschichte, eine prognostische Funktion zuschrieb. Unbeabsichtigt brachte ihn dies so in die Nähe der Ingenieurs-Technikgeschichtsschreibung der ersten Hälfte des 20. Jahrhunderts. Bereits Conrad Matschoß hatte immer wieder den prognostischen Wert der Erkenntnisse der Technikgeschichte hervorgehoben und vor diesem Hintergrund deren Bedeutung für die Technikerausbildung betont.

Rürups Anspruch an die Technikgeschichte ging demgegenüber dennoch erheblich weiter: „Sie kann schließlich dazu beitragen, die Voraussetzungen für eine gesellschaftliche Planung des technischen Fortschritts zu schaffen und damit die technische Entwicklung unter die Kontrolle und in die Verantwortung des Menschen zurückholen." (Rürup 1972, S. 85) Diese Funktionszuweisung an die Technikgeschichte als Mittel zur Technikprognose und Wegweiser in eine planbare Zukunft entsprach zwar dem Zeitgeist, würde sich allerdings letztendlich als unzutreffend erweisen. Denn die grundsätzliche Frage war und blieb, ob dies eine historische Disziplin überhaupt zu leisten in der Lage wäre. Und die Antwort hierauf ist recht kategorisch: sie kann es nicht!

Aufgabenfelder des Erkenntnisinteresse einer modernen Technikgeschichte nach Hausen/Rürup

- Technischer Fortschritt
- Erfindung/Invention
- Technischer Wandel/Innovation
- Technische Durchdringung der Gesellschaft/Diffusion

Die „moderne Technikgeschichte" verstand sich als Initialzündung für eine methodische und theoretische Neuausrichtung des Faches, wobei ihre Positionierung innerhalb der Wissenschaften eindeutig war: „Diese Fragen nach Ursachen, Wirkungen und Interaktionen aber sind die allgemeinen Fragen des Historikers, insbesondere des modernen Sozialhistorikers, der nicht nur Daten sammelt, sondern Zusammenhänge erklären möchte." (Hausen/Rürup 1975, S. 20) Diesen Weg einer Neuausrichtung des Faches zu beschreiten, erwies sich als nötig, richtig und weitsichtig. Noch im Jahre 1975 sah man sich bezüglich der kritischen Bestandsaufnahme und Diagnose für eine moderne Technikgeschichte durch eine soziologische Studie, die an der Universität Bielefeld zum „Forschungsschwerpunkt Wissenschaftsforschung" vorgelegt worden, und von der „Stiftung Volkswagenwerk" gefördert worden war, vollauf bestätigt. Der diesbezügliche und von Werner Rammert vorgelegte Forschungsbericht unter dem Titel „Technik, Technologie und technische Intelligenz in Geschichte und Gesellschaft. Eine Dokumentation und Evaluation historischer, soziologischer und ökonomischer Forschung zur Begründung einer sozialwissenschaftlichen Technikforschung" (Rammert 1981) unterstrich die Notwendigkeit einer Neuausrichtung des Faches Technikgeschichte entschieden:

> „Das Forschungsgebiet ‚Technikgeschichte' kann zurzeit weder in der Bundesrepublik noch in anderen Ländern als eigenständige wissenschaftliche Disziplin angesehen werden. Ihm fehlen dazu die epistemologischen Merkmale eines eindeutig abgegrenzten Gegenstandsbereiches, einer gegenstandsadäquaten Methodologie und eines einheitlichen theoretischen Darstellungsprinzips der Forschungsresultate. Auch die Kriterien der sozialen Ausdifferenzierung und selbständigen Institutionalisierung von Forschung, Ausbildung und wissenschaftlicher Kommunikation sind noch nicht gegeben." (Rammert 1981, S. 3)

Diese provozierende Analyse zur Lage der damaligen deutschen Technikhistoriographie konnte von der etablierten Technikgeschichte, die selbst bereits längst begonnen hatte, sich methodologisch neu auszurichten, allerdings nicht unwidersprochen hingenommen werden. Als Reaktion auf die erhobenen Vorwürfe veröffentlichten der Timm-Schüler und Inhaber des Hamburger Lehrstuhls für Sozial- Wirtschafts- und Technikgeschichte, Ulrich Troitzsch, zusammen mit einer Mitarbeiterin ihren Entwurf und ihre Bestandsaufnahme zur aktuellen Situation der Modernen Technikgeschichte in Deutschland. Nicht nur Rammert, sondern auch die Publikation von Hausen/Rürup hatten die Agenda hierzu vorgegeben. (Troitzsch/Wohlauf 1980) Dies erfolgte auf drei Ebenen, und zwar mit einer Rechtfertigung und Darstellung der Geschichte der Technik als solcher, mit der Präsentation der aktuellen „neueren Ansätze in der Technikgeschichtsschreibung", womit die deutsche Leistungsfähigkeit auf diesem Gebiet belegt wurde, sowie mit einer theoretischen Fundierung der zukünftigen Fragestellungen, denen sich das Fach zuwenden sollte. Dem Vorwurf des „wissenschaftlichen Dilettantismus" setzten Troitzsch/Wohlauf eine Abfolge von Traditionslinien in der Technikgeschichtsschreibung entgegen. Insgesamt sechs biographische und Werkskizzen für die Technikhistoriographie vom 18. bis zum 20. Jahrhundert sollten belegen, dass auch vor der aktuellen „Modernen Technikgeschichte" eine dieser entsprechenden modernen Sozialgeschichte der Technik in Deutschland geschrieben worden war. Zu deren „Vätern" zählten Troitzsch/Wohlauf unter anderem:

1. Johann Beckmann (1739–1811),
2. Karl Marx (1818–1883) und Friedrich Engels (1820–1895),
3. Hugo Theodor Horwitz, sowie, im Sinne einer Kulturgeschichtsschreibung,
4. Friedrich Klemm (1904–1981).

Zudem wiesen Troitzsch/Wohlauf den von Rammert, Hausen und Rürup erhobenen Vorwurf zurück, dass die internalistische Technikhistoriographie in der ersten Hälfte des 20. Jahrhunderts dilettantisch gewesen sei, da sie den Standards der Geschichtswissenschaft nicht entsprochen hätten. Zwar war zuzugestehen, dass Autoren wie u. a. Theodor Beck (1839–1917) oder Conrad Matschoß (1871–1942) und auch Hugo Theodor Horwitz von ihrer akademischen Ausbildung her Ingenieure und keine Historiker waren, aber dennoch hätten sie den üblichen Qualitätskriterien, die die Geschichtswissenschaft als Standard für wissenschaftliche Arbeiten stellte, vollauf genügt. Der zudem von den sozialgeschichtlichen Kritikern der in Deutschland bestehenden Technikhistoriographie erhobene Vorwurf einer amerikanischen, englischen und französischen Überlegenheit in Theorie, Methode und Fragestellung, widersprachen Troitzsch/Wohlauf ebenfalls entschieden. Sie stellten dieser Behauptung in ihrem Sammelband elf einschlägige Beiträge entgegen, die die „Modernität" der damals aktuellen deutschen Technikhistoriographie unter Beweis stellten. Diese Beiträge sollten sowohl die kreativen Untersuchungsansätze wie die komplexe theoretische Basis der neuesten Technikgeschichte in Deutschland aufzeigen. Auch der Vorwurf von Hausen und Rürup über eine mangelnde Rezeption der technikhistorischen Arbeiten aus dem real existierenden Sozialismus wurde im Rahmen des Sammelbandes von Troitzsch/Wohlauf zurückgewiesen. In diesem fand nämlich der Abdruck eines Beitrags von Rudolf Forberger, Professor für die Geschichte des Bergbaus und des Hüttenwesens an der Bergakademie Freiberg/DDR Berücksichtigung, der aus der Perspektive einer Geschichte der Produktivkräfte den Begriff der Industriellen Revolution zur Diskussion stellte. (Forberger 1980, S. 302-327) Etwas Derartiges im Diskurs über wissenschaftstheoretische Ansätze hatte es bis dahin nicht gegeben.

In der theoretischen Einführung zum Sammelbandbeitrag von Forberger griffen Troitzsch/Wohlauf sogar den innerhalb der marxistisch orientierten Wissenschaft gebräuchlichen Begriff der wissenschaftlich-technischen Revolution auf. Basierend auf diesem Ansatz der Interpretation des wissenschaftlich-technischen Fortschritts gelangten sie allerdings zu der Auffassung, dass die Technikentwicklung von Ost und West, also der der sozialistischen sowie der kapitalistischen Systeme, keineswegs unterschiedliche Verläufe nahmen, wie die marxistische Theorie unterstellte. Stattdessen war eine Konvergenz zu konstatieren, also eine Angleichung der Technologien über ideologische Systemgrenzen hinweg. Diese Erkenntnis war revolutionär, stellte sie doch die ideologisch geprägten Theoriekonzepte technischer Entwicklung grundsätzlich in Frage.

Das Postulat eines Theoriedefizits der damaligen deutschen Technikgeschichte, welches letztendlich nicht aufrechtzuerhalten ist, wirkte dennoch als heilsamer Schock und setzte genau das in Gang, was Hausen und Rürup eingefordert hatten, nämlich die Reflektion über die eigene theoretische Basis, auf der man stand. Troitzsch/Wohlauf griffen bei ihrem Programm zur Formierung einer modernen Technikgeschichte auf die aktuellen Diskurse in der Techniksoziologie zurück. Sie rekurrierten dabei insbesondere auf die Arbeitsergebnisse des Karlsruher Technikphilosophen Günter Ropohl. (Ropohl 1979) Seine „Sprachverwendungsregel" der Technik bot einen anwendungsorientierten und komplexen Technikbegriff, der sich für den erforderlichen Perspektivwechsel operational anbot. Mit Ropohl konnten die Autoren einen originären deutschen Beitrag zum internationalen Technikdiskurs anbieten, der von seiner Qualität und seiner internationalen Rezeptionsfähigkeit her jedwedes scheinbare oder reale Theoriedefizit der deutschen Technikhistoriographie entkräftete. Auf der Basis von Ropohl Erkenntnissen formulierten Troitzsch/Wohlauf einen neuen Konsens der deutschen Technikgeschichte:

> „Folgt man dieser Definition von Technik, dann muß Technikgeschichte die Geschichte der Artefakte, deren Herstellung und Anwendung im Rahmen zweckorientierten Handelns erfolgt, nicht nur als isolierte Abfolge von Gegenständen beschreiben, sondern auch deren

> Herstellung und Verwendung in der Entwicklung menschlichen Handelns und seiner Bedingungen erklären." (Troitzsch/Wohlauf 1980, S. 13 f.)

Eine besondere Wertschätzung brachte Troitzsch dem amerikanischen Technikhistoriker und Technikkritiker Lewis Mumford entgegen. Mumfords spektakuläre und international rezipierte Studie: „Mythos der Maschine", kommentierte Troitzsch anerkennend, wenn auch mit einer gewissen Distanz folgendermaßen: „In dieser Arbeit, die sicher manchen Anlass zu Diskussionen und Kritik bietet, werden entscheidende Probleme der heutigen technischen Entwicklung aufgezeigt." (Troitzsch/Wohlauf 1980, S. 31) Damit wiesen die drei paradigmatischen Veröffentlichungen zu einer Theorie einer modernen Technikgeschichte eine erstaunliche personelle Gemeinsamkeit auf. Sowohl Ludwig als auch Hausen, Rürup und Troitzsch bezogen sich explizit auf die Arbeiten von Lewis Mumford. Partielle Unterschiede gab es dabei dessen ungeachtet. Während Hausen/Rürup die Technikgeschichte vehement und ausschließlich im Bereich der Geschichtswissenschaft und hierbei der Sozialhistoriographie verortet hatten, griffen Troitzsch/Wohlauf demgegenüber auf das Kompromissangebot von Ludwig zurück, der vorgeschlagen hatte, zwischen einer speziellen und einer allgemeinen Technikgeschichte zu unterscheiden. Zwar veränderten Troitzsch/Wohlauf die Begrifflichkeit Ludwigs, nicht aber deren Inhalte. Aus der speziellen Technikgeschichte wurde die interne Technikgeschichte, aus der allgemeinen die externe Technikgeschichte. Im Vergleich zu Ludwig verschoben die Autoren die Gewichtung sogar wieder ein wenig in Richtung einer Geschichte der Technik.

Systematik der Technikgeschichte nach Troitzch/Wohlauf

	Interne Technikgeschichte	**Externe Technikgeschichte**
Thema	Artefakte, Verfahren	Sozio-technische Beziehungsgefüge
Grundlage	Naturwissenschaftlich-technische Kenntnisse	Technik-Mensch-Gesellschaft

Auch in der Analyse der zukünftigen Aufgabenstellungen einer Sozialgeschichte der Technik griffen Troitzsch/Wohlauf auf die damals aktuellen Diskussionen in den Sozialwissenschaften zurück. Während die interne Technikgeschichte in den beschrittenen Wegen einer Geschichte der Technik verharrte, lieferte die externe

Technikgeschichte die Möglichkeit einer kreativen Weiterentwicklung. Im klassischen Bereich von Technik und Wirtschaft stellten die Autoren die Begriffe Innovation, Innovation, Diffusion und Technologietransfer als aktuelle Leitbegriffe in den Mittelpunkt. Dazu benannten sie drei Aufgabenfelder, die über die bestehenden Ansätze der Technikhistoriographie hinauswiesen und sich dann tatsächlich zu Leitdiskursen der nachfolgenden technikhistorischen Forschungen in Deutschland entwickelten, nämlich die Themenfelder Umwelt, Energie, Alltag, Konsum und Arbeitswelt.

Aufgabenfelder einer künftigen Technikgeschichte nach Troitzsch/Wohlauf 1980

1. Technik und Naturwissenschaft
   - Verwissenschaftlichung der Technik
2. Technik und Wirtschaft
   - Innovationsforschung
3. Technik und Umwelt
   - Umweltfolgen des technischen Wandels
   - Technikfolgeabschätzung
4. Technik und Arbeit
   - Arbeitswelt als soziale Entscheidung
5. Technik und Alltag
   - Wohnung, Haushalt, Verkehr, Kommunikation, Freizeit

Die Soziologie und mit ihr die sozialwissenschaftliche Ausrichtung der Geschichtswissenschaft blieb bis zum Ende der 1980er Jahre der dominierende methodische und theoretische Ansatz einer modernen Geschichte. In den 1990er Jahren vollzog sich unter dem Stichwort der Post-Moderne dann eine Abkehr von den Leitbegriffen Gesellschaft und Struktur. Die Proklamierung einer neuen Pluralität zog eine Hinwendung zu offenen Kulturbegriffen nach sich. Der „kulturalistischen Wende“ folgte ein kommunikationsorientierter „linguistic turn“, der schließlich zu einer (Wieder-)Entdeckung der nonverbalen Kommunikation und zu einem *pictural turn* führte. Jenseits der Theoriediskussion in den Geistes- und Sozialwissenschaften bleibt festzuhalten, dass der Begriff der Sozialgeschichte in den 1990er Jahren aus der Mode kam, ebenso eine explizite Sozialgeschichte der Technik. Im Jahr 1992 veröffentlichten Bayerl und Meyer ein Fazit sowie einen Ausblick zu einer Sozialgeschichte der Technik. (Bayerl/Meyer 1992) Damit war auch personell ein Rahmen der Sozialgeschichte gegeben, hatte Bayerl doch bereits in dem Sammelband von Troitzsch/Wohlauf 1980 einen Beitrag beigesteuert. Gut ein Jahrzehnt später zog er eine zwiespältige Bilanz. Entgegen allen rhetorischen Beteuerungen war es der Sozialgeschichte der Technik nicht gelungen, die traditionelle Geschichte der Technik abzulösen. Aus dieser Defensivposition der modernen Technikgeschichte heraus formulierte Bayerl seine Definition und Anforderungen an eine „neue" Sozialgeschichte der Technik:

> „Sie sollte eine historische Betrachtungsweise der Technik sein, die in emanzipatorischer Absicht das Verhältnis und die wechselseitigen Einflüsse von Technik und Gesellschaft in den verschiedenen Epochen analysiert, wobei, ohne Außerachtlassung von Ereignissen und Individuen, grundlegende Strukturen und langfristige Wandlungsprozesse im Vordergrund stehen. Ferner darf die Schilderung der technischen Entwicklung nicht in apologetischer Weise eine logische Konsequenz von Sachzwängen vorspiegeln, sondern muß die real existierende Artefaktwelt als eine Möglichkeit von mehreren, die sich aufgrund gesellschaftlicher Verhältnisse durchgesetzt hat, aber durchaus veränderbar ist und auch unter humanen und ökologischen Aspekten verändert werden muß, verstanden wissen." (Bayerl 1992, S. 12)

Dazu musste die Technikgeschichte sich von der internen Geschichte der Technik emanzipieren, der Bayerl vorwarf, sich in der Beschreibung einer Erfolgsgeschichte der Technik bequem eingerichtet zu haben. Statt zu einer kritischen Technikgeschichte beizutragen, verharre sie in unkritischer und kleinteiliger Apologetik. Infolge dieser Analyse bekam Technikgeschichte erneut eine eminent politische Aufgabe zugewiesen. Durch eine Relativierung und Infragestellung des gesellschaftlich dominanten Technizismus sollte moderne Technikgeschichte nun dazu beitragen, den Weg in eine humanere Zukunft mitgestalten helfen. Die Forderung nach einer neuen Sozialgeschichte der Technik bzw. nach der Durchsetzung der Prinzipien der Sozialgeschichte gegen eine postulierte Dominanz der internen Technikgeschichte provozierte eine kritische Auseinandersetzung mit dem Zielen dieser neuen Sozialgeschichte der Technik. Doch diese Position war nicht unumstritten. Der Darmstädter Technikhistoriker Akoš Paulinyi zum Beispiel verwarf diese Perspektive unter Hinweis auf die spezifische Eigenart historischer Technikforschung. (Paulinyi 1995/96) Im Mittelpunkt jeder Form von Technikgeschichte müsse, so Paulinyi, die Sachtechnik stehen. Nur das Verständnis der Grundstrukturen technischer Entwicklung und der Produktion technischer Sachgüter könne der Technikgeschichte eine Basis geben. Dementsprechend betonte er die unabdingbare Notwendigkeit technischer Kompetenz für diejenigen, die Technikgeschichte schreiben wollten. Und dies waren für Paulinyi notwendigerweise dann die technischen Eliten selbst, also Ingenieure und Techniker. Damit näherte er sich wieder jener Situation an, die die Technikhistoriographie um 1900 geprägt hatte, und die längst als unzulänglich charakterisiert worden war. Seine Fundamentalkritik an der neuen Sozialgeschichte der Technik spitzte sich im Vorwurf von deren Beliebigkeit zu. Einer Beliebigkeit, die sich der „lästigen Sachtechnik" und damit dem eigentlichen Gegenstand der Technikgeschichte entledigen würde.

Fundamentalkritik einer Sozialgeschichte der Technik

„Damit befreit sich die Sozialgeschichte der Technik à la Bayerl/Meyer von der lästigen Sachtechnik und kann sich unbehindert ihrem Hauptziel widmen: dem Aufzeigen der ‚gesellschaftlichen Bezüge' der allgegenwärtigen Technik im Rahmen vieler anderer Spezialdisziplinen der Geschichtswissenschaft." (Paulinyi 1995/96, S. 41)

Allerdings vermochte sich Paulinyi mit dieser Position gegen die inzwischen etablierte „moderne Technikgeschichte" nicht durchzusetzen. Der Vorwurf einer fehlenden technischen Sachkompetenz war weder tragfähig noch zutreffend. Vielmehr erwies sich einmal mehr, dass technischer Wandel, insbesondere als Innovation und Diffusion, sich keineswegs aus sich selbst heraus erklären ließ, sondern der Einbettung in soziale, ökonomische und allgemeingesellschaftliche Bezüge bedurfte, in ein Theoriekonzept, wie es von der Sozialgeschichte der Technik bzw. einer modernen Technikgeschichte vertreten wurde.

Literatur

Günter Bayerl, Torsten Meyer, Aufgaben einer Sozialgeschichte der Technik, in: Blätter für Technikgeschichte 51/52 (1989/90), S. 9-36

Roger Burlingame, Machines that Built America, New York 1953

Ders., Men and Machines, Tokio 1959

Werner Conze, Die prognostische Bedeutung der Geschichtswissenschaft. Möglichkeiten und Grenzen, in: Technikgeschichte. Voraussetzung für Forschung und Planung in der Industriegesellschaft. Düsseldorf 1972, S. 16-26

Ders., Sozialgeschichte, in: Hans-Ulrich Wehler (Hg.), Moderne deutsche Sozialgeschichte, Köln u. a. 1966, S. 19-26

Geschichte in Wissenschaft und Unterricht (GWU), Bericht über die 25. Versammlung deutscher Historiker in Duisburg 17. bis 20. Oktober 1962, S. 81-85

Karin Hausen, Reinhard Rürup (Hg.), Moderne Technikgeschichte, Köln 1975

Karl-Heinz Ludwig, Entwicklung, Stand und Aufgaben der Technikgeschichte, in: Archiv für Sozialgeschichte 1978, S. 502-523

Ders., Grundfragen der Technikgeschichte, in: Geschichte in Wissenschaft und Unterricht (GWU) 15 (1964), S. 75-83

Ders., Technikgeschichte als Beitrag zur Strukturgeschichte, in: Technikgeschichte 33 (1966), S. 105-120

Dennis Meadows, Donella Meadows, Erich Zahn, Peter Milling, Die Grenzen des Wachstums. Bericht des Club of Rome zur Lage der Menschheit, Reinbek 1972

Lewis Mumford, Mythos der Maschine. Kultur, Technik und Macht, Wien 1974

Akoš Paulinyi, Wi(e)der eine neue Technikgeschichte?, in: Blätter für Technikgeschichte 57/58 (1995/96), S. 39-47

Picht, Georg, Die deutsche Bildungskatastrophe. Analyse und Dokumentation, Freiburg im Breisgau 1964

Werner Rammert, Technik, Technologie und technische Intelligenz in Geschichte und Gesellschaft. Eine Dokumentation und Evaluation historischer, soziologischer und ökonomischer Forschung zur Begründung einer sozialwissenschaftlichen Technikforschung, Bielefeld 1981

Günter Ropohl, Eine Systemtheorie der Technik. Zur Grundlegung der Allgemeinen Technologie, München/Wien 1979

Reinhard Rürup, Die Geschichtswissenschaft und die moderne Technik. Bemerkungen zur Entwicklung und Problematik der technikgeschichtlichen Forschung, in: Dietrich Kurze (Hg.), Aus Theorie und Praxis der Geschichtswissenschaft, Berlin/New York 1972, S. 49-85

Helmut Schelsky, Der Mensch in der wissenschaftlichen Zivilisation, in: Helmut Schelsky, Auf der Suche nach der Wirklichkeit. Gesammelte Aufsätze, Düsseldorf u. a. 1965, S. 439-471

Ulrich Troitzsch, Die historische Funktion der Technik aus der Sicht der Geschichtswissenschaften, in: Technikgeschichte 43 (1976), S. 92-101

Ders., Gabriele Wohlauf (Hg.), Technik-Geschichte, Frankfurt am Main 1980

4.3 Neue Paradigmen der modernen Technikgeschichte: Prozess, Gender, Mentalität

> „In dieser Analyse drängt sich auf, daß wir früher oder später den Mut haben müssen, uns zu fragen: Ist die Verbindung von maßloser Macht und Produktivität mit ebenso maßloser Gewalt und Destruktion eine rein zufällige?“ (Mumford 1977, S. 24)

Bereits die Konstituierung der Technikgeschichte als „moderner Technikgeschichte“ seit Mitte der 1960er Jahre vollzog sich in Deutschland unter dem Vorzeichen einer nachholenden Annäherung an bestehende fachinterne Diskurse in den Geistes- und Sozialwissenschaften. Der Mutterdisziplin der Technikgeschichte, also der Geschichtswissenschaft, mit einiger Verzögerung zu folgen, scheint dabei ein Grundmuster zu sein, welches der Technikhistoriographie anhaftet. Dabei war das Aufgreifen des sozialgeschichtlichen Paradigmas, analog zu den Trends in der Allgemeingeschichte, mit dem Anspruch auf Anerkennung als historische Disziplin verbunden. Trotz der Institutionalisierung des Faches Technikgeschichte an etlichen Universitäten in der Bundesrepublik verblieb die Technikgeschichte in einer Außenseiterposition, und zwar unabhängig von ihrem Anspruch, ein entscheidender Faktor der historischen Analyse zumindest der technisierten Moderne zu sein. Seit Beginn der 1980er Jahre gab es daher eine Abfolge von Forderungen nach einer grundsätzlichen Neuorientierung des Faches. Diese „anderen Technikgeschichten“ hatten eine gemeinsame Zielsetzung: Die gesellschaftliche Relevanz von Technikgeschichte zu erweisen und einzufordern. Der Weg hierzu sollte über eine Neupositionierung innerhalb der Geschichtswissenschaften erfolgen, und zwar mittels einer angemessenen Wahrnehmung des Gegenstandsbereichs

Technik in der historischen Forschung. Der Begriff „andere Technikgeschichte" bezieht sich hierbei auf zwei Aspekte. Zum einen auf die inhaltliche Forderung nach einem radikalen Perspektivwechsel in Bezug auf die existierende Sozialgeschichte der Technik, zum anderen darauf, dass diesen Neuansätzen bisher noch keine entsprechende Institutionalisierung entsprach. Vor diesem Hintergrund fand 1995 auf der vierten Jahrestagung der Gesellschaft für Technikgeschichte eine zentrale Theoriedebatte statt, deren heftige Kontroversen so etwas wie einen vorläufigen Schlusspunkt unter den internen Theoriediskurs setzten. Die Tagungsbeiträge geben dabei einen tiefen Einblick in die Befindlichkeiten des Faches Technikgeschichte. (Tagungsbeiträge in: Blätter für Technikgeschichte 17/18 [1995/96])

Die Gründung einer eigenen Fachgesellschaft, d. h. der „Gesellschaft für Technikgeschichte (GTG)" im Jahr 1991, basierte auf der Erkenntnis, dass trotz aller Bemühungen seit den 1970er Jahren eine Verankerung der Technikgeschichte in den Geschichts- und Gesellschaftswissenschaften nicht gelungen war. Es existierte mit Ausnahme der Fachgruppe „Technikgeschichte" beim Verein Deutscher Ingenieure (VDI) kein Forum, dass sich explizit als technikhistorisch definierte und als Interessenvertretung gewertet werden konnte. Die darüber hinaus bis dahin praktizierte jahrzehntealte Anbindung der Technikgeschichte an die Deutsche Gesellschaft für Geschichte der Medizin, Naturwissenschaft und Technik bewertete Akoš Paulinyi, Professor für Technikgeschichte an der TU Darmstadt, distanziert: „Es ist bekannt, daß bis zur Gründung der GTG die Technikhistoriker keine eigene Gesellschaft hatten – und in der Deutsche Gesellschaft für Geschichte der Medizin, Naturwissenschaft und Technik rangierte das Interesse um die Technikgeschichte an derselben Stelle wie im Namen dieser Vereinigung [...]". (Paulinyi 1995/96, S. 41) Dies hieß, an letzter Stelle der „Langnamengesellschaft". Die Unzufriedenheit mit der gegebenen Situation und die empfundene mangelhafte Anerkennung und Akzeptanz der Faches Technikgeschichte im gesellschaftlichen Kontext betonte auch Gerhard Zweckbronner, Mitarbeiter des Landesmuseums für Technik und Arbeit in Mannheim, in der Einleitung zum Sammelband der Tagung der Gesellschaft für Technikgeschichte von 1995. Im Sinne einer Situationsbeschreibung hatte er zur Forderung, die die Gesellschaft an die Technikgeschichte stellte, und der sich diese zu stellen hätte, treffend folgendes festgehalten: „Die Gesellschaft will die historisch-kritische Auseinandersetzung mit der Technik fördern und damit zugleich *die gesellschaftliche Relevanz der Technikgeschichte für die aktuellen Debatten über die Technik aufweisen* [Herv. d. Verf.]: etwa über deren Rolle in der heutigen, von massiven Umbrüchen gezeichneten Lebens- und Arbeitswelt oder im Umgang mit der Natur angesichts einer im Weltmaßstab betriebenen, irreversiblen technischen Überformung der Biosphäre." (Zweckbronner 1995/96, S. 9) Anders formuliert bedeutete dies, dass der Technikgeschichte der Nachweis ihrer gesellschaftlichen Relevanz bisher nicht in dem gewünschten Ausmaß gelungen war. Diese Analyse des bestehenden Ist-Zustandes unterstrich auch der Beitrag von Akoš Paulinyi. Danach sei es auch der modernen Technikgeschichte bis in die 1990er Jahre nur unzureichend gelungen, die Distanz der traditionellen Geschichtswissenschaft zum Thema Technik zu überwinden und sich im wissenschaftlichen Diskurs zu positionieren. In einem Frontalangriff gegen die Forderung nach einer neuen Sozialgeschichte der Technik postulierte er, dass dies „[...] den falschen Eindruck erwecke, als ob der Technikhistoriographie irgendwann ein Platz in der Geschichtswissenschaft zugestanden worden wäre, den sie dann [...] verloren haben soll." (Paulinyi 1995/96, S. 41)

Dem Konsens innerhalb des Faches Technikgeschichte in Hinblick auf den Handlungsbedarf zur Überwindung des bestehenden Istzustandes stand allerdings die offene Konfrontation über die hierzu erforderlichen Handlungsoptionen gegenüber. Die Alternativen bestanden darin, die eingeforderte gesellschaftliche Relevanz der Disziplin Technikgeschichte und ihren historischen Stellenwert über die Betonung der Selbständigkeit historischer Technikforschung zu erreichen, oder dies stattdessen über eine Beteiligung und eine Aneignung der aktuellen theoretischen Diskurse anzustreben. Die Antworten auf diese Frage fielen seit den 1980er Jahren ebenso ambivalent aus wie die kollektive gesellschaftliche Einstellung zur technischen Zivilisation als solcher. Damit sind zwei Kontexte angesprochen, die den gesellschaftlichen wie den wissenschaftlichen Technikdiskurs seit dieser Zeit prägten. Dies betraf in erster Linie den Umschlag des technikkritischen und alternativen Diskurses der 1980er Jahre in den technokratischen und euphorischen Technikdeterminismus seit den 1990er Jahren. Darüber hinaus zeigte sich eine Ambivalenz zwischen dem als wohlstandsfördernd und unverzichtbar wahrgenommenen technischen Fortschritt auf der einen Seite, und dessen zerstörenden Begleiterscheinungen andererseits. Dies bedeutet, dass die Phase einer konsequenten und in einer neuen Dimension stattfindenden Technisierung des Alltagserlebens mit einem gleichzeitigen Unbehagen an eben diesem Prozess korrespondierte. Auch in diesem Kontext habe sich die Technikhistoriographie zu positionieren.

Literatur

Akoš Paulinyi, Wi(e)der eine neue Technikgeschichte?, in: Blätter für Technikgeschichte 57/58 (1995/96), S. 39-47

Gerhard Zweckbronner, Technikgeschichte. Ansätze und Selbstverständnisse. 4. Jahrestagung der Gesellschaft für Technikgeschichte e.V. am 17. und 18. Juni 1995 in Stadt Schlaining/Österreich, in: Blätter für Technikgeschichte 57/58 (1995/96), S. 9

4.3.1 Prozessorientierte Technikgeschichte. Ein Fehlversuch

In die Reihe der Forderungen nach einer anderen Technikgeschichte reihte sich, trotz gegenteiliger Rhetorik, auch die Forderung nach einer technikorientierten Technikgeschichte ein. Es handelte sich dabei nicht um eine Rückbesinnung auf die Ingenieurgeschichte aus der ersten Hälfte des 20. Jahrhunderts, sondern um einen Perspektivwechsel und eine grundsätzliche Neuorientierung, so zumindest in der Auffassung der Protagonisten dieses Ansatzes. Die „prozessorientierte Technikgeschichte" sollte sich demzufolge deutlich von der vormaligen internalistischen

Ingenieurs-Technikgeschichte abgrenzen. Dies mochte einer gewissen Rationalität nicht entbehren. Dennoch verstieg sich einer der Verfechter der „prozessorientierten Technikgeschichte", der damalige Paulinyi Assistent Volker Benad-Wagenhoff, zu der These, dass die ältere, d. h. internalistische Technikgeschichtsschreibung des frühen 19. Jahrhunderts, nicht an einem Zuviel, sondern an einem zu wenig an „Ingenieurqualifikation" gescheitert sei: „Dabei war sie jedoch weder ingenieurwissenschaftlich noch im weiteren Sinne ingenieurgemäß. Ihre Defizite beruhen nicht auf zuviel, sondern auf zuwenig angewandter Ingenieurqualifikation." (Benad-Wagenhoff 1995/96, S. 80)

Damit allerdings lag Benad-Wagenhoff völlig falsch. Mit der Forderung nach einer konsequenten Technisierung der Technikgeschichte reagierte die prozessorientierte Technikgeschichte auf die veränderten Rahmenbedingungen des gesellschaftlichen Technikdiskurses in den 1990er Jahren. Sie folgte der neuen Technikeuphorie der diversen offiziellen Informationszeitalter-Visionen und suchte die festgestellte fehlende Relevanz technikhistorischer Forschung durch eine Betonung der „harten" technologischen Dimension der Technikgeschichte herzustellen. Nicht mehr die kritischen Fragen nach den humanen, sozialen und ökologischen Folgen technologischen Wandels, sondern die nach dem Vollzug der Technisierung sollten die neue Technikgeschichte fortschrittskompatibel und zukunftsfähig machen. Interessant ist, dass sich Paulinyi und sein Umfeld vor allem auf eine Wiederentdeckung der Theorieansätze von Karl Marx und dessen Überlegungen zu einer kritischen Geschichte der Technologie bezogen. Zum Verständnis der Wechselwirkungen von Technik und Gesellschaft stellte Marx nicht die Frage nach den technischen Produkten einer Epoche in den Vordergrund, sondern stattdessen die Frage nach dem Herstellungsprozess. Nicht das, was hergestellt wird, war für Marx das entscheidende Kriterium, sondern das *Wie.* Ganz im Sinne dieser Analyse kritisierten Paulinyi und die Vertreter einer prozessorientierten Technikgeschichte die Produktzentrierung der bisherigen Technikhistoriographie und stellte dem die Sicht einer ihrer Meinung nach erforderlichen neuen historischen Technikforschung entgegen, die die Arbeitsprozesse in den Mittelpunkt ihrer Analyse rückte.

Prozessorientierte Tecnikgeschichte

„Die auf den Prozess orientierte Leitfrage lautet immer: Wie haben die damals das Ding eigentlich gemacht? bzw.: Was haben die damals mit dem Ding eigentlich wirklich gemacht?" (Benad-Wagenhoff 1995/96, S. 83)

In dieser Form bedeutete Technikgeschichte und ihr Forschungsfeld letztlich die Beschränkung auf die Rekonstruktion technischen Handelns und dessen Ergebnis. Die Verwendung der von Benad-Wagenhoff benutzten Vokabeln „eigentlich" und „wirklich" verweist das Erkenntnisinteresse dabei in die Bereiche des Historismus, dessen Ziel im Sinne der bekannten Formulierung Leopold von Ranke es war, zu beschreiben, wie es „eigentlich gewesen" sei. Dazu musste, im Sinne der prozessorientierten Technikgeschichte, der Technikhistoriker eine Zentralqualifikation aufweisen, nämlich ein profundes Wissen über Technik und technikbedingte Strukturen. Dies implizierte zwangsläufig, dass über Technik zu reden voraussetzte, „sich mit Technik nicht nur von außen, sondern auch von innen zu beschäftigen, und dies geht ohne technische Kenntnisse nicht." (Paulinyi 1995/96, S. 44) Damit, so zumindest scheint es, wurde Technikgeschichte zu einem Refugium für Ingenieure und Techniker, nicht jedoch für Historiker. Während für Paulinyi die Zuordnung der Technikgeschichte zur Geschichtswissenschaft nicht in Frage stand, sondern sie sich gerade durch ihre Technisierung als eigenständige Teildisziplin der Geschichtswissenschaft etablieren sollte, ist für den zweiten Vertreter einer prozessorientierten Technikgeschichte, Volker Benad-Wagenhoff, diese Zuordnung nicht mehr ohne weiteres vorzunehmen. (Benad-Wagenhoff 1995/96) Benad-Wagenhoff dachte die Technisierung der historischen Technikforschung radikal zu Ende. Seine Anforderungen an den „idealen", d. h. kompetenten Technikhistoriker stellte dessen Einbettung in den Kontext einer geschichtsorientierten Basierung grundsätzlich in Frage. Allein schon aufgrund des erforderlichen technischen Fachwissens wäre es letztlich nur dem Ingenieur und nicht dem Geisteswissenschaftler möglich, Technikgeschichte zu schreiben. Das den Technikhistoriker qualifizierende Anforderungsprofil umfasste vor allem technisches Wissen, auch wenn historisches irgendwie nicht unbedingt schädlich sein konnte:

Notwendiges technisches Wissen des Technikhistorikers

- Systematisches Überblickswissen (Allgemeine und spezielle Technologie)
- Grundkenntnisse der technischen Kernfächer
- Verständnis technischer Zeichnungen
- Nutzung bestehender Fachterminologien
- Selbständige Anwendung einfacherer ingenieurwissenschaftlicher Methoden
- Berufskundliche Literatur
- Methoden der quantitativen und qualitativen Mathematik (Grundkenntnisse)
- Erstellen von Vergleichstabellen, Bewertungsrastern, Fließbildern und anderen Schemata
- Experimenteller Nachvollzug technischer Handlungen (Ausnahmefälle)

(Benad-Wagenhoff 1995/96, S. 84 f.)

Allein die geforderte Verwendung von Fachterminologien und Darstellungsweisen der technischen Fächer würden aus technikhistorischen Arbeiten exklusive Produkte machen. Dies allerdings provoziert die Frage nach dem Adressatenkreis einer prozessorientierten Technikgeschichtsschreibung. Würde es sich um einen kleinen Kreis historisch interessierter Techniker handeln, die sich auf Inventionen und Produktinnovationen verstanden und hierüber mehr zu erfahren hofften, oder musste es um etwas ganz anderes gehen, nämlich um die Entwicklung von Technik in gesamtgesellschaftlichen Kontexten? Im Mittelpunkt einer prozessorientierten Technikhistoriographie stünde demgegenüber die Darstellung der Funktionalität der Produktionssysteme, die nicht in ihren gesellschaftlichen Bezügen, sondern nach technikinternen Kriterien zu bewerten seien. Damit lehnt sich die prozessorientierte Technikgeschichte, wenn auch unbewusst, eng an die ehemalige Geschichte der Produktivkräfte an. Während diese an einer Ausblendung ihrer eigenen theoretischen Basis scheiterte, ist die Außerachtlassung der gesellschaftlichen Kontexte in der prozessorientierten Technikgeschichte ebenso verheerend. Technik reduziert sich in dieser Perspektive nämlich wieder auf ein autonomes System, das nach eigenen Regeln funktioniert. Doch dies war falsch. Technik war kein autonomes System und über Technikdeterminismen nicht zu erklären, auch wenn es der Zeitgeist des 20. Jahrhunderts es immer wieder gern genau so gesehen hätte: ob vor 1914 oder nach 1990.

Die radikale Technisierung der historischen Technikforschung, wie von der prozessorientierten Forschung gefordert, fand allerdings unter den professionellen Technikhistorikern in Deutschland keine Unterstützung. Im Gegenteil. Diese lehnten diesen Ansatz grundsätzlich ab und stellten darüber hinaus auch den seit den 1960er Jahren bestehenden Konsens einer Differenzierung zwischen einer internen (speziellen) und einer externen (allgemeinen) Technikgeschichte, wie von Ludwig vorgeschlagen, grundsätzlich in Frage.

Literatur

Volker Benad-Wagenhoff, Wieviel technisches Wissen braucht unser Fach? Für eine prozessorientierte Technikgeschichte, in: Blätter für Technikgeschichte 57/58 (1995/96), S. 79-85

Akoš Paulinyi, Wi(e)der eine neue Technikgeschichte?, in: Blätter für Technikgeschichte, 57/58 (1995/96), S. 39-47

4.3.2 Die alternative Technikgeschichte

Das von der Gesellschaft für Technikgeschichte (GTG) konstatierte Relevanzdefizit führte seit Anfang der 1980er Jahre wiederholt zu Fundamentalkritiken und Gegenentwürfen zu der dominierenden Form akademischer und praktischer technikhistorischer Forschung und Arbeit. Dabei suchten die Kritiker bewusst die Anbindung an aktuelle gesellschaftliche und innerwissenschaftliche Diskurse. Das Ziel war die Aneignung neuartiger Analyseinstrumente und Untersuchungsperspektiven zur Überwindung einer als defizitär empfundenen Entwicklung des Faches. Als problematisch wurde dabei vor allem eine positivistisch geprägte Fortschrittsauffassung wahrgenommen, die kaum Platz für eine kritische Infragestellung gesellschaftlicher Technikmythen zuließ. Die Gegenentwürfe sind Symptome einer Krise der Moderne, die sich nicht zuletzt auf einen unreflektierten Umgang mit technologischem Wandel gründete.

Die alternative Technikgeschichte verstand sich dementsprechend als Überwindung des Projekts der Moderne, dessen negative Systemeigenschaften in den Blickpunkt gerieten. Die Moderne, als grundsätzlich positiver und unumkehrbarer Entwicklungsprozess interpretiert, verlor gesellschaftlich und wissenschaftsintern an Attraktivität und an konsensstiftender Deutungsmacht. In den Vordergrund traten stattdessen jene Aspekte der Technikentwicklung, die bisher kaum, und wenn, dann eher beiläufig berücksichtigt worden waren. Dies sollte sich durch eine „alternative Technikgeschichte", also mittels einer Neuorientierung und Neudefinition des Faches, ändern. In deren Fokus hätte die Auseinandersetzung mit den Folgelasten der Technikentwicklung in der modernen Gesellschaft zu stehen, um so Einfluss auf negative Implikationen technischer Entwicklungen nehmen zu können. Die Fundamentalkritik betraf dabei zunächst die Gesellschaft und deren Grundstruktur: „Und doch scheint es so, als könne es prinzipiell nicht gelingen, die Technikentwicklung in sozial- und umweltverträgliche Bahnen zu lenken, solange die Regierbarkeit westlicher Industrienationen vom Wachstum der Wirtschaft und der dadurch ermöglichten Vermehrung der materiellen Verteilungsmasse abhängt." (Osietzky 1992, S. 293) Die Kritik bezog sich aber auch auf die Technikgeschichtsschreibung selbst. Diese habe unbewusst die bestehenden Systemeigenschaften adaptiert. Somit war nicht nur die Technologie als zentraler Systembestandteil zur Ideologie geworden (Habermas 1968), sondern mit ihr auch die historische Analyse technischer Systeme, und damit die bestehende Technikhistoriographie. Technik und ihre Anwendung im industriellen System, sowie die Geschichtsschreibung hierzu, wurden als Faktor der Systemerhaltung definiert und damit als durch Machterhaltungsinteressen geprägt charakterisiert. Die bestehende Technikgeschichte sei, so der Vorwurf, eine Ideologie des Machterhalts. Um dies ändern zu können, bedurfte es folgerichtig einer neuen, d. h. alternativen Technikgeschichte, die vom bisherigen ideologischen Ballast befreit wäre. Mit dieser Forderung nach einer „nachmodernen" Technikgeschichte verband sich die Vorstellung, dass hierdurch die Basis für gesellschaftlichen Wandel und die zielgerichtete Korrektur einer bisher fehl gerichteten Technikentwicklung gelegt werden könne: „In diesem Zusammenhang kann […] eine nachmoderne Technikgeschichte wichtig werden. Wenn immer mehr Menschen die Kontraproduktivität des Industriesystems erfahren werden, wenn die Argumente der Technologiekritiker eine Massenbasis bekommen (Argumente ohne Massenbasis sind in unserem System fast wirkungslos), wenn die Geduld der Bevölkerung mit Durchbrechern und Nachbessern am Ende ist, dann werden noch mehr Menschen als bereits heute bei der Suche nach neuen Lebens- und Arbeitsformen auch nach Werkzeugen suchen, die die Arbeit erleichtern, ökologisch verträglich sind und die Arbeitsinhalte nicht zerstören." (Ullrich 1980, S. 47) Dabei hätte eine alternative Technikgeschichte vor allem auch mit einer bisher zentralen Vorstellung zu brechen, die unbewusst das System industrieller Technik dominierte, nämlich der Vorstellung von Technik als emanzipatorischem Kulturfaktor. Dabei war es gesellschaftliche Realität, Technik und technischen Wandel grundsätzlich als positives Phänomen zu werten.

Diese positive Wertung hatte zum Beispiel der Karlsruher Historiker Franz Schnabel (1887–1966) zum Ausgangspunkt seiner Analyse des 19. Jahrhunderts genommen. Das 19. Jahrhundert wurde zum Jahrhundert des Bürgertums und zum Jahrhundert der Technik. Das Verhältnis von Bürgertum und Technik war dabei eindeutig: Technik war das bürgerlich-liberale Projekt schlechthin. Die Technik überwand die Enge der vormodernen Welt. Technik wurde zum Symbol für Demokratisierung. Schnabel schrieb: „Die Technik hat die Massen beweglich gemacht, zusammengeführt und zu einer neuen, ungeheuren Macht in Staat und Gesellschaft emporwachsen lassen: die moderne Technik nannten wir die wichtigste Bahnbrecherin auf dem Wege zur Demokratisierung der abendländischen Kultur." (Schnabel 1934, S. 434) und: „Die Eisenbahnen waren in der Tat ein demokratisches Institut, das nur durch die Beteiligung der Massen zustande kommen, nur durch sie erhalten werden konnte, das den Armen um nichts langsamer zum Ziele brachte als den Reichen." (Ebd., S. 390)

Eine ebenfalls positive Einschätzung der Wirkungspotentiale von Technik und technischem Fortschritt auf die Gesellschaftsentwicklung findet sich überraschenderweise auch außerhalb der bürgerlichen Gesellschaft. Die Arbeiterbewegung erwartete sowohl in der marxistischen Theorie als auch in der sozialdemokratischen Praxis vom technischen Fortschritt die Überwindung der Klassengesellschaft. Kam es zu negativen Folgen technischer Innovationen, so lag dies eben nicht an der Technik, sondern an ihrem falschen Gebrauch. Die Diskussionen um die Rationalisierung in den 1920er Jahren, um Fließband, Taylorismus und Fordismus belegen dies eindrucksvoll. Als dritte gesellschaftlich relevante Gruppe, die das kollektive Technikhandeln beeinflusste, sind schließlich die Praktiker der Technik selbst zu nennen. (Dienel 1998) Der Industriemagnat Werner von Siemens hatte das Selbstverständnis der Techniker im Jahr 1886 exemplarisch folgendermaßen zum Ausdruck gebracht:

> „Und so meine Herren, wollen wir uns nicht irre machen lassen in unserem Glauben, daß unsere Forschungs- und Erfindertätigkeit die Menschheit höheren Kulturstufen zuführt, sie veredelt und idealen Bestrebungen zugänglicher macht, daß das hereinbrechende naturwissenschaftliche Zeitalter ihre Lebensnot, ihr Siechtum mindern, ihren Lebensgenuß erhöhen, sie besser, glücklicher und mit ihrem Geschick zufriedener machen. Und wenn wir auch nicht immer den Weg klar erkennen können, der zu diesen besseren Zuständen führt, so wollen wir doch an unserer Überzeugung festhalten, daß das Licht der Wahrheit, die wir erforschen, nicht auf Irrwege führen, und daß die Machtfülle, die es der Menschheit zuführt, sie nicht erniedrigen kann, sondern sie auf eine höhere Stufe des Daseins erheben muß." (Werner von Siemens 1886, S. 95 f.)

Damit wäre als „Struktur gesellschaftlicher Unbewusstheit" (Osietzky ÖZG 1992) ein Konsens gesellschaftlich relevanter Gruppen hinsichtlich der Wahrnehmung technischen Wandels zu nennen, der sich in der plakativen Formulierung zusammenfassen lässt: Technik ist Emanzipation und damit Moderne. An dieser Grundgleichung konnten auch die Erfahrungen zweier Weltkriege zunächst prinzipiell nichts ändern. Im Bereich der Technikgeschichte stellte zuerst Lewis Mumford Mitte der 1960er Jahre diese Identitätsgleichung in Frage. Seinem „Mythos der Maschine" leitete Mumford mit der programmatischen Feststellung ein: „In dieser Analyse drängt sich auf, daß wir früher oder später den Mut haben müssen, uns zu fragen: Ist die Verbindung von maßloser Macht und Produktivität mit ebenso maßloser Gewalt und Destruktion eine rein zufällige?" (Mumford 1977, S. 24) Die Reaktionen auf Mumfords These vom technikhistorischen Menschheitsepos sind nur verständlich, wenn diese Frage in ihrem Grundgehalt wahrgenommen wird: als Aufkündigung des Konsenses der Moderne. Ironischerweise war es gerade diese Infragestellung, die mit am Anfang der „modernen Technikgeschichte" stand. Reinhard Rürup eröffnete seine Überlegungen zu der Notwendigkeit einer modernen Technikgeschichte mit folgender programmatischen Feststellung:

> „Die große Hoffnung der Menschheit, daß die Emanzipation von den Zwängen der Natur durch die Technik sich in der gesellschaftlichen Emanzipation und der Selbstbestimmung eines mündigen Menschen vollenden werde, scheint geradezu historisch widerlegt worden zu sein. Die moderne Technik erwies sich nicht nur als eine die sozialen Verhältnisse revolutionierende, sondern mehr und mehr auch als eine herrschaftsstabilisierende Kraft." (Rürup 1972, S. 50)

Die Beantwortung der Frage nach dem Verhältnis von Technik und gesellschaftlicher Macht, die Rürup einforderte, wurde erst von den Gegenentwürfen einer alternativen Technikgeschichte aufgenommen und weiterentwickelt. Ebenso wie die historische Umweltforschung bedeutete auch die Aufnahme der Machtdimension in den Technikdiskurs ein gesellschaftspolitisches Engagement. Das war nicht wirklich neu, denn auch das Ausblenden der Machtfrage war bereits ein gesellschaftspolitisches Engagement – nur ein nicht reflektiertes. Würdigt man den Theorieansatz der alternativen Technikgeschichte kritisch, so ist zu konstatieren, dass er letztlich wenig originell und eher Ausdruck einer Zeitstimmung, denn eines methodischen Neuansatzes war. Vielmehr ordnet er sich in das Theoriekonzept der modernen Technikgeschichte ein, setzt dabei allerdings eigene Schwerpunkte, ohne allerdings gerade jene Ideologieverhaftung hinter sich zu lassen, die er der bisherigen Technikhistoriographie zum Vorwurf gemacht hatte.

Literatur

Hans-Liudger Dienel, Der Optimismus der Ingenieure. Triumph der Technik in der Krise der Moderne um 1900, Stuttgart 1998

Jürgen Habermas, Technik und Wissenschaft als Ideologie, Frankfurt am Main 1968

Lewis Mumford, Mythos der Maschine. Kultur, Technik und Macht. Die umfassende Darstellung der Entdeckung und der Entwicklung der Technik, Frankfurt am Main 1977

Maria Osietzky: Für eine neue Technikgeschichte, in: Österreichische Zeitschrift für Geschichtswissenschaft (ÖZG) 3 (1992), S. 293-318

Reinhard Rürup, Die Geschichtswissenschaft und die moderne Technik. Bemerkungen zur Entwicklung und Problematik der technikgeschichtlichen Forschung, in: Dietrich Kurze (Hg.), Aus Theorie und Praxis der Geschichtswissenschaft, Berlin/New York 1972, S. 49-85

Franz Schnabel, Deutsche Geschichte im neunzehnten Jahrhundert, Freiburg i. Br. 1934 (Bd. 3: Erfahrungswissenschaften und Technik, ND München 1987)

Otto Ullrich, Der Charakter des Fortschritts moderner Technologien. Zur Geschichtsphilosophie der Technikgeschichtsschreibung, in: Freimut Duve (Hg.), Demokratische und autoritäre Technik. Beiträge zu einer anderen Technikgeschichte, Hamburg 1980 (Technologie und Politik 16. Das Magazin zur Wachstumskrise), S. 23-51

Werner von Siemens „Das Naturwissenschaftliche Zeitalter". In: Tageblatt der 59. Versammlung deutscher Naturforscher und Ärzte zu Berlin vom 18.–24. September 1886, Berlin 1886, S. 95 f.

4.3.3 Eine „andere Technikgeschichte"

In den 1970er Jahren entwickelte sich in den westlichen Industrienationen eine Fundamentalkritik am wirtschaftlichen, technologischen und politisch-sozialen Entwicklungstrend der Gesellschaft, eine Kritik, die am Ende des Jahrzehnts eine medial vermittelte Massenbasis erreichte. Eine Reihe von alternativen Subkulturen experimentierte mit Lebensentwürfen jenseits der tradierten Werte- und Karrieremuster. Statt einer in die Kritik geratenen Großtechnik wurde „small is beautiful" zum Leitbegriff einer Rückkehr zum menschlichen Maß. Mit Lewis Mumford wurde ein Außenseiter der amerikanischen Technikgeschichte zum Stichwortgeber eines Perspektivwandels. Mumfords anthropologische Technikstudie „Mythos der Maschine. Kultur, Technik und Macht" (1964–1970) erschien 1977 in deutscher Übersetzung und traf den Nerv der Zeit. Darin umschrieb Mumford sein technikhistorisches Projekt einer andern Technikgeschichte folgendermaßen:

> „Wenn ich deshalb in diesem Buch das Technodrama unterstrichen habe [...], weil ich die Technik als einen Bestandteil der gesamten menschlichen Kultur ansehe. Als ein solcher wurde die Technik auf jeder Stufe ihrer Entwicklung zutiefst beeinflusst durch Träume, Wünsche, Impulse, religiöse Motive, die nichtunmittelbar den praktischen Bedürfnissen des täglichen Lebens entsprangen, sondern den geheimen Schlupfwinkeln des menschlichen Unbewußten." (Mumford 1977, S. 810)

Damit erfuhr die Technikgeschichte eine entscheidende Perspektivausweitung, wurde zur Mentalitätsgeschichte und zu einer neuen Kulturgeschichte. Mumford zeigte, welche Potentiale eine andere Technikgeschichte haben konnte. Daneben war es aber auch sein gesellschaftskritisches Engagement, das seine Untersuchungen seit den 1930er Jahren attraktiv machten. Seit Ende der 1970er Jahre gab der angesehene und einflussreiche Rowohlt-Verlag als Sprachrohr der Alternativbewegung eine Taschenbuchreihe mit dem Titel „Technologie und Politik. Das Magazin zur Wachstumskrise" heraus. Die Themenbereiche des Magazins umfassten Industriekritik ebenso wie das Infragestellen von Wachstum, technischem Fortschritt, multinationalen Konzernen,

Energiepolitik, alternativen Technologien und Entwicklungspolitik. Hier wurde eine Agenda formuliert, an die bis heute angeknüpft werden kann. Der sozialdemokratische Politiker Freimut Duve fungierte als Herausgeber und leitete die Forderung nach einer *anderen Technikgeschichte* programmatisch ein. Damit entfernte sich die andere Technikgeschichte bereits im Veröffentlichungsformat weitmöglichst von der existierenden akademischen Technikgeschichte und deren Gepflogenheiten. Die Kritik an dieser nachmodernen Technikgeschichte, also einer „anderen" Technikgeschichte, die sich weit von dem entfernt hatte, was das Fach bis dahin glaubte in den Fokus nehmen zu müssen, fiel ebenso emotional wie grundsätzlich aus. Der Technikhistoriker Wolfgang König machte sich einmal mehr zum Sprachrohr der fachinternen Kritik all dessen, was Duve und Mumford zur Diskussion gestellt hatten, und wies deren Position weit von sich. (König 1981) Um hier Klarheit zu schaffen, bedarf es allerdings einer genaueren Analyse. Ausgangspunkt ist die Darstellung der historischen Technikentwicklung von Mumford, in der er die These der Existenz unterschiedlicher Techniken in der Menschheitsgeschichte darlegte und zwischen einer autoritären und einer demokratischen Technik unterschied. Diese standen seiner Auffassung nach zudem in Konkurrenz zueinander. Diesen Unterschied formulierte Mumford folgendermaßen:

> „Meine These ist, grob gesagt, daß [...] zwei Technologien im zeitlichen Wechsel und nebeneinander her existiert haben: die eine autoritär, die andere demokratisch, die eine systemzentriert und von immenser Leistungsfähigkeit, aber im Kern instabil, die andere auf den Menschen zugeschnitten, relativ schwach, aber phantasiereich und dauerhaft." (Mumford zit. nach Duve 1980, S. 13 f.)

Aus dieser Analyse leitete Mumford dann folgendes ab: „Nach meiner Einschätzung nähern wir uns heute mit großer Geschwindigkeit einem Punkt, an dem unsere noch vorhandene demokratische Technik vollkommen unterdrückt oder verdrängt werden wird." (Mumford zit. nach Duve 1980, S. 13 f.)

Die autoritäre Technik, um deren Zurückdrängung es Mumford ging, war gekennzeichnet von ihrer „unmenschlichen" Dimension und von ihren antihumanistischen Zielen. Einem scheinbar unbegrenzten Wachstum an Effizienz und Output stand als immanente Systemfolge eine ebenso unbegrenzte Destruktion zur Seite, die sowohl die ökologischen wie auch die humanen Ressourcen betraf. Für Mumford hieß das, dass der Mythos der „Megatechnik" als Inbegriff einer autoritären Technik dekonstruiert werden musste. Und ganz in diesem Sinne fasste Otto Ullrich die Aufgabenstellung dieser von Mumford geforderten nachmodernen Technikgeschichte als Antithese zu den existierenden Technikgeschichten folgendermaßen zusammen:

> „Die alte Technikgeschichte als technische Geschichte der Technik reihte nur einzelne technische Geräte auf einer Fortschrittslinie auf. Die moderne Technikgeschichte, auch als Geschichte der Produktivkräfte, versucht den gesellschaftlich ökonomischen Zusammenhang der Geschichte der Technik zu deuten und zu verstehen. Aber sie blieb bis heute eine Geschichtsschreibung aus der Sicht des Siegers [...]. Eine nachmoderne Technikgeschichte wird in Ergänzung hierzu die Geschichte der Technik nicht als Geschichte der veralteten

Problemlösungen ansehen. Ihr Erkenntnisinteresse wird, von einem anderen Fortschrittsbegriff ausgehend, die vergessenen und verschütteten Linien einer demokratisch verfügbaren Polytechnik auszugraben versuchen [...], die vom Hauptstrom der Entwicklung untergewalzt wurden." (Ullrich 1980, S. 47)

Die Beiträge zu einer anderen Technikgeschichte wurden im Jahr 1980 als Ausgangspunkt einer notwendigen gesellschaftlichen und damit auch wissenschaftsinternen Diskussion definiert. Die Form der Veröffentlichung verwies bereits auf den gesellschaftspolitischen Anspruch der Initiative im Rahmen einer Neuorientierung von Technologiepolitik. Der von Reinhard Rürup und Freimut Duve eingeforderte Perspektivwechsel fand zum Teil auf dem Gebiet der sich formierenden historischen Umweltforschung statt, während die etablierte Technikgeschichte auf Distanz blieb und damit in der ihr vorgeworfenen Ideologieverhaftung verharrte. (Osietzky ÖZG 1992)

Im Jahr 1992 versuchte Maria Osietzky erneut eine theoretische Fundierung einer neuen Technikgeschichte, die in vielen Aspekten eine Wiederaufnahme der Forderungen der sog. anderen Technikgeschichte darstellte. Neu war dabei der Versuch, Entwicklungen aus den US-amerikanischen Kulturwissenschaften aufzugreifen und für einen Perspektivwandel in der Technikgeschichte fruchtbar zu machen. Der *cultural turn* und *linguistic turn* – also die Betonung der Bedeutung von Textlichkeit und Textanalyse in den Kultur- bzw. Textwissenschaften – welcher in der internationalen Geschichtswissenschaft beschritten worden war, hatte allerdings innerhalb der deutschen Technikhistoriographie bis dahin kaum einen Niederschlag gefunden. Dies vor Augen, formulierte Osietzky Technikgeschichte in Anlehnung an diese neuen Paradigmen als Analyse der kommunikativen und mentalen Tiefenstrukturen. Auch für diese neue Technikgeschichte blieb das gesellschaftspolitische Engagement grundlegend. Als Ziel wurde vorgegeben, „die Technikentwicklung in sozial- und umweltverträgliche Bahnen zu lenken." (Osietzky ÖZG 1992, S. 293) Dem stand allerdings der gesellschaftliche Konsens innerhalb der westlichen Industrienationen entgegen, deren Funktionieren auf der Basis einer kontinuierlich expandierenden Produktwelt sichergestellt wurde. Der Wachstumsmythos als Realität der Industriegesellschaft verhinderte einen nachhaltigen sozialen und ökologischen Entwicklungspfad. Eine neue Technikgeschichte musste diese Wachstumsideologie infrage stellen und demgegenüber eine andere Richtung als die bisherige Technikgeschichte einschlagen, nämlich einen Beitrag zur Dekonstruktion des technologischen Wachstums- und Machtdiskurses liefern. Da die bestehende akademische Technikgeschichte, so der Vorwurf Osietzkys, diesen Perspektivwandel aufgrund ihrer ideologischen Prämissen bzw. Pfadabhängigkeiten allerdings nicht vollziehen könne, müsste sie demzufolge durch eine „andere Technikgeschichte" abgelöst werden, und diese müsse durch drei zentrale Aspekte geprägt sein:

Die andere Technikgeschichte

1. Abkehr vom Kurs der Moderne
   Sichtbarmachung des Verdrängten und Unterdrückten
2. Analyse der Machtstrukturen der Moderne
   Rekonstruktion der sozialen, mentalen und ökologischen Bedingungen und Folgen der Moderne
3. Tiefendimension der Technik
   Verankerung/Mentalitäten

(Osietzky ÖZG 1992)

Allerdings vermochten sich diese Forderungen zur inhaltlichen Gesamtneuausrichtung der Technikgeschichtsschreibung nicht durchzusetzen. Dies umso weniger, als die angemahnten Themenfelder ohnehin längst Bestandteil einer modernen Technikhistoriographie waren, ganz im Sinne des von Ropohl konzipierten und vom Fach längst aufgenommen Technikbegriffs und seinen Dimensionen. Von daher bedurfte es keiner „anderen Technikgeschichte", wie von Osietzky gefordert, sondern im Rahmen der etablierten modernen Technikhistoriographie waren die Intentionen einer „anderen" Technikgeschichte längst Bestandteil des Technikgeschichtsdiskurses.

Literatur

Freimut Duve (Hg.), Demokratische und autoritäre Technik. Beiträge zu einer anderen Technikgeschichte, Hamburg 1980 (Technologie und Politik 16. Das Magazin zur Wachstumskrise)

Wolfgang König, „Moderne" Technikgeschichte als Sozialwissenschaft und „nachmoderne" Technikgeschichte, in: Ferrum. Nachrichten aus der Eisenbibliothek 53 (1981), S. 11-13

Lewis Mumford, Autoritäre und demokratische Technik, in: Freimut Duve (Hg.), Demokratische und autoritäre Technik. Beiträge zu einer anderen Technikgeschichte, Hamburg 1980 (Technologie und Politik 16. Das Magazin zur Wachstumskrise), S. 12-22

Ders., Mythos der Maschine. Kultur, Technik und Macht. Die umfassende Darstellung der Entdeckung und der Entwicklung der Technik, Frankfurt am Main 1977

Maria Osietzky, Für eine neue Technikgeschichte, in: Österreichische Zeitschrift für Geschichtswissenschaft (ÖZG) 3 (1992), S. 293-318

Otto Ullrich, Der Charakter des Fortschritts moderner Technologien. Zur Geschichtsphilosophie der Technikgeschichtsschreibung, in: Freimut Duve (Hg.), Demokratische und autoritäre Technik. Beiträge zu einer anderen Technikgeschichte, Hamburg 1980 (Technologie und Politik 16. Das Magazin zur Wachstumskrise), S. 23-51

Technikgeschichte, Hamburg 1980 (Technologie und Politik 16. Das Magazin zur Wachstumskrise), S. 23-51

4.3.4 Technikgeschichte und Gender

Die These, dass Technik und damit auch ihre Geschichtsschreibung ein „männliches Projekt" darstellen würde, lässt sich bei einem ersten Blick in die historische Technikforschung kaum bestreiten. Technikentwicklung, Technikproduktion und die historische Reflektion über Technik scheinen danach zunächst einmal männlich dominierte gesellschaftliche Bereiche gewesen zu sein. Dies verwundert wenig, war es bis ins 20. Jahrhundert doch so, dass eine akademische Technikerausbildung Männern vorbehalten blieb. Dies sollte sich allerdings ändern. Mit den strukturellen gesellschaftlichen Umbrüchen in den 1960er Jahren gerieten das Geschlechterverhältnis und die darin verfestigten gesellschaftlichen Machtstrukturen in den Fokus des gesellschaftlichen Diskurses, sowie der sozialwissenschaftlichen Diskussion. Als Teilbereich der gesamtgesellschaftlichen Emanzipationsbewegungen formierte sich in den Geistes- und Sozialwissenschaften eine feministisch definierte Wissenschaftstheorie. In der weitgehend technisierten Lebensumwelt der fortgeschrittenen Industriegesellschaften bedeutet die Verfügungsgewalt über technische Potentiale und die Deutungshoheit des technischen Wandels Macht über die gesellschaftliche Realität. Da die feministische Theorie das Geschlechterverhältnis zu einer gesellschaftlichen Grundfrage erklärte, die allen anderen gesellschaftlichen Konflikten zugrunde lag, musste die Technik als zentraler Machtfaktor in die historische Analyse einbezogen werden. Dies geschah, wie Ossietzky es darstellte, in zwei Phasen:

1. Kompensatorische Phase in Anlehnung an die US-amerikanischen Gender studies; sowie
2. Phase der Dekonstruktion gesellschaftlich-technischer Machtstrukturen. (Ossietzky TG 1992)

Aus feministischer Analyse wies die Technikgeschichte ein erhebliches Defizit auf, nämlich sowohl die Vernachlässigung der Frauen- und Frauengeschichtsperspektive wie des technikgeschichtlich wirksamen sozialen Konstruktionscharakters von Geschlecht. Dies sollte an den Strukturen der Technikgeschichte selbst liegen. Technikgeschichte, wie sie bisher betrieben worden war, bedeutete dieser Interpretation nach nämlich gegenderte Fortschrittsperspektive, Determinismus und Positivismus. Die historische Technikforschung reproduzierte, so die These der feministische Technikgeschichte „die Marginalisierung der Frau im Umfeld der Technik." (Osietzky TG 1992, S. 48) Demzufolge würde sich auch im gesellschaftlichen Diskurs über Technik diese als männliche Ideologie fortsetzen und dementsprechend Anderes ausgrenzen, bzw. überhaupt nicht wahrnehmen. Erste Anregungen für eine konzeptionelle Korrektur der bisherigen Untersuchungsperspektive kamen aus dem Bereich der gender studies, denen es gelang, sich in den USA seit Ende der 1970er Jahre universitär zu institutionalisieren. Die Veröffentlichung von Cowan Schwartz „More Work for Mother" (Cowan Schwartz 1983) bildete den Auftakt für Analysen des Verhältnisses von Frauen und Technik. Hierzu griffen die Historikerinnen zunächst auf die gesellschaftlichen Realitäten von Frauenbildern und ihre Berührungsfelder mit Technik zurück. Dabei differenzierten sich die Technikerfahrungen je nach sozialer Herkunft und konkretem Lebensumfeld. Während die Frau im Arbeitsprozess direkt mit Produktions- und Bürotechnik konfrontiert wurde, konzentrierte sich die zweite Untersuchungsperspektive auf den Aspekt der technischen Durchdringung des (Privat-)Haushalts. In beiden Gesellschaftsrollen prägten Phänomene wie minderqualifizierte Arbeit, geringer Lohn, temporäre berufliche Selbständigkeit oder sogar das Fehlen jeder Art von gesellschaftlicher Anerkennung für die geleistete Reproduktionsarbeit die Außen- und Selbstwahrnehmung von Frauen. Die Untersuchungen mit den Themenbereichen Frau/Technik in Fabrik, Büro und Haushalt verfolgten die Absicht, mit neuartigen Aspekten bislang vernachlässigte Themenbereiche ins Bewusstsein zu bringen.

Die deutsche Technikgeschichte entwickelte unter Einbeziehung der Geschlechterperspektive Interesse an einer „anonymen Geschichte", wie sie durch die im Jahr 1982 erfolgte Veröffentlichung der deutschen Übersetzung des Giedion-Klassikers „Herrschaft der Mechanisierung" (Giedion 1982) definiert und gefordert worden war. Das alltägliche Lebensumfeld und seine Durchdringung mit Technik rückten in eine zentrale Untersuchungsperspektive. Die Grundlage der Mechanisierung der Hausarbeit bildete die „Zweite Industrielle Revolution", die mit der flächendeckenden Elektrifizierung seit den 1920er Jahren private Lebensräume neu definierte. Die Elektrifizierung machte den Weg frei für eine Übertragung der industriellen Arbeitsorganisation auf die häusliche Reproduktionsarbeit. Die Küche wurde zur zentralen technischen Schaltanlage des Hauses bzw. der Wohnung. Wie stark die Rationalisierung vor allem das traditionelle Frauenbild und die Definition von Frauenarbeit im Haus beeinflusste, verdeutlicht z. B. das Konzept der „Frankfurter Küche" von Margarete Schütte-Lihotzky (1897–2000) Das Neue Wohnen als Ideal der Architekturavantgarde innerhalb des Bauhauses bedeutete den Übergang von einer Wohnküche zu einer minimalistisch dimensionierten Arbeitsküche, die nach den Regeln der Effizienzsteigerung und des Scientific Management (Taylorsystem) durchorganisiert wurde.

Mit dem Gegenstandsbereich der Alltagstechnik erschloss sich in den 1990er Jahren zudem im Museumswesen ein neues Betätigungsfeld mit erheblicher Öffentlichkeitswirksamkeit. Das Museum wurde so jener technikhistorische Ort, an dem sich Alltags- und die Geschlechterperspektive von Technik realisierten. Zu diesem Zeitpunkt setzte eine Konjunktur von Jubiläumsausstellungen zur Elektrifizierung ein, in deren Kontexten die Darstellung der Haushaltstechnisierung eine dominierende Stellung einnahm. (Vgl. Lit.-Liste: Orland, Noever, Haase, Andryzki, etc.) Die Präsentation von technischen Gebrauchsgegenständen wie Waschmaschinen, Küchenherden, Kühlschränken, Beleuchtungssystemen etc. übte auf das Publikum eine besondere Faszination aus. Dies wohl auch deshalb, da Exponate und deren Inszenierungen es erlaubten, an eigene Lebenserfahrungen mit dieser Alltagstechnik anzuknüpfen, sowie den technischen Fortschritt, der sich im Lauf der Zeit vollzogen hatte, konkret wahrzunehmen, sich bewusst zu machen und dann in neuem Licht zu sehen. Verbunden war dies allerdings häufig auch mit einer durch Nostalgie verklärten Wahrnehmung der ausgestellten Technik durch die Museumsbesucher. Diese Reaktion des Publikums konterkarierte allerdings oftmals die eigentlichen Absichten der Ausstellungsmacher, nämlich über die konkreten Lebensräume und Lebensumstände der Vergangenheit aufzuklären und eine kritische Hinterfragung der Objekte anzuregen. Wie die Welle der Elektrizitätsausstellungen, die seit Beginn der 1880er Jahre das Publikum begeistert hatte und damit vor allem auch eine Popularisierung der neuen Technik bewirkte, so erreichten die musealen Jubiläumsausstellungen 100 Jahre später, also in den 1980er und 1990er Jahren, den gleichen, emotionsbedingten Effekt. Eine kritische Auseinandersetzung mit den Folgen des Eindringens neuer Technik in das Alltagsleben erfolgte allenfalls bedingt.

Konsequenterweise bewegte sich der feministische Ansatz in der Technikgeschichte auf ein umfassenderes Konzept der Alltagsgeschichte von Technik zu. An die Stelle einer Betrachtung der Technikgenese trat die Analyse der Diffusions- und Aneignungsprozesses durch die Nutzerinnen der neuen Alltagstechnik in das Zentrum des Interesses. Barbara Orland, die in den „Haushalts(t)räumen" eines der zentralen Ausstellungsprojekte wissenschaftlich betreute, formulierte zu diesem Perspektivwechsel eine grundlegende Erkenntnisperspektive: „Wie werden Millionen von Menschen dazu gebracht, beim technischen Fortschritt mitzumachen und an ihn zu glauben, ohne ihn wirklich zu verstehen, ihn möglicherweise gar nicht zu wollen?" (Orland 1999, S. 4) Mit der Konzentration auf Arbeits- und Haushaltsgeschichte vollzog die feministische Technikgeschichte allerdings eine Reduktion ihres Erkenntnisinteresses. Es ging nun vornehmlich um die Auseinandersetzung mit der These einer geschlechtsspezifischen Diskriminierung, die im Verlauf der 1980er Jahre in den Vordergrund der Diskussion rückte. Zu Beginn der 1990er Jahre radikalisierte sich ein Teil der feministischen Untersuchungsperspektiven und entwickelte neue Ansprüche an die eigene Forschungstätigkeit. Für den deutschsprachigen Raum formulierte Maria Osietzky das neue Selbstverständnis: „Eine feministische Technikgeschichte muß auf einem grundlegenden Perspektivenwechsel technikhistorischer Ansätze bestehen" (Osietzky TG 1992, S. 45) und dabei neben den negativen Aspekten der realen Diskriminierung auch eine positive Vision entwickeln. Dabei näherte sich die neue feministische Technikgeschichte der Forderung nach einer anderen Technikgeschichte an. Beide Richtungen forderten schließlich die Berücksichtigung der Analyse des Verhältnisses von Technik und gesellschaftlichen Machtstrukturen und Machtprozessen, sowie die Suche nach Alternativen. Die enge Verbindung von feministischer und anderer Technikgeschichte wurde auch personell signifikant. Im Jahr 1992 veröffentlichte Maria Osietzky zwei programmatische Aufrufe für eine „neue Technikgeschichte" (Osietzky ÖZG 1992) und für eine neue feministische Technikgeschichte. (Osietzky TG 1992) Die Zielsetzung der feministischen Technikgeschichte lautete dabei: „Der Anspruch einer feministischen Technikgeschichte darf nicht geringer sein, als die Kosten, Risiken, sozialen, psychologischen wie ökologischen Folgen der technischen Entwicklung systematisch in das Technikverständnis zu integrieren." (Osietzky 1992, S. 51 f.)

Dieses Programm stand zudem für die Forderung nach der Neuformulierung eines adäquaten Technikbegriffs. Der von Ropohl eingeführte Technikbegriff (naturale, humane und soziale Dimension) wurde als „rationalistische Illusion eines intentional geprägten Technikumgangs" abgelehnt. (Osietzky 1992, S. 68) Die feministische Technikgeschichte betonte in Annäherung an Mumfords Begriff des Technodramas die unbewusste gesellschaftliche Dimension der Technikgenese. Als Analyseinstrument griff sie dabei auf die Theorie der sozialen Konstruktion von Technik (Social construction of technology, SCOT) in der gesellschaftlichen Kommunikation zurück. Technik wurde als gesellschaftliches Zeichensystem definiert, das auf einer kollektiven Ebene die Weltwahrnehmung des modernen Menschen prägt: „Technische Artefakte wären demnach selbst Sinnträger, die an Menschen Bedeutungen herantragen." (Osietzky 1992, S. 67) Das Programm einer neuen feministischen Technikgeschichte stellte sich so dar:

Inhalte einer feministischen Technikgeschichte

- Erfolgsbilanz + Verlustbilanz
  - Kosten
  - Risiken
  - Soziale, psychologische und ökologische Folgen
- Darstellung des Verdrängten und Ausgegrenzten
  - Frage nach Alternativen (Scheitern, Verdrängung von technologischem Wandel
- Unbewusste Dimension der Technikgenese
  - Mentalitäten

Im Rahmen der Gesellschaft für Technikgeschichte (GTG) formierte sich auf Anregung von Gabriele Wohlauf bereits bei deren Gründung im Jahr 1991 ein Arbeitskreis Gender und Technik, der bis heute besteht. (https://www.gtg.tu-berlin.de/ws/index.php/forschung/17-arbeitskreise/60-arbeitskreis-gender-und-technik [14.02.2022]) Die Diskussionen innerhalb des Arbeitskreises werfen ein Licht auf die Entwicklungsrichtung und Problemlagen dieser Forschungsrichtung. Die feministische Forschung geriet allerdings in eine inhaltliche Schieflage, die auch innerhalb des Arbeitskreises kritisch registriert wurde. Der Begriff des Geschlechts wurde vom zentralen Untersuchungsgegenstand zu einem offensiven Teil der Argumentation und als gender mainstreaming zur Ideologie, was sich schon länger in den USA in den Debatten um political correctness gezeigt hatte. Technik und Gender waren jedoch als Themen etabliert, und konnten auch in der Technikgeschichte nicht mehr ausgeblendet werden. (Vgl. Heinsohn/Kemper 2012)

Die Ideologie des Technik beherrschenden und hierdurch Macht ausübenden Mannes bleibt eines der stärksten wissenschaftskulturellen und medialen Leitbilder technisch-moderner Gesellschaften des 20. Jahrhunderts. Der Berliner Innovations- und Zukunftsforscher Peter Döge hat sich mit dem Zusammenhang von Technik, Männlichkeitskonstruktionen und Technikförderung kritisch auseinandergesetzt (Döge 2001) und dabei u. a. Perspektiven der amerikanischen technikgeschichtlichen Genderforschung rezipiert. (U. a. Adas 1990; Oldenziel 1999) Döge weist darauf hin, dass „Technikkompetenz [...] ein zentrales Motiv männlicher Identität [bildet]. [...] Die enge konnotative Verbindung von Technik und Männlichkeit etabliert diesen Bereich als Männerkultur, die ausschließend gegenüber Frauen wirkt [...]." (Döge 2002, S. 32) Die Wurzeln dieser besonderen Form von Männlichkeit lägen demnach einerseits im Arbeitermilieu, andererseits beim Militär. (Wajcman 1994) Das in diesen Kontexten entstehende Verständnis von Technik produziere, so Döge, „ein[en] eingeschränkten Technikbegriff, welcher Technik weitgehend mit Maschine gleichsetzt und dabei weiblich konnotierte Tätigkeitsfelder und Kompetenzen abwertet." (Döge 2002, S. 32) Diese maschinenzentrierte Sichtweise sei eine Folge der gesellschaftlichen Konsequenzen der Hochindustrialisierung des 19. und 20. Jahrhunderts. Döge weist auch auf die latent rassistische Struktur der damit einhergehenden Binnenhierarchisierung von Männlichkeiten hin: „Als Träger technologischen Fortschritts und technologischen Wissens wird der weiße männliche Ingenieur gesehen." (Döge 2002, S. 33)

Das hier erkennbar werdende Konzept imperialer Männlichkeit als *cultural code* ermöglicht auch ein klares *Ranking* von Technologien. Je risikoreicher und an großtechnologischen Organisationsmustern der Interaktion von Kapital, Macht und/oder Geschwindigkeit orientiert, desto männlicher und prestigereicher ist die Technik. Das genderspezifische Leitbild des in diesen Wissenschaftsbereichen Tätigen beschreibt Döge als den *Scientific Warrior*, der sich in harten, analytischen und zugleich praktischen natur- und technikwissenschaftlichen Fächern in Abgrenzung von den weichen, musischen, theoretischen, sozialen, diskursiven Geistes- und Sozialwissenschaften und der weiblich konstruierten Genderzuschreibung entfalte. Der *Scientific Warrior* verschwendet keine Zeit aufs Reden, Lesen und Schreiben und Aushandeln, stattdessen rechnet, erfindet und konstruiert er. Döge zeigt auch auf, in welchem Umfang diese stumpfe, unreflektierte genderspezifische Mentalität sich unmittelbar auf die Forschungsförderungspolitik in der Bundesrepublik bis in die jüngste Zeit ausgewirkt hat:

> „Im Mittelpunkt staatlicher Forschungs- und Technologieförderungen standen bis zu Beginn der 90er Jahre mit der nuklearen Energietechnik sowie der Luft- und Raumfahrtforschung und der Rüstungsforschung vor allem Groß- und Risikotechnologien. [...] Aber nur Frauen finden sich kaum in der Forschungs- und Technologiepolitik, auch Fragen des Einsatzes von Technik im Bereich der (weiblich konnotierten) ‚*care economy*' (Elson) spielten und spielen auf der Ebene der Leitbilder und Problembezüge der bundesdeutschen Forschungs- und Technologieförderung keine Rolle." (Döge 2002, S. 33)

Dieses Phänomen sei auch in der Technikfolgenabschätzung zu beobachten. Einen neuen, von den Bedenken selbst einer männlich geprägten Diskussion um Technikfolgen noch kaum eingeschränkten Entfaltungsraum für den *Scientific Warrior* sieht Döge in der Biotechnologie, die von positivistischen Fortschritts- und Aufbruchseuphorien beherrscht sei und sich zum neuen naturwissenschaftlichen Leitsektor, „begleitet von altbekannten Allmachtsphantasien" (ebd., S. 34) entwickelt habe. Eine integrative, für die allgemeine Geschlechtergeschichte anschlussfähige Mentalitätsgeschichte der Technik, ihrer Voraussetzungen, Umsetzung und Folgen dürfte ohne diese Aspekte nicht mehr auskommen können. Aufgaben für eine geschlechtergeschichtlich reflektierte Technikgeschichte gibt es viele: u. a. die Frage, mit Hilfe welcher Technologien westliche Gesellschaften seit den 1960er Jahren auf das Phänomen reagieren, dass Menschen immer älter werden. Auch die Automobilbranche wird vor diesem Hintergrund, wenn sie neue Märkte erschließen will, dazulernen und sich fragen müssen, inwieweit althergebrachte Genderstereotypien und Zielgruppenprognosen noch wettbewerbsfähig sind.

Literatur

Michael Adas, Machines as the Measures of Men. Science, Technology, and Ideologies of Western Dominance, Ithaca/London 1990

Arne Andersen, Der Traum vom guten Leben. Alltags- und Konsumgeschichte vom Wirtschaftswunder bis heute, Frankfurt am Main 1999

Michael Andritzky (Hg.), OIKOS. Von der Feuerstelle zur Mikrowelle. Haushalt und Wohnen im Wandel, Gießen 1992

Arbeitsgemeinschaft Hauswirtschaft e.V. und Stiftung Verbraucherinstitut (Hg.), Haushalts(t)räume. Ein Jahrhundert Technisierung und Rationalisierung im Haushalt. Bearb. von Barbara Orland, Königstein/Taunus 1990

Peter Döge, Zwischen ‚Scientific Warrior' und ‚Mathematischem Mann', in: Technikfolgenabschätzung – Theorie und Praxis 11 (2002), S. 32-36

Historisches Museum Frankfurt/M. (Hg.), Eine neue Zeit! Die internationale elektrotechnische Ausstellung 1891, Frankfurt am Main 1991

Sigfried Giedion, Die Herrschaft der Mechanisierung. Ein Beitrag zur anonymen Geschichte, Frankfurt am Main 1982

Ricarda Haase, Das bißchen Haushalt ...? Zur Technisierung und Rationalisierung der Hausarbeit, Stuttgart 1992 (Veröffentlichung des Museums für Volkskultur in Württemberg, 1)

Karin Hausen, Große Wäsche. Technischer Fortschritt und sozialer Wandel in Deutschland vom 18. bis ins 20. Jahrhundert, in: Geschichte und Gesellschaft 13 (1987), S. 273-303

Martina Heßler, Mrs. Modern Woman. Zur Sozial- und Kulturgeschichte der Haushaltstechnisierung, Frankfurt am Main/New York 2001

Museum der Arbeit (Hg.), „Das Paradies kommt wieder ..." Zur Kulturgeschichte und Ökologie von Herd, Kühlschrank und Waschmaschine, Hamburg 1993

Peter Noever (Hg.), Die Frankfurter Küche von Margarete Schütte-Lihotzky. Aus der Sammlung des Museums für angewandte Kunst, Wien 1991

Ruth Oldenziel, Making Technology Masculine. Men, Women and Modern Machines in America 1870–1945, Amsterdam 1999

Barbara Orland, Wie kann man den Alltagsbegriff für die Technikgeschichte nutzbar machen?, in: Ferrum 71 (1999), S. 4-10

Maria Osietzky, Für eine neue Technikgeschichte, in: Österreichische Zeitschrift für Geschichtswissenschaft (ÖZG) 3 (1992), S. 293-318

Dies., Männertechnik und Frauenwelt. Technikgeschichte aus der Perspektive des Geschlechterverhältnisses, in: Technikgeschichte 59 (1992), S. 45-72

Ruth Cowan Schwartz, More Work for Mother. The Ironies of Household Technology from the Open Hearth to the Microwave, New York 1983

Judy Wajcman, Technik und Geschlecht: Die feministische Technikdebatte, Frankfurt am Main 1994

Kirsten Heinsohn, Claudia Kemper, Geschlechtergeschichte, Version: 1.0, in: Docupedia-Zeitgeschichte, 04.12.2012

http://docupedia.de/zg/heinsohn_kemper_geschlechtergeschichte_v1_de_2012 [14.02.2022]

https://www.gtg.tu-berlin.de/ws/index.php/forschung/17-arbeitskreise/60-arbeitskreis-gender-und-technik [14.02.2022]

4.3.5 Mentalitätsgeschichte der Technik

Sobald in der Technikhistoriographie die Frage nach potenziellen und realisierten technogenen Machtstrukturen gestellt wird, ist die Forderung nach einer Analyse der außertechnischen Antriebsmomente des technischen Wandels zentral. Sachtechnik kann dabei nicht von ihrer symbolischen Deutung und Wahrnehmung getrennt werden. Diese Erkenntnis führt notwendigerweise zu der Frage nach dem methodischen Instrumentarium, mit dessen Hilfe individuelle und gruppenspezifische Kommunikations- und Interpretationsprozesse des Verhältnisses Mensch – Gesellschaft – Technik technikgeschichtlich rekonstruiert werden können.

Einen Zugang zu der symbolischen Dimension von Technik und technischen Handlungen bietet das Konzept der Mentalitäten. Aus dem Bereich der historischen Anthropologie stammend, (vgl. van Dülmen 2001) versucht das Modell der Mentalitäten menschliche Verhaltensweisen zu interpretieren. Dabei liegt das Interesse bei Gruppen- und Gesellschaftsidentitäten und deren Niederschlag in individuellem und gesellschaftlichem Handeln. Den Handlungsmotivationen liegen kulturelle Manifestationen zugrunde, oft ohne bewusst reflektiert zu werden bzw. überhaupt reflektiert werden zu können. Das Mentalitätsmodell fragt nicht nach den Einstellungen und Ideologien gesellschaftlichen bzw. individuellen Handelns, sondern nach den Grundlagen der Handlungsmuster, die sich in ihnen zeigen. Entwickelt und angewendet wurde die Mentalitätsgeschichte in einer der einflussreichsten allgemeingeschichtlichen methodischen Schule des 20. Jahrhunderts, den drei Generationen der französischen Historiker der *Annales*. (Vgl. Burke 1990, S. 116)

Mentalität

„Historische Mentalität ist das Ensemble der Weisen und Inhalte des Denkens und Empfindens, das für ein bestimmtes Kollektiv in einer bestimmten Zeit prägend ist. Mentalität manifestiert sich in Handlungen." (Dinzelbacher 1993, S. XXI)

Mentalitäten werden dabei als anthropologische Strukturen verstanden, die sich durch dominante Kontinuitäten auszeichnen. Ihre Gültigkeit umfasst kulturelle Systeme in Raum und Zeit. Mentalitäten äußern sich in ritualisierten kulturellen Handlungen. Sie ordnen und strukturieren menschliche Grunderfahrungen und regeln das soziale Zusammenleben. Sie sind kollektive Verhaltensmuster, die auf einer spezifischen Deutung und Wahrnehmung der Realität gegründet sind. Mentalitäten sind zum einen Ausdruck gesellschaftlicher Befindlichkeiten, zum anderen prägen sie diese. Darüber hinaus konstituieren sich Mentalitäten im Rahmen langfristiger historischer Prozesse und zeichnen sich vor allem durch ihre Kontinuität aus. Die Veränderung von Mentalitäten ist demzufolge selbst einem langwierigen Prozess unterworfen. Der Soziologe Norbert Elias (1897–1990) hat dies in seiner grundlegenden Studie „Über den Prozess der Zivilisation" eindrucksvoll aufgezeigt. (Elias1977)

In der deutschen Technikgeschichte wurde das Konzept einer Mentalitätsgeschichte der Technik am konsequentesten von einem institutionellen Außenseiter, nämlich von Wolfgang Schivelbusch, umgesetzt. (Schivelbusch 1980 und 1983) Trotz seiner aufsehenerregenden und vielbeachteten Studien zur Rezeption von elektrischem Licht, Genussmitteln oder der Industrialisierung der Mobilität im 19. Jahrhundert wurde Wolfgang Schivelbusch nicht in die akademische deutsche Technikgeschichte integriert, sondern arbeitet als freier historischer Publizist. Seit der Veröffentlichung seiner „Geschichte der Eisenbahnreise" (Schivelbusch 1977) sind Untersuchungen zur Mobilität ohne einen Rekurs auf die von Schivelbusch präsentierte Kulturgeschichte der Wahrnehmung, der damit verbundenen Mentalitätsgeschichte und der Verarbeitungsmuster neuer Raum- und Zeitaneignung nicht mehr denkbar. (z. B. Zug der Zeit. Zeit der Züge 1985)

Schivelbusch, der eine Theorie und Analyse der inneren Industrialisierung des Menschen durch technische Innovationen anstrebte, brachte zentrale neue Aspekte in den technikhistorischen Diskurs hierzu ein. Als Bezugsrahmen der These von der Industrialisierung des Bewusstseins wählte Schivelbusch die ökonomische Theorie von Karl Marx, die Psychoanalyse von Sigmund Freud (1856–1939), sowie die Zivilisationstheorie Norbert Elias. (Elias 1990) Gemäß der Theorie von Karl Marx, dass nicht nur der Konsument mit seinen Bedürfnissen die Produkte schaffe, sondern reziprok auch die realisierten Produkte durch ihre reine Existenz bzw. ihre immanenten Verwendungsregeln den Konsumenten erschaffen würden, untersuchte Schivelbusch diese These anhand zeitgenössischer Darstellungen zur Thematik Eisenbahnreise. Ausgangspunkt war dabei, dass die industrielle Mobilität auf ein gesteigertes Transportbedürfnis im

Gefolge von Industrialisierung und Urbanisierung reagierte. Dabei war zu bedenken, dass das traditionelle Transportsystem von Waren und Personen mit Hilfe von Fuhrwerken und Postkutschen zu Beginn des 19. Jahrhunderts an die Grenzen seiner Kapazität gestoßen war. Demzufolge musste unter den gegebenen neuen Bedürfnissen nach Alternativen gesucht werden. Das ist die Stunde der Dampfkraft.

Der erste Einsatz mobiler Dampfmaschinen auf Schienen war im Bergbau erfolgt und durchaus erfolgreich verlaufen. Durch die explodierende Nachfrage nach dem fossilen Energieträger Kohle, auch in Hinblick auf die erforderlichen Transportkapazitäten, war man dort an eine Kapazitätsgrenze gelangt. Erforderlich waren in erster Linie alternative Mobilitätskonzepte. In der Konkurrenz unterschiedlicher Mobilitätskonzepte, zu denen u. a. auch der Dampfwagen von Nicholas Cugnot (1725–1804) gehörte, setzte sich, ohne hier weiter auf Alternativkonzepte einzugehen zu können, die schienengebundene, dampfbetriebene Eisenbahn durch. Mit dieser manifestierte sich die Industrialisierung zum ersten Mal im direkten Lebensumfeld der Menschen. Während die industrielle Produktion der zweiten Hälfte des 18. Jahrhunderts zunächst ein lokal begrenztes Phänomen blieb, und sich die konkreten Folgen des technischen Wandels in erster Linie spürbar vor allem auf die Arbeiterschaft auswirkten, die direkt mit den Maschinen in Kontakt traten, durchbrach die Eisenbahn diese Isolation der industriellen Technik. Sie durchquerte mit ihren Netzwerken die Landschaft, die Dörfer und die Städte. Für sie wurden Tunnel, Brücken und Bahnhöfe gebaut. Selbst die Zeit wurde in Form der „Eisenbahnzeit“ dieser Technik untergeordnet. Der Eisenbahn konnte niemand mehr ausweichen, und dies hatte Folgen, etwa in Hinblick auf das Reisen selbst.

Der Transport von Personen mit der Eisenbahn veränderte nicht nur die Geschwindigkeit und die Kapazität der gesellschaftlichen Fortbewegung, sondern der industrialisierte Transport machte den Reisenden selbst auch zum Objekt der Technik. Reisen mit der Eisenbahn bedeutet für den Nutzer eine Auslieferung an ein technisches Ensemble, auf das er keinen Einfluss und keine Zugriffsmöglichkeit mehr hatte. Dies bedeutete, dass der Reisende zum Objekt des industriellen Transports degradiert wurde, also zu einem Produkt mit Warencharakter, welches von A nach B zu liefern war. Die zeitgenössischen Reiseberichte erkannten das schnell und fanden vor allem zwei Metaphern zur Bezeichnung dieses Produktcharakters: als Kugel geschossen zu werden und die Vorstellung des Reisenden als Paket. Beide Bilder bezeichnen eine Reduktion und Versachlichung der Person des Reisenden. Personen werden zu Waren. Wie der Arbeiter in der Fabrik zum Bestandteil eines Maschinensystems wurde, so wurde der Reisende zum Bestandteil eines industriellen Transportsystems. Ob als Produzent oder als Produkt, das Selbstverständnis der Menschen änderte sich. Die Anwendung der Gesellschaftstheorie von Marx in der Sphäre des industriellen Transports zur Erklärung eines durch die Erfahrung der inneren Industrialisierung ausgelösten Wahrnehmungswandels bezeichnet eine neue Qualität. Eine andere Frage ist, ob man die Warentheorie von Marx ihrerseits als Ausdruck des industrialisierten Bewusstseins interpretieren kann, und ob die These von der Entfremdung und dem

Warenwert des Menschen ein Versuch ist, den Wahrnehmungswandel als Ausdruck einer inneren Industrialisierung zu erfassen.

Die gleiche Wechselwirkung wie in Marx' Interpretation kennzeichnet auch einen zweiten Theorieansatz, der ebenfalls Grundlage und Reaktion auf die Moderne zugleich ist, nämlich die Psychoanalyse von Sigmund Freud. Freuds Analyse des Menschen postuliert keine anthropologische Konstante, sondern entspringt einer zeitbedingten Interpretation der Psyche des Menschen am Beginn der Moderne. Der Versuch, innere Mechanismen der Verhaltenssteuerung freizulegen, die vom Menschen nicht steuerbar sind, findet seine Entsprechung sowohl in der Sphäre der industriellen Produktion als auch in der Erfahrung des Menschen, Objekt einer Technik zu sein, die sich seinem Zugriff entzieht. Die Eisenbahn-Reiseberichte der Zeit sind voll von Verbalisierungen des Gefühls des Ausgeliefertseins an das maschinelle Ensemble, bestehend aus Dampflock, Waggon, Schiene und sonstiger Bahninfrastruktur. Diese neue Dimension des Reisens erzeugte Ängste, und diese beruhten auf drei Wahrnehmungen:

1. der Durchbrechung der metabolen Geschwindigkeitsschwelle des Bahnreisens im Vergleich zum bisherigen mit Pferd und Wagen;
2. der Unmöglichkeit des Reisenden, in die Abläufe ggf. selbst direkt eingreifen zu können; sowie
3. der möglichen Zerstörungsgewalt im Falle eines Nicht-Funktionierens des technischen Systems, dem man hilflos ausgeliefert war.

Nicht nur die Reisegeschwindigkeit erreichte neue Dimensionen, sondern auch das Destruktionspotential bei einem Unfall. Die latente Angst der Zeitgenossen vor einem Unfall, einer technischen Katastrophe (Perrow 1992) ist gerade bei den Beschreibungen eines ersten Aufeinandertreffens des Fahrgastes mit der neuen Technik auffallend. Mit dieser Grundangst sollte aller Erwartung nach eine alltägliche Techniknutzung ausgeschlossen sein. Wer sich bei der Benutzung von Technik jedes Mal erst die möglichen Folgen eines Zugunglücks, eines Autounfalls, eines Flugzeugabsturzes oder eines Reaktor-Supergaus etc. bewusst machen würde, wird handlungsunfähig. Die Nutzung industrialisierter technischer Systeme verlangt deshalb eine Verdrängung der Grundängste, die mit Techniknutzung verbunden sind. Das Fundament hierzu bildet die Prämisse des Funktionierens von Technik. Der Nutzer verlässt sich hierauf, es wird zur Selbstverständlichkeit und überlagert jedwedes Bedrohungsgefühl. Dies unterstützt noch die professionelle statistische Risikoabschätzung der empirischen Sozialwissenschaften sowie die Technikfolgenabschätzung mittels ihrer Risikobewertungen und vor allem ihrer Wahrscheinlichkeitsberechnungen. (Grunwald 2010) Diese drücken das Eintreten spezifischer Unfalls- oder Katastrophenereignissen in abstrakten Zahlenverhältnissen aus, und implizieren in den Augen des unbedarften Normalbürgers und seiner laienhaften Interpretation, dass eigentlich nichts passieren kann. Diese Schlussfolgerung ist dann beruhigend und trägt damit entscheidend auch zur Verdrängung des Bedrohungsgefühls bei, ohne dass es jedoch völlig verschwindet.

In den Begriffen von Freud heißt das: Der Mensch in einer industrialisierten Gesellschaft benötigt einen Reizschutz, der ihn vor den eigenen latenten Ängsten entlastet. Freud sprach von einer „Rinde“, die sich das Individuum zulegt, um mit den eigenen Ängsten umgehen zu können. Diese Rinde wird umso widerstandsfähiger, ihre Schutzfunktion selbstverständlicher, je mehr technische Reize auf den Menschen einwirken und immer wieder zu bestätigen scheinen, dass die genutzte Technik sicher ist. Am Ende der Entwicklung steht der scheinbar souveräne, angstfreie Umgang mit Alltagstechniken. Wer sollte unter diesen Umständen dann noch deren eigentliche Sicherheit hinterfragen können? Das Geschickte eines derartigen Schutzmechanismus besteht darin, so Freud, dass das Individuum so die Reflektion der möglichen Folgen eines Nicht-Funktionierens von Technik, also eines Unfalls, auszublenden vermag und damit auch jedwede Angstneurosen.

Im Falle eines Durchbruchs der Destruktivität moderner Technik in Form eines nun unerwarteten Unfalls, bzw. einer technischen Katastrophe, wird der mühsam angeeignete Reizschutzmechanismus schlagartig durchbrochen. Es kommt zu einem existenziellen Schock, einem Trauma. Dieses bleibt keineswegs auf die individuelle Ebene begrenzt, sondern wächst sich zu gesamtgesellschaftlichen Dimensionen aus. Die Reaktorkatastrophe von Fukushima etwa stellte 2011, zumindest in der Bundesrepublik, die Funktionalität und Sicherheit der Kernenergienutzung schlagartig und grundsätzlich erneut in Frage. Ein Schockereignis mit weitreichen Folgen. Der lange kritische gesellschaftliche Diskurs über diese Energietechnologie seit den 1950er Jahren fand ein abruptes – politisches – Ende. Mentalitätsgeschichtlich vollzog sich ein Wandel hin zur grundsätzlichen Ablehnung der vormaligen Zukunftstechnologie. Der Vergleich der Interpretationsverschiedenheit von Fukushima allein in der Bundesrepublik und im Atomstaat Frankreich belegt eindrucksvoll die handlungsleitende Wirkung von Mentalitäten als individuelle und auch kollektive gesellschaftliche Paradigmen – unbenommen der jeweiligen Konstruktionen und Pfadabhängigkeiten von Rationalität und Emotionalität.

Diese Beobachtung deckt sich mit den Verhaltensweisen und der Reaktion von Menschen, die Augenzeugen bzw. Beteiligte eines derartigen destruktiven Zusammenbruchs des Funktionierens eines technischen Systems wurden. Im Gefolge der Einführung der Eisenbahn und der Erfahrung mit ersten Eisenbahnunglücken beschrieben Mediziner erstmals die traumatischen Folgen für die Beteiligten. Selbst bei völliger körperlicher Unversehrtheit kam es zu erheblichen psychischen Folgeerscheinungen, die meist mit einigerzeitlicher Verzögerung auftraten. Auch Schivelbusch zog zeitgenössische ärztliche Berichte und die darin aufgestellten Diagnosen heran, um die Schock-These zu belegen und als traumatische Neurose zu beschreiben. (Schivelbusch 1977, S. 121 ff.)

Der dritte Grundpfeiler der Theorie von der inneren Industrialisierung bzw. des industrialisierten Bewusstseins war der Ansatz von Norbert Elias, der die Verhaltensmodellierungen des Menschen seit dem Mittelalter als einen „Prozess der Zivilisation“ beschrieb. (Elias 1990) Elias charakterisierte seinen Forschungsansatz als soziogenetische und psychogenetische Untersuchung. Im Mittelpunkt seines Interesses lagen die langfristigen Prozesse der Veränderung sozialen und individuellen Verhaltens. Seine Untersuchungsgegenstände reichten vom Aufbau des staatlichen Gewaltmonopols und der staatlichen Steuerhoheit bis hin zur Analyse der Tischsitten und allgemeinen Verhaltensregeln im persönlichen sowie gesellschaftlichen Miteinander. Dabei verabschiedete sich Elias von der Vorstellung des historischen Wandels als eines gelenkten oder geplanten Prozesses. Dennoch diagnostizierte Elias eine Ordnungsstruktur im chaotischen Verlauf, die er als den „Prozess der Zivilisation" bezeichnete und somit als Perfermanz, nicht als Programm, beschrieb. Dabei bezog Elias die Technik in den Prozess der Zivilisation ein. Die Technik war Zeichen, nicht Ursache der sozio- und psychogenetischen Veränderungen: „Nicht die ‚Technik' ist die Ursache dieser Verhaltensänderung; was wir ‚Technik' nennen, ist selbst nur eines der Symbole, eine der letzten Verfestigungsformen jener beständigen Langsicht, zu der die Bildung immer längerer Handlungsketten und der Wettkampf unter den derart Verbundenen hindrängt." (Elias 1990, S. 345) Die Rationalisierung des menschlichen Verhaltens ist letztlich Produkt einer stetig expandierenden Vernetzung von Funktionen und gesellschaftlicher Abhängigkeiten. Der Begriff der Rationalisierung hat eine doppelte Bedeutung als Bezeichnung eines Denkmusters, das Planung und Regelhaftigkeit als Grundlage menschlichen Verhaltens in den Mittelpunkt stellt, und als aktive Beförderung dieses Prozesses in allen gesellschaftlichen Subsystemen und individuellen Verhaltensweisen.

Prozess der Zivilisation

„[...] offensichtlich ist die ‚Zivilisation' ebenso wenig, wie die Rationalisierung ein Produkt der menschlichen ‚Ratio' und Resultat einer auf weite Sicht berechneten Planung. [...] Sie vollzieht sich als Ganzes ungeplant; aber die vollzieht sich dennoch nicht ohne eine eigentümliche Ordnung. Es ist oben ausführlicher gezeigt worden, wie etwa von den verschiedensten Seiten her Fremdzwänge sich in Selbstzwänge verwandeln, wie in immer differenzierterer Form menschliche Verrichtungen hinter die Kulisse des gesellschaftlichen Lebens verdrängt und mit Schamgefühlen belegt werden, wie die Regelung des gesamten Trieb- und Affektlebens durch eine beständige Selbstkontrolle immer allseitiger, gleichmäßiger und stabiler wird." (Elias 1990, S. 313)

Elias entwickelte das Modell der Verhaltensregulierung zu einem Zeitpunkt, im Jahr 1936, als in den Kinos der Film „Modern Times" von Charlie Chaplin angelaufen war. Hier wurde satirisch überzogen dargestellt, wie verhaltensregulierend die moderne Fließbandtechnik auf den Menschen wirkte. Das war schon längst nicht mehr nur die Realität in Fords Autofabriken, sondern im Alltagsleben von Millionen von Menschen in den führenden Industriegesellschaften des globalen Nordens. Deshalb konnte Chaplins industrialisierter Humor ein Massenpublikum erreichen.

Schivelbusch griff die Prozesstheorie menschlichen Verhaltens auf und weitete sie zu einer Verlaufsbeschreibung des technischen Wandels aus. Dazu wandte er die Reizschutztheorie von Freud auf den Theorieansatz von Elias an: „So läßt sich der von Norbert Elias beschriebene Prozeß der Zivilisation ebenso als Prozeß der Reizschutzbildung verstehen", (Schivelbusch 1981, S. 149) und zwar verstanden als technische Reizschutzbildung. Schivelbusch verweist denn auch auf die Existenz zweier psychischer Zivilisationsprozesse, d. h. auf den Prozess der Verinnerlichung von Gesellschaftsregeln und den Prozess der Verinnerlichung technisch verursachter Reize.

Industrialisierung des Bewusstseins

„Den Prozeß des sich zivilisierenden Bewußtseins einmal in solch enger Bindung an die Entwicklung der Technik zu beschreiben, verspricht vielleicht nicht für alle historischen Perioden gleiche Fruchtbarkeit, wohl aber für eine von der Technik so durchdrungenen, ja überwältigten Epoche, wie die der industriellen Revolution. Marx' Bemerkung, die Produktion produziere nicht nur den Gegenstand für das Subjekt, sondern ebenso ein Subjekt für den Gegenstand, müßte sich auf diese Weise operationalisieren lassen. Es müßte beschreibbar werden, was industrialisiertes Bewußtsein ist." (Schivelbusch 1981, S. 151)

Die innere Industrialisierung des Menschen zeichnet sich als Prozess durch folgende Trends aus:

- durch eine Veränderung des Raum- und Zeitverständnisses;
- durch die Veränderung der Umweltwahrnehmung hin zu einer „panoramatischen" Rezeption (Schivelbusch 1981);
- durch eine Vereinheitlichung, Regulierung, Verregelmäßigung und Verinnerlichung aller individuellen Lebensäußerungen und sozialen Rahmenbedingungen.

All diese Veränderungsprozesse wirkten im Laufe der Zeit auf die Herausbildung sich verändernder Mentalitäten ein und werden damit zum Gegenstandsbereich technikhistorischen Erkenntnisinteresse.

Literatur

Peter Burke, Offene Geschichte. Die Schule der ‚Annales', Berlin 1991 (zuerst u. d. T. The French historical revolution. The Annales school, 1929–89, Cambridge, UK 1990)

Peter Dinzelbacher (Hg.), Europäische Mentalitätsgeschichte. Hauptthemen in Einzeldarstellungen, Stuttgart 1993

Richard van Dülmen, Historische Anthropologie, Köln/Wien ²2001

Norbert Elias, Über den Prozeß der Zivilisation. Soziogenetische und psychogenetische Untersuchungen, Bd. 2: Wandlungen der Gesellschaft. Entwurf zu einer Theorie der Zivilisation, Frankfurt am Main [15]1990

Armin Grunwald, Technikfolgenabschätzung. Eine Einführung, 2. Aufl., Berlin 2010

Geoffrey Kichenside, Katastrophale Eisenbahnunfälle. Die schwärzesten Tage, Augsburg 1998

Charles Perrow, Normale Katastrophen, Frankfurt am Main 1992

Wolfgang Schivelbusch, Das Paradies, der Geschmack und die Vernunft: eine Geschichte der Genussmittel, München/Wien 1980

Ders., Die Kultur der Niederlage. Der amerikanische Süden 1865, Frankreich 1871, Deutschland 1918, Berlin 2001

Wolfgang Schivelbusch, Geschichte der Eisenbahnreise. Zur Industrialisierung von Raum und Zeit im 19. Jahrhundert, München/Wien 1977

Ders., Lichtblicke: Zur Geschichte der künstlichen Helligkeit im 19.Jahrhundert, München/Wien 1983

Zug der Zeit, Zeit der Züge. Deutsche Eisenbahn 1835–1985, hg. v. d. Eisenbahnjahr Ausstellungsges. m.b.H., Berlin 1985, 2 Bde.

4.3.6 Kulturgeschichte der Technik: Theoretische Verortung und aktuelle Themenfelder

Eine pragmatische, in Großbritannien und den USA traditionelle Umgehung aller wissenschaftstheoretischen Positionsbestimmungen ist die rein performativ-professionelle Definition eines Wissenschaftsfelds, formelhaft gefasst in dem klassischen Imperativ des Oxford-Historikers und Diplomaten Edward Hallett Carr (1892–1982): „Before you study the history, study the historian." (Carr 1965, S. 44) Geschichte wird hier als das verstanden, was Historiker machen. Ein aktuelles Beispiel für diese Auffassung ist der im Original bei Oxford University Press von der deutschen, in Cambridge lehrenden Frühneuzeithistorikerin Ulinka Rublack herausgegebene „Concise companion to history" (Rublack 2013, S. 16-29) Der *Companion* ist ein in Kontinentaleuropa in dieser Form weitgehend unbekanntes Schlüsselwerk der traditionellen englischen historischen Einführungsliteratur, das für Jahre, wenn nicht Jahrzehnte festlegt, was in der englischsprechenden Welt unter Geschichtswissenschaft verstanden wird. Die sechzehn Kapitel bieten vieles, u. a. etwas über Weltgeschichte, Kausalität, historisches Wissen und Historiker, ferner u. a. zu Handel, Macht, Geschlecht, Kultur, Emotionen, Umweltgeschichte und Religionen. Eigene Beiträge zur Wirtschaft, zum Krieg und zur Technik sowie überhaupt zu allen traditionellen Disziplinen und Epochen der Geschichtswissenschaft wird man allerdings ebenso vergeblich suchen wie eine Einführung in das Problem historischer Objektivität, das weder mit dem Kausalitätsbegriff oder der professionellen Rollenbeschreibung des Historikers verrechnet werden sollte. (Nipperdey 1990, S. 264-283) Denn allzu leicht entsteht in der Geschichtsbetrachtung der Eindruck, dass ein rein temporales Verhältnis von vorher und nachher rückblickend auch kausal verstanden werden kann. Selbst wenn das, was Historiker erzeugen,

Geschichte ist, muss dies keineswegs automatisch mit Objektivität gleichbedeutend sein.

Auch die 2012 von Martina Heßler, damals Inhaberin der Hamburger Professur für Sozial-, Wirtschafts- und Technikgeschichte, inzwischen TU Darmstadt, verfasste „Einführung in die Kulturgeschichte der Technik" wählt gezielt Referenzfelder und -themen aus, an denen sie die Arbeitsweise dieses Faches, also der Technikgeschichte, exemplarisch beleuchtet, u. a. einleitend an der Bedeutung von Narrativen und Interpretationen. (Heßler 2012) Die Zielsetzung ihrer Einführung wird auf dem hinteren Cover ihrer „Kulturgeschichte der Technik" dabei folgendermaßen charakterisiert: „Menschen waren schon immer auf die Nutzung von Technik angewiesen, aber seit dem 19. Jahrhundert leben wir in einer ‚verdichteten' technischen Kultur. Was dies für eine moderne Technikgeschichte bedeutet, erläutert Martina Heßler anhand der Bereich Produktion, Haushalt, Mobilität und Kommunikation, Menschenbild sowie Unfälle und deren Folgen. [...] Sie liefert damit eine umfassende Einführung in Zugänge und Gegenstand der Technikgeschichte." (Zit. Heßler 2012 Einband/Rückseite) Ob diese Bezugnahme auf die „Moderne Technikgeschichte" von Hausen/Rürup (vgl. Hausen/Rürup 1975) durch Heßlers kulturgeschichtlichen Ansatz wirklich eingelöst wird, wäre ebenso wie die Frage zu diskutieren, ob sie „eine Kulturgeschichte der Technik [begründet], die auch zukünftige Entwicklungen in den Blick nimmt." (Heßler 2012, Einband verso)

Die performative Herangehensweise Heßlers an das Forschungsfeld der Technikgeschichte hat den Vorteil, anschaulich und konkret zu sein. Sie lädt gerade Studierende zu selbständigen Entdeckungen der Anwendbarkeit kulturgeschichtlicher Perspektiven ein. Performative Geschichte ist „Mitmach-Geschichte". Diesem Vorteil an Mobilisierung und Zugänglichkeit steht allerdings der Nachteil an wissenschaftstheoretischer und wissenschaftsgeschichtlicher Durchdringung gegenüber. Denn wesentliche Probleme der Kulturgeschichte der Technik lassen sich nicht abschließend durch eine Einführung in das *doing history* beantworten, weil beides in vielerlei Hinsicht fragwürdig geworden ist oder schon immer war: *doing* wie *history*. Was an der Kulturgeschichte der Technik als etwas Verallgemeinerungsfähiges vor der Klammer und was als das Besondere ihres Gegenstands in der Klammer der Geschichtsinterpretation steht, muss wie in allen anderen Gegenstandsbereichen der Geschichtswissenschaft geklärt werden: begriffsbedeutungs- und -verwendungsgeschichtlich, sowie wissenschaftstheoretisch und wissenschaftsgeschichtlich.

Heßler behandelt in ihrer strukturalismuskritischen Einleitung, dass und warum der Technikbegriff in der „technotopischen" Lebenswelt der Hochmoderne diffus geworden sei. Indem sie die Erzählweisen und ausgewählte philosophische Problematisierungsformen von Technik und der modernen Kritik an ihr auch in ihren thematischen Kapiteln behandelt, reiht sie sich ein in den Mainstream dekonstruktivistischer Sichtweisen auf die Hochmoderne, die zugleich eines ihrer geistesgeschichtlichen Merkmale ist. (Conrad/Kessel 1998, S. 9-40) Zu kurz kommen dabei die grundlegenden, langfristigen Strukturen und Faktoren der technisch-industriellen Moderne, um deren

Relevanz und Verhältnis in der modernen Geschichtswissenschaft seit jeher gestritten wird und die nicht vermittels einer Leittheorie erfasst werden können, also Wirtschaft, Politik, Gesellschaft in Form von Ideen, Akteuren und Strukturen. Auch Giedions als Allegorie für den Gegenstandsbereich einer Geschichtsschreibung symbolisch genannter berühmter und vielzitierter Kaffeelöffel, indem sich die Sonne spiegelt, ist eine Realie in Echtzeit und keine Erzählung, Erfindung oder Redeweise. (Vgl. Lenzen 1989, S. 13-48)

Statt mit dem Narrativismus Erzählstrukturen zu identifizieren, wie etwa Heßler es tut, wäre die Beschäftigung mit realer erzählender Literatur und Publizistik über Technik als Quellen zielführender. In der Kulturgeschichte des 20. Jahrhunderts springt einen die Allgegenwart publizistischer Technikbezüge geradezu an. Behandelt und in ihrer erheblichen, schon auf ihren Massenauflagen beruhenden mentalitätsgeschichtlichen globalen Wirkung gewürdigt werden sie nur ausnahmsweise (Möser 2011, S. 1-6) Sich stattdessen lieber zum wiederholten Male über Haydn White und Bruno Latour zu beugen als auch nur einen Blick in eine Ausgabe der Technikzeitschrift „hobby" zu werfen, ist Ausdruck eines merkwürdig quellenfernen Elitarismus einer Geschichtswissenschaft im Elfenbeinturm. So programmatisch wie durch den Karlsruher Technikhistoriker Kurt Möser wurde das Bekenntnis zur Quellenarbeit, ganz im Sinne Giedions, auch und gerade mit den grauen Quellen der Technikgeschichte, mit Prospekten, Werbung, Fotos, Postkarten und Technikzeitschriften und populärer Technikliteratur, wohl noch nie formuliert: „Ich teile Sigfried Giedions Ansicht, daß es für einen kulturhistorisch arbeitenden Technikhistoriker keine abseitigen, banalen oder irrelevanten Gegenstände gibt." (Möser 2011, S. 6) Manche Thematisierung gerade der Kulturgeschichte der Technik legt die Frage nahe, ob sie eigentlich auf einem tatsächlichen Interesse an Technik und ihren Quellen beruht.

Was den Kern einer Kulturgeschichte der Technik ausmacht, fasst Martina Heßler in der Einleitung zur gleichnamigen Publikation dahingehend zusammen, dass es ihr Erkenntnisinteresse sei, „[...] Technikgeschichte als eine Geschichte der technischen Kultur zu schreiben [...]". (Heßler 2012, S. 8) Damit meint sie, „[...] den historischen Blick auf die stete Verwobenheit der menschlichen Existenz mit Technik zu lenken." (Ebd., S. 8 f.) Und, so Heßler erklärend und unter Bezug auf den Technikphilosophen Alfred Nordmann (Nordmann 2008, S. 13) weiter, sich der Frage zuzuwenden, „[...] auf welche Weise unser Verhältnis zur Welt über die Technik organisiert ist' und historisch jeweils war." (Heßler 2012, S. 9) Im Kapitel „Begriff der technischen Kultur" referiert Heßler weiter, dass „das Potential des Begriffs ‚technische Kultur' allerdings insbesondere darin liege, dass er es ermögliche, Technik und Kultur nicht als separierte Sphären zu betrachten." (Ebd., S. 9) Es geht ihr um die Überwindung eines der Technikgeschichtsschreibung unterstellten „[...] Dualismus zwischen Kultur und Technik [...]" (ebd., S. 10): „Mit dem Begriff der ‚technischen Kultur' kann genau dies überwunden werden, indem die Verwobenheit und Untrennbarkeit von Technik und Kultur gefasst wird." (Ebd., S. 10) „Kultur ist immer schon technisiert [...]." (Ebd.) Dann wird zusammenfassend festgehalten: „Technische Kultur meint, kurzgefasst, dass alle

Handlungen, Erfahrungen, Wahrnehmungen das menschschliche Selbstverständnis, der Weltbezug und das In-der-Welt-sein technisch vermittelt sind. " (Ebd.) Demzufolge bestünde die Aufgabe der Technikgeschichtsschreibung darin, „[...] die jeweiligen Ausprägungen und den Wandel der technischen Kultur zu beschreiben und zu analysieren. Es geht darum, die technische Vermitteltheit der menschlichen Existenz in ihren je spezifischen historischen Ausformungen aufzuzeigen und die Gewordenheit der heutigen technischen Kultur zu erklären." (Ebd., S. 11)

Was aber ist an diesen Selbstverständlichkeiten einer modernen Technikgeschichtsschreibung so neu, um hierzu die Begrifflichkeit einer „Kulturgeschichte der Technik" und einen retrograd erlesenen Sprachduktus zu bemühen? Dass für eine „Kulturgeschichte der Technik" konstituierend sein soll, was Heßler als Beispiele für das dialektische Verhältnis von Technik und Gesellschaft ausführt, und dass in Beispielen wie diesen wiederum die primäre Aufgabe der technikgeschichtlichen Forschung und Historiographie zu sehen sei, kann zumindest erstaunen, denn es ist inzwischen seit Jahrzehnten *state of the art* in der modernen Technikgeschichtsschreibung. Angesichts dieses Auseinanderfallens von hohem anthropologischem Anspruch und fehlender Verortung in der Wissenschaftsgeschichte der Technikgeschichte könnte sich der Eindruck aufdrängen, der Begriff Kulturgeschichte der Technik sei bei Heßler letztlich doch nur die spät zum Schlagwort gewordene Form des *cultural turn* in der Technikgeschichte. Denn das, worum es Heßler inhaltlich und völlig nachvollziehbar geht, sollte doch spätestens seit Karin Hausens und Reinhard Rürups „Moderner Technikgeschichte" von 1975 bzw. Ulrich Troitzschs und Gabriele Wohlaufs „Technikgeschichte" von 1980 längst zum allgemeinen anerkannten Selbstverständnis des Faches geworden sein. Bedauerlich ist auch, dass so wenig auf die eigene Historizität der technikhistorischen Fachgeschichte zurückgegriffen wird, gleichsam als ob deren Kämpfe und Errungenschaften um Gegenstand und Methode nie stattgefunden hätten. Manchmal scheint die gegenwärtige Technikgeschichte der Kulturgeschichte der Technik geschichtsvergessener zu sein als die Ingenieurwissenschaften um 1900. Bereits vor dem Ersten Weltkrieg hat Conrad Matschoß mit den Technikhistorikern seiner Zeit die Debatte über die Zuordnung von Technik und ihrer Geschichte zum Erkenntnisbereich der Kultur statt demjenigen der Zivilisation geführt. (Matschoß 1910, S. 296-300) Technik und Kultur waren immer untrennbar miteinander verzahnt. Gerade die Betonung der historisch langen Dauer einer Aushandlung von Technik als Kultur könnte den dringend notwendigen technikgeschichtlichen Stellungnahmen zu ganz gegenwärtigen technologischen Debatten vor allem im Hinblick auf die Akzeptanz von einschneidenden Veränderungen in den technischen Systemen von Energie über Mobilität bis Nachhaltigkeit eine weitere Dimension geben. Und auch wenn eine gewisse Skepsis gegenüber allzu optimistischen Erwartungen an *historia magistra vitae* angebracht ist, gilt sicherlich: Lesen schützt vor Neuentdeckungen.

Ebenso merkwürdig ist das diskrete Schweigen von Heßlers Kulturgeschichte gegenüber der zentralen Bedeutung der marxistischen Gesellschaftstheorie und ihrer Dialektik der Geschichte von Produktivkräften, Produktionsverhältnissen und gesellschaftlicher Produktionsweise lange vor der DDR, (vgl. Ropohl 2007, S. 63-82), aber auch gegenüber der Tatsache, dass eben die DDR bis in die 1970er Jahre der führende Raum deutschsprachiger technikgeschichtlicher Analyse war. (Vgl. Sonnemann 1996, S. 1-19) So sehr dies auch zur Herrschaftsraison des SED- Staats gehörte: es wurde selbst von westdeutschen Verlagen gern nachgedruckt. Auch museologisch hatte das andere Deutschland einen Vorsprung. Das Jubiläum 150 Jahre Eisenbahn in Deutschland wäre ohne den Traditionsmaschinenbestand der Deutschen Reichsbahn der DDR überhaupt nicht auf die Schienen und an die Öffentlichkeit gekommen. (Kunze 2020a, S. 215-217) Dass die Kulturgeschichte der Technik hier der Marginalisierungstendenz der politischen Geschichte folgt, macht nichts besser, sondern kann vielleicht erklären, wieso Menschen in den gar nicht mehr so neuen Bundesländern sich und ihre spezifischen historischen Erfahrungen oft als nicht gehört erleben (Wurl 2001, S. 1115-1125)

4.3.6.1 Zur Problematik einer Kulturgeschichte der Technik

Bereits der Begriff Kulturgeschichte der Technik erfordert eine Einordnung im Hinblick darauf, was damit eigentlich gemeint ist. Kultur ist ebenso eine anthropologische Universalie wie Geschichte und Technik. (Vgl. Burke 2005, S. 7-13; Tschopp/Weber 2007) Wie werden das spezifisch Allgemeine von Kultur, Geschichte und Technik zueinander in Beziehung gesetzt? Der Begriff Kulturgeschichte weckt andere Assoziationen und zielt auch auf andere wissenschaftliche und außerwissenschaftliche Diskurse als der Begriff Technikgeschichte. Dem entsprechen verschiedene Wissenschafts- und Öffentlichkeitskulturen. Hinzu kommen bestimmte zeitbedingte Moden, in deren Folge eher der Technik- oder eher der Kulturbegriff in den Vordergrund rückt. In beiden Fällen, Kulturgeschichte der Technik und Technikgeschichte, ist Geschichte das Haupt- und Bezugswort, auf das hin Kultur und Technik befragt werden: Geschichte der Kultur in Gestalt der Technik bzw. Geschichte der Technik. Aber was unterscheidet eine Kulturgeschichte der Technik von einer Geschichte der Technik und was ist beide gegebenenfalls gemeinsam? Ist Kulturgeschichte der Technik einfach nur allgemeiner und Technikgeschichte spezieller? Steckt in dem doppelten objektiven Genitiv der Geschichte der Kultur und der Technik nicht ein Pleonasmus, ein „weißer Schimmel“, weil Kultur immer auch Technik und Technik immer auch Kultur ist? Klingt Kulturgeschichte für manche Ohren, sicher nicht die von Ingenieurinnen und Ingenieuren, besser als Technikgeschichte?

Das Hinzuziehen der Einführung in die Kulturgeschichte des Cambridge-Historikers Peter Burke kann hier zu Klärung beitragen. Burke zeigt Problemfelder auf, die in der Wissenschafts- und Öffentlichkeitsgeschichte der Kulturgeschichte eine Rolle gespielt haben, u. a. die Entdeckung der Geschichte der nicht-elitären sozialen Schichten und ihrer kulturellen Praxis im Unterschied zur Hochkultur und der materiellen im Gegensatz zur ideellen Kultur. (Burke 2005, S. 30-74) Ein historiographischer Klassiker dieser Sichtweise ist auch die englische Geschichte des britischen Historikers John F. C. Harrison (1921–2018) von 1984 mit dem programmatischen Titel „The Common People. A history from the Norman conquest to the present“. (Harrison 1984) Wendepunkte wie dieser sind von Bedeutung, weil sie zeigen, dass die Kulturgeschichte zu keinem Zeitpunkt allein die Geschichts-, Sozial- und Kulturwissenschaften beschäftigt hat, sondern in den sich wandelnden Medien der Zeit, in ihren Museen und in ihrer Vorstellung von historischer Bildung, aber auch in jeder Form der materiellen Überlieferung und des Professionenwissens eine prominente Rolle gespielt hat. Kulturgeschichte ist immer zugleich Wissenschaft und *public history*, zeitgenössische, medial vermittelte Aneignung und Repräsentation ausgewählter Geschichte des homo faber in der Öffentlichkeit. Sie gehört nicht allein der Wissenschaft. Daraus kann leicht ein Spannungs- und Konkurrenzverhältnis innerhalb des Wissenschaftssystems, zwischen Wissenschaft und Medien, auch zwischen Wissenschaft und Politik oder eben Wissenschaft und Technik werden.

Die Eigenart und Herausforderung der Kulturgeschichte liegt in ihrer anthropologischen Allgemeinheit und darüber hinaus in ihrem Allgemeinheitsanspruch vor der Klammer jeder Spezialwissenschaft. Das verbindet sie mit der allgemeinen und ältesten westlichen Wissenschaft schlechthin, der Philosophie, die sich stets als Urform der Wissenschaftstheorie verstanden hat. (Vgl. Schurz 2011) Die Universalie der Kultur ist ein Hauptgegenstand der Anthropologie, der wissenschaftlichen Frage nach dem, was den Menschen ausmacht. Bevor die Anthropologie eine wissenschaftliche Disziplin wurde, war sie die längste Zeit eine klassische Frageform der Philosophie. (Vgl. Gadamer/Vogler 1975) Sie beschäftigt sich u. a. mit der Hermeneutik, der Lehre vom Verstehen. Dies hatte auch für die Grundlegung der Geschichte als Wissenschaft durch den Historismus im 19. Jahrhundert eine große Bedeutung, weil hier zum ersten Mal kritisch diskutiert wurde, wie das Verstehen von Geschichte eigentlich funktioniert und was das für die geschichtswissenschaftliche Praxis bedeutet. (Vgl. Kolmer 2008, S. 59-63) Soll und kann die Geschichte als Wissenschaft Vergangenheit nur *beschreiben* oder kann sie Vergangenheit auch *erklären*? (Vgl. Schurz 2011, S. 235 f.) Kann sie, verglichen mit und gemessen an anderen Wissenschaften und deren methodischen Ansprüchen, mit ihrer quellenkritisch-genetisch-diskursiven Methode überhaupt eine Wissenschaft sein, wenn sie nicht zumindest ihrem Anspruch nach auch in der Lage ist, etwas zu erklären? Wie verhält sich die Geschichte als „verstehende" Wissenschaft zu der Tatsache, dass sie als Historiographie ein literarisches Genre ist und bleibt? Diese großen Fragen der Geschichtswissenschaft schwingen unweigerlich mit, wenn von Kulturgeschichte die Rede ist. Sie bedürfen daher immer wieder der geschichtstheoretischen Reflektion, wenn dieser Begriff verwendet wird.

Bei der Kulturgeschichte der Technik und der Technikgeschichte geht es also um den Menschen im Verhältnis zu Geschichte, Kultur und Technik. Die Kulturgeschichte der Technik kann u. a. als exemplarische historische Anthropologie beschrieben werden. (Vgl. van Dülmen 2001; Tanner 2004) Die wesentliche Grundannahme dabei ist, dass sich diese Beziehung verstehen lässt, dass sie sich uns anhand von Quellen aus der Vergangenheit erschließt und Sinn vermittelt, wenn wir methodisch korrekt mit der Überlieferung umgehen. (Vgl. Rüsen I-III, 1983–1989) Hier taucht nun das auf, was in der Philosophie Kategorienproblem genannt wird: Ist Technikgeschichte eine Kategorie der Kulturgeschichte im Sinne eines Verhältnisses von Unter- und Überordnung? Dies lässt sich nicht allgemeinverbindlich, sondern nur in Abhängigkeit von der jeweiligen historischen Fragestellung an Technik im Kontext einer zu rekonstruierenden und zu verstehenden Vergangenheit beantworten. Ein Artefakt als Quelle kann ebenso wie eine Textquelle über Technik in allgemeiner kulturhistorischer und in spezieller technikgeschichtlicher Weise befragt werden, zum Beispiel dahingehend:

- Was sagt das Artefakt über die Menschen, die in ihrem Alltag mit ihm umgehen?
- Was sagt es über das professionelle Wissen, das in ihm steckt, z. B. über die Ingenieure, die es entwickelt, die Schulen und Hochschulen, die sie besucht haben?
- Welche Vorstellungen löst ein bestimmtes Artefakt bei den Konsumenten und Nutzern aus?
- Wie begleitet das Artefakt den Nutzer durch seine Biographie?
- Was wird aus einem Artefakt, das vorübergehend oder dauerhaft nicht mehr genutzt wird?
- Was bedeutet es, wenn Artefakte wie z. B. Schienenfahrzeuge, die als teure staatliche Investitionsgüter auf eine lange Nutzungsdauer angelegt sein sollten, aufgrund bestimmter Leitbilder eines aggressiven neoliberalen Turbo-Kapitalismus als schnell abschreib- und austauschbare Posten gesehen und unter einem globalen Kostenoptimierungsdruck produziert werden?

Problematisch wird es, wenn diese Fragen nicht quellengestützt pragmatisch, sondern ideologisch oder hochtheoretisch beantwortet werden, wobei implizit oder explizit einer kulturhistorischen Perspektive eine größere Wertigkeit und Aussagekraft zugeschrieben wird als einer technikhistorischen. Dies geht in der Wissenschaftsgeschichte mit der vorübergehenden Bevorzugung bestimmter theoretischer Leitbilder wie der Social construction of technology (SCOT) oder der Akteur-Netzwerk-Theorie (ANT) oder von größeren Turns einher, den methodischen und theoretischen Moden auch in den deutenden Geistes- und Sozialwissenschaften. (Tschopp/Weber 2007, S. 84-122) Modetheorien und ihre Sprachspiele sind vielleicht für die Zitiervorzeigereichweite eines hohen Theoriestandards, weniger für die konkrete historische Arbeit an Quellen von Bedeutung. Im schlimmsten Fall treten sie sogar weitgehend oder ganz an deren Stelle oder werden auf Stichworte reduziert, die sich so verselbständigen wie der allgegenwärtige und mittlerweile weitgehend aussagelose Innovationsbegriff in Technologiedebatten. (Vgl. Hausstein/Grunwald 2015) In historischen Zusammenhängen geht es dann nicht mehr darum zu klären, was ein Artefakt als Quelle über den Menschen einer vergangenen Epoche oder über das in Artefaktform gebrachte Wissen und Können einer Zeit aussagt, sondern darum, welche systematischen theoretischen Implikationen mit dieser Frage zusammenhängen. Die historische Schule der *Annales* hat ihre Pionier- und Grundlagenstudien aus neuen und neubewerteten bekannten Quellen entwickelt, wobei die Theorie ein dienendes Hilfsmittel blieb. (Burke 1991) Noch fehlt in der Kulturgeschichte der Technik ein solches Fundamentalwerk wie die von Philippe Ariès und Georges Duby 1985–1987 herausgegebene „Geschichte des privaten Lebens", das sämtliche Epochen europäischer Geschichte von der Antike bis zur Gegenwart behandelt (Ariès/Duby 1-5 1985–87)

Allerdings sind durch Wertung aufgeladene Kategorienprobleme keine Besonderheit der Technikgeschichte. Sie treten in allen „Bindestrich-Geschichten" wie der Politik-, Kirchen-, Rechts-, Wissenschafts- und Medizingeschichte immer wieder auf. Dies sogar umso ausgeprägter, je älter ein in historischer Perspektive untersuchtes Fach ist. Die universitären „Erzdisziplinen" der Theologie, Rechtswissenschaft und Medizin sind es gewohnt, ihre eigene Fachgeschichte in systematischer, wenn auch nicht unbedingt historischer Weise selbst zu thematisieren, auch wenn das von sich als Historikern verstehenden Fachvertretern immer wieder heftig kritisiert wird. (Vgl. Greschat 2005) Der daraus leicht entstehende Konflikt mit der Geschichtswissenschaft, im Fall Greschats der zwischen evangelischer Theologie und Geschichte in der Kirchengeschichte, ist strukturidentisch mit dem zwischen Ingenieuren und Historikern um die Deutungshoheit in der Geschichtswissenschaft in den 1960er Jahren.

Im Begriff Kulturgeschichte der Technik wird die anthropologische Dimension des allgemeinen Verhältnisses von Mensch, Geschichte und Kultur als Technik stärker akzentuiert als in dem Begriff Technikgeschichte. Das schließt anthropologische Sichtweisen in der Technikgeschichte allerdings keineswegs aus. Gerade in den letzten Jahren hat sich diese intensiv auch dort mit der Mensch-Technik-Beziehung beschäftigt, wo sie sich nicht oder nicht in erster Linie als Kulturgeschichte der Technik, sondern z. B. artefaktgeschichtlich versteht. (Vgl. Poplawski 2016) Technik die kulturgeschichtliche Relevanz abzusprechen, ist ignorant. Technik- und Kulturgeschichte gleichzusetzen, geht an wichtigen anderen Bedeutungsebenen vorbei. Beispielsweise ist die Geschichte der Atomenergie in der Bundesrepublik u. a. Politik-, Wirtschafts-, Technik-, Umwelt- Kultur- und insbesondere Protestgeschichte. (vgl. Gassert 2018, S. 146-158; Gleitsmann/Oetzel 2012)

- Die anthropologische Sicht auf die Interaktion und Interdependenz von Mensch und technischer bzw. technikabhängiger, in Ropohls Sinn „technotopischer" Kultur und der im engeren Sinn technikgeschichtliche Blick auf die Kultur, z. B. der Artefakte und ihrer Systeme, haben viele Themen gemeinsam, bei denen beide Sichtweisen sich erkenntnisleitend ergänzen und sich wechselseitig zu neuen Einsichten verhelfen können. Beispiele hierfür wären u. a.:
- die Geschichte des technikabhängigen Alltags seit der massenindustriellen Hochmoderne;
- die Geschichte der Massenkonsumgesellschaft in der zweiten Hälfte des 20. Jahrhunderts, die angesichts erkennbar werdender Folgen und Grenzen des Wachstums die humanen Lebensgrundlagen schnell aufzehrt;
- die Geschichte der Aufbewahrung von technischem Wissen in Nutzerkulturen der Erhaltung und Weitergabe von Dingen; sowie
- schließlich auch die immer wieder relevante Geschichte der Faszination für den Umgang mit Technik und die Konstruktion technischer Sinn-Maschinen durch die

Nutzer, die einen mächtigen individuellen und kollektiven kulturellen Prägefaktor darstellen. (Kunze 2020b, S. 111-136)

4.3.6.2 Blickrichtungen und Themenfelder der Kulturgeschichte der Technik seit den 2000er Jahren

Eine Einführung in eine Thematik ist keine Enzyklopädie. Statt empirischer Vollständigkeit bietet sie Orientierung für das selbständige Weiterarbeiten und Vertiefen. Die folgenden fünf Problemfelder sind weit davon entfernt, alles zu umschließen, womit sich die Kulturgeschichte der Technik etwa seit dem Jahr 2000 beschäftigt hat. Einen aktuellen, dem Umfang nach aber nicht mehr zu bewältigenden Überblick gibt die Eingabe des Suchstichworts „Technikgeschichte" im Suchfeld von HSozKult, die am 18. November 2021 1.313 Einträge ergab. (https://www.hsozkult.de/) Der Book Channel des amerikanischen Vorbilds für HSozKult, H-Net, ergibt am gleichen Tag für die Suchbegriffe „history culture technology" 18.821 Treffer. (https://networks.h-net.org/) Auf die Studierenden der Geschichtswissenschaft bzw. der Technikgeschichte wirkt dieses Informationsangebot umso erdrückender, wenn sie von Studienbeginn an dazu angehalten werden, sich nicht nur mit der deutschsprachigen Fachwissenschaft zu beschäftigen. Es ist wichtig, u. a. die führende britische Zeitschrift „History of Technology" oder ihr amerikanisches Pendent „Technology and Cultur" zu kennen, aber auch u. a. mit der deutschen Zeitschrift „Technikgeschichte" oder dem Nachrichtenblatt der Deutschen Gesellschaft für Geschichte der Medizin, Naturwissenschaft und Technik zu arbeiten.

Orientierung ist begründende aber damit auch strittige Auswahl. Sie zu verweigern und stattdessen die Fragwürdigkeit der Auswahlkriterien kritisch zu thematisieren oder an ihre Stelle einen bunten Strauß von Diversität zu setzen, ist kein Ersatz für die Orientierungsdienstleistung. Über die Auswahl und ihre Begründung kann und muss man streiten. Aber nicht über die Orientierungsfunktion der Geschichtswissenschaft in allen ihren Disziplinen. Dazu gehört auch darauf hinzuweisen, dass inhaltliche und methodische innerwissenschaftliche Kontroversen und solche, die sich aus öffentlichen Interventionen *im politischen Raum* ergeben, der Regel-, nicht etwa der Ausnahmefall in jeder Wissenschaftskultur sein sollten. (Vgl. Kunze 2020, S. 161-171) In ihrer Streitbarkeit konkretisiert sich die Freiheit der Wissenschaft, nicht in der Selbstreferentialität oder im Adressieren von Meinungsblasen des Erwarteten, Erwünschten oder Akzeptanzfähigen. (Vgl. Gadamer 1967, S. 87-105) Im Konflikt entwickelt sich ein Fach weiter und positioniert sich in der Öffentlichkeit, weil es seine Gründe offenlegen und verteidigen muss. Wissenschaft ist strukturell politisch, weil sie das Verhältnis von Individuum und Gemeinwesen, von Subjektivem und Objektivem, behandelt. (Wolfrum/Arendes 2007, S. 13-28) Die (Rück-)Entwicklung hin zu einem offenen oder verdeckten wissenschaftlichen Positivismus, der sich als alternativloser objektiver Gegensatz zur subjektiven gesellschaftlich-politischen Öffentlichkeit und ihrem Streit der Meinungen versteht, spricht für ein problematisches Demokratieverständnis. Abgesehen davon, sollte eigentlich seit dem Club of Rome-Bericht über die „Limits to growth" im Jahr 1972 und spätestens seit der Gefährdung der globalen Demokratie seit 2015 keine Option mehr sein. (Resolution Historikertag 2018) Tatsächlich hat sich gerade die Kulturgeschichte der Technik bis vor Kurzem sehr weitgehend entpolitisiert und subjektiviert. Selbstverständlich gibt es Ausnahmen. Dazu gehört prominent das Magazin des Deutschen Museums München „Kultur und Technik", das schon aufgrund seines museologischen Bezugs stärker innerweltlich ausgerichtet ist als manche theorielastigen und quellenfernen Grand designs des Kulturalismus. (Homepage siehe unten)

Versucht man zusammenzufassen, was die ausgewählten fünf Referenzfelder der Forschung in der Kulturgeschichte der Technik der letzten zwanzig Jahre miteinander verbindet, dann ist es ihr Interesse für die Stellung des Subjekts in der Geschichte und die Konstruktion seiner Identitäten. Nun kann die gesamte Wissenschaftsgeschichte der Geschichtswissenschaft seit Anfang der 1980er Jahre, als Hinwendung zum Subjektiven als Teil des *cultural turn* gelesen werden. (Tschopp/Weber, S. 72-82) Für die deutschsprachige Geschichtswissenschaft war diese Wende umso bedeutsamer, weil sie später als im englischsprachigen Raum erfolgte, dafür aber zu einer umso härteren Auseinandersetzung mit der theoretisch makro-orientierten Bielefelder historischen Sozialwissenschaft führte, die bis 1995 von dem politischen Neuzeithistoriker Hans-Ulrich Wehler (1931–2014) verkörpert wurde. (Wehler 1987, S. 6-31) Wehler hatte seit den 1980er Jahren die neue Kulturgeschichte aggressiv bekämpft und in der Auseinandersetzung mit der Rezeption der französischen Mentalitätsgeschichte und der historischen Anthropologie geradezu als persönliche Kampfansage an das von ihm bevorzugte Konzept einer faktoralen Modernisierungs- und Gesellschaftsgeschichte gesehen. (Wehler 1995, S. 13-123, und 1998) Für Wehler verdunkelte eine (de)konstruktivistische Thematisierung aller subjektiven Wahrnehmung von Geschichte die zentrale Relevanz der für ihn geschichtsbestimmenden objektiven sozio-ökonomischen und politischen Determinanten aller politischen Prozesse. Den Postmodernismus sah er als „Algenpest" der Geisteswissenschaften. (Wehler 2001, S. 104) Anders als vor allem die französische Sozialgeschichte der *Annales* war Wehlers Gesellschaftsgeschichte unmittelbar und bekennend politisch. (Wehler 2001, S. 41-60, 87-104) Was im Kontext der westdeutschen Nachkriegsgeschichte angesichts einer lange vorherrschenden nicht nur fachlich und politisch neohistoristisch-konservativen, sondern mit tiefen, erst seit dem Frankfurter Historikertag 1998 wirklich aufgearbeiteten NS-Verstrickungen belasteten Geschichtswissenschaft (vgl. Deutsche Historiker im Nationalsozialismus 1999) als emanzipatorisches Projekt verständlich sein mag, isolierte die deutsche Sozialgeschichte von dem, was in den englischsprachigen Ländern und in Westeuropa unter sozial-, alltags- und mentalitätsgeschichtlicher sowie historisch-anthropologischer Forschung schon seit den 1970er Jahren verstanden wurde. (Perspektiven der Gesellschaftsgeschichte 2000)

Das Subjekt in der Geschichte ist allerdings nicht nur der Gegensatz zu bestimmten Konstruktionen von Objektivität. (Vgl. Ritter 1961, S. 11-25) Subjekte eignen sich die Welt in Form von Vorstellungen und Handlungen an. Sie greifen auf Ideen zurück und entwickeln neue. Sie tun dies in Lebensräumen, die sie vorfinden und selbst gestalten.

Sie haben ein eigenes Verständnis von Zeit und Relevanz. (Vgl. Gadamer/Vogler 1972; Angehrn/Jüttemann 2018, S. 7-51) Schon der traditionelle Neuzeit- und Politikhistoriker Theodor Schieder (1908–1984) hat diese im Kern anthropologische Perspektive seiner Einführung „Geschichte als Wissenschaft" von 1965 zugrunde gelegt. (Schieder 1965) Der Gegenstand der Geschichtswissenschaft ist nicht einfach nur objektiv durch Überreste und Tradition oder die Legitimationsbedürfnisse der jeweiligen Gegenwart gegeben. Er entsteht vielmehr durch die subjektiven Fragestellungen an die Geschichte. (Vgl. Rüsen 1997, S. 17-47) Diese finden in einem spezifischen Raum statt und werden von spezifisch geprägten Menschen gestellt. Gestalt gewinnen diese Fragen in bestimmten Darstellungsformen der Historiographie, in der das subjektive Interesse objektiv werden kann. (Schieder 1965, S. 9-13) Dieser Prozess läuft immer wieder ab, weshalb historische Erkenntnis auch als Prozess beschrieben werden muss.

In diesem Kapitel unserer Publikation ist bewusst von ausgewählten, exemplarisch vorgestellten Blickrichtungen in der Kulturgeschichte der Technik die Rede, nicht von *Turns.* Während Performanz, materielle Kultur und Globalität, bedingt auch Wissen, zugleich allgemein- und kulturgeschichtliche Turns darstellten und zum Teil noch immer darstellen, gilt das für die Hinwendung zum Nutzer und zur Nutzerin nicht. Die Kulturgeschichte der Technik ist einerseits Teil und Ausdruck der Gesamtentwicklung der Geschichtswissenschaft, also auch des *subjective turn.* Aber sie kennt auch eigene Blickrichtungen in Form von Relevanzen und Themen. In der Artefaktgeschichte und ihrem konkreten Anwendungsfeld, der musealen und medialen Repräsentation als „Spurensuche der materiellen Kultur", (A. Ludwig 2019) muss das Verhältnis der subjektiven Nutzung objektiver Dinge nicht nur historiographisch dargestellt, sondern konzeptionell begründet und historisch kontextualisiert anschaulich gemacht werden. Das Produkt technikkulturgeschichtlicher Arbeit ist nicht nur ein Aufsatz oder ein Buch, sondern auch eine Ausstellung oder Internetdokumentation (vgl. Tagungsbericht HSozKult 2021), aber auch die historische Dokumentation von Bau- und technischen Kulturdenkmälern für den Denkmalschutz. Dies zu berücksichtigen ist schon deshalb wichtig, weil hier ein praktisches Arbeits-, wenn auch selten genug: Hauptberufsfeld für Technikhistorikerinnen und Technikhistoriker liegt.

Die folgenden Beispiele wollen an typischen Beispielen die Eigenarten einer bestimmten Argumentationsrichtung vorstellen, nicht diese erschöpfend bilanzieren. Auch bei der Theorie- und Wissenschaftsgeschichte musste ausgewählt werden. Das Kriterium dafür war, die selbständige, lesende und forschende Beschäftigung mit einem Thema dadurch zu erleichtern, dass zusammengefasst wird, worum es dabei geht. Andere Autoren werden möglicherweise anderes relevant finden. Dies aber macht gerade die Offenheit und den Reiz von Wissenschaft aus. Lange Zeit, bis in die 1970er Jahre, behandelte die Technikgeschichte die Nutzer von Technik weitgehend so wie die Militärstatistik die Soldaten. Sie kamen zweimal vor: als Mobilisierte und Gefallene. Das an Invention, Innovation, Produktion und Diffusion interessierte, eng mit der makro-ökonomischen Sicht verwandte Verständnis von Technikgeschichte, dominierend z. B. noch in dem innovativen interepochalen Handbuch „Propyläen-

Technikgeschichte", (Propyläen Technikgeschichte 1990–92) billigte der personalisierten Nutzung von Technik in der industriellen Moderne immerhin bei der Produktion durch die Bereitstellung von Arbeitskraft und bei der Diffusion durch den Akt den Kaufens und Verbrauchens soziale Rollen zu. (Propyläen Technikgeschichte 1990–92) Als handelnde, entscheidende, auswählende und auf Technik Einfluss nehmende Subjekte kamen Nutzerin und Nutzer nur am Rande vor. Sigfried Giedions heute als Initialzündung der Kulturgeschichte der Technik anerkannte Pionierstudie „Mechanization takes command", im englischen Original 1948, in deutscher Übersetzung unter dem Titel „Die Herrschaft der Mechanisierung" erst 1982 erschienen, blieb die große, lange verkannte Ausnahme einer Hinwendung zur Frage, was Technik mit dem Menschen und was der Mensch mit Technik macht. (Siehe Kap. 2.3.1.4 Sigfried Giedion) Die kulturgeschichtliche Wendung der Technikgeschichte war eine von den Objektivitäten der Technik hin zum Subjekt des Umgangs mit Technik in allen Lebenslagen. Und zum ersten Mal fiel auf, was es bedeutet, dass diese Subjekte ganz unterschiedliche Blicke auf die Technik haben können.

Die Amerikanerin Ruth Cowan Schwartz, Jahrgang 1941, hat mit ihrer Studie „More work for mother: The ironies of household technology from the open hearth to the microwave" (Schwartz 1983) aus dem Jahr 1983 zusammen mit Benedict Andersons Studie über die Erfindung der Nation mit dem Titel „Imagined communites" (Anderson 1983) eines der beiden Bücher vorgelegt, die heute als Inbegriff der kulturgeschichtlichen Wende anerkannt werden. Cowan Schwartz räumt in ihrer Arbeit mit dem optimistischen männlichen Narrativ auf, die Elektrifizierung und apparative Aufrüstung der amerikanischen Haushalte habe seit den 1920er Jahren zu einer Entlastung amerikanischer Frauen bei der Haushaltsführung geführt. Vielmehr kann sie zeigen, in welchem Ausmaß das Gegenteil der Fall war. „Muttis kleine Helfer", von denen Arne Andersen in seiner deutschen Alltags- und Konsumgeschichte spricht, (Andersen 1999, S. 90-125) ermöglichten vielmehr zunächst den amerikanischen Frauen im Haushalt die Wahrnehmung von mehr und anderer Arbeit, an die vorher gar nicht zu denken gewesen war. Zugleich wuchs die Konsumabhängigkeit sowohl auf der Ebene des elektrischen Geräteparks wie auch die Konsumverbrauchsgüter drastisch auf Kosten der Selbstbestimmung über die eigene Biographie drastisch an.

Das Phänomen globalisierte sich in der zweiten Hälfte des 20. Jahrhunderts mit der technikgestützten Konsumgesellschaft und erreichte verspätet seit Vorläufern in den 1920ern schließlich in den 1950er Jahren auch die Gesellschaft der Bundesrepublik. Der legendäre Loriot-Fernsehsketch von Radio Bremen aus dem Jahr 1978 mit dem Haustür-Vertreter für das Staubsauger-Haartrockner-Kombigerät der fiktiven Marke „Heinzelmann" nimmt sogar die These von Cowan Schwarz fünf Jahre später auf ironische Weise vorweg: „Es saugt und bläst der Heinzelmann, wo Mutti sonst nur saugen kann". Und prompt bekommt „Mutti" Hoppenstedt zu Weihnachten einen „Heinzelmann", „Vati" viele Krawatten, Opa Hoppenstedt einen eigenen Plattenspieler für seine Platten mit Militärmärschen und Kind „Dickie" das Set „Wir bauen ein Atomkraftwerk" geschenkt. „Weihnachten bei Hoppenstedts" ist eine weitgehende

Struktur- und Kulturkritik der westdeutschen Konsumgesellschaft Ende der 1970er Jahre, die vor allem die Bedeutung verschiedener Konsumrollen sichtbar macht.

Wichtige Impulse für die Entdeckung des Konsumenten kamen seit den 1980er Jahren auch aus den Museen, die sich mit der repräsentativen Ausstellung von Technik, Alltag und Sozialgeschichte befassen. (Siehe Kapitel 6: Zwischen Inszenierung und Zeitgeist. Technikmuseen: Ihre Konzepte und Typen) Der gesellschaftlich-kulturelle sowie der Generationenwandel brachten hier in der museologischen Konzeption eine Hinwendung zur Interaktion mit Technik in verschiedenen technotopischen Lebensräumen, sowohl beruflichen wie privaten, in denen die moderne Verbindung von Mensch und Technik besonders eng ist. Das betraf von allem die Themen Arbeitswelten, Wohnen, Familie, Gesundheit, Ernährung und Mobilität – durchweg klassische Gegenstandsbereiche der modernen Technikgeschichte und einer marxistisch aufgeklärten Sozial- und Mentalitätsgeschichte in Westeuropa, insbesondere in Frankreich. (Vgl. Burke 1991, S. 69-95) In der deutschen, bis in die 2000er Jahre politisch stark zwischen politischen Lagern gespaltenen Geschichtswissenschaft blieb dieser auf den Nenner der Alltagsgeschichte zu bringende Trend nicht unwidersprochen. Vor allem Hans-Ulrich Wehler als Wortführer der „theoriegeleiteten" politischen Bielefelder Sozialgeschichte polemisierte in den 1980er Jahren gegen ein von ihm im Unterschied zu seinem Verständnis von historischer Sozialwissenschaft als strukturkonservativ und geschichtstümelnd empfundenes Populärinteresse an einer subjektiven Wohlfühlvergangenheit, das letztlich von der deutschen Verantwortung für den Holocaust ablenke. (Vgl. Große Kracht 2005, S. 92) Wehler konnte und wollte nicht akzeptieren, dass es neben dem ausdrücklich politischen Interesse an der Beschäftigung mit Geschichte auch noch andere Motive wie z. B. subjektive Faszination geben konnte, die nicht nur vorgeschoben waren, um regressive politische Absichten zu verbergen. Vor allem erkannte er nicht, welches Potential an Aufmerksamkeit und Gestaltungsmöglichkeiten die universitäre Geschichtswissenschaft aufgab, wenn sie dieses Tätigkeitsfeld weitgehend den Museen und den sowohl öffentlich-rechtlichen wie auch zunehmend kommerziellen privaten Medien überließ. Manche sozialgeschichtlichen Themen mit einem ausgeprägten technikgeschichtlichen Bezug wie das der Geschichte der Familie im 20. Jahrhundert wurden so vor allem ein von Fernsehformaten beherrschtes Feld, hier insbesondere des ZDF unter dem konservativen Historiker-Journalisten Guido Knopp. Zeitzeugen, die diese zur besten Sendezeit ausgestrahlten Sendungen sahen, wandten sich, um mehr zu erfahren, konsequenterweise lieber an die Museen oder die öffentlich-rechtlichen Rundfunkanstalten als an die sie weitgehend ignorierende universitäre Zeitgeschichte. (Vgl. Kunze 2018, S. 21-25)

In den 1980er Jahren vertrat die westdeutsche Technikgeschichte, aus der sowohl das Handbuch-Projekt der „Propyläen-Technikgeschichte", wie auch dasjenige der Georg Agricola Gesellschaft „Technik und Kultur" Anfang der 1990er Jahre hervorging, eine thematisch und methodisch andere Diversität als sie in der politischen und allgemeinen Geschichte anzutreffen war. Während das vorherrschende interpretative Leitbild der deutschen politischen Geschichte nach wie vor und erst recht nach

1990 wieder der politische Raum des Nationalstaats und die Erfindung einer auf die Wiedervereinigung zulaufenden nationalgeschichtlichen deutschen Kontinuität war, (vgl. Schulze 1996, S. 261-266) begann die wirtschafts- und sozialhistorisch konturierte Technikgeschichte zunehmend damit, die Dimension der Alltagsgeschichte und die der Geschichte der Arbeit aufzugreifen. Durch diesen Ansatz standen nun Techniknutzer im Mittelpunkt, ohne dass deswegen makrotechnikgeschichtliche Fragen von Produktion und Diffusion oder funktionalitätsgeschichtliche Details in den Hintergrund traten. Im Gegenteil, diese werden auf neue Weise integriert. Als Beispiel aus der Mobilitätsgeschichte kann hier die 2002 erschienene „Geschichte des Autos" des Karlsruher Technikhistorikers Kurt Möser dienen. (Möser 2002) Sie repräsentiert die kulturgeschichtliche Wende aus der Nutzerperspektive auf konkrete Weise, indem sie nicht nur eine Geschichte des Autos, sondern vor allem eine des Autofahrens und derjenigen ist, die aktiv und passiv am Autofahren in einer zunehmend automobilen Gesellschaft beteiligt sind.

Die Polarisierung der Bewertung von Technik zwischen einer Fixierung auf scheinbar objektive rationale Gegebenheiten von Innovation, Produktion, Marktdiffusion und Umweltfolgen einerseits, subjektive, aber irrelevante Auffassungen andererseits ist alles andere als neu. Bereits in der traditionellen ingenieurstechnischen Sicht stellt der inkompetente Nutzer eher ein in Kauf zu nehmendes Problem für Fortschritt durch Technik dar, obwohl gerade das Auto-Marketing den subjektiven, unvernünftigen Auto-Nutzer mit seinen Bedürfnissen z. B. nach Spoilern oder Heckflossen (vgl. Schmidt 2013, S. 177-196) schon früh entdeckt hat. (Vgl. Möser 1999a, S. 219-236) Auch beim Thema der Verkehrssicherheit kollidieren seit der Frühgeschichte des Automobils immer wieder systemisch-objektivistische und individuell-subjektive Sichtweisen. (Vgl. Möser 1999b, S. 159-168) Wer im Automobil in erster Linie ein mehr oder weniger zweckrationales Transportmittel zu sehen versucht, wird sich für die dunklen Seiten seiner Geschichte, die Bezüge zu Gewalt und Krieg, Grenzerfahrung und Abenteuer, kaum interessieren können. (Vgl. Möser 2003, S. 238-258) Auch in der mechanistischen marxistischen Lehrbuchargumentation spielen Subjektsichten traditionell keine prominente Rolle. Sie sind ideologischer Überbau zu harten materialistischen Fakten und Strukturen im Subjekt-Objekt-Verhältnis. (Vgl. Fiedler 1987, S. 164 f.) Die unvernünftige Geschichte von Spoiler und Heckflosse ist so nur zum Teil zu erklären. Gleichwohl gibt es sie.

Der Nutzer bleibt ebenso eine Herausforderung der Technikgeschichte wie das Subjekt in der Geschichte. Die Geschichtswissenschaft kann sich ihre Subjekte nicht aussuchen, sie findet sie vor. Das ist mittlerweile auch auf der Ebene von Überblicksdarstellungen angekommen, die eine Geschichte Europas als die von „consumers, tinkerers, rebels" erzählen. (Vgl. Oldenziel/Hård 2013) Die performative, auf das Handeln gerichtete Perspektive der Technikgeschichtsschreibung kann man als Teil der subjektiven Wende hin zum Nutzer von Technik verstehen. Die Handlungsorientierung fragt konkret nach den Formen der Interaktion und Interdependenz von Mensch und Technik. Manche Aspekte scheinen hier schon deshalb eine eigenständige Behandlung zu rechtfertigen, weil es dabei um eigene, besondere Fragen und Quellenbestände geht, wie aus einem Aufsatztitel der Technikhistorikerin Heike Weber aus dem Jahr 2009 hervorgeht: „Stecken, Drehen, Drücken: Interfaces von Alltagstechniken und ihre Bediengesten". (Weber 2009, S. 233-254) „Bediengesten" sind ganz wörtlich zu verstehen: „es wird aufgezeigt, wie sich eine Geschichte der Interfaces Technikgeschichte mit Designgeschichte sowie mit einer auf Sinneseindrücke und Gesten blickenden Körpergeschichte verbinden kann. Beispiele liefert insbesondere die händische *Mani*pulation von Haushalts- und Mediengeräten (Radio, Waschmaschine, Medien-Handhelds). Im Vordergrund der Darstellung steht die Drucktaste, die zum dominanten Eingabe-Interface und damit auch zum Signum des elektrischen und dann des automatischen Zeitalters wurde." (Ebd., S. 233)

Die Wiener Technikhistorikerin und Leiterin des Sammlungsbereichs Verkehr am Technischen Museum Wien, Anne-Kathrin Ebert, hat 2010 eine vergleichende Studie über die Stile des Radfahrens in den Niederlanden und in Deutschland vorgelegt. (Ebert 2010) Die Performanz des Radfahrens dient ihr als Ausgangspunkt für einen kulturgeschichtlichen niederländisch-deutschen Vergleich, wie Radfahrerinnen und Radfahrer ihr Artefakt nutzen. (Vgl. Ebert 2010, Internetdossier „Das Fahrrad und die Niederlande", unten) Hier wird der Schritt von einer individuellen zu einer kollektiven Performanzgeschichte vollzogen, die sogar Rückwirkungen auf die Artefaktgeschichte selbst hat. (Weber 2009, S. 211-231)

2009 erschien die Habilitationsschrift „Fahren und Fliegen in Frieden und Krieg. Kulturen individueller Mobilitätsmaschinen 1880–1930" des bereits erwähnten Technikhistorikers Kurt Mösers. (Möser 2009c) In dieser bislang größten vergleichend performanzgeschichtlichen Arbeit geht dieser der Frage nach, wie die Nutzerkompetenzen des Fahrens und des Fliegens in der Figurations- und Etablierungsphase der modernen Mobilitätsgesellschaft entwickelt, trainiert und kombiniert wurde. Dies ergibt ein völlig neues Bild einer voraussetzungsreichen, auf friedlich und kriegerisch erworbenen Fertigkeiten beruhenden Mobilitätsgesellschaft. Eine solche performative Mobilitätsgeschichte bricht mit den disziplinären Gewohnheiten und Gewissheiten der populären, wie auch der traditionellen Automobil-, Eisenbahn-, Flugzeug und Schifffahrtsgeschichte schon deshalb, weil sie sich konsequent weigert, die innere Logik einer stark teleologisch orientierten Erfolgsgeschichte technischen Fortschritts von einfachen zu komplexen technischen Lösungen von der Erfindung des Rads bis zum Sportcoupé fortzuschreiben. Sie interessiert sich vielmehr für das oft anthropomorphe Verhältnis von Nutzer und Mobilitätsmaschine, das nicht selten ausgeprägt emotional ist. Mobilitätsgeschichte hat, wie Möser zeigt, auf der Ebene individueller Nutzung in der Regel wenig mit der einfachsten, bequemsten und effizientesten Art von Fortbewegung, aber viel mit Identität, Selbstbildern und sozialem Wandel zu tun. Gegenstandsbereich seiner Analyse sind die Technik und „der mobilitätstechnisch und mobilitätskulturell überarbeitete Mensch". (Möser 2009c, S. 26) Möser spricht hier von einer „Faszinationsgeschichte". (Möser 2009c, S. 25) Soziologisch gesprochen, trägt die soziale Distinktion realisierende Individualisierungsmöglichkeit von Mobilität maßgeblich zur Habitusentwicklung der modernen industriellen Mobilitätsgesellschaft des 20. Jahrhunderts bei, und zwar sowohl durch die Bereitstellung der sinnstiftenden Leitmythen als auch durch die Erzeugung von praktischen Bedienkompetenzen als Teil der kulturellen Grundausstattung in Industriegesellschaften. Mösers Bilanz der Mobilitätsgeschichte (vgl. Möser 2008, S. 38-78) betont die Notwendigkeit, sowohl die „Mobilitätslust" (Möser 2009c, S. 901) als auch die objektiven Makrofaktoren mobilitätsgeschichtlicher Phänomene in den Blick zu nehmen, möglichst im Blick auf den Akteur, der durch sein Handeln an beiden Ebenen teilhat: den Nutzer.

Die materielle Kultur gehört zu denjenigen Forschungsfeldern der Kulturgeschichte der Technik, die sich schon seit längerem besonders dynamisch entwickeln. In mehr als einer Hinsicht ist die *material culture* der Inbegriff der kulturalistischen Wende in der Technikgeschichte. Sie umfasst in epochaler Hinsicht den geschichtlichen Raum von der Steinzeit bis zur Gegenwart. Sie ist global und interessiert sich für materielle Überlieferung in allen Teilen der Welt, insbesondere für die *flows*, die Ströme, von Dingen rund um den Globus. (Vgl. Kunze 2017, S. 39) Es gibt von der Archäologie, Ethnologie, Philosophie, Psychologie, Kultur- und Sozialwissenschaft über die Technik- bis zur Diskursgeschichte des Wissens keine Methode, die nicht im Bereich der materiellen Kultur zur Anwendung kommen könnte. Die Geschichte der materiellen Kultur ist daher kein exklusiv historischer Forschungsgegenstand und kommt noch weniger ohne die Berücksichtigung von Erkenntnissen aus anderen Wissenschaften aus als das für die Technikgeschichte ohnehin schon immer galt.

Die Geschichte der materiellen Kultur beschäftigt sich mit allen Beziehungen des Menschen als homo faber mit den Dingen, die ihn umgeben, die er vorfindet, geschaffen oder bearbeitet hat und die eine Bedeutung für ihn haben. Insofern geht es nicht nur um die im engeren Sinn materielle Seite der Dinge, sondern insbesondere auch um alle Vorstellungen und Emotionen, die der Mensch mit den ihn umgebenden Dingen verbindet und die einen Teil seiner Identität ausmachen. (Vgl. Kunze 2021) Das Thema mit allen seinen Bezügen und Problemen ist so groß wie die Kulturgeschichte selbst und daher praktisch nicht mehr erschöpfend abzuhandeln. Nachfolgend geht es daher auch ausdrücklich nur um den Hinweis auf die technikgeschichtliche Relevanz des Felds und einige Beispiele aus der Forschung hierzu.

Erste Orientierung in der Themen- und Methodenvielfalt der materiellen Kultur bietet das „Handbuch Materielle Kultur", herausgegeben von Stefanie Samida, Manfred Eggert und Hans Peter Hahn. (Samida/Eggert/Hahn 2014) Ein Klassiker der Geschichte der materiellen Kultur ist ein 1986 erschienener Sammelband des indischen, an der New Yorker New School lehrenden Ethnologe Arjun Appadurai, dessen Titel bereits eine wichtige Fragerichtung in der Beschäftigung mit dem Materiellen vorgibt: „The social life of things". (Appadurai 1986) Die sozialen, kulturellen und mentalen Bedeutungen der Dinge sind der unerschöpfliche Gegenstand der Geschichte der materiellen Kultur auf individueller wie kollektiver Ebene sowie auch im Kulturvergleich. In ihrer Einleitung arbeiten Samida/Eggert/Hahn einige Grundkonstellationen bei der Untersuchung der materiellen Kultur heraus. Dazu gehören:

- das Phänomen, sich die Allgegenwart der Umgebung mit Dingen erst wieder bewusst machen zu müssen, da sie als selbstverständlich vorausgesetzt werden, was den Blick auf andere Epochen der materiellen Geschichte und auch auf andere Kulturen verzerrt; (ebd., S. 1 f.)
- der Kristallisationseffekt der Beschäftigung mit Materiellem bei der Konstituierung der modernen Wissenschaften im 19. Jahrhundert; (ebd., S. 3-6)
- die zwei mächtigen modernen und postmodernen Impulse der Frage nach der Identität sowie die Kritik der Konsumgesellschaft; (ebd., S. 6-8, 7)
- die kategorische Kritik an der sogenannten Akteur-Netzwerk-Theorie (ANT) des französischen Soziologen Bruno Latour. (vgl. Latour 2002; Samida/Hahn/Eggert, S. 8 f., 89-96) Die in den Kulturwissenschaften stark rezipierte ANT relativiert den sowohl philosophischen wie soziologischen und historischen Akteurs-Begriff zugunsten einer postulierten Verschmelzung von Subjekt-Objekt bei Mensch-Ding-Beziehungen so weit, dass man einer Totalcyborgisierung des Menschenbilds analog zur Abkehr vom Konzept des individuellen Personenwillens in der Neurologie sprechen kann. Der Mensch wird zu einer Funktionseinheit mit bestimmten Formen von Technik.

Der Aufbau des Handbuchs ist zugleich ein Beispiel für die hier vorgestellten Arbeitsweisen und Blickrichtungen innerhalb der Kulturgeschichte der Technik. Das Kapitel „Beziehungen und Bedeutungen" (ebd., S. 13-96) behandelt Relevanzen und Semantisierungen (Umschreibungen zur Bedeutungserfassung) wie u. a. den Zeichen-, Symbol-, Gender- und Herrschaftscharakter von Dingen, mit anderen Worten: verschiedene Ebenen von Kontextualität und ihre jeweilige Konstruktion in einer historischen Zeit. Ein Beispiel für die performative Wende bietet das Kapitel „Praktiken und Transformationen" (ebd., S. 97-155), in dem es u. a. um „Sammeln" (ebd., S. 109-117), „Tauschen und Geben" (ebd., S. 117-124) und „Wahrnehmen" (ebd., S. 140-148) geht.

Die Zeit- und Technikgeschichte des 20. Jahrhunderts kann im Bereich der Geschichte der Konsumgesellschaft besonders von den Ansätzen der materiellen Kultur profitieren. Die Konsumgeschichte von Wolfgang König aus dem Jahr 2000 ist dafür ein Beispiel. (König 2000) König untersucht u. a. „Bedürfnisse und Konsum" (ebd., S. 132-135), die „Technisierung des Konsums" (ebd., S. 136-164), die „Konsumierung der Technik" (ebd., S. 265-386) sowie „Konsumverstärker" (ebd., S. 387-421) in globaler Perspektive. Auch für die Politikgeschichte im engeren Sinn kann die Geschichte der materiellen Kultur wichtige Anregungen geben. Das zeigt Lizabeth Cohens Studie über die konsumfördernde Politik in den USA nach dem Zweiten Weltkrieg. (Cohen 2003)

Für die Studierenden der Technikgeschichte liegt die Bedeutung und Herausforderung der materiellen Kultur darin, sich mit großen Fragen sowie mit dem Verhältnis von langer und kurzer Dauer in der Geschichte intensiver und in globaler Perspektive zu befassen. Konkrete Studien zur materiellen Kultur haben oft einen lokalen und regionalen Bezug, der das Wissen um bestimmte Quellenbestände und Fragestellungen voraussetzt. Auch das ist für das Studium und vor allem für Abschlussarbeiten eine interessante Möglichkeit, selbst forschend tätig zu werden. Allerdings sollte nicht der oft in der Wissenschaftsgeschichte der Technikgeschichte zu beobachtende Fehler wiederholt werden, die Technikgeschichte allein in einer Geschichte der materiellen Kultur aufgehen zu lassen. Die Geschichte eines Atomkraftwerks lässt sich nicht oder ausschließlich als Teil der materiellen Kultur beschreiben.

Literatur

Arne Andersen, Der Traum vom guten Leben. Alltags- und Konsumgeschichte vom Wirtschaftswunder bis heute, Frankfurt am Main/New York 1999

Benedict Anderson, Die Erfindung der Nation. Zur Geschichte eines folgenreichen Konzepts, Berlin 1998 (zuerst u. d. T. Imagined communities, London 1983)

Emil Angehrn, Der Mensch in der Geschichte – Konstellationen historischer Identität, in: ders., Gerd Jüttemann, Identität und Geschichte, Göttingen 2018, S. 7-51

Arjun Appadurai (Ed.), The social life of things. Commodities in cultural perspective, Cambridge/UK 1986

Philippe Ariés, Georges Duby, Geschichte des privaten Lebens, 5 Bde., Frankfurt am Main 1989–1993 (zuerst unter dem Titel Histoire de la vie privée, Paris 1985–1987

Peter Burke, Offene Geschichte. Die Schule der ‚Annales', Berlin 1991 (zuerst u. d. T. The French Historical Revolution. The Annales School, 1929–89, Cambridge/UK 1990)

Ders., Was ist Kulturgeschichte?, Frankfurt am Main 2005 (zuerst u. d. T. What is cultural history?, Cambridge/UK 2004)

Edward Hallett Carr, What ist history (1961), London 1965

Lizabeth Cohen, A consumer's republic. The politics of mass consumption in postwar America, New York 2003

Christoph Conrad, Martina Kessel, Blickwechsel: Moderne, Kultur, Geschichte, in: Kultur & Geschichte. Neue Einblicke in eine alte Beziehung, hg. v. dens., Stuttgart 1998, S. 9-40

Ruth Cowan Schwartz, More Work for Mother: The Ironies of Household Technology from the Open Hearth to the Microwave, New York 1983

Deutsche Historiker im Nationalsozialismus, hg. v. Winfried Schulze, Otto Gerhard Oexle, Frankfurt am Main 1999

Richard van Dülmen, Historische Anthropologie, Köln u. a. ²2001

Anne-Kathrin Ebert, „Nationales Design? Auf der Suche nach dem ‚Holland-Rad', 1900–1940, in: Technikgeschichte 76 (2009), H. 3, S. 211-231

Dies., Radelnde Nationen. Die Geschichte des Fahrrads in Deutschland und den Niederlanden bis 1940, Frankfurt am Main/New York 2010

Hans-Georg Gadamer, Das Faktum der Wissenschaft (1967), in: ders., Das Erbe Europas. Beiträge, Frankfurt am Main 1989, S. 87-105

Philipp Gassert, Bewegte Gesellschaft. Deutsche Protestgeschichte seit 1945, Stuttgart 2018

Sigfried Giedion, Die Herrschaft der Mechanisierung, Frankfurt am Main 1982, engl. u. d. T. Mechanization takes command, Oxford/UK 1948)

Rolf-Jürgen Gleitsmann, Günther Oetzel, Fortschrittsfeinde im Atomzeitalter?, Diepholz/Berlin 2012

Martin Greschat, Kirchliche Zeitgeschichte. Versuch einer Orientierung, Leipzig 2005

Klaus Große Kracht, Die zankende Zunft. Historische Kontroversen in Deutschland nach 1945, Göttingen 2005

Handbuch Materielle Kultur. Bedeutungen, Konzepte, Disziplinen, hg. v. Stefanie Samida, Manfred K. H. Eggert, Hans Peter Hahn, Stuttgart 2014

John F. C. Harrison, The Common people. A history from the Norman conquest to the present, London 1984

Karin Hausen, Reinhard Rürup, Reinhard (Hg.), Moderne Technikgeschichte, Köln 1975

Martina Heßler, Kulturgeschichte der Technik, Frankfurt am Main/New York 2012

Wolfgang König, Geschichte der Konsumgesellschaft, Stuttgart 2000

Lothar Kolmer, Geschichtstheorien, Paderborn 2008

Rolf-Ulrich Kunze, Arsenal. Kompendium dinglicher Vorstellungen, Bonn 2021

Ders., Das Ende der Geschichte als Wissenschaft?, in: ders., Reflektionen zur Zeitgeschichte. Essays zu Subjekt und Methodik, Stuttgart 2020, S. 161-171

Ders., Die Dampflok in der deutschen Erinnerung: Zur Konstruktion einer Sonderform des industriekulturellen Gedächtnisses, in: Tel Aviver Jahrbuch für deutsche Geschichte 48 (2020): Made in Germany. Technologie, Geschichte, Kultur, hg. v. Shaul Katzir, Sagi Schaefer, Galili Shahar, S. 198-226

Ders., Faszinationsgeschichte: Subjekt und Technik, in: ders., Reflektionen zur Zeitgeschichte. Essays zu Subjekt und Methodik, Stuttgart 2020, S. 111-136)

Ders., Global History und Weltgeschichte. Quellen, Zusammenhänge, Perspektiven, Stuttgart 2017

Ders., Lehrbuch Familiengeschichte. Eine Ressource der Zeitgeschichte, Stuttgart 2018

Ders., Nationalismus: Illusionen und Realitäten. Eine kritische Bestandsaufnahme, Stuttgart 2019

Dieter Lenzen, Melancholie, Fiktion und Historizität. Historiographische Optionen im Rahmen einer Historischen Anthropologie, in: Gunter Gebauer u. a., Historische Anthropologie. Zum Problem der Humanwissenschaften heute oder Versuche einer Neubegründung, Reinbek 1989, S. 13-48

Andreas Ludwig, Zeitgeschichte der Dinge. Spurensuchen in der materiellen Kultur, Köln 2019

Conrad Matschoß, Die Technik in der Heutigen Geschichtswissenschaft, in: Technik und Wirtschaft 3 (1910), S. 296-300

Kurt Möser, Autodesigner und Autonutzer im Konflikt: Der Fall des Spoilers, in: Gert Schmidt (Hg.), Jahrbuch Technik und Gesellschaft, Frankfurt am Main 1999, S. 219-236 [1999a]

Ders., Automobil und Körper, in: Gert Schmitt u. a. (Hg.), Und es fährt und fährt ... Automobilindustrie und Automobilkultur am Beginn des 21. Jahrhunderts, Berlin 2005, S. 285-296

Ders., Die Geschichte des Autos, Frankfurt am Main/New York 2002

Ders., Fahren und Fliegen in Frieden und Krieg. Kulturen individueller Mobilitätsmaschinen 1880–1930, Ubstadt-Weiher 2009c (zugl. Habil.-Schr. Technikgeschichte Universität Karlsruhe (TH) 2008)

Ders., Prinzipielles zur Transportgeschichte, in: Rolf Peter Sieferle (Hg.), Transportgeschichte, Berlin 2008, S. 38-78

Ders., The dark side of early ‚automobilism', 1900–1930: Violence, war and the motor car, in: Journal of Transport History 24 (2003), H. 2, S. 238-258

Ders., Zwischen Systemopposition und Systemteilnahme: Sicherheit und Risiko im motorisierten Straßenverkehr 1890–1930, in: Harry Niemann, Armin Hermann (Hg.), Geschichte der Straßenverkehrssicherheit im Wechselspiel zwischen Fahrzeug, Fahrbahn und Mensch, Bielefeld 1999, S. 159-168 [1999b]

Thomas Nipperdey, Kann Geschichte objektiv sein? (1979), in: ders. ‚Nachdenken über die deutsche Geschichte. Essays, München 1990 (zuerst ebd. 1986), S. 264-283

Alfred Nordmann, Technikphilosophie zur Einführung, Hamburg 2008

Ruth Oldenziel, Mikail Hård, Consumers, tinkerers, rebels: The people who shaped Europe, Basingstoke 2013

Perspektiven der Gesellschaftsgeschichte, hg. v. Paul Nolte u. a., München 2000

Philosophische Anthropologie, Erster Teil und Zweiter Teil, hg. v. Hans-Georg Gadamer, Paul Vogler, Stuttgart 1975 (Neue Anthropologie, Bde. 6/7)

Martha Poplawski, Tagungsbericht. Technikgeschichtliche Jahrestagung des VDI 2016. „Objektgeschichte(n)" am 11. und 12. Februar in Bochum, in: Technikgeschichte 83 (2016) H. 2, S. 151-155

Propyläen Technikgeschichte, hg. v. Wolfgang König u. a., Bde. 1-5, Berlin 1990–92

Joachim Ritter Subjektivität und industrielle Gesellschaft. Zu Hegels Theorie der Subjektivität (1961), Frankfurt am Main 1974, S. 11-35

Günter Ropohl, Karl Marx und die Technik, in: Wolfgang König, Helmuth Schneider (Hg.), Die technikhistorische Forschung in Deutschland von 1800 bis zur Gegenwart, Kassel 2007, S. 63-82

Ulinka Rublack (Hg.), Die Neue Geschichte. Eine Einführung in 16 Kapiteln, Frankfurt am Main 2013 (zuerst u. d. T. A concise companion to history, Oxford/UK 2011)

Jörn Rüsen, Historische Vernunft. Grundzüge einer Historik I: Die Grundlagen der Geschichtswissenschaft, Göttingen 1983

Ders., Rekonstruktion der Vergangenheit. Grundzüge einer Historik II: Die Prinzipien der historischen Forschung, Göttingen 1986

Ders., Lebendige Geschichte. Grundzüge einer Historik III: Formen und Funktionen des historischen Wissens, Göttingen 1989

Ders., Was heißt: Sinn der Geschichte?, in: Klaus E. Müller, ders. (Hg.), Historische Sinnbildung. Problemstellungen, Zeitkonzepte, Wahrnehmungshorizonte, Darstellungsstrategien, Reinbek 1997, S. 17-47

Theodor Schieder, Geschichte als Wissenschaft. Eine Einführung, München/Wien 1965

Gert Schmidt, Exzesskonsum. Die Ekstase der Heckflosse, in: Eckart Liebau, Jörg Zirfas (Hg.), Lust, Rausch und Ekstase. Grenzgänge der ästhetischen Bildung, Bielefeld 2013, S. 177-196

Hagen Schulze, Kleine deutsche Geschichte, München 1996

Gerhard Schurz, Einführung in die Wissenschaftstheorie, Darmstadt [3]2011

Rolf Sonnemann, Das Konzept der Geschichte der Produktivkräfte in der DDR-Geschichtswissenschaft, in: Dresdner Beiträge zur Geschichte der Techniwissenschaften 24 (1996), S. 1-19

Sozialanthropologie, hg. v. Hans-Georg Gadamer, Paul Vogler, Stuttgart 1972 (Neue Anthropologie, Bd. 3)
Jakob Tanner, Historische Anthropologie. Zur Einführung, Hamburg 2004
Ulrich Troitzsch, Gabriele Wohlauf (Hg.), Technikgeschichte. Historische Beiträge und neueste Ansätze, Frankfurt am Main 1980
Silvia Serena Tschopp, Wolfgang E. J. Weber, Grundfragen der Kulturgeschichte, Darmstadt 2007
Heike Weber, Stecken, Drehen, Drücken: Interfaces von Alltagstechniken und ihre Bediengesten, in: Technikgeschichte 76 (2009), H. 3, S. 233-254
Hans-Ulrich Wehler, Deutsche Gesellschaftsgeschichte, Bd. I: 1700–1815, München 1987
Ders., Die Herausforderung der Kulturgeschichte, München 1998
Ders., Historisches Denken am Ende des 20. Jahrhunderts, Göttingen 200
Ders., Modernisierungstheorie und Gesellschaftsgeschichte, in: ders., Die Gegenwart als Geschichte. Essays, München 1995, S. 13-123
Edgar Wolfrum, Cord Arendes, Globale Geschichte des 20. Jahrhunderts, Stuttgart 2007
Ernst Wurl, Geschichtspolitik und Geschichtskultur in einem gespalten vereinten Land, in: UTOPIE kreativ, H. 134 (Dezember 2001), S. 1115-1125
Alexandra Hausstein, Armin Grunwald, Die Ausweitung des Innovationsdiskurses. Zur Genese, Semantik und gesellschaftlichen Funktion des Innovationsbegriffes, Karlsruhe 2015 (ITZ Discussion Papers, 1; https://www.itz.kit.edu/downloads/2015_Hausstein-Grunwald_Die-Ausweitung-des-Innovationsdiskurses_2.pdf) [10.02.2022]
https://de.wikipedia.org/wiki/Weihnachten_bei_Hoppenstedts [10.02.2022]
https://networks.h-net.org/ [10.02.2022]
https://www.carsoncenter.uni-muenchen.de/index.html [10.02.2022]
https://www.deutsches-museum.de/museum/kultur-und-technik [10.02.2022]
https://www.hsozkult.de/ [10.02.2022]
https://www.uni-muenster.de/NiederlandeNet/nl-wissen/freizeit/fahrrad/index.html [10.02.2022]
Resolution des Verbandes der Historiker und Historikerinnen Deutschlands zu gegenwärtigen Gefährdungen der Demokratie, verabschiedet von der Mitgliederversammlung am 27. Sept. 2018 in Münster: https://www.historikerverband.de/verband/stellungnahmen/resolution-zu-gegenwaertigen-gefaehrdungen-der-demokratie.html [10.02.2022]
Tagungsbericht: Das postkoloniale Museum, 13.06.2021–16.06.2021 digital (Hamburg), in: H-Soz-Kult, 21.10.2021, www.hsozkult.de/conferencereport/id/tagungsberichte-9092 [10.02.2022]

5 Technotopgeschichte. Ausgewählte Themenfelder der modernen Technikhistoriographie

In diesem Kapitel der Studie sollen wichtige Themenfelder der Technikgeschichtsschreibung vorgestellt werden, und zwar im Sinne von Technotopgeschichten. Dieser Blick auf frühere und aktuelle Forschungsfelder der Technikhistoriographie ist nicht frei von Subjektivität bei deren Auswahl. Allerdings bietet es sich an, zumindest einige der im historischen Rückblick bedeutsamen Forschungsfelder des Faches vorzustellen und themenbezogen aufzuarbeiten. Hierzu hat Martina Heßler in ihrer 2012 vorgelegten Publikation „Kulturgeschichte der Technik" einige Vorarbeit geleistet. (Heßler 2012) Sie konzentrierte sich hierbei u. a. insbesondere auf eine kurze Darstellung der Geschichte der industriellen Produktion, um die Technisierung des Haushalts, die Mobilität in der Moderne, die Geschichte der Kommunikation, oder auch die Verletzlichkeit technischer Kulturen infolge technischer Unfälle. (Vgl. ebd.)

Über Derartiges hinaus soll es im Folgenden hingegen auch um die Präsentation neuerer Forschungskomplexe gehen, die in der Technikgeschichtsschreibung bisher noch wenig Beachtung gefunden haben, von dieser zukünftig allerdings auf keinen Fall aus den Augen verloren werden sollten. Ein Beispiel hierfür wäre etwa die historische Dimension von Nachhaltigkeit (Gleitsmann 2013) oder der Diskurs um Technikzukünfte auf historischer Basis. (Dobroc/Rothenhäusler 2020; Gleitsmann 2019) Dass auch hierbei ein Blick zurück, also in historische Kontexte, der Technikhistoriographie neue Horizonte zu erschließen vermag, liegt auf der Hand. In diesem Sinne wurde das nachfolgende Kapitel der vorgelegten Studie konzipiert. Hinzu kommt, dass die nachfolgenden Technotopgeschichten auch mit dazu dienen werden, Periodisierungsmodelle der Technikgeschichte exemplarisch vorzustellen.

> „Periodisierungen gehören zu den allgemeinsten Konstrukten in der Geschichtswissenschaft. Historische Gesamtdarstellungen kommen ohne ihre zumindest implizite Verwendung nicht aus, indem sie immer Vorstellungen von Beschleunigungen und Retardationen im historischen Prozeß und von Charakteristika einer bestimmten Zeit enthalten. [...] Periodisierungen als Benennungen des Allgemeinen und des Wichtigen in der Geschichte leisten einen bedeutenden Beitrag für die Interpretation historischer Prozesse und der Geschichte überhaupt." (König 1990, S. 287)

König verweist allerdings darauf, dass bei den Technikhistorikern wenig Neigung bestünde, „den technikgeschichtlichen Gehalt einer Zeit begrifflich zu fassen „und sich die meisten Autoren stattdessen entweder an die Chronologie oder an „traditionelle Epochebezeichnungen der Politikgeschichte, der Kultur- oder der Wirtschaftsgeschichte" anlehnen würden. (Nach König 1990, S. 287) Die Technikgeschichte hat es versäumt, ein stringentes facheigenes Periodisierungsmodell vorzulegen, welches auf dem Kriterium Technik bzw. dem grundlegenden technischen Wandel basiert. „Besonders charakteristisch für die Weigerung der Technikhistoriker, dass eine Epoche kennzeichnende Allgemeine der technischen Entwicklung zu benennen, sind Formulierungen wie „Technik im Zeitalter der Antike" oder der Renaissance oder der Industriellen Revolution, eine Art Offenbarungseid der Technikhistoriker, mit dem sie die Technik als ihren Untersuchungsgegenstand gesichtslos lassen und ihn in eine ausdrucksvolle Zeit hineinstellen." (Ebd.) Hieraus folgert der Technikhistoriker Akoš Paulinyi:

> „Wenn es zutrifft, daß die Entwicklung der Technik ihre eigene Chronologie, ihre eigenen kritischen Phasen, d. h. ihre eigenen Zäsuren hat, [...] dann spricht dies dafür, daß wir bei der Periodisierung der Technikgeschichte vor allem technologische Kriterien berücksichtigen müßten. Es sollte uns nur recht sein, was anderen historischen Forschungen [...] billig ist." (Paulinyi, S. 301)

Dies darf allerdings nicht dazu führen, dass „jedwede" Technikentwicklung aus dem Blickwinkel des Zeitgeschehens heraus gleich zu einer technischen Revolution und zu einem neuen technologischen Zeitalter stilisiert wird. Ansonsten bestünde die Gefahr, dass in schneller Abfolge und sich zudem überschneidend dem Atomzeitalter das Zeitalter der Raumfahrt, der Automation, der Bio-, Computer- und Nanotechnologie gefolgt sei. Und angesichts des aktuellen öffentlichen Diskurses müsste wohl auch vom Zeitalter der regenerativen Energien gesprochen werden. Allein diese Aufzählung für den Zeitraum seit den 1950er Jahren sollte genügen, um ins Bewusstsein zu rufen, dass eine derartige Bewertung technischer Innovationen sehr leicht ins Mythische abgleiten kann und eher dem Zeitgeist denn der historischen Realität geschuldet ist. Wo zum Beispiel ist denn die Schöne Neue Welt der Atomeuphorie der 1950er und 1960er Jahre geblieben, und wo ihr „Wohlstand für alle", den der damalige Bundeswirtschaftsminister Ludwig Erhard (1897–1977) mit dieser „Fundamentaltechnologie" verbunden sah? Ideologiekritisch ist zu vermerken, dass die Postulierung bestimmter neuer Technologien zu Epochemerkmalen durch am gesellschaftlichen Diskurs beteiligte Akteure aus Politik, Wirtschaft, Wissenschaft oder auch Zivilgesellschaft eher visionären Charakter aufweist, denn der Realität entspricht.

Angesichts dieser sich stets wiederholenden populären Bekenntnisse zu einem technologischen Zeitalter, die logisch zu Ende gedacht, die Technikgeschichte in den Rang einer Grundlagenwissenschaft – bzw. einer Art von Theologie mit dem Auftrag, die Technikgläubigkeit und Technologiefrömmigkeit zu systematisieren – erheben, überrascht es auf den ersten Blick, wie schwer sich die Fachvertreter mit technikhistorischen Periodisierung im eigentlichen Sinne, d. h. mit einem nach technologischen Kriterien ausgerichteten Entwicklungsmodell, tun. Warum macht sich die Technikgeschichte diese an sie von außen herangetragenen Bedeutungszuweisungen und revolutionären Modelle nicht zunutze? Oder anders gefragt: Warum ist trotz der immer wieder betonten Bedeutung moderner Technologie für die Zukunft der Menschheit und für die Wettbewerbsfähigkeit der Volkswirtschaften usw. Technikgeschichte eine recht marginale Spezialwissenschaft geblieben? Auf den zweiten Blick wird die Distanz des Faches Technikgeschichte zu derartigen technologischen Revolutionsmythen allerdings mehr als verständlich. Reflektion und Kenntnis technischer Mentalitäten und Entwicklungsstrukturen dämpft zeitlose Euphorie und rückt den Blick weg von Visionen und hin zu Realitäten. Es handelt sich hierbei um eine Perspektive, die sicher nicht überall mit Wohlwollen aufgenommen wird: vor allem nicht von den Technikgläubigen aller Konfessionen. Allerdings bleiben die Periodisierungsvorschläge der Technikhistoriker höchst heterogen und beziehen sich auf „Energiesysteme" (Matschoß, Forbes, Sieferle), auf „fundamentale Technologien" (Popitz), auf Stoffumformungstechniken (Pauliyi), auf „Verdichtungszeiten von Technik" (Hägermann/Ludwig), auf Perioden plötzlicher technischer Umwälzungen/Revolutionen (Benad-Wagenhoff), auf Umweltfolgen von Technik (Radkau; Pfister), oder auch auf Technikkonsum und Massenproduktion (König).

Im Folgenden sollen nunmehr Modelle vorgestellt werden, die versuchen, die technikgeschichtliche Perspektive ernst zu nehmen. Die Auswahl der präsentierten Beispiele orientiert sich auch daran, einen Zugang zur Universalgeschichte zu eröffnen, d. h. in diese technikhistorischen Erkenntnisse einzubringen, um so dazu beizutragen, die allgemeinen Tendenzen historischer Epochen besser zu verstehen.

Literatur

Volker Benad-Wagenhoff, Die Industrielle Revolution des 18. und 19. Jahrhunderts als epochale technische Umwälzung, in: Technikgeschichte 57 (1990), H. 4, S. 329-344

Paulina Dobroc, Andie Rothenhäusler (Hg.), 2000 Revisited. Visionen der Welt von morgen im Gestern und Heute, Karlsruhe 2020

Maurice Daumas (Hg.), Histoire générale des techniques, 4 Bde., Paris 1962

Robert J. Forbes, Studies in Ancient Technology, Bd. 2, Leiden 1955

Rolf-Jürgen Gleitsmann, Strukturelle Nachhaltigkeit: Die Implikationen des Zentralressourcenmanagents des Siegerländer Montanwesens vom Spätmittelalter bis ins frühe 19. Jahrhundert. Ein Beitrag zur aktuellen Nachhaltigkeitsdiskussion und zur Geschichte des Siegerlandes, in: Siegener Beiträge. Jahrbuch für regionale Geschichte 18 (2013), S. 51-89

Ders. (Hg.), Stuttgarter Tage zur Automobil- und Unternehmensgeschichte 18./19. März 2019 „Technikzukünfte in Vergangenheit und Gegenwart, Tagungsprogramm

Dieter Hägermann, Karl-Heinz Ludwig, Verdichtungen von Technik als Periodisierungsindikatoren des Mittelalters, in: Technikgeschichte 57 (1990), H. 4, S. 315-328

Martina Heßler, Kulturgeschichte der Technik, Frankfurt/New York 2012

Wolfgang Jonas (Hg.), Die Produktivkräfte in der Geschichte 1. Von den Anfängen in der Urgemeinschaft bis zum Beginn der Industriellen Revolution, Berlin 1969

Wolfgang König, Das Problem der Periodisierung und die Technikgeschichte, in: Technikgeschichte 57 (1990), H. 4, S. 285-289

Georg Klauss, Manfred Buhr (Hg.), Philosophisches Wörterbuch, 8. Aufl., Berlin 1972

Akoš Paulinyi, Die Entwicklung der Stoffumformungstechnik als Periodisierungskriterium der Technikgeschichte, in: Technikgeschichte 57 (1990), H. 4, S. 299-314

Joachim Radkau, Umweltprobleme als Schlüssel zur Periodisierung der Technikgeschichte, in: Technikgeschichte 57 (1990), H. 4, S. 345-361

Reinhold Reith, Periodisierung der Technikgeschichte, in: Technikgeschichte (1990), Nr. 4, S. 283-284

Rolf Peter Sieferle, Industrielle Revolution und die Umwälzung des Energiesystems, in: Theo Pirker (Hg.), Technik und Industrielle Revolution. Vom Ende eines sozialwissenschaftlichen Paradigmas, Opladen 1987, S. 147-158

5.1 Technotopgeschichte und Periodisierungsmodelle der Technikgeschichte

5.1.1 Menschheitsgeschichte als Technikgeschichte: Heinrich Popitz

„Der Mensch wird durch Technik erst zum Menschen", so die griffige Charakterisierung des Historikers Karl H. Metz. (Metz 2005, S. 611) Durch die Entwicklung und den Einsatz von Technik sticht der Mensch aus seiner natürlichen Umwelt hervor. „Das Werkzeug ist die erste Kategorie der Zukunft". (Metz, ebd.) Technik wird damit zum Merkmal und zur Definitionsgrundlage des Humanen. Bereits 1778 hatte Benjamin Franklin dies mit seiner Formulierung auf den Punkt gebracht: „Man is a tool-making animal". (Hänsel 1982, S. 82) Das Bild vom Menschen als Werkzeuge verwendendes Wesen, als homo faber, liegt ebenfalls bereits der klassischen Archäologie zugrunde, die die Jahrtausende der Menschheitsgeschichte nach den dominanten Werkstoffen ordnet. Unter diesem Aspekt werden Gesellschaften von durchaus unterschiedlicher Struktur subsummiert. Man spricht in diesem Sinne von der Steinzeit, der Kupfer- Bronze- und Eisenzeit etc. In diesem Sinne würde sich heute dann folgerichtig die „Kunststoffzeit" anschließen. Der Freiburger Technikphilosoph Heinrich Popitz (1925–2002) vertritt in seiner kleinen Monographie „Epochen der Technikgeschichte" (Popitz 1989) eine derartig werkstoffzentriert ausgerichtete Menschheitsgeschichte. Er lässt darin sehr deutlich werden, dass Menschheitsgeschichte und Technikentwicklung auf der Basis einer spezifischen Werkstoffverwendung von jeher aufs engste miteinander verzahnt waren. Die technikgeprägte Geschichte der Menschheit beginnt in jenem Moment, in dem der Mensch seinen Lebensraum nach seinen Bedürfnissen umzugestalten beginnt. Dies bringt ihn in einen Gegensatz zur „Natur", die er zunehmend zurückdrängt und zu beherrschen sucht. Er beginnt, diese „erste Natur" zu überwinden, und zwar bis zu dem Punkt, an dem der Mensch die „erste" Natur so weit zurückgedrängt hat, dass er in seiner eigengeprägten Schöpfung lebt, der „zweiten" Natur. Die zweite Natur bezeichnet die weitgehende Umgestaltung der Umwelt zu einem Technotop. Damit verbunden ist auch die psychisch-soziale Anpassung des Menschen selbst an diese neue Gegebenheit. Es ändern sich Mentalitäten, Verhaltensweisen, Wertvorstellungen, sozio-politische Verhältnisse etc. Popitz hält hierzu fest: Technikgeschichte ist die Geschichte der Anthropozentrierung der Erde, d. h. die Natur wird vom Menschen nach seinen Kriterien umgewandelt und ausgerichtet. Der natürliche Raum wird zu einem menschengestalteten Raum, die erste Natur zur zweiten Natur.

Technik ist das Mittel dieser Umgestaltung. Auf der Ebene der Technik unterscheidet Popitz Techniken unterschiedlicher Relevanz. Die Epochen werden durch die Beherrschung „fundamentaler Technologien“ charakterisiert, die jeweils einen spezifischen Grad der Raumbeherrschung markieren. Fundamentale Technologien eröffnen dem Menschen eine neue Ebene der Machbarkeit dieser Beherrschung. Hierdurch verändert sich seine Stellung zur Welt, er wird dominant. Wenn der Technik die Rolle des Fundaments menschlicher Entwicklung zugeordnet wird, ist es zwangsläufig, dass gesellschaftliche, politische, ökonomische, ideologische, kulturelle und mentale Faktoren nun zu Funktionen des technologisch Möglichen werden. Für Popitz heißt das, dass Gesellschaften, die auf eine identische fundamentale Technologie gründen, einander umso ähnlicher werden, je effektiver die fundamentale Technologie umgesetzt ist. Die Technologie übt Zwänge aus, denen sich die Gesellschaften fügen müssen, wollen sie die Potenziale dieser Technologie nutzen. Popitz bezeichnet diesen Technikdeterminismus im Sinne einer Systemkonvergenz als „Systeminvarianz“: „Ihre (d. h. die gesellschaftlichen, d. Verf.) Lebensformen und Sozialstrukturen werden umso ähnlicher, je ähnlicher der Durchsetzungsgrad der gleichen Technologien wird.“ (Popitz 1989, S. 36) Technik wird zur wichtigsten gesellschaftsbildenden Kraft. (Freyer 1955)

Die Durchsetzung einer neuartigen fundamentalen Technologie verändert die Gesamtheit aller Strukturen des menschlichen Zusammenlebens. Diesen Befund fasst die Geschichtswissenschaft mit dem Begriff der Revolution. Fundamentale Technologieänderungen lösen technologische Revolutionen aus, mit denen zwangsläufig ein radikaler sozialer Wandel verbunden ist. Technologische Revolutionen vollziehen sich allerdings in einem deutlich längeren Zeitrahmen als z. B. politische Revolutionen, die in der Sicht von Popitz wiederum nur Funktionen und Kulminationen von technologischen Revolutionen sind. Vollziehen sich politische Revolutionen oftmals gewaltsam im Zeitrahmen von wenigen Wochen, Monaten oder Jahren, so sind für technologische „Revolutionen“ im Kontext der Menschheitsgeschichte Zeiträume von Jahrzehnten, Jahrhunderten oder gar Jahrtausenden anzusetzen. (Vgl. Tilly 1993) Popitz’ Modell einer „technologischen“ Menschheitsgeschichte endet in der Zeit um 1900, also in etwa mit dem Aufbruch in die Moderne. Dies begründet Popitz mit den Defiziten der historischen Methodik, der es prinzipiell unmöglich sei, aktuelle Entwicklungen in ihren Konsequenzen zeitnah würdigen zu können. Es muss demzufolge zunächst offenbleiben, welche technologischen Änderungen sich als fundamental für die weitere Entwicklung erweisen werden, und ob diese eher positiv oder als Bedrohung gewertet werden müssen. Insofern bleibt es erst einmal bei der Benennung verschiedener „Kandidaten“ der Technikentwicklung mit möglicherweise systemrelevanter Bedeutung, etwa der Elektrizität, der elektronischen Datenverarbeitung, der Kerntechnik, der Automation der Produktion oder der Biotechnologie, deren geschäftliche Folgen zunächst ambivalent bleiben. Angesichts dieses Potentials an technologischen Utopien oder Dystopien schließt Popitz seine technikphilosophisch-technikgeschichtlichen Betrachtungen dennoch mit einem eher beruhigenden Fazit: „Doch sieht man von den ebenfalls epochalen Gefahren ab, die sie bringen, ergibt sich ein eher undramatisches Bild.“ (Popitz, S. 13) Die Umsetzung des theoretischen Modells von Popitz, das sich auf technologische Revolutionen, fundamentale Technologien und Systeminvarianz stützt, ermöglicht eine Periodisierung der Menschheitsgeschichte, und zwar als Epochen der Technikgeschichte:

Epochen der Technikgeschichte nach Popitz

Basis: Technologie des Werkzeugs (ca. 500.000 v.Chr.)

1. Technologische Revolution (ca. 8000–500 v. Chr.)

Technologie der Agrikultur	Technologie der Feuerverarbeitung	Technologie des Städtebaus
(ca. 10.000 v. Chr.)	(ca. 6.000 v. Chr.)	(ca. 3.000 v. Chr.)

2. Technologische Revolution (ca. 1750–1870)

Technologie der Maschine	Technologie der Chemie	Technologie der Elektrizität

Die Menschheitsgeschichte ist geprägt durch zwei technologische Revolutionen: die Neolithische Revolution, die um 10.000 v. Chr. zu datieren ist, sowie die Industrielle Revolution im Zeitraum zwischen 1750 bis etwa 1900. Popitz benutzt bewusst diese neutrale Terminologie einer „ersten“ bzw. „zweiten“ technologischen Revolution. Im Ergebnis läuft es aber auf die traditionelle Dreiteilung der Menschheitsgeschichte in Jäger- und Sammlergesellschaft – Agrargesellschaft – Industriegesellschaft hinaus. Den drei unterschiedenen Gesellschaftsformationen werden folgende fundamentale Technologien zugeordnet:

- Mit dem ersten bewusst überarbeiteten Faustkeil (um 500.000 v. Chr.), also zur Zeit des Peking-Menschen, entwickelt sich die Technologie des Werkzeugs. Zuerst als Universalwerkzeug aus Feuerstein gebraucht, diversifiziert sich die Technologie in zahlreiche Spezialwerkzeuge aus schließlich unterschiedlichen Materialien. Es entstehen Werkzeugsysteme.
- Die erste technologische Revolution basiert auf drei fundamentalen Technologien: Der Technologie der Agrikultur, der Technologie der Feuerbearbeitung und der

Technologie des Städtebaus. Mit der Domestizierung von Pflanzen- und Tierarten und der Beherrschung der Bodenbearbeitung gelingt dem Menschen ein gewisser Grad an Unabhängigkeit von den Naturgewalten, denen der Jäger und Sammler noch uneingeschränkt ausgesetzt war. Der bearbeitete Raum ersetzt die erste Natur. Durch das Sesshaftwerden verkleinert sich der Lebensraum des Menschen zunächst und wird stationär. Mit der Technologie der Feuerbearbeitung gelingt der Zugriff auf neuartige künstliche Materialien wie Keramik, Bronze, Eisen, Edelmetalle usw. Doch Feuer schafft auch eine Abhängigkeit von Energie, deren Bereitstellung zu einem der Hauptprobleme der Menschen avanciert. Mit diesem Schritt beginnt der Mensch den Pfad der nachhaltigen Ressourcennutzung zu verlassen und greift damit letztendlich irreversibel in seine Umwelt ein. Mit der Technologie des Städtebaus wird die Zivilisation als urbane Lebensform zur dominierenden Gesellschaftsformation.

- Die zweite technologische Revolution besteht ebenfalls aus drei fundamentalen Technologien: Der Technologie der Maschine, der Technologie der Chemie und der Technologie der Elektrizität. Der Ersatz menschlicher Arbeit durch mechanische Systeme, die systematische Stoffumwandlung und schließlich die nahezu uneingeschränkte Transportierbarkeit von Energie sowie von Information lassen einerseits den Handlungs- und Beziehungsraum des Menschen in eine globale Dimension expandieren, andererseits implodiert der Handlungsspielraum des Individuums angesichts technischer Megasysteme.

Literatur

Hans Freyer, Theorie des gegenwärtigen Zeitalters, Stuttgart 1955

Karl H. Metz, Ursprünge der Zukunft. Die Geschichte der Technik in der westlichen Zivilisation, Paderborn 2005

Bernhard Hänsel, Vor- und Frühgeschichte, Werkzeug, Gerät, Waffen aus Stein und Metall, in: Ulrich Troitzsch, Wolfhard Weber (Hg.), Die Technik von den Anfängen bis zur Gegenwart, Braunschweig 1982, S. 8-25

Heinrich Popitz, Epochen der Technikgeschichte, Tübingen 1989

Charles Tilly, Die europäischen Revolutionen, München 1993 (zuerst u. d. T. European Revolutions, 1492–1992, Oxford/UK 1993)

5.1.2 Energie als gesellschafts- und epocheprägende Zentralressource: Rolf Peter Sieferle

Im Rahmen der Überlegungen zu den die Entwicklung menschlicher Gesellschaften bestimmenden Faktoren mit Epoche prägendem Charakter fiel der Blick der Geschichtswissenschaft immer wieder auf den Faktor „Energie". Dabei wurden sowohl der dominante Energieträger (Holz, Wind, Wasser, Kohle, Öl, Uran etc.), als auch die vorherrschende Energienutzungstechnik in den Blick genommen. Besondere Beachtung fanden jene Umbruchzeiten, in denen sich der Übergang von den bisher vorherrschenden, zu den neuen, zukunftstragenden Energieträgern vollzog. Hierdurch eröffneten sich gesellschaftliche Entwicklungspotentiale, die weiteres Wachstum zuließen, Mangelsituationen beendeten, sowie die Defizite der bisherigen Energietechnologie überwinden halfen. Man denke in diesem Zusammenhang beispielsweise an die Holzmangelproblematik der vorfossilen Gesellschaften. (Gleitsmann 1985, S. 69-95) Das Potential zum epocheprägenden technischen Merkmal haben Energieträger und Energiesystem allemal. Einige wenige Beispiele hierzu mögen an dieser Stelle genügen. Die steinkohlebefeuerte Dampfmaschine ermöglichte erst die Fabrikproduktion großen Stils und revolutionierte mit der Eisenbahn das Verkehrswesen. Die Elektrizität erlaubte über die Nutzung kleiner stationärer Kraftmaschinen eine Industrialisierung der handwerklichen und kleingewerblichen Produktion. Als Strom brachte die Elektrizität Licht in die Welt und revolutionierte das Alltagsleben u. a. durch elektrische Küchenherde, Kühlschränke, Waschmaschinen (Hellmann 1990; Museum der Arbeit 1993) oder auch Massenkommunikationsmittel bzw. Unterhaltungselektronik. Und nicht zuletzt ließ raffiniertes Erdöl in Verbindung mit dem Verbrennungsmotor seit den 1930er Jahren eine Massenmobilität bisher nicht gekannten Ausmaßes zu. Gleichzeitig waren mit neuen Energieträgern und Energiesystemen häufig auch gesellschaftliche Visionen verbunden, etwa die einer grenzenlosen Energieverfügbarkeit zu minimalen Kosten, wie in den 1950er/60er Jahren von der Atomenergie erwartet. (Löwenthal 1956; Haber 1958) Atomgetriebene Autos, Eisenbahnen, Flugzeuge und Schiffe, sowie die Strahlenmedizin würden ein Übriges dazu beitragen, ein Füllhorn der Wohltaten über die Menschheit auszuschütten.

Auch verband sich Energietechnik als Schlüsseltechnologie moderner Gesellschaften häufig mit der Vision von stets „sauberer", d. h. emissions- und abfallloser Energiequellen. Um 1900 verdrängte vor allem unter Ingenieuren und Technikern die Vorstellung einer konsequenten Wasserkraftnutzung das Bild der menschen- und umweltbelastenden Kohletechnik der Industriellen Revolution. Die Wasserkraft, unerschöpflich und sauber, sollte die negativen Folgewirkungen der „schwarzen Kohlegesellschaft" kurieren. In Verbindung mit der neuen Energieübertragungstechnik der Elektrizität würde die Wasserkraft gesellschaftliche Verwerfungen und Konflikte ebenso heilen können, wie die Probleme von Armut und Urbanisierung lösen. In den 1950er Jahren übernahm die Atomenergie diesen Part der visionären Zukunftserwartungen. Nachdem sich das Atomzeitalter verflüchtigt hatte, kursierten Vorstellungen von einem Zeitalter der Kernfusion, einem Wasserstoff- oder einem Solarzeitalter. Alle zusammen jeweils unter dem Aspekt der Entgrenzung und als Problemlösungsstrategien.

Mit Blick auf diese Zusammenhänge liegt es nahe, nach der Rolle der Energie in der Geschichte zu fragen. Was die technikgeschichtliche Analyse dabei mit den technologischen Zeitaltern der Gegenwart verbindet, ist die Schlüsselrolle, die der Energie in Hinblick auf ihre gesellschafts- und Epoche prägende Bedeutung zugesprochen wird. Karl Marx hatte hierzu formuliert, dass die Handmühle eine Feudalgesellschaft, die Dampfmaschine hingegen eine kapitalistische Gesellschaft hervorbringe. In Anlehnung an diese Analyse könnte etwas ironisch formuliert werden: die Steinkohle bringt eine kapitalistische Gesellschaft hervor, das Erdöl eine Massenkonsumgesellschaft, und die regenerativen Energien eine Neofeudalgesellschaft.

Den am meisten beachteten Versuch einer energetischen Analyse der Menschheitsgeschichte und zum epocheprägenden Charakter von Energiesystemen unternahm der Historiker Rolf Peter Sieferle (1949–2016) in den 1980er Jahren. Sein Interpretationsmodell entstand im Umfeld der damaligen öffentlichen Diskurse und Kontroversen um die Energieversorgung. Energie ist für Sieferle die elementare Größe für technisch-ökonomische Systeme.

In der Menschheitsgeschichte identifiziert Sieferle drei sich grundlegend unterscheidende Energiesysteme:

- Das *unmodifizierte Solarenergiesystem* primitiver Gesellschaften;
- das *modifizierte Solarenergiesystem* von Agrargesellschaften, sowie
- das *fossile Energiesystem* der Industriegesellschaft.

Wollte man Sieferles Interpretationsmodell bis in die Gegenwart hinein fortschreiben, so müßte gegebenenfalls als Ergänzung ein *Solarenergiesystem der Industriegesellschaft* hinzugefügt werden, obwohl sich dieser Umstrukturierungsprozess noch in einer frühen Phase eines Realisierungsversuchs befindet. Dessen ungeachtet wird vor dem Hintergrund von Sieferles Darlegungen allerdings eines bereits jetzt unzweifelhaft einsehbar, eine postfossile Industriegesellschaft auf Solarenergiebasis wird und muss sich in ihren systemischen Gesellschaftsstrukturen zwangsläufig grundlegend von ihrer fossilen Vorgängervariante unterscheiden. Dies scheint im aktuellen Gesellschaftsdiskurs allerding noch kaum Berücksichtigung gefunden zu haben.

Die Übergangsphasen zwischen den von Sieferle angeführten Energiesystemen werden von zwei revolutionären Veränderungen gekennzeichnet. Das eine ist die Neolithische-, das andere die Industrielle Revolution. Die Neolithische Revolution kennzeichnet den Übergang von der Jäger- und Sammlergesellschaft zum sesshaften Ackerbau mit Viehzucht, die Industrielle Revolution den Übergang von einem Agrar- zum Industriesystem. Der Begriff des Solarenergiesystems bezieht sich dabei auf die elementare, ihm zugrundeliegende Energiequelle, also die Sonne. Die Sonnenenergie ist die Grundlage sämtlicher Lebensprozesse in Ökosystemen. Sie wird von Pflanzen in der Photosynthese zu Biomasse umgewandelt. Auf der Grundlage dieser Biomasse existieren alle anderen Lebensformen. Das unmodifizierte Solarenergiesystem bezieht sich auf die Stellung des Menschen in den existenzbestimmenden Grundstrukturen des Ökosystems. Unmodifiziert bedeutet demnach: ohne weitreiche Eingriff des Menschen in die Existenz- und Selbststabilisierungsgesetze des Ökosystems. Der Mensch in einem derartigen Energiesystem ist ein passiver und integraler Bestandteil seiner natürlichen Umwelt. Er greift weder absichtlich noch planmäßig in den natürlichen Energiefluss ein. Er nutzt Umwelt spontan, indem er Tiere erlegt oder das natürliche Pflanzenangebot nutzt. Die Gesellschaftsform, die sich auf der Basis dieses Energiesystems entwickelt, ist das Nebeneinander von autarken Jäger- und Sammlergesellschaften, die in Sippen und Stämmen organisiert sind. Die quantitative Expansionsmöglichkeit der menschlichen Gruppen ist direkt an die verfügbaren tierischen und pflanzlichen Ressourcen gebunden. Wird ein Ökosystem durch den Menschen übernutzt, reguliert sich das System auf natürliche Weise, und zwar durch die Reduktion der Nutzerpopulation. Diese natürlichen Grenzen der Bevölkerungsentwicklung und deren materiellen Basis sind relativ statisch, d. h. dem Einfluss des Menschen im Wesentlichen entzogen.

5.1.2.1 Das modifizierte Solarsystem der Agrargesellschaften

Auch im modifizierten Solarsystem der Agrargesellschaften blieb nach Sieferle die Sonne die einzige Energiequelle zur Erzeugung von Biomasse. Allerdings vollzog sich im Vergleich zum unmodifizierten Solarsystem eine entscheidende Änderung im Mensch-Umwelt-Verhältnis. Der Mensch begann nun aktiv und strukturell in seine Umwelt einzugreifen. Statt schlicht das zu verbrauchen, was an Ressourcen von der Natur angeboten wurde, schuf der Mensch aus dem Gegebenen Neues, griff im Eigeninteresse zielgerichtet in die Natur ein. Dies betraf neben der Pflanzen- auch die Tierwelt. Die Zuchtauswahl von „Nutztieren" und „Nutzpflanzen" veränderte die natürliche Substanz und Diversität seines Biotops. Die Aneignung des menschlichen Lebensraums führte zu Sesshaftigkeit und hatte eine Umgestaltung zugunsten der bevorzugten, d. h. der vom Menschen genutzten Lebewesen und Pflanzen zum Ziel, während „Natur" auf einen Bereich außerhalb der Siedlungsgebiete verwiesen wurde. Dies war der Kern der Neolithischen Revolution.

Die Nutzung von Biomasse konzentrierte sich auf die Verwendung von tierischen und pflanzlichen Rohstoffen. Hinzu kam die energetische Nutzung von Arbeitstieren und menschlicher Arbeitskraft, sowie die Erzeugung von Wärmeenergie durch Holz. Dieses Nutzungsmodell hatte über Jahrtausende Bestand. Das Dilemma bestand allerdings darin, dass auf dieser Basis bei wachsender Bevölkerungszahl der Energiebedarf agrarischer Gesellschaften auf Dauer nicht zu decken war. Man stieß im Rahmen des modifizierten Solarsystems der Agrargesellschaft an die Grenzen der Tragfähigkeit des Ökosystems. Sowohl die steigenden Bevölkerungszahlen wie die materielle Basis der Gesellschaften erforderten neuartige Strategien in der Umwandlung solarer Energie. Folge hiervon war, dass im Laufe der Zeit komplexe technische Nutzungssysteme für regenerative Energien entwickelt wurden. Wasser- und Windkraftnutzung zählten nun zu den zentralen gesellschaftlichen Schlüsseltechnologien, deren Perfektionierung zu technischen Höchstleistungen führten. (Leupold 1724–1735) Diese Bereiche der „Mühlenbaukunst" vermitteln ein gänzlich anderes Bild von der Technologieoffenheit agrarischer Gesellschaften, als die häufig postulierte Vorstellung einer auf Statik hin abzielenden Technologiefeindlichkeit. Allein bis zum 16. Jahrhundert vermochte die Technikgeschichtsschreibung für Europa mindestens 40 verschiedene Fertigungsprozesse nachzuweisen, die auf wasserkraftbetriebener Mühlentechnologie beruhten. Hinzu kam noch das gesamte Windmühlenwesen. Das Ersetzen tierischer und menschlicher Arbeitskraft, sowie die Verdrängung von Handarbeit durch Mechanisierung aus zahlreichen Produktionsbereichen ist kein Merkmal, welches ausschließlich die Entwicklung seit der Industriellen Revolution prägte. Ebenso wenig wie die teilweise

Ablösung der handwerklich begrenzten Warenerzeugung durch arbeitsteilig organisierte Produktionsprozesse mit drastischen Produktivitätssteigerungen in Manufakturen. (Cerman, Ogilvie 1994)

Trotz dieser technischen Dynamik auf dem Sektor spezifischer Energieumwandlungstechniken sind dem modifizierten Solarenergiesystem dennoch Grenzen gesetzt. Diese Grenzen konnten durch technische Innovationen hinausgeschoben und damit die natürlich begrenzten Potenziale weitgehend ausgeschöpft werden. Im gewerblichen Bereich der Agrargesellschaften mit modifiziertem Solarsystem gelang dies bei der Nutzung der Energie aus Wasserkraft etwa durch additiven Technikeinsatz. Reichte ein Wasserrad oder eine Mühle nicht aus, so installierte man neben oder hintereinander mehrere gleichen Typs. Dass man auch hier bald an die durch nutzbare Flussbreiten, Gefälle und Strömungsgeschwindigkeit des Energieträgers Wasser bald an Grenzen stieß, ist offenkundig. Diese konnten systemimmanent nicht überschritten werden. Die natürlichen Grenzen waren durch die nutzbare Biomasse pro Fläche, den energetischen Beschaffungsaufwand für Ressourcen, sowie die ausschöpfbaren energetischen Ressourcen gegeben. Sieferle konstatiert: „Die Abhängigkeit von der Solarenergie setze somit einem potenziellen Wachstum der Bevölkerung und der Produktion eine natürliche Schranke. Wirtschaftswachstum als Normalzustand der Ökonomie ist unter den Bedingungen der Agrargesellschaft nicht längerfristig möglich. Dieser Gesellschaft steht immer ein stationärer Zustand vor Augen." (Sieferle 1987, S. 152)

Diese systemischen Grenzen offenbaren in besonderer Weise die Übergangsphase des modifizierten Solarsystems zum fossilen Energiesystem, nämlich die sog. Holz not. Werner Sombart prägte in diesem Zusammenhang den Begriff der „hölzernen Gesellschaft" für die vorindustrielle, frühkapitalistische Agrargesellschaft, um deren Abhängigkeit von deren Zentralressource Holz pointiert zu verdeutlichen. Dabei war Holz viel mehr als nur Energielieferant. Holz war die existentiell unverzichtbare Ressourcengrundlage der vorindustriellen Gesellschaft. Plakativ lässt sich sagen, dass der Mensch von der Wiege bis zur Bahre von der Ressource Holz begleitet wurde und abhängig war. Selbst im religiösen Sinn war es, zumindest in Europa, das hölzerne Kreuz, unter dem er getauft und schließlich beerdigt wurde. Holz war der zentrale Werkstoff im Baugewerbe sowie u. a. im Wagen- und Schiffbau. Holz lieferte den Ausgangsstoff für chemische Produkte. Für die Erzeugung von Pottasche (K_2CO_3/ kohlensaures Kalium) mussten ganze Wälder niedergebrannt werden. Exorbitante Holzverbraucher waren das Metallgewerbe (Eisen, Zinn, Silber, Kupfer), die Glashütten, der Bergbau, das Salinenwesen und auch die privaten Haushalte. Ohne die Ressource Holz war im modifizierten Solarsystem der Agrargesellschaften kein Leben möglich. Die folgende Aufstellung soll genügen, um einen Eindruck von den Dimensionen des Zentralressourcenverbrauchs Holz zu geben, wenn auch nur im Hinblick auf das Gewichtsverhältnis von Fertigprodukt zu erforderlichem Holzeinsatz:

Gewichtsverhältnis Fertigprodukt

Produkt		*zu erforderlichem Holzeinsatz*
Siedesalz (18. Jh.)	1	7
Roheisen	1	15
Schmiedeeisen	1	30
Kupfer	1	200
Silber	1	300
Pottasche	1	2000
Glas	1	2400

Dabei ging es z. T. um Millionen von Festmetern an Holz, die letztendlich verbraucht wurden bzw. verbraucht werden mussten. Mit dem Überschreiten der Grenze der Nachhaltigkeit, also dem Raubbau am Wald, verließen die Gesellschaften im 14. Jh., im 17. Jh. und im 18. Jahrhundert wiederholt deutlich den Gleichgewichtszustand zwischen nachwachsender Ressource und deren Verbrauch. Im modifizierten Solarsystem der Agrargesellschaft bestand zudem die Notwendigkeit, dass ein bestimmtes ausgewogenes Verhältnis zwischen Bodenflächen bestehen musste, die der Erzeugung von Lebensmitteln dienten, und jenen, die für die Erzeugung der Zentralressource Holz bereitzustellen waren. Nur im Sinne eines Nullsummenspiels konnten diese Nutzflächenanteile gegeneinander verschoben werden. Tat man dies, um für eine wachsende Bevölkerung mehr Flächen für die Nahrungsmittelerzeugung zur Verfügung zu haben, dann mussten Waldflächen gerodet und damit die Bereitstellung der Zentralressource Holz zwangsläufig vermindert werden. Forstete man hingegen Flächen auf, so blieb die Nahrungsmittelerzeugung auf der Strecke. Dieses Dilemma war unlösbar. Die Grenzen der Belastbarkeit des Ökosystems wurden überschritten. Der Mensch entnahm dem Ökosystem mehr Biomasse, als sich zu bilden vermochte. Die Folge war, dass er, um nicht zu verhungern, weitflächig die Waldbestände rodete und zu Feldern machte. Damit allerdings zerstörte er aber die andere Basis seiner Existenz, nämlich den Wald als Lieferant der unverzichtbaren Zentralressource Holz. Dies war die gesellschaftliche Realsituation. Klagen über Holzmangel und Holznot kursierten bereits ab dem 14. Jahrhundert und wiederholten sich zyklisch. Zunächst nahmen die Holzkrisen nur lokale Dimensionen an, eben in jenen Regionen mit einer Ballung holzverbrauchender Gewerbe. Schließlich jedoch nahm die Ressourcenkrise gesellschaftsbedrohende Ausmaße an. So interpretierte es Werner

Sombart, der 1902 als erster die Energie- und Rohstoffkrise der Neuzeit analysierte und sie für den Zusammenbruch des frühkapitalistischen, modifizierten Solarsystems verantwortlich machte. (Sombart, 1902/1969) Seine Untersuchungsergebnisse verwiesen auf eine Interpretation, die wie folgt zusammengefasst werden kann: Der Holzmangel am Ende des 18. Jahrhunderts führte zu einer Krisensituation, die ohne ein Ausweichen auf den alternativen Energieträger Steinkohle gesellschaftlich nicht beherrschbar gewesen wäre. Die Industrielle Revolution erscheint so als Ausweg aus einer Energiekrise. Sieferles Gegenüberstellung der in Großbritannien erzeugten Eisenmenge mit der zu ihrer Produktion theoretisch notwendigen Waldfläche bestätigt diese These. Um 1830 hätte demnach, so Sieferle, die allein zur Eisenproduktion Großbritanniens erforderliche Holzmenge die Gesamtfläche des Landes überstiegen, und dies selbst dann, wenn Großbritannien zu diesem Zeitpunkt vollständig von Wald bedeckt gewesen wäre. Die Agrargesellschaft auf Basis des modifizierten Solarsystems war definitiv an seine ökologischen Grenzen gestoßen. Entweder musste das Wachstum der Eisenproduktion der nachwachsenden Waldmenge angepasst, d. h. um ein Vielfaches reduziert werden, oder aber eine neue Form der Energiegewinnung musste die auf Holz basierende ablösen.

Systemgrenzen

Britische Eisenproduktion und ihr Äquivalent an Waldfläche (berechnet nach Mitchell 1973)

Jahresdurchschnitt	Eisen (1000 T)	Flächenäquivalent (1000 km²)
1781/90	69	6,9
1800/14	127	12,7
1820/24	669	66,9
1850/54	2716	271,6
1900/04	8778	877,8

Die Gesamtfläche von England und Wales beträgt ca. 150.000 km². Die Gesamtfläche des heutigen Großbritannien beträgt ca. 244.000 km². (Nach Sieferle 1987, S. 155)

Die Holznotproblematik, ihre Folgen und die daraus zu ziehenden Schlussfolgerungen wurden in der Technikgeschichtsschreibung kontrovers diskutiert. (Sieferle 1982; Gleitsmann 1985; Radkau 2007) Insbesondere stand die Interpretation Sombarts zur Diskussion, ob die Holzkrise als Zentralressourcenkrise Auslöser des Zusammenbruchs der frühkapitalistischen Gesellschaft war, bzw. den Übergang zu einer fossilbasierten Energiegesellschaft erzwungen habe. Diese Frage war keineswegs nur von historischem Interesse, sondern in den 1970er/1980er Jahren im gesellschaftspolitischen Diskurs über die Grenzen des Wachstums, den sich abzeichnenden Umwelt- und Rohstoffkrisen, der Infragestellung der Segnungen der Massenkonsumgesellschaft, sowie der eskalierenden Debatte um die Kernenergie höchst aktuell. (Hermann1987; Meadows 1972; Strohm 1979) Angesichts dieser Problemlage bot sich ein Rekurrieren auf Sombarts historische Analyse an, wonach die Fortsetzung des beschrittenen Pfades einer wachsenden Industriegesellschaft nur mittels des Überganges zu einer neuen energetischen Basis möglich sei. Dies konnte als technologischer Ausweg aus der Krise interpretiert werden, quasi als notwendiger Dimensionssprung in der Energieverfügbarkeit und damit auch als ein die Epoche prägendes Problem in der Menschheitsgeschichte. Alternativen hierzu würden, wieder unter Bezug auf die bisherigen historischen Erkenntnisse, nur zwei Alternativen bestehen. Entweder ein Zusammenbruch des bestehenden Systems oder eine Abkehr vom eingeschlagenen Wachstumskurs, der an die Grenzen der Machbarkeit geführt hatte. An die Stelle eines technologischen Anrennens gegen die ökologisch bedingten Grenzen oder einer revolutionären Umgestaltung der energetischen Basis der Gesellschaft wäre, wie das Beispiel des modifizierten Solarsystems der Agrargesellschaft nahelegt, dann als Alternative die Akzeptanz der gegebenen Grenzen getreten, Nachhaltigkeit statt Wachstum. Für einen derartigen Weg lassen sich historisch gesehen allerdings kaum Beispiele namhaft machen. Einzig im Montanrevier des Siegerlandes scheint dieser Schritt längerfristig gelungen zu sein, und zwar für einen Zeitraum vom Spätmittelalter bis ins frühe 19. Jahrhundert. (Gleitsmann 2013)

5.1.2.2 Das fossile Energiesystem der Industriegesellschaften

Während das unmodifizierte Solarsystem primitiver Gesellschaften (Sieferle 1982) eine Zeitspanne von mehreren hunderttausend Jahren umfasste, und das modifizierte Solarsystem der Agrargesellschaften in etwa 15.000 Jahre bestand, kann das fossile Energiesystem der Industriegesellschaften gerade einmal auf eine Geschichte von gut 270 Jahren verweisen, also auf eine Zeitspanne von Mitte des 18. Jahrhunderts bis zur Gegenwart. Die neuentstehenden industriellen Gesellschaftsformationen besaß eine fundamental andere energetische Grundlage als die der bisherigen „Solargesellschaften". Dabei sind der Übergang zu fossilen Energieträgern, also zu Stein- und Braunkohle, Gas, Erdöl und Uran, und die Herausbildung von Industriegesellschaft untrennbar miteinander verbunden. Fossile Brennstoffe sind zwar, mit Ausnahme des Urans, ebenfalls aus Biomasse entstanden, der Unterschied zu Holz liegt allerdings in dem erdgeschichtlichen Zeithorizont, in dem sie entstanden und in der exorbitant höheren Energiedichte, welche die fossilen Energieträger auszeichnet. Während Holz einen gegenwärtigen Zustand von Biomasse verkörpert, sind fossile Energieträger Jahrmillionen alte hochverdichtete Speichermedien für Energie. Dabei sind Kohle, Erdöl und Erdgas das Produkte von chemisch-physikalischen Umformungsprozessen, die einen extrem langen Zeitraum umfassten. Dieser Entstehungsrahmen führt zu erdgeschichtlich einmalig verfügbaren Lagervorräten. Deren Nutzung ermöglicht die einmalige Freisetzung von unerschöpflich scheinenden Energiemengen, die über Jahrmillionen gespeichert und verdichtet worden waren, und hierauf griff die fossile Industriegesellschaft zurück. Sieferle schreibt: „Eine Gesellschaft, die fossile Energie nutzt, gerät daher in die einmalige Lage, innerhalb weniger Jahrhunderte etwas zu verbrauchen, das sich innerhalb von mehreren Millionen Jahren angesammelt hat [...] Sie befindet sich in einem Zustand des Energieüberflusses." (Sieferle 1987, S. 153)

Damit überwand die Industriegesellschaft die vormaligen natürlichen Restriktionen der solarbasierten Gesellschaften, die zu deren Krise geführt hatten. Ein zuvor nie für möglich gehaltenes Wachstumspotential auf der Basis von Energieüberfluss bildete die Basis für ein neues Modell gesellschaftlicher und technologischer Realität, nämlich dasjenige der fossilen Industriegesellschaft. Der Weg zur Überflussgesellschaft führte über die Kohleflöze und Erdöllager. Auf dieser Basis prosperierten die Industrienationen. Sie entwickelten sich zu „affluent societies", zu Überflussgesellschaften ohne Grenzen von Wachstum, Energieverbrauch und Konsum. (Galbraith 1958) Dass dieses Entwicklungsmodell nach gerade einmal 270 Jahren an seine Energie- und Ökologiegrenzen stoßen würde, war zunächst nicht vorhersehbar. Die Vorstellung von der Unerschöpflichkeit natürlicher Ressourcen entpuppte sich schnell als Utopie und stellt die gegenwärtigen Gesellschaftsformationen vor allergrößte Herausforderungen. Ein gesellschaftlicher Diskurs über Nachhaltigkeitsstrategien wurde befördert, der von einem mehr oder weniger verkappten „Weiter so" bis hin zu Strategien von Suffizienz, Konvergenz und Effizienz reichte. In diesem Kontext wurde klar, dass Nachhaltigkeit und nachhaltige Entwicklung zu einem Projekt vielschichtiger Prägung avancierten. Im Rahmen des gesellschaftlichen Diskurses hierüber ging es um eine immer weitere Ausdifferenzierung, Diversifizierung sowie die Integration heterogener gesellschaftlicher Interessen in dieses Konzept. „Alle Bürgerinnen und Bürger sowie die Akteure in Politik, Wissenschaft, Wirtschaft und Kultur", so die Formulierung im Schlussbericht der Enquete-Kommission Globalisierung des Deutschen Bundestages, „sind aufgerufen, im Rahmen dieses Lernen und Suchens auf die Dauer aufrecht zu erhaltenden Formen des Wirtschaftens und Lebens zu finden." (Deutscher Bundestag 2002) Dieses Leitbild nachhaltiger Entwicklung umfasst damit neben dem Vorsorgegedanken, die natürlichen Ressourcen und Lebensgrundlagen der Menschen „zu schützen, um ihren Wert, ihre Leistungsfähigkeit und ihre Funktion langfristig zu bewahren", auch die Zielsetzung der Generationengerechtigkeit, der Verteilungsgerechtigkeit, der Bekämpfung von Hunger und Armut, den Abbau von Handelsbarrieren, Geschlechtergerechtigkeit, Chancengleichheit, das Recht auf Wirtschaftsentwicklung/-wachstum, mehr Lebenschancen für alle, allgemeine Menschenrechte, politisch Partizipation und Vieles mehr. (Nach Grunwald/Kopfmüller 2012, S. 35-44) Dieser bunte Strauß an zu berücksichtigenden Interessenfeldern, die zudem keineswegs konvergent sind, offenbart die Aktualität des gesellschaftlichen Diskurses hierüber. Werden hierdurch programmatisch zwar die Zielsetzungen eines *sustainable development* benannt, so bleibt dennoch weitestgehend der Weg offen, auf dem dies erreicht werden könnte. Die wissenschaftliche Diskussion hierüber kreist im Kern um das Strategiedreigestirn Ressourceneffizienz, Suffizienz und Konsistenz, (Schmidt 2008; Stengel 2011; Jackson 2012) eingebunden auch in ökonomische Theoriediskussionen über Alternativkonzepte eines „Wohlstandes ohne Wachstum", (Jackson 2012) *degrowth*-Konzepte, (Paech 2012) eines „intelligenten" Wachstums" im Sinne eines *green grows* (Fücks 2013) oder sogar einer „next Industrial Revolution". (Braungart/McDonough 2009; zur Kritik: Oetzel 2014)

Sieferles These eines Überschreitens des Höhepunktes der Nutzung fossiler Energieträger provoziert die Frage nach der aktuellen Situation des gegenwärtigen Gesellschaftsmodells. Die Ölkrisen von 1973 und 1979/80, der anhaltende Anstieg der Rohölpreise, die Prognosen der Welterdölvorräte und deren Förderpreise legen nur einen Schluss nahe: Wir befinden uns in einer parallelen Situation wie zur Zeit der Holznot des 18. Jahrhunderts. Wir erleben eine Phase des energieressourcenbedingten Abschwungs und befinden uns damit in der Endzeit des fossilen Energiesystems. Es bleiben daher zwei Handlungsalternativen: die systemimmanente Überwindung der Krise durch die Rückkehr zu einem Gleichgewichtskurs, bei dem technische Innovationen eine entscheidende Rolle spielen müssten, oder die Erschließung eines neuen Energieträgers mit den entsprechenden revolutionären Konsequenzen. Welche Strategie sich hierbei endgültig durchzusetzen vermag, in welcher Konstellation, und ob es überhaupt zu einer Lösung des Problems kommen kann, ist aus historischem Blickwinkel gegenwärtig nicht absehbar. Ob von einem „nachfossilen" zukünftigen solaren Energiesystem der Industriegesellschaft zu sprechen sein wird, muss, auch im Hinblick auf dessen Implikation offen und fragwürdig bleiben.

Energiesysteme im Überblick nach Sieferle

1. Solarenergiesystem:
   Die absolute Energiemenge im unmodifizierten und modifizierten Solarenergiesystem ist durch natürliche Grenzen beschränkt. Durch technische Innovationen kann diese Grenze hinausgeschoben, aber nicht überschritten werden.
2. Fossiles Energiesystem:
   Das fossile Energiesystem durchbricht die natürliche Beschränkung des Solarenergiesystems. Die exponentielle Steigerung der verfügbaren Energiemenge erreicht ein Maximum, das durch die maximale Ressourcennutzung gegeben ist. Danach fällt die verfügbare Energiemenge durch Ressourcenverknappung exponentiell ab.
3. Nachfossiles Energiesystem der Industriegesellschaft:
   Ein solarbasiertes Energiesystem der Industriegesellschaft steht zur Diskussion. Ein Wechsel der energetischen Basis stellt sich als zwingend dar. Wege und Implikationen hierzu stehen im gesellschaftlichen Diskurs, bleiben allerdings in jedweder Hinsicht offen und einem Aushandlungsprozess der Gesellschaft unterworfen.

Literatur

Michael Braungart, William McDonough, Die nächste industrielle Revolution. Die Cradle to Cradle-Community, Hamburg 2009

Markus Cerman, Sheilagh C. Ogilvie (Hg.), Proto-Industrialisierung in Europa. Industrielle Produktion vor dem Fabrikzeitalter, Wien 1994

Deutscher Bundestag, Schlussbericht der Enquete-Kommission Globalisierung der Weltwirtschaft – Herausforderungen und Antworten, Bundesdrucksache 14/2350, 12.6.2002, S. 394

Ralf Fücks, Intelligent Wachsen. Die grüne Revolution, München 2013

Rolf-Jürgen Gleitsmann, Aspekte der Ressourcenproblematik in historischer Sicht, in: Friedrich-Wilhelm Henning, Harald Winkel (Hg.), Skripta Mercaturae. Zeitschrift für Sozial- und Wirtschaftsgeschichte 2 (1981), S. 33-89

Ders. (Hg.), Automobile Nachhaltigkeit und Ressourceneffizienz. Gestern – Heute – Morgen, Stuttgart 2013, S. 7-14

Ders., Strukturelle Nachhaltigkeit: Die Implikationen des Zentralressourcenmanagements des Siegerländer Montanwesens vom Spätmittelalter bis ins frühe 19. Jahrhundert. Ein Beitrag zur aktuellen Nachhaltigkeitsdiskussion und zur Geschichte des Siegerlandes, in: Geschichtswerkstatt Siegen (Hg.), Siegener Beiträge. Jahrbuch für regionale Geschichte 18 (2013), S. 51-89

Ders., „Wir wissen aber, Gott Lob, was wir thuen“: Erfinderprivilegien und technologischer Wandel im 16. Jahrhundert, in: Zeitschrift für Unternehmensgeschichte 30 (1985), H. 2/1985, S. 69-95

Armin Grunwald, Jürgen Kopfmüller, Nachhaltigkeit, 2. Aufl. Frankfurt am Main/New York 2012, S. 35-44

Heinz Haber, Unser Freund, das Atom, München 1958

Armin Hermann, Rolf Schumacher (Hg.), Das Ende des Atomzeitalters? München 1986

Tim Jackson, Wohlstand ohne Wachstum. Leben und Wirtschaften in einer endlichen Welt, Bonn 2012

Jacob Leupold, Theatrum machinarum, 11 Bde., Leipzig 1724–1735

Gerhard Löwenthal, Josef Hausen, Wir werden durch Atome leben, Berlin 1956

Dennis Meadows u. a., Die Grenzen des Wachstums. Bericht des Club of Rome zur Lage der Menschheit, Reinbek 1972

Museum der Arbeit (Hg.), Das Paradies kommt wieder […] Zur Kulturgeschichte und Ökologie von Herd, Kühlschrank und Waschmaschine, Hamburg 1993

Günther Oetzel, Die nächste industrielle Revolution, in: Rolf-Jürgen Gleitsmann, Jürgen E. Wittmann (Hg.), Automobile Nachhaltigkeit und Ressourceneffizienz, Stuttgart 2014, S. 193-216

Barbara Orland, Wäsche Waschen. Technik- und Sozialgeschichte der häuslichen Wäschepflege, Reinbek 1991

Niko Paech, Befreiung vom Überfluss. Auf dem Weg in die Postwachstumsökonomie, 2. Aufl., München 2012

Joachim Radkau, Ingrid Schäfer, Holz. Ein Naturstoff in der Technikgeschichte, Hamburg 1987

Ders., Holz. Wie ein Naturstoff Geschichte schreibt, München 2007

Mario Schmidt, Die Bedeutung der Effizienz für Nachhaltigkeit, Chancen und Grenzen, in: Axel Schaffer, Jürgen Giegrich, Nachhaltigkeitsdebatte, Baden-Baden 2008

Rolf Peter Sieferle, Der unterirdische Wald. Energiekrise und Industrielle Revolution, München 1982

Ders., Industrielle Revolution und die Umwälzung des Energiesystems, in: Theo Pirker, Hans Peter Müller, Rainer Winkelmann (Hg.), Technik und Industrielle Revolution. Vom Ende eines sozialwissenschaftlichen Paradigmas, Opladen 1987, S. 147-158

Werner Sombart, Der moderne Kapitalismus, Bd. 2, Das europäische Wirtschaftsleben im Zeitalter des Frühkapitalismus, Darmstadt 1969

Oliver Stengel, Suffizienz. Die Konsumgesellschaft in der ökologischen Krise, München 2011

Holger Strohm, Politische Ökologie. Arbeitsmaterialien und Lernmodelle für Unterricht und Aktion, Reinbek 1979

5.1.3 Zeitenwende - das 1950er Jahre Syndrom: Christian Pfister

In welchem Ausmaß Periodisierungsmodelle in der Geschichtswissenschaft, speziell der Technikgeschichte, an aktuellen öffentlichen Diskursen ausgerichtet sind, ist aus dem Vorstehenden bereits deutlich geworden. Einen Schritt weiter als andere Autoren ging der Berner Wirtschafts- und Umwelthistoriker Christian Pfister, Jahrgang 1944, als Herausgeber des Sammelbandes „Das 1950er-Jahre-Syndrom. Der Weg in die Konsumgesellschaft“. (Pfister 1996) Das umweltpolitische Engagement der Autoren äußerte sich bereits in der Titelwahl. „Der Begriff ‚Syndrom‘ bezeichnet in der Medizin ein Krankheitsbild, welches durch das Auftreten einer Gruppe von Symptomen charakterisiert ist.“ (Pfister 1996, S. 22) Einen offiziellen politischen Anspruch erhielt der Sammelband durch ein Vorwort des für Umweltfragen zuständigen Schweizer Bundesrates Adolf Ogi, das nicht weniger provokativ gehalten war und zur Umweltproblematik konstatierte: Genügend Fakten lägen auf dem Tisch – jetzt müsse gehandelt werden.

Die technikhistorische Analyse der Autoren des von Pfister herausgegebenen Sammelbandes trat mit der Zielsetzung an, bei einem notwendigen Prozess gesellschaftlicher Bewusstseinsbildung mitzuwirken. Auch in Bezug auf die bei der Darstellung des energetischen Periodisierungsmodells von Sieferle angesprochenen Fragen nach den möglichen menschlichen, politischen und gesellschaftlichen Handlungsoptionen angesichts einer existenziellen Krise bezogen die Schweizer Autoren eindeutig Stellung. Sie konstatierten zunächst zwei grundsätzliche Positionen zur Ausgangssituation aller weiteren Überlegungen. Zum einen die Unterschätzung der Rohstoff- und Umweltproblematik, zum anderen die prinzipielle Überschätzung der Möglichkeiten von Naturwissenschaften und Technik, Entscheidendes zur Problemlösung beitragen zu können. Die globale Dimension der Umweltkrise, so die Autoren, unterscheide diese zudem fundamental von allem Vorherigen in der Menschheitsgeschichte und lasse sich deshalb nicht mit der Übergangsphase, bzw. -krise zwischen Agrar- und Industriegesellschaft vergleichen. Man habe es mit einer historischen Einmaligkeit zu tun.

Pfister lehnte sich zwar in gewisser Weise an Sieferles These an, dass das Energiesystem einer Gesellschaft die Grundlage der materiellen Produktion darstelle und demzufolge dieses Kriterium als historisches Periodisierungskriterium herangezogen werden könne. Allerdings setzten Pfister und seine Arbeitsgruppe dennoch deutlich andere Prioritäten. Zunächst ging es ihnen darum, ihre Syndromthese durch Fakten zu legitimieren. Anhand der Schweiz, als Beispiel eines hoch industrialisierten Landes, sowie anhand empirischen Materials, listeten die Autoren folgende Parameter als Indikatoren für die Syndromtheorie auf:

- Energieverbrauch,
- Bruttoinlandsprodukt,
- Flächenbedarf für Siedlungen,
- Abfallvolumen, Bestandszahlen von ausgewählten Konsumgütern,
- Schadstoff Ausstoß von CO_2, Methan, NO_x und FCKW,
- Schadstoffbelastung von Luft, Wasser und Boden.

Als zeitlichen Bezugsrahmen wählten die Autoren aufgrund des zur Verfügung stehenden empirischen Materials das 20. Jahrhundert. Bei der Gegenüberstellung der absoluten Zahlen und dem Vergleich der Grafiken fiel eine frappierende Übereinstimmung in allen genannten Parametern auf. Im Jahrzehnt von 1950 bis 1960 trat bei allen Parametern eine signifikante Wachstumsbeschleunigung ein, die deutlich von allem abstach, was davor oder danach zu verzeichnen war. Es war in dieser Phase der Übergang zu einem exponentiellen Wachstumspfad festzustellen. Aus diesem Befund leitet Pfister die Bezeichnung der 1950er Jahre als „Sattelzeit" ab. Das heißt, dieses Jahrzehnt wurde anhand der empirischen Befunde als Übergangsphase zwischen der klassischen Industriegesellschaft und der heute existierenden postindustriellen Gesellschaftsformation interpretiert. Zur Charakterisierung dieser wird von Pfister der Begriff „Konsumgesellschaft" vorgeschlagen, der eine zeitliche mit einer komplexen inhaltlichen Komponente verknüpft und damit den bisherigen begriffsinhaltlich geprägten Charakterisierungen wie Freizeit-, Risiko-, Mobilitätsgesellschaft usw. vorzuziehen sei. Begründet wird dies damit, dass die Begrifflichkeit „Konsumgesellschaft" im übergeordneten Sinne all jene Teilbereiche mit beinhalte, und damit all das einbeziehe, was in den bisherigen Teilaspektbenennungen nicht zum Ausdruck kommen konnte. Dass Pfister bei seinem Periodisierungsmodell zwar zwischen Industriegesellschaft und Konsumgesellschaft unterscheidet, nicht jedoch ins Auge fasst, dass auch die Konsumgesellschaft sich längst nicht mehr als homogene Einheit darstellte, muss verwundern. Erweiternd hätte hier der Begriff der „Massenkonsumgesellschaft" als geeignetes Kriterium der zu beschreibenden, bzw. beschriebenen Entwicklung eingeführt werden müssen. Zudem ist die Frage zu stellen, ob nicht die von Joachim Radkau vorgeschlagene Terminologie der „Wegwerfgesellschaft" sowohl den technologischen Stil der Zeit nach 1950 als auch den individuellen, wie gesellschaftlichen Mentalitätswandel noch treffender umschreibt. (Radkau 1990, S. 358)

Bevor Pfisters Definition der Konsumgesellschaft in den Blick genommen werden kann, ist es sinnvoll, zunächst zu klären, was die 1950er Jahre als revolutionäre Umbruchzeit mit fundamentaler Bedeutung auszeichnet. Für Pfister ist hier das Kriterium der „Energieverfügbarkeit" von zentraler Bedeutung. Im Kern geht es dabei um eine weitere Differenzierung des Modells des fossilen Energiesystems, wie es von Sieferle entwickelt worden war. Sie wird geprägt von der Unterscheidung zwischen den Energieträgern Steinkohle und Erdöl. Zwischen diesen bestünde demnach ein fundamentaler Unterschied, und zwar hinsichtlich der Verfügbarkeit und der hierzu aufzuwendenden Kosten, was sich in der Begrenzung von ökonomisch-gesellschaftlichen Wachstumspotentialen niederschlägt.

Hatte die Nutzung der Steinkohle theoretisch auch die Möglichkeit geboten, spontan über eine „unendliche" Energiemenge zu verfügen, standen dem doch die Kosten der Kohleförderung und des Kohletransports entgegen. Die Energieverfügbarkeit war damit nach wie vor begrenzt und blieb eine Funktion der Förder- und Transportkosten. Damit stand die Industriegesellschaft weiterhin unter dem „Paradigma der Sparsamkeit", das eine Recycling-Mentalität in der Wirtschaft und den Privathaushalten hervorbrachte und damit der unbegrenzten Freiheit des Konsums entgegenstand. Die endgültige Befreiung der Wachstumsgesellschaft von diesen noch vorhandenen Restriktionen ihrer zukünftigen Entwicklung bedeutete erst der Zugriff auf die globalen Erdölreserven in der Nachkriegszeit. Mit dieser Zugriffsmöglichkeit entkoppelte sich der Energiepreis vom Anstieg der allgemeinen Lebenshaltungskosten. Damit ergibt sich folgende Ursache des 1950er-Jahre-Syndrom:

> „Der Preisverfall für fossile Energieträger, der in den fünfziger Jahren einsetzte und mit Unterbrechungen bis heute [Mitte der 1990er Jahre, d. Verf.] anhält, hat die Ausgestaltung von Wirtschaft und Gesellschaft entscheidend mitgeprägt. Insbesondere ist er verantwortlich für den verschwenderischen Umgang mit fossilen Energieressourcen und damit für einige der bedrohlichsten Umweltprobleme, mit denen wir heutigen und die Generationen nach uns konfrontiert sind: verstärkter Treibhauseffekt, Ozonloch, Luftverschmutzung." (Pfister 1996, S. 27)

Das bisher einmalige und revolutionäre an der in den 1950er Jahren einsetzenden Erdölwirtschaft war demnach die Entkoppelung des Energiepreises von denen der Lebenshaltung und den Kosten für Arbeit. Die Kapitalstrategie einer möglichst weitgehenden Automation von Arbeitsprozessen erhält erst durch einen weitgehend vernachlässigbaren Energiekostenfaktor ihre innere Logik. Mit dieser angedeuteten Veränderung wirtschaftlichen Denkens und Handelns eröffnet sich die dominante Perspektive des 1950er-Jahre-Syndroms. Im Gefolge einer preiswert verfügbaren Energie vollzog sich ein Wandel der Lebensweise und der Wertprioritäten. Die eigentliche Revolution vollzog sich auf dem Gebiet der gesellschaftlichen Mentalitäten und begründete das Dogma der Unbegrenztheit des Wachstums der Konsumgesellschaft. Das 1950er-Jahre-Syndrom konstituiert sich.

In der folgenden Tabelle sind die Hauptcharakteristika von Industrie- und Konsumgesellschaft einander vergleichend gegenübergestellt (Pfister 1996, S. 26) Deutlich distanzieren sich die Autoren um Pfister dabei allerdings von einer rückwärtsgewandten Romantisierung der Agrar- und Industriegesellschaft. Es geht nicht um ein Zurück zur Natur, sondern um ein Vorwärts zur Natur. (Radkau 1990, S. 349)

	Industriegesellschaft (1850–1950/60)	**Konsumgesellschaft (seit 1950/60)**
Aufbau der Gesellschaft	Hierarchisch, geschichtet	Verinselt, in Lebensgruppen
Zentrale Werte	Pflichterfüllung, Sparsamkeit, Arbeit	Selbstverwirklichung, Genuss, Konsum
Schlüsselenergieträger	Kohle	Erdöl und Erdgas
Relative Energiepreise	Mit Lebenskosten steigend	Langfristig sinkend
Hauptverkehrsmittel	Eisenbahn, Fahrrad	Auto, Flugzeug
Siedlungsentwicklung	Verdichtet, in Städten und Agglomerationen	Flächenhaft, im Einzugsgebiet von Autobahnen
Einkauf	Dezentral, in Quartierläden und auf lokalen Märkten	Zentral, im Supermarkt
Mobilität	Kleinräumig, regional; gering	Weiträumig, interkontinental; hoch
Landwirtschaft	Arbeitsintensiv, naturnah	Rationalisiert, maschinisiert, chemisiert
Umweltverhalten	Ressourcenschonend: Reparatur- und Recycling-Mentalität	Umweltbelastend bei wachsendem Umweltbewusstsein
Umweltprobleme	In Verdichtungsräumen, vorwiegend reversibel	Großräumig-global, zum Teil irreversibel

Der bereits zuvor erwähnte Aspekt, dass jedes Periodisierungsmodell der Geschichtswissenschaft zugleich auch eine Aussage über aktuelle Interessenlagen der Gegenwart enthält, wird auf dem Gebiet des Mensch-Umwelt-Verhältnisses evident. Es gibt nahezu keinen Autor, der angesichts seiner historischen Umwelt(technik)studien nicht zu dem Ergebnis gelangen würde, dass eine Veränderung dieses Verhältnisses aktuell auf der Tagesordnung steht. Pfister geht noch einen Schritt weiter und formuliert aus der Analyse der Vergangenheit ein konkretes Programm für die Gegenwart und die Zukunft. Da das von ihm postulierte Syndrom seine Ursache in einer sich öffnenden Preisschere zwischen Energie einerseits sowie Lebenshaltung und Arbeit andererseits hat, ist eine Korrektur und damit „gesellschaftliche Gesundung" nur über den absoluten und relativen Preis von Energie möglich. Anders ausgedrückt: Energie muss so teuer werden, wie sie es eigentlich ist. Pfister führt in diesem Zusammenhang den Begriff des „volkswirtschaftlich richtigen Preises" ein, der nicht nur die Kosten der Beschaffung im engen Sinne, sondern eben auch die durch die Energienutzung verursachten Kosten der Umweltnutzung und der Ressourcenverknappung einbezieht. Der Weg in eine nachhaltig orientierte Post-Konsumgesellschaft führt über Bewusstseinsbildung und finanzielle Belastungen von Verbrauchern und Wirtschaft. Steuerinstrument sollte nach Ansicht der Autoren eine CO_2-Lenkungsabgabe sein. Eine Forderung, die 25 Jahre nachdem sie von Pfister erhoben wurde, 2021 in der Bundesrepublik zur Realität geworden ist. Ob dies allerdings die Dimension einer nationalen Symbolpolitik mit zudem unkalkulierbaren Folgen übersteigen kann, muss offenbleiben. Die globale Dimension der Problematik sollte dabei keineswegs aus dem Focus geraten: „Der deutsche CO_2-Automobil-Ausstoß entspricht anteilig am weltweiten Ausstoß etwa einer Briefmarke in einer 120 Quadratmeter großen Wohnung." (Interview Pforzheimer Zeitung 2021)

Literatur

Interview mit Thomas Rudel, Rutronik Elektronische Bauelemente GmbH, in: Pforzheimer Zeitung Nr. 105, 8.5.2021, S. 11.

Christian Pfister (Hg.), Das 1950er-Jahre-Syndrom. Der Weg in die Konsum-gesellschaft, Bern/Stuttgart/Wien [2]1996

Joachim Radkau, Umweltprobleme als Schlüssel zur Periodisierung der Technikgeschichte, in: Technikgeschichte 57 (1990), S. 345-361

Jörn Sieglerschmidt (Hg.), Der Aufbruch ins Schlaraffenland. Stellen die Fünfziger Jahre. Eine Epochenschwelle im Mensch-Umwelt-Verhältnis dar?, Mannheim 1995

5.1.4 Der Mensch im Produktionsprozess als technikhistorisches Periodisierungsmodel: Akoš Paulinyi und Karl Marx

Das Wesen der Industriellen Revolution beschäftigt Historiker und Ökonomen seit jeher, auch wenn festzuhalten ist, dass trotz aller intellektueller Bemühungen nach wie vor keine letztendlich verbindliche Interpretation präsentiert werden konnte. Der im 18. Jahrhundert einsetzende Transformationsprozess löste die bisherigen Gesellschaften des Mangels ab und eröffnete Technik, Wirtschaft und Gesellschaft völlig neue Perspektiven. Die klassische Antwort auf die Frage, wie es denn zu einer Industriellen Revolution und damit zu einem völligen Umkrempeln der bisherigen Produktions- und

Gesellschaftskonfigurationen kommen konnte, hat unzählige Historiker zu verschiedenartigsten Erklärungsversuchen ermutigt. (Zusammenfassend: Kiesewetter 1996; Buchheim 1994; Mokyr 1999; Paulinyi 1989; Porter 1998) Dies führte zu unterschiedlichen Interpretationen, auf die an dieser Stelle allerdings nicht eingegangen werden soll. Einig war man sich dabei allerdings nur in einer Hinsicht, nämlich dahingehend, dass es sich bei der Industriellen Revolution um eine menschheitsgeschichtlich fundamentale Umbruchphase handelte, die von ihrer Bedeutung her einzig in der Neolithischen Revolution eine vergleichbare Entsprechung besaß.

Das Wesen der Industriellen Revolution bestand, wenn man von all den präsentierten und höchst differenzierten kleinteiligen Erklärungsversuchen abstrahiert, dann darin, dass von zentraler Bedeutung gewesen sei, das solare Energiesystems zu überwinden und zugunsten der Nutzung fossiler Energieträger zu verlassen. Dies war die letztendliche Ursache des durch die Industrielle Revolution ausgelösten revolutionären Wandels in allen Lebensbereichen. Im historischen Rückblick ist auffällig, dass es immer wieder die Dampfmaschine war, die bevorzugt als Fanal der Neuen Zeit hervorgehoben wurde, und zwar ganz im Sinne einer neuartigen, revolutionären Energieumwandlungstechnik auf der Basis des fossilen Energieträgers Steinkohle. Zwar relativierten regionale Studien zu den Durchsetzungsprozessen der Industriellen Revolution diese „euphorische Überbewertung der Dampfmaschine“. (Paulinyi 1990, S. 302) Stattdessen zeigten sie, dass die Verbreitung der Dampfmaschine innerhalb der Produktion ein äußerst langwieriger und z. T. reversibler Prozess war. (Radkau 1989) Dennoch blieb die Dampfmaschine das Symbol für eine „Neue Zeit“ und den Wandel von der solaren zur fossilen Energiegesellschaft.

Damit aber war die Frage nach dem grundlegenden Merkmal der technischen Neuerungen in der Industriellen Revolution neu zu stellen. Paulinyi widersprach der These, dass die „Energietechnik“ der entscheidende Auslöser für die technische Entwicklung gewesen sei. Diese Erkenntnis ist von fundamentaler Bedeutung für jene historischen Periodisierungsmodelle, die, wie von Sieferle vertreten, auf die zentrale Bedeutung des energetischen Systems zur Periodisierung der Menschheitsgeschichte gesetzt hatten. Paulinyi bestritt diesen Ansatz vehement: „Diese Studie widerspricht der These, daß der entscheidende Faktor für die technische Entwicklung die Energietechnik gewesen sei.“ (Paulinyi 1990, S. 299) Stattdessen postulierte er, dass es die Stoffumformungstechnik gewesen sei, der die zentrale Rolle zukomme: „Ihre Entwicklung scheint das geeignetste technologische Merkmal nicht nur dafür zu sein, um den zentralen Wendepunkt, den Übergang von der Hand-Werkzeug- zur Maschinen-Werkzeug-Technik in der Industriellen Revolution zu markieren, sondern auch dafür, die verschiedenen Stufen innerhalb dieser beiden Grundepochen der Technikgeschichte festzustellen.“ (Ebd.) Mit dieser Position griff Paulinyi Analyseansätze wieder auf, die bereits Karl Marx verfochten hatte.

Zwar hatte Marx in seinen Frühschriften zunächst noch die These vertreten, dass die Dampfmaschine als Auslöser der Industriellen Revolution anzusehen sei. Diese Auffassung hatte er allerdings nach der Lektüre des technologischen Schrifttums seiner Zeit revidiert. Hierdurch gelangte er zu der Überzeugung, dass die Dampfmaschine nicht Auslöser, sondern nur notwendige Konsequenz der Veränderungen im industriellen Produktionsprozess war. Sie war es, die zwar nicht die Industrielle Revolution auslöste, aber in deren fortgeschrittenem Stadium als Kraftmaschine dafür sorgte, dass die „organischen Schranken" der Produktion überwindbar wurden. Das klassische Beispiel hierfür ist der Einsatz von Dampfmaschinen in den Web- und Spinnfabriken mit ihren zahlenmäßig immer gewaltigere Ausmaße annehmenden Arbeitsmaschinen. Für die Spinnereien bedeutete dies z. B., dass mit Hilfe der Dampf-Kraft-Maschine nun statt bisher einiger hundert einige tausend Spindeln gleichzeitig bewegt werden konnten. Paulinyi greift die Grundthese von Marx auf und schließt sich dessen Erkenntnisinteresse an: „Er [Marx, d. Verf.] wollte wissen, wo genau der Beginn der Umwälzung der Technik lag." (Paulinyi 1998, S. 11)

Für die Epocheneinteilung bedeutet dies, dass Paulinyi die bisherigen Periodisierungsmodelle verwarf, und stattdessen vorschlug, für den Produktionsprozess zwei grundlegende Prinzipien zu unterscheiden und zur Maßgabe für technikhistorisch relevante Periodisierungsmodelle zu machen, nämlich die Hand – Werkzeugtechnik einerseits und die Maschine-Werkzeug-Technik andererseits. „Um dem Ziel [...] das grundlegendste technische Merkmal der technischen Neuerungen in der industriellen Revolution näher zu kommen, habe ich versucht festzustellen, welche technischen Handlungen [...] in allen historischen Epochen quantitativ vorherrschten. Es scheinen ganz eindeutig jene gewesen zu sein, die der Mensch zwecks *Gewinnung von Stoffen und ihrer Verarbeitung* mit technischen Artefakten und Verfahren durchführt." (Paulinyi, ebd., S. 304)

Technikepochen nach Paulinyi

Hand – Werkzeug – Technik
Maschine – Werkzeug – Technik

Zu diesem Zweck nähert er sich zunächst der Definition von Begriffen wie Maschine und Produktion. Eine Maschine definierten Marx/Paulinyi als ein Maschinensystem, wobei sie drei Komponenten unterschied: die Kraftmaschine, die Arbeitsmaschine und den Transmissionsmechanismus. Dabei ist zunächst unerheblich, aufgrund welcher Energieform die Kraftmaschine die Arbeitsmaschine antreibt (Wasserkraft, Muskelkraft, Windkraft, Dampfkraft usw.) Zum entscheidenden Moment des Maschinenensembles wird der konkrete Produktionsschritt, der durch die Arbeitsmaschine ausgeführt wird.

Produktionstechnik, d. h. ein technisches System, hat als Grundfunktion die Verarbeitung bzw. Umwandlung von Stoffen, Energie und Information. Damit sind grundsätzlich alle möglichen Funktionsweisen von technischen Systemen beschrieben. Paulinyi interessiert sich dabei speziell für die Stoffverarbeitung, der er den größten quantitativen Umfang aller technischen Handlungen zuweist, d. h. Technik ist dominante Stoffverarbeitung. Diese unterteilt er weiter in Stoffumwandlung und Stoffformung. Die Stoffformung ist dabei das bestimmende Element technischer Systeme: „Von ihrem Niveau ist die erreichbare Entwicklungsstufe der gesamten Technik, ihre Vielfalt und Qualität abhängig". (Paulinyi 1990, S. 307)

Funktion Technischer Sachsysteme (Günter Ropohl)

Input

Information	Stoff	Energie

Technisches Sachsystem (Umwandlung)

Output

Information	Stoff	Energie

Das grundlegende Merkmal der Industriellen Revolution muss sich also, so der Gedankengang von Paulinyi, auf dem Gebiet der Stoffformung zeigen. Nicht das, was produziert wird, also das Produkt als solches, ist von entscheidender Bedeutung, sondern wie es erzeugt wird, also der Produktionsprozess. Betrachtet man den Produktionsprozess, so hat man es nach Paulinyi grundsätzlich mit folgender Situation zu tun:

- mit dem Arbeiter, oder abstrakter formuliert mit der Wissen verarbeitenden Instanz,
- dem Arbeitsmittel (z. B. Werkzeug), sowie
- dem Arbeitsgegenstand (z. B. dem Werkstück).

Im Produktionsprozess wird ein Arbeitsmittel bedient, wobei dieses auf einen Arbeitsgegenstand einwirkt. In einem handwerklichen Arbeitsprozess bedient ein Mensch ein Werkzeug und bearbeitet damit einen Gegenstand. Im industriellen Produktionsprozess bedient ein Mensch eine Maschine, die mit Hilfe von Arbeitsmitteln den Arbeitsgegenstand bearbeitet. Diese Art von Maschine wird als Arbeitsmaschine oder im Spezialfall als Werkzeugmaschine bezeichnet. Das entscheidende Kriterium dieser Maschine ist das Ersetzen der menschlichen Arbeit. Dabei ersetzt die Arbeitsmaschine nicht nur die physische Einwirkung des Menschen. Der Mensch überträgt auf die Arbeitsmaschine ebenfalls sein Wissen um die Durchführung des Arbeitsprozesses. „Die Werkzeugmaschine ist also ein Mechanismus, der nach Mitteilung der entsprechenden Bewegung mit seinen Werkzeugen dieselbe Operation verrichtet, welche früher der Arbeiter mit ähnlichen Werkzeugen verrichtete." (Marx 1973, S. 394) Als entscheidende Schlüsselinnovation der Industriellen Revolution identifizierte Marx die Arbeitsmaschine, die das Vorherrschen von Handarbeit durch dasjenige von Maschinenarbeit ersetzt. Überzeugendes Beispiel hierfür ist der sog. Maudsley-Support. Dabei handelt es sich um eine Drehmaschine zur spanabhebenden Bearbeitung von Werkstücken. Mittels Maudsley-Supports ist die Bearbeitung eines Werkstückes mithilfe eines spanabhebenden Werkzeuges (Meißel) möglich, der in einen sich automatisch vorwärts bewegenden ‚Schlitten' eingespannt ist. Dieser Vorgang ist vom Können des ehemals an der Drehbank dominant tätigen (Fach-)Arbeiters abgekoppelt. Die Arbeitsmaschine ersetzt den Arbeiter. Die folgende Abbildung 9 zeigt eine zeitgenössische Darstellung des Maudsley-Supports. Hieran wird das Gesagte augenfällig deutlich, nämlich das Ersetzen der Handarbeit durch Maschinenarbeit.

Abb. 9: Die handwerkliche Fertigkeit des Drehers (im linken Bildteil dargestellt) wird durch die Arbeitsmaschine von Henry Maudsley (1771–1831) ersetzt.

Zudem wird noch zweierlei klar, was den Übergang zur Verwendung von Arbeitsmaschinen bewirkte: Erstens eine Arbeitserleichterung, und zwar in dem Sinne, dass die physische Belastung des Arbeiters reduziert wird. Die propagandistische, keineswegs wertneutrale Darstellung der neuen Technik macht klar, dass aus einer extrem belastenden physischen Arbeit quasi ein Vergnügen geworden ist, das der Arbeiter nebenbei erledigen kann. Zweitens aber wird auch deutlich, wie sich die Stellung des Arbeiters im Produktionsprozess verändert. Der erste Arbeiter führt den Arbeitsprozess selbständig auf der Grundlage seines individuellen Könnens aus. Um ein Werkstück auf diese Weise an der Drehbank zu bearbeiten, ist eine langwierige Ausbildung, eine erhebliche Erfahrung und großes Können unabdingbar. Die Bedienung des Maudsley-Supports verlangte im Idealtypus dagegen weder Ausbildung noch Erfahrung bzw. Können. Beides ist auf die Maschine übergegangen, also ihr übertragen worden.

Mit der Hilfe dieser Arbeitsmaschine und ihres Supports war jetzt folgendes möglich:

- Produktion von hochpräzisen Maschinenteilen
- Unabhängigkeit von der Erfahrung eines Facharbeiters
- Arbeitsprinzip (Übertragung auf andere Arbeitsformen und Arbeitsprozesse)

Die Formveränderung von Stoffen mittels Arbeitsmaschinen (Werkzeugmaschine) wird damit zum wesentlichen, zum entscheidenden Merkmal der Industriellen Revolution, nicht die Kraftmaschine in Form der Dampfmaschine! Am Ende dieser Überlegungen lassen wir noch einmal Karl Marx mit seiner eigenen Formulierung zu Wort kommen, der die Quintessenz der Industriellen Revolution zusammenfasst: „Die große Industrie musste sich also ihres charakteristischen Produktionsmittels, der Maschine selbst, bemächtigen und Maschinen durch Maschinen produzieren." (Marx 1973, S. 405) In den Schlussfolgerungen von Paulinyi bedeutete dies, dass die Industrielle Revolution in technologischer Hinsicht nichts anderes darstellte als den „[...] Übergang von soziotechnischen Systemen der Hand-Werkzeug-Technik zum System der Maschinen-Werkzeug-Technik." (Paulinyi 1990, S. 306) Daraus schlussfolgerte er: „Die beiden anhand des Kriteriums [...] bestimmten technologisch grundlegend verschiedenen Techniken der Formveränderung (Hand-Werkzeug-Technik und Maschinen-Werkzeug-Technik) und ihr Stellenwert im Gesamtsystem der Technik ergeben zwei Epochen der Technikgeschichte." (Ebd., S. 308) Zwar räumt Paulinyi ein, dass dies von den Zeitspannen seiner Betrachtung her nichts Neues sei, und „die beiden, aufgrund der Technik der Stoffumformung bestimmten Grundepochen nur ein grobes Raster seien, welches der Verfeinerung bedürfte", (ebd.) doch er zeigt im Weitern, dass dieses Modell der Periodisierung grundsätzlich auf sämtliche Epochen der Menschheitsgeschichte übertragen werden könne. Als Beleg hierfür verweist er auf technische Innovationen, die sich zwischen dem 13. und 15. Jahrhundert vollzogen und hält fest, „[...] dass wir es zwischen dem 13. und 15. Jahrhundert mit einem Schub in der technischen Entwicklung zu tun haben, der das System der Hand-Werkzeug-Technik zur vollen Entfaltung gebracht hat." (Ebd., S. 311) Diese Analyse deckt sich mit Erkenntnissen, die Dieter Hägermann und Karl-Heinz Ludwig gewonnen und in ihrer Studie „Verdichtung von Technik als Periodisierungsindikatoren des Mittelalters" ausgeführt hatten. (Hägermann, Ludwig 1990) Zusammenfassend kommt Paulinyi im Hinblick auf das von ihm vorgeschlagene technikhistorische Periodisierungssystem mit dem Zentralkriterium einer Unterscheidung zwischen Hand-Werkzeug-Technik und Maschinen-Werkzeug-Technik zu folgendem Ergebnis:

> „Gegenüber den vorhandenen energietechnischen Periodisierungsmodellen gewährleistet dies Kriterium nicht nur eine Festlegung der großen Epochen, sondern auch ihre Untergliederung in Perioden und Etappen eben deshalb, weil die Stofftechnik und in ihr die Formveränderung von Stoffen das Rückgrat allen technischen Schaffens vom Menschwerden bis heute war und ist. Sie scheint mir von besonderem Vorteil für Längsschnitte der Technikgeschichte zu sein, sie könnte dazu beitragen, die technische Entwicklung mehr raumübergreifend zu betrachten, Kausalketten und Determinanten sowie Wechselwirkungen zwischen Stoff-, Energie- und Informationstechnik in der Entwicklung der Vergangenheit und Gegenwart sachgerechter festzustellen und die Frage nach dem ‚Wie und Warum' Sachen so und nicht anders gemacht werden anstelle der Beschreibung von Artefakten in den Mittelpunkt rücken." (Paulinyi 1990, S. 312)

Literatur

Christoph Buchheim, Industrielle Revolution. Langfristige Wirtschaftsentwicklung in Großbritannien, Europa und in Übersee, München 1994

Dieter Hägermann, Karl-Heinz Ludwig, Verdichtung von Technik als Periodisierungsindikatoren des Mittelalters, in: Technikgeschichte 57 (1990), H. 4, S. 315-328

Hubert Kiesewetter, Das einzigartige Europa. Zufällige und notwendige Faktoren der Industrialisierung, Göttingen 1996

Karl Marx, Maschinerie und große Industrie, in: Das Kapital, Bd. 1, Kap.13, Berlin 1973 (MEW, Bd. 23), S. 391-407

Joel Mokyr (Ed.), The British Industrial Revolution. An Economic Perspektive, Boulder 1999

Akoš Paulinyi, Die Entwicklung der Stoffumformungstechnik als Periodisierungskriterium der Technikgeschichte, in: Technikgeschichte 57 (1990), S. 299-314

Ders., Industrielle Revolution. Vom Ursprung der modernen Technik, Reinbek 1989

Ders., Karl Marx und die Technik seiner Zeit, Mannheim 1998 (LTA-Forschung, 26)

Roy Porter, Mikulas Teich, Die Industrielle Revolution in England, Deutschland und Italien, Berlin 1998

Joachim Radkau, Technik in Deutschland, Frankfurt am Main 1989

Günter Ropohl, Eine Systemtheorie der Technik. Zur Grundlegung der Allgemeinen Technologie, München/Wien 1979

5.2 Technotopgeschichte im thematischen Überblick

5.2.1 Konsumwelten

> „Die bisherigen Fortschritte der Welt waren von einer starken Vermehrung der täglichen Gebrauchsgegenstände begleitet. In dem Hinterhof eines amerikanischen Wohnhauses befinden sich durchschnittlich mehr Gerätschaften, mehr verarbeitete Materialien, als in dem gesamten Gebiet eines afrikanischen Herrschers. Ein amerikanischer Schulbub ist im allgemeinen von mehr Sachen umgeben, als eine ganze Eskimogemeinde. Das Inventar von Küche, Speisezimmer, Schlafstube und Kohlekeller stellt eine Liste dar, die selbst den luxuriösesten Potentaten vor 500 Jahren in Erstaunen versetzt haben würde." (Ford 1924, S. 313)

Die fortgeschrittene Industriegesellschaft markiert einen epochalen Wandel in der Menschheitsgeschichte. Aus einer Mangelgesellschaft entstand eine Gesellschaft im materiellen Überfluss. An die Stelle des Kampfes ums Überleben in den vormaligen Gesellschaften des Mangels trat nun ein sozialer Lebensentwurf, in dessen Zentrum der Konsum stand. Dieser langfristige gesellschaftliche Umstrukturierungsprozess setzte in den 1880er Jahren ein und beschleunigte sich fortwährend. Fließband, Rationalisierung und Massenproduktion wurden zu Schlagworten der Diskussion um die Moderne. Frederic Winslow Taylor (1856–1915) und Henry Ford (1863–1947) hießen die Propheten eines Wohlstands für alle. Mit ihren Namen verknüpfte sich nicht nur eine Revolution der Produktionsweise, sie standen ebenso für den Versuch einer Neudefinition sozialer Realität und menschlicher Verhaltensweisen. Technikgeschichte als Konsumgeschichte setzt sich zur Aufgabe, die materiellen Voraussetzungen und die sozialpsychologischen Veränderungsprozesse dieser Vorgänge aufzuzeigen. (Giedion 1948/1982; König 2000)

Der Begriff Konsumgesellschaft ging seit den 1960er Jahren in den allgemeinen Sprachgebrauch über. Er bezeichnet eine spezifische Form des sozialen Zusammenlebens und des individuellen Selbstverständnisses. (Vgl. Schramm 2020) Konsum wurde definiert als „das Kaufen, Gebrauchen und Verbrauchen/Verzehren von Waren eingeschlossen der damit in Zusammenhang stehenden Diskurse, Emotionen, Beziehungen, Rituale und Formen der Geselligkeit und Vergesellschaftung." (Sigrist 1997, S. 16) Konsum bezeichnet zugleich eine Kategorie wissenschaftlicher Erkenntnis und politischer Handlungszielsetzung, die sich dem Motto ‚Wohlstand für alle' verschrieben hatte. (Schramm 2020; Erhard 1957) Konsumgesellschaft umschreibt nicht den allgemeinen Tatbestand des Konsums als solchen, sondern eine bestimmte, zeitlich eingrenzbare kulturelle Form der Gestaltung von Konsumhandlungen. Zur Periodisierung der Konsumgesellschaft schlägt König ein vierphasiges Modell vor und unterscheidet hierbei:

- Phase I:
  Die Vorstufen der Konsumgesellschaft seit dem 18. Jahrhundert. Ein „Konsumismus" konstituiert sich, bleibt im Wesentlichen allerdings auf gesellschaftliche Eliten beschränkt; (vgl. auch Prinz 2003) Die zukunftweisende Warenproduktion in großen Mengen findet nicht mehr auf handwerklicher Basis statt, sondern in Manufakturen, deren Arbeitsorganisation auf Arbeitsteilung, Kooperation aber nach wie vor dem Vorherrschen von Handarbeit basiert;
- Phase II:
  Seit der zweiten Hälfte des 19. Jahrhunderts werden die Grundlage der heutigen Massenkonsumgesellschaft gelegt;
- Phase III:
  In den USA findet die Massenkonsumgesellschaft zwischen 1900 und 1940 eine weltweit erste Ausprägung, nunmehr auf der Basis der Fabrikproduktion von Waren, die arbeitsteilig, kooperativ und unter Vorherrschen von Arbeitsmaschinen hergestellt werden; sowie
- Phase IV:
  Die Europäisierung der Konsumgesellschaft ab 1945/50.

Konsumgesellschaft

„Von Konsumgesellschaft spricht man, wenn ein überwiegender Teil der Bevölkerung deutlich über die Grundbedürfnisse hinaus konsumiert. Dabei stehen neuartige, kulturell geprägte Konsumformen im Mittelpunkt, wie der ubiquitäre und omnitemporale Verzehr industriell hergestellter Lebensmittel, die Bekleidung mit modischer Massenkonfektion, das Wohnen in technisierten Haushalten, eine dramatisch gestiegene Mobilität und eine medial gestaltete Freizeit. Eine besondere symbolische Bedeutung gewinnen langlebige technische Konsumgüter wie Autos, Fernseher und Kühlschränke." (König 2003, S. 132)

Als besonders prägnanter Untersuchungszeitraum bot sich daher die Formationsphase der Konsumgesellschaft in den USA an, und zwar mit einer zeitlichen Schwerpunktsetzung zwischen den 1880er und den 1930er Jahren. Von Seiten der Produktion her basierte die Konsumgesellschaft auf der Fabrik und verband sich hier mit der Durchsetzung des Prinzips der Massenproduktion im Fließprozess. Dabei wurde das Fließband zum Symbol der neuartigen Organisation der Produktion. Statt qualifiziert ausgebildeter Facharbeiter waren hier nurmehr angelernte Hilfskräfte erforderlich, um einzelne Teilarbeitsschritte auszuführen. Der Mensch wurde, wie bereits Karl Marx konstatiert hatte, bei dieser gesellschaftlichen Produktionsweise zum fremdbestimmten Anhängsel der Maschine. In seinem Film „Moderne Zeiten" charakterisierte Charlie Chaplin 1936 in ironischer Art und Weise die Rolle des Arbeiters in diesem modernen Fabriksystem. Diese Innovation im Bereich der Produktivkräfte beschränkte sich in ihren Folgewirkungen allerdings keineswegs auf den arbeitenden Menschen allein. (Sinclair 1937; dt. 1985) Die arbeitsteilig organisierte Fließproduktion der Fabrik bildete die entscheidende Grundlage für exorbitante Produktivitätssteigerungen, eine damit einhergehende gigantische Ausweitung der produzierten Warenmengen, sowie die damit verbundene massive Senkung der Stückkosten. Auf diese Effekte hatte von Seiten der ökonomischen Theorie her bereits 1776 der schottische Moralphilosoph und Begründer der Nationalökonom Adam Smith († 1790) aufmerksam gemacht und in seinem berühmten „Stecknadelbeispiel" vorgerechnet, was dies bedeutete. (Smith 1776) Die Waren wurden preiswerter und damit erstmals auch für weite Bevölkerungskreise erschwinglich, die kapitalistische Marktwirtschaft setzte sich durch.

Das zeigt die Gegenüberstellung von Fahrzeugproduktion und Preisentwicklung aus der Frühphase der Ford Company. (vgl. die nachfolgende Tabelle)

Verhältnis von Produktion und Produktpreis des Ford Model T

Jahr	Preis	Produktion/ Fahrzeuge p. a.
1901/10	950 $	18.664
1910/11	780 $	34.528
1911/12	690 $	78.440
1912/13	600 $	168.220
1913/14	550 $	248.317
1914/15	490 $	308.213
1915/16	440 $	533.921
1916/17	360 $	785.432

(Henry Ford, Mein Leben und Werk, 1923)

Bei einer jährlichen Fahrzeugproduktion von über 2,2 Millionen Einheiten fiel der Preis schließlich für das einfachste Modell im Jahre 1923 dann von ursprünglich 1000 $ sogar auf 300 $. Mit dem nun erzeugten materiellen Überfluss verband sich eine Verschiebung menschlicher Bedürfnisse. Ein von seinen bisherigen Schranken entfesselter Konsum wurde zum Leitmotiv der Moderne. (Dipper 2010)

Eine Diagnose der gesellschaftlichen und individuellen Strukturen und historischen Entwicklungsprozesse muss sich somit zunächst dem Phänomen des Konsums zuwenden. Konsum, und vor allem dessen quantitative Entwicklungspotentiale, sind wiederum eng mit zwei Rahmenbedingungen verknüpft. Dies betrifft zum einen die realisierbaren Produktionskapazitäten, zum anderen den technischen Fortschritt selbst, von dem diese abhängig sind. Konsum wird damit zu einer Funktion von technischem Wandel und gesellschaftlichen Mentalitäten. Konsumiert werden kann nur das, was zuvor produziert wurde, und was produziert werden kann, ist abhängig vom technischen Know-how und damit dem technischen Inventar einer Gesellschaft.

Auf denselben Zusammenhang von Konsum, technischem Fortschritt und Produktion wird in der neueren technikhistorischen Literatur vermehrt hingewiesen. Sie reagiert damit auf ein Defizit der Technikgeschichte, Technik und Produktionsprozesse losgelöst von deren Anwendungen zu analysieren. Ulrich Wengenroth forderte deshalb 1997, „Konsum als bestimmende Größe tatsächlich realisierten ‚technischen Fortschritts'" zu betrachten.

(Wengenroth 1997, S. 1) Konsum tritt somit als eine kulturelle Aneignungsleistung gleichberechtigt neben die Produktion, welche bis dahin den bevorzugten Blickwinkel der Technikhistoriographie ausmachte. Während Wengenroth daraus vor allem eine Herausforderung an die Technikgeschichte ableitete, ging Wolfgang König noch einen Schritt weiter, indem er postulierte: „Produktion läßt sich nicht ohne Konsumtion, Konsumtion nicht ohne Produktion erklären. – Eine so verstandene Technikgeschichtsschreibung, welche Produktion und Konsumtion, Entstehung und Verwendung von Technik miteinander verbindet, rückt in das Zentrum der Geschichtswissenschaft überhaupt." (König 1993, S. 11) Mit dieser Formulierung griff König auf die Analyse der Technikgeschichte durch Werner Conze zurück, die am Anfang der „Modernen Technikgeschichte" stand. König forderte die Gleichberechtigung von Konsum und Produktion.

Zur Analyse der komplexen Wechselbeziehung von Konsum und Produktion bezog sich König dabei auf die Konsumtionstheorie von Karl Marx, die dieser in der „Einleitung zur Kritik der Politischen Ökonomie" im Jahr 1858 entwickelt hatte. Marx betonte die Identität von Produktion und Konsum je nach der durch die Analyse eingenommenen Perspektive. D. h.: Produktion ist das Spiegelbild der Konsumtion, und umgekehrt die Konsumption Spiegelbild der Produktion. Im übertragenen Sinne handelt es sich um die beiden Seiten ein und derselben Medaille. Diese auf den ersten Blick widersprüchlich erscheinende These wird im Detail plausibel. Jede Produktion umfasst im Prozess des Produzierens bereits einen zweifachen Konsum, nämlich den der eingesetzten Arbeitskraft und den der Produktionsmittel (Rohstoffe, Maschinengebrauch, Energie), die notwendig sind, um das Produkt zu erstellen. Der Konsumcharakter der Produktion erhält bei Marx allerdings noch eine entscheidende Weitung. Als subjektive – indirekte – Ebene des Konsums benennt Marx den Umstand, dass die Produktion den Gegenstand der Konsumtion determiniert. Dieser Gegenstand ist keineswegs ein neutrales Gebrauchsobjekt, sondern die Produkte besitzen Eigenschaften, die die Art und Weise ihrer Verwendung bis zu einem gewissen Umfang festschreibt. Das Produkt selbst impliziert die Form seines Gebrauchs. Daneben formen die Produkte durch ihre Existenz z. T. auch die Bedürfnisse der sie verbrauchenden Menschen. Das Vorhandensein – bzw. das Fehlen – bestimmter Produkte lenkt den Verbrauch in eine bestimmte Richtung, nämlich zu den Optionen der Produkte. Die Produktion schafft Bedürfnisse, die ohne ihre materielle Realität nicht entstanden wären. Dies heißt auch, dass ein vorhandenes Produkt seine Verwendung fordert. Für Marx schafft also erst die Produktion und ihr Ergebnis den Konsumenten. Marx bleibt allerdings nicht bei der Kausalität von Produktion sei Konsum stehen, sondern formuliert eine wechselseitige Beziehung. Erst im Akt des Konsumierens erfüllt das Produkt seine Zweckbestimmung und wird zu einem realen Produkt. Zuvor war es nur eine Option, also ein virtuelles Produkt. In der Form, in der die Produktion durch ihre Existenz den Konsum erst erzeugt, wirkt andererseits die Art des Konsums auf die Art der Produktion zurück. Produziert wird das, was erwartungsgemäß Objekt des Konsums werden kann.

Der Rückgriff auf die Überlegungen von Marx führte König zur Forderung nach einer Realgeschichte des Konsums. Die Methodik und das spezifische Instrumentarium der Technikgeschichte boten das Potential, die theoretischen Modelle des Verhältnisses von Konsum und Produktion auf ihren Realitätsgehalt hin zu hinterfragen. Die Realgeschichte des Konsums umfasste sowohl den sozialgeschichtlich ausgerichteten Aspekt der quantitativen Dimension des realen Technikkonsums wie auch die Perspektive der Verhaltensmodellierung der Menschen durch den realisierten Konsum. Für die Konsumgesellschaft proklamierte König zwei fundamentale Voraussetzungen, nämlich Zeit und Einkommen/Kaufkraft. Konsum bedarf disponibler Zeit, d. h. Freizeit und finanzieller Ressourcen. Beides wird im Rahmen eines gesellschaftlichen Aushandlungsprozesse zwischen Unternehmer- und Arbeiterschaft auf der Basis von Verteilungspotential schaffender Produktivitätssteigerung zur Verfügung gestellt. Dies war bereits einem der Pioniere der Massenkonsumgesellschaft, nämlich Henry Ford, vollauf bewusst. Er wusste, wie seine Autobiographie belegt, sehr wohl was er tat, wenn er seinen Fließbandarbeitern in etwa das Doppelte dessen bezahlte, was ansonsten in der amerikanischen Industrie üblich war. (Ford 1923) Auch sie sollten sich schließlich einmal einen Ford-T kaufen können. Um sich diesen Traum erfüllen zu können, mussten sie nur fleißig und sparsam sein. Henry Fords diesbezügliches Motto war schlicht, aber überzeugend: „One day – one Dollar, one year – one Ford."

Anhand der Entwicklung von Arbeitszeit und Urlaubsanspruch von Arbeitnehmern vermochte König zu zeigen, dass diese über zunehmend mehr Freizeit verfügten, obwohl sich dieser Trend nicht bis in die Gegenwart fortsetzte. Infolge des Prozesses der Globalisierung wurde die wöchentliche Arbeits- wie auch die Lebensarbeitszeit der Arbeitnehmer z. T. wieder auf das Niveau der 1970er Jahre gehoben. Ob dies sich nur als eine Unterbrechung des Langzeittrends der Arbeitszeitverkürzung herausstellen wird oder ob es sich um eine langfristige Trendumkehr handelt, wird sich erst zeigen müssen.

Aufgewandte Arbeitszeit/Produkt (Industriearbeiter)

	1950	**1959**
Nahrungsmittel		
Bohnenkaffee (1kg)	22 h 23 min.	6 h 25 min.
Mischbrot (1 kg)	23 min.	18 min.
Butter (1 kg)	4 h 13 min.	2 h 19 min.
Kleidung		
Herrenoberhemd	9 h 00 min.	5 h 14 min.
Schuhe	18 h 00 min.	10 h 42 min.

Technische Konsumgüter		
Rundfunkgerät	15 Arbeitstage (135 h)	13,5 Arbeitstage
Leichtmotorrad	56,5 Arbeitstage	21 Arbeitstage
Volkswagen	493 Arbeitstage	174 Arbeitstage

(Nach König 2000)

Eine parallele Entwicklung wie bei der Arbeitszeit ist auch für den Bereich des disponiblen Einkommens festzustellen. Der klare Trend, wie er sich z. B. anhand eines Vergleichs zu den 1950er Jahren herauskristallisierte, ist für die Gegenwart durchaus diffuser und differiert deutlich zwischen einem Niedriglohnsektor und den sonstigen Bereichen der Arbeitswelt.

Das Prinzip der Partizipation der Arbeitnehmer am wirtschaftlichen Wachstumsprozess, die bis in die 1980er Jahre noch im Zentrum der Wachstumspolitik stand, wurde seit Ende der 1990er Jahre vehement in Frage gestellt, unterliegt allerdings nach wie vor dem gesellschaftlichen Aushandlungsprozess unter Einbeziehung der ökonomischen wie sozio-kulturellen Rahmenbedingungen, sowie Konjunkturverläufen und politischen Konstellationen. Die Analyse der Durchsetzungsprozesse von Alltagstechnik, in welchen Bereichen auch immer, verband sich zudem mit der Frage nach den dadurch individuell als auch innergesellschaftlich verbundenen Veränderungen von Verhaltensmustern. Hierbei ging es darum, die Sozialgeschichte der Technik mit einer Alltags- und Mentalitätsgeschichte der Technik zu verbinden. (Trentmann 2017) Wengenroth plädiert für eine begriffliche Revision des technikhistorischen Instrumentariums. Statt sich auf den Begriff eines „technischen Fortschritt“ zu fokussieren, sollte es vielmehr um eine wertneutrale Analyse von Technikentwicklung gehen, und zwar als „technischer Wandel“. Der a priori positiv besetzten Fortschrittsbegriff, der zusätzlich eine vorbestimmte Richtung und Irreversibilität der Entwicklung suggeriere, wäre durch das wertoffene, neutrale und reversible Konzept des technischen Wandels zu ersetzen. Die Technikgeschichte als Erforscherin des technischen Wandels verabschiede sich so von einem impliziten Fortschrittsmythos und damit auch von einem Technikbegriff, der die gesellschaftlichen Formen der Nutzung technischer Produkte vernachlässigt. Dies würde bedeuten, dass Konsum so zur zentralen Kategorie der Vermittlung zwischen technischem Wandel, den realisierten Produktionsprozessen und der Produktion würde, und damit zur eigentlichen kulturellen Leistung einer industriellen, wie auch postindustriellen Gesellschaft.

> „In der Phase der Deindustrialisierung oder der postindustriellen Gesellschaft vermittelt der Konsum als kulturelle Leistung die Produktionsprozesse, die Produktion und den technischen

> Wandel. Der Konsum ist somit eine aktive Leistung nicht nur der Aneignung materieller Güter, sondern auch und bestimmend der Struktur der materiellen Basis." (Wengenroth 1997)

Kulturelle Leistung bedeutet auch, dass Konsum zur dominierenden „Arbeitsaufgabe" der Gesellschaftsmitglieder wird. Der Bürger wird zum Konsumenten, der Konsum zum eigentlichen Beruf. Dass sich das Konsumieren in sozio-psychologischer Hinsicht letztlich auf den Akt des Kaufes reduziert und zwanghafter Wiederholung bedarf und dabei das Bedürfnis des Besitzes von Gütern eher in den Hintergrund drängt, kennzeichnet die weitere Entwicklung der Konsumgesellschaft. Der Technikhistoriker Ulrich Wengenroth schließt sich in dieser Hinsicht dem französischen Philosophen Jean Baudrillard (1929–2007) und dessen Thesen zum Konsumismus an. Diese bestehen darin, dass die postindustrielle Gesellschaft an einer unvollendeten Industrialisierung leide, denn sie kranke an einer mangelnden Industrialisierung auch des menschlichen Bewusstseins. Das Konsumentenverhalten entzieht sich dem Produktivitätsparadigma, das eine maximale Mehrproduktion pro Zeiteinheit fordert. Dem Menschen als Konsumenten gelingt es nicht, sein Konsumverhalten in dieser Hinsicht zu optimieren, d. h., er konsumiert weniger, als er bei völliger Ausnutzung der verfügbaren Zeitressourcen eigentlich konsumieren könnte. Dies ist im Sinne einer Industrialisierung von Sein und Bewusstsein defizitär. Dem Konsum werden hierdurch Obergrenzen gesetzt. Statt seinen Konsum im Sinne der Produktion zu rationalisieren, verweigert der Konsument diese letzte Effizienz privater Aktivitäten. Wengenroth kommt damit zu seiner These vom eigentlich „subversiven Technikgebrauch". Der Konsument „missbraucht" Technik, indem er sie nicht zur möglichen Konsumbeschleunigung nutzt. Beispiele für eine auf diese Weise „missbrauchte" Technik sind etwa das Kraftfahrzeug, oder auch die ein gewaltiges Zeitbudget verschlingende Medien- und Unterhaltungstechnologie. Die sozialen und kulturellen Aneignungsprozesse der Mobilitätstechnik sowie des Mediengebrauchs blockieren bzw. reduzieren das Zeitbudget für die systemisch geforderten Konsumhandlungen. Das Problem der postindustriellen Welt besteht in einer unbewussten Konsumverweigerung, also einer „Nicht-Optimierung" der systemimmanent zu erfüllendem Parameter. Die Krise der postindustriellen Gesellschaft ist demnach nicht ein entfesselte Konsumismus, sondern die begrenzte Konsumfähigkeit des Konsumenten. Wengenroth resümiert hierzu:

> „Die derzeitige verzweifelte Suche nach Produktinnovationen, die neues industrielles Wachstum ankurbeln oder doch zumindest die Rationalisierungseffekte auf dem Arbeitsmarkt kompensieren würden, kann man in dieser Perspektive auch als den Versuch verstehen, die Leute vom Fernseher weg oder aus dem Auto raus zu holen, um ihre produktiven = konsumtiven Tätigkeiten weiter zu verdichten." (Wengenroth 1997, S. 11)

Ein Vierteljahrhundert, nachdem Wengenroth diese Position vertrat, hat die Realität des Konsumentenverhaltens seine These der systemimmanenten Konsumverweigerung deutlich relativiert. Das Internet, zuletzt nochmals beschleunigt durch coronabedingte Verhaltensänderungen der Konsumenten, ist mit seinen Verkaufsplattformen wie Amazon selbst zum vielgenutzten Marktplatz geworden. Diese Entwicklung zeigt, dass die virtuelle Warenwelt die reale mit großem Erfolg abzulösen begonnen hat. Dies mag zunächst ein Hindernis bei der Optimierung der Realkonsumwelt sein, weist aber einen Weg in eine tatsächliche digitale postindustrielle und postreale Konsumwelt, in der Realität durch Virtualität abgelöst wird. Internetforen weisen den Weg in eine potenzielle Versöhnung von realem und virtuellem Konsum. Die virtuellen Welten verlieren so, wie von Wengenroth noch behauptet, ihr subversives Konsum-Begrenzungs-Potential. Die virtuelle Welt wird in einem ökonomischen Sinn doch wieder real. Auch wenn technikhistorische Interpretationsansätze, wie am Beispiel Wengenroths dargelegt, gelegentlich vom realen historischen Geschehen zumindest relativiert, wenn nicht gar überholt werden, so bleibt eines dennoch unbestritten, die Thematik Konsum behält als Gegenstand der Technikhistoriographie auf jeden Fall Bestand. An die Thesen und Forderungen für eine Technikgeschichte als Konsumgeschichte ist, wie angedeutet, eine Vielzahl von Fragestellungen heranzutragen. Der von König und Wengenroth eingeforderte Perspektivwechsel wäre einzulösen. Dabei stellt die Konsumgeschichte an die Technikgeschichte eine ganze Reihe von Herausforderungen:

1. Muss sie sich der Aufgabe stellen, die Themenfelder Konsum und Produktion als gleichberechtigte Erkenntnisbereiche zu verstehen und dementsprechend in den Fokus ihres Erkenntnisinteresses zu rücken;
2. geht es darum, technischen Wandel als gesellschaftlichen Aushandlungsprozess verständlich zu machen und keinesfalls in technikdeterministischer Weise zu interpretieren;
3. die gesamtgesellschaftliche Perspektive für das, was als technischer Fortschritt bzw. Wandel verstanden wird, offen zu legen, und zwar sowohl im Hinblick auf die Technikentwicklung als auch deren Anwendung und Konsumtion. Auf diese Weise würden auch die Themenfelder Technikfolgenabschätzung und Technikzukünfte erschließbar;
4. die Technikhistoriographie muss schließlich psychologische und soziale Effekte mitberücksichtigen, die sich für das Individuum durch den Zugriff auf bestimmte Konsumgüter eröffnen, und so, wie von Pierre Bourdieu dargelegt, „feine Unterschiede“ in der gesellschaftlichen Schichten- bzw. Klassenzuordnung, sowie dem Sozialprestige schaffen, welches sich für den Konsumsenten hieraus ergibt. (Bourdieu 2007; Knapp 1996) Hierdurch lässt sich sowohl die Entwicklung und Zielrichtung der favorisierten Konsummuster besser erschließen, was wiederum direkte Rückschlüsse auf die gesellschaftlich bevorzugte Ausrichtung technischer Innovationen und Diffusionen ermöglicht, als auch dazu dienen kann, Einblicke in den jeweiligen Diskurs über Technik zu erlangen, und diesen in historischer Hinsicht zu verorten;
5. auch sollte nicht aus dem Blick geraten, dass das, was bisher unter der Begrifflichkeit „Massenkonsumgesellschaft“ gefasst wird, erkennbare Tendenzen dahingehend aufweist, die Entwicklungsperspektiven dieses Interpretationsmodells weiter zu modifizieren bzw. zu spezifizieren. Gegenwärtig zeigt sich, dass sich auf der

Basis des Massenkonsums und der darauf basierenden Gesellschaftsformation ein Konsumtionsmodell entwickelt hat, welches treffend unter der Bezeichnung „Eventgesellschaft" zu fassen ist. Der letztendlich inhaltlichen Leere des bisher sinnstiftenden individuellen Konsums wird ein nun als sinnstiftend angesehener öffentlich zelebrierter gemeinschaftlicher Massenkonsum der „Eventgesellschaft" übergestülpt. Aus der Massenkonsum- wird so die Eventgesellschaft mit der Tendenz, die von Bourdieu postulierten „feinen Unterschiede sozialer Klassen", also die sozialen Unterschiede aufgrund ökonomisch-sozialer Bedingungen und Lebensstile, aufzuweichen. (Bourdieu 1979)

Auf dieser Basis könnte die Technikgeschichte dann auch dazu beitragen, die Differenzierungsprozesse der Konsumwelten in ihren realen und virtuellen Segmenten zu verstehen und damit auch die Grundstrukturen einer postindustriellen Produktions- und Konsumwelt, insbesondere unserer Gegenwart, zu analysieren.

Literatur

Pierre Bourdieu, Die feinen Unterschiede. Zur Kritik der gesellschaftlichen Urteilskraft, Frankfurt am Main 2007 (zuerst ebd. 1982)

Christof Dipper, Moderne, Version: 2.0, in: Docupedia-Zeitgeschichte, 17.01.2018 http://docupedia.de/zg/Dipper_moderne_v2_de_2018 [15.02.2022]

Henry Ford, Mein Leben und Werk, Leipzig 1923

Sigfried Giedion, Mechanization Takes Command, Oxford University Press 1948, dt. 1982

Heinz-Gerhard Haupt, Claudius Torp (Hg.) Die Konsumgesellschaft in Deutschland 1890–1990. Ein Handbuch, Frankfurt am Main 2009

Andreas Knapp, Über den Erwerb und Konsum von materiellen Gütern – eine Theorienübersicht, in: Zeitschrift für Sozialpsychologie 27 (1996), S. 193-206

Wolfgang König, Auf dem Weg in die Konsumgesellschaft, Tübingen 1993

Ders., Das Scheitern einer nationalsozialistischen Konsumgesellschaft.

„Volksprodukte" in Politik, Propaganda und Gesellschaft des „Dritten Reiches", in: Zeitschrift für Unternehmensgeschichte 48 (2003), S. 131-163

Wolfgang König, Geschichte der Konsumgesellschaft, Stuttgart 2000

Ludwig Erhard, Wohlstand für alle, Düsseldorf 1957

Christian Pfister (Hg.), Das 1950er-Jahre-Syndrom. Der Weg in die Konsumgesellschaft. Bern u. a. ^{2}1996

Michael Prinz, Aufbruch in den Überfluss? Die englische „Konsumrevolution" des 18. Jahrhunderts im Lichte der neueren Forschung, in: Ders. (Hg.), Der lange Weg in den Überfluss. Anfänge und Entwicklung der Konsumgesellschaft seit der Vormoderne, Paderborn 2003, S. 191-217

Manuel Schramm, Konsumgeschichte,Version: 2.0, in: Docupedia-Zeitgeschichte, 22.10.2012 http://docupedia.de/zg/schramm_konsumgeschichte_v2_de_2012 [15.02.2022]

Hannes Siegrist, Konsum, Kultur und Gesellschaft im modernen Europa, in: Hannes Siegrist, Hartmut Kaelble, Jürgen Kocka (Hg.), Europäische Konsumgeschichte. Zur Gesellschafts- und Kulturgeschichte des Konsums (18.–20. Jahrhundert), S. 13-48, Frankfurt am Main 1997

Upton Sinclair, The Flivver King, Detroit 1937; dt. Am Fließband, Mr. Ford und sein Knecht Shutt, Reinbek 1985

Adam Smith, An Inquiry into Nature and Causes of the Nations, Oxford 1776

Frank Trentmann, Herrschaft der Dinge. Die Geschichte des Konsums vom 15. Jahrhundert bis heute, München 2017

Ulrich Wengenroth, Technischer Fortschritt, Deindustrialisierung und Konsum. Eine Herausforderung für die Technikgeschichte, in: Technikgeschichte 64 (1997), S. 1-18

5.2.2 „Fordschritt": Wie die Zukunft entstand. Zur Konstituierung von industrieller Moderne und Massenkonsumgesellschaft in den USA seit den 1880er Jahren

Das sozioökonomische und technische System der USA sah sich im 19. Jahrhundert vor große Herausforderungen gestellt. Eine industriell wenig entwickelte Nation stand nicht nur national vor großen Herausforderungen, sondern sollte sich zudem gegenüber den international führenden „klassischen" Industrieländern emanzipieren. Eigene Defizite zu überwinden und sich im Wettbewerb zu behaupten, war die Kernaufgabe zukünftiger Entwicklung. Aus einem Land mit unerschöpflichen natürlichen Ressourcen und klimatisch begünstigten landwirtschaftlichen Anbaugebieten sollte stattdessen die führende Industrienation der Welt werden. Es ging darum, nicht mehr die rot gestrichenen Scheunen des *corn belt* im mittleren Westen, sondern die neuen Industrielandschaften Detroits, Pittsburghs oder Chicagos zur Grundlage des amerikanischen Reichtums und des amerikanischen Selbstbewusstseins zu machen. Dieser Modernisierungsprozess hatte erhebliche Ausstrahlungskraft auch auf die ‚alte Welt'. Was hier in Amerika entstand, war neu: eine industriekapitalistische, technikorientierte demokratische Leistungsgesellschaft. (Wala, Lehmkuhl 2000, S. XIII-XX)

Im Jahr 1900 hatten die USA 76 Millionen Einwohner, 1910 war diese Zahl infolge massiver Einwanderung, insbesondere aus Europa, bereits auf 92 Millionen gestiegen. Amerika galt als das Land der Freiheit, des Fortschritts und in jedweder Hinsicht der unbegrenzten Möglichkeiten. Dies spiegelte sich auch darin wider, dass bereits zu Beginn des 20. Jahrhunderts die Wertemuster der USA in sämtlichen Lebensbereichen, also Politik, Wirtschaft und Gesellschaft, völlig von der Vorstellung des Laissez-faire-Grundsatzes beherrscht wurden. (Raeithel 2002, S. 47 f.) In jedweder Hinsicht bestanden freie Handlungsoptionen, in die sich der Staat möglichst nicht einzumischen hatte. Auf dieser Basis sollte sich das Land entwickeln, um auch industriell groß und mächtig zu werden. Dabei musste es darum gehen, der bisher dominierenden Landwirtschaft nun auch eine Industrie zur Seite zu stellen, die sich nicht nur national, sondern dann auch international zu behaupten vermochte. Diese Herausforderung galt insbesondere

Großbritannien, als der damals weltweit führenden Industrienation. Wie stand es zu Beginn dieser postulierten Aufholjagd aber eigentlich um den hierfür zentralen Faktor Technik und das technische Potenzial des Herausforderers USA? Einige Beispiele hierzu können dies verdeutlichen. Zunächst ist festzuhalten, dass sich das Land keineswegs als in technologischer Hinsicht defizitär präsentierte. Ein kurzer Überblick hierzu mit einigen statistischen Daten mag zur Erläuterung dienen:

Vor allem das Kraftfahrzeug, der Inbegriff individualisierter Modernisierung, trat seinen Siegeszug an und machte die USA zum Mutterland automobiler Massenmobilität. 1898 stellte Ford seinen ersten Zweizylinderwagen vor, 1900 gab es insgesamt 4.000 im Land produzierte Autos, 1917 waren es bereits 4 Millionen, und 13 Jahre später werden es dann gut 20,5 Millionen Fahrzeuge sein, die auf amerikanischen Straßen fuhren. (Braun 1992, S. 109) Auch die Stahl- und Energieproduktion der USA übertraf mittlerweile die der alten Welt bei Weitem. Die USA hatten ihre Führungsposition in der Stahlproduktion um 1900 mit rund 10 Millionen Tonnen p. a. auf einen Weltmarktanteil von 37 Prozent ausgebaut, während Großbritannien gerade noch die Hälfte hiervon produzierte. (König, 1990, S. 286) Auch bei der Energieerzeugung sah es kaum anders aus. Mit einer Fördermenge von 470 Millionen Tonnen p. a. hatten die amerikanischen Gruben im Jahre 1912 die britischen mit ihrer Förderkapazität von 270 Mill. Tonnen und auch die deutschen Zechen, die 170 Mill. Tonnen Steinkohle förderten, weit hinter sich gelassen. (Ebd., S. 276) Aber nicht nur in diesen konventionellen Leitsektoren der ersten Industriellen Revolution führten die USA nun weltweit. Neue Technologien wurden in den Jahrzehnten nach 1870 von führenden amerikanischen Unternehmen wie Bell Telephone, dem Chemiegiganten Du Pont, General Electric, Eastman Kodak und Ford entwickelt. Zwischen 1860 und 1900 waren 676.000 Patente vom U.S. Patentamt erteilt worden. 1882 baute Thomas Edison das erste Elektrizitätswerk bei New York. (Raeithel 2002, S. 201-212) Bereits um die Jahrhundertwende verfügten eine Million Firmen und Privatleute über einen Telefonanschluss, 1915 waren es über zehn Millionen, und man konnte sogar von New York City nach San Francisco telefonieren.

Hinzu kam die Revolutionierung des Bausektors. An die Stelle von Ziegel-, Naturstein und Holz traten nun die Baumaterialen Eisen, Stahl, Glas und Beton. In Eisen-Glas-Architektur entstanden zunächst Fabrik- und Bahnhofshallen. Ihnen folgten seit den 1880er/90er Jahren Büro- und Geschäftshäuser mit zehn bis zwanzig Stockwerken, die in Stahlskelettbauweise errichtet wurden. Die Vorteile dieser Bauweise waren offensichtlich. Das schwere tragende Außenmauerwerk der Gebäude, welches bisher auch deren Höhenwachstum begrenzt hatte, entfiel. Die Fassaden konnten mit deutlich größeren Fensteröffnungen ausgestattet werden, was mehr Licht in die Innenräume brachte. Den Architekten wurden zudem großzügigere Gestaltungsmöglichkeiten auf den Geschoßebenen eröffnete, da Zwischenträger entfielen. Die Skylines von Städten wie Chicago oder New York, aber auch diejenigen anderer amerikanischer Großstädte veränderten sich gravierend. „Im Jahr 1916 gab es in New York mehr als tausend Gebäude mit über zehn Stockwerken, über fünfzig mit mehr als zwanzig." (Weber 1990, S. 299) Bereits im Jahre 1908 überschritt das Singer Building die 200-Meter-

Höhengrenze, ihm folgte 1913 das Woolworth Building mit bereits 260 Metern und 56 Stockwerken, welches bis 1930 das höchste Haus der Welt bleiben sollte. „In dieser neogotischen „Kathedrale des Handels“ arbeiteten 14.000 Menschen, und täglich gingen Tausende Besucher ein und aus.“ (Ebd. S. 300)

Mit dem Bau derartiger Wolkenkratzer musste man sich auch dem Problem der Entwicklung einer funktionalen Infrastruktur stellen. Fahrstühle, zunächst mittels Dampfmaschinen, dann elektrisch angetrieben, wurden zwangsläufig zur Selbstverständlichkeit. Ein zentrales Heizungssystem war zu installieren. Gebäudeeigene Kraftwerke produzierten den Strom für Beleuchtung, Belüftung und die Wasserversorgung. Darüber hinaus musste für die Hochhaus-Kleinstädte die öffentliche Infrastruktur an massentauglichen Verkehrsmitteln (Straßen-, Hoch- und U-Bahnen) ebenso bereitgestellt werden, wie die Straßen für einen rasant ansteigenden Automobilverkehr. All dies prägte nun die City und wurde zum Symbol einer neuen, modernen Zeit.

Wenden wir uns nun der Entwicklung weiterer Aspekte der amerikanischen Konsumwelten zu. Im Allgemeinen entwickelten sich die Vereinigten Staaten zum kapitalistisch-technischen Vorbild für die Zukunft und ließen sämtliche Konkurrenten, insbesondere Großbritannien, die vormalige „Fabrik der Welt“, weit hinter sich. Zugleich verschärften sich inneramerikanisch die Konzentration wirtschaftlicher Macht und die Ungleichheit in der Verteilung des gesellschaftlichen Reichtums. Zu Beginn der 1890er Jahre gab es in den USA 86 Industriekonzerne mit insgesamt 1,5 Milliarden Dollar Kapital, 1904 waren es bereits 318 mit einem Kapital von 7 Milliarden Dollar. Beispielsweise kontrollierten sechs Finanzgruppen 95 % des gesamten Eisenbahnnetzes. John Pierpont Morgan (1837–1913) errichtete mit U.S. Steel den ersten Milliardenkonzern der Welt mit 228 Gesellschaften und einem Anteil von 70 % an der gesamten Stahlproduktion der USA.

Der Zeitraum vom Ende des Amerikanischen Bürgerkriegs bis zum Ersten Weltkrieg war in gewisser Weise die „Dinosaurierepoche“ des amerikanischen Hochkapitalismus. (Dippel 2007, S. 63-88) Die amerikanische Industrialisierung hatte sich auf der Basis einer praktisch unerschöpflichen Verfügbarkeit von Rohstoffen im eigenen Land vollzogen und auf ökonomischer Ebene zu einer enormen Kapitalkonzentration geführt. Einige Beispiele mögen dies verdeutlichen. Im Jahr 1882 entstand unter John D. Rockefeller (1839–1937) die Standard Oil Company. Es war der erste große Trust, der auf der Verflechtung von Aktiengesellschaften beruhte. Diesem Beispiel folgten in anderen Wirtschaftsbereichen 1887 der Blei-, Whisky- und Zuckertrust, ein Zündholztrust 1889, der Tabaktrust 1890, und auch der Gummitrust von 1892. Die amerikanische Unternehmerschaft hatte offenbar die Zeichen der Zeit gut verstanden, baute ihre Imperien weiter aus und verdiente glänzend. Die Familie Guggenheim etwa, sicherte sich die Kupferlager von Arizona und Montana. Im landwirtschaftlichen Maschinenbau verfügte die International Harvester Company (McCormick) praktisch über ein Monopol. In der Landwirtschaft setzt das Zeitalter der Vollmechanisierung ein und diese führt zu enormen Produktivitätssteigerungen. „Es wird geschätzt, daß 1880 zwanzig Arbeitsstunden nötig waren, um einen Acre Weizenland zu bestellen. Dies reduzierte sich in den Jahren von 1909 bis 1916 auf 12,7 Arbeitsstunden und zwischen 1917 und 1921, also zu Beginn der Vollmechanisierung, auf 10,7 Arbeitsstunden. Im nächsten Jahrzehnt, 1934 bis 1936, sind die Arbeitsstundenzahl auf 6,1 [...]" (U.S. Dept. of Agricultur 1940; Giedion 1982, S. 189)

Die Bankenwelt richtete sich in der New Yorker Wall Street ein und beherrschte unter Rockefeller und John Pierpont Morgan den Kapitalmarkt. Cornelius Vanderbilt (1794–1877) unterhielt nicht nur ein Eisenbahn-Netz, sondern ganze Firmensysteme. 1893 stieg auch Morgan in den Eisenbahnbereich ein. Der Standard Oil Trust bekam in drei Jahren zwischen 90 und 95 % der Ölraffinerien unter seine Kontrolle. (Adam 1964, S. 50) Parallel hierzu trat gegen Ende des 19. Jahrhunderts ein interessantes Phänomen: Die Lebenshaltungskosten hatten sich deutlich verringert und stärkten auf diese Weise die gesellschaftliche Kaufkraft. Die Produktivitätssteigerungen der Warenproduktion waren also bei der Arbeiterschaft angekommen. Allerdings sollte dies, den Gesetzmäßigkeiten der kapitalistischen Marktwirtschaft entsprechend, nicht von Dauer sein. Von 1897 bis 1913 stiegen die Lebenshaltungskosten wieder an, und zwar um insgesamt 35 %. Zwar verdiente die amerikanische Industrie gut, doch bedeutete dieser Preisanstieg von jährlich etwa gut 2 % für Millionen Amerikaner den Beginn eines sozialen Abstieges und von Armut. Das mag sich auch darin widerspiegeln, das im Jahr 1910 ein Prozent der amerikanischen Bevölkerung 47 % allen Besitzes im Land besaß und darüber hinaus 15 % des Nationaleinkommens für sich nutzte. Auf der anderen Seite lebte 1904 jeder achte Amerikaner, das waren etwa 10 Millionen Menschen, in Armut, und nur mehr als die Hälfte der Bevölkerung hatte ein hinreichendes Einkommen oberhalb des Existenzminimums. Dieses lag bei etwa 6 bis 8 Dollar Wochenlohn und entsprach dem, was Frauen in der Fabrikarbeit verdienten. Dies bedeutete auch, dass Kinder zur Deckung eines gerade noch auskömmlichen Lebensunterhaltes mitzuarbeiten hatten. Um 1900 waren rund 1,7 Millionen Kinder in Fabriken und in der Landwirtschaft beschäftigt. Bestehende Gesetze der Einzelstaaten gegen Kinderarbeit wurden kaum angewandt. Wie auch? Die Not und die gesellschaftliche Spaltung nach Herkunft und Hautfarbe diktierten das Handeln und dabei konnte auf die Mitarbeit von Kindern keine Rücksicht genommen werden.

Auch die Gefährdung am Arbeitsplatz war zwar hoch, aber eigentlich kein Thema. Die Unfallrate der amerikanischen Industrie war die höchste der Welt, noch 1907 verunglückte allein bei den Eisenbahnbetrieben wöchentlich ein Arbeiter tödlich. Anders als im Deutschen Reich schuf der amerikanische Bundesstaat keine Unfallversicherungspflicht und auch die Unternehmen entledigten sich jedweder Verantwortung. Weshalb sollten sie derartige Kosten auch tragen, wenn auf dem Arbeitsmarkt ein Heer jederzeit verfügbarer, billiger Arbeitskräfte zur Verfügung stand, das händeringend darauf wartete, einen Job zu bekommen? Der politische Konsens auf Bundesebene bestätigte das in den Wahlen zum US-Kongress und in den Präsidentschaftswahlen immer wieder. Die USA waren die Gesellschaft des radikalen *individual pursuit of happiness*. Der Schwachpunkt der Arbeitnehmerschaft war dabei klar zu benennen. Zum einen, dass das *American system of manufacture* im Wesentlichen auf der Beschäftigung unqualifizierter, nur angelernter Arbeitskräfte beruhte, die jederzeit leicht zu ersetzen waren. Zum andern war es der Einwandererstrom gerade derartiger Menschen, der für ein ständiges Überangebot an ausbeutbaren Arbeitskräften sorgte. Im ersten Jahrzehnt des 20. Jahrhunderts kamen an die 9 Millionen Menschen in die USA, zum überwiegenden Teil aus Ost- und Südeuropa, in der Regel unqualifiziert und um zu überleben, zur Annahme jedweder Arbeit gezwungen. In den meisten der nordöstlichen Großstädte und Ballungsräume der USA waren nun die Einwanderer gegenüber den geborenen Amerikanern in der Mehrheit. Sie waren bereit, bzw. gezwungen, unter dem Lebensstandard der dort Ansässigen zu leben und zu arbeiten. Deshalb konnte es nicht ausbleiben, dass sie zwangsläufig das Lohnniveau vor allem dort drückten, wo ungelernte Arbeitskraft gefragt war. (Raeithel 2002, S. 63-69) Einen eindrucksvollen Einblick in dieses Leben von Einwandererfamilien gibt Upton Sinclair in seinem sozialkritischen Roman „The Jungle", der entscheidend mit dazu beitrug, staatliche Stellen dazu zu zwingen, die amerikanische Fleischindustrie besser zu kontrollieren und so Arbeiter und auch Verbraucher vor dieser Art des Raubkapitalismus zu schützen. („Pure Food and Drug Act 1906")

Wenden wir uns der weiteren Entwicklung von Aspekten der amerikanischen Konsumgesellschaft zu. Wer sich mit dem amerikanischen Alltag der 1920er und 1930er Jahre beschäftigt, wirft einen Blick auf die erste Massenkonsumgesellschaft der Welt. Das lässt gerade diese Zeit für die wirtschafts-, sozial- und technikgeschichtliche Interpretation als besonders relevant erscheinen. Die *Roaring twenties* als Kulturphänomen gab es auch in den USA nur für eine verhältnismäßig kleine sozioökonomische und soziokulturelle Elite. Für den Durchschnittsamerikaner war anderes viel lebensnäher. Ihn interessierte in erster Linie, welche neuen Produkte nun erhältlich waren und vor allem, ob er sich diese leisten konnte. Die industrielle Produktionsausweitung und die Lohnerhöhungen in der Folge des Ersten Weltkrieges machten eine Vielzahl von Produkten für den Massenkonsum nun tatsächlich zugänglich. Massenproduktion im Fließprozess war jene Formel industrieller Fertigung, die infolge ihrer kostenminimierenden Wirkung eine Bereitstellung von Massenkonsumgütern überhaupt erst zuließ. Und selbst bestimmte neue Massenkonsumartikel, wie z. B. die Lebensmittelkonserve, Coca-Cola, das Corned-Beef in seiner Patentdose, das Toastbrot, der Kühlschrank oder das Ford-T-Modell, waren das Ergebnis der neuen revolutionären Produktionsweise, also der Massenproduktion im Fließprozess. Sie machte all das verfügbar und bezahlbar.

Die Massenwaren bekamen einen völlig neuen Stellenwert in der individuellen und gesellschaftlichen Wahrnehmung, und das hing nicht zuletzt mit gezielter Werbung zusammen. Die 1920er Jahre wurden zum goldenen Zeitalter der Werbung: Erstmals experimentierte man mit der gezielten Marktsegmenterschließung. Film- und Sportstars wurden als Werbeträger entdeckt. Der ins Haus des Kunden kommende *salesman*, der Handelsvertreter, dem Arthur Miller (1915–2005) in seinem Stück „Death of a Salesman" von 1949 ein Denkmal gesetzt hat, (Miller 1986) standen für die Suche nach absatzfördernden, offensiv-aufsuchenden Verkaufsstrategien. Nichts blieb unversucht. Bunte Reklame, Neonbeleuchtung und großflächige Schaufensterpräsentationen warben um die Aufmerksamkeit potenzieller Käufer. Warenhäuser und erstmals auch Selbstbedienungsläden sollten die Kauflust fördern und mögliche Hemmschwellen überwinden helfen. Auch Mengenrabatte und Ratenzahlungsmodelle wurden zu probaten neuen Mitteln der Absatzsteigerungen. Die Kreditkarte entstand, und in der Werbung präsentierte man dem Kunden, um ihn ins Geschäft zu locken, zunächst die preiswerten Basismodelle von Konsumgütern, die sogenannten *nudes*. Dem konnte ein ernsthafter Interessent kaum widerstehen. Im Verkaufsgespräch wurden ihm dann aber die besseren, wenn auch „etwas" teureren Varianten des Produkts schmackhaft gemacht und verkauft. All dies sollte die gesellschaftliche Konsumstimmung fördern, den Umsatz steigern und dafür sorgen, dass Wirtschaft und Industrieproduktion kontinuierlich wuchsen.

Trotz einer allgemeinen Landwirtschaftskrise entwickelte sich die Lebensmittelindustrie der USA in den ersten Dekaden des 20. Jahrhunderts blendend. Der Biologe Clarence Birdseye (1886–1956) hatte sich Anfang der 1920er Jahre das Verfahren zum Schockfrosten von Lebensmitteln patentieren lassen. Seit 1925 begann der Siegeszug der hierdurch verfügbaren Tiefkühlkost. Waren es bereits 1934 39 Millionen Pfundpackungen, die umgesetzt wurden, so waren es zehn Jahre später schon 600 Millionen Packungen. (Giedion 1948/1982, S. 652) Zuvor hatte sich bereits die Weißblechdose als Verpackungsform von Lebensmitteln, insbesondere für Agrarprodukte, bewährt. Waren in den USA Konserven noch bis in die 1880er Jahre mit dem Negativimage behaftet, die unschmackhaften, aber preiswerten Nahrungsmittel des „armen Mannes" zu beinhalten, so emanzipierten sie sich doch sehr bald von diesem Vorstellungsbild. Um die Jahrhundertwende kamen bereits ca. 30 % des gesamten amerikanischen Nahrungsmittelangebots in Konserven auf den Markt. Die Konsumentenakzeptanz war vollauf gegeben. Die Industrialisierung der dosengebundenen Lebensmittelerzeugung mit ihren kostengünstigen, produktionsoptimierten, wenn auch gewöhnungsbedürftigen neuartigen Massenprodukten hatte sich damit als zukunftweisend durchgesetzt. Auch hier lagen die Absatzzahlen im hohen dreistelligen Millionenbereich und seit den 1930er Jahren ergänzte sogar in Dosen abgefülltes Bier bzw. Softdrinks das Sortiment. J. A. Wilsons Patent-Cornedbeef-Büchse in Form eines Pyramidenstumpfes hat sich als unverkennbares Markenzeichen für das Produkt Cornedbeef bis heute erhalten. Der Inhalt erweckt den Eindruck eines saftigen, ganzen Muskelfleischstücks, ist allerdings nichts anderes als gecuttertes, billigeres Fleischmaterial. Dieses kann als ganzes Stück aus der Patent-Cornedbeef-Dose herausgedrückt werden und nährt beim Konsumenten so zumindest die Illusion, es mit einem gewachsenen, hochwertigen Stück Fleisch zu tun zu haben: ein gelungener Vermarktungstrick. Ein Imitat wird in den Augen der Verbraucher zum Original.

Die Diversifikation der Materialien für Verpackungsbehälter war damit allerdings noch keineswegs abgeschlossen. Die Universität von Ohio hatte den Weg beschritten, an einer noch preiswerteren Verpackungsform zu forschen, nämlich einer aus beschichtetem Papier. Dies gelang bereits 1926, so dass ein Vorläufer der heutigen Getränkeverpackungen vor allem für Milchprodukte vorgestellt werden konnte. Die

1920er Jahre waren auch die Zeit, in der der Siegeszug des „junk food" begann (Smith 2012) und die Lebensmittelverfahrenstechnik ihren bis heute ungebremsten Aufstieg nahm. Die Lebensmittelchemie stellte die erforderlichen Geschmacks- und Zusatzstoffe bereit. Die Trickkisten der Lebensmittelindustrie öffneten sich. Am Ende dieser Wachstumsentwicklung stehen heutige Nahrungskonstrukte wie „Veggieburger" als Fleischersatz, „Analogkäse", „Extrudersnacks" und „Typ"-Nahrungsmittel.

Allerdings war auch dies nur ein Teilaspekt dessen, was sich bei der Etablierung einer Massenkonsumgesellschaft notwendigerweise verändern musste. Offensichtlich war hierzu auch die Verpackungsindustrie zu revolutionieren. Der Verbraucher sollte dahingehend manipuliert werden, zielgerichtet nach einem bestimmten Produkt ins Regal zu greifen. (Vgl. Gassert 2007, S. 394-403) Produktidentifikation über Produktdesign als zentrales Werbemittel und der Absatz über die neuen Supermärkte mit Selbstbedienung waren das Gebot der Stunde und die Mittel der Wahl. In einer sich zunehmend ausdifferenzierenden wettbewerbsgeprägten Marktwirtschaft würde die Präsentation des eigenen Produkts über dessen auf den ersten Blick erkennbares Verpackungsdesign den unternehmerischen Erfolg maßgeblich ausmachen, nicht etwa die Qualitäten des Produktes an sich. Stattdessen sollte bereits die Verpackung der Ware zur Bindung der Kundschaft durch Wiedererkennung und damit zum Verkaufserfolg führen. Das Produkt durfte dem nur nicht allzu offensichtlich widersprechen.

Werbung allgemein beginnt eine zentrale Rolle im Vermarktungskonzept der Unternehmen zu spielen, und zwar in enger Verbindung mit dem Medium Radio, aber auch in der Massenpresse und -publizistik. Am Markt zahlt sich dieses Konzept aus, aber auch die Kundschaft honoriert dieses Angebot. Der Konsument wird so gewissermaßen erzogen. Wie wenig es bei der Werbung noch darum geht, was das eigentliche Produkt als solches ausmacht, zeigen die klassischen amerikanischen und deutschen Markenbeispiele wie die missfarben rotbraune Limonade der Coca-Cola und die tiefbraune Würzflüssigkeit von Maggi. Zum werbetechnisch zentralen Verkaufsargument wird so das ikonische Produktdesign, bei Coca-Cola in spezifischer Flaschenform, das die Verbraucher bei der möglichst instinktiven Konsumwahl steuert. Der Widerspruch eines „Massenprodukts" in unverwechselbarem Design, die Betonung der Erscheinungsform statt des Inhalts, ist geboren und wird zum bestimmenden Element der Beziehung zwischen Produzent und Konsument. Die implizite Verheißung hierbei besagt: Auch in dem, was alle haben können, steckt das Versprechen der Teilhabe am käuflichen Besonderen.

Beispiele für diesen Take-off des Massenkonsums und des dazugehörenden Konsumententypus sind bis heute Legion und können, bezeichnenderweise bis heute, unter der Rubrik „Markenartikelgeschichte" subsummiert werden. (Vgl. Raeithel 2002) Konkretisieren lässt sich diese Entwicklung aus ihrer Entstehungsgeschichte der 1920er Jahren heraus an wenigen Beispielen. Für die USA wären dies u. a. das Fleischdosenprodukt Cornedbeef, das Toastbrot, oder der in Dreieckstückchen geformt, in Stanniolfolie eingewickelte und in einem anheimelnd handwerklich wirkendem Spanholzkästchen verpackte „Kunstkäse" Velveeta der Firma Kraft Foods. Natürlich sind in diesem

Kontext wiederum das Kunstgetränk Coca-Cola mit seinem sich globalisierenden Kultstatus zu nennen, sowie *cereals*, d. h. getreidebasierte Kunstnahrungsmittel und Erfindungen wie Kellogg's Cornflakes, sowie als „gesund" beworbene Süßigkeiten, einhergehend mit einer Umsemantisierung des Begriffs *snack*, wie Baby Ruth (1920) Milky Way (1923) oder das dann millionenfach abgesetzte Speiseeis „The Eskimo Pie" (1921) The Pocket Oxford Dictionary of current English von 1926 versteht unter *snack* durchaus noch nichts Gesundes, sondern ein „slight hurried meal". (The Pocket Oxford Dictionary of current English, S. 785) Unter dem Druck des Massenkonsums und der einschlägigen Produktwerbung wird die negative Konnotation des *hurried* schon bald in den Hintergrund treten.

Nichts ist so elementar wie Ernährung und an keinem anderen Sektor ist soziokultureller Wandel derartig direkt ablesbar. Viele gesellschaftliche Trends der industriellen Hochmoderne sind bereits in den 1920er Jahren in der massenhaften Veränderung von Lebensgewohnheiten durch die großindustriell-agroindustrielle Lebensmittelindustrie in den USA konkret. Auf technischer und logistischer Seite werden nicht mehr nur das Transport- und Vermarktungswesen optimiert sowie Vermarktungsstrategien in Form der neuartigen Selbstbedienungsmärkte, sondern auch die Lebensmittelkonservierungstechnik wird revolutioniert, indem sie an die Transport- und Lagerungsbedürfnisse angepasst wird. Jetzt erfolgt der systemische Quantensprung von den Konservendosen zur Tiefkühlkost. Industriell genutzte „künstliche Kälte", erzeugt mittels gewaltiger „Kältemaschinen", war ursprünglich in den Kühlhäusern der *Stockyards* der Chicagoer Fleischindustrie und dann in ihren eisenbahngestützten Lieferketten ins gesamte Land zum Einsatz gekommen. Nun sind es die privaten Haushalte, die durch eine neue im Konsumentenbereich tatsächlich nutzbare Kühlschranktechnik in Form des von General Electric auf den Markt gebrachten Kühlschrank-Massenartikels „Monitor Top" in die Lage versetzt werden, sich marktkonform preiswert bevorraten zu können. Der Preis für die erforderlichen Haushaltskühlschränke hatte sich aufgrund der Massenproduktion dieses Produkts vom $ 1.000 teuren Vorläufer 1910 und dem 1927 $ 525 kostenden Monitor Top bald auf $ 200, also ein Fünftel des ursprünglichen Preises (!) reduziert (Website Albany-Institute, unten) Ursachlich für diese Preisreduktion war, ähnlich wie bei Fords Autoproduktion, dass auch Kühlschränke von General Electric nun als arbeitsteilig in Fabriken hergestellte Massenartikel produziert werden konnten. Der vormals den einkommensstarken Eliten vorbehaltene elektrische Kühlschrank wurde so zu einem erschwinglichen und bald auch unverzichtbaren Kücheninventar für breite Schichten der amerikanischen Bevölkerung. Dass man sich von Seiten der Industrie, hier General Electric, durchaus darüber im Klaren war, welchem Vorbild man mit der fabrikmäßigen Massenproduktion einer preisgünstigen und für jedermann erschwinglichen Haushaltstechnologie folgen wollte, mag daraus ersichtlich werden, dass man dem Vordenker und Realisator des Konzepts einer arbeitsteilig fabrikbasierten Massenproduktion von Konsumgütern, also dem erfolgreichen Automobiltycoon Henry Ford, symbolträchtig und werbewirksam den ersten von General Electric produzierten Kühlschrank vom Typ „Monitor-Top" überreichte.

Die nun in fast jedem Haushalt verfügbar werdende Kühlschranktechnik mit ihrer Bevorratungsmöglichkeit von leicht verderblichen bzw. zu kühlenden Lebensmitteln beflügelte wiederum deren Absatz. „Take six" wurde so zum symbolträchtigen Werbeslogan, mit dem Coca-Cola in den 1920er Jahren sein ohnehin stylishes Produkt bewarb. Eine naheliegende Absatzstrategie mit win-win-Situation für Verbraucher und Produzenten. Im Kühlschrank war ja genug Platz, der Konsument erhielt einen Mengenrabatt, und die Verlockung eines jederzeit zuhause bequem zugänglichen, gekühlt verfügbaren Getränkevorrats war für dessen Absatz alles andere als hinderlich. Eisgekühlte Getränke wurden so zu einem Symbol des Fortschritts.

Damit war der Weg in die neue, moderne, konsumorientierte Zukunft beschritten, dem sich die Verbraucher im finanziellen Eigeninteresse ebensowenig würden entziehen können wie aus Gründen der Vorzeigereichweite, also des gesellschaftlichen Prestiges eines „modernen" elektrifizierten Haushalts. Die subjektive Seite trat zur objektiven hinzu: Amerikanerinnen und Amerikaner gewöhnten sich an einen *way of life*, zu dem es gehört, Büchsen-Cornedbeef, Toastbrot, Velveeta-Käse und Erdnussbutter zu sich zu nehmen, dazu eine Zigarette der Marke „Luckie Strikes" zu rauchen und dies alles mit einem Glas Coca-Cola hinunterzuspülen, um sich den Werbeslogan der Coca-Cola Company zu eigen zu machen: „The break that realy refreshes". Insofern bekam dieser Werbeslogan eine Realität als Teil zunächst amerikanischer, nach 1945 globaler Konsumidentität.

Allein die Konzernbezeichnung des 1929 aus erfolgreichen Vorgängerfirmen gegründeten Marktführers bei industriellen Lebensmitteln, General Foods, sagt etwas über die ökonomischen Strukturen der USA zu Beginn des sich nach 1945 als globalisierungsfähig erweisenden Massenkonsumkapitalismus aus: *General* Foods, *General* Electric, *General* Motors: industrielle Nahrung, Energie und Automobilität *für alle.* Der Kasseler Historiker Horst Dippel beschreibt den damit verbundenen Wertewandel so: „Der ungezügelte Konsum bestimmte die sozialen Werte und Normen. Eine neue Massenkultur trat an die Stelle traditioneller Lebensgestaltung. Supermarkt und Freizeit wurden zu neuen Bezugsgrößen. [...] [n]eue Medien (Radio, Kino, Buchklubs, Massenpresse) trugen zur Standardisierung der neuen Massenkultur bei (...)." (Dippel 1996, S. 85) Der amerikanische Literaturnobelpreisträger John Steinbeck (1902–1968) hat in seinem letzten Buch „America and Americans" von 1966 rückblickend die fundamentalen Widersprüche der ersten modernen Massenkonsumgesellschaft kulturkritisch beschrieben, die zugleich den Hintergrund seines erzählerischen Lebenswerks ausmachen: Maßlosigkeit, Nationalismus, Überlegenheitsbewusstsein, Sozialdarwinismus, Unterhaltungssucht, Bildungsferne, Selbstüberschätzung, Selbstreferentialität, Doppelmoral, Rastlosigkeit. (Steinbeck 1966) Obwohl die Gesellschaft der USA den sozialen Sehnsuchtsort der Aufstiegserzählung individueller Tüchtigkeit „vom Tellerwäscher zum Millionär" für Millionen von Einwanderern auch im 20. Jahrhundert darstellte, blieb deren soziale Realität die einer harten Klassengesellschaft auf der Grundlage enormer, nur in den Jahrzehnten zwischen 1945 und 1970 wachstumsbedingt vorübergehend nicht so spürbarer Ungleichheit. (Isenberg 2016)

Sollte ein industriell gefertigtes Lebensmittel für den Verbraucher dennoch zunächst geschmacklich oder sonst wie zu ungewohnt sein, so musste wiederum Technik einspringen, um das Akzeptanzproblem zu beheben. Ein Beispiel hierfür ist das Kunstprodukt Toastbrot, welches als schwammartiges und leichenblasses Ergebnis industrieller Brotfabrikation rein nichts mehr mit dem zu tun hatte, was der Verbraucher vordem als sein täglich Brot gekannt hatte. Dieses traditionelle Brot war ein wohlriechendes Produkt mit fester Kruste und nicht zu aufgeblähtem Inneren: das Gegenteil dessen, was Toastbrot darstellte. So, wie das Industrieprodukt Toastbrot die Fabrik verlassen hatte, konnte es nicht auf dem Teller der Verbraucher landen. Es würde, trotz schöner Verpackung in Plastikfolie und in verbrauchsfreundliche Scheiben geschnitten, als schlichtweg ungenießbar zurückgewiesen werden. Abhilfe war von Nöten, und hier musste mit dem Toaster die Haushaltstechnik einspringen. Im Sinne eines „technischen Ensembles", mussten dabei der Toaster und die zu röstende Toastbrotscheibe zwingend so aufeinander abgestimmt sein, dass sie zueinander passten. Ein in definierter Scheibenstärke geschnittenes Toastbrot war die Folge. Nicht der Konsument entschied darüber, welche Stärke seine Brotscheibe haben sollte, sondern dies war vorgegebene Konsequenz industriellen Brotherstellung. Dem Konsumenten wurde das Brotmesser, mit dem er ohnehin Schwierigkeiten gehabt hätte, einen weichen „Toastbrotrohling" selbst passend zu zerschneiden, buchstäblich aus der Hand genommen. Mittels Röstung beim Toasten wurden die vorportionierten Toastscheiben dann zu einem schmackhaften Lebensmittel verwandelt, leicht gebräunt, durch Röstaromen wohlriechend, und zudem knackig-frisch. Dies war das „neue" Brot, geradezu prädestiniert zum Bestreichen mit Erdnussbutter oder Velveeta-Käse. Mechanization takes command!

Wenn wir die alltagsgeschichtliche Perspektive über das bisher Dargestellte hinaus ausweiten, wird der Blickwinkel wirtschafts-, sozial- und technikgeschichtlich. Als das entscheidende Phänomen der amerikanischen Gesellschaft der 1920er Jahre kristallisiert sich die Entsprechung von Massenproduktion und Massenkonsumtion heraus. Dies ermöglichte das soziale Leitbild der amerikanischen, klar gegenderten Mittelstandsgesellschaft mit Vororthaus, *housewife* und dem Auto im *driveway*, auch in Vorbildfunktion für die zukünftige moderne Welt. Die Verbreitung von Haushaltsgeräten wie elektrischer Nähmaschine, Staubsauger, Spülmaschine, Kühlschrank, Elektroherd, Warmwasserboilern, Bügeleisen usw. veränderte die Lebensführung und die Organisationsform des Haushalts grundlegend – und die ungleiche Aufteilung der Haushaltsarbeit. Zu Beginn des Zweiten Weltkrieges hatten 79 % aller amerikanischen Haushalte ein elektrisches Bügeleisen, bereits die Hälfte hatte eine Waschmaschine, einen Kühlschrank und einen Staubsauger. Auch hierin spiegeln sich einmal mehr die Markteffekte der Massenproduktion, wie sich am Beispiel der Waschmaschine leicht zeigen lässt. Zwischen 1926 und 1935 stieg der Absatz dieser Geräte von 900.000 Stück/p. a. auf 1,4 Millionen/p. a., während sich der durchschnittliche Einzelverkaufspreis von 159 Dollar auf 60 Dollar mehr als halbierte.

Diese Technisierung des Haushalts hatte Folgen. Während im Jahr 1900 durchschnittlich 44 Stunden der Hausarbeitszeit pro Woche für die Zubereitung von Mahlzeiten und das Geschirrspülen verwendet wurden, waren es 1925 nur noch 30 Stunden, und dies sollte sich bis 1975 nochmals halbieren. Eine Ähnliche Entwicklung lässt sich für die Erledigung der Wäschepflege feststellen. Hier ergab sich für 1900 ein Aufwand von 7 Stunden, 1925 waren es 5 Stunden und 1975 gar nur noch eine Stunde. Insbesondere der Einsatz des Waschvollautomaten hatte dies ermöglicht. (Orland 1991) Der Aufwand für Putzarbeiten bestätigt diesen Trend zwar nicht: 1900 sind es 7 Stunden, 1925 dann 9, und 1975 wieder 7 Stunden. Darin zeigt sich das gestiegene Sauberkeitsbedürfnis der Gesellschaft und die Tendenz zu wohlstandsbedingten größeren Wohneinheiten. Zudem wird deutlich, dass Reinlichkeitsvorstellungen keinen objektiven Sachverhalt, sondern ein „gesellschaftliches Agreement" darstellen. Technisierung des Haushalts heißt ironischerweise damit auch: „more work for mother". (Cowan Schwartz 1983)

Die neuen technischen Haushaltshilfen hatten eine lange Lebensdauer und sie waren anfangs noch recht teuer. Daher war es nahe liegend und zudem als Verkaufsstrategie probat, den Verbrauchern den Kauf durch Ratenzahlung zu erleichtern. Finanzierbar wurde die Technisierung des Haushalts auch durch diese neue Zahlungsform, die Kreditkarte und den Ratenkauf. Zugleich wuchsen auf diese Weise die langfristigen finanziellen Verpflichtungen der Familien, und jede Neuanschaffung war zugleich eine Spekulation auf die eigene berufliche und die gesamtwirtschaftliche zukünftige Entwicklung. Der höheren finanziellen Bindung stand ein außerordentlicher Gewinn an Zeit, d. h. an freier Zeit gegenüber, was wiederum langfristig auf das Rollenverständnis innerhalb der Mittelstandsfamilie zurückwirkte. Da die Familiengrößen, dem demographischen Trend westlich-atlantischer Gesellschaften folgend, ohnehin sanken, wandelte Hausarbeit ihren Charakter vom Vollzeitberuf zur nebenher zu erledigender Tätigkeit. Dies war an sich keineswegs geschlechtsspezifisch, wurde bei berufstätigen Frauen aber zur Doppelbelastung. Die gesellschaftspolitische Rollenverteilung im Bereich der häuslichen Reproduktionsarbeit veränderte sich nicht von einem auf den anderen Tag. Dass *mother* mit ihren neuen technischen Haushaltsgeräten gleichsam an die moderne, männlich geprägte technische Welt der rationalisierten Industrie angeschlossen wurde, war ein Umstand mit tiefgreifenden familienstrukturellen und gesellschaftspolitischen Folgen. Einmal erhielt die Männerdomäne des technischen Know-how erste Sprünge. Bedeutsam war vor allem das Potential an emanzipatorischer Wirkung, das aus der Freisetzung von vordem häuslich gebundener Arbeitszeit resultierte. Die revolutionären Folgen dieses Vorganges wurden kaum adäquat erkannt oder bewertet. Auch wenn dieser technisch bedingte Wandel sich übergangsweise zunächst in der Fortsetzung traditioneller Geschlechter- und Rollensverhaltensmuster niederschlug, also in: *more shopping for mother*, so bewirkte er längerfristig doch weitaus mehr, nämlich die notwendige Emanzipation der Frau von ihren traditionellen gesellschaftlichen Rollenzuweisungen, ihre Überführung in eine industrielle Welt und deren Bedürfnisse. (Vgl. Gleitsmann, Kunze, Oetzel 2009)

Den Entwicklungsgrad der fortgeschrittenen, technikvermittelten Konsumgesellschaft, der uns in den USA der 1920er Jahre gegenübertritt, erreichte die Gesellschaft der Bundesrepublik erst Ende der 1950er Jahre. Konsumkultur – seit den 1950er Jahren auch Medienkultur – und politische Kultur lassen sich in den USA traditionell auf einen Nenner bringen: den des Erfolges auf den Märkten für Waren und Popularität. Daher sollte Henry Ford in den Augen zahlreicher seiner Zeitgenossen nicht nur ein industrieller, sondern auch politischer Heilsbringer sein. Dem Wegbereiter der industriellen Moderne war zuzutrauen, als politischer Führer der Nation ‚Erlösung' und Ruhm zu bringen. „Ford for President" wurde in den USA zum Slogan einer Bürgerinitiative. (Ney 1979, S. 6) Für deren unmittelbar religiös anmutende Erwartungshaltung stand der Satz „Komm und führe uns hinaus" (Ebd.) Der Einzige, der daran allerdings kein Interesse zeigte, war Henry Ford selbst. Das Politische – erst recht das Historische – galt Ford als Zeitverschwendung. Das Herz der kapitalistischen Wirtschaft schlug, wo Betrieb herrschte, und Gewinn gemacht wurde. Das war die amerikanische Religion und Fords Welt, (Raeithel II 2002, S. 363) nicht die Politik.

Literatur

Robert Adam, Die USA. Geschichte und Verfassungsordnung, München/Wien 1965

Willi Paul Adams, Die Vereinigten Staaten von Amerika. Frankfurt am Main 1977 u. ö. (Fischer Weltgeschichte, Bd. 30)

Hans-Joachim Braun, Konstruktion, Destruktion und der Ausbau technischer Systeme zwischen 1914 und 1945, in: Hans-Joachim Braun, Walter Kaiser, Energiewirtschaft, Automatisierung, Information seit 1914, Berlin 1992 (Propyläen Technikgeschichte Bd. 5)

Horst Dippel, Geschichte der USA, München 2007

Philipp Gassert, Kultur und Gesellschaft der 1920er Jahre, in: Philipp Gassert, Mark Häberlein, Michael Wals (Hg.) Kleine Geschichte der USA, Stuttgart 2007, S. 394-403

Sigfried Giedion, Die Herrschaft der Mechanisierung, dt. Frankfurt am Main 1982

Rolf-Jürgen Gleitsmann, Rolf-Ulrich Kunze, Günther Oetzel, Technikgeschichte, Konstanz 2009

Thomas P. Hughes, Die Erfindung Amerikas. Der technologische Aufstieg der USA seit 1870, München 1991 (zuerst New York 1989)

Nancy Isenberg White trash. The 400-year untold story of class in America, New York 2016

Wolfgang König, Massenproduktion und Technikkonsum. Entwicklungslinien und Triebkräfte der Technik zwischen 1880 und 1914, in: Wolfgang König, Wolfhard Weber, Netzwerke Stahl und Strom 1840 bis 1914, Berlin 1990, S. 265-535 (Propyläen Technikgeschichte, Bd. 4)

Arthur Miller, Tod eines Handlungsreisenden, Frankfurt am Main 1986 (zuerst u. d. T. Death of a salesman, New York 1949)

John W. Oliver, Geschichte der amerikanischen Technik, Düsseldorf 1959 (zuerst New York 1956)

Barbara Orland, Wäsche waschen. Technik- und Sozialgeschichte der häuslichen Wäschepflege, Reinbek 1991

Gert Raeithel, Geschichte der nordamerikanischen Kultur, Bd. 2: Vom Bürgerkrieg bis zum New Deal 1860–1930, Frankfurt am Main 2002

Andrew F. Smith, Fast Food and Junk Food. An Encyclopedia of what we love to eat, Bd.1, Santa Barbara u. a. 2012
Ruth Cowan Schwartz, More Work for Mother. The Ironies of Household Technology from the Open Hearth to the Microwave, New York 1983
Upton Sinclair, The Jungle, New York 1906
John Steinbeck, America and Americans, New York 1966
The Pocket Oxford Dictionary of current English, Oxford/UK 1926
Michael Wala, Ursula Lehmkuhl (Hg.), Technologie und Kultur. Europas Blick auf Amerika vom 18. bis zum 20. Jahrhundert, Köln u. a. 2000
A consumer economy: https://www.ushistory.org/us/46f.asp [11.02.2022]
https://www.albanyinstitute.org/ge-monitor-top-refrigerator.html [11.02.2022]

5.2.3 Nachhaltigkeit und Massenkonsumgesellschaft. Ein Paradoxon

„Mandje! Mandje! Timpe Te!
Buttje, Buttje in de See!
Mine Fru, de Ilsebill,
Will nich so, as ick wol will."
(Brüder Grimm, De Fischer un sine Fru, 1812)

Wenn man sich die aktuelle gesellschaftliche Diskussion über den Ist-Zustand der Massenkonsumgesellschaft vor Augen führt, die sich zu einer „Eventgesellschaft" ausgewachsen hat, oder wie der Soziologe Gerhard Schulze formulierte, zu einer „Erlebnisgesellschaft", (Schulze 1993) bzw. der „Massen-Konsum-Kultur", (Merkel 1999) dann wird eines offensichtlich: die Massenkonsumkultur/Eventgesellschaft steckt nach dem Verständnis vieler in einer tiefen Krise. Und dies bestätigt sich sowohl im allgemeinen gesellschaftlichen Diskurs als auch auf der Bühne transnationaler bzw. internationaler Organisationen. (European Commission 2001; EU-Kommission 2020; United Nation 1996, 2009; UN Global 2010)

„Stichwort: Erlebnisgesellschaft: Johanna Ursprunger

Definition:
Erlebnisgesellschaft (Synonym: Spaßgesellschaft) meint eine Gesellschaft, in der der Einzelne sehr egoistisch auf das Erreichen von möglichst viel Genuss konzentriert ist (individuelle Erlebnissuche).

Erläuterung:
Die Nachfrage nach Erlebnissen ist Teil eines Marktes (Erlebnismarktes), auf dem die Anbieter eine unüberschaubare Menge an Erlebnisangeboten produzieren. Der Bedarf an Erlebnisangeboten entsteht nicht durch Sehnsucht nach ästhetischen Erfahrungen, sondern aus Angst vor Langeweile. In der Erlebnisgesellschaft ist nicht mehr das Überleben Ziel jeden Handelns, sondern das Erleben. Erlebnisoptimie-

rung kann durch Intensivierung bzw. Verlängerung des Erlebniszustandes erreicht werden, wobei es allerdings bei Extrem-/Risikosport zu Erlebnisgrenzen kommt. Der Konsum eines Erlebnisangebots reicht jedoch nicht aus, um ein Erlebnis zu haben. Erlebnisse sind Prozesse und psychophysische Zustände, für deren Entstehung das Subjekt selbst verantwortlich ist (Wandel von der Außen- zur Innenorientierung). Typische Begleiterscheinungen dieser Szenerie sind Unsicherheit und Enttäuschungsangst darüber, ob das konsumierte Erlebnisangebot überhaupt zum gewünschten Erlebnis führt bzw. wenn das spezielle Erlebnisangebot nicht das Ziel erreicht. Unsicherheit steigert die Bereitschaft, Vorgaben von Erlebnisweisen und -möglichkeiten zu übernehmen, was die Basis für erlebnisorientierteGemeinsamkeiten von Menschen bildet, die sich u. a. in Konsumerlebnisstätten, künstliche Erlebniswelten (Einkaufszentren und Erlebnisparks), manifestieren. [...]" (http://soziologie.soz.uni-linz.ac.at/sozthe/freitour/FreiTour-Wiki/Erlebnisgesellschaft.htm#:~:text=Erlebnisgesellschaft%20(Synonym%3A%20Spa%C3%9Fgesellschaft)%20meint,konzentriert%20ist%20(individuelle%20Erlebnissuche).&text=In%20der%20Erlebnisgesellschaft%20ist%20nicht,jeden%20Handelns%2C%20sondern%20das%20Erleben [20.02.2022])

Allen realen Konsum- und Wohlstandserlebnissen zum Trotz wird das gesellschaftliche Modell einer industriellen Moderne des materiellen Überflusses mental zunehmend als Moloch empfunden, als umweltzerstörend, als unersättlich, als global ausbeuterisch, als in seinen Folgen menschenrechtsverletzend (Grunwald/Kopfmüller 2012, S. 40 ff.; UN 1998) und letztlich vor ihren ökologischen sowie den Grenzen des Wachstums, (Meadows 1972; Council 1980), d. h. vor dem Ressourcenende, stehend. Und dennoch erfolgt kein wirkliches Umdenken, kein grundsätzlicher Verhaltenswandel, keine Beendigung aller Maßlosigkeiten, und zwar trotz der unübersehbaren Befunde, dass es so, wie bisher, wohl nicht mehr (lange) weitergehen kann.

Wohin man auch schaut, die Grenzen des Wachstums gelten längst als überschritten. (Randers 2012) Die Belastbarkeiten der Ökosysteme sind mehr als erschöpft. Die Zukunftsfähigkeit der Menschheit in Wohlstand und Freiheit stellt sich zunehmend als fragwürdig dar. Ist-Analysen der bestehenden Situation und darauf aufbauende Verlaufsszenarien bestätigen dies eindrücklich. Die Begrenztheit der Ressourcen für unsere Lebensweise ist nicht mehr zu übersehen und kaum noch zu ignorieren. Vom „peak everything" ist die Rede. (Miegel 201) Auch davon, dass der ökologische Fußabdruck der Menschheit Dimensionen erreicht habe, die nicht mehr mit der Zielsetzung eines nachhaltigen Wirtschaftens verträglich seien, sondern, in dieser Weise fortgeführt, unausweichlich in einem Desaster enden mussten. (Schoenheit 2009) Dies alles zeigt, dass die Menschheit, bzw. zumindest ein Teil von ihr, längst über ihren Ressourcenverhältnissen lebt und schon jetzt statt einer Erde deren vier benötigen würde, um ihren aktuellen Lebensstil fortführen zu können. Und diese Analyse berücksichtigt noch nicht einmal jene Implikationen, die sich aus dem von den

Schwellenländern gerade erst vehement beschrittenen Wachstums-, Entwicklungs- und Industrialisierungsweg ergeben. Das Gesellschaftsmodell der Moderne mit seiner global arbeitsteiligen industriellen Massenproduktion, seiner Massenkonsumtion, seinem strukturell als unverzichtbar verstandenen Wirtschaftswachstum sowie seinen Partizipations- und Freiheitsversprechungen jeglicher Art hat die Tragfähigkeit des globalen Ökosystems weit überschritten. Das Postulat eines „Wohlstandes für alle" durch fortgesetztes Wirtschaftswachstum, gemessen am Bruttosozialprodukt, zerbricht an den Realitäten einer begrenzten Welt. (Daly 1999)

Diese Erkenntnis müsste folgerichtig eigentlich zu der Einsicht führen, dass es sich beim Modell der industriellen Massenkonsumgesellschaft um ein Auslaufmodell handelt, dessen Apokalypse nur durch den Übergang zu einer fundamental neuen „Kultur der Nachhaltigkeit" abwendbar zu seien scheint. Aber das geschieht nicht. In Schwellenländern wie China, Indien oder Brasilien ist die Massenkonsum- und Wohlstandsgesellschaft immer noch ein wichtiges, konsensfähiges gesellschaftliches und individuelles Leitbild. Die Verlockungen der „schönen neuen Welt" der anderen präsentieren sich offenkundig als zu wirkmächtig und strukturell prägend, als dass hiervon einfach abgerückt werden könnte, selbst wenn man es wollte und versuchte. Denn dies würde bedeuten, dass das bisherige Verhältnis von Produktion/Technik, Ressourceneinsatz und Konsumtion, sowie die Gesamtheit der darauf basierenden gesellschaftlichen Strukturen und kulturellen Muster (Eventgesellschaft) in allen ihren Ausprägungen und Interdependenzen zur Disposition steht. Es müsste auf nachhaltiger Basis neu ausgehandelt werden, um dann in strukturell anderer Form existent bleiben zu können. Und dies bedeutet, dass das Technotop, in dem wir heute leben, radikal verändert werden muss, um nicht an sich selbst zu zerbrechen und damit zu implodieren.

Grundsätzlich stellt sich in globaler Perspektive der Menschheit die Aufgabe, ihre technikvermittelten Aneignungs- und Nutzungsmuster endlicher Ressourcen so umzustrukturieren, dass eine nachhaltige Nutzung oder gar ein *sustainable growth* (Ekardt 2011; Hauff/Klein 2009; Renn 2007) gewährleistet ist, ohne der modernen Massenkonsumkultur und ihrer Eventgesellschaft mit all ihren gewohnten Segnungen kultureller, sozialer, ökonomischer und auch politisch-partizipativer Art damit den Boden unter den Füßen zu entziehen. Ein Zurück in Gesellschaftsformen des Mangels und ihrer vielfältigen Begrenztheiten, die, universalgeschichtlich betrachtet, allerdings den Normalzustand in der Menschheitsgeschichte darstellen, ist weder gesellschaftspolitisch vermittelbar noch anzustreben. (Sieferle 1997; Gleitsmann 1989) Im Zusammenhang mit „Suffizienzstrategien" zur Lösung des Ressourcen- und Umweltproblems moderner Industriegesellschaften diskutieren Teile der Forschung sogar so grundsätzliche Verfassungsfragen wie die Angemessenheit des partizipativ-demokratischen Politikmodells im Gegensatz zu sogenannten Ökodiktaturen. (Grunwald/Kopfmüller 2012, S. 40-44)

Und dennoch wird das Kernthema all dieser Probleme, das Dogma eines unbegrenzten Wirtschaftswachstums der globalen Volkswirtschaften, nicht in Frage gestellt. Allen damit verbundenen und handgreiflich fassbaren Problemen zum Trotz: Klimawandel, globale Umweltverschmutzung, Ressourcenerschöpfung, Devastierungen, Gefährdung der Biodiversität etc., stellt Wirtschaftswachstum nach wie vor „[…] das nahezu selbstverständliche ökonomische wie auch gesellschaftliche Kernziel in weiten Teilen von Politik, Wirtschaft, Wissenschaft und Öffentlichkeit dar." (Grunwald/Kopfmüller 2012, S. 69) In diesem Sinne geradezu exemplarisch formulierte die damalige Bundeskanzlerin Angela Merkel nach der Finanzkrise von 2008 in ihrer Regierungserklärung vom 10. November 2009: „Ich will, dass wir alles versuchen, jetzt schnell und entschlossen die Voraussetzungen für neues und stärkeres Wachstum zu schaffen. Wachstum zu schaffen, das ist das Ziel unserer Regierung, meine Damen und Herren." (Steingart 2013, S. 256) Wirtschaftswachstum wird und bleibt, der traditionellen Ökonomietheorie folgend, zum Kern jedweder Krisenbewältigung und bleibt das probate Mittel für gesellschaftlichen Frieden, politische Stabilität und Wohlstand. Dass dabei Nachhaltigkeit und Umwelt auf der Strecke bleiben, bleibt unreflektiert, bzw. wird billigend in Kauf genommen.

Das Wachstumsdogma basiert im Wesentlichen auf folgenden, stereotyp wiederholten Argumenten:

> „Auf nationaler Ebene sind es vor allem die Sicherung und Steigerung des materiellen Wohlstandes und des Lebensstandards […], die Aufrechterhaltung bzw. der Ausbau der sozialen Sicherungssysteme und wohlfahrtsstaatlicher Leistungen, die Schaffung von Arbeitsplätzen, die möglichst konfliktarme Gestaltung von Einkommens(um)verteilungsprozessen sowie die Finanzierung von Investitionen in Umweltschutz, Bildung oder Entwicklungszusammenarbeit. […] In der globalen Perspektive wird häufig […] argumentiert, dass die Industriestaaten hinreichende Wachstumsraten erwirtschaften müssten, damit die bislang ärmeren Länder sich angemessen entwickeln und Probleme wie Armut, Arbeitslosigkeit, Verschuldung oder auch Überbevölkerung mindern können." (Grunwald/Kopfmüller 2012, S. 40-44)

Dieses philanthropisch anmutende Argument wird immer wieder gerne bemüht, ungeachtet der damit implizierten Konsequenzen. Würden sich Entwicklungs- und Schwellenländer tatsächlich in Richtung des Lebensstandards der Industrienationen entwickeln, dann wäre der Kollaps des globalen Öko- und Ressourcensystems endgültig besiegelt.

Wirtschaftliches Wachstum ist das zentrale Strukturelement der modernen Gesellschaft, wie sie sich seit den 1880er Jahren herauszubilden begann. In den Modernisierungstheorien seit den 1970er Jahren spiegelt sich dies deutlich wider. (Wehler 1975) Die Moderne wird damit als logische und zwangsläufige Konsequenz der Industrialisierung verstanden. Im Rahmen dieses Modernisierungsprozesses setzen sich vor allem fünf Subprozesse durch:

1. wirtschaftliches Wachstum;
2. strukturelle Differenzierungen (z. B. arbeitsteiliges Wirtschaften mit schier unvorstellbaren Produktivitätsfortschritten);
3. ein allgemeiner Wertewandel (Individualität, Privatheit, Autonomie, Freizeit, Eventkultur, Konsum);

4. eine Mobilisierung, also die Erzeugung von räumlicher und sozialer Mobilität sowie die Verfügbarmachung von Ressourcen; und
5. Globalisierung.

Der beschrittene Weg in die industrielle Moderne wurde in seinen Kernländern sowohl für die Gruppe der Produzenten als auch der Konsumenten zunächst zum Erfolgsmodell. Mehr war besser als weniger und der Fortschritt wurde am Wachstum des Bruttosozialprodukts (BSP) gemessen. Grenzen dieses Wachstums und seiner Folgen (u. a. Umweltzerstörung) wurden als Problemfeld lange weder erkannt noch wahrgenommen. Erst in den 1970er Jahren sollte sich dies durch erste einschlägige Studien ändern. (Meadows 1972) Sowohl die Öffentlichkeit als auch die Politik nahm sich nun dieser Thematik an und machte sie zum Gegenstand internationaler Debatten über Umwelt und Entwicklung. Erste Ergebnisse schlugen sich in der Erklärung von Cocoyok (1974) und dem Dag-Hammarskjöld-Report von 1975 nieder. „Dort wurde erstmals neben dem Missstand der ‚Unterentwicklung' auch der der ‚Überentwicklung', bezogen auf die verschwenderischen Lebensstile der Industriestaaten, angeprangert." (Grunwald/Kopfmüller 2012, S. 23) Mit dem Bericht der Kommission für Wirtschaft und Entwicklung der Vereinten Nationen von 1987 (Brundtland-Bericht; Hauff 1987) betritt der Nachhaltigkeitsaspekt die Bühne internationaler Deklarationen und wird in zahlreichen Folgekonferenzen (Grunwald/Kopfmüller 2012, S. 24-28) zunehmend breiter behandelt. Immer jedoch verbunden mit der unabdingbaren Notwendigkeit weiteren weltweiten Wirtschaftswachstums. In der Bundesrepublik schlugen sich die deutschen Zielsetzungen bei der Nachhaltigkeitspolitik seit dem Jahre 2004 in wiederkehrenden Regierungsberichten nieder, zum Beispiel in den „Perspektiven für Deutschland. Unsere Strategie für eine nachhaltige Entwicklung. Fortschrittsbericht". (Bundesregierung 2002) Wirtschaftlicher Wohlstand und Wirtschaftswachstum werden hier ausdrücklich als Schlüsselindikatoren für Nachhaltigkeit benannt. (Bundesregierung 2012) Dass fortgesetztes Wirtschaftswachstum mit dem Erreichen anderer Nachhaltigkeitszielen, wie etwa Umweltschutz oder gar Ressourcenerhaltung, möglicherweise strukturell nicht vereinbar seien könnten oder verschiedene Zielsetzungen einander ausschließen, wird in keiner erkennbaren Weise reflektiert. Alternativkonzepte, die zumindest auf Nullwachstum oder gar Schrumpfung der Wirtschaftsleistung abzielen, um Nachhaltigkeit zumindest anzusteuern, wie etwa die Theorie der „*steady-state-economy*", (Daly 1999) des „*degrowth*" (Jackson 2011) oder eines „*sustainable degrowth*" (Martinez-Alier 2009) werden dabei als völlig unrealistische, da mit dem bestehenden ökonomischen System und seinen Grundstrukturen absolut unvereinbare Konzepte ausgeblendet. Auch die Akzeptanzfrage wird in diesem Zusammenhang ständig herangezogen. Stattdessen beschreitet die Bundesregierung einen völlig anderen, wenn auch für sie naheliegenden Weg. Sie setzt auf „Ressourceneffizienzstrategien" unter dem Motto „10 % sind immer drin", um den Material- und Energieeinsatz im Rahmen einer sogar wachsenden Güterproduktion, bzw. Ressourcennutzung zu reduzieren. (ProgRess 2012) Dieses Programm trug bezeichnender Weise den programmatischen Kurztitel „ProgRess" und will sich auf diese Weise der Vertreibung aus dem „Konsumparadies" entgegenstemmen. Ob sich hierin allerdings eine tragfähige Strategie des Umgangs mit der Nachhaltigkeitsproblematik spiegelt, ist zumindest anzuzweifeln. (Schmidt 2008)

Wenn quantitativ unbegrenztes Wirtschaftswachstum nach wie vor als zentrales Strukturmerkmal der modernen Massenkonsumgesellschaft auszumachen ist, dann stellt sich die Frage, ob dies mit einer – zumindest postulierten – nachhaltigen globalen Entwicklungszielsetzung überhaupt vereinbar sein kann. Um die Klärung dieser Frage soll es im Nachfolgenden gehen, wobei unser Blick zunächst auf die Formationsphase der industriellen Moderne, d. h. auf die Zeitspanne zwischen ca. 1870 und 1930 gerichtet sein wird, denn hier zeigen sich in aller Deutlichkeit diejenigen Entwicklungen, die zum einen den eigentlichen Kern einer Massenkonsumgesellschaft ausmachen und zum andern offen legen, dass der hiermit beschrittene Weg notwendiger Weise in globaler Umweltzerstörung und Ressourcenaufzehrung enden muss. Unter den strukturellen Gegebenheiten der industriellen Massenkonsumgesellschaft haftet jedwedem Nachhaltigkeitsgedanken das Fluidum des Utopischen an, das sich im „magischen Dreieck“ von Ökologie, Ökonomie und Sozialem verliert. (Grunwald/Kopfmüller 2012, S. 57) Der ursprünglich aus forstwirtschaftlichen Überlegungen stammende Nachhaltigkeitsbegriff, (Reith 2011; Karafyllis 2002) der nichts anderes besagte, als dass im Sinne einer dauerhaften Nutzung der Ressource Waldungen diesen nicht mehr an Holz entnommen werden dürfe, als jährlich nachwachse, hat im Laufe der Zeit durch verschiedenste Akteure (Bundesregierung 2010; Daimler 2011) sowohl im nationalen wie internationalen Diskurs mit den Dimensionen Ökonomie, Ökologie und Soziales eine Fülle inhaltlicher Weitungen erfahren. Diese lassen kaum eine andere Interpretation zu, als dass das Nachhaltigkeitskonzept „[…] zu einer Art Wunschzettel verkommen [ist], in den jeder Akteur einträgt, was ihm wichtig erscheint.“ (Bundesdrucksache 14/8792, S. 21) Aus den ökologischen Zielsetzungen einer Nachhaltigkeit, in deren Fokus ressourcenschonendes und umweltverträgliches Wirtschaften stand, wurden u. a. die honorigen Milleniumsziele der Vereinten Nationen:

1. „Der Anteil der Menschen, die mit weniger als 1 Dollar/Tag auskommen müssen, und den Anteil jener, die Hunger leiden, halbieren. Vollbeschäftigung und würdige Arbeitsbedingungen für alle erreicht.
2. Primarschulbesuch für alle Kinder ermöglichen.
3. Gleichstellung und stärkere Beteiligung der Frauen erreichen. Insbesondere soll die Benachteiligung der Mädchen in der Primar- und Sekundarschulbildung beseitigt werden.
4. Die Kindersterblichkeit um zwei Drittel verringern.
5. Die Müttersterblichkeit um drei Viertel senken.
6. Die Ausbreitung von Aids, Malaria und anderer Krankheiten stoppen und zurückdrängen.
7. Einen nachhaltigen Umgang mit der Umwelt sichern. Den Anteil der Menschen, die über kein sauberes Trinkwasser und keine einfachen sanitären Anlagen verfügen, halbieren. Die Lebensbedingungen von 100 Mio. Slumbewohnern erheblich verbessern.

8. Eine weltweite Partnerschaft für Entwicklung bilden: ein nicht diskriminierendes Handels- und Finanzsystem aufbauen, Schulden von armen Ländern streichen und die Entwicklungszusammenarbeit verstärken." (Grunwald/Kopfmüller 2012, S. 29)

Im Nachfolgenden wird das Erkenntnisinteresse auf folgendes ausgerichtet sein:

- Worauf basiert jene Entwicklung, die aus Gesellschaften des Mangels moderne Massenkonsumgesellschaften werden lässt?
- Was sind die Strukturmerkmale dieses Transformationsprozesses?
- Ist unbegrenztes quantitatives Wirtschaftswachstum mit der Zielsetzung nachhaltiger Entwicklung im ursprünglichen Sinne vereinbar?, und
- welche Wirkfaktoren können benannt werden, die maßgeblichen Einfluss auf nachhaltiges bzw. nicht nachhaltiges Wirtschaften haben?

Als Analyseinstrumentarium wird hierzu auf die „Mastergleichung der Industrial Ecology" zurückgegriffen, die in der Formel $I = PxAxT$ jene Faktoren explizit benennt, die als zentral für den Umgang der Menschheit sowohl mit ihren Ressourcenverbräuchen als auch ihren Umweltbelastungen gelten können. Dabei bezeichnet „I" den sog. Impact, d. h., je nach Fragestellung, entweder den Aspekt der Umweltbelastung oder denjenigen des Ressourcenverbrauchs. „P" (Population) stellt die quantitative Nutzermenge als solche dar, „A" (Affluence) bildet das Konsumniveau ab, d. h. die Konsumtion pro Kopf, und „T" (Technology) schließlich charakterisiert das technische Niveau der Produktion, welches unmittelbaren Einfluss auf Ressourcen- bzw. Umweltverbräuche hat und damit das technische Potential einer Epoche widerspiegelt. Der Impact „I" einer Nutzungsweise, also des Produzierens und Verbrauchens, muss, um als nachhaltig gelten zu können, mit den langfristig nutzbaren Ressourcen „R" (Entnahmevolumina) einerseits und den ökosystemverträglichen Umwelt-Belastungsvolumina „U" andererseits in einem letztendlich stabilen Gleichgewicht stehen. Ist „I" jedoch größer als „R" bzw. „U", so ist ein Systemzusammenbruch letztlich unabwendbar. In historischer Perspektive stellt die letztgenannte Situation im Übrigen nicht die Ausnahme, sondern den menschheitsgeschichtlichen Regelfall dar.

Blicken wir nur auf die vergangenen 1.000 Jahre zurück, so zeigt sich für Zentraleuropa, dass infolge des Bevölkerungsanstiegs („P") sowohl Mitte des 14. Jahrhunderts als dann auch wieder Ende des 16. Jahrhunderts eine drastische Übernutzung der Zentrealressource Holz-/Wald/Ackerland (Gleitsmann 1980) hervorgerufen worden war. Grenzertragsböden fielen aus der Produktion, die Menschen hungerten und froren. Als „klassisches" Regulativ für eine derartige Situation folgte daraufhin das große Sterben. Die Gesamtpopulation verminderte sich innerhalb weniger Jahre um ein Viertel. Ein neuer Nutzungszyklus konnte beginnen. Diesmal allerdings zunächst ohne ein neuerliches Desaster in althergebrachter Weise, denn mit der Industriellen Revolution des 18. Jahrhunderts emanzipierte sich der Mensch von den organischen Schranken seiner bisherigen Produktionsweise (Marx 1974, S. 394) und griff auf die fossilen, wenn auch nicht regenerativen Energieträger Steinkohle, später dann auf Öl, Gas und Uran zurück, die ihm für die kommenden 150 Jahre die Basis eines exorbitanten

Wirtschaftswachstum unvorstellbaren Ausmaßes garantieren sollten. Die industrielle Moderne begann sich zu konstituieren und endete in unserer heutigen unersättlichen Massenkonsumgesellschaft mit all ihren globalen Folgen.

Der Zwang zum Umgang mit knappen Ressourcen und der Notwendigkeit zu deren Bewirtschaftung zieht sich wie ein roter Faden durch die Menschheitsgeschichte. Waren die vorfossilen klassischen Gesellschaften des Mangels bis zur Industriellen Revolutionen selten durch Überfluss, in der Regel jedoch durch Armut, Kärglichkeit, Not, Elend und klare sozio-politische Hierarchien geprägt, so schien die moderne Industriegesellschaft, deren Konturen sich im zweiten Drittel des 19. Jahrhunderts prägnant herauszubilden begannen in der Vision des „Schlaraffenlandes" der Massenkonsumgesellschaft, (König 2000; Flanders 2010) bisher ungeahnte einzigartige und historisch einmalige Perspektiven zu eröffnen. Und wer konnte, um hier nur eines der prägnanten Beispiele zu benennen, einer derartigen Vision ernsthaft etwas entgegenhalten, wenn eines der Symbole dieses Fortschrittes, das Automobil „Tin Lizzie" von Henry Ford, in den ersten Jahrzehnten des 20. Jahrhunderts den Markt eroberten? Damit avancierte das Automobil vom Statussymbol reicher Eliten (Möser 2010) zum greifbaren Massenkonsumartikel für viele, und die Absatzzahlen nicht nur der Ford Motor Company spiegelten dies in Millionenstückzahlen wider.

„Wohlstand für alle" wurde damit zur für Jedermann konkret erreichbar scheinenden säkularen Verheißung und damit zum Motor jedweder weiteren Entwicklung. Der Fordismus präsentierte sich als tragfähiges Produktionskonzept wirtschaftlicher Prosperität, des Wohlstandes, Wachstums und sozialen Friedens. Diese Entwicklung griff seit dem dritten Viertel des 19. Jahrhunderts geradezu flächenbrandartig unter der Maxime „Produktivität der Produktion" um sich. Massenproduktion im Fließprozess war das erklärte Ziel allen Wirtschaftens. Frederic Winslow Taylor und sein „Scientific Management" avancierte zu ihrem Propheten. (Taylor 1911) Hierdurch waren Effekte erzielbar, die die Ausbringungsmengen an Produkten aus jedweder quantitativen Begrenzung befreiten und andererseits die Produktivität so steigerten, dass sich die Produktkosten minimierten. Und dies wiederum bildete genau jene Konstellation, die es erlaubte, Waren als absatzfähige Massenkonsumartikel auf den Märkten zu platzieren und sie verkaufen zu können.

Wie gravierend sich eine derartige Ausrichtung der Produktionssphäre in der Realität zeigte, und welche Konsequenzen sich daraus für den Massenabsatz sowie dem (Massen)Konsum von Produkten ergaben, hatte als einer der Ersten der Fabrikant und wohl bekannteste Protagonist dieser „schönen neuen Welt", Henry Ford, nicht nur erkannt, sondern auch in aller Klarheit öffentlich formuliert. In dem von ihm verfassten Artikel „Mass Production" in der Encyclopædia Britannica von 1926 heißt es in unzweideutiger Klarheit:

> „Massenproduktion heißt, die Prinzipien Kraft, Genauigkeit, Wirtschaftlichkeit, Systematik, Kontinuität, Geschwindigkeit und Wiederholung in der Produktion zur Geltung zu bringen. Das übliche Ergebnis ist eine Betriebsorganisation, die zu niedrigen Kosten, in kontinuierlichen Mengen ein nützliches, vom Material, der Qualität und der Form her einheitliches Gut

erzeugt. Die notwendige Vorbedingung der Massenproduktion ist eine latente oder offen daliegende Kapazität der Massenkonsumtion, das heißt, dass diese in der Lage ist, die großen Produktionsmengen aufzunehmen. **Die beiden gehen Hand in Hand**". (Übs. zit. nach König 2009, S. 46; Herv. d. Verf.; Digitalisat von Henry Fords Britannica-Artikel: http://memory.loc.gov/cgi-bin/ampage?collId=cool&itemLink=r?ammem/coolbib:@FIELD(SUBJ+@band(+Encyclopedias+and+dictionaries++))&hdl=amrlg:lg48:0001 [20.02.2022])

Und dass Henry Ford wusste, worüber er sprach, und zwar über seinen eigenen Erfahrungsraum der Automobilproduktion hinaus, lässt sich anhand der Neuorganisation der Industrieproduktion seiner Zeit eindrucksvoll belegen: Im Sektor jener Produktion, die zunächst einmal die Grundstoffe für die moderne Industriegesellschaft liefern sollte, also Kohle, Eisen, Stahl und Glas. Das gilt für die Quantitäten und Qualitäten auf der Grundlage revolutionärer Veränderungen bei der Produktivität. Einige wenige Beispiele aus dem Bereich der Stahl-, Glas- und Lebensmittelindustrie mögen dies exemplarisch verdeutlichen: Die materielle Basis des Zeitalters der Eisenbahn, des Dampfschiffes, der Hochhäuser, Glaspaläste und Brücken, dann auch der Automobile, Fahrräder, Maschinen und zahlreicher Haushaltsartikel war neben der neuen energetischen Basis der Steinkohle die kostengünstige Herstellung von Eisen, Stahl und Glas als Massenprodukt. Bei der Eisen-/Stahlgewinnung handelte es sich um einen jahrtausendelang bekannten Prozess, der im Wesentlichen auf Erfahrungswissen basierte, bei dem es allerdings bis weit ins 19. Jahrhundert hinein nicht gelungen war, ihn auf kontinuierliche Produktionsprozesse hin auszulegen und zu optimieren. Ohne hier auf technische Details eingehen zu können, war es trotz verfahrenstechnologischer Innovationen wie des Puddel- oder auch Tiegelgussstahl-Verfahrens bis Mitte des 19. Jahrhunderts nicht möglich, Eisen bzw. Stahl als kostengünstiges Massenprodukt herzustellen. Diese insgesamt unbefriedigende Situation in der Eisen- und Stahlindustrie induziert nun eine intensive Suche nach Basisinnovationen, die in der Lage wären, das bisherige Problem zu lösen. (Weber 1990, S. 59-78) Einen bedeutenden Ansatz zur Lösung dieser Problematik leistete der englische Ingenieur Henry Bessemer, der nach 1855 mittels seines Konverter-Verfahrens die Ausbringungskapazitäten an schmiedbarem Eisen bzw. an Stahl gegenüber bisherigen Verfahrensweisen potenzierte, d. h. von wenigen 100 kg/24h auf zunächst 5 t/½ h und später dann auf 60 t/½ h erweiterte. Die bedeutete eine Steigerung um das fast 3.000-fache! Doch damit nicht genug. Den eigentlichen Durchbruch zur Massenproduktion im Fließprozess, der damit zur letztlich fortwährenden Verfügbarkeit hochwertigen Stahls zu geringsten Stückkosten je Tonne führte, leistete das Siemens-Martin-Verfahren von 1856, welches verfahrenstechnisch nunmehr keinerlei mengenmäßig Beschränkungen mehr erzwang und bis 1915 für die Stahlerzeugung beherrschend wurde. Weltweit erschlossen sich den Stahlmagnaten Marktdimensionen ungeahnten Ausmaßes. Die Stahlproduktion der USA, des Deutschen Reichs und Großbritanniens stieg allein zwischen 1875 und 1913 auf das 30 bis 40fache an. (Weber 1990, S. 276) Synergieeffekte trugen dazu bei, dass diese Entwicklung auch nachgelagerte Produktionsebenen mit einband und damit völlig neue Massenmärkte zu erschließen half. Der Bereich des Walzstahls kann hierfür als exemplarisches Beispiel gelten. Die Weiterverarbeitung des Massenprodukts Eisen/Stahl erfolgte außer in Gießereien und Gesenkschmieden etc. insbesondere in Walzwerken, die aus dem in Strängen gegossenen Rohmaterial Schienen, Baustähle oder Bleche formten. Letztere sollten der Lebensmittelindustrie in Form nun möglicher preiswerter Verpackungsmittel, nämlich der Blechdose, ein völlig neues Marktsegment erschließen. Die produktionstechnisch entscheidende Innovation waren hier in den 1860er Jahren die sog. Kehr- bzw. Reversierwalzwerke. Deren Effekte auf die Ausbringungsmengen an Walzstahl und damit die Produktivität derartiger Anlagen als der für uns zentrale Aspekt lassen sich so zusammenfassen:

Ein Walzgerüst konnte um 1840 rund 3,2 t Stahl täglich bearbeiten, 1879 waren es hingegen bereits 350 t täglich, 1885 schon 700 t/tgl., und um 1900 lag die Tagesleistung eines Reversierwalzwerkes bereits bei 2.000 t/tgl. also im Vergleich zu 1840 bei einer Leistungssteigerung um das 625-fache! Ein Zeitzeuge und Branchenkenner dieser Entwicklung, der erfolgreiche Eisenhüttenunternehmer und autodidaktische Technikhistoriker Ludwig Beck (1841–1918), konnte sein Erstaunen über diesen Fortschritt, an dem er selbst beteiligt war, kaum verhehlen:

> „Die Entwicklung des Walzwerkwesens der Neuzeit ist gekennzeichnet durch den automatischen Schnellbetrieb mit dem Streben nach Massenerzeugung und Ersparung der Handarbeit. Welch ein anderes Bild bietet ein solches Walzwerk im Vergleich mit einem vor sechzig Jahren [gemeint ist 1850, d. Verf.). Das Heer der bewussten Puddler und Walzer mit ihren Rührkrücken und Zangen ist verschwunden, dagegen lenken zwei Personen von der Kanzel aus durch Hin- und Herdrehen der Schalthebel den ganzen Riesenmechanismus mit Leichtigkeit nach ihrem Willen. Die mächtigen Walzen drehen sich abwechselnd rückwärts und vorwärts, ebenso die Rollgänge, welche die glühenden Walzstücke mit unfehlbarer Sicherheit den Kalibern zuführen. Haben die Walzen ihre Arbeit gethan, so führt ein weiterer Rollgang das Walzgut zu den Scheren, zur Richtmaschine, zum Warmlager und zum Kaltlager, endlich in Sammeltreffen, aus denen das Eisen durch Kräne direkt verladen wird. Das Ganze ist ein wunderbares Schauspiel der Herrschaft des Menschen über den Stoff, ein Triumph des Geistes!“ (Beck 1903)

Die Auswirkungen dieser Produktionsexplosion bei Walzprodukten und insbesondere bei Blechen trug wesentlich zur Konstituierung der industriellen Moderne bei und sorgte mittels Synergieeffekten im Maschinenbau, im Bereich der Massenmobilitätstechnik (Eisenbahn, Schiffbau, Fahrrad, Automobil), dem Städtebau, aber auch in der alltäglichen Haushalts- und Versorgungstechnik dafür, dass nunmehr „moderne Zeiten“ anbrachen. Stach hierbei in der öffentlichen Wahrnehmung naturgemäß die „Automobilrevolution“ von und bei Ford ins Auge, die ebenfalls von preiswerten Blechen für ihre Automobilkarossen profitierte, oder der Stahlskelettbau von Wolkenkratzern in amerikanischen Großstädten, so stand diesem das, was sich auf dem Konsummittelmarkt vollzog, nicht nach. (Giedion 1948/1982)

Eine ebenso beachtenswerte Entwicklung wie im Eisenhüttenwesen ist auch für den Bereich der Glaserzeugung zu konstatieren. Eisen/Stahl und Glas waren mit die Fundamente der modernen Gesellschaft. Wurde mittels traditioneller Schmelz- und Glasblasverfahren zur Errichtung eines einzigen Gebäudes, wie etwa des „Kristallpalastes“ zur Londoner Weltausstellung von 1851 mit einer Glasfläche von 84.000m^2 nicht weniger als die unglaubliche Menge von einem Drittel der gesamten englischen Jahresproduktion an Flachglas benötigt, so wird offensichtlich, dass auf der traditionellen technischen Basis der Flachglaserzeugung den Ansprüchen, die eine Massenkonsumgesellschaft an Produktionsvolumina und Preise von Glas stellen würde, nicht entsprochen werden konnte. (Flachglas AG 1987, S. 104) Der Übergang von einer handwerklichen Glasproduktion zu einer solchen als Massenprodukt im Fließprozess vollzog sich zwischen den 1870er und den 1910er Jahren. Auf die technische Entwicklung als solche kann hier nicht explizit eingegangen werden, wohl aber auf deren exorbitante Folgen. Brachte man es mit einem regenerativen Hafen-Schmelzofen und der traditionellen Glasausarbeitung durch Glasbläser 1928 gerade einmal auf eine Jahresproduktion von 200.000 m^2 Flachglas p. a., so leistete ein regenerativer Schmelzwannenofen, gekoppelt mit dem Foucault-Verfahren zur Verarbeitung der Glasmasse in Flachglas bereits 2.700.000 m^2/p. a. Mit dem Libby Owen-Verfahren der Flachglaserzeugung erhöhte sich die Jahresproduktionsleistung eines Schmelzwannenofens sogar auf 7.200.000 m^2/p. a. Das ist das 36-fache dessen, was über das traditionelle Verfahren der Glasausarbeitung mittels Glasbläsern zu erzielen war.

Eine tendenziell vollkommen gleichartige Entwicklung wie im Bereich der Flachglasproduktion ist auch bei der Erzeugung von Glasflaschen als Massenartikel zu verzeichnen. Hier verdreißigfachten sich die Produktionsvolumina zwischen etwa 1860 und 1900 von anfänglich 250.000 Flaschen/p. a. und Ofen auf mehr als 8 Millionen bei Einsatz der Libby Owen-Glasblasmaschine. (Gleitsmann 1980, S. 240) Der Preis pro Glasflasche sank bereits zwischen 1885 und 1878 auf ein Drittel des ursprünglichen. Durch Massenproduktion wurde Massenkonsum möglich. Getränke, ob nun Milch, Bier, Mineralwasser oder Coca-Cola, konnten nun millionenfach in Flaschen abgefüllt den Markt erobern. Neue Vertriebssysteme und Konsummuster etablierten sich. Statt sein Feierabendbier in Lokalen zu genießen, oder es im mitgebrachten Krug frisch abgefüllt und gekühlt mit nachhause zu nehmen, war es nun die Flasche, in der das Produkt einfach und preiswert erworben und mit nachhause genommen werden konnte. Bereits in den 1920er Jahren bewarb diese Art des Konsums der Getränkehersteller Coca-Cola in einer Werbekampagne mit dem Slogan „take six!“. Nicht mehr eine einzelne Flasche sollte der Kunde also mit nachhause nehmen, sondern ein viel praktischeres Sixpack, zum Vorteil aller. Zusammen mit den häuslichen Kühlschränken waren die Flaschengetränke jederzeit wohltemperiert verfügbar und verleiteten so zu bequemem Konsum.

Das Grundprinzip einer arbeitsteilig organisierten fabrikmäßigen Massenproduktion im Fließprozess mit seinen mengenmäßigen und kostenreduzierenden Effekten in Märkten, die damit letztlich unbegrenzte Wachstumspotentiale offerierten, ergriff sämtliche Produktionsbereiche. Für alle galt: die Produktionszahlen explodierten, die Stückkosten sanken, der Preis dementsprechend ebenfalls. Infolgedessen potenzierte sich der Absatz. Was dies letztlich bedeutet, lässt sich an einem einzigen Beispiel, das auch als symptomatisch für andere Konsumartikel gelten kann, statistisch detailliert belegen, nämlich der Entwicklung der amerikanischen Eiscremeproduktion zwischen 1859 und 1970. Diese stieg von etwa 0,1 Mill. gallons 1859 auf enorme 1.200 Mill. gallons 1970 an, d. h. auf das Zwölftausendfache. (Hyde/Rothwell 1973, S. 5 f.)

Die Massenkonsumgesellschaft mit ihrem Wachstumsdogma war geboren, hatte sich etabliert und damit verbunden eben auch der schier unersättliche Bedarf an Energie und Rohstoffen aller Art, sowie der dies alles begleitenden Notwendigkeit, Unmengen an Abfällen zu „entsorgen". Damit wurde die Welt, ihre Luft, ihre Gewässer, ihre Böden erst regional, dann national und schließlich global nicht nur zur Rohstoffquelle, sondern auch zur Müllkippe dessen, was industrielle Massenproduktion begleitete und hervorbrachte. (Oetzel 2012)

Der Start in diese neue, moderne, industrielle geprägte Welt war, wie schon diese wenigen Beispiele verdeutlichen, im hohen Maße komplex. Die industrielle Produktionsdynamik schuf spätestens seit den 1880er Jahren gesellschaftliche und individuelle Lebenssituationen mit einem bis dahin unbekannten Möglichkeitsüberschuss an Handlungsoptionen. Und dies sollte erst der Anfang dessen sein, was sich dann zwischen den 1950er Jahren bis heute vollzog. Dennoch, knapp 150 Jahre nach dem Aufbruch in die industrielle Moderne ist die Zukunftseuphorie, die hiermit verbunden war, zumindest zum Teil verflogen. Ein grundsätzlicher gesellschaftlicher Pessimismus über den einstmals eingeschlagenen Weg und dessen Folgen scheint selbst im alltäglichen Leben spürbar zu sein. Auch wenn es noch nicht *common sense* ist, dass es so, wie bisher nicht endlos weitergehen kann, so scheint doch eines klar zu sein, nämlich dass Teile der Menschheit die Grenzen ihres Wachstums nicht nur erreicht, sondern längst überschritten haben, und dabei sowohl im Hinblick auf ihre globalen Ressourcenentnahmen als auch Umweltbelastungen weit über ihren Verhältnissen leben. Zu eindringlich haben wissenschaftliche Studien (Randers 2012), Medienberichte und die konkreten eigenen Erfahrungen ständig steigender Energie- und Rohstoffpreise, der Versorgungslücken mit Grundnahrungsmitteln im globalen Süden sowie die Berichte über die Folgen der CO_2-Problematik, der Abschmelzung der Pohlkappen, der großflächigen Devastierung von lebenswichtigen Urwaldflächen oder der Ausfischung sowie Verschmutzung der Ozeane etc. der Öffentlichkeit in aller Deutlichkeit vor Augen geführt, in einer „Endzeitgesellschaft" zu leben.

Diese, inzwischen zumindest in den westlichen Industriestaaten gemeinhin trivial anmutende Erkenntnis hat weitreichende internationale, politische, ökonomische, soziale, sowie ethische etc. Folgen und zwingt dazu –insbesondere auf globaler Ebene – über eine ganze Reihe zentraler Fragestellungen nachzudenken. Diese lassen sich folgendermaßen formulieren:

1. Wie lassen sich diese Probleme lösen?
2. Was wäre hierzu vorrangig zu tun?
3. Wer muss aktiv werden, um die Problematik einer Lösung zuzuführen?
4. Wer müsste die Kosten einer Problemlösung tragen?, und
5. Auf welchem Wege lassen sich global allgemeinverbindliche Lösungen treffen und durchsetzen?

Auf eine derart komplexe und vielschichtige Frage- wie Problemkonstellation kann naturgemäß, d. h. unter Einbeziehung der höchst divergierenden Individualinteressen der beteiligten Akteure und ihrer Klientel aus dem globalen Norden, Westen, Süden und Osten, kaum mit einer einfachen und konzeptionell auch nur annähernd harmonischen Lösung gerechnet werden. Die Grenzen des Wachstums der Menschheit werden zu dem, was sie a priori immer waren, nämlich zu einem Politikum. Doch was sind eigentlich die zugrundeliegenden Strukturmerkmale, die die moderne Massenkonsumgesellschaft ausmachen? Die auf der einen Seite für Wohlstand durch Wirtschaftswachstum sorgen, auf der anderen Seite aber Problemfelder schaffen, die sowohl das Gesamtkonzept der industriellen Moderne als auch das Ziel eines nachhaltigen Wirtschaftens grundsätzlich in Frage stellen, als auch zu der Befürchtung Anlass geben, dass sie möglicherweise struktureller Natur sind und damit systemimmanent gar nicht lösbar sein könnten?

Zu dieser Frage werden in der Literatur unterschiedliche Auffassungen vertreten. Als von zentraler Bedeutung wird dabei allerdings immer wieder auf die Notwendigkeit eines sowohl nationalen als auch globalen wirtschaftlichen Wachstums verwiesen, obwohl dieses die Zielsetzung der Nachhaltigkeit bei der Ressourcen- und Umweltnutzung bekanntermaßen geradezu konterkariert. „Heute“, so resümieren Grunwald/Kopfmüller, „stellt Wirtschaftswachstum – verstanden als die mit Preisen bewertete Zunahme der in einem Jahr produzierten Güter und Dienstleistungen – das nahezu selbstverständliche ökonomische wie auch gesellschaftliche Kernziel in weiten Teilen von Politik, Wirtschaft, Wissenschaft und Öffentlichkeit dar. Dieses Denken dominiert seit dem Entstehen industrialisierter Ökonomien vor rund 200 Jahren [...]“. (Grunwald/Kopfmüller, S. 69) Die Begründungen, die für die Notwendigkeit fortgesetzten wirtschaftlichen Wachstums ins Feld geführt werden, sind vielschichtig. Genannt werden dabei insbesondere:

1. die Sicherung und Steigerung des nationalen materiellen Wohlstandes und des Lebensstandards;
2. die Aufrechterhaltung bzw. der Ausbau der sozialen Sicherungssysteme und wohlfahrtstattlichen Leistungen;
3. die Möglichkeit der möglichst konfliktarmen Gestaltung von Einkommensumverteilungsprozessen;
4. die Finanzierung von Investitionen in Umweltschutz, Bildung oder Entwicklungszusammenarbeit; sowie

5. die Finanzierung von Drittweltländern zur Überwindung von Armut, Verschuldung Überbevölkerung oder Arbeitslosigkeit. (Grunwald/Kopfmüller, ebd. S. 69 f.)

In der klassischen ökonomischen Theorie begründet sich Wirtschaftswachstum darauf, dass Güter und Dienstleistungen zur gesellschaftlichen Bedürfnisbefriedigung bereitgestellt werden sollen, und zwar auf möglichst effiziente und kostengünstige Weise. „Erfüllungsgehilfe für diese gesellschaftliche Aufgabe der Versorgung der Menschen mit Gütern und Dienstleistungen ist letztendlich die Wirtschaft – entweder markt- oder planwirtschaftlich organisiert. Die Wirtschaft soll eine effiziente und effektive Allokation begrenzter Ressourcen zu dieser Nutzengenerierung gewährleisten. [...] In der Marktwirtschaft bedient man sich dem Gewinnstreben Einzelner, um diese Aufgabe zu erfüllen. Die Gewinnmaximierung der Unternehmen ist aber nur Mittel zum Zweck und nicht [...] das Ziel an sich." (Schmidt 2008, S. 3)

Marxistisch orientierte Theoretiker sehen dies erwartungsgemäß grundsätzlich anders. Die Triebfeder jedweden ökonomischen Handels in der Produktionssphäre ergibt sich danach aus dem Imperativ der Kapitalakkumulation, „[...] jenem Imperativ, der die fortgesetzte Selbstvermehrung des Kapitals durch regelmäßige Erzielung von Gewinnen zum obersten Gesetzt erhebt." (Ropohl 2007, S. 64 f.) „Die Profitrate ist die treibende Macht in der kapitalistischen Produktion, und es wird nur produziert, was und soweit es mit Profit produziert werden kann", (Marx 1962, S. 269) bzw. „Der unmittelbare Produktionsprozess des Kapitals ist sein Arbeits- und Verwertungsprozess, der Prozess, dessen Resultat das Warenprodukt und dessen bestimmendes Motiv die Produktion von Mehrwert ist." (Marx 1962, S. 351) Das Kernziel der Warenproduktion ist die Kapitalakkumulation und daraus resultiert zwangläufig das Ziel eines stetigen Wirtschaftswachstums. Die Geschichte der Produktivkräfte offenbart sich damit als radikale Wachstumsideologie, die zu folgender Gleichsetzung führte: „Fortschritt ist Wachstum, ist bedingungslose Erhöhung der Arbeitsproduktivität und damit bedingungslose Steigerung des materiellen Outputs." (Gleitsmann u. a. 2009, S. 265) Mit letzterem, also dem zwingenden Erfordernis von Wirtschaftswachstum, stimmt auch die klassische Ökonomie völlig überein: „Suffizienz von der Industrie, von den Produzenten zu fordern hieße dagegen, deren Absatz zu beschränken, quasi zu kontingentieren. Doch das ist weit von unserem vorherrschenden Wirtschaftssystem der Marktwirtschaft, entfernt." (Schmidt 2008, S. 6)

Die bisherigen eher theoretischen Ableitungen zu den Motiven und der Unverzichtbarkeit wirtschaftlichen Wachstums wären noch in zweierlei Hinsicht zu ergänzen. Zum einen durch das, was Christian Pfister unter der Bezeichnung „Das 1950er Syndrom" (Pfister 1996) als ein epochenkennzeichnendes Phänomen charakterisierte. Zum anderen durch das, was wir eingangs als inhärent für jedwede Massenproduktion herausgearbeitet hatten, nämlich die zwangläufige Interdependenz, d. h. das Aufeinanderbezogensein, von quantitativer Produktionsmenge, Produktivität, Produktkosten, Marktpreisen und damit der massenhaften Erwerbbarkeit von Artikeln durch die Konsumenten. Letztgenannte Faktoren sind aufs engste miteinander verzahnt, bedingen sich gegenseitig und lassen es letztendlich strukturell nicht zu, auf Wirtschaftswachstum, z. B. über Produktionsmengenbegrenzungen oder ähnliches, zu verzichten. Mit anderen Worten: Suffizienzstrategien entsprächen zwar der Zielsetzung der Nachhaltigkeit, würden im Gegenzug allerdings die Gefahr einer Abwärtsspirale von Produktivität, Absatz und gesellschaftlicher Prosperität heraufbeschwören, die auf soziopolitischer Ebene kaum auf Akzeptanz stoßen könnte. Die Wirkmächtigkeit der Notwendigkeit von Wirtschaftswachstum, ggf. um jeden Preis, ergibt sich aus den gegebenen Systembedingungen selbst und ist damit keineswegs allein bzw. vorrangig Ausdruck dessen, was die Brüder Grimm in ihrer Parabel über den Fischer und seine Frau geschrieben hatten, und was sich als „das Syndrom vom Fischer un sine Fru" bezeichnen ließe, nämlich die Unzufriedenheit mit dem bisher erreichten und die unersättlichen Gier nach immer noch mehr.

Im Unterschied hierzu zielt die Argumentation von Christian Pfister gerade auf dieses Phänomen ab. Er konstatiert, dass die grundlegenden Veränderungen, die sich seit den 1880er Jahren in den Sphären der industriellen Warenproduktion vollzogen und in der Herausbildung einer Konsumgesellschaft niedergeschlagen hätten, nun, d. h. in den 1950/60er Jahren, auch den Menschen selbst erfasst und verändert habe. Schivelbusch spricht vom „Prozess der inneren Industrialisierung, d. h. von einem Übergreifen der Produktionssphäre auf die psychische Struktur von Mensch und Gesellschaft." (Schivelbusch 2002, S. 146) Dabei beruft sich Schivelbusch auf Karl Marx und seine Aussage, dass die Produktion nicht nur einen Gegenstand für das Subjekt, sondern auch ein Subjekt für den Gegenstand produziert. Die Fülle möglicher neuer Handlungsoptionen, so Pfister, habe die Menschen aus traditionellen Wertemustern herausgebrochen und eine grundlegende Verschiebung ihrer Werteprioritäten ausgelöst. „Pflicht- und Akzeptanzwerte verloren an Bedeutung, traditionelle Autoritäten wurden legitimationsbedürftig, Arbeits- und Leistungspflicht hinterfragt, gemeinschaftliche Bindungen und Verpflichtungen negiert. Individualität, Privatheit und Autonomie gewannen an Bedeutung." (Pfister 1996, S. 25) Gekoppelt war dies zudem an eine weitestmögliche Umsetzung von Freizeitvorstellungen und materiellen Konsumwünschen, ganz im Unterschied von dem, was früher als „Muße" angestrebt worden war. (Timm 1968) Damit waren die Menschen auch mental in der Massenkonsumgesellschaft angekommen und ebenso den Verlockungen ihrer Fortführung durch Wirtschafts- und damit Einkommenswachstum verfallen. Suffizienzvorstellungen irgendwelcher Art passten schlecht in derartige Lebensentwürfe.

Die zentrale Frage also ist, ob unbegrenztes quantitatives Wirtschaftswachstum mit nachhaltiger globaler Entwicklung vereinbar sein kann, und welche historischen Erkenntnisse zu diesem Forschungsfeld vorliegen. Die Vereinbarkeit beider Zieloptionen hat sich aus dem Blickwinkel der Geschichtswissenschaft heraus dabei als unrealistisch herausgestellt. Nicht nur, weil die Grundprinzipien industrieller Massenkonsumgesellschaften mit ihren Wachstumszwängen strukturell so formatiert sind, dass eine grundsätzliche Revision des bisher eingeschlagenen Weges unmöglich scheint, ohne den Bestand des Systems insgesamt in Frage zu stellen oder gar zusammenbrechen zu lassen. Sondern auch, weil das global allgemein unstrittig postulierte Ziel „Wirtschaftswachstum“ lautet. Zielkonflikte zwischen Wirtschaftswachstum und Nachhaltigkeit werden dabei ausgeblendet. Die Forderung nach einer grundsätzlichen Abkehr vom marktwirtschaftlichen System und des in seiner Folge kollabierenden globalen Öko- und Ressourcengleichgewichts bleiben nach wie vor Randerscheinungen. Suffizienzkonzepte, wie sie etwa in theoretischen Ansätzen einer „steady-state-Ökonomie“, (Jackson 2012) deren Stationarität sich auf die Bevölkerungszahl, den Sachkapitalbestand und den Stoffdurchfluss bezieht, dem „Degrowth-Ansatz (Paech 2012) mit seiner Forderung nach einer Abkehr vom wachstumsorientierten Denken und Handeln, oder auch der Theorie eines „sustainable degrowth“ (Daly 1999) vorgetragen werden, finden kaum Beachtung. Hierin besitzen der aktuelle gesellschaftliche Diskurs und der Reflektionshorizont der Geschichtswissenschaft deutliche Gemeinsamkeiten.

Vielmehr gelten die vorgenannten alternativen Konzepte ökonomisch erforderlicher Neuorientierung als inakzeptable Fundamentalkritik am derzeitigen marktwirtschaftlichen bzw. kapitalistischen System mit all seinen globalen, unverzichtbar scheinenden Entwicklungsperspektiven. (Vgl. Milleniumsziele) Zudem gelten Suffizienzstrategien als Vorschläge zum „Engerschnallen des Gürtels“ ohnehin als gesellschaftspolitisch kaum vermittelbar. „Denn die Mehrheit der (heute) knapp 7 Milliarden Menschen treibt nicht die Frage um, wie wir weniger verbrauchen können, sondern wie sie mehr verbrauchen und damit ihre Existenz sichern [...] können. Dies ist die eigentliche soziale Dimension der Nachhaltigkeit, die im krassen Widerspruch zu den ökologischen Anforderungen der Nachhaltigkeit steht [...]“. (Schmidt 2008, S. 16) Die Unvereinbarkeit des Anspruchs fortgesetzten Wirtschaftswachstums mit der Zielsetzung global nachhaltigen Wirtschaftens verstrickt sich zu einem gordischen Knoten. An dessen Lösung scheint zwischenzeitlich eine gewaltige Armada vermeintlicher Spezialisten aus Politik, Wissenschaft, Verwaltung, internationaler Bürokratie, aus Unternehmen und auch aus Nichtregierungsorganisationen NGOs zu arbeiten, auch wenn deren Bemühungen die bisherigen Verstrickungen kaum zu entflechten vermochten, sondern eher verstärkt haben. Vollmundigen internationalen Vereinbarungen und Absichtserklärungen folgten kaum bemerkenswerte Taten. Und auch konzeptionelle Neuausrichtungen, wie sie von Michael Braungart und William McDonough mit ihrer Idee des *cradle to cradle* vorgeschlagen werden, stellen kaum etwas anderes dar als utopisch anmutende Visionen von einem Paradies aus zweiter Hand. Sollte es der Menschheit, in welcher Weise auch immer, nicht gelingen, diesen gordischen Knoten zu entwirren bzw. zu zerschlagen, dann steht zu befürchten, dass wieder einmal menschheitsgeschichtliche Normalität eintritt. Und dies bedeutet, wie die Geschehnisse Mitte des 14. Jahrhunderts und zu Beginn des 17. Jahrhunderts zeigen, dass eine – katastrophale – Bereinigung der Problematik letztlich nur durch drastische Bevölkerungsreduzierungen oder durch eine radikale Abkehr von alldem erfolgen könnte, was bisher die Massenkonsumgesellschaft ausmachte. Damit würde der Preis für all das zu entrichten sein, was ein vorangegangenes, unbegrenzt scheinendes Handlungsvermögen vorgespiegelt hatte.

In der Fabel vom Fischer und seiner Frau, deren immer maßloser werdenden Forderungen mit dem Refrain „Mandje! Mandje! Timpe Te!/Buttje, Buttje in de See!/Mine Fru, de Ilsebill,/Will nich so, as ik wol will" eingeleitet werden, heißt es zunächst „Na, was will se denn?" (Brüder Grimm 2022) Am Ende dann aber lapidar: „Ga man hen./Se sitt all weder in' n Pisspott." Und dies bedeutet im übertragenen Sinne nichts anderes, als dass alle Chancen vertan worden sind und die Menschheit, wenn überhaupt, bestenfalls auf die Ausgangssituation der Gesellschaften des Mangels zurückgeworfen sein wird. Die düsteren End- bzw. Neuzeitprognosen eines John Zerzan (Zerzan 2005) werfen ihren Schatten voraus. Und selbst der Wünsche erfüllende Butt, der hier für globales Wirtschaftswachstum, Ressourcenverfügbarkeit und Wohlstand in sozialem Frieden steht, bleibt bei weitem nicht ungeschoren, auf hochdeutsch: „Da ging der Butt auf den Grund und ließ einen langen Streifen Blutes hinter sich." Das Tragische hierbei ist, dass reales Sein, das einer vormaligen Utopie entsprang, in der Realität nun zwangsläufig wieder auf die Dimension einer Utopie zurückgeworfen wird.

Fasst man zusammen, so ist festzuhalten, dass Massenkonsumgesellschaft und nachhaltige Wirtschaftsweisen sowie stabile Ökosysteme keine gemeinsame Schnittmenge aufweisen. Ganz im Gegenteil. Nach allem, was sich erkennen lässt, ist die industrielle Moderne, koste es was es wolle, zum Wachstum verdammt und ohne Aufgabe ihrer selbst strukturell nicht überlebensfähig oder reformierbar. Dies mag die politischen Akteure enttäuschen, die in ihrem Aktionismus voll und ganz auf etwas setzen, was sie energiepolitisch für zukunftsfähig halten. Etwa die Elektromobilität, die Wasserstofftechnologie, die Wind- bzw. Solarenergie, die CO_2-Besteuerung und vieles mehr. All dies mutet vor der globalen Problematik nachhaltigen Wirtschaftens geradezu hilflos naiv an. Massenkonsumgesellschaft und Nachhaltigkeit stellen sich bei genauer Betrachtung als miteinander unvereinbare Gegensätze dar. Die Wirkmächtigkeit wirtschaftlichen Wachstums um jeden Preis ist Konsequenz der gegebenen Systembedingungen und weit mehr als Unzufriedenheit mit dem bisher Erlangten bzw. Ausdruck einer unersättlichen Gier nach immer noch mehr. Stattdessen werden die Akteure in der Moderne selbst zu Getriebenen. Das Wachstumsparadigma wurde zum Dogma allen ökonomischen Handelns, in dessen Folge sich die *„affluent society"*, die Überflussgesellschaft, etablierte. Das Ergebnis hiervon ist, dass zwischen 1780 und 2020 das kaufkraftbereinigte weltweite Bruttoinlandsprodukt pro Kopf und Jahr, also der Gesamtwert aller Waren und Dienstleistungen, die dem Endverbrauch dienten, von 694 Dollar auf 90.000 Dollar stiegen, also um das mehr als 134-fache (!). Diese statistischen Angaben mögen recht abstrakt klingen. Sie lassen sich allerdings konkretisieren. So standen im Jahre 1780 zum Endverbrauch an Waren und Dienstleistungen nicht einmal 1 %, d. h. konkret nur 0,75 % jener Gütermengen zur Verfügung, die knapp 240 Jahre später verfügbar sein würden. Dies bedeutete, um es noch weiter zu veranschaulichen, folgendes: Wenn um 1800 ein Produkt oder eine Dienstleistung *jährlich* ein einziges Mal zur Verfügung stand, so wäre dieser Konsum nach den Produktivitätsfortschritten bis 2020 nun hingegen fast *dreimal wöchentlich* verfügbar. Welch exorbitante Konsumausweitung, aber auch welch drastischer Anstieg an Ressourcen und Umweltverbrauch, der sich damit zwangsläufig verbindet. Ein Kollaps der schönen neuen Welt scheint vorprogrammiert zu sein, und die Probleme sind kaum lösbar. Wer dennoch glaubt, dass die Nachhaltigkeitskrise überwunden werden kann, muss auf „[...] eine radikale Reduzierung der menschlichen Aktivitäten auf dem Planeten (setzen) – weniger produzieren, weniger konsumieren, weniger reisen, weniger Daten produzieren – [...] und landet dabei leicht bei einem ökologischen Notstandsregime." (Fücks 2013, S. 36) Dies jedoch würde in demokratischen politischen Systemen zu einer Legitimationskrise bei der Akzeptanz führen. (Brand 2012) Wenn der Nachhaltigkeitsdiskurs „[...] mit dem Gestus ‚du darfst nicht' daherkommt, hat [er] schon verloren. Die große Mehrheit der Menschen auf unserem Globus träumt [...] einen ganz anderen Traum [...] Sie streben nach den Errungenschaften des modernen Lebens; die den meisten von uns längst selbstverständlich geworden ist. Diesen Traum werden sie sich durch nichts und niemanden abkaufen lassen." (Fücks 2013, S. 36 f.)

Auf der Agenda müsste nach alledem das Ziel einer nachhaltigen Moderne als Weg in eine lebenswerte Zukunft und als neue regulative Leitidee stehen. (Welzer 2013) Um dies gerade im Sinne des mehrdimensionalen Nachhaltigkeitsbegriffs und seiner gleichgewichtigen Zielkomponenten ökologischer, ökonomischer, sozialer und soziopolitischer Art erreichen zu können, kann weder auf Modelle einer Post-Wachstumsgesellschaft nach Daly u. a., (Daly 1999) noch gar auf *degrowth*-Strategien gesetzt werden. Im Gegenteil. Ein intelligentes Wachstum, ein qualitatives Wachstum (Paqé 2012) im Sinne von Joseph Schumpeters „schöpferischer Zerstörung", d. h. durch Zerstörung von Altem und Überkommenem durch Neues und Besseres mittels Produkt- und Prozessinnovationen, ist gefordert. Und dazu wäre der Weg in eine *green economy* mit *green growth* zu beschreiten, gekoppelt an Ressourceneffizienzstrategien sowie zielgerichtete staatliche ordnungspolitische Rahmensetzungen. Erschwerend dürfte hierbei hinzukommen, dass all dies realpolitisch und zudem wohl kaum ohne das Konzept einer „*global governance*" realisierbar wäre. Birgit Mahnkopf, emeritierte Professorin für Europäische Gesellschaftspolitik an der Hochschule für Wirtschaft und Recht Berlin, kommt in ihrem lesenswerten APuZ-Beitrag „Der große (Selbst-)Betrug. ‚Klimaneutralität' durch ‚grünes Wachstum'" (Mahnkopf 2022) zu einer kritischen Bewertung der politischen Umsetzbarkeit einer green economy. Sie konstatiert zum einen die Eigenschaft von Politikern in parlamentarischen Demokratien, „radikale Veränderungen [...] stets erfolgreich aus(zu)bremsen" (ebd., S. 46) oder „[...] ihrer potenziellen Wählerschaft zu widersprechen, sie zu belehren oder normativ herauszufordern [...]", (ebd.) also deren „verbreitete Mutlosigkeit". (Ebd.) Mit Blick auf die Wählerschaft hält Mahnkopf zum anderen fest, dass diese u. a. „[...] auch wenig empfänglich für die Ankündigung (sei), dass sie in Zukunft weniger von etwas erwarten dürfen, sondern [...] eher für Parteien (optierten), die ihnen mehr von was auch immer versprechen." (Ebd.) „Kurzum;", so die Autorin weiter, „[d]ie parlamentarische Demokratie erlaubt und befördert den inkrementellen (schrittweisen) Wandel, sie fördert auch die heute gebotene Solidarität im Nahbereich, im günstigsten Fall sogar im nationalen Kontext, doch greift sie nur in seltenen Fällen darüber hinaus. [...] Doch hinsichtlich der heute notwendigen radikalen politischen Entscheidungen wirkt die parlamentarische Demokratie in erster Linie strukturkonservativ. Daher erleben wir Regierungen in Europa, wie anderswo auch, die in die Zwangsjacke des Wachstumsimperativs gefesselt sind, unfähig, den mächtigen Kräften der Beharrung entgegenzutreten.“ (Ebd.)

Ob die Revision der Wachstumsgesellschaft tatsächlich gelingen kann, muss die Zukunft zeigen. Unter technikhistorischer Perspektive im Hinblick auf die bisherige Universalgeschichte sind die Chancen allerdings eher skeptisch zu sehen. Dennoch zeigt der Blick in die Geschichte, dass systemische Nachhaltigkeit durchaus in gewerblich strukturierten Gesellschaften funktionieren kann. Ein beachtenswertes, wenn bisher auch einzigartiges Beispiel hierfür wäre die Montanregion des Siegerlandes, das „Ruhrgebiet des Mittelalters“, (Gleitsmann 2013) auch wenn hier noch nicht das Kriterium einer Massenkonsumgesellschaft gegeben ist. Dies Technotopgeschichte wird im nachfolgenden Kapitel dargestellt, um insbesondere die mit einer nachhaltigen Wirtschaftsweise verbundenen Implikationen herauszuarbeiten.

Literatur

Joan Martinez Alier, Socially Sustainable economic Degrowth. Development and Change, in: Development and Change 40 (2009), S. 1099-1119

Ludwig Beck, Die Geschichte des Eisens in technischer und kulturgeschichtlicher Beziehung, 5 Bde., Braunschweig 1903

Michael Braungart, „Das richtige Tun“ – Öko-Effektivität und intelligente Verschwendung: Cradle to Cradle, in: Michael Braungart, William McDonough (Hg.), Die nächste Industrielle Revolution, 3. Aufl., Hamburg o.J., S. 17-69

Ulrich Brand, Wachstum und Herrschaft, in: APuZ 27-28 (2012), S. 8-14

Bundesdrucksache 14/8792. Rat der Sachverständigen für Umweltfragen. 2002. Umweltgutachten 2002

Bundesregierung, Indikatorenbericht 2010, Nachhaltigkeitsstrategie für Deutschland, Erfolgskontrolle: die 21 Indikatoren, aktualisiert 2018: https://www.bundesregierung.de/resource/blob/975292/1559082/a9795692a667605f652981aa9b6cab51/deutsche-nachhaltigkeitsstrategie-aktualisierung-2018-download-bpa-data.pdf [11.02.2022]

Bundesregierung, Perspektiven für Deutschland. Unsere Strategie für eine nachhaltige Entwicklung. Fortschrittsbericht, Berlin 2004

Council on environmental quality/Foreign office (ed.), The global 2000 report to the president, Washington, D. C. 1980

Daimler. Nachhaltigkeitsbericht 2011. http://nachhaltigkeit.daimler.com [11.02.2022]

Herman E. Daly, Wirtschaft jenseits von Wachstum: die Volkswirtschaftslehre nachhaltiger Entwicklung, Salzburg/München 1999

Werner Eckert, „Was aus den schönen Worten von Rio wurde“, SWR-Umweltredaktion. http://www.tagesschau.de/ausland/rio172.html [11.02.2022]

Felix Ekardt, Theorie der Nachhaltigkeit. Rechtliche, ethische und politische Zugänge, Baden-Baden 2011

European Commission, A sustainable Europe for a better world. A European Union strategy for sustainable development, Brussel 2001

EU-Kommission, Europa 2020. Eine Strategie für intelligentes, nachhaltiges und integratives Wachstum. Mitteilung der Kommission, Brüssel 2010

Flachglas AG Fürth-Gelsenkirchen (Hg.), 500 Jahre Flachglas 1487–1987, Fürth 1987

Judith Flanders, Consuming Passions. Leisure and Pleasure in Victorian Britain, London u. a. 2007

Ralf Fücks, Intelligent Wachsen, München 2013

Michael von Hauff, Alexandro Kleine, Nachhaltige Entwicklung – Grundlagen und Umsetzung, München 2009

Tim Jackson, Wohlstand ohne Wachstum. Leben und wirtschaften in einer endlichen Welt, Bonn 2012

Sigfried Giedion, Mechanization takes command, New York 1948, dt. 1982

Rolf-Jürgen Gleitsmann, Rohstoffmangel und Lösungsstrategien: Das Problem vorindustrieller Holzknappheit, in: Freimut Duve (Hg.), Technologie und Politik 16, Reinbek 1980, S. 104-154

Ders., Strukturelle Nachhaltigkeit: Die Implikationen des Zentralressourcenmanagements der Siegerländer Montanwesens vom Spätmittelalter bis ins frühe 19. Jahrhundert. Ein Beitrag zur aktuellen Nachhaltigkeitsdiskussion und zur Geschichte des Siegerlandes, in: Siegener Beiträge. Jahrbuch für regionale Geschichte 18 (2013), S. 51-89

Ders., u. a., Technikgeschichte, Konstanz 2009

Ders., Und immer wieder starben die Wälder. Waldnutzung und Energiewirtschaft in der Geschichte, in: Jörg Calließ u. a. (Hg.), Mensch und Umwelt in der Geschichte, Pfaffenweiler 1989

Ders., Zur Interdependenz von technischer Entwicklung und Arbeitszeitregelung im Glashüttenwesen des 18.–19. Jahrhunderts, in: VDI (Hg.), Technikgeschichte Bd.47 (1980), Nr. 3, S. 215-251

Brüder Grimm, De Fischer un sine Fru, https://www.deutschland-lese.de/streifzuege/maerchen/von-den-fischer-und-sine-fru/ [11.02.2022]

Armin Grunwald, Jürgen Kopfmüller, Nachhaltigkeit, 2. Aufl. Frankfurt am Main/New York 2012

Volker Hauff (Hg.), Unsere gemeinsame Zukunft. Der Brundtland-Bericht der Weltkommission für Umwelt und Entwicklung, Greven 1987

Kenneth A. Hyde, James Rothwell, Ice Cream, Edinburgh/London 1973

Tim Jackson, Wohlstand ohne Wachstum. Leben und Wirtschaften in einer endlichen Welt, München 2011

Nicole Christine Karafyllis, „Nur soviel Holz einschlagen, wie nachwächst". Die Nachhaltigkeitsidee und das Gesicht des deutschen Waldes im Wechselspiel zwischen Fortwissenschaft und Nationalökonomie, in: Technikgeschichte 69 (2002), S. 247-273

Wolfgang König, Geschichte der Konsumgesellschaft, Stuttgart 2000

Ders., Massenproduktion und Konsumgesellschaft: Ein Historischer und systematischer Abriss, in: Heinz-Gerhard Haupt, Claudius Torp (Hg.), Die Konsumgesellschaft in Deutschland 1890–1990, Frankfurt am Main/New York 2009, S. 46-61

Birgit Mahnkopf, Der große (Selbst-)Betrug. „Klimaneutralität“ durch „grünes Wachstum“, in: APuZ 3-4 (2022), S. 42-46

Karl Marx, Das Kapital, Bd. 1, Berlin 1974 (MEW, Bd. 25)

Ders., Das Kapital, Bd. 2, Berlin 1971 (MEW, Bd. 25)

Ders., Das Kapital, Bd. 3, Berlin 1962 (MEW, Bd. 25)

Dennis Meadows u. a., Die Grenzen des Wachstums. Bericht des Club of Rome zur Lage der Menschheit, Reinbek 1972

Ina Merkel, Zwischen Utopie und Bedürfnis. Die Geschichte der Konsumkultur in der DDR, Köln 1999

Meinhard Miegel, Exit. Wohlstand ohne Wachstum, Bonn 2010

Kurt Möser, Fahren und Fliegen in Frieden und Krieg, Ubstadt-Weiher 2009

Günther Oetzel, Dass globale Müll-System. Vom Verschwinden und Wieder-Auftauchen der Dinge, in: Matthias Maring (Hg.), Globale öffentliche Güter in interdisziplinären Perspektiven, Karlsruhe 2012, S. 79-98

Nico Paech, Befreiung vom Überfluss. Auf dem Weg in die Postwachstumsökonomie, 2. Aufl., München 2012

Karl-Heinz Paqé, Wert des Wachstums: Kompass für eine Kontroverse, in: Ders. u. a., Wachstum, Wohlstand, Lebensqualität, aktuelle Debatten, in: APuZ 27-28 (2012), S. 15-26

Christian Pfister (Hg.), Das 1950er Syndrom: Der Weg in die Konsumgesellschaft, 2. Aufl., Bern u. a.1996

Lothar Probst, Nachhaltigkeit als politischer Wert, in: APuZ 34-36 (2013), S. 48-61

ProgRess. Beschluss des Bundeskabinetts vom 29.2.2012. Deutsches Ressourceneffizienzprogamm (ProgRess) Programm zum Schutz der natürlichen Ressourcen, Berlin 2012.

Jorgen Randers (Hg.), 2052 – A Global Forecast for the Next Forty Years, Rotterdam 2012 (Bericht des Club of Rome)

(http://www.clubofrome.org/?p=703) [11.02.2022]

Reinhold Reith, Umweltgeschichte der frühen Neuzeit, Enzyklopädie Deutscher Geschichte, Bd. 89, München 2011

Ortwin Renn u. a., Leitbild Nachhaltigkeit. Eine normativ-funktionale Konzeption und ihre Umsetzung, Wiesbaden 2007

Günter Ropohl, Karl Marx und die Technik, in: Wolfgang König, Helmuth Schneider (Hg.), Die technikhistorische Forschung in Deutschland von 1800 bis zur Gegenwart, Kassel 2007, S. 63-82

Wolfgang Schivelbusch, Geschichte der Eisenbahnreise. Zur Industrialisierung von Raum und Zeit im 19. Jahrhundert, Frankfurt am Main 2000

Mario Schmidt, Die Bedeutung der Effizienz für Nachhaltigkeit – Chancen und Grenzen, in: Axel Schaffer, Jürgen Giegrich, Susanne Hartard (Hg.), Ressourceneffizienz im Kontext der Nachhaltigkeitsdebatte, Baden-Baden 2008

Ingo Schoenheit, Nachhaltiger Konsum, in: APuZ 32-33 (2009), S. 19-26

Gerhard Schulze, Die Erlebnisgesellschaft. Kultursoziologie der Gegenwart, Frankfurt am Main 1993
Joseph A. Schumpeter, Theorie der wirtschaftlichen Entwicklung, Berlin 1911
Rolf Peter Sieferle, Das vorindustrielle Solarenergiesystem, in: Hans Günter Brauch (Hg.), Energiepolitik, Berlin 1997, S. 27-46
Gabor Steingart, Unser Wohlstand und seine Feinde, München 2013
Rolf Sonnemann, Das Konzept für Geschichte der Produktivkräfte in der DDR-Geschichtswissenschaft, in: Dresdener Beiträge zur Geschichte der Technik-Wissenschaften 24 (1996), Dresden 1996, S. 1-19
United Nations Commission on Sustainable Development (UNCSD), Indicators of sustainable development. Framework and methodologies, New York 1996
United Nations Department of Economic and Social Affairs (UNDESA), National sustainable development strategies – the global picture, New York 2009
United Nations Development Program (UNDP), Integrating humans rights with sustainable human rights, New York 1998
UN Global Compact/Accenture, A new era of sustainability. UN global Compact accenture CEO study 2010, New York 2010
Frederic Winslow Taylor, The principles of scientific management, London 1911
Albrecht Timm, Verlust der Muße. Zur Geschichte der Freizeitgesellschaft, Hamburg 1968
Wolfhard Weber, Netzwerke Stahl und Strom, 1840 bis 1914, Berlin 1990 (Propyläen Technikgeschichte, Bd. 4)
Hans Ulrich Wehler, Modernisierungstheorie und Geschichte, Göttingen 1975
Harald Welzer, Selber denken, Frankfurt 2013
John Zerzan, Against Civilization: Readings and Reflections, Los Angeles 2005
http://memory.loc.gov/cgi-bin/ampage?collId=cool&itemLink=r?ammem/coolbib:@FIELD(SUBJ+@band(+Encyclopedias+and+dictionaries++))&hdl=amrlg:lg48:0001 [20.02.2022]
http://soziologie.soz.uni-linz.ac.at/sozthe/freitour/FreiTour-Wiki/Erlebnisgesellschaft.htm#:~:text=Erlebnisgesellschaft%20(Synonym%3A%20Spa%C3%9Fgesellschaft)%20meint,konzentriert%20ist%20(individuelle%20Erlebnissuche).&text=In%20der%20Erlebnisgesellschaft%20ist%20nicht,jeden%20Handelns%2C%20sondern%20das%20Erleben [20.02.2022]

5.2.4 Ein Alternativmodell? Strukturelle Nachhaltigkeit und ihre Implikationen am Beispiel des Siegerländer Montanreviers und seiner Haubergwirtschaft vom Spätmittelalter bis ins 19. Jahrhundert

Seit geraumer Zeit ist ein heftiger gesellschaftlicher Diskurs über den Problemkreis Nachhaltigkeit entbrannt. Da die industrielle Moderne und ihre Massen-Konsum-Kultur im Bewusstsein vieler zur Disposition zu stehen scheint, wird um Lösungsstrategien gerungen. Diese umfassen die vielfältigsten Vorschläge von Akteuren aus Ökonomie, Politik und Zivilgesellschaft. Die Spannweite reicht dabei von Theorieansätzen eines *degrowth,* (Sauer 2012) eines Wohlstands ohne Wachstum (Jackson 2012) oder eines „weiter so, aber anders“ (McDonough/Braungart 2002) bis hin zu Vorschlägen der

„Glücksforschung“ und deren Abrücken vom materiellen Konsumismus. (Rückriegel 2012) All diesen Überlegungen ist, trotz ihrer sonstigen Unterschiedlichkeiten, allerdings eines gemeinsam, nämlich ihre völlige Ahistorizität. Reflektionen darüber, ob es historische Beispiele gesellschaftlicher „Nachhaltigkeitswirtschaften“ gab, wie diese funktionierten und ob Kenntnisse über deren Strukturmerkmale bestehen, die möglicherweise den aktuellen gesellschaftlichen Nachhaltigkeitsdiskurs befruchten könnten, finden in den nachhaltigkeitstheoretischen Überlegungen schlichtweg keinerlei Berücksichtigung.

Aber auch in der Geschichtswissenschaft selbst ist die Frage nach wie vor unbeantwortet, ob es menschheitsgeschichtlich nachhaltig mit ihren Zentralressourcen umgehende Nicht-Agrargesellschaften überhaupt gab, was ggf. ihren Bestand essenziell sicherte, was sie prägte und was dieses für derartige Gesellschaften und die so lebenden Menschen real bedeutete. Zwar liegt durch die Umweltgeschichtsschreibung inzwischen ein breites und thematisch weit gefächertes Spektrum an Fallstudien vor, aber es fehlt in der Regel an einer Verortung in den Kontext von Nachhaltigkeitsanalysen. (Reith 2011; Uekötter 2007; Winiwarter/Knoll 2007; Herrmann 2013) Insbesondere scheinen Theorieansatz und Begrifflichkeit des in den Sozialwissenschaften erreichten Nachhaltigkeitsverständnisses in der Geschichtswissenschaft noch kaum angekommen zu sein. Vielmehr nähert man sich dieser Thematik hier nach wie vor im Wesentlichen unter Rückgriff auf eine eindimensionale, d. h. ökologische Nachhaltigkeitsbegrifflichkeit. Erste zaghafte Bestrebungen, hier den Blick zu weiten, finden sich in der Literatur bei Winiwarter/Knoll, (dies. 2012, S. 301-314) sowie im Rahmen von Tagungsveranstaltungen, etwa auf dem 49. Deutschen Historikertag 2012 mit seiner Sektion „Nachhaltigkeit im Energieverbrauch des Mittelalters und der frühen Neuzeit? Interdisziplinäre Zugänge zu einem aktuellen Thema“, oder der Gesellschaft für Wirtschafts- und Sozialgeschichte auf ihrer 2013 durchgeführten Tagung „Wirtschaft und Umwelt vom Spätmittelalter bis zur Gegenwart: auf dem Weg zu Nachhaltigkeiten?“ Demgegenüber weist das mehrdimensionale Nachhaltigkeitskonzept, welches sich im Rahmen eines langjährigen internationalen Diskussionsprozesses herausgebildet hat, (Grunwald/Kopfmüller 2012, S. 35-60) die grundsätzliche Dominanz der ökologischen Nachhaltigkeitsdimension zurück und propagiert, der Komplexität des Untersuchungsgegenstandes gerecht werdend, stattdessen die Notwendigkeit einer gleichrangigen Berücksichtigung auch der ökonomischen, sozialen und politisch-institutionellen Dimensionen von Nachhaltigkeit. Dieses integrative „Mehr-Säulen-Konzept“ gibt auch dem Historiker ein der Untersuchungsproblematik gegenüber adäquateres Analyseinstrumentarium an die Hand, welches besser als andere geeignet ist, komplexe historische Zusammenhänge zu erfassen und auf die wesentlichen Strukturmerkmale hin zu analysieren. Hierauf aufbauend könnte dann auch ein historisch fundierter Beitrag zum aktuellen Nachhaltigkeitsdiskurs geleistet werden.

Auch wenn sich der Forschungsstand der Nachhaltigkeitshistoriographie zurzeit im Wesentlichen noch als ein Desiderat darstellt, so kann doch zumindest auf eine

Region verwiesen werden, die als Gewerbelandschaft über Jahrhunderte hinweg eine nachhaltige Energiewirtschaft erfolgreich betrieb, nämlich das Siegerland. Dieses, heute eine eher beschaulich anmutende, waldreiche Mittelgebirgsregion, etwa 70 km entfernt von Bonn gelegen und von einer mittelständischen Gewerbestruktur geprägt, (Flender, Pfau 2001, S. 51-58) kann als historische Montanregion auf eine große Vergangenheit zurückblicken. Eine Vergangenheit zudem, die in Hinblick auf eine nachhaltige Energiewirtschaft des Montanwesens letztlich erst im 19. Jahrhundert endete. Das Siegerland hatte sich als „Eisenland" seit dem 15. Jahrhundert einen so bedeutenden Namen gemacht, dass seine spätere Bezeichnung als „Ruhrgebiet des Mittelalters" plausibel macht. (Kellenbenz, Schawacht 1974, S. 50) Charakteristisch für das Siegerländer Montanrevier war, und hierin unterscheidet es sich grundlegend von anderen historischen Montanregionen (Gleitsmann 1984, S. 24-39), dass die Bewirtschaftung der für die Verhüttung, Aufbereitung und Weiterverarbeitung von Erzen, Roheisen, Stahl und Schmiedewaren unabdingbar erforderlichen Energieträger Holz über Jahrhunderte hinweg nachhaltig erfolgte. Von einer Devastierung der genutzten inländischen Holzgründe und einem damit einhergehenden Zusammenbrechen der Montanproduktion, wie es ansonsten im Berg- und Hüttenwesen die Regel war, kann für das Siegerland keine Rede sein. Im Gegenteil, der „ökologische Schaden", den das Siegerländer Montanwesen bewirkte, war nicht ein Weniger, sondern ein Mehr an (Nieder-)Waldungen, deren Bewirtschaftung über das spezifische System der „Haubergwirtschaft" (Delius 1910) erfolgte.

Dieser überraschende Befund legt einige Fragen nahe, denen im Nachfolgenden nachgegangen werden soll, nämlich:

1. Weshalb funktionierte eine nachhaltige Energiewirtschaft in der Montanregion des Siegerlandes - anderes als anderswo - über Jahrhunderte hinweg?
2. Welche Faktoren bzw. Strukturmerkmale waren hierfür konstitutiv?
3. Welche Implikationen beinhaltet dieses System eines *sustainable development*? d. h., wie schlägt sich eine nachhaltige Wirtschaftsweise in möglicherweise gesellschaftlich erforderlichen und damit systemprägenden Rahmenbedingungen, Voraussetzungen, Mentalitäten, Werten, Normen, Erwartungen oder alltäglichen Handlungsmustern sozialer Gemeinschaften nieder?
4. Welche Bedeutung könnte eine derartige Analyse des historischen Siegerlandes für die aktuelle Nachhaltigkeitsdiskussion haben?

Für die nachfolgende Analyse der Strukturelemente und Implikationen dessen, was das System einer nachhaltigen Energiewirtschaft des Siegerländer Montanreviers ausmachte, soll auf das mehrdimensionale Konzept der Nachhaltigkeit zurückgegriffen werden. Von der Vorgehensweise her ist zunächst das Siegerländer Wirtschaftssystem, insbesondere dessen Haubergwirtschaft, in seinen Grundkomponenten schlaglichtartig vorzustellen, um als Schwerpunkt schließlich die Strukturelemente und Implikationen der für ein Montanrevier überraschend nachhaltigen Energiewirtschaft herauszuarbeiten und zu diskutieren. Schließlich werden die Essentials der Studie in Thesenform komprimiert zusammengefasst. Das Erkenntnisinteresse an der Nachhaltigkeitsthematik des Siegerlandes soll zudem über einen rein historischen Fokus hinausgehen und versteht sich auch als Beitrag zur aktuellen Nachhaltigkeitsdiskussion. Er basiert

1. auf der gegenwärtigen gesellschaftspolitischen Auseinandersetzung über die Zukunftsfähigkeit des Wirtschafts- und Gesellschaftsmodells der Massenkonsumgesellschaft als solcher, bzw. den aktuellen Diskussionen um ihre Infragestellung, ihrer Charakterisierung als „Auslaufmodel", sowie den Theoriekonzepten, sie durch ein Wirtschaftssystem mit *sustainable development* oder gar in „*steady-state-economics*" abzulösen; und
2. darauf, wie mit den sich sowohl volks- als auch weltwirtschaftlich zunehmend aktueller werdenden Grenzen des Wachstums im gesellschaftlichen Diskurs umgegangen wird, d. h. welcher Weg in Politik, Wirtschaft und Öffentlichkeit gegenwärtig konkret propagiert und beschritten wird, um dem Dilemma der Ressourcenverknappung, Umweltzerstörung und einer damit einhergehenden Gefährdung von Wirtschaftswachstum und Wohlstand entgegenzuwirken.

Da die modernen industriellen Massengesellschaften augenscheinlich durch das Charakteristikum einer strukturellen Nicht-Nachhaltigkeit geprägt sind, (Sieferle 2003, S. 59) stellt sich in der Gegenwart nicht nur die Frage, ob es Wege und Mittel gäbe, dieses Phänomen möglichst unter Beibehaltung des bestehenden Wohlstandes zu überwinden, sondern auch, wie dies geschehen könne und ob es darüber hinaus hierfür möglicherweise historische Beispiele gibt.

5.2.4.1 Das Siegerländer Wirtschaftssystem als Manifestation nachhaltigen Wirtschaftens

Das Siegerland ist, um hier zumindest eine grobe geographische Verortung vorzunehmen, heute im Bundesland Nordrhein-Westfalen gelegen und über die Bundesautobahn 45, die Sauerlandlinie, mit ihren charakteristischen Talbrücken, gut zu erreichen. Geologisch betrachtet ist das Siegerland ein Teil des rechtsrheinischen Schiefergebirges. Die angrenzenden Regionen sind der Westerwald im Süden, das Sauerland im Norden, sowie das Bergische Land im Westen. Bereits diese Zuordnung lässt erkennen, dass das Siegerland als Mittelgebirgslandschaft kaum über jene geologisch klimatischen Rahmenbedingungen verfügte, die einer landwirtschaftlichen Nutzung von Natur aus besonders förderlich gewesen sein können. Im Gegenteil. Wie für Mittelgebirgslandschaften typisch, waren die Klimaverhältnisse rauh, kühl und regenreich. Die Böden waren schwer und die Hanglagen für eine Agrarnutzung nur bedingt geeignet. Dementsprechend konnten allenfalls recht begrenzte landwirtschaftliche Erträge erwirtschaftet werden.

Unter diesen Rahmenbedingungen ist es auf den ersten Blick erstaunlich, dass gerade eine derart an sich unwirtliche Mittelgebirgsregion wie das Siegerland auf einer Gesamtfläche von gerade einmal 650 qkm eine Wirtschaftsstruktur hervorbrachte, die der Bevölkerung nicht etwa, wie zu erwarten wäre, nur ein karges und mühsames Auskommen erlaubte, sondern ganz im Gegenteil, dieser sogar einen für die damalige Zeit hohen Wohlstand garantierte. Zumindest haben dies die Zeitgenossen so wahrgenommen. So betonte etwa der Oberbergrat Johann Philipp Becher Ende des 18. Jahrhunderts, dass „zwischen Reichen und Armen, zwischen Noth und Überfluß [...] im Siegenschen sicherlich ein solches Verhältnis [ist], dergleichen nur in *glücklichen Ländern* angetroffen wird." (Becher 1789, S. 606) Und der bekannte königlich preußische Kriegs-, Steuer- und Bergrath Fridrich August Alexander Eversmann unterstich: „Ein höchst thätiges, arbeitsames, genügsames und biederes Volk hat hier seine Erdscholle durch eisernen Fleiß und mit überlegter Klugheit auf einen Grad der Kultur erhoben, der kaum höher möglich ist und allen Gebirgs-Ländern zum Muster dienen kann." (Eversmann 1804, S. 19) Was beschrieb und meinte Eversmann mit dieser Feststellung eigentlich?

Die Struktur der Siegerländer Wirtschaft war gekennzeichnet durch die Dominanz des Montanwesens, obwohl weitere Gewerbezweige, insbesondere Gerbereien, die Landwirtschaft oder das Mühlenwesen ebenfalls eine bedeutsame Rolle spielten. Siegerland, so die Zentralcharakterisierung, war „Eisenland". Diesem exportorientierten Wirtschaftszweig, der bereits im Spätmittelalter für den westlichen Teil Deutschlands eine weitgehend angebotsbestimmte Monopolstellung besaß, war alles andere untergeordnet. Mit einer Bevölkerung von in unserem Untersuchungszeitraum maximal knapp 30.000 Einwohnern, war die Mittelgebirgslandschaft des Siegerlandes vor allem eine Gewerberegion. (Göbel 1988) Im Unterschied zu klassischen Agrargesellschaften, deren Mittelpunkt einzig und allein die Landwirtschaft war, dominierte im Siegerland von jeher, und insbesondere seit den hüttentechnischen Innovationen des Spätmittelalters, das Montan- und Eisenhüttenwesen die Gesamtwirtschaft. „Das Siegerland", so der preußische Staatsrat Hatzfeld, „bildet eine große Metallfabrik, ein unteilbares Ganzes, wo der eine dem andern in die Hände arbeitet, der Holzhauer dem Kohlenbrenner, dieser den Hämmern und Hütten und den letzteren der Knappe." (Ranke/Korf 1980, S. 17)

Das Siegerland war aufgrund seiner gehaltvollen und leicht abbaubaren Brauneisenerzlagerstätten „Eisenland" und damit von unschätzbarer Bedeutung für die Herstellung und den Vertrieb des strategisch hochbedeutsamen und unverzichtbaren Wirtschaftsgutes Eisen und Stahl. (Paulinyi 2014, S. 65-83) Nur dort, wo auf Dauer die Standortfaktoren Eisenerz, Wasserkraft für das Hütten- und Hammerwesen, Holzkohle als Energieträger und Reduktionsmittel für den Verhüttungsprozess sowie die nachfolgenden Formgebungsverfahren und eine sachkundige Arbeiterschaft verfügbar waren, konnte dieser wichtige Wirtschaftszweig prosperieren. Und dies tat er im Siegerland nachhaltig, zum Nutzen Vieler. Johann Philipp Becher unterstreicht das 1789 in aller Deutlichkeit:

> „Das Fürstenthum Siegen hat seinen ganzen Wohlstand und Glück dem Bergbau zu verdanken, ohne ihn würde nicht das dritte Theil der jetzigen Einwohner darin leben können, die sich dabei kümmerlich von der Viehzucht würden nähren müssen. Durch den Berg- und

> Hüttenbetrieb hingegen ist das Land bevölkert, Flecken und Dörfer erbauet, und so wüste Gegenden in grünende Auen und lachende Fluren umgeschaffen worden, die sonst der Thau des Himmels den Menschen nie zum Nutzen hätten befeuchten können. Diejenigen, die an Hütten und Hämmern keine Antheile haben, auch keine Hütten, Hammer noch Bergarbeiten verrichten, nähren sich vom Ackerbau, der Viehzucht, dem Betrieb der Köhlerei und dem Fuhrwesen, oder spinnen und weben [...] Diese Zweige des Erwerbs setzen diejenigen in Stand, die keine Gewerken sind, um reichlich auszukommen." (Becher 1789, S. 605 f.)

Die Produktion des Siegerländer Montanwesens, d. h. Bergbau, Schmelz-, Blas- und Hammerhütten (Fickeler 1952, S. 31 f.) war durch die obrigkeitlich/landesherrlich genauestens festgelegte maximale Anzahl sowohl von Eisenhütten als auch deren „Hüttenkampagnen", also die jährlich erlaubte Anzahl möglicher Verhüttungsvorgänge bzw. Arbeitstage pro Betrieb, detailliert geregelt. Die Rentbücher des Amtes Siegen geben einen Einblick in die Entwicklung des siegenschen Hüttenwesens vom späten Mittelalter bis ins 17. Jahrhundert. Danach bestanden im Siegerland im Jahre 1419 fünfundzwanzig „Eisenhütten", 1444 waren es 35, zwanzig Jahre später dann 40 und zu Beginn des 16. Jahrhunderts fanden sich 44 einschlägige Betriebe. Damit scheint „[...] ein gewisser Gleichgewichtszustand zwischen der Anzahl der Hütten und Hämmer und der vom Siegerländer Haubergraum lieferbaren Holzkohlemenge erreicht worden zu sein." (Ebd., S. 43) Das spiegelt sich auch darin wider, dass „eine weitere Zunahme der im Siegerland betriebenen Eisenwerke [...] durch eine dem Gewerbe der Massenbläser und Hammerschmiede dienende Vereinbarung mit dem Landesherrn vom 12. September 1552 verhindert [wurde]." (Schubert 1937, S. 180) „In ihr gab dieser die bindende Zusage, daß weder er selbst noch seine Untertanen weitere Hütten errichten dürften. Diese Verpflichtung wurde in einem Erlass des Grafen Johann vom 6. September 1616 erneuert." (Ebd.) Und im Wesentlichen sollte es bis zum Ende des 18. Jahrhunderts dabei bleiben. Dies hieß, dass sich die Akteure des Siegerländer Montanwesens zur Aufrechterhaltung einer nachhaltigen Produktion auf strikte Produktionsbeschränkungen verständigt hatten!

Außer dieser Beschränkung der Hüttenanzahl fand auch eine solche der Betriebszeiten („Reisen") statt." Da die Hochöfen der Blashütten im gleichen Zeitraum viel größere Holzkohlenmengen benötigten als die Frischherde der Hammerhütten, war die Betriebszeit der Blashütten entsprechend mehr gekürzt. Die Hüttenzeit bestand zumeist aus einer bis zwei oder höchstens zweieinhalb „Hüttenreisen" zu je 48 Erbtagen, zu denen noch eine gewisse Anzahl anderer Tage hinzukam [...]", (ebd.) so dass sich Hüttenreisen von durchaus mehr als 120 Tagen ergeben konnten. „Die Hammerwerke dagegen waren jährlich auf zehn Hammerreisen, jede zu 24 Erbtagen, insgesamt also auf 240 Schmiedetage zu je 24 Stunden ‚privilegiert' [...]". (Schubert, ebd.) Die Durchführung dieser durch die begrenzte Verfügbarkeit von Holzkohle erforderlichen Einschränkungen „[...] war nur möglich durch eine strenge und gerechte Regelung sowohl vonseiten der Landesherrschaft durch Kurbriefe und Ordnungen wie vonseiten der Gewerken, die durch Zusammenschluss zu Zünften ihre Pflichten und Rechte in gemeinsamer Übereinkunft satzungsmäßig festlegten." (Ebd.)

Nachdem die nachhaltigen Holzkohlekapazitäten der inländischen Hauberge in den ersten Dekaden des 17. Jahrhunderts erreicht waren, war eine Produktionsausweitung des Siegener Hütten- und Hammerwesens nur auf zweierlei Weise möglich. Zum einen durch Holz- bzw. Holzkohleimporte aus Nachbarregionen, zum andern durch ressourceneffiziente technische bzw. verfahrenstechnische Innovationen. Beide Wege wurden auch tatsächlich beschritten. Allerdings standen die Holzkohleimporte aus Nachbarregionen immer unter dem Damoklesschwert von Exportverboten, sogenannten „Kohlesperren", die häufig verhängt wurden und von denen insbesondere für das ausgehende 17. und das gesamte 18. Jahrhundert immer wieder als „kurkölnischen Holzkohlesperren" berichtet wird. (Selter 1995, S. 218 ff.) Auf jedwede Verknappung der Zentralressource Holzkohle reagierte das betroffene Siegerländer Hütten- und Hammerwesen mittels des entscheidenden Instruments dirigistisch verordneter Produktionsreduktion, also der Verminderung der jährlichen Hütten- und Hammerreisen. Als Instrument hierzu dienten ordnungspolitische Maßnahmen. Hinzu kam der Rückgriff auf bevorratete Holzkohle, also Lagerpuffer, die im Falle der Reduktion von Holzkohleimporten genutzt werden konnten. Keine Option hingegen war, dass die nachhaltige Holzwirtschaftsweise der Siegerländer Hauberge in Frage gestellt oder diese gar geplündert wurden. Diese auf den ersten Blick historisch ungewöhnliche und überraschende Reaktionsweise auf Mangelsituationen erschließt sich einleuchtend allerdings erst dann, wenn auf das Theoriekonzept des mehrdimensionalen Nachhaltigkeitsbegriffs zurückgegriffen und dies in den Kontext des Siegerländer Haubergwesen gestellt wird.

Die Herausbildung des Siegerländer Haubergsystems seit dem 13./14. Jahrhundert, also einer spezifischen Form der Niederwald-, Acker- und Weidenutzung, ist auf den Kohlholzbedarf des Eisenhütten- und Hammerwesens zurückzuführen (Ley 1990) und erreichte im Laufe der Zeit einen Anteil von 50 % (!) an sämtlichen Bodenflächen, die im Siegerland genutzt werden konnten. Im Kern handelt es sich um eine spezifische Form von Agrarverfassung in der Rechtsform einer Genossenschaft. Die Haubergwirtschaft stellt dabei eine Form der Niederwald-, Acker- und Weidenutzung dar, bei der die Gesamtfläche des Areals in 18 bis 20 Teile, sogenannte Schläge, untergliedert wurde, von denen jährlich im Turnus von 18 bis 20 Jahren jeweils nur einer, d. h. der dann älteste Schlag, zur Kohlholzgewinnung herangezogen wird. Hierbei werden die auf etwa Armdicke herangewachsenen Stockaustriebe der Eichen, nachdem man deren Rinde zur Lohegewinnung, also als Gerbmittel für die Ledererzeugung für das bedeutende Siegerländer Gerbereiwesen geerntet hatte, abgeschlagen, so dass der Baumstumpf dann wieder neue Triebe bilden konnte, die bis zur nächsten Ernteperiode in 18 bis 20 Jahren wiederum etwa Armdicke erreichen und bestes Kohlholz ergeben würden. Diese Schlagterminierung stellt nicht nur vom Arbeitsaufwand der Holzernte her, sondern auch vom Grenznutzen des zuwachsenden Holzes ein quantitatives Nutzungsoptimum dar, welches selbst von Nadelholzhochwaldungen nicht zu übertreffen war.

Nach dieser „Zentralnutzung" des Haubergs als „Kohlholz- und Gerbstofflieferant" folgte eine kurze, d. h. zweijährige Interimsphase für den parallel erfolgenden Anbau von Roggen im Hauberg. Dieses Getreide besaß, da nicht auf dem Feld jährlich, sondern im Niederwald mit mindestens 18-jährigem Nutzungsintervall und damit minimierter Unkrautbelastung erzeugt, Saatgutqualität. Davon abgesehen erbrachte das Hauberggetreide eine wertvolle Ergänzung der knappen Kornerträge aus der Feldwirtschaft des Siegerlandes. Man war im Allgemeinen darauf angewiesen, ca. 80 % des Roggens für die Eigenversorgung mit Mehlprodukten zu importieren. Der Kornanbau im Haubergschlag, mitten im neu ausschlagenden Niederwald, sorgte zudem nicht nur zur Gewinnung von Getreide mit Saatgutqualität, sondern auch dafür, dass eine Strohernte entstand. Diese wiederum war dringend nötig, um als Einstreumaterial für die umfangreiche Viehhaltung im Siegerland Verwendung zu finden. Sie diente, obwohl auch für diesen Zweck keineswegs unverzichtbar, dabei nicht in erster Linie der Versorgung der Bevölkerung mit Lebensmitteln, sondern war elementar für das umfangreiche Transportwesen des Montansektors. Dieser bedurfte für den Erz-, Holz und Kohletransport sowie für den Export der erzeugten Metallprodukte, zahlreicher Zugtiere, die die erforderliche Vielzahl von Fuhrwerken zogen.

Damit aber nicht genug. Weitere Agrartechniken des Siegerlandes wurden optimiert, um größtmögliche Effizienz zu ermöglichen. So bildete sich etwa die Sommerstallhaltung der Rinder heraus, wodurch das sonstige zertrampelten Wiesen vermieden und eine um mehr als 25 % erhöhte Heuernte zu erzielen war. Ebenso sorgte eine Bewässerungswiesenwirtschaft für maximale Heuerträge, und zwar dadurch, dass in den Wintermonaten das nährstoffreiche Wasser von aufgestauten Flüsschen und Kanälen die Feldbrachen überschwemmte und so düngte. Dies war ein Nebenertrag jener Stauwerkinfrastruktur, die ansonsten das Wasser für die zahlreichen Wasserräder lieferte, welche das Mühlenwesen der Hämmer und Hüttenwerke antrieb. Man erkennt: Eins griff ins andere.

Die Erträge der agrarischen Zwischennutzung der Hauberge sind insgesamt als gut, wenn auch arbeitstechnisch als aufwendig zu bewerten. Die Mühsal der Bewirtschaftung des Haubergs, sowie die schwere Arbeit im Berg- und Hüttenwesen des Siegerlandes veranschaulicht, obwohl in eher romantisierender Absicht gedreht, der 1953 fertiggestellte Heimat- bzw. Heimatkulturfilm „Der Eisenwald". Dieser Film ist einer Publikation von Manfred Rasch als CD-ROM beigefügt. (Rasch 2014) Die den Siegerländern bestens bekannte Bodenfruchtbarkeit des Haubergs, dessen Flächenpreis etwa dem 10- bis 25fachen reinen Ackerlandes entsprach, war ebenfalls ausgezeichnet. Ihr kam sowohl zugute, dass nur alle 16 bis 18 Jahre ein Feldfruchtbau (Roggen) vorgenommen wurde, als auch, dass im Rahmen einer durchschnittlich 12jährigen Hudebewirtschaftung durch die eingetriebenen Rinder eine zusätzliche Düngung erfolgte. Dies heißt, dass sobald die Stockausschläge der Eichen im Hauberg wieder groß genug geworden waren, um vor Viehverbiss sicher zu sein, Rinder zur Weide in den Hauberg getrieben wurden. Wiederum ein Nutzungsverfahren, welches die Haubergwirtschaft abrundete und von den Erträgen durch die Viehwirtschaft die Bedürfnisse der Bevölkerung zu befriedigen half. Es zeigen sich hierin bereits deutlich Elemente von sinnvoll aufeinander bezogenen und miteinander engstens verwobenen

Wertschöpfungs- und Verwertungsketten, die die verschiedenen Bereiche von Wirtschaft und Gesellschaft des Siegerlandes miteinander verbanden.

Die Siegerländer Haubergwirtschaft bewegte sich darüber hinaus im Rahmen einer sehr spezifischen, nämlich in einer genossenschaftlich geprägten Agrarverfassung. Diese legte, anders als auf privatwirtschaftlicher Weise organisiert, nämlich nicht nur die Art und Weise der Bewirtschaftung des Haubergs in jedweder Hinsicht fest, sondern bildete auch die Grundlage des sozialen Beziehungsgefüges innerhalb der Siegerländer Gemeinden. Führen wir dieses Wirtschaftssystem auf seinen eigentlichen Kern zurück, so wurde es dadurch geprägt, dass die Hauberggenossen zwar einen ideellen privatrechtlichen Besitzanspruch an ihrem Haubergflächeneigentum besaßen, diesen allerdings in die Hauberggenossenschaft eingebracht hatten, und ein Flächenäquivalent zur realen Eigennutzung nur zugelost auf Zeit, d. h. für zwei Jahre, zugewiesen bekamen. „Durch dieses Losverfahren wurden jedwede Manipulationsmöglichkeiten bei den vorzunehmenden Flächenteilungen grundsätzlich ausgeschlossen. Die Teilung des Haues in mehrere Stamm-Jähne, [...] deren weitere Unterteilung nach Flächenmaßen (Quadratruthe, Quadratschuh), Geldwertmaßen (Albus, Pfennig) oder Getreidemaßen (Meste, Becher) musste durch den von den Hauberggenossen gewählten Haubergvorsteher vorgenommen werden." (Fickeler 1952, S. 82) Dabei konnten die einzelnen ausgemessenen Stamm-Jähne durchaus unterschiedliche Flächengrößen aufweisen. Hierdurch wurde es möglich, Ungleichheiten bei der ökonomischen Ergiebigkeit oder den arbeitstechnischen Aufwendungen bei der Nutzung der zugewiesenen unterschiedlichen Hauberglagen auszugleichen, etwa Steillagen, Zufahrtswege, Bodenqualitäten etc. Auf diese für jedermann nachvollziehbare Weise konnten augenscheinliche Ungerechtigkeiten bzw. Benachteiligungen, die sich sonst unweigerlich ergeben und in Unzufriedenheit niedergeschlagen hätten, vermieden und die individuelle wie gesellschaftliche Akzeptanz dieser auf Nachhaltigkeit hin angelegten Wirtschaftsweise gestärkt werden. Generell bildeten die gesellschaftlichen Wahrnehmungskategorien Gerechtigkeit und Transparenz strukturell unverzichtbare Voraussetzungen und Basis-Rahmenbedingungen für die Funktionsfähigkeit des Siegerländer Haubergsystems. Nach dieser zyklischen Individualnutzung fielen die Flächen für die kommenden 18 bis 20 Jahre wieder an die Genossenschaft zurück.

Rahmenbedingung dieser Wirtschaftsweise war auch, dass die Mitglieder der Genossenschaft die anstehenden und sowohl zeitlich als auch inhaltlich verbindlich festgelegten einzelnen Arbeitsaufgaben im Hauberg über das Jahr hinweg gleichzeitig und gleichförmig auszuführen hatten, und zwar unter den wachsamen Augen aller beteiligten Hauberggenossen. Diese institutionell festgelegte und bei Zuwiderhandlung mit scharfen Sanktionen belegte Verfahrensweise prägte damit nicht nur verbindlich die Art der im Hauberg durchzuführenden Tätigkeiten, sowie deren zeitliche Abfolge, sondern sie band die beteiligten Individuen in ein in mehrfacher Hinsicht fest gefügtes System jährlicher Arbeiten, sowie gesellschaftlicher und sozialer Beziehungen ein. Diese Beziehungen implizieren ein im Sinne der sozialen Dimension von Nachhaltigkeit gesellschaftlich fundamentales Werte- und Normensystem, welches verhaltensprägend wirkte und das nicht folgenlos aufgegeben werden konnte.

Diese Wirtschaftsweise ist deutlich vom zentralen Element einer sozialen öffentlichen Kontrolle der Handlungen jedweden Genossenschaftsmitgliedes gekennzeichnet und unterlag seit dem 16. Jahrhundert einer strikten landesherrlichen Reglementierung, die erst in den 1830er Jahren an der neuen preußischen Gewerbeordnung zerbrach. Letztlich mündete diese soziale Normierung in etwas, das ich als verbindliches „gemeinsames Hauberg-Arbeitsjahr" bezeichnen möchte, welches jedwede Art von Handlungsindividualität ausschloss, bzw. auszuschließen bemüht war. Die geschilderte Form der Nutzung, wie auch diejenige der durchzuführenden Arbeiten, wiederholte sich im Rahmen der Haubergwirtschaft zyklisch Jahr für Jahr. Der Niederwald mit seinen Holzbeständen wurde so regenerativ, d. h. nachhaltig über Jahrhunderte hinweg genutzt. Geschlagen wurde, trotz der Bedrohung durch externe Kohlensperren, also Holzkohleimportbeschränkungen, immer nur die Holzmenge, die im Laufe von 18 bis 20 Jahren tatsächlich wieder nachwuchs und zu Holzkohle veredelt werden konnte. Der Holzertrag der Hauberge des Siegerlandes und der Holzverbrauch des Eisenhütten- und Hammerwesens wurden unter Aufrechterhaltung der Bestandsfähigkeit dieses Ökosystems nachhaltig aufeinander abgestimmt. Zudem garantierte diese Form der Kohlholzerzeugung aus Niederwaldungen im Vergleich zu den Erträgen von Hochwäldern höhere maximale sowie zudem kontinuierliche und leichter zu erlangende Erträge. Die Vorteilhaftigkeit dieser Wirtschaftsweise zur Kohlholzgewinnung lag darin, dass sich die nach 18 bis 20 Jahren Wachstum dann etwa armdicken Eichenholzstämme wesentlich leichter fällen und zerteilen ließen als diejenigen der Hochwaldbäume von achtzig bis einhundert Wachstumsjahren. Darüber hinaus hatte die Erfahrung der Siegerländer Köhler gelehrt, dass Stangenholz eine weitaus festere, gleichmäßigere und zur Verhüttung besser geeignete Holzkohle ergab als älteres Spaltholz aus Hochwaldbeständen. Schließlich lagen die Holzerträge bei der Niederwaldwirtschaft und der angestrebten Verwendungsart je Flächeneinheit sogar noch um etwa 25 % höher als z. B. bei einem Hochwald mit 80jähriger Umtriebszeit. (Rubner 1967, S. 66) Der Niederwald der Siegeländer Haubergwirtschaft ist damit im Unterschied zu zahlreichen sonstigen „Niederwald-Kulturlandschaften" weder als Ergebnis noch als Vorstufe einer nutzungsbedingten Waldverwüstung infolge zu kurz bemessener Regenerationsphasen noch als Folge ungünstiger Standortbedingungen anzusehen.

Der Hauberg-Niederwald als Zentralelement der Siegerländer Nachhaltigkeitswirtschaft ist unter den gegebenen gesellschaftlichen Rahmenbedingungen optimal auf die Bedürfnisse des Eisengewerbes wie auf die der Gesamtgesellschaft des Siegerlandes abgestellt. Der Hauberg-Niederwald liegt in seiner nachhaltigen Bestandsfähigkeit in der Konsequenz einer gewünschten und zielstrebig betriebenen nachhaltigen Bewirtschaftungsform, nämlich der Haubergwirtschaft.

5.2.4.2 Zur Inhärenz des Siegerländer Wirtschaftsgefüges als Element eines sustainable development

Das Siegerland wies vom Gefüge seiner Wirtschaft her eine außerordentlich enge Verknüpfung und aufeinander Bezogenheit seiner unterschiedlichen Produktionsbereiche auf. Charakteristisch für das Siegener Wirtschaftssystem waren, neben der aufeinander bezogenen Agrar- und Gewerbestruktur, insbesondere deren inhärente Wertschöpfungsketten. Dies zeigt sich nicht nur in der Verzahnung des primären mit dem sekundären Sektor der Wirtschaft, sondern insbesondere in den innersektoralen Austauschprozessen. Einen Überblick hierzu gibt die nachfolgende Grafik. Die Verknüpfungen sind durch Pfeile gekennzeichnet. Worum es konkret geht, mag exemplarisch an einem von zahlreichen möglichen Beispielen erläutert werden, und zwar ausgehend vom Wirtschaftsbereich der Eichenlohegewinnung:

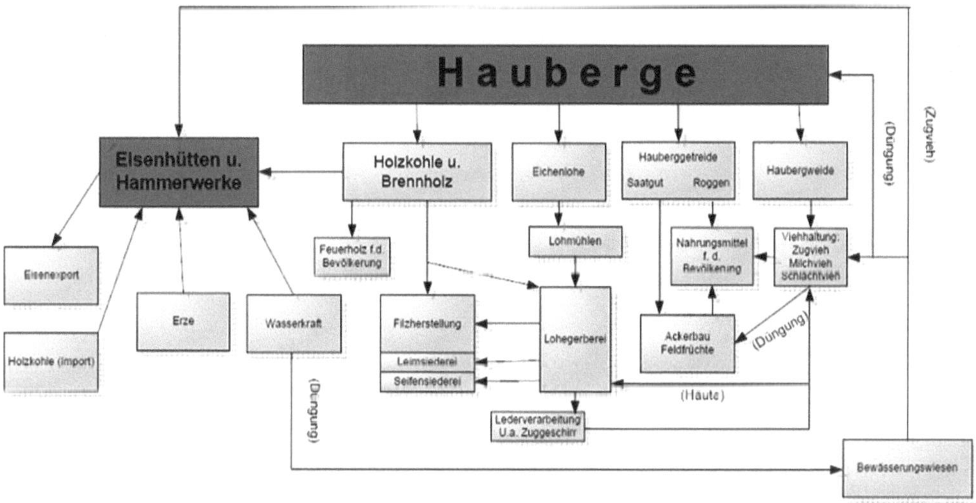

Abb. 10: Das Siegerländer Wirtschaftsgefüge als hochvernetztes Produktionssystem mit seinen Zentralelementen Hauberg und Montanwesen.

Als wertvolles Nebenprodukt der Holzernte im Hauberg fällt Lohe an, also die Rinde der im Weiteren zur Holzkohleerzeugung verwendeten armdicken Eichenstämme. Diese Rinde wird in Lohmühlen aufbereitet und als Rohstoff an die Lohgerbereien verkauft. (Kruse 1906) Diese erzeugen damit hochwertiges Leder, welches als Schuhleder bzw. Schürzenleder Verwendung fand, aber weiterverarbeitet auch als Zuggeschirr bei den zahlreichen Ochsengespannen des Siegerländer Transportwesens (Holz, Holzkohle, Erze, Eisenerzeugnisse) oder der Landwirtschaft zum Einsatz kam, bzw. seiner hohen Qualität wegen auch exportiert werden konnte. Die erforderlichen Tierhäute wiederum lieferte der Agrarbereich, dem die außergewöhnlich umfangreiche Tierhaltung nur dadurch möglich war, da er zur Futtererzeugung Bewässerungswiesenwirtschaft betreiben konnte, die ihre infrastrukturelle Basis wiederum in der Wasserwirtschaft des Mühlenwesens der Eisenhütten hatte. Die umfangreiche Tierzucht sorgt zudem für die Bereitstellung nahrhafter hochwertiger Lebensmittel; u. a. für die physisch höchstbelasteten Bergwerks- und Hüttenarbeiter. Eins greift ins andere und schafft damit Einkommen und Arbeit. Und selbst vermeintliche tierische Abfallstoffe wie Haare, Knochen oder Fette bilden als Sekundärrohstoffe die Basis weiterer Wirtschaftszweige, nämlich des Siegerländer Filz-, Leim- bzw. Seifensiedergewerbes. All dies zeigt, dass das Siegerländer Wirtschaftsgefüge trotz seiner Eisenexportbezogenheit territorial geschlossene und stark miteinander verzahnte Produktionskreisläufe mit zudem weitgehend aufeinander bezogenen Wertschöpfungsketten aufweist. Schließlich sei an dieser Stelle nochmals besonders hervorgehoben, dass das genossenschaftliche Element des Siegerländer Wirtschaftssystems nicht etwa nur den Bereich des Haubergwesens betraf. Gleichfalls prägte es die Bewässerungswiesenwirtschaft, (Schenck 1842; Heinemann 1913) das Mühlenwesen mit seinen Wasserrechten, den Montanbereich mit seiner zünftischen Organisation und seinen „Eigentümer-Gewerkschaften“, sowie das alltägliche Miteinander der Siegerländer Bevölkerung im Rahmen der Haubergarbeit. Der Begriff „Gewerkschaft“ bedeutet in diesem Zusammenhang, dass sich am Betrieb der meist kapitalintensiven Berg- und Hüttenbetriebe mehrere Unternehmer beteiligten und dieses Unternehmen anteilsmäßig betrieben.

5.2.4.3 Sustainable development bzw. steady-state economy. Die Strukturelemente des Systems einer nachhaltigen Energiewirtschaft des Siegerländer Montanreviers

Unter Rückgriff auf die Kategorien eines vierdimensionalen Nachhaltigkeitsbegriffs (vgl. Grunwald/Kopfmüller 2012) sollen im Weiteren jene Strukturelemente charakterisiert werden, die das System einer nachhaltigen Energiewirtschaft des Siegerländer Montanwesens konstituierten, fundamental prägten und langfristig aufrechterhielten. Hierzu werden der Reihe nach jene „Siegerland essentials“ erörtert, die die ökologischen-, ökonomischen-, institutionell-politischen- und sozialen Dimension der Nachhaltigkeit dieser Montanregion ausmachten.

a) Die ökologische Dimension der Nachhaltigkeit: Siegerland essentials

Die ökologische Dimension der Nachhaltigkeit weist als Kernkriterium, an dem der Erfolg oder Misserfolg nachhaltigen Wirtschaftens zu messen ist, den Indikator auf, dass ein natürliches System, und dies gilt auch für Kulturlandschaften, ausschließlich so genutzt wird, „dass seine wesentlichen Charakteristika langfristig erhalten bleiben.“ (Deutscher Bundestag, Drucksache 14/9200, S. 393) In unserem Falle heißt dies, ganz im Sinne der Mastergleichung der „Industrial Ecology“: $AR = I =$ PxAxT, dass im Siegerländer Wirtschaftssystem für den Zeitraum vom ausgehenden Mittelalter bis ins 19. Jahrhundert zweierlei gegeben war:

1. Der Verbrauch der Zentralressource Holz für das Berg-, Hütten- und Hammerwesen führte letztlich keineswegs zu bestandsvernichtenden Übernutzungssituationen, denn die Siegerländer Haubergwirtschaft hatte über Jahrhunderte Bestand und wurde infolge Kohlenmangels weder angetastet, verändert oder in sonst irgendeiner Weise zerstört. Im Gegenteil, das Haubergwesen wurde immer stärker gefestigt. Allerdings ist zu konzedieren, dass das Siegerlänger Hütten- und Hammerwesen seit dem17. Jahrhundert langfristig auf den Import erheblicher Holzkohlemengen aus Nachbarregionen zurückgriff. Einer Hauberg- Eigenproduktion an Holzkohle von jährlich ca. 3.000 Wagen zu 2.500 bis 2.600 Pfund (Irle 1970) und einer sonstigen inländischen Holzkohleerzeugung von 2.000 Wagen, standen Importe von 2.240 bis zu 7.000 oder mehr Wagen/p. a. zur Seite. (Schenck 1820; Kruse 1909, S. 125)
2. Gleichermaßen gilt, dass auch die vom Montanwesen ausgehenden Umweltbelastungen an Hüttenrauch, Gewässerverunreinigungen und anderen Schadstoffeinträgen die gegebenen Aufnahmekapazitäten des Ökosystems nicht überschritten zu haben scheinen. Dieser Aspekt ist zu konzedieren, soll im Rahmen unserer Überlegungen allerdings nicht weiter betrachtet werden.

Bedeutsamer ist, dass im Hinblick auf die ökologische Dimension der Siegerländer Nachhaltigkeitswirtschaft der Einwand geltend gemacht werden könnte, dass die Siegerländer Kohlholzökonomie deshalb nicht nachhaltig gewesen sein könne, da sie auf die Waldbestände von Nachbarterritorien zurückgreifen musste und diese in ökologischer Hinsicht plünderte oder gar zerstörte. Insofern sei der Tatbestand eines Exportes von Nicht-Nachhaltigkeit gegeben und wohl kaum von der Hand zu weisen. Auf den ersten Blick scheint diese Argumentation nachvollziehbar zu sein und auch durch empirische Befunde gestützt. Bernwart Selter, ein ausgewiesener Kenner der Holzökonomie der Siegener Nachbarregion Kurköln (Herzogtum Westphalen), formuliert dennoch recht vorsichtig, dass „die in die Diskussion eingebrachte Energieerzeugung der Siegerländer Hauberge […] als ‚historisches Beispiel einer erfolgreichen regenerativen Nutzung der Zentralressource Holz' […] nur begrenzt in Betracht gezogen werden [kann], zumal sie auf erhebliche Holzkohlezuführungen aus dem Herzogtum Westfalen und den Grafschaf Wittgenstein angewiesen war […]". (Selter 1995, S. 368) Als Beleg für „ausgehauene", d. h. ökologisch übernutzte Wälder, führt Selter für das 18. Jahrhundert zunächst Aussagen von Forstbeamten an, etwa derart, dass schon 1785 „[…] weite Gebiete besonders der Ämter Olpe, Drolshagen und Wenden völlig vom Holze entblößt und der Verheidung und Erosion ausgelieferte Landschaften […]" (Selter 1995, S. 219) gewesen seien oder: „Laut einer Beschreibung des hessischen Regierungsrates Eigenbrodt befand sich die Holzkultur im Amt Olpe in einem katastrophalen Zustand. Nicht weniger als 15428 Darmstädter Morgen (51,65 %) der insgesamt 29.868 Morgen Waldboden waren von Holz entblößt." (Ebd., S. 73) Dennoch werden diese Darstellungen von Selter selbst relativiert: „Über die wirklichen Zustände der Waldungen, besonders im Olper Land, liegen lediglich zeitgenössische Einschätzungen vor, die von einer bereits existenten Holzkrise bis hin zu nur herbeigeredeten Engpässen aufgrund einer verfehlten Preispolitik sowie schlechter Transportverhältnisse sprechen", (ebd., S. 231) und er fährt fort: „Inwieweit diese Schilderungen der Waldverhältnisse als zutreffend einzustufen sind, kann aufgrund fehlender Waldbegehungen zu dieser Zeit nicht mehr nachvollzogen werden." (Ebd., S. 219)

Lassen wir den Realitätsbezug dieser Schilderungen dahingestellt sein und gehen stattdessen bei den weiteren Überlegungen, zumindest für die Situation in siegerlandnahen Kohleexportregionen der zweiten Hälfte des 18. Jahrhunderts, von einem Worst case-Szenario aus. Hierin wird unterstellt, dass die genannten Waldungen in den Siegerländer Nachbarregionen tatsächlich einer Übernutzung zum Opfer gefallen seien. Unter dieser Annahme wäre dennoch verschiedenes zu klären. Insbesondere, worauf diese ökologisch desaströse Situation beruhte und erklärt werden kann, inwieweit der Siegerländer Holzkohleimport hierfür verantwortlich zu machen wäre und inwieweit hierdurch ggf. die Beschreibung des Siegerländer Montanwesens als energetisch nachhaltig wirtschaftend tangiert würde. Zunächst einmal ist festzuhalten, dass der gesamte Eigenbedarf des Herzogtums Westfalen schon um 1730 keineswegs gering war, sondern sich auf mindestens 20.000 Wagen Holzkohle beziffern lässt. (Selter 1995, S. 221) Das siegerlandnahe Olpe und seine Umgebung verbrauchten für seine Schmelzhütten und Hammerwerke im Jahr 1730 ca. 5.230 Wagen Holzkohle, und für 1743 ca. 10.000 Wagen. Angesichts derartiger Quantitäten bleibt letztlich fraglich, ob die Übernutzung der Waldungen überhaupt auf die Kohlholzexporte ins Siegerland zurückzuführen ist, oder doch eher durch die Expansion des eigenen Kohlholzbedarfes des Herzogtum Westfalens ausgelöst wurde. Dies ist bisher allerdings statistisch nur schwer zu ermitteln. Zumindest ist zu konstatieren, dass durch den Preisverfall inländischer Holzkohle infolge von kurkölnschen Kohlensperren dort damit nicht etwa die beabsichtigte Waldschonung erreicht wurde. Ein gegenteiliger Effekt trat ein. Der Holzbedarf zu Verkohlungszwecken, z. B. in Olpe, stieg um ca. ein Drittel an, um bei den betroffenen Köhlern einen Einkommensausgleich zwischen den niedrigen Preisen herbeizuführen, die im Inland bezahlt wurden, und den teilweise doppelt so hohen, die beim Export ins Siegerland hätten erzielt werden können. (Kruse 1909, S. 227) In ökologischer Hinsicht sind „Kohlensperren" für die „Waldschonung" der Nachbarregionen des Siegerlandes als eher kontraproduktiv zu bewerten.

Als nächstes ist bei unserer Fragestellung darauf zu verweisen, dass es sich bei den betrachteten Gesellschaften nicht um stationäre, sondern um dynamische Systeme handelt. D. h., um es mit den Worten von Selter auszudrücken: „Als ein Ergebnis kann somit festgehalten werden, daß sich im Sauerland angesichts einer verschärfenden Versorgungssituation bei Holz und den Holzprodukten, einer ansteigenden Bevölkerung und einem expandierenden Gewerbe der stationäre Zustand in der Nutzung regenerierbarer Energieträger nicht auf Dauer beibehalten ließ." (Selter, ebd., S. 371) Dies aber bedeutet, gänzlich nach dem Erklärungsmuster der Industrial Ecology, dass im Sauerland genau jene Kräfte zu wirken begannen, die infolge von Bevölkerungs-

und Wirtschaftswachstum jedwedes Nachhaltigkeitssystem aus sich selbst heraus grundsätzlich konterkarierte.

Zu bedenken ist ferner, dass das Siegerländer Hammer- und Hüttenwesen üblicherweise zwar jährlich beträchtliche Holzkohlemengen importierte, diese Importvolumina allerdings von Jahr zu Jahr erheblich schwanken konnten, bis hin zu völligen Importausfällen infolge von „Kohlesperren". Dies erforderte flexible Reaktionsmuster, da die eigene Siegerländer nachhaltige Wirtschaftsweise der Kohlholzerzeugung über das Haubergwesen nicht in Frage gestellt werden konnte. Hierfür zeichnete die soziale- und soziopolitische Dimension der Nachhaltigkeit verantwortlich. Was bedeutete es aber, Jahr für Jahr auf zum Teil, um mehrere 100 Prozent schwankende oder gar völlig ausfallende Kohleimporte angewiesen zu sein? Es bedeutete, dass derartige Möglichkeiten des Kohleimports zwar genutzt und berücksichtigt werden mussten, aber nicht systembestimmend wurden. Je nach der jeweiligen Verfügbarkeit von Holzkohle wurden die Produktionskapazitäten des Montanbereichs angepasst, und zwar ohne jemals das eigene zentrale Haubergsystem zur Disposition zu stellen. Diese Vorgehensweise lässt sich schon sehr früh nachweisen. So schränkte man zum Beispiel „[...] die Zahl der Hüttentage im Siegerland bereits 1516 und 1528 auf umgerechnet ein bis zwei Monate im Jahr ein, da offenbar das Holzwachstum mit der Produktion nicht mehr Schritt halten konnte." (Hömberg 1968, S. 100) Entscheidend für diese Betrachtungsweise und unsere Analyse der Siegerland essantials ist, dass für diese Flexibilität jene Siegerländer Rahmengegebenheiten als Wirkfaktoren verantwortlich waren, die sowohl unter der ökonomischen als auch der sozialen und soziopolitischen Dimension von Nachhaltigkeit zu fassen sind. Einem Nachhaltigkeitskonzept, dass sich von der rein ökologischen Betrachtungsweise emanzipiert hat, und Nachhaltigkeit nur als mehrdimensionales Konzept verstehbar werden lässt. Auch die nahegelegenen Nachbarregionen des Siegerlandes, also insbesondere Olpe oder Wittgenstein etc., deren Waldungen mit zum Holzkohleimport genutzt wurden, fielen keineswegs siegerlandinduzierten Devastierungen zum Opfer, sondern blieben über Jahrhunderte hinweg inhärenter und funktionsfähiger Bestandteil des Siegener Eisenhüttenwesens. Damit ist auch festzuhalten, dass, wie das Siegerland belegt, schwerindustriell geprägte Wirtschaftssysteme keineswegs zwangsweise oder gar naturgesetzlich mit umweltzerstörender Ressourcennutzung einhergehen müssen.

b) Die ökonomische Dimension der Nachhaltigkeit: Siegerland essentials

In der aktuellen Diskussion über die ökonomische Dimension von Nachhaltigkeit spielt die Frage eine zentrale Rolle, „[...] ob nachhaltige Entwicklung mit unbegrenztem quantitativem Wirtschaftswachstume verträglich ist, oder ob stattdessen ein Verzicht auf Wachstum [...] erforderlich sei." (Grunwald/Kopfmüller 2012, S. 58) Erste Ergebnisse dieses wissenschaftlichen Diskurses deuten, trotz aller Vorläufigkeit und entgegen aller auf politischer Ebene global postulierter und geradezu zum Dogma erhobenen Wachstumsnotwendigkeiten an, dass Nachhaltigkeit und unbegrenztes Wirtschaftswachstum ein miteinander letztlich nicht vereinbares Gegensatzpaar darstellen. (Jackson 2011; Loske 2012; Paech 2012; Jäger 2007; Grunwald 2012/2; Randers 2012; Gleitsmann 2014)

Das wesentliche Merkmal der heutigen Industrie- bzw. Massenkonsumgesellschaft ist gerade ihre strukturell konstitutive Nicht-Nachhaltigkeit. Und in der Tat, das erste, was im Gegensatz hierzu als Strukturelement der Bestandsfähigkeit des Siegerländer Wirtschafssystems in dieser Hinsicht hervorsticht ist, dass es sich weniger um eine Wachstums-, sondern in erster Linie um eine *steady-state economy* handelt, bei der sich Gesamtwirtschaft und nachwachsende Energieressourcen im Gleichgewichtszustand befinden. „Die ökologischen Bedingungen für eine solche Ökonomie definierte Herman Daly als einen konstanten Bestand an physischem Kapital, der mit einer niedrigen, innerhalb der Regenerations- und Assimilationsfähigkeit des Ökosystems liegenden Rate von Materialverbrauch aufrechterhalten werden kann." (Daly 1972, S. 123) Im Hinblick auf deren Austarierung spielte die sichere Ertragsprognostizierbarkeit der Siegerländer Niederwaldwirtschaft als Holzkohleversorger des Hüttenwesens eine herausragende Rolle. Dies sorgte für eine quantitative Begrenzung der Montanproduktion ebenso wie für die Stabilisierung der Beschäftigungs- und Einkommensverhältnisse. Dass dennoch sich ergebende Wachstumspotentiale genutzt wurden, bestätigt sich u. a. im Anstieg der Siegerländer Bevölkerung zwischen dem Spätmittelalter und dem ausgehenden 18. Jahrhundert von etwa 8.500 auf knapp 30.000 Menschen. Und auch im Eisenhütten- und Hammerwesen sind für diesen Zeitraum deutliche Produktions- und Produktivitätssteigerungen zu verzeichnen, obwohl die Anzahl der entsprechenden „Hütten" mit um die 40 Betriebe in etwa konstant blieb. (Fickeler 1952, S. 31 f.)

Die zwingende Voraussetzung für jedwede quantitative Ausweitung der Eisen- bzw. Stahlproduktion war, neben Ressourceneinfuhren aus externen Regionen, dabei einzig der technische Fortschritt. Dieser eröffnete das Potential für einen ressourceneffizienteren Energieeinsatz, so dass mit gleicher Holzkohlemenge mehr Eisen erzeugt und dann auf den Märkten abgesetzt werden konnte. Diese Verfahrensweise ist für das Siegerland eindeutig nachweisbar. Infolge hüttentechnischer Innovationen reduzierte sich so im Zeitraum vom 16. bis zum späten 18. Jahrhundert der Holzkohlebedarf je Produktionseinheit Roheisen um sage und schreibe fast drei Viertel*!*

Das zweite Charakteristikum der Siegerländer Wirtschaft war, dass es sich *nicht* um ein kapitalistisch-marktwirtschaftlich organisiertes und ausgerichtetes System handelte. Vielmehr spielen, wie in vorindustriellen Gesellschaften gemeinhin üblich, strikt zünftisch-merkantilistische und obrigkeitliche Regelungen des „Wirtschaftsgeschehens", u. a. hinsichtlich Produktionsvolumina, Preisen, Absatzmengen, Hütten-Betriebszeiten etc., die zentrale Rolle. (Baumol 2007; Hall/Soskice 2001) Auf diese ordnungspolitischen Vorgaben wird im Kontext der politisch-institutionellen Dimension der nachhaltigen Produktionsweise des Siegerlandes später noch gesondert zurückzukommen sein.

Das dritte Strukturelement der Siegerländer Wirtschaft und seines alles andere beherrschenden Eisenexportgewerbes bestand darin, dass es von Anbieterseite her den Absatz weitgehend beherrschte, also, wirtschaftswissenschaftlich formuliert, im

Wesentlichen in einem Anbietermarkt agierte. Kruse schreibt: „Die Siegener Eisenindustrie versorgte das ganze westliche Deutschland mit Eisen. Ohne nennenswerte Konkurrenz hatte das Siegerland die Höhe der Produktion und die Preisbildung in der Hand [...]". (Kruse 1909, S. 127) Dies jedoch bedeutet nichts anderes, als das die Möglichkeit bestand, die Produktionsmengen an Eisenwaren an der nachhaltigen Nutzung der verfügbaren Holzkohle auszurichten und die Einkommenseffekte der Eisen-/Stahlproduktion über durch die Zünfte bzw. den Landesherrn verbindlich festgesetzte Preise zu steuern. Und genau diese Strategie wurde so bis ins späte 18. Jahrhundert hinein auch erfolgreich umgesetzt. Auf einen zusätzlichen Aspekt der exportorientierten Ausrichtung der Siegerländer Gewerberegion auf der einen Seite, sowie des Importes von Nahrungsgetreide aus Nachbarregionen, also der Herausbildung einer „[...] kontrastierenden komplementären Spezialisierung benachbarter Wirtschaftsräume" im Sinne der „Proto-Industrialisierung", ist hier ebenfalls noch aufmerksam zu machen. (Schlumbohm 1994, S. 23)

Als weiteres, d. h. viertes, Spezifikum des Siegerlandes ist im Kontext der ökonomischen Dimension von Nachhaltigkeit schließlich auf das über das Haubergsystem vermittelte konsistent ineinandergreifende Wirtschaftsgefüge mit weitestgehend aufeinander bezogenen Wertschöpfungsketten zu verweisen, wie aus der vorstehend abgedruckten Grafik zum Wirtschaftsgefüge des Siegerlandes unschwer erkennbar wird. Hierdurch wurden nicht nur gute Einkünfte generierbar, sondern die Interdependenz der agrarischen und gewerblichen Produktion formatierte einen Wirtschaftsraum hoher Effektivität mit homogener Interessenlage. Diese wiederum begünstigte die kollektive Akzeptanz sowohl sozialer als auch politisch-institutioneller Regelmechanismen zur Gestaltung des gesellschaftlichen Miteinanders.

c) Die institutionell-politische Dimension der Nachhaltigkeit: Siegerland essentials

Ein nachhaltiges Wirtschaftssystem bedarf politischer und institutioneller Rahmenbedingungen. Mit der institutionell-politischen Dimension von Nachhaltigkeit wird inhaltlich aktuell folgendes verbunden: „Die Regulierung individuellen oder kollektiven Verhaltens sowie die Schaffung von Möglichkeiten gemeinschaftlicher Kommunikation und Kooperation [...]", die durch gesellschaftliche Institutionen erfolgt. (Grunwald/Kopfmüller 2012, S. 58 f.) Damit wird die Frage nach dem Wie einer nachhaltigen Entwicklung im Wesentlichen zu einer Frage nach den geeigneten Institutionen, die dieses bewirken sollen:

> „Institutionen umfassen in einem weiten Begriffsverständnis, welches wir in Hinblick auf unsere Untersuchung allerdings weitergehend in die beiden Dimensionen institutionell-politische Nachhaltigkeit, sowie soziale Nachhaltigkeit differenzieren werden, „nicht nur Organisationen, sondern auch Konventionen, Gewohnheiten, Sitten, ethische Normen und Regeln/Verfahren, Verabredungen privater Akteure sowie Institutionen des gesetzten Rechts (rechtliche Rahmenbedingungen und Verfahrensregeln)"(Grunwald, Kopfmüller, ebd.)

Dieser Aspekt der „gesetzten“ rechtlichen Rahmenbedingungen und Verfahrensregeln spielt im Rahmen des Funktionierens der nachhaltigen Wirtschaftsweise des Siegerlandes eine herausragende Rolle. Die maßgeblichen Akteure dabei waren der Landesherr, die Zünfte, die Genossenschaften, die Gewerkschaften des Berg- und Hüttenwesens, sowie, in einem weiteren Sinne, auch die calvinistische „vom Landesherrn abhängige Territorialkirche“. (Flender u. a., 1995, S. 58) Nicht ohne Bedeutung scheint zu sein, dass die Reformation im Siegerland unter der Regentschaft Wilhelm Graf von Nassau um 1530 einsetzte. 1534 wurden die Franziskaner aus dem Siegerland vertrieben und seit 1578 begann die Einführung der calvinistischen Glaubenslehre. (Degenhardt 1995) Das Instrumentarium, mittels dessen die Spielregeln des wirtschaftlichen und damit gesellschaftlichen Miteinanders allgemeinverbindlich bindend festgelegt wurden, war dabei das folgende:

1. Die landesherrlichen Wald-, Holz- und Haubergordnungen, durch die die Hauberge spätestens im 16. Jahrhundert unter landesherrliche Aufsicht und Rechtsregelung gestellt wurden;
2. die landesherrliche Regulierung des Außenhandels mit Nachbarregionen, insbesondere der Handelsabkommen zur Holzkohlebelieferung des Siegerlandes, bzw. des Verbotes von Holzkohleexporten aus der eigenen Wirtschaftsregion seit 1567;
3. der Regulierung und verbindlichen Festsetzung der quantitativen Holzkohlezuweisungen und Produktionszeiten, d. h. „Hüttenkampagnen“, der Betriebe des Montanbereichs sowohl durch den Landesherrn als auch die Zünfte;
4. der genossenschaftlichen Organisation und sanktionsbewehrten Beaufsichtigung bzw. Reglementierung des Haubergwesens; sowie
5. ein dichtes kirchliches Kontroll- und Visitationssystem, welches der Herausbildung einer protestantischen Arbeitsethik im Sinne von Max Weber in der Bevölkerung förderlich gewesen sein dürfte.

Ein dichtes Regelwerk gesetzlicher Vorschriften, welches zum Nutzen aller selbst im Hinblick auf Produktionsbeschränkungen offenbar auf breite gesellschaftliche Akzeptanz stieß, sorgte dafür, dass die Gesamtwirtschaft des Siegerlandes nachhaltig funktionsfähig blieb. Aufgrund dieses Rechtsrahmens, sowie der weitgehend monopolistisch anbietergeprägten Absatzposition der Siegener Hüttenwerke, standen diese weder in einer marktwirtschaftlichen Konkurrenzsituation zueinander, noch mussten sie in einen potenziellen Verdrängungswettbewerb gegeneinander eintreten, dessen Opfer dann mehr oder weniger zwangsläufig die nachhaltige Gesamtwirtschaftsweise hätte werden müssen. War man sich auf Produzentenseite einig, und „diese Einigkeit herbeizuführen und über ihr dauerndes Bestehen zu wachen, war die Hauptaufgabe der Zunft“, (Kruse 1909, S. 127) dann war, zumindest bis ins 19. Jahrhundert hinein, der monopolbedingten und im Inneren rechtlich detailliert geregelten Stellung des Siegener Eisen- und Stahlgewerbes weder von innen noch von außen beizukommen. Hans Kruse formulierte zu Beginn des 20. Jahrhunderts das folgendermaßen:

> „Die Gewerbeordnung der Siegener Massenbläser und Hammerschmiede gipfelte in dem Grundsatz ‚Beschränkung der Produktion'. Kaum mag irgendwo dieser Kardinalgedanke mittelalterlicher Wirtschaftspolitik Jahrhunderte hindurch in dem Maße die Gewerbetätigkeit eines Landes so beherrscht haben wie im Siegerland." […] „Die staatliche Regelung der Kohlenzufuhr und eine Einschränkung der Betriebszeiten von Hütten und Hämmern war im Interesse eines ruhigen und sicheren Verlaufs von Gewerbe und Handel wohl berechtigt." (Kruse 1909, ebd.)

Ein derartiger ordnungspolitischer Rahmen mochte unter den spezifischen Gegebenheiten des Siegerlandes und einer nicht marktwirtschaftlich ausgerichteten Ökonomie bis ins frühe 19. Jahrhundert Bestand haben. Er zerbrach unter preußischer Herrschaft an der Gewerbefreiheit von 1830 und nicht zuletzt am technischen Fortschritt, der in Form der neuen energetischen Basis, die das Montanwesen anderswo in der Steinkohleverwendung fand und die ihren Einzug selbst ins Siegerland mit der Ruhr-Siegtal-Eisenbahn im Jahre 1861 hielt. (Mosel 1965) Mit dem hierdurch induzierten Wegbrechen der für das Hüttenwesen des Siegerlandes zentralen Kohlholzfunktion des Haubergwesens beginnt sich zwangsläufig das fein aufeinander abgestimmte und sich wechselseitig bedingende gesamte Nachhaltigkeitsgefüge des Siegerlandes aufzulösen. Dieser Prozess führte schließlich dazu, dass das System der strukturellen Nachhaltigkeit des Siegerlandes zerbrach und in die Bedingtheiten und grundsätzlich anders gearteten Strukturen der industriellen Moderne überführt werden musste. Dies allerdings war zwangsläufig zum Scheitern verurteilt. Einen ersten Eindruck davon, wie sich diese Dekonstruktion eines Nachhaltigkeitssystems vollzog und welcher Zustand dann nach etwa einhundert Jahren, also in den 1950er Jahren erreicht war, vermittelt Hartmut Eichenauer. (Eichenhauer 1989) Dessen erkenntnisleitende Fragestellung, durch eine Auseinandersetzung mit der Siegerlandentwicklung nach Mitte des 19. Jahrhunderts „[…] eine neue Sicht der historischen Siegerländer Kulturlandschaft und ihrer *Entwicklung im Industriezeitalter*" (ebd., S. 220) zu entwickeln, leitet komplementär von der Betrachtung der eine strukturellen Nachhaltigkeit prägenden Strukturelemente zu der Auflösung eines Nachhaltigkeitssystems über. Diesem im hohen Maße reflexionswürdigen Aspekt, denn auch hier könnte das Siegerland für die aktuelle Nachhaltigkeitsforschung als historisches Fallbeispiel von erheblichem Interesse sein, kann allerdings im Rahmen der Fragestellungen hier nicht nachgegangen werden. Ebenso ist hier nicht der Platz, sich differenzierter mit den Position Eichenauers auseinanderzusetzen. Deutlich hervorzuheben, bleibt allenfalls, dass Eichenauer von der fälschlichen Grundannahme ausging, mit der Analyse des Siegerlandes und seiner Nachhaltigkeitsstrukturen würde für die Gegenwart nach „[…] Mustern für humane Lebensgestaltung in der Vergangenheit […]" gesucht. (Ebd., S. 219) Stattdessen geht es vielmehr darum aufzuzeigen, welche Strukturen Nachhaltigkeitssysteme prägen und was für gesamtgesellschaftliche Konsequenzen dies bedingt und erzeugt. Dies mag als Zielsetzung im Falle des Beitrags „Das Siegerland als Beispiel wirtschaftsgeschichtlicher und wirtschaftsgeographischer Harmonie" von Paul Fickeler und seiner

Situationsbeschreibung des Siegerlandes in der Zeit um 1950 aber durchaus anders sein. (Fickeler 1954, S. 15-51)

Ein weiterer Gesichtspunkt, der im Rahmen der politisch-institutionellen Dimension von Nachhaltigkeit eine Rolle spielt, nämlich derjenige der politischen Struktur eines Gesellschaftssystems und deren Einfluss auf Entscheidungsfindungen, -festlegungen und Entscheidungslegitimierungen, soll hier nur aufgeworfen, nicht jedoch weiter diskutiert werden. Die Frage nämlich, ob eine starke Partizipation von „Untertanen" bzw. Bürgern an politischen Entscheidungsprozessen in unterschiedlichen politischen Systemen Handlungsoptionen einer gouvernementalen Steuerung eher einschränkt oder fördert. Zumindest wird immer wieder die Position vertreten, „[…] das nachhaltige Entwicklung eines stärker regulierenden Politikstils und entsprechender Strukturen bedürfe […]", um erfolgreich sein zu können. (Grunwald/Kopfmüller 2012, S. 43) „*Global gouvernmence*" wäre heute das zu nennende Stichwort. So versteht auch Tim Jackson in der aktuellen Nachhaltigkeitsdiskussion ein „Leben in Wohlstand […] nicht als eine Reihe zusammenhangloser Freiheiten, sondern als eine Reihe ‚*beschränkter Möglichkeiten*' für ein gutes Leben *innerhalb klar definierter Grenzen*." (Jackson 2012, S.55; Herv. d. Verf.) Damit stellt er allerdings eine der zentralen Maximen der industriellen Moderne infrage, nämlich deren zentrales Axiom eines „Möglichkeitsüberschusses an Handlungsoptionen" und völlig individueller Handlungsfreiheiten.

Die Siegerlandsituation deutet an, dass stark hierarchisch strukturierte politische Systeme eine in ökologischer Hinsicht bemerkenswerte Problemlösungskompetenz aufzuweisen scheinen, zumindest für den Fall, dass die Interessen aller Akteure, also sowohl der Regierenden als auch der Regierten, relativ gleichgerichtet sind. Demgegenüber setzt Armin Grunwald auf ein absolut konträres Konzept. (Grunwald 2012) Bei ihm ist es der politisch bewusste und verantwortliche Wahlbürger, der durch seine Partizipation an der gesellschaftlichen Festlegung eines ordnungspolitischen Rahmens für nachhaltiges Handeln im Rahmen transparenter Beratungs- und Entscheidungsprozesse dafür sorgt, dass diese, selbst dann, wenn es gegen die Individualinteressen des Bürgers als Konsument gerichtet ist, als demokratisch legitimiert dann auch allgemein akzeptiert und umgesetzt werden. (Ebd., S. 85/89) Der Bürger spaltet sein Bewusstsein und damit sich selbst infolge seiner divergierenden und miteinander konkurrierenden Handlungszielsetzungen in einen homo politicus und einen homo oeconomicus. Grunwalds Schlagwort hierzu ist „deliberative Demokratie". Und er argumentiert: „In der Wissensgesellschaft müsste […] eine unvoreingenommene Analyse und Diagnose bis hin zu einer wissensbasierten und ethisch reflektierten Aufbereitung der möglichen Handlungsoptionen erfolgen, um, darauf aufbauend, eine wohlüberlegte Entscheidung innerhalb der Mechanismen deliberativer Demokratie zu treffen." (Ebd., S. 44) „Alle verpflichten sich, die Ergebnisse als legitim zu akzeptieren, wenn das Verfahren ordentlich durchgeführt wurde, auch wenn das Ergebnis ihnen im Einzelfall nicht passen sollte." (Ebd.) Grunwald vertritt hier eine idealistische Position auf der argumentativen philosophischen Linie von Jürgen Habermas, Jahrgang 1929, und John Rawls (1921–2002), die augenscheinlich recht realitätsfern ist. Die Umsetzung der getroffenen Entscheidungen vollzieht die Exekutive des politischen Systems. In eine ähnliche Richtung politischer Partizipation argumentiert der Politikwissenschaftler Colin Crouch in seiner Kritik der „Postdemokratie": „Meinem idealtypischen Modell der Demokratie am nächsten kommen Gesellschaften, [...] in denen sich gewöhnliche Menschen in vielen Gruppen und Organisationen an der Gestaltung einer politischen Agenda beteiligen, die wirklich ihren Interessen entspricht [...]". (Crouch 2008)

Ob eine derartige Verfahrensweise zur Lösung der aktuell anstehenden Probleme tatsächlich zielführend wäre, ist und bleibt eine offene Frage, die es zu diskutieren gilt. Grunwald selbst ist, zumindest was die Rolle des Konsumenten in diesem Prozess betrifft, seinem eigenen Vorschlag gegenüber offenkundig eher skeptisch. Als Philosoph konstatiert er: „Es geht vor allem um die ethische Richtigkeit der Konsumhandlungen, auch wenn man nicht weiß, ob die erhofften positiven Folgen auch Realität werden [...] Nachhaltiger Konsum in diesem Sinne ist nicht an Folgen orientiert, sondern an einem „guten Willen". ... Freilich, wie das gelegentlich mit philosophischen Überlegungen so ist: Der Weg in den Alltag ist weit." (Grunwald, Nachhaltiger Konsum, S. 90 f.)

d) Die soziale Dimension der Nachhaltigkeit: Siegerland essentials

Nachhaltigkeit, so wie sie hier verstanden wird, umfasst ebenfalls den Bereich der „sozialen Grundgüter". Im weiteren Sinne zählen hierzu die individuellen Güter „[...] wie das Leben selbst, Gesundheit, Grundversorgung mit Lebensmitteln, Kleidung und Wohnung und elementare politische Rechte." (Grunwald/Kopfmüller 2012, S. 58) Hierauf soll im Rahmen unserer Untersuchung nachfolgend allerdings nicht speziell eingegangen werden. Bedeutsamer für den spezifischen Untersuchungsgegenstand ist, dass zu diesen sozialen Grundgütern „[...] auch soziale Ressourcen wie Toleranz, Solidarität, Integrationsfähigkeit, Gemeinwohlorientierung, Rechts- und Gerechtigkeitssinn zählen, die sich auf den dauernden Zusammenhalt gesellschaftlicher Teilsysteme oder der Gesellschaft als ganzer, sowie auf den Erhalt des sozialen Friedens beziehen." (Ebd.) Es mag hier dahingestellt bleiben, in welchem Maße die vorgenannten Kategorien restlos mit dem in Einklang zu bringen sind, was der Bevölkerung des Siegerlandes stereotyp als Mentalität zugeordnet wurde. (Flender 2001, S. 83 ff.) Als charakteristische Wesenszüge „des Siegerländers" galten Bescheidenheit, Fleiß, Sittenstrenge, Gottesfurcht, Kunst- und Vergnügungsfeindlichkeit, Sparsamkeit sowie Traditionsbewusstsein, aber auch Engstirnigkeit, Sturheit und (religiöse) Intoleranz. (Flender, ebd., S. 83, 89, 96, 97) Diese „Tugenden" wirkten sich offenbar in besonderer Weise auf das gesellschaftliche Miteinander des Siegerlandes aus.

Das Sozialgefüge des Siegerlandes wurde im besonderen Maße durch genossenschaftlich geprägte Strukturelemente geprägt. Diese Form eines gesellschaftlichen Miteinanders des gelebten Alltags bezog sich auf die zentralen Siegerländer Wirtschaftsbereiche des Haubergs, der Wiesenbewässerungswirtschaft, der Wasserversorgung des Mühlenwesens und auch der Bergwerks- und Hüttengewerkschaften. Das Genossenschaftswesen, dessen konkrete Ausprägung sich insbesondere im System der Haubergwirtschaft gezeigt, implizierte die Notwendigkeit eines abgestimmten, fest geregelten Miteinanders, um sowohl die individuellen als auch gesamtwirtschaftlichen Zielsetzungen umsetzen und erreichen zu können. Unverzichtbarer Parameter dieses Handelns war die individuelle Ein- und Unterordnung in ein gemeinsam festgelegtes und gleichwohl akzeptiertes gesellschaftliches Werte- und Normensystem. Diese Kollektivität beinhaltete - wenn auch nicht in politischer Hinsicht – Partizipation und Gerechtigkeit ebenso, wie das Bewusstsein, auf diese Weise alternativlos, nachhaltig und gerecht bestmögliche Erträge aus dem Gesamtwirtschaftssystem ziehen zu können. Ein gutes Beispiel hierfür ist die zweijährige Individualnutzung des zugelosten Hauberg-Idealanteils. Die bindend vorgegebenen vormalrechtlichen Bestimmungen des Genossenschaftswesens bzw. der Haubergordnung wurden dabei durch öffentlich-soziale Kontrollmechanismen „abgerundet". Das beredte Zeugnis hierfür waren jene Regelungen, die die Gemeinsamkeit der Durchführung der jeweils anstehenden Haubergarbeiten für alle Hauberggenossen, und für jedermann sichtbar, zu bestimmten Jahreszeiten festschrieben. Von daher war es letztlich nicht vorstellbar oder realistisch, sich diesem kollektiven Konsens zu entziehen. Dies umso weniger, als die Zunft- und Hauberggenossen in der Regel zudem noch Dorfgenossen und Mitglieder einer Kirchengemeinde waren. Mittels der transparenten und vor Manipulationsmöglichkeiten weitestgehend gefeiten Regeln des Genossenschaftswesens, welche die Mitwirkung jedes einzelnen Mitgliedes, also seine Rechte und Pflichten, aufs genaueste festlegte, was zudem ein Maß an wahrnehmbarer Gerechtigkeit garantiert, welches jedweder Infragestellung entgegenstand, waren auch derartige Regelungen wiederum gemeinschaftsfördernd.

Für hieraus ausbrechenden Individualismus jedweder Art bot das Siegerländer Gesellschaftsgefüge weder Sinn noch Raum. Im Gegenteil. Es musste zur Aufrechterhaltung seiner Funktionsfähigkeit gerade Derartiges möglichst ausschließen und schon im Vorfeld verhindern. Nur so wurde es möglich, die *steady-state economy* des Siegerlandes über Jahrhunderte hinweg erfolgreich aufrecht zu erhalten.

5.2.4.4 Das Siegerland. Ein Modell nachhaltiger Wirtschaftsweise auch für die heutige Massenkonsumgesellschaft?

Das wesentliche Merkmal der heutigen Industrie- bzw. Massenkonsumgesellschaft ist ihre strukturell konstitutive Nicht-Nachhaltigkeit im Umgang mit Ressourcen und ihrer natürlichen wie sozialen Umwelt. (Sieferle 2003, S. 57-59) Das Dogma eines aus verschiedensten Gründen für unverzichtbar erklärten Wirtschaftswachstums setzt die Massenproduktion sowie die Massenkonsumtion von Gütern voraus und erfordert einen unbeschränkten Zugriff auf Ressourcen aller Art.

Zunehmend wird der aktuell nichtnachhaltige Umgang mit Ressourcen aller Art gesellschaftlich evident. Vor diesem Hintergrund ist in Wissenschaft-, Wirtschaft- und Politik, aber auch in der Zivilgesellschaft eine zunehmend lebhafter werdende Diskussion darüber entbrannt, wie diesen als ungewollte Begleiterscheinungen des unverzichtbaren volkswirtschaftlichen Wachstums wahrgenommenen Entwicklungen begegnet werden könnte. Neben Ressourceneffizienz-, Suffizienz- oder auch Konsistenzstrategien werden dabei inzwischen auch Konzepte diskutiert, die den bisher beschrittenen Weg der Wachstumsgesellschaft in einer endlichen Welt grundsätzlich in Frage stellen. In diesen ist dann noch vorsichtig von *green growth, sustainable development*, aber auch entschieden radikaler von „Wohlstand ohne Wachstum", *green degrowth* oder sogar von *degrowth* die Rede. Dieser Theoriediskussion fehlte bisher weitgehend eine (technik)historische Dimension, anhand derer nicht nur die Funktionsfähigkeit einer derartigen Wirtschaftsweise, sondern auch die Rahmenbedingungen und Implikationen hätten aufgezeigt werden können, die damit einhergehen. Damit war die Frage nach historischen Fallbeispielen aufgeworfen und die Geschichtswissenschaft aufgefordert, wenn möglich, hierzu einen konstruktiven Beitrag zu leisten.

Diese Überlegungen und Forschungsdesiderate aufgreifend, wurde das Siegerländer Wirtschaftssystem als historischen Fallbeispiel einer erfolgreichen *steady-state economy* ausgewiesen. Dieser bedeutenden vorindustrielle „Schwerindustrieregion" – und dies ist gegenüber einfachen Agrargesellschaften das Besondere – war es über Jahrhunderte hinweg gelungen, ihre energetische Basis Holz nachhaltig zu bewirtschaften. Im Sinne eines *sustainable development* war es dabei sogar möglich, Wachstum durch technischen Fortschritt zu erreichen. Dieser ermöglichte es, ressourcen- und gesellschaftsverträglich technologische Effizienz zu nutzen, um im Laufe der Zeit bei gleichbleibendem Energie-Ressourceneinsatz das montangewerbliche Produktionsvolumen um ein Vielfaches zu steigern und auch ein anhaltendes Bevölkerungswachstum aufzufangen.

Die das System der Siegerländer *steady-state-economy* strukturell kennzeichnenden Wesensmerkmale und Implikationen waren dabei zusammengefasst die folgenden:

1. Die Siegerländer Nachhaltigkeitswirtschaft basierte auf *Produktionsbegrenzungen* im zentralen Wirtschaftsbereich des Hüttenwesens, setzte damit also bei der *Güterproduktion*, nicht, wie in heutigen Nachhaltigkeitsansätzen üblich, beim Faktor Konsumtion an.
2. Von Seiten der Energieverfügbarkeit lag eine strikte Deckelung der Produktionsvolumina des Hüttenwesens vor. Spielräume für Produktionsausweitungen ergaben sich allenfalls über landesherrliche, d. h. staatlich kontrollierte und abgeschlossene Außenhandelsverträge zu vom Umfang her differierenden Holzkohlelieferungen aus Nachbarterritorien. Auf diese hatte das Hüttenwesen variabel zu reagieren und seine Produktion anzupassen, nicht aber die Hauberge zu plündern. Und dies war über Jahrhunderte hinweg möglich. Das Entscheidende für die Bewertung, ob und wie das Siegerländer Montanwesen und damit das Siegerländer Wirtschaftssystem als „nachhaltig" zu bezeichnen sind, ist weniger, ob Nachbarregionen mit herangezogen wurden, um das Hüttenwesen zu versorgen, sondern, wie auf den Ausfall derartiger Bezugsquellen reagiert wurde, und warum genauso, wie es im Siegerland geschah. Wäre zu verzeichnen, dass extern ausgelöster Kohlemangel im Siegerland dazu geführt hätte, dass als Reaktion hierauf die eigene nachhaltige Kohlholzversorgung über die Haubergwirtschaft in Frage gestellt und „geplündert" worden wäre, dann müsste der Siegerländer Wirtschaftsweise

„Nicht-Nachhaltigkeit“ attestiert werden. Aber dies trifft in keiner Weise zu. Stattdessen wurden die Produktionsvolumina des Hüttenwesens zurückgefahren und der Ressourcenverfügbarkeit von Holzkohle angepasst. Damit jedoch ist Nachhaltigkeit dem mehrdimensionalen Verständnis nachgegeben.

3. Im Rahmen der aktuellen Nachhaltigkeitsdiskussion ist das Siegerlandmodell zudem nicht den Suffizienz- oder Effizienzstrategien im engeren Sinne zuzuordnen, sondern als Konsistenzstrategie zu verstehen. D. h., hier wird der mengenorientierte Ansatz der Effizienz, also die Ertragsmaximierung bei konstantem Aufwand, dadurch ergänzt, dass die Energie- und Stoffströme verträglich – eben konsistent – in die natürlichen Stoffkreisläufe (Hauberg!) eingebunden sind.
4. Es ist der *technische Fortschritt*, dem die Rolle zufällt, innerhalb der gegebenen Rahmenbedingungen und nachhaltigkeitsunschädlich Effektivitätseffekte zu bewirken, die eine Ausweitung der Produktionsvolumina ermöglichen. Dies weist die These der Technikfeindlichkeit von *stady-state-economies* eindeutig zurück.
5. Es erfolgten für die Bereiche Wirtschaft und Gesellschaft im Rahmen eines nicht partizipativen politischen Systems *strikte staatliche ordnungspolitische Vorgaben*, etwa in Form von Hauberg-, Wald- und Genossenschaftsordnungen oder der Festlegungen des zeitlichen Rahmens von „Hüttenreisen“. Diese Vorgaben hatten verbindlichen Charakter, waren trotz allgemeiner Akzeptanz dessen ungeachtet sanktionsbewehrt.
6. Partizipative Elemente des wirtschaftlichen und gesellschaftlichen Umgangs miteinander finden sich auf institutioneller Ebene im Zunft- und Genossenschaftswesen. Auf diese Weise wird sowohl dem Aspekt der Transparenz, Korrektheit und Gerechtigkeit von gemeinsam getroffenen Entscheidungen entsprochen.
7. Das Werte- und Normensystem der Siegerländer Gesellschaft war traditionell ausgerichtet und wurde im Hinblick auf seine Allgemeinakzeptanz zudem durch gegenseitige disziplinierende scharfe Sozialkontrollen begleitet. Hierbei spielte auch die calvinistisch-pietistisch Glaubensausrichtung und deren kirchliche Gemeindeinstanzen eine bedeutsame Rolle. Dieses Werte- und Normensystem ist allerdings als nicht nur weitestgehend allgemein akzeptiert zu betrachten, sondern ist von den Betroffenen als sinnvoll erachtet und geradezu verinnerlicht worden. Dies dürfte auf einen Lernprozess zurückzuführen sein, der von seiner zeitlichen Dimension her etliche Generationen umfasst hat.
8. Auch darf nicht unberücksichtigt bleiben, dass es sich beim Siegerländer Montanrevier und seiner Gesellschaft nicht nur um eine geografisch und vom politischen Staatswesen her deutlich begrenzte, bzw. abgegrenzte Region handelte, die zudem auch von der betroffenen Bevölkerung her nie mehr als 30.000 Einwohner aufwies. Diese *Überschaubarkeit* in jeder Hinsicht erlaubte es, Akzeptanz für getroffene und zu treffende Entscheidungen zu ermöglichen; und schließlich
9. bedeutet dies alles aber auch, dass die Siegerlandsituation in ihren konstituierenden Strukturmerkmalen derjenigen der modernen Massenkonsumgesellschaft diametral entgegengesetzt war.

Das historische Beispiel der Nachhaltigkeitswirtschaft des Siegerlandes impliziert in seinen Konsequenzen eine wenig optimistische Perspektive für die Möglichkeiten eines Abrückens vom Wirtschafts- und Gesellschaftsmodell der modernen Wachstumsgesellschaften, wenn dies von dieser überhaupt ernsthaft angestrebt wird. Im Gegensatz hierzu, und dies sollte wahrlich zu denken geben, rekurrieren alternative wirtschaftswissenschaftliche Theorieansätze zu den Grundlagen einer ökologisch nachhaltigen Makroökonomie – wenn auch, ohne das historische Beispiel des Siegerlandes zu kennen – interessanter Weise auf Strukturelemente, die prägend für die erfolgreiche nachhaltige Energiewirtschaft des Siegerlandes waren. Diese Konzepte für einen „Wohlstand ohne Wachstum“ benennen hierfür als prinzipielle Erforderlichkeiten u. a.:

1. die Notwendigkeit einer strikten Quotierung für die Ressourcenverbräuche der (Volks)Wirtschaft;
2. eine „Deckelung beim Kohlenstoff“, d. h. sowohl des Gesamtausstoßes an CO_2 sowie des Einsatzes fossiler Energieträger; sowie schließlich
3. die Einschränkung des Konsums insgesamt zugunsten der Finanzierung ökologischer Investitionen. (Jackson 2012, S. 140 f.)

Geben wir uns dennoch aber keinen falschen Hoffnungen hin. Die strukturell bedingte grenzenlose Gier unserer alles andere dominierenden industriellen Massenkonsum- bzw. Eventgesellschaft scheint es grundsätzlich unmöglich zu machen, auf ein Alternativmodell nachhaltiger (industrieller) Moderne umzuschwenken. (Probst 2013) Das „Siegerlandmodell“ der Nachhaltigkeit hingegen, mit allen seinen Konsequenzen, weist zwar Funktionalität auf, allerdings unter völlig andersgearteten Rahmenbedingungen als den heutigen und besäße für den modernen Menschen auch deshalb wohl kaum Attraktivität und Akzeptanz, da es zwangsläufig „[…] eine Kunst der Reduktion“ (Paech 2012, S. 133) voraussetzen würde und jedenfalls keine Eventgesellschaft mit all ihren Implikationen mehr sein könnte. Damit ist zu befürchten, dass der Wettlauf um die Erreichung der Nachhaltigkeitsziele in den heutigen Gesellschaften ebenso wenig zu gewinnen sein wird, wie das Kinder-Strategiespiel ‚Tic, tac, toe‘. Dass allerdings auch diese Erkenntnis der Technikgeschichte ein wichtiger Beitrag zum gesellschaftlichen Diskurs über Technikzukünfte ist, indem die Theoriediskussion über Nachhaltigkeit mit historisch gesicherten Erkenntnissen konfrontiert wird, muss in besonderem Maße hervorgehoben werden. Dieses Aufgabenfeld sollte die Technikhistoriographie keinesfalls aus den Augen verlieren und sich diesem Themenfeld einer *usable past* verstärkt zuwenden.

Was das Siegerlandbeispiel als historisches Modell oder Beispiel für den aktuellen Diskurs um ein nachhaltigen Wirtschaftsweise der modernen Industriegesellschaft allerdings im besonderen Maße zu verdeutlichen vermag ist, dass der damit verbundene zwangsläufig erforderliche Strukturwandel der Massenkonsumgesellschaft in jedweder Hinsicht und auf allen vom mehrdimensionalen Nachhaltigkeitsbegriff erfassten Ebenen nicht zu einer moderaten, sondern notwendigerweise radikalen

Umgestaltung des bestehenden Systems führen würde. Ob das der Zivilgesellschaft so tatsächlich bewusst ist, von dieser wirklich angestrebt wird und auch politisch durchsetzbar wäre, darf zumindest bezweifelt werden. (Vgl. Trentmann 2022) Man darf in diesem Kontext beispielsweise an den aktuellen Umgang mit der Corona-Pandemie erinnern. Auch erscheint durchaus nicht ausgeschlossen, dass bestehende Probleme und die Notwendigkeit eines grundsätzlichen Umdenkens schlichtweg verdrängt, die Konsequenzen mehr oder weniger bewusst in Kauf genommen werden, oder gar in resignativer Weise gehandelt wird, ganz in dem Sinne, wie im Text des Propheten Jesaja 22,13 beschrieben: „Aber siehe da, lauter Freude und Wonne, Rindertöten und Schafeschlachten, Fleischessen und Weintrinken: ‚Lasst uns essen und trinken, denn morgen sind wir tot!'" Die Technikgeschichtsschreibung vermag anhand historischer Beispiele, wie etwa dem des Siegerlandes, einen Beitrag zur Bewusstwerdung dessen zu leisten, wie Funktionsprinzipien nachhaltigen Wirtschaftens sich gestalteten, und welche Konsequenzen sich sowohl auf gesamtgesellschaftlicher wie individueller Ebene hieraus ergeben haben. Ein derartiger Beitrag der Technikhistoriographie könnte den aktuellen Diskurs über Nachhaltigkeit im Sinne einer *usable past* aufklärend befruchten.

Literatur

APuZ 32-33 (2009): Themenheft Konsumkultur

William Baumol, Robert Litan, Carl Schramm, Good Capitalism, Bad Capitalism, and the Economy of Growth and Prosperity, Newhaven/London 2007

Joh. Phil. Becher, Beschreibung der Oranien-Nassauischen Landen nebst einer Geschichte des Siegenschen Hütten- und Hammer-Wesens, Marburg 1789

Matthias Binswanger, Die Tretmühlen des Glücks. Wir haben immer mehr und werden nicht glücklicher. Was können wir tun?, Freiburg i. Br. 2006

Collin Crouch, Postdemokratie, Frankfurt am Main 2008

Herman Daly, The Steady State Economy, London 1972

Wolfgang Degenhardt, Das calvinistisch-pietistische Siegerland, in: Interregiones 4 (1995), S. 147-161

Walter Delius, Hauberge und Haubergsgenossenschaften des Siegerlandes, Baden-Baden 1910

Deutscher Bundestag, 14. Wahlperiode, Drucksache 14/9200 vom 12.06.2002, „Schlussbericht der Enquete-Kommission Globalisierung der Weltwirtschaft Herausforderungen und Antworten, S. 393.

Hartmut Eichenauer, Das Siegerland als Beispiel wirtschaftsgeschichtlicher und wirtschaftsgeographischer Harmonie? Überprüfung eines kulturlandschaftlichen Exempels, in: Spieker. Landeskundliche Beiträge und Berichte, hg. v. d. Geographischen Kommission für Westfalen 33, Münster 1989, S. 219-242

Friedrich August Alexander Eversmann, Uebersicht der Eisen- und Stahl-Erzeugung auf Wasserwerken in den Ländern zwischen Lahn und Lippe, Dortmund 1804

Paul Fickeler, Achenbach Buschhütten. Festschrift aus Anlass der Gründung des Buschhütter Eisenhammers vor 500 Jahren 1452–1952. Ein Beitrag zur Industriegeschichte des Siegerlandes, München 1952

Ders., Das Siegerland als Beispiel wirtschaftsgeschichtlicher und wirtschaftsgeographischer Harmonie, in Erdkunde, Archiv für wissenschaftliche Geographie, Bd. VIII, Lfg.1, Bonn 1954, S. 15-51

Armin Flender, Dieter Pfau, Sebastian Schmidt, Regionale Identität zwischen Konstruktion und Wirklichkeit, Baden- Baden 2001

Rolf-Jürgen Gleitsmann, Der Einfluß der Montanwirtschaft auf die Waldentwicklung Mitteleuropas. Stand und Aufgaben der Forschung, in: Deutsches Bergbau-Museum Bochum (Hg.), Der Anschnitt, Beiheft 2 (Veröffentlichungen aus dem Deutschen Bergbau-Museum Bochum), Nr. 30, Bochum 1984, S. 24-39

Ders., Zum Dilemma von und den Chancen für Nachhaltigkeit in der Massenkonsumgesellschaft, in: Ders. (Hg.) Automobile Nachhaltigkeit und Ressourceneffizienz, Stuttgart 2014, S. 47-67

Armin Grunwald, Ende einer Illusion. Warum ökologisch korrekter Konsum die Umwelt nicht retten kann, München 2012

Ders., Nachhaltiger Konsum – das Problem der halbierten Verantwortung, in: Matthias Maring (Hg.), Globale öffentliche Güter in interdisziplinären Perspektiven, Karlsruhe 2012, S. 35-51

Ders., Jürgen Kopfmüller, Nachhaltigkeit, 2. Aufl. Frankfurt am Main/New York 2012

Gerhard Göbel, Bevölkerung und Ökonomie. Historisch demographische Untersuchung des Kirchspiels Siegen in der Nassau- Oranischen Zeit (1742–1806), St. Katharinen 1988

Peter Hall, David Soskice (Hg.), Varieties of Capitalism: The institutional foundation of competitive advantage, Oxford 2001

Andreas Heinemann, Der Wiesenbau im Siegerlande, Berlin 1913

Bernd Herrmann, Umweltgeschichte. Eine Einführung in Grundbegriffe, Berlin/Heidelberg 2013

Albert K. Hömberg, Wirtschaftsgeschichte Westfalens, Münster 1968

Trutzhart Irle, Werteinheiten der älteren Wirtschaft des Siegerlandes, Siegen 1970

Tim Jackson, Wohlstand ohne Wachstum. Leben und Wirtschaften in einer endlichen Welt, Bonn 2012

Jill Jäger, Was verträgt unsere Erde noch? Wege in die Nachhaltigkeit, Frankfurt am Main 2007

Hermann Kellenbenz, Jürgen H. Schawacht, Schicksal eines Eisenlandes, Siegen 1974

Wolfgang König, Massenproduktion und Konsumgesellschaft: Ein historischer und systematischer Abriss, in: Heinz-Gerhard, Haupt, Claudius Torp (Hg.), Die Konsumgesellschaft in Deutschland 1890–1990, Frankfurt am Main/New York 2009, S. 46-61

Hans Kruse, Die Lederindustrie in dem ehem. Fürstentum Nassau-Siegen. Ein Beitrag zur Wirtschaftsgeschichte des Siegerlandes, Marburg 1906

Ders., Forstwirtschaft und Industrie im ehemaligen Fürstentum Nassau-Siegen, in: Friedrich Philippi (Hg.), Beiträge zur Wirtschaftsgeschichte des Siegerlandes, Münster 1909

Karl Ley, Zur Geschichte und ältesten Entwicklung der Siegerländer Eisen- und Stahlindustrie, in: Friedrich Philippi (Hg.), Beiträge zur Wirtschaftsgeschichte des Siegerlandes, Münster 1909, S. 1-64

William McDonough, Michael Braungart, Cradle to cradle, New York 2002

Gustav Mosel, Das Siegerland und die Eisenbahn. Ein Beitrag zur Verkehrsgeschichte des Raumes Siegen, Siegen 1965

Reinhard Loske, Wie weiter mit der Wachstumsfrage? Rangsdorf 2012

Niko Paech, Befreiung vom Überfluss. Auf dem Weg in die Postwachstumsökonomie, 2. Aufl., München 2012

Akoš Paulinyi, Die Eisenproduktion des Siegerlandes im 17. und 18. Jahrhundert, in: Manfred Rasch (Hg.), Das Siegerland, eine Montanregion im Wandel, Essen 2014, S. 83-94

Lothar Probst, Nachhaltigkeit als politischer Wert, in: APuZ 34-36 (2013), S.48-52

Jorgen Randers, 2052. Der neue Bericht an den Club of Rom, München 2012

Wolfram Ranke, Gottfried Korff, Hauberg und Eisen. Landwirtschaft und Industrie im Siegerland um 1900, München 1954

Manfred Rasch, „Der Eisenwald“. Der Siegerländer Heimatfilm der Nachkriegszeit, in: derselbe (Hg.), Das Siegerland. Eine Montanregion im Wandel, Essen 2014, S. 281-324

Manfred Rasch (Hg.), Das Siegerland. Eine Montanregion im Wandel, Essen 2014

Reinhold Reith, Umweltgeschichte der Frühen Neuzeit, München 2011

Heinrich Rubner, Forstgeschichte im Zeitalter der Industriellen Revolution, Berlin 1967

Karlheinz Ruckriegel, Glücksforschung. Erkenntnisse und Konsequenzen für die Zielsetzung der (Wirtschafts-) Politik, in.: Thomas Sauer (Hg.) Ökonomie der Nachhaltigkeit, Marburg 2012, S. 67-100

Thomas Sauer (Hg.), Ökonomie der Nachhaltigkeit, Marburg 2012

Karl Friedrich Schenck, Der Wiesenbau in seinem ganzen Umfange, insbesondere der Kunstwiesenbau des Siegerlandes, Siegen 1842

Karl Friedrich Schenk, Statistik des Kreises Siegen, Siegen 1820

Jürgen Schlumbohm, „Proto-Industrialisierung“ als forschungsstrategisches Konzept und als Epochenbegriff – eine Zwischenbilanz, in: Markus Cerman, C. Ogilvie Sheilagh (Hg.), Proto-Industrialisierung in Europa. Industrielle Produktion vor dem Fabrikzeitalter, Wien 1994, S. 23-33

Bernward Selter, Waldnutzung und ländliche Gesellschaft. Landwirtschaftlicher Nährwald und neue Holzökonomie im Sauerland des 18. und 19. Jahrhunderts, Paderborn 1995

Hans Schubert, Geschichte der Nassauischen Eisenindustrie von den Anfängen bis zur Zeit des Dreißigjährigen Krieges. Veröffentlichungen der Historischen Kommission für Nassau, IX, Marburg 1937

Rolf Peter Sieferle, Nachhaltigkeit in universalhistorischer Perspektive, in: Wolfram Siemann (Hg.) Umweltgeschichte. Themen und Perspektiven, München 2003, S. 39-60

Frank Trentmann, Wir Konsumenten, in: NZZ 6.2.2022, https://www.nzz.ch/geschichte/wir-konsumenten-ld.1536897 [17.02.2022]

Frank Uekötter, Umweltgeschichte im 19. und 20. Jahrhundert, München 2007

Verena Winiwarter, Martin Knoll, Umweltgeschichte. Eine Einführung, Köln u. a. 2007

5.2.5 Auf dem Weg in die Katastrophe. Massenkonsumgesellschaft, Ökologie und (technik)historische Umweltforschung

> „Neu an den neueren Studien ist das wachsende Bewusstsein der Interdependenz von Bevölkerung, Ressourcen und Umwelt." (Global 2000, S. 23)

Der Club of Rome verkündete im Jahr 1972 eine *inconvenient truth* und löste damit eine mentale Revolution unter den Intellektuellen der westlichen Hemisphäre aus. Die simple These lautete: In einem begrenzten System ist kein unbegrenztes Wachstum möglich. (Meadows u. a. 1972) Für Gesellschaften, deren Existenz von einem unbegrenzten Wachstum abhing – also die industriellen Wachstumsgesellschaften –, nahm diese Feststellung bedrohliche Dimensionen an und rührte an einem Tabu. Der Club of Rome ging noch einen Schritt weiter und ergänzte die erste Feststellung mit einer Prognose. Die Grenzen des Wachstums würden, wenn keine grundlegenden Veränderungen einträten, im Laufe der nächsten hundert Jahre erreicht. Die wenn auch rein politisch bedingte Ölkrise im Jahr 1973 schien diese Prognose eindrucksvoll zu bestätigen. Eine weitere Bestätigung erhielt das Krisenszenario durch ein offizielles Dokument der US-Regierung unter Präsident Jimmy Carter, nämlich den prognostischen Report „Global 2000", der im Jahr 1980 erschien. Die entwickelten Weltmodelle zeigten die qualitativ neuen Herausforderungen, während die US-Regierung einen akuten Handlungsbedarf für die nahe Zukunft proklamierte: „Er [Global 2000, d. Verf.] enthält Prognosen der US-Regierungsbehörden darüber, was mit der Weltbevölkerung, den Ressourcen und der Umwelt geschehen wird, wenn sich an den Grundlagen der heutigen Politik nichts ändert." (Global 2000, S. 19) Die Notwendigkeit einer grundlegenden Neuorientierung von Politik und Gesellschaft wurde zunächst einmal konsensfähig. Tatsächlich ging es in „Global 2000" weniger um die Menschheit als um die Sicherung des Ressourcenbedarfs für den *American way of life.*

Gleichzeitig allerdings geriet damit die Technik als Grundlage des modernen Fortschrittsglaubens in eine Legitimationskrise. Damit wurden die Grundlagen der „schönen Neuen Welt" zu Ansatzpunkten technikkritischen Denkens. Gerade in Deutschland entzündete sich an der Atomenergie – bezeichnenderweise aus Akzeptanzgründen später als „Kerntechnik" begrifflich entschärft – eine langanhaltende Grundsatzkontroverse um die Zukunftsfähigkeit der Gegenwart. Statt der Segnungen der neuen Technologien gerieten nun deren Gefahrenpotentiale in den Mittelpunkt des Diskurses. Die Technik allgemein und ihr Fortschrittsdogma wurden mit ihrer lange verdrängten oder geleugneten dunklen Seite konfrontiert. Das Mensch-Umwelt-Verhältnis rückte in das Interesse der Geistes- und Sozialwissenschaften, aber auch das der Naturwissenschaften. Die Ökologie trat ihren Siegeszug an, und Begriffe wie Waldsterben, saurer Regen, Smog, FCKW, Treibhausgase und CO_2-Ausstoß wurden Allgemeingut. Das neu erwachte Interesse am Menschen in seiner Umwelt provozierte auch eine neue Perspektive innerhalb der Technikgeschichte, die bis dahin selten mit einer reflektierten Technikkritik aufgefallen war. Seit ihren Anfängen begriff sich die Technikgeschichte als Instanz zur Erzeugung von Technikakzeptanz, in deren Zentrum die „Meisterwerke der Technik" als kulturelle Höchstleistungen und die „Männer der Technik" als Heroen standen. Eine immer wieder einmal eingeforderte „andere Technikgeschichte" erforderte einen grundlegenden Perspektivwechsel.

Auch wenn in den 1990er Jahren diese Thematik fast wieder ganz aus dem öffentlichen Diskurs und Bewusstsein verschwand und einem erneuten Fortschrittsoptimismus, sowie einer weiteren Phase der Technologiegläubigkeit Platz machen musste, hatte der Umweltbezug zumindest in den 1970er und 1980er Jahren Konjunktur. Die Konsequenz hiervon war ein deutlicher Anstieg der Veröffentlichungen zu Fragen der historischen Umweltforschung. (Radkau 1987) Mit der neu entfachten Klimadebatte um die Folgen der anthropogenen Erderwärmung wird auch die historische Umweltforschung eine neue Konjunktur erleben. Die mahnende Funktion des Club of Rome übernahmen bald die Vereinten Nationen mit ihren Veröffentlichungen zu den Konsequenzen des Klimawandels. (*Intergouvernemental Panel on Climate Change, IPCC*) Die neuen Leitbegriffe der nächsten Jahre wurden u. a. CO_2-Emissionen und Erderwärmung. Als Konsequenz dieses Perspektivwechsels war mit einem Anstieg des Interesses der Geschichtswissenschaften an Fragen der historischen Umweltforschung zu rechnen. Und in der Tat, die Zeit- und Kontextgebundenheit historischer Perspektiven und Erkenntnisinteressen wurde auf keinem anderen Feld der Technikgeschichte von den Akteuren derart bewusst reflektiert wie auf dem Gebiet der Umweltforschung. Ulrich Troitzsch stellte bereits im Jahre 1981 in der Zeitschrift „Technikgeschichte" einer der ersten programmatischen Auseinandersetzungen mit der Thematik eine Einleitung voran, in der er die gesellschaftlichen Bedingungen als Ursache des Interesses an Umweltfragen thematisierte. (Troitzsch 1981, S. 177-190) Er diagnostizierte eine Krisensituation im Mensch-Umweltverhältnis, die durch eine Vernachlässigung bzw. bewusste Verdrängung der negativen Folgen des technischen Fortschritts entstanden war. Gerade auch die Technikgeschichte sei deshalb aufgefordert, selbstkritisch ihre traditionellen Vorstellungen von Fortschritt und Wachstum zu revidieren. Dieser Perspektivwechsel wurde eingeleitet, und die Technikgeschichte zum Initiator einer historischen Umweltforschung. Sie übernahm – erstmalig in der Geschichte der Disziplin – eine Vorreiterrolle und wandte sich initiativ dem Feld der Umwelthistoriographie zu. Paradoxerweise war es damit die Technikgeschichte, also jene Disziplin, der ein besonders inniges Verhältnis zur Technikakzeptanz nachgesagt wurde, die mit dem technikkritischen Themenfeld „Umweltgeschichte" zum Trendsetter in den Geschichtswissenschaften wurde. Diese technikhistorische Initiative reflektierte den Tatbestand, dass jede Interaktion in dem Verhältnis Mensch-Natur automatisch eine technische Dimension enthält. Der damaligen Diskussion warf Troitzsch ihre ahistorische Ausrichtung vor. Er warnte vehement: „Angesichts einer als düster empfundenen Gegenwart zeichnet man häufig recht pauschal die Vergangenheit als eine quasi heile Welt, die aber mangels genauerer Kenntnisse, eigenartig konturlos, gesichtslos und damit geschichtslos erscheint". (Troitzsch 1981, S. 178) Die historische Umweltforschung sollte als Korrektiv Informationen über die Wandlungen der Umweltproblematik liefern, um zu einer Versachlichung des emotionalen öffentlichen Diskurses beizutragen. (Vgl. Arndt 2015)

Noch deutlicher arbeitete Joachim Radkau die gesellschaftlichen Ursprünge der historischen Umweltforschung heraus: „Wenn sich auch Umweltgeschichte in mancher Weise mit alten Historiker- Sehnsüchten trifft, so geht doch das Ende der 1970er Jahre aufkommende Interesse an der Geschichte der Mensch-Natur-Beziehung eindeutig nicht auf innerwissenschaftliche Entwicklungen, sondern auf die ökologische Zeitströmung zurück." (Radkau 1993, S. 102)

Technikgeschichte und Umweltgeschichte

„Noch wichtiger allerdings erscheint mir eine stärkere Beachtung der historischen Ökologie im Rahmen der historischen Wissenschaften und dort in erster Linie bei der Wirtschafts- und Technikgeschichte zu sein; denn spätestens seit der Mitte des 19. Jahrhunderts haben wir uns daran gewöhnt, den geschichtlichen Ablauf an der Latte ‚wirtschaftliches Wachstum' (mit steigendem Trend bis in die jüngste Gegenwart) und ‚technischer Fortschritt' (mit der Tendenz ‚kleiner, effektiver, billiger') zu messen und jegliche sich abschwächende oder davon abweichende Tendenz als negativ zu bewerten." (Troitzsch 1981, S. 178)

Mit dieser engen Anbindung an eine aktuelle politische Auseinandersetzung verband sich allerdings ein Aspekt, den sowohl Troitzsch wie Radkau kritisch würdigten: historische Forschung wurde politisch bzw. musste politisch werden. Radkau, auf diesem Felde vorbelastet, da er an einer Habilitationsschrift über die deutsche Atomwirtschaft arbeitete, konstatierte aus eigener Erfahrung: „Natürlich gerät der Umwelthistoriker, wenn er die allerneueste Zeit erforscht, fast automatisch in aktuelle Kontroversen hinein; schon von daher hat es keinen Sinn, eine allzu vornehme Distanz zur Öko-Bewegung zu pflegen. Wichtig erscheint mir allerdings eines: Als Wissenschaftler sollte man nicht der Versuchung unterliegen, bloß für eine ‚Szene' zu schreiben." (Radkau 1993, S. 103) Der Konsens der Umweltgeschichte lief darauf hinaus, einen Perspektivwandel zu fordern, emanzipatorisch und aufklärend zu wirken, ohne eine einseitige Ideologisierung zu riskieren. Die inhaltliche Konsequenz dieser Entwicklungsbedingungen war zunächst eine Fixierung auf den „umwelthygienischen Ansatz", (Sieferle 1993) also vor allem die Darstellung einer fortschreitenden Umweltzerstörung und Umweltverschmutzung seit der Industrialisierung.

Im Jahr 1981 stellte Troitzsch in Bezug auf eine historische Umweltforschung fest, dass der Bericht über deren Forschungsstand kurz ausfallen könne, da solche Forschung bisher sowohl von der Thematik wie von den Forschungszielen her kaum existent war. Ausnahmen bildeten lediglich Arbeiten zu historischen Wasserversorgungssystemen und zum Phänomen der „Holznot" seit dem 17. Jahrhundert. Zugespitzt formuliert, ging es bei der Holznotproblematik um die These, dass die Industrielle Revolution eine Reaktion auf eine existentielle Energie- und Ressourcenkrise darstellte. Auf dem Gebiet der Wasserversorgung musste das traditionelle Bild eines Zerfalls von der Antike zum europäischen Mittelalter revidiert und durch den Begriff der angepassten Technologie ersetzt werden. Die Leistungsfähigkeit von Technik war über deren erfolgreiche Lösungsstrategien für spezielle Problemstellungen zu definieren und nicht über deren quantitative Leistungsfähigkeit. Die römischen Aquädukte beeindruckten durch ihre Dimensionen, für mittelalterliche europäische Städte allerdings waren sie eben aufgrund dieser Dimensionen nicht einsetzbar und wurden durch Lösungen ersetzt, die auf die lokalen Bedingungen abgestellt waren. Die weitergedachte Konsequenz dieser historischen Erkenntnisse fand sich in den Initiativen eines Transfers von einfachen Technologien in Entwicklungsländer, die aber auf die klimatischen und ökologischen Bedingungen ausgerichtet waren, statt der simplen Übertragung von Lösungsstrategien aus den hochentwickelten Industrienationen, die aufgrund fehlender Infrastrukturen scheitern mussten. Die beiden skizzierten frühen Themenbereiche verdeutlichen nochmals die These einer Anbindung der historischen Forschungen an zeitgenössische ökologische Diskurse. Das zukünftige Forschungsprogramm einer historischen Umweltforschung verortete Troitzsch eindeutig. Es sollte vorrangig um folgende Themenfelder gehen:

- Umweltprobleme und Mentalität. Dies betrifft Wahrnehmung und Bewertung von Umweltbeeinträchtigungen und die Ermittlung von Reizschwellen, die zur Wahrnehmung führen und Reaktionen auslösen;
- das Einsetzen und die Art von Institutionelle Lösungs- bzw. Eindämmungsstrategien und deren Wirkung;
- das Ermitteln von Protesten gegen die Ursachen und Verursacher von Umweltproblemen. Hier sollte es um die Motivationen der Akteure, ihre Handlungsoptionen und die Identifikation des sozialen Milieus gehen, dem die Träger von Protesten entstammten; und
- die Technikgeschichte sollte sich mit der Frage der Kontinuität bzw. Diskontinuität von Umweltproblemen in zeitlichen Längsschnittanalysen befassen. (Troitzsch 1981)

Die sich zu formieren beginnende historische Umweltforschung befand sich Anfang der 1980er Jahre in einer euphorischen Aufbruchstimmung. Ein sich gesellschaftlich konstituierendes Umweltbewusstsein als Reaktion auf aktuelle Problemfelder wie Luft-, und Flussverunreinigungen, aber auch die Gifteinträge der Landwirtschaft ins Ökosystem, sowie die aufgebrochenen Konflikte um die Kernenergie sollten den Boden bereiten, um sich auch in historischer Perspektive mit der Umweltthematik stärker zu beschäftigen. Man versprach sich hiervon einiges. Mit der Etablierung eines neuen, gesellschaftlich relevant erscheinenden Forschungsfeldes sollte eine Einbindung der Geschichtswissenschaft, und hierbei insbesondere der Technikgeschichte, in den Diskurs über Umweltprobleme und deren Lösung erfolgen. Damit würde sich, so die nicht gänzlich uneigennützige Erwartung, nicht nur die Erschließung eines „spannenden“, wichtigen und bisher vernachlässigten Forschungsfeldes eröffnen, sondern an den Universitäten und Forschungseinrichtungen folgerichtig die Schaffung eines personell und materiell gut ausgestatteten institutionellen Rahmens für diesen Forschungsbereich verbinden. Es würde um Forschungsmittel und neue Professuren gehen, möglicherweise so, wie man es im Zusammenhang mit der Systemkonkurrenz im Ost-West-Konflikt der 1970er/80er Jahre in der Technikgeschichte bereits einmal erlebt hatte. Warum sollte es diesmal bei der Umwelt-Thematik anders sein? Das innerdeutsche Konfliktfeld und die Konkurrenzsituation im Bereich Technikhistoriographie bestanden nach wie vor. Diesmal allerdings, aus ideologischen Gründen, mit deutlichen Vorteilen für die bundesdeutsche Technikgeschichtsschreibung. Und dies galt es zu nutzen.

Die Affinität, die die Technikgeschichte der Bundesrepublik im Zeitraum der späten 1970er bis Ende der 1980er Jahre zum Themenbereich Umwelt ausprägte, hat damit eine weitere, wenig bekannte und deshalb möglicherweise auch überraschende Wurzel, nämlich die Technikgeschichtsschreibung der damaligen DDR. Diese war bereits seit den frühen 1950er Jahren als stark geförderte staatstragende Herrschaftswissenschaft nach sowjetischem Vorbild institutionalisiert worden und dazu wissenschaftlich sowie publizistisch produktiv. (Weber/Engelskirchen 2000, S. 167-198) Autorenkollektive bzw. Autoren wie Rolf Sonnemann, Siegfried Richter, Burchhard Brentjes, Jürgen Kuczynski, Gerhard Harig, Wolfgang Jonas, Hans Mottek und zahlreiche mehr brachten eine Vielzahl meist mehrbändiger Publikationen zur Geschichte der Technik, der Produktivkräfte oder auch des Alltags hervor, die aufgrund ihrer weitgehenden Konkurrenzlosigkeit auf dem deutschsprachigen Büchermarkt eine marxistisch geprägten Deutungshoheit in der deutschen Technikgeschichte heraufbeschworen. Dem hatte die Technikgeschichtsschreibung der Bundesrepublik zunächst kaum etwas Adäquates entgegenzusetzen. (Sonnemann 1987)

Das Aufgabenfeld der Technikgeschichte bzw. der Geschichte der Produktivkräfte in der DDR umfasste die zentrale Frage nach den Gesetzmäßigkeiten des „Systems der Wechselwirkungen sachlich-gegenständlicher und menschlich-subjektiver Elemente. Wachstum und Entwicklung der Produktivkräfte bestimmen die Höhe der Arbeitsproduktivität und sind letztlich die Quelle und das Kriterium des gesellschaftlichen Fortschritts. Ihre Entwicklung bedingt die ständige Veränderung der Produktionsverhältnisse, die andererseits auf die Produktivkräfte fördernd oder hemmend wirken können.“ (Klaus/Buhr 1972, S. 880) Das Konzept der Geschichte der Produktivkräfte bezog definitionsgemäß das Mensch – Umweltverhältnis, welches hier von besonderer Bedeutung ist, explizit mit ein. Dieses wurde allerdings im Rahmen der Geschichte der Produktivkräfte kaum thematisiert. Wenn dies überhaupt einmal geschah, dann rudimentär im Kontext der Disziplin Wirtschaftsgeschichte (Mottek 1974; Musiolek 1983; Grünert 1977) Das lässt sich auf den Selbstfindungsprozess zurückführen, dem die neue Wissenschaft „Geschichte der Produktivkräfte“ in der DDR infolge des XII. Internationalen Historikerkongresses in Moskau von 1970 ausgesetzt war. Unter maßgeblicher Einflussnahme von Jürgen Kuczynski und seinem Berliner Institut für Wirtschaftsgeschichte wurde das neue Wissenschaftsfeld, also der Wirtschaftsgeschichte, zunächst ideologiekonform diesem Fachbereich zugeordnet. Erst in den 1980er Jahren und nach heftigen innerdisziplinären wie innerparteilichen Auseinandersetzungen „[...] bildete sich innerhalb der Historikergesellschaft der DDR die Fachkommission Wissenschafts- und Technikgeschichte [...]" (Sonnemann 1996) mit dann neuer Zuständigkeit bei der Produktivkraftforschung. Das war mit dem Dogma des dialektischen und historischen Materialismus formal vereinbar.

Man tat sich in der DDR, wie bereits angedeutet, also schwer mit einer Umweltgeschichtsschreibung im Rahmen der Produktivkrafthistoriographie, und dies hatte vorrangig ideologische Gründe. Die DDR postulierte, mit dem Gesellschaftssystem des Sozialismus „trotz aller Mängel und Schwächen" (Sonnemann 1996) im Vergleich zum Kapitalismus die höhere Stufe gesellschaftlicher Entwicklung zu repräsentieren und auch auf wissenschaftlich-technischen Felde dem Kapitalismus überlegen zu sein. In der Diktion der damaligen Zeit hieß das: „Der von den Fesseln des Kapitalismus befreite sozialistische Produzent böte in letzter Instanz die Garantie für die Überlegenheit des sozialistischen Systems." (Sonnemann 1996, S. 10) Vor diesem Hintergrund war für so etwas wie Umweltprobleme im real existierenden Sozialismus kein Platz. Insofern konstatierte Hans Mottek in seinem 1974 im Jahrbuch für Wirtschaftsgeschichte der DDR erschienenen Aufsatz „Wirtschaftsgeschichte und Umwelt" dogmatisch: „Industrialisierung unter kapitalistischen Bedingungen stellt den Beginn der Umweltzerstörung dar, die nur auf dem Wege der Ablösung der anarchischen, auf Profit gerichteten Produktion durch die bewusste planmäßige Produktion im Interesse der Erhaltung der menschlichen Gesellschaft überwunden werden kann." (Mottek 1974, S. 81) Dieser Analyse und Schuldzuweisung folgte dann die Formulierung der Aufgabenstellung im Rahmen der Geschichte der Produktivkräfte.

> Diese, „[...] die doch in hohem Maße die Geschichte des Verhältnisses des Menschen zur Natur ist, muss die Umgestaltung der Umwelt sowie die umgestaltete Umwelt in viel stärkerem Maße als bisher berücksichtigen. Die umgestaltete Umwelt, das sind ja auch die Lebensbedingungen der arbeitenden Menschen als der entscheidenden Produktivkraft. Die umgestalteten Naturbedingungen, das sind selbst Produktivkräfte, Produktionsmittel [...] Je mehr die Natur durch den Menschen beeinflusst wird, umso mehr werden die Systeme der natürlichen Umwelt zu Produktivkräften." (Mottek 1974, S. 82)

Das Fazit von Mottek lautete: „Es ist Aufgabe der sozialistischen Gesellschaft, die Gesamtheit der Wirkungen der menschlichen Produktion planend zu erfassen und dafür zu sorgen, dass die Maximierung der Produktion in einem Zweig nicht zur Einschränkung der Produktion in anderen Zweigen, zur Schädigung der Umwelt führt." (Mottek 1974, S. 81) Diese Position spiegelt zwar die offizielle Parteilinie der SED wider, die Realität in der sozialistischen Gesellschaft sah jedoch für jedermann leicht erkennbar, ganz anders aus. Bereits ein flüchtiger Blick auf die Städte und Industriezentren der DDR, etwa den Braunkohletagebau, die Chemieregion Merseburg/Bitterfeld, die Luftverschmutzung, die zu Kloaken verkommenen Flüsse/Seen und vieles mehr zeigten, dass die Negativfolgen der sozialistischen Produktionsweise diejenigen des Kapitalismus eher übertrafen statt sich von ihnen positiv abzuheben. Auch der vorsichtige Versuch von Peter Musiolek und Anderen darauf hinzuweisen, dass unverkennbar nicht erst seit dem Kapitalismus, sondern schon in den vorkapitalistischen Produktionsweisen gravierende Probleme zwischen Gesellschaft und Umwelt entstanden waren, trug nicht dazu bei, die augenfällige Kluft zwischen historischer Realität und ideologischer Interpretation zu überbrücken. Die Folge dieses Dilemmas war, dass das Forschungsfeld Umweltgeschichte im Rahmen der Geschichte der Produktivkräfte kaum mehr weiterverfolgt wurde, bzw. werden konnte, ohne auf Widerstand der SED-Parteiideologen zu stoßen.

Das kam nun allerdings der Technikgeschichtsschreibung der Bundesrepublik in besonderem Maße zugute, indem es in den 1980er Jahren die Besetzung eines bedeutsamen und öffentlichkeitswirksamen neuen Forschungsfeldes begünstigte, ohne hier in direkte Konkurrenz zur Fachgeschichtsschreibung der DDR treten zu müssen. Anders als in den übrigen Bereichen der Technikgeschichtsschreibung konnte die DDR-Fachhistoriographie als ansonsten übermächtiger Kontrahent auf dem sich formierenden Felde der Umweltgeschichte mit der Technikgeschichte in der Bundesrepublik nicht konkurrieren. So wird verständlich, warum sich die westdeutsche „moderne Technikgeschichte" nur zu gern des Themenfeld Umwelt annahm und hier Federführung erlangte. Süffisant vermochte Arne Andersen in seinem 1993 im Archiv für Sozialgeschichte publizierten Forschungsbericht zur Umweltgeschichte dann auch anzumerken, dass selbst auf der renommierten 1988er International Conference of Labour and Social History in Linz zum Thema „Arbeiterbewegung und Ökologie" „[...] bundesdeutsche Wissenschaftler das größte Kontingent der Referenten (stellten)". (Andersen 1993, S. 688 f.) Auch diese Situation förderte Anfang der 1980er Jahre die technikhistorischen Erwartungen an das neue Forschungsfeld der Umweltgeschichte. Doch diese umwelthistorisch induzierte Aufbruchstimmung sowie die damit verbundenen Hoffnungen und Erwartungen der bundesdeutschen Technikhistoriographie verflüchtigten sich schnell wieder. Zehn Jahre später war die Aufbruchstimmung der 1980er Jahre im Hinblick auf die Etablierung und Institutionalisierung der Umweltgeschichte als zentrales Themenfeld einer erstarkenden Technikgeschichtsschreibung bereits wieder der Ernüchterung gewichen. Es war kaum gelungen, historische Umweltforschung in diesem akademischen Umfeld zu etablieren. Im Gegensatz zu der Aufbruchsphase der Technikgeschichte in den 1960er Jahren waren die Startbedingungen des neuen Faches Umwelthistoriographie nun ungleich schwerer. Statt auf Bildungsexpansion und Hochschulausbau traf die Umweltgeschichte auf den Kontext einer in die Defensive geratenen Geistes- und Sozialwissenschaft, die sich im akademischen Bereich in einer Legitimationskrise gegenüber den Ingenieur- und Naturwissenschaften befand. So dauerte es bis zum Jahr 1994, bis an der Universität Hannover eine erste Professur für Umwelt- und Technikgeschichte eingerichtet wurde.

Anfang der 1980er Jahre hatte Optimismus den Versuch beherrscht, das neue Fach zu definieren: Was ist Umweltgeschichte? Was kann Umweltgeschichte leisten? und

Was will Technikgeschichte in diesem Forschungsfeld bewirken? So neu wie das Fach Umweltgeschichte, so unterschiedlich waren die Antworten, die auf diese Fragen gegeben wurden. Unstrittig ist allerdings, dass die Technikgeschichte bei der Beschäftigung mit der Umwelthistoriographie zunächst eine Vorreiterrolle einnahm. Konsens bestand in Fachkreisen zunächst auch darüber, dass historische Umweltforschung enge Fachgrenzen überschreiten musste und sich interdisziplinär auszurichten hatte. Als Kandidaten galten: Ökologie, Technikgeschichte, Wirtschaftsgeschichte, historische Geografie, Agrargeschichte, Forstgeschichte, Klimageschichte, Chemie, Biologie, Anthropologie, demographische Geschichte, Medizingeschichte, Verkehrsgeschichte, Geologie, Meteorologie, Botanik, Limnologie u. a. (Radkau 1993, Bayerl/Troitzsch 1998) Der fachinterne Diskurs zur inhaltlichen Ausgestaltung des neuen Forschungsbereiches bewegte sich in den 1980er Jahren weg von dem technikgeschichtlich und sozialgeschichtlich geprägten Ansatz von Troitzsch und erfuhr eine erhebliche Ausweitung. Bodo von Borries fasste im Jahr 1989 die Ergebnisse der internen Selbstdefinition in einem 6-Ebenen-Modell zusammen:

Ebenen der Umweltgeschichte

- Menschenunabhängige Naturgeschichte der Umwelt
- Gesellschaftliche Relevanz von Umwelt
- Menschengemachte Veränderung der Umwelt
- Menschliche Wahrnehmung von Umwelt und Umweltveränderung
- Gesellschaftliche Handlungen zur Umweltverbesserung
- Menschliche Kulturerzeugnisse als Umwelt

(Bodo von Borries 1989, S. 356 f.)

Dieses hochkomplexe und anspruchsvolle Konzept einer historischen Umweltforschung wurde allerdings mit dem Einwand konfrontiert, dass es in Hinblick auf seine Umsetzung unrealistisch sei und notwendigerweise zu Dilettantismus führen müsse, da niemand diesen Anspruch an die Multiperspektivität einzulösen imstande wäre. Joachim Radkau hielt dieser Kritik entgegen, dass die Professionalität des wissenschaftsdisziplinären Grenzgängers gefordert sei. Damit drückte er aus, dass der Umwelthistoriker „seine eigentliche Kompetenz [...] auf den Grenzen der etablierten Disziplinen“ gewinnen sollte. (Radkau 1993, S. 90) Dazu ist anzumerken, dass Derartiges in der Technikgeschichte von jeher nichts Ungewöhnliches war, hatte sich das Fach doch längst im Grenzbereich der Ingenieurs- und Geschichtswissenschaft etabliert und sich interdisziplinär positioniert. Der mehrdimensionale Technikbegriff Günter Ropohls, (vgl. Kapitel 3.1.1) sowie der methodische Ansatz der modernen Technikgeschichte (vgl. Kapitel 2.4) hatten hierzu ein Übriges beigetragen und das Fach entsprechend ausgerichtet. Während Joachim Radkau ein eindeutiges Kompetenzübergewicht bei den historischen Wissenschaften verortete, betonte Rolf Peter Sieferle demgegenüber die Notwendigkeit des Schrittes der Umweltgeschichte in Richtung der Naturwissenschaften. Damit wiederholte sich auf dem Gebiet der historischen Umweltforschung jene Kontroverse, die in der Technikgeschichte um die Zuordnung des Faches zu den historischen oder technischen Wissenschaften ausgetragen worden war. Doch im Gegensatz zur Technikgeschichte, die innerhalb der fachinternen Kontroverse den Weg in die historische Dimension eingeschlagen hatte, formierte sich die Disziplin Umwelthistoriographie wenig verständlich in Richtung eines naturwissenschaftlichen Profils. (Jäger 1994) Dennoch formulierte Sieferle als Fachkonsens etwas anderes und verordnete einer „neuen Umweltgeschichte folgendes:

> „Allerdings wäre auch eine Umweltgeschichte denkbar, die über die Grenzen des umwelthygienischen Ansatzes hinausreicht und sich zu einer umfassenden Rekonstruktion des Mensch Umwelt-Verhältnisses erweitert. Die Forderung nach einer solchen Umweltgeschichte trägt vielleicht utopischen Charakter – es wäre dies aber eine Utopie, die einen anzustrebenden Horizont beschreibt. Eine solche integrale Umweltgeschichte müsste kulturwissenschaftliche mit naturwissenschaftlichen Methoden verbinden und im Zuge dieser Verbindung daran gehen, selbst eigentümliche Methoden und Forschungsprogramme zu entwickeln." (Sieferle 1993, S. 32 f.)

Die von Sieferle geforderte umfassende Rekonstruktion gruppierte sich um zwei Schlüsselbegriffe der Umweltgeschichte, nämlich Mensch und Natur bzw. deren Verhältnis zueinander. Der fachinterne Diskurs verlagerte sich bald auf zwei grundlegende Kontroversen. Gab es das, was von Borries als „menschenunabhängige Naturgeschichte der Umwelt" (von Borries 1989, S. 356) bezeichnet hatte überhaupt, und was war unter diesem Begriff zu verstehen? Und wenn diese Frage bejaht wurde, konnte Natur Subjekt historischer Forschung sein? Die Beantwortung dieser Fragen hing entscheidend von der Definition der Natur als Gegenüber des Menschen ab. Nur wenn Natur und Mensch als zwei unabhängige, grundsätzlich gleichberechtigte Subjekte anerkannt wurden, war die Forderung nach einer „Mitweltgeschichte" (Hermand 1996) sinnvoll. Nur dann gab es eine Geschichte der Natur/Umwelt. Diese Forderung nach einer „ökologischen Anthropologie" (Sieferle 1988) lief auf eine radikale Abkehr von historischen Konzepten hinaus. Statt kulturwissenschaftlicher Theorien als Arbeitsgrundlage verlangte z. B. Sieferle einen Rekurs auf die allgemeine Systemtheorie. Der Gegenstand der Umweltgeschichte sollte auf die Beschreibung von Energieflüssen und Stoffkreisläufen ausgeweitet werden. Das eigentliche Subjekt der Untersuchungen war „Gaia": „Die Biosphäre der Erde bildet energetisch ein offenes, stofflich aber ein weitgehend geschlossenes System." (Sieferle 1988, S. 313) Der grundsätzliche Perspektivwandel, den die historische Umweltforschung vornehmen müsste, war gleichbedeutend mit der Abkehr vom Anthropozentrismus. Aus der Umwelt wurde die Mitwelt.

Die Gegenposition zu dieser Sicht der Dinge beharrte auf der anthropozentrischen und damit humanen Perspektive von Geschichte. Geschichte blieb somit grundsätzlich und immer Rekonstruktion des Menschen. Auch Umwelt konstituierte sich erst durch die Perspektive des Menschen und blieb stets an das Vorhandensein des Menschen und menschlicher Gesellschaft gebunden. Das Mensch-Natur-Verhältnis war von vornherein eine anthropologische Dimension, damit also beschränkt auf das Handeln des Menschen und seine Wahrnehmung. Die Natur/Umwelt bezeichnete somit kein Subjekt, sondern in direktem Sinne ein Objekt menschlicher Aktion, das sich eben auch erst in der Wahrnehmung des Menschen zu einem Subjekt wandelte. Arne Andersen hob die soziale Konstruktion von Natur und Umwelt hervor: „Geschichte ist auch für mich als Umwelthistoriker immer die Geschichte der Menschen, ihrer Aktionen und Reaktionen, ihrer ideologischen Verarbeitung von Wirklichkeit." (Andersen 1993, S. 45) Ein Eigenrecht der Natur, wie es z. B. Brüggemeier forderte, (Brüggemeier/Rommelspacher 1987) hatte für Andersen keine Substanz: „Die historische Umweltforschung beschäftigt sich mit dem Mensch-Natur-Verhältnis, der gesellschaftlichen Naturaneignung. Dies schließt Produktions- und Reproduktionsverhältnisse ebenso ein, wie deren mentale und kulturelle Verarbeitung." (Andersen 1993, S. 46)

Den Menschen als Ausgangs- und Bezugspunkt jeder Form historischer Umweltforschung zu betrachten, betonte auch Joachim Radkau, der sich damit das Technotopmodell von Günter Ropohl zu eigen machte, der als Grundmerkmal der Umwelt deren kulturelle Überformung durch den Menschen definierte. Auch in der aktuellen Klimadebatte ist der Mensch nicht mit der Natur an sich konfrontiert, sondern mit den Konsequenzen seines eigenen Handelns und seiner „zweiten Natur". Für Radkau hieß das: „Historische Umweltforschung ordnet sich ein in die Erforschung der langfristigen Entwicklung der menschlichen Lebens- und Reproduktionsverhältnisse. Sie untersucht, wie der Mensch diese Bedingungen selbst beeinflusste und auf Störungen reagierte. Dabei gilt die spezifische Aufmerksamkeit unbeabsichtigten Langzeitwirkungen menschlichen Handelns." (Radkau 1993, S. 88)

Mit dem Hinweis auf die Langzeitwirkungen menschlichen Handelns bezog sich Radkau auf ein Konzept, welches mit der historischen Schule der *Annales* eng verbunden war. Es war sicherlich kein Zufall, dass im Umfeld der Zeitschrift „Annales", dem Organ der gleichnamigen innovativen sozial- und mentalitätsgeschichtlichen französischen Historikerschule, im Jahr 1959 erstmals der Begriff „Umweltgeschichte" auftauchte. (Andersen 1993) Die Geschichte der Umweltbedingungen menschlicher Existenz sollte gemäß des *Annales*-Konzepts Teil einer *histoire totale*, einer totalen Geschichte, sein. Eine Begrifflichkeit, auf die sich Sieferle in seiner Definition einer integralen Umweltgeschichte ebenso bezog wie Radkau in seinen diesbezüglichen Ausführungen.

Der disziplininterne Diskurs in den Geistes- und Sozialwissenschaften um eine integrale Umweltgeschichte und deren Methodik wurde im Jahr 2007 im Rahmen zweier Einführungen in die Umweltgeschichte wieder aufgenommen. (Uekötter 2007, Winiwarter/Knoll 2007) Das Verhältnis der Umweltgeschichte zu den Naturwissenschaften sowie ihr Selbstverständnis als historische bzw. sozialwissenschaftliche Disziplin werden weiterhin in den Mittelpunkt von Theoriediskussionen gestellt. Die Potentiale und die gesellschaftliche Relevanz einer neuen Umweltgeschichte lagen primär auf dem Gebiet der Bewusstseinsbildung. Der Literatur- und Kulturwissenschaftler Jost Hermand (1930 –2021) diagnostizierte einen Prozess der „Zernichtung" der natürlichen Lebensgrundlagen. Mit diesem von Johann Wolfgang von Goethe entlehnten Begriff umschrieb er Phänomene wie Verschmutzung, Verstraßung, Verlärmung, Vermüllung usw. Die Umweltgeschichte sollte Aufklärungsarbeit leisten, um diese Vernichtung ins allgemeine Bewusstsein zu heben. Mit der Kenntnis der Ursachen und der Anfänge des Prozesses sollte es möglich werden, gesellschaftliche Szenarien zur Überwindung der krisenhaften Situation zu entwerfen und sogar realistische Wege aus der Krise aufzuzeigen. (Hermand 1996) Jörg Calließ, Jörn Rüsen und Meinfried Striegnitz hatten als Herausgeber des Sammelbandes „Mensch und Umwelt in der Geschichte" (Callies/Rüsen/Striegnitz 1989) der Umweltgeschichte eine ähnlich fundamentale Funktion zugeordnet. Aus einer parallelen Analyse der Ausgangssituation sollte die historische Umweltforschung durch eine Schärfung der Wahrnehmungsprozesse zu einem qualifizierendem Umweltverständnis führen. Arne Andersen ging noch einen Schritt weiter und forderte eine Weiterentwicklung der Technikfolgenabschätzung (TA) zu einer *Retrospective Technology Assessment Forschung* (RTA). Die Umweltgeschichte könnte sich so aus den Systemanalysen der Technikfolgenabschätzung (TA) durch Einbezug der historischen Dimension zu einer Kulturanalyse fortentwickeln. Damit könnte, so die formulierte Perspektive, sich eine neue Umweltgeschichte zu einer Schlüsselwissenschaft der Industriegesellschaft und zu einem entscheidenden Kriterium zukünftiger und nachhaltiger Technologiepolitik entwickeln. Vor allem die unbeabsichtigten Folgen neuer Technologien, die sich bislang in unkoordinierten gesellschaftlichen Großexperimenten entwickelten, sollten durch RTA in den Bereich der bewussten gesellschaftlichen Entscheidung zurückgeholt werden.

So wie die Disziplin der historischen Umweltforschung aus einer politischen Kontroverse hervorgegangen war und ohne Umwelt- und Legitimationskrise der Industriegesellschaft nicht verstehbar ist, so politisch verstanden die Fachvertreter auch ihre Zielsetzungen. Damit stand die historische Umweltforschung in der Tradition der Sozialgeschichte und ihres emanzipatorischen Anspruchs. Die Zielsetzungen unterschieden sich nur in der Radikalität der Forderungen, nicht in der grundsätzlichen Richtung. Es galt gegen die „Zernichtung" der Grundlagen menschlicher Existenz vorzugehen und die Einsicht in einen ebenso grundsätzlichen wie notwendigen Wertewandel zu bestärken. Die Industriegesellschaft hatte einen selbstzerstörerischen Entwicklungspfad eingeschlagen, der u. a. durch eine Verselbständigung der Technologie gekennzeichnet war. Andersen proklamierte folgerichtig den Sinn der Umweltgeschichte in einer Rückgewinnung der Gestaltungshoheit des Menschen gegen die These einer Sachlogik der technologischen Entwicklung und eines damit einhergehenden Technikdeterminismus. (Andersen 1993) Jost Hermand stellte als Grundbedingung der Erhaltung der natürlichen Lebensgrundlage des Menschen die Abkehr von den bisherigen Wohlstandbedürfnissen in den Mittelpunkt, während Franz-Josef Brüggemeier und Thomas Rommelspacher eine grundsätzliche Korrektur der industriegesellschaftlichen Entwicklung der letzten Jahrzehnte forderten.

Allerdings verlor die Umweltgeschichte in den 1990er Jahren mit dem Ende der Zeit der Utopien und der Etablierung des Neoliberalismus nicht nur ihre gesellschaftliche Verankerung, sondern auch die Attraktivität ihrer Fragestellungen. Die Antworten, die die historische Umweltforschung anbot, verloren an Relevanz, die allerdings gegenwärtig im Zeichen der aktuellen Klimadebatte durchaus wieder gegeben zu sein scheint. Im Optimismus der 1980er Jahre hatte die Vorgabe gelautet:

> „Viel hat sich in den letzten Jahren noch nicht gebessert, doch ein grundlegender Wandel ist eingetreten. Die Wahrnehmung ist anders geworden und die Prioritäten haben sich verändert. Dieser Wandel ist die wohl wichtigste Voraussetzung, um die Entscheidungen und Entwicklungen der letzten Jahrzehnte zu korrigieren." (Brüggemeier/Rommelspacher 1987, S. 19)

Um die Frage eingehender beleuchten zu können, wie und warum die Technikhistoriographie in der Bundesrepublik nach anfänglicher Euphorie den Gegenstandsbereich der Umweltgeschichtsschreibung letztlich wieder aus den Augen verlor, wäre zu klären, wie sich die Umweltgeschichte als Thematik zwischen etwa 1980 und heute in der fachdisziplinären deutschen Technikgeschichte niederschlug. In Hinblick auf diesen Überblick mag hier im wesentlichen ein Verweis auf einige der einschlägigen Sammelrezensionen und Forschungsberichte von Autoren wie Troitzsch, (1980, S. 177-190) Leidinger, (1991, S. 495-516) Schmidt, (1986, S. 265-279) Andersen, (1993, S. 672-701) Radkau, (1987, S. 503-518/655-668; 1997, S. 479-497; 1999, S. 250-258, 356-384) Bayerl, (1998, S.12-21) Braun, (2005, S. 375-401) Freytag, (2006) und Uekötter (2016, S. 741-753) genügen.

Blickt man auf die Beschreibung der Ausgangssituation zur historischen Umweltforschung im Jahre 1981 zurück, so charakterisiert Ulrich Troitzsch in der Zeitschrift „Technikgeschichte" den Forschungstand als heterogen und defizitär dahingehend, dass „[...] von einer historischen Umweltforschung mit klar abgesteckten Forschungsbereichen und Forschungszielen kaum [...]" gesprochen werden könne. (Troitzsch 1981, S. 179) Eine zumindest gelegentliche, wenn auch rudimentäre Beschäftigung mit der Umweltthematik, etwa in Form von Fallstudien zur Wasserver- und –entsorgung, zur Luft- und Gewässerverschmutzung, Städtehygiene, zum öffentlichen Gesundheitswesen, der Umwelt- bzw. Naturschutzgesetzgebung oder der Energie- und Rohstoffproblematik liege, so Troitzsch, in der Technik-, Wirtschafts- und Sozialgeschichte, Forst- und Medizingeschichte sowie der Wirtschaftsgeographie vor. (Troitzsch, 1981, S. 181 ff.)

Als kaum weniger defizitär charakterisiert Troitzsch dann auch den bisher gewählten methodischen Zugang zur Umweltgeschichtsschreibung. Dieser sei vorwiegend noch durch mehr oder weniger zufällig gewählte Fallstudien unterschiedlicher Art geprägt. Erforderlich sei demgegenüber aber die Formulierung eines übergeordneten Erkenntnisinteresses mit ebensolchen Fragestellungen, um im Sinne zielgerichteter interdisziplinärer Forschung zu generalisierenden Aussagen zu gelangen. Insbesondere der interdisziplinäre Zugriff sei, so Troitzsch weiter, wie sich nach intensiver

Methodendiskussion schon in der Technikgeschichte gezeigt habe, und vor dem Hintergrund der Komplexität der zu behandelnden Themenfelder, nun auch in der Umweltgeschichtsschreibung unverzichtbar. Der interdisziplinäre Ansatz sei einer multidisziplinären Vorgehensweise deutlich überlegen. (Troitzsch 1981, S. 148) Und von daher bedürfe es für die historische Umweltforschung „[...] der Erarbeitung einer von allen beteiligten Disziplinen [...] akzeptierten Rahmenkonzeption." (Troitzsch 1981, S. 148) Dieser Programmatik konnte an sich nur zugestimmt werden, zumal auch Wissenschaftler anderer Disziplinen in ihren Analysen zu ähnlichen Ergebnissen kamen. Rolf Peter Sieferle etwa konstatierte 1988: „Eine umfassende und systematische historische Umweltforschung müsste [...] eine Vielzahl von wissenschaftlichen Ansätzen, Methoden und Ergebnissen integrieren. [...] Will man diesen hochkomplexen Zusammenhang analysieren, so müssten dazu Wissenselemente zusammengebracht werden, die unter zahlreichen professionalisierten Einzeldisziplinen verstreut sind." (Sieferle 1988, S. 347 f.) Allerdings muss Sieferle feststellen, dass sich die Bildung einer derartigen „integralen historischen Umweltforschung" nicht abzeichnen würde und „[...] man von wahrer Interdisziplinarität aber noch weit entfernt sei. Er erklärte dies damit, dass „eine solche wahrhaft interdisziplinäre Integration [...] eine enorme Herausforderung an das Wissenschaftssystem dar[stelle]" (ebd.) und begründete dies mit der Professionalisierung der Einzelwissenschaften:

> „Die einzelnen Wissenschaften haben in dem Maße, wie sie sich von pragmatischer Relevanz entfernen, ihre autonomen Spielregeln entwickelt, denen zufolge nur solche Fragen als beantwortenswert gelten, die im Inneren des jeweiligen Fachs entstanden sind. Da es in den unterschiedlichen Forschungsgemeinschaften recht verschiedene Vorverständnisse davon gibt, was überhaupt untersuchenswert ist und welche Ergebnisse den jeweiligen Regeln entsprechen, stehen Kommunikationsprozessen fast unüberwindliche Schwierigkeiten entgegen. Angesichts dieser Lage [...] scheint es wenig wahrscheinlich, dass sich eine interdisziplinäre historische Umweltforschung in absehbarer Zeit etablieren kann." (Sieferle 1988, S. 348)

Anders als von Troitzsch gefordert und für eine zukünftige Umweltgeschichtsschreibung als methodisch konstitutiv und unverzichtbar erachtet, entwickelte sich diese in Deutschland allerdings nicht interdisziplinär, sondern formte sich vielmehr multidisziplinär aus. Dies belegen zahlreiche Monographien aus unterschiedlichen Disziplinen, die in den darauf folgenden Dekaden vorgelegt wurden und besonders auch die in der Umweltgeschichtsschreibung nach wie vor so weit verbreiteten Sammelbände, (u. a.: Schramm 1984; Brüggemeier/Toyka 1995; Sieferle 1988; Calließ 1989; Herrmann 1986; Radkau/Uekötter 2003; Brüggemeier/Engels 2005) die ja gerade Ausdruck dessen sind, dass hier vorwiegend multidisziplinär und weniger interdisziplinär gearbeitet wird und die damit die methodisch bedingte Begrenztheit dieses Ansatzes und deren Folgen augenfällig werden lassen. Günter Bayerl und Ulrich Troitzsch ist nach wie vor, d. h. auch heute noch, zuzustimmen, was sie als Defizit der Umweltgeschichtsschreibung bereits 1998 konstatierten:

> „Nach wie vor geht es nicht um Interdisziplinarität, sondern um Multidisziplinarität! Es gibt umwelthistorische Arbeiten und Historiker, die sich mit weltgeschichtlichen Themen beschäftigen, aber nicht das Fach als solches. [...] Vielmehr mangelt es noch an dem Meisten, was eine wissenschaftliche Disziplin ausmacht: An einem verbindlichen inhaltlichen Kanon und an einem Methodenkanon. [...] Und gerade diese vielen spezifischen Zugänge zur ‚Umwelt' und dem ‚Mensch-Natur-Verhältnis' prägen [...] das disparate Bild der heutigen Umweltforschung. *Es ist nicht die Interdisziplinarität, sondern die Multidisziplinarität der Umweltforschung, die auch die Integration einer Disziplin ‚Umweltgeschichte' bislang verhindert* [...]." (Bayerl/Troitzsch 1998, S. 12)

Erst mit der Gründung des Göttinger Graduiertenkollegs im Jahre 2004 unter der programmatischen Denomination „Interdisziplinäre Umweltgeschichte. Naturale Umwelt und gesellschaftliches Handeln in Mitteleuropa" und geleitet von dem Anthropologen Bernd Herrmann wird dann jener Weg beschritten, den Troitzsch bereits fast ein Vierteljahrhundert zuvor angemahnt hatte, um „auf diese Weise [...] die methodische und die wissenschaftstheoretische Entwicklung umweltgeschichtlicher Ansätze (voranzutreiben)." (Antragstext 2003, S. 1) Einer Zielsetzung allerdings, die von der deutschen Technikgeschichtsschreibung zwar früh postuliert, von ihr selbst jedoch nicht eingelöst zu werden vermochte. Zudem fällt darüber hinaus auf, dass die Technikgeschichte nach anfänglicher Euphorie mit wenigen Ausnahmen, genannt seien hier Bayerl, Troitzsch, Radkau und Reith, ihr besonderes Interesse am Gegenstandsbereich Umweltgeschichte eingebüßt zu haben scheint. Das zeigt sich, wie bereits dargelegt, deutlich in zahlreichen Forschungsberichten und Sammelrezensionen seit den 1990er Jahren, in denen technikhistorische Arbeiten eine zunehmend geringere Rolle spielen. Gleiches gilt, mit wenigen Ausnahmen (Bayerl, Reith), auch für die Handbuch- und Einführungsliteratur zur Umweltgeschichte. Zu verweisen wäre hier unter anderem auf die Arbeiten von Helmut Jäger, (Jäger 1994) Wolfram Siemann, (Siemann 2003) Verena Winiwarter, (Winiwarter 1998), Frank Uekötter, (Uekötter 2007) sowie Martin Knoll/Verena Winiwarter (Knoll/Winiwarter 2007)

Bezeichnend ist zudem, dass die Thematik Umweltgeschichte in den beiden ersten und bisher einzigen Sammelwerken zur Technikgeschichte mit Handbuchcharakter, die in den frühen 1990er Jahren in der Bundesrepublik erschienen, entweder nur marginale oder stiefmütterliche Erwähnung fand. So beklagt der Regensburger Wirtschaftshistoriker Helmut Braun in seinem 2005 erschienenen Aufsatz „Von der Technik- zur Umweltgeschichte", (Braun 2005) dass in der fünfbändigen, vom Berliner Technikhistoriker Wolfgang König herausgegebenen Propyläen Technikgeschichte (König 1990) „[...] die Frage des Zusammenhangs zwischen Technik und Umwelt [...] explizit nur auf sieben von insgesamt etwa 3.000 Seiten behandelt [wird]." (Braun 2005, S. 381) Dies sieht – zumindest auf den ersten Blick – im Rahmen des zehnbändigen, von Armin Hermann und Wilhelm Dettmering im Auftrag der Georg-Agricola-Gesellschaft herausgegebenen Werks „Technik und Kultur" (Hermann/ Dettmering 1990–1994) besser aus. Hier wird mit dem 6. Band des Gesamtwerkes explizit die Thematik „Technik und Natur" (Nachtigall/Schönbeck 1994) aufgegriffen. Und auch in weiteren

Bänden des Sammelwerks, also in den Bänden „Technik und Philosophie“, „Technik und Wissenschaft“, „Technik und Staat“ sowie „Technik und Gesellschaft“, finden sich zumindest gelegentliche Hinweise zum Mensch-Umwelt-Verhältnis. Aber die von der Georg-Agricola-Gesellschaft beauftragten Wissenschafts- und Technikhistoriker blieben der engen technikfreundlichen Grundausrichtung ihres Auftraggebers derart „linientreu“ verhaftet, dass sie weniger das Mensch – Umweltverhältnis in seinen verschiedenen Facetten und interdisziplinären Dimensionen auszuleuchten bemüht waren, als vielmehr am historischen Beispiel darüber nachdachten, wie mögliche Umweltprobleme mittels des Einsatzes von mehr bzw. noch mehr Technik zu bewältigen wären. (Braun 2005, S. 381) Dass dabei Themenkomplexe wie „Naturverständnis durch die Technik“ (Nachtigal/Schönbeck 1994) oder „Anregungen aus der Natur für die Technik“ in den Vordergrund rückten und Beiträge wie „Technische Biologie und Bionik“, „Der Pneu als formbildendes Prinzip“, „Struktur und Konstruktionsbionik“ oder „Genetik verändert die Natur“ impliziert wurden, muss wenig verwundern. (Nachtigall/Schönbeck 1994) Auf den Gedanken, dass die Technik möglicherweise nicht die Lösung, sondern der Verursacher der Probleme sein könnte, kam man dabei nicht.

Das Bild der Umweltgeschichte bleibt ambivalent:

> „Noch der gegenwärtige Stand der Umweltgeschichte in Deutschland ist dadurch gekennzeichnet, dass eine ‚Umweltgeschichte‘ im eigentlichen Sinne, also als Fachdisziplin, nicht existiert. Noch 2017 konstatieren die Berichterstatter zur 26. Jahrestagung der Gesellschaft für Technikgeschichte zum Thema ‚Technisierte Umwelten‘, dass ‚[...] Die Historisierung von Aneignungsformen und Nutzungsregimes von Naturräumen [...] eine Vielzahl an Disziplinen und Ansetzen in- und außerhalb der Geschichtswissenschaft zusammen[bringt]“ (Ingenerf/Janneck 2017, S. 276)

Fasst man zusammen, so ergibt sich insgesamt das folgende Verhältnis von Technikhistoriographie und Umweltgeschichte:

1. Nach fulminantem Auftakt im Jahre 1981 und bester methodologischer Voraussetzung hat es die Disziplin Technikgeschichte versäumt, schon bis Mitte der 1980er Jahre die Initiative zu ergreifen, um einen Forschungsschwerpunkt „Interdisziplinäre Umweltgeschichte“ zu begründen, und so jenen Kristallisationspunkt zu bilden, der zum einen einer deutlichen Institutionalisierung, aber auch der methodischen Ausrichtung der zukünftigen Umweltgeschichte den Weg hätte ebnen können.
2. Die Technikgeschichte war methodologisch in möglicherweise einzigartiger aufgrund ihrer interdisziplinären Erfahrung und Fachgeschichte darauf vorbereitet, ihr Erkenntnisinteresse interdisziplinär anzulegen und zu arbeiten. „Es ist also festzustellen, dass sich im Laufe von Jahrzehnten die alte, artefaktorientierte Technikgeschichte in eine moderne, stärker kultur-, wirtschafts- und sozialgeschichtlich ausgerichtete Technikforschung weiterentwickelt hatte. Diese Neupositionierung war schließlich die Voraussetzung, dass aus der Riege der Technikhistoriker

nun bedeutende Impulse zur Diskussion umweltgeschichtlicher Zusammenhänge kommen konnte." (Braun 2005)

3. Die Technikgeschichte hat es versäumt, nach ihrer initialzündenden Funktion das eröffnete Forschungsfeld der Umweltgeschichte selbst maßgeblich weiter zu verfolgen und damit auch den Selbstfindungsprozess einer Umwelthistoriographie zumindest nicht befördert.
4. Letztendlich war es außerhalb der Technikhistoriographie erst die Göttinger Initiative zur Etablierung einer „Interdisziplinären Umweltgeschichte" um den Anthropologen Bernd Herrmann, die im Jahre 2004 das umsetzte, was in den technikhistorischen Konzeptionen der 1980er Jahre angestrebt worden war.
5. Dies bedeutet, dass es die Technikgeschichte versäumt hat, in den 1980er Jahren gerade jenes Zeitfenster zu nutzen, welches es erlaubt hätte, in Deutschland eine z. B. DFG-geförderte interdisziplinäre Umwelthistoriographie zu initiieren, die heute möglicherweise gleichbedeutend mit derjenigen sein könnte, die wir für den angelsächsischen Raum verzeichnen. Stattdessen hat sich die Technikgeschichte, wie alle anderen Disziplinen bzw. Teildisziplinen auch, also die naturwissenschaftlich-technischen auf der einen Seite, sowie die geistes- und sozialwissenschaftlichen auf der anderen, im wesentlichen auf dem Gebiet von Fallstudien kapriziert, denen nichts fremder ist als Interdisziplinarität. (Winiwarter/Knoll 2007)
6. Eine breite Definition von Umweltgeschichte, wie sie erforderlich ist und unter anderem von Franz-Josef Brüggemeier vertreten wurde, (Brüggemeier 2001) bedingt zwangsläufig eine interdisziplinäre Ausrichtung des Faches. Somit ist Helmut Braun recht zu geben, wenn er konstatiert: „Die Umweltgeschichte verfügt daher über eine Forschungsprogrammatik, die weit über andere historische Teildisziplinen hinausreicht und höchste Ansprüche an Interdisziplinarität stellt." (Braun 2005); und schließlich
7. scheint „der politische Anspruch, der die Entstehung der Umweltgeschichte in den 1980er Jahren begleitete, weitgehend verloren (gegangen) zu sein." (Heymann 2002) Die Zielsetzung, einen Beitrag zur Lösung aktueller gesellschaftlicher Probleme leisten zu wollen, oder doch zumindest am gesellschaftlichen Diskurs hierüber beteiligt zu sein, also die „Naivität der frühen Jahre", ist damit weitgehend in den Hintergrund getreten. Über die Konsequenzen dieses Umstands, insbesondere für die Technikgeschichte als Fach, wäre weiter nachzudenken. Eines allerdings scheint offensichtlich zu sein, eine Fachdisziplin wie die Technikgeschichte den „kleineren universitären Fächern" zuzurechnen, und mit bundesweit gerade einmal einem knappen Dutzend einschlägigen Professuren ausgestattet, vermag sie wohl kaum jene Bürden zu schultern, die mit der Initiierung eines neuen, interdisziplinär angelegten Forschungsfeldes wie der Umweltgeschichte verbunden wäre.

Literatur

Arne Andersen, Umweltgeschichte. Forschungsstand und Perspektiven, in: Archiv für Sozialgeschichte 33 (1993), S. 672-701

Ders., Über das Schreiben von Umweltgeschichte, in Environmental History Newsletter, Umweltgeschichte heute. Neue Themen und Ansätze der Geschichtswissenschaft – Beiträge für die Umwelt-Wissenschaft, Special Issue No. 1, 1993, S. 44-57

Antragstext zum Göttinger Graduiertenkolleg „Interdisziplinäre Umweltgeschichte", Stand 2003

Melanie Arndt, Umweltgeschichte, Version: 3.0, in: Docupedia-Zeitgeschichte, 10.11.2015 http://docupedia.de/zg/Arndt_umweltgeschichte_v3_de_2015 [28.01.2022]

Günter Bayerl (Hg.), Umweltgeschichte. Methoden, Themen, Potentiale, Hamburg 1996 (Cottbuser Studien zur Geschichte von Technik, Arbeit und Umwelt, Bd. 1)

Ders., Ulrich Troitzsch, Quellentexte zur Geschichte der Umwelt von der Antike bis heute, Göttingen, Zürich 1998 (Quellensammlung zur Kulturgeschichte, Bd. 23)

Bodo von Borries, Didaktische Möglichkeiten und Grenzen der Umweltgeschichte, in: Günter Bayerl (Hg.), Umweltgeschichte. Methoden, Themen, Potentiale, Hamburg 1996 (Cottbuser Studien zur Geschichte von Technik, Arbeit und Umwelt, Bd. 1), S. 309-324

Ders., Umweltgeschichte. Vergessene Einsichten und neuartige Herausforderungen, in: Jörn Calließ, Jörn Rüsen, Meinfried Striegnitz (Hg.), Mensch und Umwelt in der Geschichte, Pfaffenweiler 1989, S. 353-375

Helmut Braun, Von der Technik- zur Umweltgeschichte, in: Günter Schulz u. a. (Hg.), Sozial- und Wirtschaftsgeschichte. Arbeitsgebiete-Probleme-Perspektiven, Wiesbaden 2005, S. 375-401 (VSWG-Beiheft 169)

Franz-Josef Brüggemeier, Environmental History, in: Neil J. Smelser, Paul B. Baltes (Hg.) International Encyclopaedia of the Social & Behaviours Sciences, Vol. 7, Amsterdam u. a. 2001, S. 4621-4627

Ders. (Hg.), Industrie-Natur. Lesebuch zur Geschichte der Umwelt im 19. Jahrhundert, Frankfurt am Main 1995

Ders., Jens Ivo Engels (Hg.), Natur- und Umweltschutz nach 1945. Konzepte, Konflikte, Kompetenzen, Frankfurt am Main/New York 2005

Ders., Thomas Rommelspacher (Hg.), Besiegte Natur. Geschichte der Umwelt im 19. und 20. Jahrhundert, München 1987

Jörn Calließ, Jörn Rüsen, Meinfried Striegnitz (Hg.), Mensch und Umwelt in der Geschichte, Pfaffenweiler 1989

Environmental History Newsletter, Umweltgeschichte heute. Neue Themen und Ansätze der Geschichtswissenschaft – Beiträge für die Umwelt-Wissenschaft, Special Issue No.1, 1993

Nils Freytag, Deutsche Umweltgeschichte – Umweltgeschichte in Deutschland. Erträge und Perspektiven, in: Historische Zeitschrift 283 (2006), S. 383-407

Global 2000. Der Bericht an den Präsidenten, Frankfurt am Main 1980

Holle Grünert, Zur Rolle der Energie bei der Vergesellschaftung der Produktion in Phasen der kapitalistischen Industrialisierung, in: Jahrbuch für Wirtschaftsgeschichte 18 (1977), S. 13-35

Armin Hermann, Wilhelm Dettmering (Hg.), Technik und Kultur, 10 Bde. und Registerband, Düsseldorf 1990–1994

Jost Hermand, Umweltgeschichte wozu?, in: Günter Bayerl (Hg.), Umweltgeschichte. Methoden, Themen, Potentiale, Hamburg 1996 (Cottbuser Studien zur Geschichte von Technik, Arbeit und Umwelt, Bd. 1), S. 303-308

Bernd Herrmann, Umweltgeschichte. Eine Einführung in Grundbegriffe, Berlin/Heidelberg 2013

Ders. (Hg.), Mensch und Umwelt im Mittelalter, Stuttgart 1986

Matthias Heymann, Wohin geht die Umweltgeschichte? Tagungsbericht zur Tagung „Natur und Umwelt in Deutschland", Freiburg i. Br. 1.–3.11. 2002

Nikolai Ingenerf, Rouven Janneck, Tagungsbericht „Technisierte Umwelten", in: Technikgeschichte.84 (2017), H. 3, S. 261-267

Helmut Jäger, Einführung in die Umweltgeschichte, Darmstadt 1994

Georg Klaus, Manfred Buhr (Hg.), Philosophisches Wörterbuch, Bd. 2, 8. Aufl., Leipzig 1972

Wolfgang König, Wolfhard Weber, Netzwerke Stahl und Strom 1840 bis 1914, Berlin 1990

Paul Leidinger, Von der historischen Umweltforschung zur historischen Ökologie. Ein Literaturbericht, in: Westfälische Forschungen 41 (1991), S .495-516

Dennis Meadows, Die Grenzen des Wachstums. Bericht des Club of Rome zur Lage der Menschheit, Stuttgart 1972 u. ö.

Hans Mottek, Wirtschaftsgeschichte und Umwelt, in: Jahrbuch für Wirtschaftsgeschichte 2 (1974), S. 77-82

Peter Musiolek u. a., Zu Problemen von Gesellschaft und Umwelt in den vorkapitalistischen Produktionsweisen, in: Jahrbuch für Wirtschaftsgeschichte 4 (1983), S. 105-128

Werner Nachtigall, Charlotte Schönbeck (Hg.), Technik und Natur, Bd. 6: Technik und Kultur, Düsseldorf 1994

Joachim Radkau, Literaturbericht Technikgeschichte, in GWU 38 (1987), H. 8, S. 503-518 und H. 10, S. 655-668

Ders., Literaturbericht Technik- und Umweltgeschichte, Teil I-II, in: GWU 48 (1997), H. 7/8, S .479-497; 50 (1999), H. 4, S. 250-258; H. 5/6, S.356-384

Ders., Natur und Macht – Eine Weltgeschichte der Umwelt, München 2000

Ders., Tagung „Wendepunkte der Umweltgeschichte" im Zentrum für interdisziplinäre Forschung der Universität Bielefeld vom 16.–18. Juni 2005

Ders., Was ist Umweltgeschichte, in: Environmental History Newsletter, Umweltgeschichte heute. Neue Themen und Ansätze der Geschichtswissenschaft Beiträge für die Umwelt-Wissenschaft, Special Issue No.1, 1993, S. 86-107

Ders., Frank Uekötter (Hg.), Naturschutz und Nationalsozialismus, Frankfurt am Main 2003

Reinhold Reith, Sylvia Hahn (Hg.), Umwelt-Geschichte. Arbeitsfelder, Forschungsansätze, Perspektiven, Wien und München 2001

Wolf Schmidt, Rauchplage – Seuchen –Atomenergie. Neue Literatur zur Umweltgeschichte, in: Geschichtsdidaktik 11 (1986), S. 265-79

Engelbert Schramm (Hg.), Ökologie-Lesebuch, Frankfurt am Main 1984

Rolf Peter Sieferle, Aufgaben einer künftigen Umweltgeschichte, in: Environmental History Newsletter, Umweltgeschichte heute. Neue Themen und Ansätze der Geschichtswissenschaft – Beiträge für die Umwelt-Wissenschaft, Special Issue No.1, 1993, S. 29-43

Ders. (Hg.), Fortschritte der Naturzerstörung, Frankfurt am Main 1988

Wolfram Siemann (Hg.), Umweltgeschichte. Themen und Perspektiven, München 2003
Rolf Sonnemann (Hg.), Geschichte der Technik, 2. Aufl., Köln 1987
Ulrich Troitzsch, Historische Umweltforschung. Einleitende Bemerkungen über Forschungsstand und Forschungsaufgaben, in: Technikgeschichte 48 (1981) S. 177-190
Ders., Technik- und Umweltgeschichte, in: Hans-Jürgen Goertz (Hg.), Geschichte, Ein Grundkurs, Reinbek 1998, S. 431-446
Frank Uekötter, Literaturbericht Technik und Umweltgeschichte, in: GWU 66 (2016), S. 741-753
Ders., Umweltgeschichte im 19. und 20. Jahrhundert, München 2007
Wolfhard Weber, Lutz Engelskirchen, Streit um die Technikgeschichte in Deutschland 1945-1975, Münster u. a. 2000 (Cottbuser Studien zur Geschichte von Technik, Arbeit und Umwelt, Bd. 15)
Verena Winiwarter, Martin Knoll, Umweltgeschichte. Eine Einführung, Köln u. a. 2007

5.2.6 Die Grenzen des Wachstums: gesellschaftspolitische Dimension

Als Dennis Meadows und seine Mitautoren im Jahre 1972 ihre inzwischen legendär gewordene Studie „The limits to growth“ (Meadows u. a. 1972) vorlegten, waren die auf fortwährendes Wirtschaftswachstum fokussierte Gesellschaft und Politik, aber auch die Wirtschaftswissenschaft der damaligen Zeit völlig schockiert. „Die Studie beruhte auf einem computersimulierten Weltmodell, mit dessen Hilfe fünf grundlegende Entwicklungstendenzen mit globalen Wirkungen (Bevölkerungswachstum, Industrialisierung, Unterernährung, Rohstoffausbeutung, Zerstörung von Lebensraum) untersucht wurden.“ (Döring 2022, S. 18) Nach den Erkenntnissen Meadows, plausibel in verschiedensten Szenarien dargelegt, konnte es so, wie bisher, auf Dauer nicht mehr weitergehen. Mit analytischer Schärfe wurden die zwangsläufig ressourcenbedingten Grenzen einer auf dauerhaftes Wachstum hin ausgelegten Massenkonsumgesellschaft aufgezeigt. Eine endliche Welt musste zwangsläufig an die Endlichkeit ihrer verfügbaren Ressourcenbasis stoßen. Damit war vieles, was bisher für selbstverständlich gehalten worden war, in Frage gestellt. Vor allen Dingen Wirtschaftswachstum, wachsender Wohlstand, sowie soziale und politische Stabilität. Würde, so Meadows Erkenntnis, an dem bisher beschrittenen Weg festgehalten, so müsste dies in absehbarer Zeit zu einem Kollaps der modernen Welt führen. Nach diesem Szenario zeichnete sich etwas ab, was man letztlich als menschengemachte und eigenverschuldete Selbstvertreibung aus dem Paradies der Massenkonsumgesellschaft mit all ihren Annehmlich- und Selbstverständlichkeiten bezeichnen kann, zumindest wenn es nicht gelingen würde, den bisher eingeschlagenen fatalen Weg zu revidieren. Dass die Meadows-Studie bei seinen Zeitgenossen wie eine Bombe einschlug, deren bisheriges Weltbild fundamental infrage stellte und zu heftigen, auch ideologisch geprägten Kontroversen führte, liegt auf der Hand. Heute, das heißt 50 Jahre später, wissen wir aber, weder die Erkenntnisse des Meadows-Teams haben sich als falsch erwiesen, noch hat sich Grundsätzliches am beschrittenen und in die Katastrophe führenden Weg der Doktrin von Wirtschaftswachstum, Ressourcennutzung und den damit verbundenen Umweltbelastungen geändert. Schlicht und einfach formuliert: Es gibt die Grenzen des Wachstums, und von einer allgemeinen Wende, in der dies reflektiert und gesellschaftspolitisch korrigiert umgesetzt würde, kann keine Rede sein. Ein Verzicht auf wachstumsgestützten Wohlstand, den damit verbundenen linearen Modernisierungserwartungen, (vgl. Galbraith 1968) sowie auch den damit einhergehenden politischen Stabilitätsversprechungen scheint, allen gesellschaftlichen Diskursen und NGO-Aktivitäten hierzu zum Trotz, nach wie vor nicht vorstellbar zu sein. Im Gegenteil. Marginale Kurskorrekturen, beispielsweise das Verbot von Kunststoffstrohalmen oder -taschen, werden als schon als große Erfolge der Umweltpolitik gefeiert. Betrachten wir die Gesamtproblematik nachfolgend etwas detaillierter:

Es zeichnet sich ab, dass die Jahre zwischen 1972 und heute zukünftig einmal als Schwelle eines Epochenüberganges interpretiert werden könnten, und zwar zwischen dem Ende der Wachstumsgesellschaft und ihrer Ideologie sowie dem Beginn des neuen Zeitalters des Anthropozäns, also einem vom Eingriff des Menschen irreversibel bestimmten Erdzeitalters. (Vgl. Wolfrum 2017, S. 217-238) Um besser zu verstehen, wie ambivalent, paradox und auch frustrierend die Rezeption der Botschaft von Meadows zu den Grenzen des Wachstums im letzten halben Jahrhundert verlaufen ist, darf von dessen Studie weder Widerspruchsfreiheit noch Kohärenz oder die Präsentation punktgenauer Lösungen erwartet werden. Erkenntnistheoretisch gesichert allerdings ist, dass der Bericht des Club of Rome das globale Konzept einer unbegrenzten Wachstumsgesellschaft grundsätzlich in Frage stellte und als Risiko für die Menschheit als solche charakterisierte. Obwohl Meadows und seine Mitautoren immer wieder hervorhoben, dass es sich bei ihren Überlegungen nicht um *Prognosen* der zukünftigen Entwicklung handeln würde, sondern um Modellierungen und *Szenarien*, blieb es dennoch nicht aus, dass sie damit auch im wissenschaftlichen und vor allem im öffentlichen Diskurs über ihre Thesen dennoch missverstanden wurden. Hieran vermag auch nichts zu ändern, dass den damaligen Modellrechnungen letztendlich dann doch die Qualität von Prognosen zukam. In einigen Feldern ging die zerstörerische Entwicklung trotz gewisser Regulationserrungenschaften in anderen noch schneller als erwartet.

Die seit den 1960er Jahren bis heute vorherrschende Grundstimmung der Lösbarkeit aller politischen, ökonomischen und gesellschaftlichen Probleme mittels Wirtschaftswachstum wurde durch Meadows Analyse der Konsequenzen dieser Pfadabhängigkeit als ideologisch und fragwürdig demaskiert. (Vgl. Kunze 2013, S. 67-72) Rauchende Schornsteine, vormals Sinnbild ökonomischer Prosperität, und dicht autobesetzte Riesenparkplätze vor Supermärkten bekamen so eine fundamental andere Bedeutung als zuvor. Sie standen nun nicht mehr für ein Wohlstandsversprechen, sondern symbolisierten stattdessen mögliche Zukunftsverluste. Der Bericht des Club of Rome schuf zudem auch das Bewusstsein für die Dimension globale Interdependenz, auf die nationalstaatliche Politikansätze längst keine Antwort mehr formulieren konnten. Gerade letzteres erwies sich für bestimmte gesellschaftliche Gruppen in den traditionellen Nationalstaaten Europas, die nicht zu den überwiegenden Gewinnern des sozialen Wandels gehörten, als schwer verständlich und noch schwerer hinnehmbar.

Ein wesentlicher Aspekt des Berichts des Club of Rome sowie seiner Aktualisierungen (zuletzt Randers 2012) war sein Bemühen, für mehr Komplexität im Narrativ von der globalen Verantwortung zu werben, indem auch politisch zumindest grundsätzlich konsensfähige Kriterien aufgezeigt wurden. Das wären die fünf Trends des Weltmodells: Industrialisierung, Überbevölkerung, Unterernährung, Ressourcen, Umweltfolgen.

Weltmodell nach Meadows u. a., 1972: Kriterien der Beurteilung des Verhältnisses von Wachstum und seinen globalen Folgen

- Industrialisierung
- Überbevölkerung
- Unterernährung
- Ressourcen
- Umweltfolgen

Es ist deshalb bemerkenswert, dass sich in der Rezeption des Berichts des Club of Rome in der Öffentlichkeit die Auffassung festgesetzt hat, dass es im Bericht in erster Linie um die Endlichkeit der fossilen Rohstoffe gehen würde. Auch das zeigt eindrucksvoll, wie der statusabhängige Filter unserer Wahrnehmung komplexitätsreduzierend wirkt. Bis heute ist die Frage offen, wie dieser Mechanismus einer Schere im Kopf eigentlich funktioniert.

Auf eine der Erklärungen für die politische Neigung zu komplexitätsreduzierenden Strategien und ihre Akzeptanz weist der Club-of-Rome-Bericht schon 1972 hin. Zu dessen Merkmalen zählte neben der methodischen Transparenz des Berichts und der an damaligen Maßstäben gemessenen empirischen Datendichte vor allem das gezielte *Agenda setting* mit Blick auf das Verstehen und die Veränderung von Problemwahrnehmungen. Wir können heute davon sprechen, dass der Bericht sehr bewusst darauf ausgerichtet war, ein neues Narrativ der globalen gesellschaftlichen Entwicklung und Verantwortung zu etablieren. Deshalb ging er auch explizit auf die möglichen Ursachen für die Nicht-Rezeption und Nicht-Implementation seiner Analysen ein. Im Besonderen wird in aller Deutlichkeit herausgearbeitet, dass die Menschheit, aller öffentlich postulierten Gemeinplatze zum Trotz, eben doch nicht „in einem Boot“ sitzt. Meadows u. a. zeigen ein gänzlich anderes Bild und belegen dieses mit empirischen Untersuchungen, die sie in Form einer Graphik präsentieren.

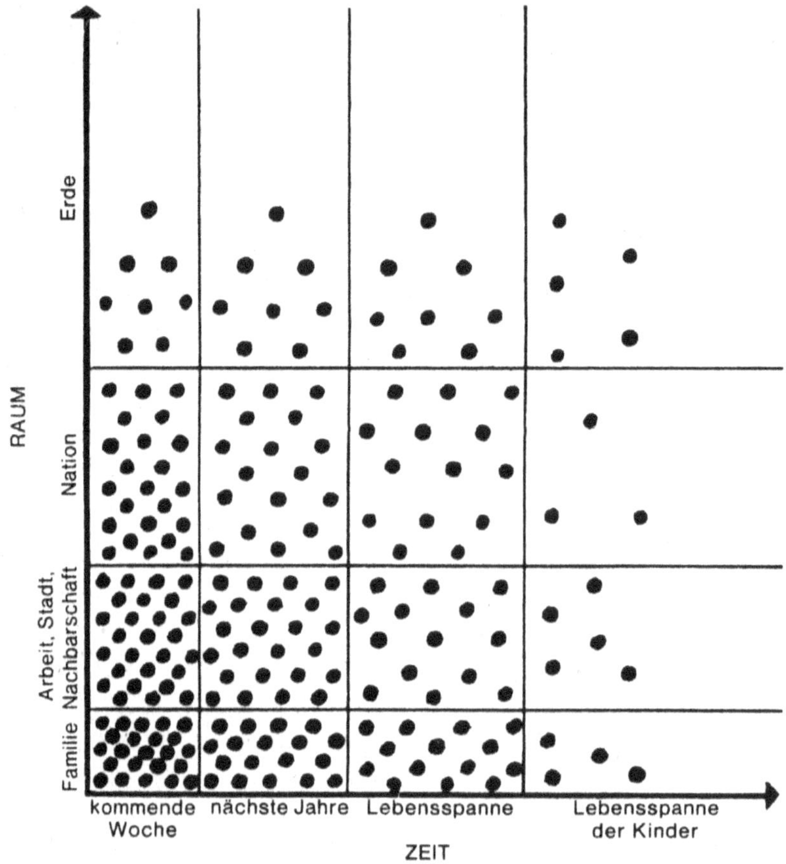

Abb. 11: „Die Aussichten der Menschheit". (Meadows u. a. 1972, S. 13)

Die Aussage der Grafik ist ernüchternd bis schockierend. Der Mehrheit der Menschen im globalen Süden, denen es in ihrem Lebensalltag am schlechtesten geht und deren (Über-)Lebenssorge sich vor allem auf den nächsten Tag richtet, bleibt die geringste Gelegenheit, sich mit räumlich und zeitlich weit entfernten Grundsatzfragen zu beschäftigen. Diejenigen, die sich das leisten können, weil die Ernährung ihrer Familie heute und morgen gesichert ist, haben eine völlig andere Sicht auf diese Probleme. Für sie lässt sich aus der ökonomischen Sicherheit des globalen Nordens und der weitgehenden politischen Stabilität des globalen Westens heraus leicht verlangen, die Geburtenraten im Globalen Süden drastisch zu reduzieren. Weil es sie und ihren Lebensvollzug genauso wenig betrifft, wie den Slum-Bewohner auf der Südhalbkugel der Gedanke an Fragen jenseits der Lebensspanne der eigenen Kinder.

Wir sehen hier ein komplexes Modell für das Verhältnis von globaler sozialer Stratifikation und Selbstwahrnehmung, Politikzielformulierung und Akzeptanzbildung – und die damit verbundenen Verwerfungen. Das, was alle betrifft, die Erhaltung der globalen Lebensgrundlagen, ist aufgrund verschiedener objektiver Relevanzen und subjektiver Wahrnehmungen am wenigsten konsensfähig. Der Grund hierfür scheint einfach zu sein, denn Grenzen des Wachstums bedeuten konkret und praktisch für die im Bereich des vorstehenden Schaubildes rechts oberhalb abgebildeten Gesellschaften und ihre Individuen im globalen Norden und Westen Wohlstandsverluste, für die im globalen Süden eine reale Gefährdung ihres Überlebens, wenn ihnen nicht geholfen wird, den Teufelskreis von Unterentwicklung und Überbevölkerung hinter sich zu lassen.

Es wäre zu bequem zu behaupten, das Interessenparadox sei der einzige Grund dafür, dass die Grenzen des Wachstums bislang in keinem einzigen Staat des globalen Westens zur politischen Agenda gehören oder in deren Mittelpunkt stehen. Ein weiteres Symptom für die Verschleierung der Grenzen des Wachstums ist eine populäre Form kommerzialisierter minimalistischer Sinnstiftung, die aus der produktförmigen Kommoditisierung der Rede über die Grenzen des Wachstums ein blendendes Geschäft macht. Dies beruht auf dem performativen Paradox, dass man, um dem klassischen Aussteigerappell von „Walden"-Autor Henry David Thoreau (1817–1862) „simplify, simplify" (Walden 2021) von 1854 nachkommen zu können, zunächst einmal ein Buch, einen Kurs oder gleich die passende neue Ausstattung eines vorgeplanten minimalistischen Lebensentwurfs kaufen soll und nicht etwa wie dieser, einfach in die Wälder geht. Jedenfalls nicht ohne passende Markenausstattung.

Neben der Kommerzialisierung spielt auch das Ignorieren historischer Erfahrung eine Rolle. Regelmäßig werden in der öffentlichen Diskussion die vorhandenen historischen Pfade bei der gegenwarts- und zukunftsorientierten Analyse der Wachstumsproblematik übersehen. Ein oft ausgeblendeter Aspekt ist der der Sparsamkeit. (Vgl. Haller 1956, S. 661-665) Aus universalgeschichtlicher Perspektive ist es immer wieder erstaunlich, wie schnell aus dem Blick gerät, dass die Überflussgesellschaft der wachstumsabhängigen Konsumgesellschaft erst eine sehr kurze Phase der Globalgeschichte darstellt, die zudem nicht einfach so passierte. (Vgl. Kapitel 5.2) Auch in den heutigen Hochkonsumgesellschaften des globalen Westens und Nordens musste sich die soziale Strategie des Konsumierens als Ego-Artikulation gegen ältere Gewohnheiten aus der erfahrungshinterlegten Geschichte der Knappheit und ihrer Rationalisierung erst durchsetzen. Das geschah auch keineswegs von selbst, sondern in einer komplexen Interaktion von gewinnfixierten Marktakteuren, staatlicher Rechtssetzung, neuen ökonomischen Vermarktungsstrategien wie z. B. Raten- und Kreditkartenkauf oder Leasing, sowie politischer Wachstumsideologisierung auf dem demokratischen Akzeptanzmarkt. Das oft vorgebrachte Argument einer Täuschung der potentiellen Konsumenten durch Werbung unterschätzt die Komplexität dieses Prozesses, vor allem aber die Bedeutung der Traum- und Wunschfabrik für die Identitätsbildung in der Moderne: *mundus vult decipi, ergo decipiatur.* (Die Welt will getäuscht werden, also wird sie getäuscht.) In der Summe entstand diejenige kollektive Werteverschiebung, die eine Korrelation von persönlicher Befriedigung und Konsum überhaupt plausibel machen kann, die dem durchschnittlichen Bewohner eines westlichen Industrielands noch um 1970 als geradezu absurd vorgekommen wäre. Weil dies noch so war, mussten seit den 1970er Jahren noch bei vielen sozialen Gruppen auch noch im globalen Norden Hemmungen überwunden werden, die unter anderem mit Angst vor Verschuldung, sozial unangepasstem Verhalten, aber auch noch mit den Mentalitätsschatten konfessioneller Prägungen zu tun hatten. Hinter der Lösung solcher mentaler Bremsen tauchen als verursachende Faktoren Enttraditionalisierung und die Säkularisierung als Ausdruck des beschleunigten sozialen Wandels auf – zugleich Kernmerkmale der Modernisierung.

Für den Versuch einer Erklärung, wie es in der Wachstums- und Konsumgesellschaft gelungen ist, das Konsumieren zunächst als legitim, dann als subjektiv wie objektiv notwendige „Lebensform der Moderne“ (König 2008) erscheinen zu lassen, liefert die Zeit- und Technikgeschichte des 20. Jahrhunderts genug Kontext. Die hier zu Buche stehenden Krisenerfahrungen einschließlich zweier Weltkriege und die fundamentale Medialisierung ab 1960 beschreiben konkrete Erfahrungen von Millionen von Menschen. Während das eine auf die psychologische Mobilisierbarkeit eines „Nie wieder Mangel!“ und die Realisierbarkeit der Utopie einer Abschaffung der Knappheit für manche – nie für alle! – hinausläuft, ermöglicht das andere zum ersten Mal in der Globalgeschichte den individuellen Vergleich von Lebensumständen vor dem Fernsehbildschirm. Die Moderne hat hier eine Wirkungsmacht hervorgebracht, die auf Enthemmung beruht: *Take two, pay one!* Und diese ist es, deren Konsequenzen der Bericht des Club of Rome bereits 1972 treffend herauszuarbeiten vermochte. Ob dies letztendlich doch noch zu einer Kurskorrektur des Modells der Wachstumsgesellschaft mit all ihren globalen Folgeerscheinungen führt, wird sich zeigen, muss allerdings bezweifelt werden.

Ein Witz aus Sowjetzeiten über den Kapitalismus lässt sich auch auf das Wachstum übertragen: Das Zentralkomitee der KPdSU schickt einen der ihren nach New York, um sich zu versichern, dass der Kapitalismus tatsächlich stirbt. Nach seiner Rückkehr daraufhin befragt, gibt der Kontrolleur zu Protokoll: Ja, der Kapitalismus stirbt. Aber es ist ein schöner Tod. Die UdSSR ist inzwischen selbst Geschichte. Wachstum und Kapitalismus sind es nicht. In kapitalistischen Gesellschaften werden die Grenzen des Wachstums diskutiert, geleugnet, relativiert, outgesourct oder durch *greenwashing* verschleiert. Seit dem berühmten Club of Rome-Bericht „Limits to growth“ des Jahres 1972 ist die *inconveniant truth* in der Welt. Es gibt Grenzen des Wachstums mit all den damit verbundenen globalen Konsequenzen. Es ist bestens verständlich, dass junge Menschen, die sich in der Klimabewegung der Fridays for Future organisieren, das geradezu als obszön empfinden.

Literatur

Thomas Döring, 50 Jahre „Grenzen des Wachstums“ von der Wachstums- zur Post-Wachstumsökonomie?, in: APuZ 3-4 (2022), S. 18-23

Heinz Haller, Sparen, in: Handwörterbuch der Sozialwissenschaften. Zugleich Neuauflage des Handwörterbuchs der Staatswissenschaften, hg. v. Erwin von Beckerath u. a., Bd. 9, Göttingen 1956, S. 661-665

John Kenneth Galbraith, Die moderne Industriegesellschaft, München/Zürich 1968 (zuerst u. d. T. The new industrial state, New York 1967)

https://historiek.net/club-van-rome-grenzen-aan-de-groei-1972/80577/ [11.02.2022]

Wolfgang König, Kleine Geschichte der Konsumgesellschaft. Konsum als Lebensform der Moderne, Stuttgart 2008

Rolf-Ulrich Kunze, Krise des Fortschrittsoptimismus, in: Handbuch der Technikethik, hg. v. Armin Grunwald, Stuttgart 2013, S. 67-72

Ders., Nationalismus: Illusionen und Realitäten. Eine kritische Bestandsaufnahme, Stuttgart 2019

Ders., Wann scheitert Demokratie?, in: ders., Reflektionen zur Zeitgeschichte. Essays zu Subjekt und Methodik, Stuttgart 2020, S. 11-57

Andrei S. Markovits, Philip S. Gorski, Grün schlägt Rot. Die deutsche Linke nach 1945, Hamburg 1997

Dennis Meadows u. a., Die Grenzen des Wachstums. Bericht des Club of Rome zur Lage der Menschheit, Stuttgart 1972 (zuerst u. d. T. The limits to growth, New York 1972)

Jorgen Randers, 2052. Der neue Bericht an den Club of Rom, München 2012

Peter-Eloy Staal, Automobilisme in Nederland. Eeen geschiedenis van gebruik, misbruik en nut, Zutphen 2003

Henry David Thoreau, Walden & on the duty of civil disobedience, 1854, Volltext: https://www.fulltextarchive.com/pdfs/Walden-by-Henry-David-Thoreau.pdf [11.02.2022]

Edgar Wolfrum, Welt im Zwiespalt. Eine andere Geschichte des 20. Jahrhunderts, Stuttgart 2017

6 Orte der Technikgeschichte: Museen

> „Technische Artefakte können aus dieser Perspektive als Medien vielfältiger Sinnsetzungen begriffen werden. Gleichzeitig sind technische Geräte und Aggregate neben ihren technisch-funktionalen Inhalten selbst grundsätzlich auch ‚Kulturobjekte', selbst codierte ‚Bedeutungen'. Technik wäre somit selbst ein Zeichensystem, ein mächtiger Code, der die Interpretations- und Bewußtseinsmuster der modernen Menschen formt und legitimiert." (Osietzky 1991, S. 93)

Das Museumswesen im Allgemeinen und die Technikmuseen im Besonderen erfreuen sich seit Jahren eines stetig wachsenden Besucherzuspruchs und können sich am Markt der konkurrierenden Freizeitangebote und des Internets bestens behaupten. (Weibel 2007, S. 3 f.) Die Museumsbesuche in Deutschland übertrafen vor der Corona-Pandemie mit über 120 Millionen pro Jahr diejenigen der Fußballbundesliga mit gerade einmal um die 13 Millionen Besuchern jährlich bei weitem. Auch die Anzahl der Museen steigt ständig und deutet so an, dass der gesellschaftliche Bedarf an derartigen Institutionen nach wie vor nicht befriedigt ist. (Staatliche Museen 2016, S. 7, 28 f.) Dies muss eigentlich überraschen, denn die mediale Präsentation von Wissensinhalten historischer und musealer Art genießt ebenfalls Hochkonjunktur und bewegt sich nicht nur auf hohem wissenschaftlichem Niveau, sondern auch in einem zeitgemäßen Medium mit bestem Unterhaltungswert.

Allerdings bietet die auf den ersten Blick überraschend hohe Besucherfrequentierung der Museen auch Anlass dazu, nicht nur hierüber, sondern auch über die gesellschaftliche Funktion von Museen im Allgemeinen nachzudenken, so wie es zum Beispiel der Soziologe Volker Kirchberg eindrucksvoll in seiner einschlägigen Habilitationsschrift gezeigt hat. (Kirchberg 2005) Darüber hinaus geht es auch darum, sich Klarheit darüber zu verschaffen, weshalb es Technikmuseen in modernen Gesellschaften überhaupt gibt bzw. geben muss, und was diese – mit welcher Intention auch immer – präsentieren. Dass deren Absicht nicht einfach nur darin bestehen kann, ein paar Technikikonen oder sonstige Highlights der Technik im musealen Rahmen einem technikbegeisterten Publikum zu präsentieren, liegt eigentlich auf der Hand, weil diese Gruppe nicht so groß ist. Die sich hieraus ergebenden Grundsatzfragen, um die es gehen muss, lassen sich unschwer formulieren und lauten: Warum, mit welcher Zielsetzung, in welchem Rahmen und für wen wird in Technikmuseen was und in welcher Form ausgestellt?

Um sich mit diesen Fragen auseinandersetzen zu können, ist zu klären, was Technik als Ausstellungsobjekt überhaupt in Museen zu suchen hat. Ist derartig Alltägliches und Profanes einer musealen Kontextualisierung überhaupt wert, oder sollte vergangene Technik doch eher einer Verwendung zugeführt werden, die Gregor Isenbort, der Direktor der DASA-Arbeitswelt-Ausstellung in Dortmund, im Rahmen seines Vortrages bei den Stuttgarter Tagen zur Automobil- und Unternehmensgeschichte 2016 provokant als „Schrott“ bezeichnet hatte? (Isenbort 2017, 39-50) Auch die Frage der Direktorin des Museums für Technik und Arbeit/Hamburg, Rita Müller, ob unsere Gesellschaft überhaupt noch Museen brauche, ist, obwohl rhetorischer Natur, dennoch ernstzunehmen. (Müller 2017, S. 25-38) Hierauf gilt es Antworten zu finden, die dann wiederum dazu beitragen, das technische Museumswesen in seinen Aufgaben und Funktionen zu verstehen. Und exakt hierzu kann die Technikgeschichtsschreibung einen Beitrag leisten, denn zentraler Gegenstand technikhistorischen Erkenntnisinteresses ist das Verhältnis von Technik und Gesellschaft und die in einem dialektischen Sinne miteinander verwobene Entwicklung beider.

Wenn sich in Technikmuseen die gesellschaftliche Technikentwicklung der Vergangenheit widerspiegeln soll, um die Historizität der Gegenwart verstehbar zu machen, dann muss zunächst einmal das, was unter dem Begriff „Technik“ zu fassen ist, geklärt werden. Denn nur das, was unter Technik zu subsummieren ist, kann der zentrale Gegenstandsbereich der technischen Museen sein und definiert so deren inhaltliches Aufgabenfeld. Je nach der Komplexität des verwendeten Technikbegriffs hat dies unmittelbare Konsequenzen auf das, was im Museum aus- und darzustellen ist. Eine internalistische Technikdefinition führt zur Konzentration auf das technische Artefakt als solches. Eine externalistische Technikdefinition hat Technik als gesellschaftliches Phänomen zu verstehen bzw. zu interpretieren und es museal dementsprechend kontextualisiert zu präsentieren. Die konsequente Ausblendung gesellschaftlicher und kultureller Kontexte von Technik und Technikentwicklung führt zu dem paradoxen Ergebnis, dass sich gerade die museale Inszenierung von Technik dem Erkenntnisgewinn einer bewussten Historisierung und Kontextualisierung entzieht und verweigert. Statt einer kulturellen Aufklärung erfolgt so eine Mythisierung des technischen Artefaktes. Insbesondere die damalige DDR-Technikhistoriographie der „Geschichte der Produktivkräfte (Sonnemann 1996) zog dementsprechend folgerichtig die Schlussfolgerung, dass Technik als gesellschaftlicher Prozess sich museal nicht durch eine einfache Aneinanderreihung technischer Artefakte fassen ließe. Stattdessen wäre im Museum die Entwicklung der gesellschaftlichen Produktionsweise (Klaus, Buhr 1972, S. 879) abzubilden, d. h. die Realität der Objekte muss eine direkte Beziehung zu ihrer ehemaligen Funktion aufweisen. Nähme man diese theorieinduzierte fundamentalistische Position, die von Autoren wie Eberhard Wächtler und Otfried Wagenbreth 1973 durch einen Vortrag in Großbritannien mit dem Titel „Aims and Methods of the Care of Technological Monuments in the G.D.R.“ (1975) in die Diskussion eingebracht worden sind, für bare Münze, so wäre das ideale, perfekte Technikmuseum ein solches, welches die historischen gesellschaftlichen Produktionsweisen in toto als Inseln der Vergangenheit, wie unter einer übergestülpten Käseglocke, für die Nachwelt tatsächlich und leibhaftig erhält. Mittels dieses irrealen, wenn auch intellektuell faszinierenden Gedankenkonstrukts könnten die strukturellen Defizite musealer Inszenierungen, die die gesellschaftlichen Lebens- und Arbeitsbedingungen nicht real widerzugeben im Stande sind, tatsächlich überwunden werden.

Günter Kunert, einer der damals bekanntesten Lyriker und Schriftsteller der DDR, nahm sich Mitte der 1970er Jahre in seiner Science-Fiction-Kurzgeschichte „Museumsbesuch" (Kunert 1982, S. 71-77) ironisch dieses Gedankenspiels an, um es ad absurdum zu treiben. Seine feinsinnige Ideologiekritik ist unverkennbar. Sein Protagonist betritt als Besucher ein Museum, in dessen von außen einsehbaren, geschlossenen Ausstellungsräumen beim Rundgang sämtliche alltäglichen Lebenssituationen zu beobachten sind. Die dort agierenden Menschen, vom betrachtenden Besucher ‚Objekte' genannt, spielen Karten, saunieren, feiern Feste, arbeiten, geben sich sexuellen Ausschweifungen hin, predigen, taufen, morden und arbeiten in allen möglichen Berufen, etc. Schließlich werden die ‚Objekte' über einen Klappmechanismus aus ihrer Ausstellungseinheit „entsorgt". Stattdessen findet sich der vormalige Besucher nun plötzlich nicht am vermuteten Museumsausgang wieder, um in die Realwelt entlassen zu werden, sondern wird selbst zum ‚Objekt' in die erste Ausstellungseinheit integriert. Die reale Welt wird zum Museum im Sinne einer vollständigen Abbildung der gesellschaftlichen Produktionsweise, und zwar ganz so, wie Wächtler und Wagenbreth es sich idealtypisch nicht besser hätten ausmalen können.

Im konkreten Sinne verkörpern Technikmuseen auch die Materialisation technikhistorischer Theorie. Damit werden diese Museen zu physisch erleb- und begehbaren Orten der Technikgeschichte. Sie sind in Hinblick auf ihre inhaltliche Konzeption und Ausrichtung die materielle und ideologisch manifest gewordene Technikgeschichtstheorie ihrer Zeit, in der sich zudem unverkennbar auch der Zeitgeist der jeweiligen Epoche spiegelt. Augenfällig schlägt sich das bereits in der zeitgenössischen Denomination der Technikmuseen nieder. Bezog sich diese in den ersten Dekaden des 20. Jahrhunderts noch programmatisch auf die „Meisterwerke aus Naturwissenschaft und Technik", wie im Falle des Deutschen Museums/München, so änderte sich dies später; in den 1980er Jahren dahingehend, dass unter Adaption des neuen Technikbegriffs einer „modernen Technikhistoriographie" die einschlägigen Museumsdenominationen nunmehr den gesellschaftliche Kontext von Technik aufgriffen und folgerichtig zum Beispiel unter der Bezeichnung „Technik und Arbeit" firmierten. Auf der Basis des durch den Technikphilosophen Günter Ropohl in seiner „Systemtheorie der Technik" formulierten komplexen Technikbegriffs, mit seiner naturalen, humanen und sozialen Dimension eröffnete sich zunächst für die Technikhistoriographie und damit auch für das technische Museumswesen ein analytisch treffendes und zudem handhabbares theoretisches Instrumentarium, um sich sowohl dem erklärbar zu nähern, was unter technischem Wandel zu verstehen war, als auch, dies auf musealer Ebene konkret ausstell- und damit fassbar zu machen. Es ist vor diesem Hintergrund wenig überraschend, dass die Phase der theoretischen Neuausrichtung der deutschen Technikhistoriographie in den 1970er und 1980er Jahren hin zu einer modernen, bzw. Kulturgeschichte der Technik, aufs engste mit einer ebensolchen Entwicklung im technischen Museumswesen verbunden war. Die hier herausragenden Neugründungen, also 1982 das „Museum der Arbeit" in Hamburg, 1983 das „Museum für Verkehr und Technik" (heute Deutsches

Technikmuseum Berlin), und 1990 das „Landesmuseum für Technik und Arbeit" in Mannheim (heute Technoseum) spiegeln dies wider.

Werfen wir nun einen Blick auf die gesellschaftliche Funktion von Museen bzw. Technikmuseen im Allgemeinen. Als evident und zunächst einmal dem Weiteren vorauszuschicken ist, dass wir in einer durch Technik und Wissenschaft geprägten Welt leben, in einem durch den Menschen selbstgeschaffenen und sich fortlaufend verändernden Technotop. „Wir leben jedenfalls", so der Berliner Technikhistoriker Wolfgang König, „in einer historisch gewordenen Welt mit einer historisch gewordenen Technik. [...] Wollen wir also uns und unsere Umwelt verstehen, dann benötigen wir historisches Wissen." (König 2009, S. 18) Es findet ein unaufhörlicher Prozess gesellschaftlicher Technisierung statt, gekennzeichnet durch ein fortwährendes Ersetzen und Erweitern menschlicher Handlungs- und Arbeitsfunktionen mittels Technik und damit einhergehen eine Veränderung von Gesellschaft selbst. Ein dialektischer Prozess. Karl Marx formulierte dies treffend folgendermaßen: „Mit der Erwerbung neuer Produktivkräfte verändern die Menschen ihre Produktionsweise und mit der Produktionsweise, der Art, ihren Lebensunterhalt zu gewinnen, verändern sie alle ihre gesellschaftlichen Verhältnisse." (Marx 1986, S. 130) Technik fungiert dabei als zukunftsorientiertes Medium und ist Inbegriff und Basis eines ständigen Wandels, der nach wie vor im Wesentlichen als ökonomischer und gesellschaftlicher Fortschritt begriffen und am Wachstum des Bruttoinlands- bzw. Bruttosozialprodukts (BIP/BSP) gemessen wird.

Allerdings ist ebenso offenkundig, dass die Zeugnisse unserer materiellen Kultur fortschrittsbedingt einem fortwährenden, schnellen Wandel unterliegen. Altes wird durch Neues ersetzt, verschwindet zügig, wird noch schneller vergessen und so zu dem, was im gesellschaftlichen Bewusstsein als „*lost technologies*" bezeichnet wird. (Vgl. Edgerton 2006) Damit wird die Massenkonsumgesellschaft – aber nicht nur diese – zu einer „Gesellschaft des Verschwindens". Die Mehrzahl der materiellen Überreste unserer direkten Vergangenheit verliert so ihre Geschichte, wird nebulös und bleibt, wenn überhaupt, allenfalls als ein Schatten seiner selbst zurück. „Damit wird [...]", wie es der Architekturtheoretiker Siegfried Giedion bereits Ende der 1940er Jahre in der Einleitung zu seiner wegweisenden Publikation „Mechanization takes command" formulierte, „[...], die Zeit, die Vergangenheit ebenso wie die Zukunft geleugnet. Was zählt, ist allein der gegenwärtige Augenblick." Daraus folgert Giedion: „Spätere Epochen werden diese Zerstörungsakte, diesen Mord an der Geschichte, nicht verstehen." (Giedion 1982, Einleitung)

Diesem so seltsam ahistorisch gewordenen Verhältnis zu unserer durch Technik geprägten Welt versucht sich nun das Museumswesen, in unserem Falle die Technikmuseen, in ihrem Bestreben einer Aneignung und des Verstehbarmachens einer ansonsten unbekannt werdenden bzw. gewordenen Welt entgegenzustemmen. Das Technikmuseum wird damit zu einem gesellschaftlichen Erinnerungsort, denn die Erinnerung bedarf, wie die Philosophin Hannah Arendt (1906–1975) es formulierte, „der Handgreiflichkeit des Dinghaften". Ohne „Verdinglichung, die aus der Erinnerung selbst entspringt", würde sie spurlos verschwinden." „Museen mit ihren Sammlungen und Auslagen basieren auf dieser Einsicht, dass Dinge zu Erinnerungsspeichern werden können und daraus eine unverwechselbare Aura und Kraft beziehen." (Arendt 1981, S. 12) Funktion und Aufgabe, die ihnen hierbei zufallen, lassen sich unschwer benennen.

Museumsdefinition ICOM

Der Definition des International Council of Museums ICOM nach ist ein Museum – und damit auch ein Technikmuseum – „[...] eine gemeinnützige, ständige, der Öffentlichkeit zugängliche Einrichtung im Dienst der Gesellschaft und ihrer Entwicklung, die zu Studien-, Bildungs- und Unterhaltungszwecken materielle Zeugnisse von Menschen und ihrer Umwelt beschafft, bewahrt, erforscht, bekannt macht und ausstellt." (dt. Übs. der Museumsdefinition auf: https://icom.museum/en/resources/standards-guidelines/museum-definition/)

Der in der ICOM-Definition des Museums genannte Studien-, Bildungs- und Unterhaltungsauftrag sowie die klassischen musealen Aufgaben des Beschaffens, Bewahrens, Erforschens, Bekanntmachens und Ausstellens gehören zusammen. Weniger verständlich bleibt zunächst, was unter der Museumsfunktion als Einrichtung im Dienste der Gesellschaft und ihrer Entwicklung zu verstehen ist. Das bedarf einer näheren Klärung und Konkretisierung, denn die gesellschaftliche Funktion von (Technik-)Museen dürfte vielschichtig und in eine Fülle historisch durchaus nicht konstanter systemischer Rahmenbedingungen eingebunden sein. Auch die von Kristiane Janeke vorgetragene und auf Jörn Rüsen, Edgar Wolfrum sowie Norbert Frei zurückgehende Definition, „[...] dass Museen und Ausstellungsprojekten eine wichtige Bedeutung bei der Aneignung von Vergangenheit, aber auch der Orientierung für Gegenwart und Zukunft und damit für die individuelle und kollektive Sinnstiftung zukommt", (Janek 2016, S. 6) weist zwar einen richtigen Weg, bleibt aber dennoch viel zu abstrakt, um sich darunter etwas Konkreteres vorstellen zu können.

Am einfachsten, wenn auch dieser Definition nur bruchstückhaft gerecht werdend, wäre es wohl, den Dienst an der Gesellschaft und das Verstehen ihrer Entwicklung, den das Technikmuseum leisten solle, im Sinne des Technologen Johann Beckmann (1780–2005) zu interpretieren, und zwar dahingehend, der Geschichte einen Erfahrungsschatz abzuringen und diesen für die weitere Entwicklung der Menschheit zu sichern, um daraus auch Anregungen für die Bewältigung von Problemen der Gegenwart zu erlangen. Beckmann ließe sich als der erste explizite Verfechter einer nützlichen Vergangenheit in der Technikhistoriographie interpretieren. Historia magistra vitae: Geschichte als Lehrmeisterin des Lebens? Museen als Wissenstempel für oder Wegweiser in die Zukunft? Dieses Ansinnen klingt doppelt anachronistisch, denn:

1. dieser aufklärerische Grundsatz kollidiert mit der hoch- und postmodernen Ideologie, dass neue Technik alter immer überlegen ist: Fortschritt durch Technik! und
2. sie widerspricht dem Alltagsverständnis, dass Geschichte sich nicht wiederholt.

Auf die Technik bezogen bedeutet dies, dass in der Regel nicht damit zu rechnen ist, durch technikmuseal vermittelbare Kenntnisse den technischen Fortschritt zu befördern und aktuelle Technik zu verbessern. (König 2009, S .220 f.) Aber könnte nicht zumindest, so ist zu fragen, eine mittelbare gesellschaftliche Funktion von Technikmuseen darin bestehen, dazu beizutragen, dass das Wissen und das Verständnis über jene Faktoren vermittelt wird, die zu den konkreten historischen Technikentwicklungen geführt haben, und zwar unter den jeweiligen dynamischen Rahmenbedingungen soziokultureller, ökonomischer, ökologischer und auch politischer Art? Damit würde dann auch die historische Offenheit von vergangenen und gegenwärtigen Technikzukünften erkennbar, die weder teleologisch (auf ein Ziel hin) noch im Sinne eines Technikdeterminismus interpretierbar sind. Das würde auch ein „kritische[s] Bewusstsein [...] gegenüber leichtfertigen Heilsversprechungen und Untergangsprophezeiungen" (ebd., S. 221) fördern.

Um die Spannweite der gesellschaftlichen Funktionen von (Technik)-Museen verständlich werden zu lassen, wäre zunächst ein kurzer Blick auf deren historische Entwicklung zu werfen, um dann diejenigen beiden Extrempositionen einander gegenüberzustellen, die aktuell in deren Funktion vorherrschen, nämlich zum einen als bewunderte *Nekropolen vergangenen Technikfortschritts*, zum anderen als Spiegelbild der Werte einer sich *Mc Donaldisierenden* Massenkonsumgesellschaft. Ein schlaglichtartiger historischer Rückblick auf die vielfältigen gesellschaftlichen Funktionen, die dem technischen Museumswesen zukamen, zeigt folgendes Bild:

1. Zunächst einmal dienten die barocken Kuriositäten- und Wunderkammern des 17./18. Jahrhunderts vornehmlich der Präsentation absolutistischer Pracht, Macht und Herrlichkeit. Als typisches Beispiel hierfür kann das zwischen 1723 und 1729 vom sächsischen Kurfürsten August dem Starken in Dresden errichtete, mit zahlreichen Pretiosen ausgestatte und öffentlich zugängliche „Grüne Gewölbe" angeführt werden.
2. Demgegenüber bestand die gesellschaftliche Funktion des 1794 in Paris gegründeten ersten nationalen Technikmuseums der Welt, des heutigen Musée National des Techniques, als Teil des Conservatoire National die Arts et Métiers (Suhling 1994, S. 7) darin, das moderne, zukunftsorientierte Gedankengut der Aufklärung und des Fortschritts zu verbreiten. Der Technikhistoriker Lothar Suhling hält hierzu fest: „Als Institution der Revolution fand das Pariser Museum im Jahre 1802 sein Domizil in einer säkularisierten Abtei. Im Chor der Chapelle Saint-Martin-des-Champs wurden an der Stelle des Altars das Dampffahrzeug Cugnots und andere Maschinen und Geräte des 18. Jahrhunderts zelebriert –welch ein Omen für die Technikgläubigkeit des aufgeklärten Zeitalters!" (Ebd.).

3. Eine auf den ersten Blick ähnliche Zielsetzung verfolgte das 1903 gegründete Deutsche Museum in München, welches sich der Präsentation von „Meisterwerken der Naturwissenschaft und der Technik“ verschrieben hatte. Das eigentliche Ziel dieses deutschen Nationalmuseums der Technik bestand in der Schaffung gesellschaftlicher Akzeptanz für die Notwendigkeit der naturwissenschaftlich-technischen Zivilisation und deren gesellschaftlicher Träger. Im Falle des Deutschen Museums waren dies seit Beginn des 20. Jahrhunderts die Standesorganisationen der Techniker, also der Verein Deutscher Ingenieure (VDI), die Industrie und der Staat, wobei das Initiativzentrum bei der technischen Intelligenz lag. Als Methode zur Erreichung des Ziels setzte die Gründungskonzeption des Deutschen Museums auf eine konsequente Heroisierung und Emotionalisierung von Technik und Wissenschaft. Die Inszenierung der technischen Ausstellungsgegenstände wirkte als eine Faszinationsgeschichte des technischen Fortschritts. Die *Meisterwerke* der Technik und Naturwissenschaften gruppierten sich in der Rhetorik des Gründungsdirektors Oskar von Miller (1855–1934) zu einer *Walhalla der Technik*. Ein öffentlicher Diskurs über die Folgewirkungen von Technik und sowie der Industriegesellschaft war nicht intendiert. Die Ausrichtung des Museums lief auf Volksbelehrung hinaus. Diese Aufgabe formulierte Conrad Matschoß, der Direktor des Vereins Deutscher Ingenieure, folgendermaßen: „Das Museum ist eine Stätte des Wissens, der Anregung und Belehrung, eine Stätte, aus der die Jugend Begeisterung zu großen Taten schöpfen kann.“ (Matschoß 1925) Georg Kerschensteiner unterstrich dies noch mit seiner besonderen Betonung der Bildungsaufgabe des Deutschen Museums. (Kerschensteiner 1925) Das Deutsche Museum sollte die bestehenden gesellschaftlichen Machtstrukturen des Kaiserreichs legitimieren und modernisieren, sie aber nicht hinterfragen. Maria Osietzky fasst diese Machtperspektive folgendermaßen zusammen: „Gleichzeitig sollten die Besucher nicht nur Achtung vor den Leistungen der Technik, sondern auch vor ihren Trägern, der Industrie und dem Staat gewinnen.“ (Ossietzky 1984, S. 7). Die nationalsozialistische Heroisierung und Funktionalisierung der Technik für das Projekt von Krieg und Zivilisationsbruch knüpfte hier an (Ludwig 1997, S. 257-274).
4. Vollzieht man nun einen großen zeitlichen Sprung in die 1970/80er Jahre, so findet man sich bei den sich neu ausrichtenden „modernen“ Technikmuseen und ihrer gesellschaftlichen Funktion wieder. Diese Neuausrichtung dürfte auf zwei zentrale und damit auch die grundlegenden musealen Umstrukturierungen auslösende Faktoren zurückzuführen sein. Zum einen auf die Technikhistoriographie selbst, die sich nun im Sinne der durch die Sozialhistoriker Karin Hausen und Reinharde Rürup terminologisch geprägten „modernen Technikgeschichte“ (Hausen/Rürup 1975) programmatisch neuformiert und sich damit von der vormaligen internalistischen Technikgeschichtsinterpretation ablöst. Zum anderen auf einen gesellschaftspolitischen Wahrnehmungswandel in der Bundesrepublik der 1970er und 1980er Jahre, der darin bestand, dass die Bedeutungszumessung von technischem Wandel als Fortschritt und damit als Garant gesellschaftlichen

> und wirtschaftlichen Wohlstandes zunehmend infrage gestellt wurde. Aufgrund dieser veränderten Rahmenbedingungen war das technische Museumswesen vor neue Herausforderungen gestellt. Eine gesellschaftliche Kontextualisierung von Technik und technischer Entwicklung wurde unumgänglich und musste in den Ausstellungen notwendigerweise ihren Niederschlag finden. Eine einfache Aneinanderreihung technischer Artefakte als Sinnbilder und Ikonen technischen Fortschritts, so selten oder schön sie auch immer sein mochten, zerbrach an der gesellschaftlich ambivalenten Wahrnehmung von technischem Wandel und genügte deshalb nicht mehr. Von den Technikmuseen wurde stattdessen nun ein Beitrag zum gesellschaftlichen Diskurs um und über technischen Wandel gefordert, und zwar eingebunden in historische Kontexte. Der durch die Gesellschaft nun von Technikmuseen eingeforderte Beitrag zum Diskurs über technischen Fortschritt und seine Folgen wies allerdings durchaus unterschiedliche Intentionen auf.

Auf der einen Seite ging es seit den 1980er Jahren wohl vornehmlich darum, über eine Beschäftigung mit der technisch-industriellen Vergangenheit das Potential für eine kritische Hinterfragung der Gegenwart und ihrer Machtstrukturen zu bieten. Das technikhistorische Museum sollte damit zum Ort der kritischen Auseinandersetzung über die Ursprünge und Strukturen des industriellen Zeitalters werden, also zum sozialen Lernort. Mit dieser Zielsetzung vollzog sich ein Perspektivwechsel im Erkenntnisinteresse. Statt der Faszinationsgeschichte des technischen Fortschritts sollte gerade diese gesellschaftliche Konstruktion des Fortschrittbegriffs in Frage gestellt werden. Nicht mehr die Technik, d. h. die technischen Artefakte, die Maschinen und Produkte, sondern der Mensch als Produzent und Konsument rückte in den Mittelpunkt der musealen Präsentation. Es ging nunmehr um eine Rekonstruktion von Lebenswelten. Dieser Perspektivenwechsel mittel historischer Reflektion sollte zu einer neu auszuhandelnden gesellschaftlichen Sinngebung beitragen und sich einer blinden Fortschrittsgläubigkeit in den Weg stellen.

Dieser Zielsetzung stand auf der anderen Seite nach wie vor und erneut eine diametral andere gegenüber, und zwar das Schaffen von Akzeptanz für technischen Wandel, der nach wie vor als Fortschritt begriffen wurde. Das Bestreben, das technische Museumswesen im gesellschaftlichen Diskurs um Technikzukünfte politisch zu instrumentalisieren, liegt nahe und lässt sich an einem Beispiel aus der Gründungsphase des Mannheimer „Landesmuseums für Technik und Arbeit“ unzweideutig belegen. Die Baden-Württembergische Landesregierung reagierte mit ihrer Neugestaltung der Museumslandschaft auf eine von ihr als bedrohlich empfundene Entwicklung, nämlich auf die zunehmend technikkritische Haltung der Bevölkerung. Der damalige Ministerpräsident Lothar Späth/CDU (1937–2016) definierte die Aufgabe „seines“ Museums programmatisch dahingehend, dass gezeigt werden solle, „wo und wie die Technik und Industrie die Lebensverhältnisse unserer Bevölkerung verbessert, Anpassungsprozesse in Gang gesetzt hat und warum dies so geschah.“ (Museumsverein 1984, S. 5) In einer Publikation des die Institution mitplanenden Museumsvereins heißt es zur gesellschaftlichen Funktion des zukünftigen Technikmuseums expressis verbis: „Der Bevölkerung, insbesondere der jungen Generation, soll wieder begreiflich gemacht werden, daß die Technik dem Menschen Lebenschancen geschaffen hat und noch schafft, die es ohne sie nicht gäbe." (Museumsverein, ebd., S. 1) Das technische Museum wird damit im Griff nach der Deutungshoheit zu einem Indoktrinationsmedium für die Stabilisierung eines in der Diskussion stehenden gesellschaftlichen Selbstverständnisses von Technik, also zur Arena der Akteure des gesellschaftlichen Diskurses um Zukünfte.

Zusammenfassend kann anhand der aufgezeigten historischen Beispiele zur gesellschaftlichen Funktion von Technikmuseen festgehalten werden, dass sie als „Kinder ihrer Zeit" jeweils spezifischen, an sie herangetragenen gesellschaftliche Erwartungen befriedigen. Zudem spiegeln sich in ihnen die Intentionen verschiedener gesellschaftlicher Akteure wider. Von daher sind sie keineswegs nur unterhaltende, belehrende, sammelnde, konservierende und ausstellende Bühnen für historische Artefakte in ansprechenden Inszenierungen und im museumsarchitektonischen Spezialambiente, sondern sie sind im Kern bedeutsame Institutionen des gesellschaftlichen Technikdiskurses. „Man kann", wie der Reformpädagoge Georg Kerschensteiner (1834–1932) mit deutlich ironischem Unterton bereits im Jahre 1925 hervorhob, „die Museen einteilen in Gelehrsamkeitsspeicher, Raritätenkästen, Schaubuden und Bildungsinstitute." (Kerschensteiner 1925, S. 39) Allerdings lassen sich sich, ganz in diesem Sinne, darüber hinaus durchaus auch ganz anders charakterisieren:

Da wären zum einen die Technikmuseen als Nekropolen (Begräbnis- und Weihestätten) vergangener Technik, deren prachtvoll hergerichtete und aufgebahrte Artefakt-Leichname einer staunenden und gläubig verehrenden Nachwelt präsentiert werden. Zudem bestattet in architektonisch einmaligen, gigantischen Grabstätten, gebaut von den Stararchitekten ihrer Zeit. Mystisch verklärte Pilgerstätten, vollgestopft mit Reliquien und sakralen Objekten zur Verehrung und Anbetung vergangener Technik auf dem Wege zu heutiger Vollkommenheit. Pretiosen einer technischen Evolution, gehütet und gedeutet von den Hohepriestern der Museumskultur. Und dies in der gesellschaftlichen Funktion als Symbole des Fortschritts, der Größe und der Macht. „Kultur-Leichenkammern" also, durchzogen von einem Atem der Verwesung und nicht vom „Oden des Lebens", wie es der Publizist Heinrich Pudor in einem Aufsatz bereits 1910 provokativ formulierte. (Pudor 1910, S. 250) Stätten, die für den Betrachter an sich nichts mit den aktuellen gesellschaftlichen Gegebenheiten und Geschehnissen zu tun haben.

Den Gegenpol verkörpert das „McDonaldisierte Technikmuseum" mit seinen gesellschaftlichen Funktionen. Der Begriff „McDonaldisierung" geht auf den amerikanischen Soziologen Georg Ritzer (Ritzer 1993/2006) zurück und stellt, wie sein deutscher Fachkollege Volker Kirchberg hervorhebt, einen gesellschaftlichen makrosoziologischen Megatrend dar, der die „ubiquitäre Einführung der formalen Rationalität in der Moderne [...]" (Kirchberg 2005, S. 52) darstellt. D. h.: „Alle gesellschaftlichen Bereiche werden [...] vom Prinzip dieser formalen Rationalität beherrscht [...]". (Ebd.) Dabei sind Bürokratie, Taylorismus und Fordismus die „genuinen Vorläufer dieser McDonaldisierung." (Ebd., S. 56) Die McDonaldisierung der Gesellschaft und ihrer Institutionen lässt sich dabei durch fünf Elemente charakterisieren, nämlich durch Effizienz, Berechenbarkeit, Vorhersagbarkeit, Kontrolle und eine zunehmend konsumorientierte Ausrichtung von Wirtschaft und Gesellschaft mit einer beherrschenden ökonomischen Konnotation von Gütern und Dienstleistungen. Unter Rückgriff auf Theorieansätze von Pierre Bourdieu (Bourdieu 1982) oder Hans Peter Hahn (Hahn 2005) geht es hier dann darum, die Warenfunktion des Museums in und für die Gesellschaft der Moderne bzw. Postmoderne aufzuzeigen. „Im Zeitalter der Postmoderne“, so Kirchberg, „sind Museen Bestandteil einer sich über den Konsum [...] gestaltenden und definierenden Gesellschaft.“ (Ebd., S. 77) „Dieser *neue* Konsum lebt allein von der über umfangreichen Werbung gebildeten, inhaltsunabhängigen Imageausstrahlung der angepriesenen Güter und Dienstleistungen.“ (Ebd. S. 78) Es bildet sich eine Hyperrealität heraus, die der Befriedigung der Bedürfnisse des „homo eventicus“ gerecht wird, ohne der Notwendigkeit einer authentischen Realität zu bedürfen. „McDonaldisierung [...] ist ein rationalisierter Massenkonsum von Symbolen, deren Vergegenständlichung (Nützlichkeit als Gebrauchswert) nicht mehr bestimmend für die Kaufentscheidung ist.“ (Ebd., S. 57) So wird nicht mehr das tatsächliche Objekt konsumiert, „sondern nur noch sein vermarktetes Symbol.“ (Bötzkes 1994, S. 108) Eine Symbolik, welche sich zudem aus der Gesamtheit zahlreicher Einzelfaktoren konstituiert. Nicht zu Unrecht weisen Bötzkes u. a. in diesem Zusammenhang etwa auf die zunehmende Bedeutung von „Museumsarchitektur“ hin. Statt des ausgestellten Exponats selbst wird die Hülle, also die Museumsarchitektur, „[...] zum eigentlich attraktiven Ausstellungsgegenstand.“ (Kirchberg 2005, S. 78) Auch die Bedeutungssteigerung des Ausstellungsdesigns gegenüber dem eigentlichen Exponat unterstreicht diese Diskursanalyse dahingehend, dass der „Schein“ wichtiger wird als das „Sein“.

Die gesellschaftliche Funktion all dessen, deutlicher möglicherweise noch an den Themenparks eines Disneyland als Prototyp einer McDonaldisierten Einrichtung als am Museum auszumachen, besteht in der Präsentation eines Fluchtweges in Pseudowelten. Neben die Pseudo-Strände, Pseudo-Korallenriffe oder Pseudo-Piratenschiffe dieser Disneyworld tritt dann im Museum eine Pseudo-Geschichte bzw. in unserm Fall eine Pseudo-Technikgeschichte.

Spezifika eines McDonaldisierten Museums nach Kirchberg

- ein betriebswirtschaftlich orientierter Effizienzansatz im Management;
- eine eher auf quantitativen Größen beruhende Museumsarbeit;
- eine stärkere Standardisierung des Angebots;
- eine ausgefeilte Methodik der Kontrolle vorhandener und potenzieller Besucher; und
- eine furchtlose Verwendung nichtauthentischer Exponate (Repliken) zur Erhöhung der Erlebnisqualität.

Ohne hier differenzierter auf Kirchberg eingehen zu können, sollen zumindest die Zentralkategorien seiner Analyse aufgeführt werden. Kirchberg verwendet bei seiner Betrachtung der gesellschaftlichen Funktionen von Museen analytisch die Kategorien Makro-, Meso- und Mikroperspektive. Dabei umfasst die Makroebene die gesamtgesellschaftlichen Entwicklungslinien und Entwicklungstrends, wobei den Museen hier die Funktion des Lieferanten von Ordnungskonstruktionen in einem Orientierungsvakuum zugesprochen werden, verbunden mit der Bereitstellung von Bildungs- und Unterhaltungssymbolen. Die Mesoebene befasst sich mit der Funktion von Museen im geographischen Raum, hier in der Stadt, und differenziert dabei zwischen „Firstplace“ (Stadtgestaltung), „Secondplace“ (Stadtimage) und „Thirdplace“ (Funktion der kulturellen Umrahmung neuer kommerzieller urbaner Stadtzentren). Auf der Ebene der Mikroperspektive geht es ihm schließlich um die Museumsfunktion im Hinblick auf Lebensstile, individuelles Verhalten und der entsprechenden persönlichen Einstellungen.

Daraus ergeben sich komplexe Themenfelder und Fragestellungen zur Vielschichtigkeit der Betrachtungsperspektiven musealer Präsentation gewesener Technik:

- Wovon geht die Faszination eigentlich aus, die Besucher ins Technikmuseum zieht?
- Welche Rolle spielt dabei das einzelne Exponat und seine Präsentation, welche eine Inszenierung oder auch das Museum als Gesamtensemble?
- Wie ist mit Exponaten, die als Originale historisches Kulturgut darstellen, umzugehen, oder sind diese problemlos durch Repliken bzw. gar virtuelle 3-D-Kopien ersetzbar, so wie es museal aktuell zunehmend betrieben wird? (Innovationsagentur, Open up 2016).
- Welche Bedeutung kommt der Museumsarchitektur zu?
- Welche gesellschaftliche Botschaft geht von Ausstellungen und ihren Exponaten aus?
- Wer schafft und finanziert die Museumsprojekte und mit welcher Intention?
- Warum ist der Erhalt historischer Technik möglicherweise wichtig oder gar geboten, bzw. handelt es sich vielleicht doch nur um nichts anderes als um romantisierenden Unterhaltungszwecken dienende, und zudem kostspielige Erinnerungen an die Vergangenheit unserer Gegenwart und Zukunft?

Eine weitere Frage, die sich hierzu aufdrängen muss, ist folgende: Was passiert eigentlich mit einer Produktionsanlage, deren Betrieb eingestellt wird, einem Bahnhof, an dem kein Zug mehr hält, einem Kraftwerk, das nicht mehr gebraucht wird, einem technischen Gebrauchsgegenstand, der nicht mehr aktuell ist? Was passiert mit technischen Anlagen und technischen Gegenständen, wenn sie ihre Funktion verloren haben? Die Alternativen möglicher Reaktionen auf diese Situation können vielfältig sein. Stichwortartig geht es um Auslöschung, Umnutzung, oder museale Bewahrung, wobei die Motive dieser Alternativstrategien dem gesellschaftlichen Diskurs unterliegen.

Das folgende Kapitel beschäftigt sich genau mit dieser Fragestellung, also mit Modellen, Konzepten und konkreten Beispielen des Umgangs mit unserem technisch-industriellen Erbe und damit den Versuchen der Aneignung einer zunehmend unbekannter werdenden Welt. Technikgeschichte beschäftigt sich mit Überresten. Damit ist nicht der methodische Begriff der Geschichtswissenschaft gemeint, sondern vielmehr die materielle Dimension der Quellen als Dinge. Die Verfahren und Produkte technischen Handelns sind materieller Natur, die Folgen technischen Handelns sind folgerichtig direkt in unserer „Umwelt" spürbar. Keine andere Zeit hat sich menschheitsgeschichtlich derart materiell manifestiert wie die gegenwärtige. Keine andere hat einen derartigen Überfluss an materiellen Zeugnissen hinterlassen. Die materielle Kultur des Industriezeitalters umfasst Produktionsstätten, Produktionsverfahren, Produkte und nicht zu vergessen, die Folgen dieser Entwicklung als „Begleiterscheinungen", also eine desaströse Ökobilanz, Ressourcenmangel sowie sich global zuspitzende Sozialprobleme.

Dennoch scheint es so, als habe die Mehrzahl der materiellen Überreste unserer direkten Vergangenheit seine Geschichte verloren. Sie muss mühsam rekonstruiert werden. Schon Sigfried Giedion beschäftigte sich, und zwar als erster (Technik)Historiker überhaupt, mit einer Geschichte der Mechanisierung des menschlichen Alltagslebens. In seiner im Jahr 1948 erschienen Untersuchung „Mechanization takes Command" beklagte er sich über die Schwierigkeiten einer „anonymen Geschichte". Konsterniert hielt er fest, welcher Umgang in den USA mit Zeugnissen der technischen Alltagskultur dominierte:

> „Eine unbegreifliche historische Blindheit hat jedoch verhindert, daß wichtige historische Dokumente, Modelle, Werksarchive, Kataloge und Werbebroschüren usw. aufbewahrt wurden. Die Öffentliche Meinung beurteilt Erfindungen und Produkte nur unter dem Gesichtspunkt ihres kommerziellen Erfolges [...] Damit wird die Zeit, die Vergangenheit ebenso wie die Zukunft geleugnet. Was zählt, ist allein der gegenwärtige Augenblick. Spätere Epochen werden diese Zerstörungsakte, diesen Mord an der Geschichte, nicht verstehen." (Giedion 1982, S. 14)

Das kulturelle Erbe der materiellen Geschichte des Industriezeitalters verschwand so unversehens aus dem gesellschaftlichen Bewusstsein, und das hat Gründe. Technik tritt als zukunftsorientiertes Medium auf, als Inbegriff des Fortschritts. Der Erfolg von Technik wird in ökonomischen Kategorien wahrgenommen, gemessen und beurteilt. Ein historischer Zugang zu dieser Welt stellt sich von daher eigentlich als gedankliche und emotionale Fehlleistung dar. Vergangene Technik spielt hierbei keine Rolle. Die Industriegesellschaft wird damit „naturgemäß" zu einer Gesellschaft des Verschwindens, bei der Vergangenes keine Rolle mehr spielt. Nicht etwa ausgelöst durch eine unendliche Beschleunigung des technischen Wandels als solchen, wie es der französische (Technik)Philosoph Paul Virillio (1932–2018) prophezeite (Virillio 1989), sondern schlicht durch eine unbewusste Vernichtung der materiellen Kultur des Industriezeitalters und damit durch Ausblendung sowie Nichtwahrnehmung des Vergangenen.

Um einer derartigen Vernichtung der Geschichte sowie der damit verbundenen Auslöschung von gesellschaftlichen Bedeutungsinhalte historischer Technik und Technologien entgegenzuwirken, gibt es derzeit zwei Strategien: Zum einen das Bewahren und die Präsentation von Artefakten der industriellen Lebensform im Rahmen von Technikmuseen. Zum anderen den Versuch, technische Artefakte in ihrer eigenen, ursprünglichen Realität und Umwelt zu erhalten und zu interpretieren. Dies geschieht im Rahmen der Industriearchäologie bzw. Industriekultur. Technikgeschichte in diesem Sinne wird zur „handlungsorientierenden Technikhistorie". (Weber 1980) Das fehlende Bewusstsein für das industrielle Erbe ist eine Konsequenz des mangelnden Bewusstseins für die materielle Basis der modernen industriellen Lebensform. In einer technisch überformten Umwelt, dem Technotop, bietet die Technik Handlungsoptionen an, die sie andererseits allerdings bis zu einem gewissen Grad determiniert. Mit der Nutzung technischer Artefakte strukturieren sich unsere Wahrnehmung, unser Handeln und unser Denken in einer spezifischen Form. Techniknutzung und -entwicklung ist ein wechselseitiger Prozess der Interaktion zwischen Nutzer und Benutztem. Diese Dialektik der Rückwirkung von technischen Artefakten und Verfahrensweisen auf ihren Anwender stellt jedoch nach wie vor einen blinden Fleck in der öffentlichen Wahrnehmung dar. Obwohl wir in einer durch Technik geprägten Welt leben, also einer Welt, der Technik ihren Stempel aufgedrückt hat, und geradezu zu Smartphone-Cyborgs mutiert sind, ist die Reflektion über die Konsequenzen dieser Entwicklung nur gering entwickelt, ganz zu schweigen von einer technikhistorischen Auseinandersetzung hierüber. Um hier einen Beitrag zur Abhilfe zu schaffen und den geschilderten Zusammenhang stärker ins gesellschaftliche Bewusstsein zu rücken, liegt die Verantwortung in besonderem Maße sowohl bei der Technikgeschichte als auch dem technischen Museumswesen. Hierzu wird exemplarisch im Folgenden ein Blick auf die museale und industriearchäologische Auseinandersetzung mit Technik geworfen, und zwar jeweils unter Einbeziehung der zeitgenössischen Technikhistoriographie und ihrer methodischen Ausrichtung.

Literatur

Hannah Arendt, Vita activa oder: vom tätigen Leben, München 1981

Aleida Assmann, Konstruktion von Geschichte in Museen, in: [APuZ 2007], https://www.bpb.de/shop/zeitschriften/apuz/30063/konstruktion-von-geschichte-in-museen/ [12.02.2022]

Johann Beckmann, Beyträge zur Geschichte der Erfindungen, 5 Bände, Leipzig 1780–1805

Manfred Bötzkes, Bernhard Graf, Jochen Worsch, Tradition und Faszination – Veränderungen und Trends von Museen in Deutschland, in: Organisations-Entwicklung, Zeitschrift für Unternehmensentwicklung und Change Management, Spezial 2 (1994), Schwerpunkt: Veränderungsstrategien im Non-Profit-Bereich, S. 106-115

Pierre Bourdieu, Die feinen Unterschiede, Kritik der gesellschaftlichen Urteilskraft, Frankfurt am Main 1984

David Edgerton, The shock of the old: Technology and global history since 1900, London 2006

Sigfried Giedion, Mechanization takes command, New York 1948; dt. Die Herrschaft der Mechanisierung, Frankfurt am Main 1982

Hans Peter Hahn, Materielle Kultur, Berlin 2005

Karin Hausen, Reinhard Rürup (Hg.), Moderne Technikgeschichte, Köln 1975

Innovationsagentur Medien- und Kreativwirtschaft (Hg.), OPEN UP! Museum. Wie sich Museen den neuen digitalen Herausforderungen stellen. Ein Leitfaden aus Baden-Württemberg, Stuttgart 2016

Gregor Isenbort, Einschätzungen zur Entwicklung der europäischen Technikmuseen und ihrer Ausstellungen, in: Rolf-Jürgen Gleitsmann (Hg.), Einfach nur schön? Automobilität und Museum, Karlsruhe 2017, S. 39-50

Kristiane Janeke, Zeitgeschichte in Museen – Museen in der Zeitgeschichte, in: Docupedia, in: https://zeitgeschichte-digital.de/doks/frontdoor/deliver/index/docId/309/file/docupedia_janeke_zeitgeschichte_in_museen_v1_de_2011.pdf [12.02.2022]

Georg Kerschensteiner, Die Bildungsaufgabe des Deutschen Museums, in: Conrad Matschoß (Hg.), Das Deutsche Museum. Geschichte, Aufgaben, Ziele, Berlin/München 1925, S. 39-50.

Volker Kirchberg, Gesellschaftliche Funktionen von Museen, Makro-, meso- und mikrosoziologische Perspektiven, Wiesbaden 2005

Georg Klaus, Manfred Buhr (Hg.), Philosophisches Wörterbuch, Bd. 2, 8. Auflage, Berlin 1972

Wolfgang König, Technikgeschichte. Eine Einführung in ihre Konzepte und Forschungsergebnisse, Stuttgart 2009

Günter Kunert, Museumsbesuch, in: Franz Rottensteiner (Hg.), Die andere Zukunft. Phantastische Erzählungen aus der DDR, Frankfurt am Main 1982, S. 72-77

[ICOM-Museusdefinition:] https://icom.museum/en/resources/standards-guidelines/museum-definition/) [10.02.2022]

Karl-Heinz Ludwig, Technik, in: Enzyklopädie des Nationalsozialismus, hg. v. Wolfgang Benz u. a., Stuttgart 1997, S. 257-274

Karl Marx, Das Elend der Philosophie (1847), Berlin 1980 (MEW, Bd. 4), S. 63-182

Conrad Matschoß (Hg.), Das Deutsche Museum. Geschichte, Aufgaben, Ziele, Berlin/München 1925

Dennis Meadows u. a., Die Grenzen des Wachstums. Bericht des Club of Rome zur Lage der Menschheit, Reinbek 1972

Rita Müller, Braucht unsere Gesellschaft noch Museen? Die Antworten der Technik- und Industriemuseen in einer digitalisierten und globalisierten Welt, in: Rolf-Jürgen Gleitsmann, Einfach nur schön? Automobilität und Museum, Karlsruhe 2017, S. 25-38

Museumsverein für Technik und Arbeit e.V. (Hg.), Landesmuseum für Technik und Arbeit in Mannheim. Beiträge zur Planung, Mannheim 1984

Maria Osietzky, Technik zwischen Genie und Wahnsinn. Zur Ideologie der Technikentwicklung und -aneignung, in: Ideologie der Objekte – Objekte der Ideologie. Naturwissenschaft, Medizin und Technik in Museen des 20. Jahrhunderts, Kassel 1991 (73. Jahrestagung der Deutschen Gesellschaft für Geschichte der Medizin, Naturwissenschaft und Technik, 2.–5. Oktober 1990 in Mannheim), S. 89-95

Maria Osietzky, Die Gründung des Deutschen Museums. Motive und Kontroversen, in: Kultur und Technik 1-2 (1984), S. 1-8

Heinrich Pudor, Museumsschulen, in: Museumskunde 6 (1910), S. 248-253

George Ritzer, Die McDonaldisierung der Gesellschaft, Konstanz 2006 (zuerst u. d. T. The McDonaldization of society: an investigation into the changing character of contemporary social life, Thousand Oaks 1993)

Anke te Heesen, Theorien des Museums, 3. Aufl., Hamburg 2015

Rolf Sonnemann, Das Konzept der Geschichte der Produktivkräfte in der DDR Geschichtswissenschaft, in: Technische Universität Dresden (Hg.), Dresdener Beiträge zur Geschichte der Technikwissenschaften 24 (1996), S. 1-19

Staatliche Museen zu Berlin – Preußischer Kulturbesitz (Hg.), Materialien aus dem Institut für Museumsforschung, Heft 70, Statische Gesamterhebung an den Museen der Bundesrepublik Deutschland für das Jahr 2015, Berlin 2016

Lothar Suhling, Werden und Wandel von Technikmuseen aus konzeptioneller Sicht. Die neue Museumsgeneration am Beispiel des Landesmuseums für Technik und Arbeit in Mannheim, in: Lothar Hiersemann, Klaus Steinbock

(Hg.), Beiträge zur Geschichte von technischer Bildung, Folge 8, Leipzig 1994, S. 3-21

Paul Virillio, Der negative Horizont. Bewegung, Geschwindigkeit, Beschleunigung, München 1989

Eberhard Wächtler, Otfried Wagenbreth. Transactions. First International Congress on tghe Conservation of Industrial Monuments, Ironbridge 29 May–5 June 1973, Telford 1975, S. 45-48

Wolfhard Weber, Von der „Industriearchäologie“ über das „Industrielle Erbe“. Zur „Industriekultur“. Überlegungen zum Thema einer handlungsorientierenden Technikhistorie, in: Ulrich Troitzsch, Gabriele Wohlauf (Hg.), Technik-Geschichte. Historische Beiträge und neuere Ansätze, Frankfurt am Main 1980, S. 420-447

Peter Weibel, Das Museum im Zeitalter von Web 2.0, [APuZ 2007] https://www.bpb.de/shop/zeitschriften/apuz/30061/das-museum-im-zeitalter-von-web-2-0-essay/ [12.02.2022]

6.1 Zwischen Inszenierung und Zeitgeist. Technikmuseen: Ihre Konzepte und Typen

Während Industriearchäologie mit den Überresten der industriellen Lebensform der Moderne und dem gesellschaftlichen Umgang mit dem industriellen Erbe konfrontiert ist, zeichnet sich der zweite Ort technikhistorischer Reflektion, nämlich das Technikmuseum, durch die Inszenierung und Neuformierung des industriellen Erbes aus. Es liefert damit einen Beitrag zum Verständnis von Vergangenheit und Gegenwart und im Idealfall zum Verständnis des Gewordenen in seinen jeweiligen Kontexten.

Trotz, oder gerade aufgrund des weitgehend ahistorischen Selbstverständnisses der Gegenwart avanciert das historische Museum und seine Sonderform, das Technik- oder Industriemuseum, zu einem Massenkommunikationsort. Wenn die Besucherzahlen der Museen mit denen des kommerziellen Massenkinos konkurrieren können, so zeigt sich darin, dass sie offenbar ein latentes Bedürfnis ihrer Besucher nach historisch fundierter Sinnstiftung zu bedienen imstande sind. Die Inszenierung des Vergangenen und seiner Artefakte kompensiert etwas, was als ein Defizit an Orientierung interpretiert werden kann. Dies gilt in besonderem Maß für die Bereiche der Technik, deren Entwicklungstempo und -Quantität sich dem humanen Orientierungsbedürfnis zunehmend gänzlich zu entziehen scheint.

Das „klassische" Technikmuseum präsentierte die längste Zeit und teilweise bis in die jüngste Vergangenheit eine Sichtweise auf den technischen Wandel der Vergangenheit, die eher artefaktbezogen-internalistisch angelegt ist und weniger die Kontexte der gesellschaftlichen Wirkmächtigkeit technischer Innovationen im Focus hatte. Eine Studie des Vereins Deutscher Ingenieure (VDI), entstanden im Kontext mit der Zielsetzung zur Vernetzung und dem Aufbau von Internetressourcen für ein virtuelles Museums, belegt dies. Hier werden für die Bundesrepublik im Jahr 2000 insgesamt 580 Museen mit relevanten Sammlungsbeständen aufgelistet und analysiert. Trotz dieser beeindruckenden Menge an Institutionen gelangt das VDI-Projekt zu einem ernüchternden Fazit:

> „Aber auch in traditionellen naturwissenschaftlich-technischen Museen wird die Industrialisierung anderen Ausstellungskonzeptionen zumindest untergeordnet. Im Wesentlichen wird hier der kulturgeschichtliche Aspekt von Technik zugunsten der zielgerichteten Demonstration technischer Gesetzmäßigkeiten und Entwicklungsschritte ausgeblendet; Orientierung bieten stattdessen in erster Linie eine interne Geschichte naturwissenschaftlicher Entdeckungen und technischer Erfindungen. Auch heute noch folgt die Mehrzahl der naturwissenschaftlich-technischen Spezialmuseen in Deutschland dieser Gedankenwelt." (VDI 2000)

Dieser Befund ist insofern ernüchternd, als er dokumentiert, dass sich im technischen Museumswesen offenbar der methodische Ansatz, den die Technikgeschichtsschreibung in ihrer Abkehr von einer internalistischen und Hinwendung zu einer externalistischen, d. h. modernen Technikhistoriographie seit den 1980er Jahren vollzogen hatte, im Museumswesen noch immer nicht hatte durchzusetzen können. Die konsequente Ausblendung gesellschaftlicher und kultureller Kontexte von Technik und Technikentwicklung führt zu dem paradoxen Ergebnis, dass sich gerade die museale Inszenierung von Technik dem Erkenntnisgewinn einer bewussten Historisierung und Kontextualisierung entzieht und verweigert. Statt einer kulturellen Aufklärung erfolgt eine Mythisierung des technischen Artefaktes. Wer kennt nicht die endlose, im Kern dennoch aber letztlich dennoch aussagelose Aneinanderreihung von Automobilen, Lokomotiven, Flugzeugen, Unterhaltungselektronik oder anderen technischen Produkten etc., die kontextlos den „technischen Fortschritt" aus sich selbst heraus symbolisieren sollen? Die dennoch aber nichts anderes darstellen als entkontextualisierte Technikartefakte, die, je nach Gestimmtheit des musealen Betrachters, nur Bewunderung oder Langeweile verbreiten. Aus der Erkenntnis dieses Defizits entstanden bereits seit Mitte der 1970er Jahre neuartige Formen musealer Aufarbeitung der technischen Vergangenheit. Statt „Die Technik" oder technische Teilbereiche in den Mittelpunkt der Konzeption zu stellen, verfolgten die Museumsneugründungen in den 1970er und 1980er Jahren das Ziel, den Kontext des industriellen Erbes in seiner Gesamtheit darzustellen, d. h. konsequent Technik und technische Entwicklungen mit Entwicklungen in Gesellschaft, Kultur, Konsum und Produktion zu konfrontieren. Das VDI-Projekt benennt dabei drei Entwicklungslinien bei der Neugründung von Museen:

1. Darstellung der industriellen Produktion und industriellen Arbeitswelt;
2. Darstellung der Wandlung der Arbeitswelt; sowie
3. Umnutzung bzw. Erhalt obsolet gewordener industrieller Produktionsanlagen vor Ort.

Im Folgenden soll anhand verschiedener Beispiele schlaglichtartig die Grundkonzeption technikhistorischer Museen im Lauf der Zeit dargestellt werden. Die ausgewählten Beispiele stehen dabei stellvertretend für die Konjunkturen der Technikgeschichte, ihre methodisch-inhaltlichen Ausrichtung und die von außen an sie herangetragenen Aufgabenstellungen. Im Zentrum des Interesses befinden sich daher nicht die Ausgestaltung und die Tätigkeit der Museen, auch nicht deren Insitutionengeschichte, sondern die gesellschaftlichen Impulse, die zu deren Gründung und inhaltlicher Konzeption führten. Der Technikhistoriker Wolfhard Weber ordnete einer Museumsgründung, speziell im technischen Bereich, zwei Grundfunktionen zu. Dabei spricht er zum einen von deren politischer Funktion, also von dem, was politisch-gesellschaftliche Eliten dazu bewegt, eine Museumsneugründung zu initiieren. Zum anderen geht es Weber um die Wirksamkeit von Ideologie, d. h. der normativen Öffentlichkeitswirksamkeit von Museumsgründungen. (Vgl. Schaubild „Funktion von Museumsgründungen). Etwa 1½ Jahrzehnte später hat der Soziologe Volker Kirchberg diesen Ansatz Webers weiter ausgebaut und bei seiner Betrachtung der gesellschaftlichen Funktionen von Museen analytisch die Kategorien Makro-, Meso- und Mikroperspektive verwendet. (Kirchberg 2005)

Funktion von Museumsgründungen nach Wolfhard Weber

„Es gehen die Beschließenden in aller Regel davon aus, für sich, für ihre Machterhaltung und ihr Selbstverständnis bzw. für ihre Wähler ein Zeichen der Zustimmung gesetzt zu haben. Hier liegt sehr oft der Schlüssel zum Verständnis für den aktuellen Gründungsvorgang." (Weber 1991, S. 82)

Die Analyse technikhistorischer Theorieansätze, d. h. die Rückbindung fachlicher Diskurse an den gesellschaftlichen (politischen, wirtschaftlichen, kulturellen und mentalen) Kontext, ermöglicht eine exemplarische Zugangsweise auch zur Auseinandersetzung des Museumswesens mit Technik. Nachfolgend sollen exemplarisch drei unterschiedliche Zugangsweisen zu einer Musealisierung von Technik vorgestellt werden, die jeweils auch für unterschiedliche Kulturmodelle technikhistoriographischen Denkens stehen. Das Technikmuseum wird dabei als Ort der Emotionalisierung, als Ort der Aufklärung und als Ort der Visionen präsentiert. Es erweist sich dabei, dass gerade in gesellschaftlichen

Umbruchssituationen das Museum, speziell das technikhistorische Museum, zu einem Kommunikationsraum für die Stabilisierung des gesellschaftlichen Selbstverständnisses wird. Das Bedürfnis nach Orientierung schlägt sich in Museumskonzepten nieder, die Anbindung an gesellschaftliche Leitdiskurse suchen und zu „Zauberformeln des Zeitgeistes" (Landesmuseum für Technik und Arbeit 2001) werden. Als derartige gesellschaftliche Umbruchssituationen stehen im Folgenden der Aufbruch in die Moderne an der Wende vom 19. zum 20. Jahrhundert und der Aufbruch in post-industrielle Welten in den 1980er und 1990er Jahren im Mittelpunkt.

Literatur

Volker Kirchberg, Gesellschaftliche Funktionen von Museen, Makro-, meso- und mikrosoziologische Perspektiven, Wiesbaden 2005

Landesmuseum für Technik und Arbeit (LTA) (Hg.), Zauberformeln des Zeitgeistes. Erlebnis, Event, Aufklärung, Wissenschaft. Wohin entwickelt sich die Museumslandschaft? Mannheim 2001

VDI, Das industrielle Erbe. Ein virtuelles Museum für die Dokumentation industrieller Produktionsprozesse und der industriellen Arbeitswelt als Internetdokumentation, 2000 (bearb. von Peter Schimkat)

Wolfhard Weber, Die Gründung technischer Museen in Deutschland im 20. Jahrhundert, in: Museumskunde 56 (1991), S. 82-89

6.1.1 Technik als emotionales Erlebnis und Mittel nationaler Identitätsstiftung: Das Deutsche Museum München - Meisterwerke der Naturwissenschaft und Technik

In einem Museum materialisieren sich das Selbstverständnis und die Weltwahrnehmung der beteiligten relevanten sozialen Gruppen. Im Falle des Deutschen Museums waren dies seit Beginn des 20. Jahrhunderts die technischen Standesorganisationen, die Industrie und der Staat, wobei das Initiativzentrum bei der technischen Intelligenz lag. Die besondere Leistung des Gründungsdirektors des Deutschen Museums, Oskar von Miller (1855–1934), lag in der Einbindung dieser relevanten Gruppen in ein Aktionsbündnis: „Miller hatte es verstanden, die Ziele so zu formulieren, daß sie die Vertreter der technischen Wissenschaften, der Industrie und des Staates ansprachen". (Osietzky 1984) Der Basiskonsens dieser Gruppen formierte sich um folgende Begrifflichkeiten, um Fortschritt, um Technikgläubigkeit, um Ehrfurcht vor dem technischen Fortschritt, sowie einem technischen begründeten Nationalstolz. Damit widersprach das Gründungsmodell der Initiatoren eines pathetisch überhöhten Deutschen Technikmuseums eigentlich der rationalen Rhetorik seiner Gründer. „Glaube", „Ehrfurcht" und „Stolz" sind nicht unbedingt Beschreibungen der mentalen Reflektion jener rational handelnden Eliten, die den technischen Fortschritt in der Realität trugen, sondern eher Metaphern eines gesellschaftlich unbewussten Gefühlsmoments. Das dieses nun zur handlungsbestimmenden Option der eher rational ausgerichteten technischen

Eliten herhalten musste, ist zumindest überraschend. Ebenso so die grundsätzliche Konzeption des zu gründenden Deutschen Museums.

„Technische Weltanschauung"

- Fortschritt
- Technikglaube
- Ehrfurcht
- Technisch begründeter Nationalstolz

(Dienel 1991, S. 112)

Das Deutsche Museum wurde grundsätzlich nicht als Lernort oder Ort gesellschaftlicher Aufklärung konzipiert, sondern als emotionaler Erlebnisraum. Das eigentliche Ziel des deutschen Nationalmuseums der Technik bestand in der Schaffung gesellschaftlicher Akzeptanz für die Notwendigkeit der naturwissenschaftlich-technischen Zivilisation und deren gesellschaftlicher Träger. Als Methode der setzte die Gründungskonzeption auf eine konsequente Emotionalisierung von Technik und Wissenschaft. Die Inszenierung der technischen Ausstellungsgegenstände sollte auf eine Faszinationsgeschichte des technischen Fortschritts hinauslaufen. Die „Meisterwerke der Technik und Naturwissenschaft" gruppierten sich in der Rhetorik von Millers und seiner Mitstreiter zu einer Walhalla der Technik, einer bezeichnenden ideologischen Manifestation der Parallele von technischer Modernität und völkischer Mystik. Mit der Verweigerung eines rationalen Zugangs zu den Phänomenen der modernen Technik – das Deutsche Museum war prinzipiell gegenwartsorientiert –, d. h. der Weigerung einer kritischen Auseinandersetzung mit Technik, lief die Ausrichtung des Museums auf schlichte, wenn auch ideologisch geprägte Volksbelehrung hinaus. Das Zielpublikum des Deutschen Museums war die Masse der Bevölkerung. Deshalb musste die Inszenierung der Ausstellungsbereich auf Breitenwirkung hin ausgerichtet sein. Die Gründungssatzung des Museums sah dementsprechend folgenden Aufbau für die Institution vor:

Aufbau des Museums (Gründungssatzung)

- Sammlung von Instrumenten, Apparaten, Originalen und Modellen, welche anschaulich geordnet und erläutert im Museum zur öff entlichen Besichtigung aufgestellt sind
- Archiv
- Bibliothek
- Ehrensaal mit Büsten und Lebensbeschreibungen der hervorragendsten Förderer der technischen Wissenschaften und der Industrie.

Es ging um Technikinszenierungen, die beim Besucher in erster Linie den Nationalstolz auf die erreichten deutschen Technikleistungen fördern sollten. Der geplante „Ehrensaal“ würde dies in besonderem Maße unterstreichen. Zum anderen ging es aber auch darum, die gesellschaftlichen Wohltaten des „technischen Fortschritts“ hervorzuheben, auch wenn diese nicht unbedingt in allen gesellschaftlichen Klassen, insbesondere der Arbeiterschaft, angekommen waren. Das Sammeln musealer technischer Objekte, die einzurichtende Bibliothek, sowie ein Archiv unterstrichen unzweifelhaft den wissenschaftlichen Charakter des zu gründenden Deutschen Technikmuseums. Und diese Konzeption ging im Wesentlichen zunächst auf.

Die Wirkung der Technikinszenierung auf das Publikum des Deutschen Museums untersuchte Hans-Liudger Dienel anhand von Berichten der Reisestipendiaten des Museums, die sich aus allen Volksschichten rekrutierten. Dabei attestiert Dienel der Museumspädagogik der Deutschen Museums in der Zeit vor dem Zweiten Weltkrieg eine erstaunliche Wirksamkeit. Die Emotionalisierung von technischer Modernität funktionierte sogar in einem Ausmaß, das die offiziellen Begutachter der Stipendiatenberichte überraschte. „Die Reaktionen der Besucher scheinen sogar stärker als vom Museum intendiert.“ (Dienel 1991, S. 110) Die Realität der Objekte, insbesondere wenn sie in Funktion vorgeführt wurden, wenn sie sich also lautstark ggf. mit Funken und Blitzen in Bewegung setzten, schienen bei der Besucherschaft offenbar jedwede Form kritischer Distanz aufzulösen. Die Frage, ob diese Emotionalisierung, ja Erotisierung von Technik, geschlechtsspezifische Aneignungsformen aufwies oder aufweist, wäre ein interessanter Aspekt der Rezeptionsforschung.

Dass die Akzeptanzbeschaffung für Technik und technischen Fortschritt durch emotionale Faszination kein unbeabsichtigter Kollateralschaden der Grundkonzeption des Deutschen Museums war, zeigt eine der wenigen zeitgenössischen Kontroversen um die methodische Ausrichtung der Museumsneugründung. Alois Riedler (1850–1936), Professor für Maschinenwesen an der Königlich Technischen Hochschule zu Berlin und Delegierter des Reichskanzlers im Vorstandsrat des Deutschen Museums, kritisierte im Jahr 1905 die Aufbaupläne und Museumskonzeption Millers. Riedler, der sich als vehementer Vertreter der Gleichberechtigung der Ingenieure im gesellschaftlichen Umfeld einen Namen gemacht hatte, monierte die Eindimensionalität der Technikperspektive des Deutschen Museums. Stattdessen forderte er eine stärkere Integration kultureller und ökonomischer Aspekte in das Präsentationskonzept.

Zeitgenössische Kritik (Alois Riedler, Kgl. Technische Hochschule zu Berlin), 1905

„Nun sind aber Maschinen und Apparate, Brücken und Instrumente und alles, was Sie innerhalb Ihrer Systematik darstellten können, immer nur Hilfsmittel der Technik. Der innere Wert der Entwicklung kommt nicht oder nicht genügend zur Darstellung, weil die Darstellungen der Wirkungen der Technik vollständig oder im Wesentlichen fehlt. Auf die Wirkungen im weitesten Sinne, kommt es aber vor allem an. (Osietzky 1985, S. 62)

Die Kritik und die Forderungen Riedlers liefen auf eine Rationalisierung des Kulturfaktors Technik hinaus und damit auf eine Analyse des Phänomens Technik an sich. Riedler teilte zwar die grundsätzliche Zielsetzung Millers, er kritisierte aber dessen zielorientierte Distanzlosigkeit. Die Hartnäckigkeit und die Art und Weise, mit der von Miller seine Konzeption verteidigte, machen deutlich, dass er die grundsätzliche Infragestellung, die Riedlers Kritik darstellte, sehr gut erfasst hatte. Weder die industriellen und administrativen Förderer des Projektes noch die Mehrzahl der technischen Intelligenz waren an einem öffentlichen Diskurs über die Folgen und Wirkungen von Technik und Industriegesellschaft interessiert. Vielmehr wollten sie einem derartigen Diskurs ja gerade die Substanz entziehen. Das Deutsche Museum sollte die gesellschaftlichen Machtstrukturen legitimieren und in gewissem Maße modernisieren, aber nicht hinterfragen. Osietzky fasste diese Machtperspektive zusammen: „Gleichzeitig sollten die Besucher nicht nur Achtung vor den Leistungen der Technik, sondern auch vor ihren Trägern, der Industrie und dem Staat, gewinnen." (Osietzky 1984, S. 7) Die Miller-Riedler-Kontroverse offenbart daher einen Grundkonflikt der Musealisierung von Technik. Dabei geht es um die gegensätzlichen Positionen von Akzeptanz oder Diskurs, von Machtdemonstration oder gesellschaftlich, ideologisch geprägte Rationalisierung.

Literatur

Hans-Liudger Dienel, Das Deutsche Museum und seine Geschichte, München 1998

Ders., Ideologie der Artefakte. Die ideologische Botschaft des Deutschen Museums 1903–1945, in: Ideologie der Objekte – Objekte der Ideologie. Naturwissenschaft, Medizin und Technik in Museen des 20. Jahrhunderts, Kassel 1991 (73. Jahrestagung der Deutschen Gesellschaft für Geschichte der Medizin, Naturwissenschaft und Technik, 2.–5. Oktober 1990 in Mannheim), S. 105-113

Maria Osietzky, Die Gründung des Deutschen Museums. Motive und Kontroversen, in: Kultur und Technik 1/2 (1984), S. 1-8

Dies., Die Gründungsgeschichte des Deutschen Museums von Meisterwerken der Naturwissenschaften und Technik in München 1903–1906, in: Technikgeschichte 52 (1985), S. 49-75

Walter Hochreiter, Vom Musentempel zum Lernort. Zur Sozialgeschichte deutscher Museen 1800–1914, Darmstadt 1994

6.1.2 Das Museum als sozialer Lernort: Museen der Industriekultur

Im Jahre 1947 prägten die kritischen Gesellschaftstheoretiker und Begründer der Frankfurter Schule, Max Horkheimer (1895–1973) und Theodor W. Adorno (1903–1969), den Begriff der Kulturindustrie zur Beschreibung der Transformation von Kultur in ein industrielles Massenkonsumgut. Am Beispiel der Massenkommunikationsmittel in den USA untersuchten Horkheimer und Adorno die Ideologie des „Amüsements", in dem alles zur konsumierbaren Unterhaltung wird. Die Phänomene, die die beiden Philosophen beschrieben, waren die ersten sich offen zeigenden Manifestationen der Erlebnisgesellschaft. Massenkultur hatte demnach nur eine zentrale Zielsetzung, und zwar die Herstellung von Konsens, und zwar auf dem Wege einer infantile Züge annehmenden Spaß-, Event- bzw. Erlebnisgesellschaft, wie der Soziologe Gerhard Schulze es 1993 in seiner Studie zur Kultursoziologie der Gegenwart benannte (Schulze 1993) „Vergnügt sein, heißt einverstanden sein", so auch schon Theodor W. Adorno und Max Horkheimer in ihrer Analyse der gesellschaftlichen Dimension und der Konsequenzen der zu beobachtenden Phänomene. (Horkheimer/Adorno 1969, S. 153) Die im Jahr 1969 wieder aufbrechende „Dialektik der Aufklärung" prägte die Gesellschaftsdiagnose des Aufbruchs der frühen 1970er Jahre.

Das Konzept der Industriekultur kann entsprechend als ein Gegenentwurf zur damaligen Kulturindustrie interpretiert werden. Statt Manipulation und Apologie sollte die Beschäftigung mit der industriellen Vergangenheit das Potential für eine kritische Hinterfragung der Gegenwart und ihrer Machtstrukturen eröffnen. Dies betraf im besonderen Maße die Reflektion technischer Innovationen der Vergangenheit auf musealer Ebene. Das technikhistorische Museum sollte in diesem Kontext zum Ort der kritischen Auseinandersetzung und der Reflektion über die Ursprünge und Strukturen des industriellen Zeitalters und in diesem Sinne zu einem sozialen Lernort werden. Mit der Zielsetzung einer gesellschaftlichen Aufklärung durch museale Präsentation ging auch ein radikaler inhaltlicher Perspektivwechsel musealer Arbeit einher. Statt die Faszinations- und Emotionalisierungsgeschichte des technischen Fortschritts zu bedienen, sollte gerade diese gesellschaftliche Konstruktion des Fortschrittbegriffs nun in Frage gestellt werden. Nicht mehr die Technik im engeren Sinne, also die technischen Artefakte, die Maschinen und Produkte, sollten im Mittelpunkt musealer Präsentation bleiben, sondern stattdessen nun der Mensch als Produzent und Nutzer dieser Technik. Es ging nunmehr um eine Rekonstruktion von Lebenswelten, von real erfahrener Geschichte des Alltags und der Arbeit. Dies hieß als Aufgabe für die Museumsmacher, dass nicht mehr die Meisterwerke aus Naturwissenschaft und Technik, sondern vor allem die alltägliche Technik mit all ihren Gebrauchsspuren als Objekt der Betrachtung zum Sprechen gebracht werden sollte. Dadurch wurde der Begriff des Ausstellungswürdigen erheblich ausgedehnt. Eine Vorstellung von dem, was auf das moderne Technikmuseum damit zukam, erschließt eine aktuelle Selbstbeschreibung des Hamburger Museums der Arbeit:

Sachquellen der Industriekultur: Hamburger Museum der Arbeit

„Ob Druckerei, Handelskontor, Metallwerkstatt oder Sonderausstellung: Das Museum der Arbeit in Hamburg-Barmbek zeigt Hamburger Industrie-, Technik- und Sozialgeschichte. Wie sich Leben und Arbeiten in den letzten 180 Jahren gewandelt haben, ist das Hauptthema des Museums. In seinen Ausstellungen geht es der Frage nach, welche Auswirkungen der Prozess der Industrialisierung und der durch ihn bedingte umfassende soziale, kulturelle und ökonomische Wandel auf Menschen, Gesellschaft und Natur gehabt hat." (https://shmh.de/de/ueber-das-museum-der-arbeit [18.02.2022])

Die anonyme Geschichte (Giedion 1982) des Alltäglichen sollte als eigene Geschichte begreifbar gemacht werden. Das Museum sollte zum Ort des sozialen Experiments und Engagements werden, der Museumsbesucher zu einem konstituierenden Teil der Musealisierung. Die Initiativen für eine derartige Erinnerungskultur erwuchsen dann auch häufig aus dem Gestaltungswillen der kommunalen Kulturpolitik heraus, die eigene und museale Zwecke eng miteinander verknüpften. Wolfhard Weber erkannte diese Sachlage früh und unterschied im Hinblick auf die Intentionen bei der Neugründung von historischen Technikmuseen in den 1970er und 1980er Jahren zwischen zwei Typen, die für unterschiedliche politische Zugangsweisen zur Technik und ihrer Musealisierung standen:

> „Wo eine konservative und industrienahe Landesregierung sich zu einem technischen Museum entschloss, sollte eine architektonische Leistungsschau bzw. eine Raumfahrtabteilung (wie in München) eine positiv besetzte Präsentation von industrieller Technik demonstrieren; in den von Arbeiterparteien regierten Ländern sollten eher ehemalige Fabriken als Kristallisationspunkte unseres industriekulturellen Erbes demonstrieren, in denen auch der demokratische Anspruch auf kulturelle Mitgestaltung seinen Platz finden sollte." (Weber 1991, S. 91)

Das Museum der Industriekultur als Ort einer selbst bestimmten Kulturarbeit von unten stellte auch ein städtebauliches Konzept der Umnutzung stillgelegter industrieller Anlagen dar. Die Umnutzung verwies auf ein Bekenntnis zu den industriellen Wurzeln der aktuellen Lebensform, während die architektonische Neugestaltung für eine post-industrielle gesellschaftliche Vision stand. Das politische Programm der industriekulturellen Museumsarbeit fasste der Publizist und Kulturpolitiker Hermann Glaser (1928–2018), der Initiator des partizipatorischen Nürnberger Centrums für Industriekultur, folgendermaßen zusammen:

Industriekultur und demokratische Identität

„In zunehmenden Maße wird Alltagsgeschichte ein Schwerpunkt historischer Betrachtung; der ‚Perspektivwechsel' verhilft geschichtlicher Reflektion zu einer neuen Sinngebung. Vor allem vermag die Beschäftigung mit der Industriekultur, als einem besonders naheliegenden Teil der Alltagsgeschichte (gemeint sind die Lebens- und Arbeitsformen im Zeitalter der Industrialisierung) dazu beitragen, demokratisch-republikanische Identität zu stärken [...]." (Glaser 1981, S. 47)

Weitere Aspekte bedürfen im Kontext der Reflektion über technische Museen und vor allem deren Neugründung der Berücksichtigung. Zum einen wäre dies der Anlass bzw. Auslöser für derartige Vorhaben, denn diese sind in der Regel weder unumstritten noch in finanzieller Hinsicht leicht zu schultern. Zum anderen ist zu berücksichtigen, dass der Zeithorizont zwischen der Initiative eines derartigen Vorhabens und dessen Realisierung in der Regel leicht ein bis zwei Jahrzehnte umfassen kann. Museumsgründungen sind langwierige Prozesse. In Nürnberg (Museum für Industriekultur, Eröffnung 1988) und Hamburg (Museum der Arbeit, Eröffnung 1997) vergingen zum Beispiel allein schon von der musealen Arbeitsaufnahme bis zur Eröffnung der ersten Dauerausstellungen ca. 10 Jahre. Dabei ist noch nicht einmal jene Zeit berücksichtigt, die von der ersten Idee für ein derartiges Museum bis hin zur politischen Beschlussfassung und Realisierung einzubeziehen ist. Dass sich innerhalb derartiger Zeithorizonte viel verändern kann, sowohl auf politischer, auf gesellschaftlicher oder auch auf wissenschaftlicher Ebene, ist in einer offenen Gesellschaft naheliegend.

Dies hatte im Kontext der genannten Beispiele zur Folge, dass die Kulturbegriffe, die dem Konzept der Industriekultur ursprünglich zugrundelagen, bis zur Realisierung der Projekte erheblich an Attraktivität verloren hatten. In den 1990er Jahren war von einer alternativen Kultur von unten, von einer aktiven Einmischung der Menschen in ihre konkreten Lebensfelder nur noch wenig zu spüren. Auch die politischen Rahmenbedingungen hatten sich erheblich verändert. Die Gegenüberstellung von konservativen und progressiven Positionen, wie sie noch von Wolfhard Weber angenommen worden war, konnte die politische Realität der neoliberalen 1990er Jahre nicht mit adäquat beschreiben. Der Gründungsdirektor des Museums für Industriekultur in Nürnberg, Klaus-Jürgen Sembach (1933–2020), stellte den Prozess der Realisierung des Museumskonzepts retrospektiv so dar: „Die Gründungseuphorie ist dann natürlich in der Folgezeit durch die wirtschaftlichen Zwänge, unter denen wir das Projekt entwickeln mussten, gedämpft worden." (Thorn-Pricker, S. 22) Damit beschrieb Sembach einen Veränderungsprozess, der mehr umfasst als nur das allgemein übliche Aufeinanderprallen von Wünschenswertem und Machbaren, von Idealität und Realität. In demselben Interview bekannte Sembach: „Meine Vorbilder sind eher Techniken aus dem Kino oder dem Theater. Nicht so sehr die der Museen." (Ebd., S. 23) Damit bestätigte der Direktor den Eindruck, den sein Interviewpartner beim Rundgang beschrieben hatte, nämlich die Ähnlichkeit der Museumsinszenierung mit einem Bühnenbild für Theater oder Film. Dieser Problematik zwischen Industriekultur und Kulturindustrie war Thorn-Pricker sich durchaus bewusst:

> „Ein kritischer Umgang mit Geschichte ist hier ebenso gut denkbar wie ein Gang durch die Geschichte, als wäre sie eine große Puppenstube. Der Eindruck des Museums bleibt zwiespältig: Darf man Geschichte inszenieren? Ist sie Stoff, wie für ein Theaterstück? Verwandelt die ‚Inszenierung' Geschichte nicht in den gemütlich konsumierbaren Stoff für einen unterhaltsamen Familienspaziergang, die sie für die Menschen, die sie erlebten, nie war?" (Thorn-Pricker 1989, S. 19-20)

Aber war dies eigentlich noch die Welt des Museums? Ausstellungsobjekte und historische Realitäten standen in einem Konflikt zueinander. Keine museale Inszenierung kann die Lebens- und Arbeitsbedingungen real wiedergeben. Die nostalgische Wirkung einer Arbeiterküche um 1900, eines Fabrikarbeitsplatzes vor 100 Jahren oder Zeugnissen der Freizeitkultur steht konträr zu den Erfahrungen der Menschen damals, zu deren katastrophalen Wohnbedingungen, dem Lärm und der Gefahr am Arbeitsplatz, zu einem schweren Zehn-Stunden-Arbeitstag am Fließband, oder der leibhaftig erfahrenen Ausbeutung ihrer Arbeitskraft. Konnte all dies museal überhaupt erfasst und wiedergegeben werden? Und wie sollte dies ggf. geschehen, um historische Realitäten, wenn nicht erfahrbar, so doch zumindest verstehbar zu machen? Die Präsentation historischer Ausstellungsobjekte allein genügt bei dieser Aufgabenstellung offenbar nicht mehr.

Damit wird die museale Inszenierung zur Notwendigkeit, weil die ausgestellten Objekte für sich allein wenig auszusagen vermögen, wenn sie nicht in ihren alltäglichen Kontexten dargestellt werden. Sie sind zwar historische Realität, aber aus den Kontexten ihrer Nutzung völlig herausgerissen. Ließe man sie als Artefakte in einer musealen Präsentation einfach stehen, so blieben sie weitgehend aussagelos und würden nicht einmal verständlich machen, weshalb sie überhaupt ihre konkrete technische Ausgestaltung erhalten hatten. Über die soziale Konstruktion von Technik wäre so nichts ausgesagt.

Das Technikmuseum steht damit vor einer großen Herausforderung: zum einen, sich in seinen Inszenierungen und Präsentationen historischen Realitäten möglichst anzunähern und diese zu kontextualisieren, zum anderen der Gefahr zu entgehen, Teil einer Kulturindustrie zu werden, der historisierenden Nostalgie nachzugeben. Als Lernort ist dies für Museen eine große Herausforderung, zumal mediale Konkurrenzformate zunehmend an Bedeutung gewinnen. Vor diesem Hintergrund bilanzierte Thorn-Pricker, dass das museale Konzept der Industriekultur unter den veränderten aktuellen Verwertungsbedingungen nur noch gebrochen funktioniere: „Ich hatte den Eindruck, vor einer eigentümlichen Mischung aus Nostalgie, gutem Design und kritischer Absicht zu stehen". (Thorn-Pricker, S. 21)

Literatur

Theodor W. Adorno, Max Horkheimer, Dialektik der Aufklärung, Frankfurt am Main 1971

Hermann Glaser, Industriekultur und demokratische Identität, in: APuZ B 41-42 (1981), S. 35-44

Gerhard Schulze, Die Erlebnisgesellschaft. Kultursoziologie der Gegenwart, Frankfurt am Main 1993

Jan Thorn-Pricker, Ein Besuch im Museum Industriekultur in Nürnberg, in: Museumskunde 54 (1989), S. 16-24

Wolfhard Weber, Die Gründung technischer Museen in Deutschland im 20. Jahrhundert, in: Museumskunde 56 (1991), S. 82-93

https://shmh.de/de/museum-der-arbeit [12.02.2022]

6.1.2.1 Technoseum. Das frühere Baden-Württembergische Landesmuseum für Technik und Arbeit/Mannheim und seine Entstehung

In den 1970er und 1980er Jahren war die Technikgeschichte durch eine Aufbruchstimmung und Neuausrichtung gekennzeichnet. Etliche universitäre Professuren wurden eingerichtet und die moderne Technikgeschichte etablierte sich. Diese Phase der fachlichen Neuausrichtung blieb allerdings nicht auf den universitären Bereich beschränkt, sondern erfasste auch das technische Museumswesen mit Neugründungen, etwa dem Museum für Verkehr und Technik/Berlin, 1983, dem Hamburger Museum für Arbeit, 1982/97, (Bönig 2010) und dem Landesmuseum für Technik und Arbeit/Mannheim. (Projektgruppe 1980) Diese technikmuseale Gründungswelle sollte im Ausstellungswesen zum einen den Stand der modernen Technikgeschichte im Umgang mit ihrem Untersuchungsobjekt widerspiegeln, zum anderen museumskonzeptionell Neues schaffen und Technik nunmehr in gesellschaftliche Kontexte eingebettet präsentieren. Der Gründungsdirektor des Landesmuseums für Technik und Arbeit, Lothar Suhling, fasste diese Aufgabenstellung unmissverständlich wie folgt zusammen:

> „Erwarten wird den Besucher im zukünftigen Museum mit Sicherheit kein Antiquariat hochglanzpolierter technischer Artefakte in genealogischer Ordnung, wie dies in traditionellen Technikmuseen zumeist der Fall ist. Es wird hier nicht primär von Technik in der engen instrumentellen Bedeutung des Begriffs die Rede sein, sondern im Sinne des größeren Wesenszusammenhangs zwischen Menschen und Technik: Technik als Produkt des Menschen, der Mensch als Anwender, Betroffener und- cum grano salis – als Produkt von Technik. Denn: *Von Technik zu sprechen, ohne zugleich vom Menschen zu sprechen – und damit auch vom Wirkungszusammenhang zwischen Technik und Gesellschaft – ist sinnlos!* [...] Jedes Produkt der materiellen Kultur des Menschen besitzt vielmehr soziale, geistige, kulturelle und ökonomische Bezüge. Es dokumentiert Zeitströmungen und Lebensauffassungen, steht für Arbeitsbedingungen und Sozialstrukturen, für Probleme, Nöte, Schaffenslust, für wirtschaftliche und soziale Verhältnisse. – Im Museum für Technik und Arbeit wird es wesentlich darauf ankommen, diese den Dingen immanenten kultur- und sozialgeschichtlichen Aspekte mit den klassischen wie den modernen Mitteln musealer Gestaltung [...] zur Entfaltung zu bringen." (Suhling 1985, S. 68; Herv. d. Verf.)

Das Landesmuseum für Technik und Arbeit, heute „Technoseum", war ein Teil des Versuches der Landesregierung Baden-Württemberg, Anfang der 1980er Jahre eine grundsätzliche Neugestaltung der Museumslandschaft herbeizuführen. Neben die klassischen Landesmuseen in Stuttgart und Karlsruhe sollte der Technologiestandort Baden-Württemberg auf dem Museumssektor eine zukunftweisende Entsprechung erhalten. Die Ministerialbürokratie unter der Regierung des als technikorientiert geltenden Ministerpräsidenten Lothar Späthh/CDU (1937–2016) entwickelte daher ein innovatives Doppelkonzept. Neben der technikhistorischen Aufbereitung und Inszenierung des industriellen Erbes in Südwestdeutschland sah das Konzept zudem eine Medienwerkstatt vor. Neben die reale industrielle Vergangenheit des Landes sollte in Baden-Württemberg auch die virtuelle schöne neue Welt der Mediengesellschaft treten. Diese Zweiteilung in Vergangenheit und Zukunft entsprach auch dem Bewusstsein der politischen Entscheidungsträger, welche die 1980er Jahre als Epochenschwelle definierten. Das Industriezeitalter war, so meinte man, zu einem Ende gekommen, während die Jetztzeit als von Medien geprägt dargestellt werden sollte. Die regionalen Konkurrenzen führten schließlich zu einer Arbeitsteilung: Während die industriegesellschaftliche Vergangenheit in der Industrie- und Arbeiterbewegungsstadt Mannheim im Landesmuseum für Technik und Arbeit (LTA) beheimatet wurde, sollte die mediale Zukunft dem neuen Karlsruher Zentrum für Kunst- und Medientechnologie (ZKM) vorbehalten bleiben. Der staatliche Ursprung und der darin ausgedrückte politische Wille der Landesregierung wiesen dem Museumsprojekt eine klare kulturpolitische Aufgabenstellung zu.

Gesellschaftliche Funktion des LTA/Mannheim

„Der Bevölkerung, insbesondere der jungen Generation, soll *wieder* begreiflich gemacht werden, daß die Technik dem Menschen Lebenschancen geschaffen hat und noch schafft, die es ohne sie nicht gäbe." (Landesmuseum für Technik und Arbeit 1984, S. 4)

Damit wurden der Technikgeschichte zwei Aufgaben zugewiesen, eine offensive und eine defensive. Offensiv sollte das Museum die mentale Grundlage dafür schaffen, dass sich Baden-Württemberg als das wirtschaftlich stärkste Bundesland der Bundesrepublik in dieser Spitzenposition behaupten konnte. Die defensive Seite der Museumskonzeption spiegelt sich in dem unscheinbaren Wort „wieder". Die Landesregierung reagierte mit der Neugestaltung der Museumslandschaft im Südwesten auf eine von ihr als bedrohlich empfundene Entwicklung, nämlich die beobachtete zunehmend technikkritische Haltung der Bevölkerung mit einem deutlichen Schwerpunkt bei Jugendlichen um 1980. Das technikhistorische Museum als Standort- und Industriepolitik wies dementsprechend über die Darstellung historischer Zusammenhänge weit hinaus auf eine Bewusstseinsarbeit für die Zukunft: „Es wird demzufolge nicht nur eine Präsentation historischer Schaustücke, sondern primär ein lebendiges Museum sein [...]" (Landesmuseum für Technik und Arbeit 1984, S. 5) Das Landesmuseum fungierte in diesem Sinne als sinnstiftende Bewusstseinsmaschine für die technikmüde Bevölkerung eines High-Tech-Landes, dessen weniger ironisch als wörtlich gemeinter Werbeslogan im Rahmen einer medialen Identitätskampagne Ende der 1990er Jahre lautete: „Wir können Alles. Außer Hochdeutsch." Während Hermann Glaser sein Zentrum für Industriekultur in Nürnberg als politpädagogisch-sozialemanzipatorischen Ort der Stolz- und eben auch Trauerarbeit des Industriezeitalters konzipierte, blieb in der politischen Konzeption in Baden-Württemberg kein Platz für kritische Aspekte. Lothar Späth definierte fast schon in einer französischen präsidentiellen Direktheit die Aufgabe ‚seines' Museums eindeutig. Es sollte gezeigt werden, „wo und wie die Technik und Industrie die Lebensverhältnisse unserer Bevölkerung verbessert, Anpassungsprozesse in Gang gesetzt hat und warum dies so geschah." (Landesmuseum für Technik und Arbeit 1984, S. 5) Damit waren zwei Schlüsselbegriffe gefallen: Fortschritt und Anpassung.

Der Gründungsdirektor des Landesmuseums, Lothar Suhling, griff die politischen Vorgaben auf und betonte den Zukunftscharakter einer Institution, die „eine Befragung der Vergangenheit zur Erhellung der Gegenwart, zur Klärung des eigenen Standorts, der eigenen Identität und der Zukunftsaufgaben" (Landesmuseum für Technik und Arbeit 1984, S. 21) nutzen wollte. Ein Museum sollte nicht nur Überliefertes bewahren, sondern auch von Überliefertem befreien, um den Blick für die Erfordernisse der neuen Zeit freizumachen. (Landesmuseum für Technik und Arbeit 1986, S. 7) Die Frage, ob ein Technik**museum** eine derartige Bewusstseinsarbeit leisten sollte oder überhaupt leisten kann, war nicht Gegenstand der Planungen. Mit dem Abflauen der großen Euphorie der post-industriellen Visionen und personellen Veränderungen in der politischen Landschaft verloren die Prestige-Projekte rasch an Rückhalt. Unter dem Titel „Zauberformeln des Zeitgeistes" lud das LTA im September 2000 aus Anlass seines 10jährigen Bestehens zu einer internationalen Museumstagung ein. (Landesmuseum für Technik und Arbeit 2001) Hier wurde deutlich, wie viel sich seit den ersten Konzepten geändert hatte. Zum einen hatte sich das gesellschaftspolitische Klima verändert und das LTA sah sich mit zunehmenden Wirtschaftlichkeitserwartungen konfrontiert, außerdem mit einer Landespolitik, die gerade auf dem Kultursektor eine rigide Sparpolitik betrieb. Aber auch im Bereich der inhaltlichen Arbeit zeigten sich signifikante Veränderungen. Direktor Suhling zitierte in seinem Geleitwort zum Tagungsband Martin Roth, der auf der Hamburger Jahrestagung des Deutschen Museumsbundes folgendes geäußert hatte: „Museen dürfen nicht danach streben, everybodys Darling zu sein und in der Hoffnung auf Erfolg Mainstream bieten." (Landesmuseum für Technik und Arbeit 2001. Geleitwort) Das artikulierte einen bemerkenswerten und leidgeprüften Lernprozess des damaligen Museumsdirektors. Eine stärkere betriebswirtschaftliche Ausrichtung auch am Besucherzuspruch als Indikator musealer Bedeutsamkeit und all den Maßnahmen, die hierzu dem Zeitgeist entsprechend probat schienen, brach sich zunehmend Bahn. In Mannheim führte dies u. a. Ende 2009 zu einer neuen Denomination, nämlich „Technoseum", um so den Technikbezug besonders zu unterstreichen.

Vorreiter dieser allgemeinen Entwicklung im Museumswesen waren vor allem die privatfinanzierten Technikmuseen großer Unternehmen, die gegenüber ihrer staatlichen Konkurrenz in jeder Hinsicht auf üppigere Ressourcen zurückzugreifen vermochten. Vermarktungsstrategien gewannen an Bedeutung. (Gleitsmann 2017, S. 12-14) Die Zielrichtung dieser Neuaufstellung war das Technikmuseum als „Erlebnispark" und führte zu dem, was Volker Kirchberg als gesellschaftlichen Megatrend der Massenkonsumgesellschaft charakterisiert hatte, nämlich deren „McDonaldisierung". (Kirchberg 2005, S. 52 ff.) Welche Richtung das Ausstellungswesen im Allgemeinen und die Präsentation von Originalexponaten im Besonderen zukünftig vor dem Hintergrund einer zunehmenden Virtualisierung nehmen wird, und was dies für Museen bedeutet, bleibt abzuwarten.

Literatur

Jürgen Bönig, Wenn die Arbeit ausgeht – Zur Gründungsgeschichte des Museums der Arbeit in Hamburg, Hg. von den Freunden des Museums der Arbeit e. V., Hamburg 2010

Rolf-Jürgen Gleitsmann, Einfach nur schön? Automobilität und Museum. Einführung zum Tagungsband, in: ders. (Hg.), Einfach nur schön? Automobilität und Museum. Stuttgarter Tage zur Automobil- und Unternehmensgeschichte, Karlsruhe 2017, S. 3-24

Volker Kirchberg, Gesellschaftliche Funktion von Museen, makro-, meso- und mikrosoziologische Perspektiven, Wiesbaden 2005

Landesmuseum für Technik und Arbeit (Hg.), Zauberformeln des Zeitgeistes. Erlebnis, Event, Aufklärung, Wissenschaft. Wohin entwickelt sich die Museumslandschaft?, Mannheim 2001

Ministerium für Wissenschaft und Kunst Baden-Württemberg (Hg.), Landesmuseum für Technik und Arbeit in Mannheim, Karlsruhe 1986

Museumsverein für Technik und Arbeit e.V. (Hg.), Landesmuseum für Technik und Arbeit in Mannheim. Beiträge zur Planung, Mannheim 1984

Günter Ropohl, Eine Systemtheorie der Technik. Zur Grundlegung der Allgemeinen Technologie, München/Wien 1979

Lothar Suhling, Das Landesmuseum für Technik und Arbeit in Mannheim. Ein Zwischenbericht, Mannheim 1985

https://shmh.de/de/ueber-das-museum-der-arbeit [18.02.2022]

6.1.3 Industriearchäologie/Industriekultur

Als weitere Dimension, sich dem technisch-industriellen Erbe der Vergangenheit möglichst noch authentischer als durch neuerbaute Technikmuseen zu nähern, wurde der Weg beschritten, den Blick auf die Relikte der Originalschauplätze dieser Entwicklung und deren Relikte zu richten, also auf die noch vorhandenen Überreste der Industriekultur vor Ort. Hierzu erlangte die Industriearchäologie und ihr Aufgabenfeld an Bedeutung. Im Wintersemester 2001/2002 wurde erstmalig in der Bundesrepublik an der Bergakademie Freiberg in Sachsen ein eigener einschlägiger Studiengang „Industriearchäologie" eingerichtet. In der Online-Selbstdarstellung definierte sich dieser folgendermaßen:

> „Unter Industriearchäologie versteht man jene wissenschaftliche Disziplin, die sich mit der Erfassung, Erforschung, Interpretation und im gewissen Umfang auch mit der Erhaltung der gegenständlichen Überlieferung gewerbe- und industriebezogener Artefakte, Anlagen und Systeme in ihrem kulturellen und historischen Kontext beschäftigt. Die Industriearchäologie verfolgt dabei das Ziel, die von ihr erfassten und dokumentierten Artefakte der Gewerbe-, Industrie- und Verkehrsentwicklung in den Kontext der Technik-, Wissenschafts-, Wirtschafts-

und Sozialgeschichte zu stellen.“ (Helmuth Albrecht, TU Bergakademie Freiberg, https://tu-freiberg.de/virtuelle-fakultaet-92 [12.02.2022])

Sowohl mit der Begriffswahl Industriearchäologie als auch mit der inhaltlichen Beschreibung ihres Aufgabenfeldes schloss man sich damit dem beispielgebenden britischen Vorbild an. Industrial Archeology, so die englischsprachige Originalbezeichnung, entstand in den 1950er Jahren als ein Forschungsfeld jenseits des etablierten Wissenschaftsbetriebs und lehnte sich weitgehend an Begriffsdefinitionen an, die von Angus Buchanan dann 1972 ausformuliert worden waren. (Kierdorf/Hassler 2000, S. 133-137) Danach umfasst der Arbeitsbereich des Industriearchäologen vier Aufgabenbereiche, nämlich die Erfassung, Erforschung, Interpretation und Erhaltung der Relikte technisch-industrieller Vergangenheit. Mit der Begriffswahl Industrie-Archäologie und der Festlegung des Zuständigkeitsbereiches auf industriebezogene materielle Zeugnisse der Vergangenheit, ist eine zeitliche Einschränkung dessen verbunden, worum es gehen soll. Gegenstand der Betrachtung ist die Historie der modernen Industriegesellschaft, wie sie sich mit dem Beginn der Industriellen Revolution herausgebildet hat. Dieser Zeitrahmen umfasst einen Zeitraum von etwa 1750 bis zur Gegenwart.

Der Begriff Archäologie nimmt Bezug auf die Definition dieser Wissenschaft und bezeichnet die Beschäftigung „[…] mit materiellen Hinterlassenschaften des Menschen, wie etwa Gebäuden, Werkzeugen und Kunstwerken und damit […] [die] Rekonstruktion von Vergangenheit auf gegenständlicher Quellenbasis“. (https://de.wikipedia.org/wiki/Arch%C3%A4ologie [19.02.2022]) Statt auf den frühen Epochen der Menschheitsgeschichte liegt nun allerdings der Betrachtungsfokus auf den Relikten des industriellen Erbes. Genauso wie die klassische Archäologie, die bei Ausgrabungen auf Überreste nicht mehr existenter Gesellschaften und Lebensgemeinschaften stößt, deren Funktion nicht mehr anhand heutiger Wissenssysteme und Lebensformen verständlich ist, sieht sich die Industriearchäologie ebenfalls mit der Aufgabe konfrontiert, Kontext und Funktionsweise der materiellen Überreste zu rekonstruieren. Sie muss sich dabei der von Sigfried Giedion formulierten Erkenntnis stellen, dass uns nichts so fern liegt wie die Grundlagen unserer eigenen Lebensform. (Giedion 1948/1982, Einleitung) Allerdings ist diese Interpretation bereits eine Stellungnahme innerhalb einer wissenschaftlichen Kontroverse. Rainer Slotta, damaliger Leiter des Bergbaumuseums in Bochum, veröffentlichte im Jahr 1982 die bis dahin einzige deutschsprachige „Einführung in die Industriearchäologie“. (Slotta 1982) Er interpretiert den Wortbestandteil „Industrie“ nicht als Festlegung auf eine Form des Wirtschaftslebens, die notwendigerweise mit der modernen Gesellschaft verbunden ist, sondern weitete ihn aus. Dabei definiert er, gerade aus seinem Arbeitsschwerpunkt des Bergbau- und Montanwesens heraus, den Gegenstandbereich so: „Industriearchäologie ist die systematische Erforschung aller dinglichen Quellen jeglicher Vergangenheit von der Prähistorie bis hin zur Gegenwart.“ (Slotta 1982, S. 1) Zur Funktionsbeschreibung der Industriearchäologie führt Slotta den Begriff des Informationsträgers ein. Das materielle Zeugnis, bei Slotta das technische Denkmal, ist Ausgangspunkt eines multidimensionalen Interpretationsprozesses. Als Ergebnis der Kultur- und Umwelteinflüsse, ist das technische Denkmal semiotisch (zeichentheoretisch) als Text zu deuten und wie ein Text zu interpretieren. Die gesellschaftlichen und natürlichen Verhältnisse seiner Entstehung sind in ihm materialisiert. Es kann daher über eine Vielzahl von Strukturen und Kontexte Auskunft geben, indem es ‚gelesen' wird. Slotta benennt in diesem Zusammenhang folgende Informationsinhalte des technischen Denkmals für die Industriearchäologie: Aussagen über soziale Verhältnisse, Ökologie, Medizin, Politik, Wirtschaft, Recht, Religion, Kunst, Individualität und natürlich Technik. (Slotta 1982, S. 4) Industriearchäologie muss demnach als interdisziplinärer Wissenschaftsbereich betrieben werden, der eine Vernetzung der genannten Einzelbereiche anzustreben hat.

Die Auseinandersetzung um Begriffsinhalte ist immer auch eine Kontroverse um Deutungsmuster. Der in den 1950er Jahren in Großbritannien entwickelte Begriff der Industrial Archeology traf bei seiner Internationalisierung in den 1970er Jahren auf Vorbehalte und Skepsis. Zu sehr spiegelte sich in ihm die konkrete Situation des ehemaligen Ursprungslandes der Industriellen Revolution. Zu sehr bezog er sich auf die Versuche des Erhalts von technischen Denkmälern der Montan- und Textilindustrie. Die ersten Versuche zu einer internationalen Vereinheitlichung des zur Diskussion stehenden Begriffs Industriekultur führten im Jahr 1978 zu einer Verständigung auf den alternativen Begriff des industriellen Erbes („*industrial heritage*"). Dieser bedeutete auch eine erhebliche Ausweitung über den bisher im Mittelpunkt stehenden Begriff des technischen Denkmals. Die Fokussierung auf Maschinen und Fabriken wich dem Interesse an der Manifestation der industriellen Lebensform.

Der Begriff „Lebensform", der hier aufgegriffen wurde, entstammte dem Umfeld der sich formierenden Sozialgeschichte. Diese verabschiedete sich von der Dominanz der Politik- und Ereignisgeschichte und wandte sich u. a. dem Alltag als Forschungsgegenstand zu. Der Konstanzer Mediävist Arno Borst (1925–2007) lieferte mit seiner Untersuchung „Lebensformen im Mittelalter" ein Standardwerk dieser neuartigen Perspektive. (Borst 1992) Borst beschrieb Lebensformen als soziale Grundtatsachen im Sinne geschichtlich eingeübte soziale Verhaltensweisen. Das industrielle Erbe umfasste jetzt einen Komplex von materiellen Zeugnissen im Kontext solcher sozialen Verhaltensweisen. In Deutschland konnte sich die Bezeichnung „industrielles Erbe" nicht durchsetzen. Den vorläufigen Endpunkt der Begriffskontroverse bildete hier das Modell der „Industriekultur". Hermann Glaser prägte diese Variante als Kulturdezernent der Stadt Nürnberg, deren ehrgeiziges Museumsprojekt den Namen „Museum für Industriekultur" erhielt und sich damit bewusst von den bestehenden Technikmuseen abgrenzte. An dieser Stelle reicht der Hinweis auf die partizipatorischen, zivilgesellschaftlichen Implikationen des neuen Konzeptes. In Form einer „Geschichte von unten" konzipierte Glaser die Industriekultur als Prozess der Bewusstseinsbildung und Aufklärung. Industriekultur sollte eine demokratische Identität schaffen helfen. Ihr Auftrag oszillierte zwischen Erziehungsauftrag und Mitbestimmung und Emanzipation. Mit den Worten von Hermann Glaser sollte Industriekultur Folgendes leisten:

> „In zunehmenden Maße wird Alltagsgeschichte ein Schwerpunkt historischer Betrachtung; der Perspektivwechsel verhilft geschichtlicher Reflektion zu einer neuen Sinngebung. Vor

> allem vermag die Beschäftigung mit der Industriekultur als einem besonders nahe liegenden Teil der Alltagsgeschichte [gemeint sind die Lebens- und Arbeitsformen im Zeitalter der Industrialisierung, d. Verf.] dazu beitragen, demokratisch-republikanische Identität zu stärken – ist doch diese Epoche nicht nur eine Zeit, die ‚Trauerarbeit' notwendig macht, sondern auch ‚Stolzarbeit' ermöglicht." (Glaser 1981, S. 47)

Prägnant fasste Glasers Begriffspaar Stolzarbeit versus Trauerarbeit den gestaltenden und zukunftsorientierten Aspekt industriekultureller Arbeit zusammen. Eine Geschichte der Industriegesellschaft umfasst beides: „Solche Arbeit, die Schuld, Versäumnisse, Verfehlungen nicht kaschiert, dem Abgründigen in der Geschichte nicht aus dem Weg geht, aber auch aber auch Leistungen, Errungenschaften, Fortschritte festhält, die dankbar zu sein vermag […]." (Glaser 1981, S. 199) Erst auf der Basis des historischen Verständnisses des industriellen Erbes kann eine sinnvolle Perspektive der Zukunft der Industriegesellschaft entwickelt werden. Wie sehr dieses Konzept Glasers in den politischen Diskursen der 1980er Jahre verankert ist, zeigt seine Begründung der Notwendigkeit von Industriekultur:

Aufgaben der Industriekultur

„1. Es ist für unsere Identität notwendig, Ehrfurcht vor denjenigen zu empfinden, die fortschrittlich', im Sinne persönlich-subjektiver wie dinglich-objektiver Leistung, das Maschinenzeitalter bewältigen.
2. Es ist für unser Überleben notwendig, angesichts der Weichenstellung, welche die Industrialisierung bedeutet, ständig über neue ‚Streckenführungen' und ‚Zielorte' nachzudenken und entsprechende Handlungsvorschläge zu machen. Die Fahrt ist beiden Grenzen des Wachstums angekommen. Wie soll es weitergehen?"
(Glaser 1981, S. 199)

Im deutschen Sprachgebrauch vermochte sich letztendlich aber keiner der beiden Begriffe durchzusetzen, so dass heute gleichberechtigt von Industriearchäologie und Industriekultur die Rede ist und beide sich auf das industrielle Erbe beziehen.

Das industrielle Erbe blieb in den 1970er Jahren ein Randthema, betrieben von wenigen Experten innerhalb der Technikgeschichte und des Denkmalschutzes. Eine ‚Volksbewegung', wie sie sich in Großbritannien auf die Suche nach den eigenen Wurzeln in der Geschichte des British Empire und des Viktorianismus gebildet hatte, war nicht im Ansatz zu erkennen. Gerade in den 1980er Jahre schien das wachsende technikkritische Potential nicht gerade geeignet, eine Auseinandersetzung mit den industriellen Überresten der Vergangenheit zu initiieren. Doch neben einer z. T. fundamentalen Fortschrittskritik brachten die 1980er Jahre auch Anderes hervor, was zu einer Neuorientierung innerhalb der Technikgeschichte im Allgemeinen und der Industriearchäologie im Besonderen führte. Hierbei kam dem basisdemokratischen

Diskurs in den Sozialwissenschaften eine entscheidende Rolle zu. Geschichte sollte nicht länger eine Expertenangelegenheit bleiben. Eine „Geschichte von unten" machte sich daran, die Alltagsgeschichte aus der Perspektive der Betroffenen zu entdecken. Die längst überfällige deutsche Übersetzung von Sigfried Giedions „Herrschaft der Mechanisierung" im Jahr 1982 markierte innerhalb der Technikgeschichte diese emanzipatorische und in vieler Hinsicht idealistische Wende zu einer „anonymen Geschichte", zu einer Perspektive der verdrängten und vergessenen Alternativen. (Giedion 1982)

Die Konzeption einer Industriekultur korrespondierte mit einer der vielen Wiederentdeckungen des Begriffes Kultur innerhalb der Geschichtswissenschaft. (Burke 2005, S. 147-184) Damit war explizit nicht der traditionelle deutsche Kulturbegriff im antiwestlichen Gegensatz zur „Zivilisation" gemeint, der sich vor allem in künstlerischen Werken manifestierte. Stattdessen wurde ein fundamental erweiterter Kulturbegriff aus dem Bereich der Ethnologie entlehnt. Kultur wurde zur „Gesamtheit des menschlichen Verhaltens (und dessen materielle Ergebnisse), soweit dieses nicht als biologisch vererbt zur natürlichen Ausstattung [...] gehört." (Birkhan 1985, S. 9) Den grundsätzlichen Perspektivwechsel läutete international eine Veröffentlichung von Sven Lindqvist ein, die zugleich ein eingängiges Schlagwort für das neue Selbstverständnis lieferte: „Grabe, wo du stehst." (Lindqvist 1989) Dieser Titel der Lindqvist-Publikation war Programm und wurde zur Metapher. Die Ansprache in der zweiten Person markierte den Standort des Autors in der alternativen Gegenkultur. Als Zielpublikum wandte sich das Handbuch vor allem an „Jedermann und jede Frau, die ihren eignen Arbeitsplatz untersuchen wollen", erst in zweiter Linie auch an professionelle Vermittler von Kultur wie Lehrer, Studenten, Journalisten und Schriftsteller. Den Gegenstand der Selbsterforschung bildete die alltägliche Arbeitswelt. Mit diesem Anspruch formulierte Lindqvist ein radikales wissenschaftliches Selbstverständnis, das fast einer Selbstaufgabe gleichkam: „Benutze das Buch nach deinen Bedürfnissen wie einen Katalog aus der Gärtnerei oder vom Reisebüro: Wähle, was zu dir passt". (Lindqvist 1989, S. 9) Die Beschäftigung mit der Geschichte der eigenen Arbeitswelt sollte die Beteiligten zu einem Prozess der Bewusstwerdung führen, der schließlich in ein neues politisches Selbstbewusstsein führen sollte. Orte der Bewusstwerdung waren Geschichtswerkstätten und soziokulturelle Zentren, in denen selbst organisierte Gruppen von Laien ihre eigenen historischen Wurzeln rekonstruierten. Diese Konzeption von Industriekultur wurde entscheidend auch von Hermann Glaser initiiert, der als Kulturreferent der Stadt Nürnberg das Konzept eines Museums für Industriekultur entwickelte und damit für ein neues Selbstverständnis sozialdemokratischer Kulturpolitik stand.

In ihrem Standardwerk zu Modellen, Konzeptionen und Geschichte des Umgangs mit industriellem Erbe in Deutschland kennzeichneten Alexander Kierdorf und Uta Hassler das Modell der Industriekultur, wie es in den Anfängen der 1980er Jahre entstand folgendermaßen: „Das Konzept der industriekulturellen Forschungen umfasst, im Unterschied zur Industriearchäologie, die gesamte industrielle Epoche bis heute und bezieht auch das evolutionäre Weiterdenken auf der Basis der bisherigen Entwicklung mit ein. Letztlich zielt der Industriekultur-Gedanke auf ein besseres Verständnis der Gegenwart und die Steuerung wünschenswerter neuer Entwicklungen." (Kierdorf / Hassler 2000, S. 145) Allerdings vermochte sich dieses Konzept technikhistorischer Forschung nicht durchzusetzen und ist heute weitgehend ad acta gelegt.

Literatur

Helmut Birkhan, Grundzüge einer Kulturkunde des Mittelalters, in: Alfred Ebenbauer, Peter Krämer (Hg.), Ältere Deutsche Literatur. Eine Einführung, Wien 1985, S. 2-24

Arno Borst, Lebensformen im Mittelalter, Berlin 1992

Peter Burke, Was ist Kulturgeschichte?, Frankfurt am Main 2005 (zuerst u. d. T. What is cultural history?, Cambridge/UK 2004)

Siegfried Giedion, Mechanization takes command, New York 1948; dt. Die Herrschaft der Mechanisierung, Frankfurt am Main 1982

Hermann Glaser, Maschinenwelt und Alltagsleben, Nürnberg 1981

Alexander Kierdorf, Uta Hassler (Hg.), Denkmale des Industriezeitalters. Von der Geschichte des Umgangs mit Industriekultur, Tübingen 2000

Sven Lindqvist, Grabe, wo du stehst. Handbuch zur Erforschung der eigenen Geschichte, Bonn 1989

Reiner Slotta, Einführung in die Industriearchäologie, Darmstadt 1982

https://tu-freiberg.de/virtuelle-fakultaet-92 [12.02.2022]

https://de.wikipedia.org/wiki/Arch%C3%A4ologie [19.02.2022]

6.1.3.1 Technische Kulturdenkmale zwischen Heimatschutz und dem Verein Deutscher Ingenieure

Das industrielle Erbe als Gegenstand eines gesellschaftlichen Diskurses war erstmals nach der Jahrhundertwende um 1900 aufgetaucht. (Vgl. Speitkamp 1996) Zunächst unabhängig voneinander befassten sich zwei verschiedene Interessengruppen mit technischen Relikten aus vergangenen Zeiten. Zum einen war dies die bürgerlich konservative Heimatschutzbewegung. Zum anderen die Avantgarde des technischen Fortschritts, also die Berufsgruppe der Ingenieure. Und sie taten dies mit äußerst unterschiedlicher Zielsetzung und ideologischem Hintergrund. Letztlich prallte die Welt der Kultur auf diejenige der Zivilisation. Dennoch fanden sie schließlich einen gemeinsamen Nenner zur Zusammenarbeit. Diese irritierende Kooperation zwischen vergangenheitsorientiertem Bildungsbürgertum und zukunftsorientierten Ingenieuren, die in den 1930er Jahren auch noch in das Fahrwasser des Nationalsozialismus geriet, bildete spezifisch deutsche Strukturen heraus und fand nach Kriegsende 1945 weder als „Heimatschutzbewegung" noch als Schutz von technischen Kulturdenkmalen aus nachvollziehbaren Gründen zunächst keine Fortsetzung mehr. Es stellt sich vor diesem Hintergrund die Frage, wie es überhaupt im frühen 20. Jahrhundert zu einer Initiative zum Schutz technischer Kulturdenkmale und damit der technischen

Vergangenheit kommen konnte, die doch gerade vollends vom technischen Fortschritt überrollt worden war, bzw. überrollt wurde.

Die Erklärung dafür ist vielschichtig. Zunächst ist von erheblicher Bedeutung, dass das Deutsche Reich in den 1890er Jahren einen rasanten ökonomischen Aufstieg erfuhr. Man schickte sich an, die bisher weltweit führende Industrienation Großbritannien, das Ursprungsland der Industriellen Revolution und die „Werkstatt der Welt“, sowohl wirtschaftlich als auch in technischer Hinsicht zu überholen. Die wirtschaftlichen Wachstumsraten und technischen Innovationsraten des Deutschen Reiches hatten diejenigen Großbritanniens längst hinter sich gelassen. Einzig die USA konnten hier noch mithalten, und schließlich sogar das Deutsche Reich überflügeln. (König/Weber 1990) Die USA würden es dann auch sein, die sämtliche Industrienationen hinter sich ließen und in Europa schnell zur „amerikanischen Gefahr“ stilisiert wurden. In dieser Phase einer rasanten wirtschaftlich-technischen Entwicklung bildete sich in konservativ-bürgerlichen Kreisen des Deutschen Reichs eine Bewegung, die die Bewahrung der Heimat auf ihre Fahnen geschrieben hatte. Zunächst blieb dieser „Bund Heimatschutz“ und die Parallelvereinigung „Dürerbund“ auf die Erhaltung von kulturellen und architektonischen Denkmalen von nationaler Bedeutung beschränkt. (Linse 1983;1986) Kurz nach der Jahrhundertwende 1900 gerieten jedoch überraschend vereinzelt sogar technische Denkmale in den Fokus der Heimatschützer.

Zu einem Schlüsselobjekt mit hoher Symbolkraft wurde der Frohnauer Hammer. Diese „Mühle“, also eine wasserkraftbetriebene gewerbliche Produktionsstätte, wurde seit dem 15. Jahrhundert als Scherenschmiede, Silber- und Kupferhammer genutzt. Im Jahr 1657 wurde das Mühlwerk zu einem Eisenhammer ausgebaut, dessen Produktion vor allem am Bedarf des Berg- und Hüttenwesens des Erzgebirges orientiert war. Darüber hinaus wurden Kunstschmiedearbeiten für den sächsischen Hof in Dresden ausgeführt. Diese Funktion als Eisenhammer erfüllte das Mühlenwerk bis zur Einstellung des regelmäßigen Betriebs im Jahr 1895. Im Jahr 1904 erfolgte dann allerdings die endgültige Stilllegung. Damit war die alte Mühle mit dem Hammerwerk dem Verfall preisgegeben, der rasant fortschritt. Dann aber wurde diese bedeutende vorindustrielle Produktionsstätte durch regionale Heimatschützer wiederentdeckt, ideologisch verklärt und als Symbol der guten alten vorindustriellen Zeit interpretiert. Sie nahmen sich dem an, was inzwischen nur noch als technische Ruine zu bezeichnen war und gründeten im Jahr 1907 den „Hammerbund Annaberg e.V.“. Dieser trat mit der Zielsetzung an, das ehemalige Hammerwerk als bedeutsames Zeugnis sächsischer Industriekultur zu erhalten, als Kulturgut nationalen Ranges wieder in den ursprünglichen Zustand zurückzuversetzen, und als Erinnerungsort nationaler Größe zu präsentieren.

Über Feinheiten eines derartigen Vorhabens, etwa der Frage danach, was eigentlich unter dem ursprünglichen Zustand dieser Produktionsanlage zu verstehen sei, wie es mit Authentizität bestellt sei, oder welche Bedeutung es haben würde, Altes durch Neues zu ersetzen, machten sich die Heimatbewegten keine Gedanken. Der Hammer war diesem Verständnis nach ein technisches Kulturdenkmal nationaler Größe per se. Mit Enthusiasmus entwickelten die Beteiligten eine „Hammerpropaganda“ und erreichten über Spendenaufrufe zur Finanzierung des „Restaurierungsvorhabens“ innerhalb eines Jahres einen beachtlichen Erfolg. Im Jahr 1908 konnte der Hammerbund das gesamte Anwesen erwerben, und errichtete eventorientiert zunächst einmal eine Gaststätte mit angegliedertem Heimatmuseum. Im gleichen Jahr wurde der Frohnauer Hammer zum ersten technischen Denkmal auf sächsischem Boden erklärt. Aber dies war erst der Anfang. Die Wiedererrichtung und Restaurierung der technischen Anlage wurde in Angriff genommen und erfolgreich abgeschlossen. Im Jahre 1925 war es dann so weit, dass der Frohnauer Hammer wieder in Funktion vorgeführt werden konnte. Dies war insofern symbolträchtig, als im gleichen Jahr auch das Deutsche Museum seine Tore zum Bestaunen der Meisterwerke aus Naturwissenschaft und Technik öffnete. Ein weiteres Symbol für deutschen Nationalstolz auf *seine* Meisterwerke aus Naturwissenschaft und Technik. Der Frohnauer Hammer behielt auch nach dem Zweiten Weltkrieg seine Symbolbedeutung. Nach aufwendigen Rekonstruktionsarbeiten aufgrund der totalen kriegsbedingten Vernichtung, wurde er mit entsprechendem ideologischem Gepränge als „Technisches Museum Frohnauer Hammer“ von DDR-Größen der Kulturpolitik im Jahr 1953 dem Publikum übergeben.

Was zeigt sich nun am Beispiel des Frohnauer Hammers und der frühen Bemühungen, diesen als technisches Kulturdenkmal zu erhalten und zum Aushängeschild der Heimatschutzbewegung zu machen? Der Frohnauer Hammer wurde als technisches Kulturdenkmal zum Symbol der Liebe zur Heimat und zum Beleg für nationale Größe stilisiert. Im Frohnauer Hammer spiegelten sich die „besten Errungenschaften unseres Volkes“, so der Verein Hammerwerk. Noch bezeichnender als das nationale Pathos war allerdings das Verständnis der Heimatschützer von Technik. Was hier geschützt und idealisiert werden sollte, war die handwerkliche Technik der vorindustriellen Zeit. Zusammen mit der sprachlichen Beschwörung der romantischen Idylle vorindustrieller Technik gibt diese zeitliche Beschränkung den Blick auf die völkisch-nationalistischen Kontexte der Heimatschutzbewegung frei. In Verlautbarungen des Vereins war vom Hammerwerk bezeichnenderweise als einem Opfer der modernen Technik die Rede. Moderne Technik, d. h. die Technik seit der Industriellen Revolution, wurde als Gegenbild zur romantisierten vorindustriellen Technik aufgebaut. Dieser antitechnische und antimoderne Habitus gehörte zu einem durch die Dynamik der wirtschaftlich technischen Entwicklung zutiefst verunsicherten Bürgertum. Nicht nur der Frohnauer Hammer war ein Opfer der modernen Technik und in seiner Existenz bedroht, auch das konservative, nationale Bildungsbürgertum empfand sich als solches. (Vgl. Stern 1963, S. 1-22) Es war ein typisches Beispiel einer Übertragung, das Objekt wurde zu einem Spiegel des Selbstverständnisses derer, die sich dafür engagierten.

Zwischen dem industriellen Proletariat sowie den neuen industriegesellschaftlichen Funktionseliten des Kaiserreichs blieb wenig Platz für den gesellschaftlichen Führungsanspruch des konservativen Kulturbürgertums. Das reale Leben im Zeitalter der Hochindustrialisierung wurde durch die Erfahrung der Beschleunigung geprägt. Als technische Veränderungen des Alltagslebens eröffneten Elektrizität und Mobilität neue

Formen der Vernetzung. Die rapide wachsende Bevölkerung konzentrierte sich in den industriellen Metropolen, die Gesellschaft wurde großstädtisch, auch wenn sich hier und da Widerstand zumindest kleiner Gruppen gegen diese Entwicklung zu formieren suchte. (Linse 1983; 1986) Die Heimatschutzbewegung mit ihren Zielsetzungen der Dokumentation und Bewahrung einer untergehenden Welt menschlicher und nationaler Größe wählte den idealtypischen Weg der psychologischen Verarbeitung einer Verlusterfahrung, d. h. die Stilisierung und Beschäftigung mit einer als „gute alte Zeit" rekonstruierten Vergangenheit. Zur Symboltechnik der vorindustriellen Idylle wurden wasserkraftangetriebene Mühlen, meist landschaftlich idyllisch gelegen, die als Objekte antithetisch zu den lärmenden und stinkenden Motoren und Dampfmaschinen der städtischen Industrie standen. Zwar war die vorindustriell mystifizierte Heimat längst verloren, aber zumindest deren Überreste galt es zu erhalten und gegen die Moderne zu verteidigen. Den Heimatschutz charakterisierte die ideologische Grundhaltung des völkisch-nationalistischen Kulturpessimismus, den Fritz Stern in seiner Studie zur Mentalität des deutschen Kaiserreichs 1963 als ‚politische Gefahr' beschrieben und folgendermaßen charakterisiert hat: die deutsche Abwehrfront gegenüber der Moderne war antiliberal, antiwestlich, antidemokratisch – und nicht zuletzt auch antisemitisch. (Stern 1963)

Der Verein Deutscher Ingenieure (VDI) vollzog im Vergleich mit der Heimatschutzbewegung seine Hinwendung zur Programmatik der Dokumentation und Bewahrung technischer Kulturdenkmale aus der entgegengesetzten Zielsetzung und Realitätswahrnehmung. Die Ingenieure waren Bestandteil der neuen, fortschrittlichen Funktionseliten und verdankten ihren Aufstieg gerade der wirtschaftlich-technischen Entwicklung, welche der Heimatschutz zum Feindbild stilisiert hatte. Was diesen Newcomern im gesellschaftlichen Machtgefüge allerdings fehlte, war die allgemeine gesellschaftliche Anerkennung der Bedeutung ihrer Funktion. Sie wollten die bestehende Trennung zwischen Kultur und Zivilisation überwinden und Technik ebenfalls dem Kulturbereich zugeordnet sehen. Aus diesem Grunde besannen sich die Ingenieure auf die Geschichte ihres ureigensten Bereichs, der Technik, und hoben diese als exemplarisch menschheitsgeschichtlich bedeutsam hervor. Geschichte war als Meta-Ideologie des bürgerlichen Zeitalters genau jener Hebel, über den gesellschaftliche Anerkennung zu erreichen war. Wer innerhalb der traditionell, formal humanistisch geschulten Kultureliten etwas zählen wollte, der benötigte Geschichte. Aber die Geschichte der Technik gehörte bis dato nicht dazu.

Die Funktionselite der Moderne, verkörpert durch die Ingenieure, passte sich dem Wertsystem der vergangenen Zeit, der Wilhelminischen Epoche, an. Das Bemühen der Ingenieure um Anerkennung durch ‚Erfindung' einer Tradition, die für den herrschenden *cultural code* anschlussfähig war und Legitimitätsressourcen erschloss, spricht ebenfalls für eine kollektive Verunsicherung. Die Sachwalter der technischen Moderne traten nicht selbstbewusst auf und reklamierten ihre Führungsrolle in der modernen technisierten Welt für sich, sondern bemäntelten ihren Führungsanspruch und ihre Emanzipationsbestrebungen mit der Definition von Technik als nationaler

Kulturleistung. Dies war insofern nicht sonderlich schwer, da die Ingenieure, im Gegensatz zu ihrer innovativen und fortschrittsorientierten Berufstätigkeit und ihrer prägenden Funktion für die Herausbildung der Moderne eine nach wie vor eher rückwärtsgewandte reaktionäre Gesellschaftsideologie vertraten. Obwohl praktisch die Wegbereiter einer Neuen Zeit, glaubten sie dennoch, einer nationalen Abwehrideologie der Moderne verpflichtet zu sein. Dieses Auseinanderklaffen von Realität und Ideologie bildete die Grundlage ihrer Zusammenarbeit mit den nationalistisch-völkischen Heimatschützern.

Die bekanntesten und einflussreichsten Ingenieurvertreter dieser Form der Erfindung von Traditionen waren mit Conrad Matschoß, dem Vorsitzenden des Vereins Deutscher Ingenieure (VDI), sowie Oskar von Miller auch Hauptakteure der Propagierung des Erhalts von technischen Kulturdenkmalen. Oskar von Miller, als Elektrizitätspionier und Initiator des Deutschen Museums in München, tat sich hierbei federführend hervor. Er verwies auf das Beispiel des als vorbildhaft geltende Freilichtmuseum Skånsen. Im schwedischen Skånsen wurde die ländlich-bäuerliche Welt der Bauernhäuser und Gewerbebauten rekonstruiert. Für Deutschland sollte es demgegenüber ein Museumspark der vorindustriellen Lebens- und Technikwelten werden. Doch davon war man in jeder Hinsicht weit entfernt. Zunächst musste eine Bestandserfassung der potenziellen technischen Kulturdenkmale erfolgen, außerdem waren für die Umsetzung des Vorhabens geeignete Verbündete zu finden. Ein erster Schritt auf dem Weg zu einem Nationalpark der Technik musste also die Dokumentation der noch vorhandenen Substanz an vorindustrieller Technik sein. Wie der Frohnauer Hammer waren die meisten dieser technischen Relikte nicht mehr in Funktion; sie verfielen unbeachtet oder mussten anderen Nutzungen Platz machen. Als Vorreiter der systematischen Bestandsaufnahme veröffentlichte der Verein Deutscher Ingenieure in seinen Publikationsorganen im Jahr 1926 einen Aufruf zur Sammlung historisch wertvoller technischer Anlagen. Ab 1927 erschienen regelmäßige Darstellungen technischer Kulturdenkmale im VDI-Jahrbuch „Technikgeschichte“. Auch die hinter den Kulissen betriebenen Kooperationsbestrebungen jener Institutionen, die es sich auf die Fahnen geschrieben hatten, technische Kulturdenkmale in den Blick der Öffentlichkeit zu rücken, schritten voran. 1928 wurde die Zusammenarbeit zwischen dem VDI, dem Deutschen Museum und dem Bund Heimatschutz offiziell besiegelt. Die drei Institutionen schlossen ihre bisher getrennt voneinander ablaufenden Bemühungen in der „Arbeitsgemeinschaft Technischer Kulturdenkmale“ zusammen. In deren Satzung wurde als Gegenstand der Kooperation festgelegt, „alte wertvolle technische Anlagen, die in ihrer Gesamtheit an Ort und Stelle noch erhalten und für die Gewerbetätigkeit der betreffenden Gegend besonders kennzeichnend sind“, zu erfassen und zu erhalten. (Beiträge zur Geschichte der Technik und Industrie, 1928, S. 19) Um den Unterschied zum traditionellen Denkmalschutz, der sich auf die bisher üblichen Kulturgüter beschränkte, deutlich zu machen, verwiesen die Partner nun auf den Erhalt technische Anlagen, unter denen sie namentlich Wasserräder, Windmühlen, Pferdegöpel, Brücken, Krane, Schöpfwerke, Schmieden, Schleifmühlen, Brennöfen,

Weinpressen und Salinen verstanden. Zur Strategie des Erhalts verständigte man sich darauf, dass ausgewählte Technische Kulturdenkmale unter den Schutz des Deutschen Museums gestellt werden sollten. Danach sollten Sponsoren für die Einzelobjekte in die Erhaltungskonzepte eingebunden werden. Dieses Kultursponsoring nannte man im Jahr 1928 noch Patenschaft. Als potenzielle Paten sollten Stadtverwaltungen, Industrieunternehmen, Organisationen und Einzelpersonen gewonnen werden. Im Idealfall stand die Erhaltung des Objekts am Ende der Bemühungen. In der Realität erwies sich die Arbeit des Vereins in den überwiegenden Fällen allerdings zunächst als reine Dokumentationsarbeit der technischen Ensembles durch Fotos, Zeichnungen und Filmaufnahmen.

Aus dieser Dokumentationsarbeit entstand 1932 die erste Übersicht über die technischen Denkmale in Deutschland. (Matschoß/Lindner 1932) Die Herausgeberschaft der entsprechenden Publikation über die gefundenen technischen Kulturdenkmale übernahm von Seiten des VDI dessen Vorsitzender Conrad Matschoß und als Vertreter des Heimatschutzbundes dessen Geschäftsführer Werner Lindner. Eine, wie sich zeigen sollte, wenig glückliche Verbindung, denn Lindner war dem Nationalsozialismus eng verbunden. In seiner Biographie spiegelt sich die ganze Problematik des Heimatschutzes in seiner politischen Belastetheit idealtypisch wider:

Werner Lindner/Bund Deutscher Heimatschutz

Werner Lindner (1883–1964), Architekt (TH Berlin-Charlottenburg)
1912 Promotion (Thema: Das niedersächsische Bauernhaus in Deutschland und in Holland)
1915 Geschäftsführer des Deutschen Bundes Heimatschutz
1933 Leiter der Abteilung „Heimat und Erbe“ im Reichsbund „Volkstum und Heimat“ (NS-Zwangsorganisation, Gleichschaltung)
1934 Geschäftsführer der Vereinigung „Heimat und Haus“; Herausgeber der Programmschrift „Heimatschutz im Neuen Reich“ – Einbindung des Heimatschutzes in die Organisationen des Nationalsozialismus; Austritt des Heimatschutzbundes aus dem Reichsbund. Lindner wird zum Fachbeauftragten des Heimatbundes ernannt und fungiert als Verbindungsarm zur NS-Kulturgemeinde „Volkstum und Heimat“
1938 Redakteur der Zeitschrift „Heimatleben“
1939 Entwurf von Baugestaltungsrichtlinien für die besetzten Gebiete Polens
1951 Gründung der Arbeitsgemeinschaft Friedhof und Denkmal
1959 Großes Verdienstkreuz der Bundesrepublik Deutschland
Quelle: https://de.wikipedia.org/wiki/Werner_Lindner [19.02.2022]

Die von den beiden Herausgebern Matschoß und Lindner in ihrer 1932 erschienenen Publikation mit dem Titel „Technische Kulturdenkmale“ hatte sich die Beantwortung von drei Fragen zur Aufgabe gemacht:

- Warum ist der Erhalt technischer Denkmäler wichtig?
- Welche Rolle spielt die Technik in der modernen Gesellschaft? und
- Welche Strategien des Umgangs mit Technischen Denkmälern sind anzustreben?

Die beiden Autoren sahen in den technischen Kulturdenkmalen Ansatzpunkte zur Schaffung regionaler Identität. Die Zeugnisse der handwerklichen „menschlichen" Technik hatten Vorbildcharakter durch die Ausbildung einer „ewigen Form", die gerade auch Nutzbauten verkörperten. Die Autoren feierten die Instinktsicherheit und den bewussten Formwillen der Erbauer. Deshalb hatten z. B. Mühlen nicht nur einen hohen Geschichtswert, sondern einen besonderen Gefühlswert. Die Beschleunigung des modernen wirtschaftlich-technischen und gesellschaftlichen Lebens führte demgegenüber zu einem Veränderungstempo, das keine Einordnung der neuen Phänomene mehr erlaubte. Heute würde man die Zentralthese von Matschoß/Lindner als *cultural lag*-These bezeichnen.

Cultural Lag-Theorie

Cultural lag bezeichnet ein Zurückbleiben der kulturellen Subsysteme hinter dem Veränderungstempo der wirtschaftlich-technischen Basis. Als wissenschaftliche These ist diese Vorstellung mit dem amerikanischen Soziologen William Fielding Ogburn (Social Change with Respect to Cultur and original Nature. New York 1923) verbunden

Aufgrund des Zurückbleibens der kulturellen Potentiale hinter dem technischen Möglichen bildete sich gemäß der Auffassung der Autoren eine Technikkritik aus, d. h. Technik wurde zu etwas, was man zu bekämpfen hatte. Die gesellschaftliche Wahrnehmung von Technik sei geprägt von der „Vernichtung des Landschaftsbildes", der Überheblichkeit der „sog. gebildeten Kreise" gegen das „schaffende Tun technischer Arbeit" und einer allgemeinen Geringschätzung der ‚schaffenden' Arbeit. Die Gegenstrategie lautete, den Bildungswert der Technik zu propagieren und Verständnis für die technische Arbeit zu wecken. Allerdings fiel das Erhaltungskonzept bescheiden aus: „Die Technik, die der Mensch selbst geschaffen, ist dem ewigen Wechsel des Geborenwerdens und Sterbens unterworfen. Es kann sich hier nicht darum handeln, alles, was alt ist, erhalten zu wollen. Nur hier und da einiges, was für ein ganzes Zeitalter kennzeichnend war, was unsere Landschaft, unserer Lebensweise oft ihr Gepräge gab, soll hier und da vor gänzlichem Verfall errettet […] werden." (Matschoß, Lindner 1932, S. 3)

Die artikulierte Bescheidenheit der Autoren verriet Realitätssinn. Die Publikation „Technische Kulturdenkmale" wurde nicht gerade zum Trendsetter und Wegbereiter des technischen Denkmalschutzes. Sie fand kein überwältigendes Echo. Obwohl teilweise gezielt verteilt, waren bis 1939 von den 5.000 gedruckten Exemplaren noch über 1.200 auf Lager. Die Situation der Technischen Kulturdenkmale blieb kritisch und verschlechterte sich in der Zeit des Nationalsozialismus trotz aller Heimatrhetorik weiter. Ein gesellschaftliches Bewusstsein für die Notwendigkeit des strategischen Erhalts technischer Kulturdenkmale war nicht zu entdecken.

Literatur

Beiträge zur Geschichte der Technik und Industrie-Jahrbuch des Vereins Deutscher Ingenieure, hg. v. Conrad Matschoß, Bd. 14, Berlin 1928

Ulrich Linse, Zurück, o Mensch, zur Mutter Erde. Landkommunen in Deutschland 1890–1933, München 1983

Ulrich Linse, Ökopax und Anarchie. Eine Geschichte der ökologischen Bewegung in Deutschland, München 1986

Conrad Matschoß, Werner Lindner (Hg.), Technische Kulturdenkmale, München 1932

William Fielding Ogburn, Social Change with Respect to Cultur and original Nature. New York 1923

Winfried Speitkamp, Die Verwaltung der Geschichte. Denkmalpflege und Staat in Deutschland 1871–1933, Göttingen 1996

Fritz Stern, Kulturpessimismus als politische Gefahr. Eine Analyse nationaler Ideologie in Deutschland, Bern u. a. 1963 (zuerst u. d. T. The politics of cultural despair, New York 1963

Wolfhard Weber, Verkürzung von Zeit und Raum. Technik ohne Balance zwischen 1840 und 1880, in: Wolfgang König, ders., Netzwerke Stahl und Strom 1840 bis 1914, Berlin 1990 (Propyläen Technikgeschichte, Bd. 4), S. 11-264

https://de.wikipedia.org/wiki/Werner_Lindner [19.02.2022]

6.1.3.2 Zur deutschen Rezeption der Industrial Archaeology im 20. Jahrhundert

Ausgangsland der Beschäftigung mit dem industriellen Erbe war Großbritannien. Die Industrielle Revolution hatte seit dem 18. Jahrhundert aus dem Königreich die globale industrielle Führungsmacht gemacht. Eine Position, die bis in die 1890er Jahre unbestritten blieb. (Craig 1989, S. 79-100; Maurer 1997, S. 353-414) Danach geriet Großbritannien wirtschaftlich und technisch unter Druck. Zwei aufstrebende Volkswirtschaften, d. h. das Deutsche Reich und die USA, mit einem ausgeprägten eigenen technischen Profil schickten sich an, die Führungsrolle Großbritanniens in Frage zu stellen. Aufgrund seines Empire konnte Großbritannien auf den klassischen technischen Sektoren der Industriellen Revolution Kohle-, Montan-, Textil- und Schiffbauindustrie noch bis zum Ausbruch des Zweiten Weltkriegs Anschluss halten, während die Konkurrenzfähigkeit auf allen modernen Wirtschaftssektoren wie Elektrotechnik, Fahrzeug- und Maschinenbau schon in den 1920er Jahren nicht mehr gegeben war. (Kennedy 1991, S. 229-300) Trotz der Rolle als Siegermacht in beiden Weltkriegen geriet Großbritannien politisch in die Rolle einer Regionalmacht und wirtschaftlich in eine tiefe Strukturkrise. In dieser Situation entdeckte Großbritannien sein industrielles Erbe, da man auf diese Vergangenheit unstrittig stolz sein und die Gegenwart in gewisser Weise verdrängen konnte.

Während die akademische Geschichtswissenschaft einer Politikgeschichte verhaftet blieb, verschrieben sich demgegenüber private Vereine von enthusiastischen Amateurhistorikern der Dokumentation, Erforschung und sogar Erhaltung technischer Überreste. Diese Relikte der ersten Phase der Industriellen Revolution, zumeist aus den Bereichen des Bergbaus, der Montanindustrie, der Eisenbahn und des Schiffbaus, standen nicht nur für die vergangene Größe Großbritanniens, sondern auch für das Selbstverständnis der dort lebenden Menschen. In einer Phase des ökonomischen Abschwungs, der Rationalisierung, der Deindustrialisierung durch Schließung ganzer Industriekomplexe, der Aufgabe von Kohlezechen und der beginnenden Massenarbeitslosigkeit verkörperten diese materiellen Überreste der Vergangenheit das Selbstbewusstsein von nationaler Größe, Nationalstolz und einer vormals besseren gesellschaftlichen Gesamtsituation. Über Generationen hinweg hatten die Industrien das Leben der Menschen entscheidend geprägt, Wohlstand geschaffen, und sogar eine kämpferische und selbstbewusste Arbeiterschaft geformt. Eine Rückbesinnung auf die glorreichen Zeiten der Vergangenheit konnte hier ein Beitrag sein, um sich wieder nationale Stärke bewusst zu werden und Selbstbewusstsein zu gewinnen.

Im Jahr 1955 veröffentlichte der Philologe Michael Rix in der Zeitschrift „Amateur Historian“ einen Aufruf mit dem Titel „*Industrial Archaeology*“. (Kirdorf, Hassler 2000, S. 132) Er rief darin zur Erforschung der materiellen Zeugnisse der Industriellen Revolution auf, und verband dies mit der Idee, Geschichte von unten zu schreiben. Dies bedeutete, dass er sich nicht an Fachhistoriker wandte, die dies tun sollten, sondern an „jedermann“. Der Journalist Kenneth Hudson von der BBC griff diesen Gedanken auf und popularisierte die Vision einer bildungspolitischen Bürgerbewegung, die sich des Themas Industrial Archaeology annehmen sollte. Erfolge stellten sich schnell ein. Volkshochschulen boten Kurse in der Erwachsenenbildung an, Geschichtsvereine bildeten sich und eine beachtliche Anzahl von Privatpersonen fand sich zu einer ehrenamtlichen Tätigkeit in *Industrial Archaeology* bereit. Wie der Frohnauer Hammer das Symbol der deutschen Bewegung um technische Kulturdenkmale war, wurde in Großbritannien die Ironbridge im Severntal zum Symbolobjekt. Diese Eisenkonstruktion war im Jahr 1779 inmitten einer Montanregion erbaut worden und galt von jeher als Symbol des technischen Fortschritts. Nach ihrer Restaurierung bildete die Ironbridge dann den Mittelpunkt des technischen Freilichtmuseums in Coalbrokdale, welches im Laufe der Zeit zum Vorbild für derartige Museen in ganz Europa wurde.

Es dauerte allerdings dennoch bis in die 1970er Jahre, bis dieses britische Beispiel im Umgang mit dem industriellen Erbe sich auch in Kontinentaleuropa durchzusetzen begann. Und wiederum waren es Krisenzeiten, die den Anstoß zur Auseinandersetzung mit der industriellen Vergangenheit gaben. Wie zuvor in Großbritannien war es nun auch in Kontinentaleuropa die Strukturkrise der Kohle- und Bergbauindustrie, die ganze Regionen zu Sanierungsfällen machte. In den Kohle- und Bergbauregionen der Wallonie, von Lothringen, des Saarlands und vor allem im Ruhrgebiet ging eine industrielle Ära zu Ende. Der Gedanke der Industriearchäologie trat auf den Plan. Aber anders als in Großbritannien entstand in Deutschland keine Bürgerbewegung, die sich hierum kümmerte, sondern hier wurde es zu einer professionellen, vor allem vom staatlichen Denkmalschutz getragenen Auseinandersetzung mit dem industriellen Erbe. Doch die Anfänge dieser Bemühungen waren schwer, denn sie litten nach wie vor an der ideologischen Belastung, die der Schutz technischer Denkmale in der NS-Zeit genommen hatte. Dabei wirkten die Verstrickungen nach, die der Bund Heimatschutz und der Verein Deutscher Ingenieure im Rahmen ihrer Initiative zur systematischen Inventarisierung technischer Kulturdenkmale mit der nationalsozialistischen Ideologie eingegangen waren.

Hinzu kam, dass die 1960er Jahre einen Kahlschlag an historischer Bausubstanz brachten, der die Kriegszerstörungen auf diesem Gebiet noch in den Schatten stellte. Der Vision einer autogerechten, modernen Stadt mit ihren grauen Betonwüsten fiel mehr gewachsene historische Architektur zum Opfer als den gesamten Flächenbombardements während des Zweiten Weltkriegs. Die gründerzeitlichen Industrieareale standen den Stadterweiterungen im Wege und wurden ohne Rücksicht auf die Gewachsenheit historischer Ensembles oder deren Denkmalswert abgerissen, um Platz für Neues zu schaffen. Der westfälische Denkmalschützer Eberhard Neumann sprach vom „Planungstod“ der deutschen Städte und einer „Wegwerfarchitektur“, die eine materielle Umsetzung der mentalen Dispositionen der Konsumgesellschaft darstellte. (Neumann 1986) Erst in den 1970er Jahren sollte hier langsam ein Umdenkungsprozess einsetzen. Auslöser hierfür war die erste internationale Konferenz der Industriearchäologie im Jahr 1973 in Telford/Großbritannien, die First International Conference for the Conservation of the Industrial Heritage (FICCIM). In der Bundesrepublik und der DDR löste diese internationale Konferenz professionelle Reflektionen und Reaktionen aus, die in einer Vielzahl von Veröffentlichungen und auch in ersten staatlichen Initiativen zur Dokumentation und Bewahrung des industriellen Erbes mündeten. Einen aufschlussreichen Einblick in diese Formationsphase der Industriearchäologie, und zwar mit besonderem Blick auf die beiden deutschen Staaten, gibt Eberhard Wächtler in seinem Essay „Karl Marx, zwei deutsche Staaten. Gedanken zum Beitrag der DDR zur Formierung und Institutionalisierung der Industriearchäologie 1973 bis 1990“. (Comparativ 1996, S. 225-232)

Zum Zentrum der Initiativen in der Bundesrepublik wurde Nordrhein-Westfalen, und hierbei insbesondere das Bergbaumuseum in Bochum. Dessen Leiter, Rainer Slotta, unterstrich dies 1975 mit der Veröffentlichung seiner Dokumentation „Technische Denkmäler“. (Slotta 1975) Damit knüpfte er an das an, was in den frühen 1930er Jahren Conrad Matschoß und Werner Lindner begonnen hatten. (Matschoß, Lindner 1932) Allerdings beschränkte sich Slottas Bestandsüberblick verständlicherweise auf bergbauliche historische Industrieanlagen.

Einen ersten Erfolg konnten die Denkmalschützer in Nordrhein-Westfalen erzielen, als die dortige SPD-Landesregierung im Jahr 1970 das sog. „Nordrhein-Westfalen Programm 1975“ verabschiedete, worin sich die Regierung verpflichtete, verstärkt auf die Erhaltung wertvoller Bauwerke hinzuwirken, die für die technische und wirtschaftliche Entwicklung des Landes charakteristisch waren. Man verstand darunter folgende technische Artefakte wie Fördertürme, Maschinenhallen, Schleusen oder Schachtgebäude. Um dieses ehrgeizige Programm umzusetzen, wurde ein „Arbeitsausschuss für technische Denkmale" eingesetzt. Dieser Ausschuss setzte sich aus den Landeskonservatoren, den Vertretern des Lehrstuhls für Wirtschafts- und Technikgeschichte von Albrecht Timm in Bochum, der Wirtschaftsarchive in Dortmund und Köln sowie von Werksarchiven und diversen Hochschulvertretern zusammen. Die Aufgabe dieses Gremiums bestand in der Erstellung eines lückenlosen Gesamtverzeichnisses der zu schützenden technikhistorisch wertvollen Bauten und Anlagen. Zu diesem Zweck wurde eine Fragebogenaktion durchgeführt, wobei alle Städte, Kreise und Gemeinden zur Mitarbeit aufgefordert waren. Diese Aktion war wegweisend. Erstmals in der Bundesrepublik wurde ein umfassender Kriterienkatalog zur systematischen Erfassung technischer Kulturdenkmale erarbeitet, der zur Grundlage der industriearchäologischen Arbeit werden sollte. „Technische Denkmale", so das Beratergremium, waren historische Vorrichtungen, Anlagen und Gebäude, die dem Verkehr, der Versorgung oder der Produktion dienten. Dabei verstand man als Denkmal folgendes:

- historisch typische Objekte
- historisch einzigartige Objekte
- Anfangs- oder Endglieder einer technischen Entwicklung
- Sozialgeschichtliche Strukturen aufzeigende Objekte (z. B.: Arbeitersiedlungen, Arbeitsplätze)
- für geistes- bzw. kulturgeschichtliche Zusammenhänge repräsentative Objekte.

Die Experten erkannten in diesem Zusammenhang ein zentrales Problem, nämlich den sich stetig beschleunigenden Prozess der Vernichtung von historischer Substanz. Sollte dieser nicht gestoppt werden können, würde dies jedwede Schutzmaßnahmen obsolet machen. Diesem fast schon resignativen Fazit des Gremiums fügte der westfälische Denkmalpfleger Eberhard Neumann noch zwei weitere Aspekte hinzu, die den Erfolg des Nordrhein-Westfalen-Programms der Landesregierung in Frage stellten. Zum einen sei das ambitionierte Projekt der Landesregierung im Gestrüpp der Ministerialbürokratie hängen geblieben, zum anderen müsste das Gremium mit der Ignoranz und der Ablehnung durch den institutionellen akademischen Bereich rechnen. Dieser Einwand überrascht ein wenig, da mit dem Lehrstuhl des Bochumer Technikhistoriker Albrecht Timm gewichtige universitäre Akteure mit am Tisch saßen und keinen Zweifel daran gelassen hatten, das Projekt der Landesregierung nach Kräften zu unterstützen. Dennoch bestätigte Timms Darmstädter Kollege Akoš Paulinyi die eher skeptische Positionsbeschreibung Neumanns dahingehend, dass der Schutz industrieller Denkmäler in der Bundesrepublik unbefriedigend sei. (Paulinyi 1975)

Die Konzeption zum Umgang mit technischen Denkmalen im real existierenden Sozialismus der DDR war eine andere als die in der Bundesrepublik. Interessanterweise gingen die DDR-Historiker dabei von der gleichen Terminologie wie ihre Kollegen im Westen aus und beschäftigten sich mit technischen Denkmalen, statt sich des international diskutierten Begriffs des „industriellen Erbes" anzuschließen. Im Jahr 1975 machten sich deren führende Vertreter Eberhard Wächtler und Otfried Wagenbreth daran, die offizielle Linie der DDR bezüglich der Industriedenkmale zu formulieren. Dabei kamen sie zu dem überraschenden Ergebnis, dass Industriearchäologie nichts mit Technik als Gegenstand zu tun hätte, denn: „Einfache Geräte, Maschinen und große Aggregate sind, wenn sie ihre Funktion im Reproduktionsprozess verloren haben, eigentlich keine Technik mehr – sie waren Technik". (Wächtler, Wagenbreth, zit. nach: Kirdorf/Hassler 2000, S. 204) Technik wäre demnach etwas, das funktioniert. Alles danach sei nurmehr gewesene Technik. Wie nicht anders zu erwarten, ordneten die DDR-Technikhistoriker die Frage der technischen Denkmale in die Ideologie des Marxismus-Leninismus ein. Technik war ein gesellschaftlicher Prozess, die technischen Denkmale Aussagen über die Reife der Gesellschaft auf ihrem Weg zum Sozialismus und Zeugnisse der Schöpferkraft der Menschen. Mit diesem Zugang über die gesellschaftliche Bedingtheit von Technik und ihre Definition als Prozess entwickelten sie dabei Perspektiven, die ihre westlichen Kollegen erst mit deutlicher Verspätung ebenfalls aufgriffen. Die konkreten Arbeitsergebnisse für eine Systematisierung des Umgangs mit dem industriellen Erbe fanden in der DDR ihren Ausdruck in einem Kriterienkatalog, der dann die Grundlage für die Auswahl der zu erhaltenden Objekte bildete. Hierfür sollten maßgeblich sein:

- die Aussagekraft des Objektes für die Geschichte der Produktivkräfte (Das Verhältnis Produzent – Technik);
- die Aussage des Objekts für die Geschichte der Produktionsverhältnisse (Wechselwirkungen Technik – gesellschaftliche Verhältnisse);
- die proportionale Verteilung auf die einzelnen Industriezweige (kein Industriezweig darf in der Anzahl der Denkmale überbetont oder vernachlässigt werden);
- die proportionale Verteilung auf die Etappen der historischen Entwicklung;
- die Bedeutung für die regionale Geschichte;
- die städtebauliche oder landschaftsgestaltende Bedeutung, sowie die Erschließung technischer Denkmale als Schauanlagen.

War es aufgrund dieser Kriterien zu einer Auswahl der signifikanten Objekte gekommen und eine Entscheidung zugunsten des Eingreifens des staatlichen Denkmalschutzes gefallen, musste die Form der Fortexistenz des Objektes geklärt werden. Die Frage dabei war, welche gesellschaftlichen Ziele sollten mit dem technischen Objekt verbunden werden. Immerhin verfochten sowohl die Historiker aus der Bundesrepublik wie die aus der DDR mit ihrer Arbeit eine Volksbildungs- und Erziehungsfunktion. Eine Umnutzung der Objekte, etwa zu touristischen Zwecken, wie sie später die Regel wurde, konnte es aufgrund der Bildungsfunktion nicht geben. Die Realität der Objekte musste eine direkte Beziehung zur ehemaligen Funktion aufweisen. Es ist die Manifestation einer fundamentalistischen bzw. puristischen Position. Aus der

Perspektive von Wächtler und Wagenbreth gab es demnach folgende Optionen und Zielsetzungen, um technische Denkmale zu nutzen, und zwar als:

- Technisches Museum;
- Technische Schauobjekte nach Bedarf (nichtöffentlich zugänglich);
- Erhaltung der Objekte als unbenutzter Baukörper/im Freien aufgestellte Maschine;
- „In wenigen Jahrzehnten wird die Bevölkerung Ruinen von Industriebauten ebenso beachten, wie sie heute Burgruinen als Ziele der Touristik besucht";
- Nutzung des technischen Denkmals für Zwecke der gegenwärtigen Technik unter Beibehaltung der historischen Maschinerie oder Architektur.

Eine Erhaltungsstrategie hatte demzufolge nur dann einen Sinn, wenn der Systemcharakter der Objekte deutlich wurde. Ein isoliertes Objekt, eine Maschine, eine Fabrikanlage etc., ohne die Einbindung in die ursprünglich bestehenden Kontexte, würde inhaltsleer bleiben. Diese Interpretation brachte die Forderung nach einem Ensemble des industriellen Erbes in einem regionalen Rahmen zum Ausdruck. Nehmen wir das Beispiel einer Bergbaufolgelandschaft, bedeutete dies nicht weniger als die Erhaltung der technischen Denkmale eines Bergbaureviers, der Bergwerkshalden sowie der Wohnhäuser der Grubenbesitzer und Arbeiter in ihrem aufeinander bezogenen Kontext. Darüber hinaus erweiterten die Autoren die Relevanz des industriellen Erbes über den Bereich der Überreste hinaus in die Sphäre der existierenden Produktivkräfte und Produktionsverhältnisse. Diese sollten noch zum Zeitpunkt ihres Funktionierens in ein Konzept der Erhaltung eingebunden werden, sofern sie als Objekte nach den oben genannten Kriterien eingestuft waren. Mit diesen Maximalforderungen konnten sich Wächter und Wagenbreth allerdings nicht durchsetzen. Theoretischer Anspruch und praktische Handlungsmöglichkeiten klafften zu sehr auseinander.

Literatur

Gordon A. Craig, Geschichte Europas 1815–1980. Vom Wiener Kongreß bis zur Gegenwart, München, 3. Aufl. 1989

Paul Kennedy, Aufstieg und Fall der großen Mächte. Ökonomischer Wandel und militärischer Konflikt von 1500 bis 2000, Frankfurt am Main 1991 (zuerst u. d. T. The rise and fall of the great powers, 1500–2000, New York 1987)

Alexander Kirdorf, Uta Hassler (Hg.), Denkmale des Industriezeitalters. Von der Geschichte des Umgangs mit Industriekultur, Tübingen 2000

Conrad Matschoß, Werner Lindner (Hg.), Technische Kulturdenkmale, München 1932

Michael Maurer, Kleine Geschichte Englands, Stuttgart 1997

Eberhard Neumann, Gedanken zur Industriearchäologie. Vorträge – Schriften – Kritiken, Hildesheim 1986

Akoš Paulinyi, Industriearchäologie. Neue Aspekte der Wirtschafts- und Technikgeschichte, Dortmund 1975

Rainer Slotta, Technische Denkmäler in der Bundesrepublik Deutschland, 5 Bde., Bochum 1975–1988

Eberhard Wächtler, Karl Marx, zwei deutsche Staaten. Gedanken zum Beitrag der DDR zur Formierung und Institutionalisierung der Industriearchäologie 1973 bis 1990, in: Comparativ 1996, S. 225-232

Eberhard Wächtler, Otfried Wagenbreth, Ziele und Methoden der Pflege technischer Denkmale in der Deutschen Demokratischen Republik, in: Geschichte der Produktivkräfte 9 (1975)

6.1.3.3 Postindustrielle Welten: Überreste der Zukunft

Die 1990er Jahre waren die Zeit der großen Visionen. Ehemalige Industrielandschaften und deren technisches Inventar wurden zu grandiosen Objekten industriekultureller Experimente. Die Völklinger Hütte etwa, ehemals Mittelpunkt der Saarindustrie, war nun eine Industrieruine unglaublichen Ausmaßes. Was sollte damit geschehen? Ein Weltkulturerbe mit Potential, aber ohne eine museale Dimension? Hier musste ein zukunftsfähiges Erhaltungskonzept entwickelt werden. Im Zeichen der medialen Postmoderne entwickelten die politischen Entscheidungsträger dann auch ein entsprechendes Konzept, und zwar eine Konversion der Vergangenheits- in ‚Zukunftslandschaften'. „Industriekultur" blieb formal der Leitbegriff der Aktivitäten, praktisch vollzog sich jedoch eine markante Uminterpretation des Konzeptes, und zwar hin zu dem, was man unter den Begriffen Freizeitpark oder Eventkulisse besser subsumieren könnte als unter Denkmalpflege.

Diese politisch lagerübergreifend konsensfähige neue Sinnstiftung für vormalige Industriekomplexe legte weitere Fragen nahe, nämlich danach, wie es um die so vielbeschworene Industriegesellschaft eigentlich stand. Gab es sie im klassischen Sinne eigentlich noch, oder war sie längst obsolet geworden? Die politische Leitkultur der New Economy beantwortete diese Frage eindeutig: Auf dem Weg in eine vernetzte Informationsgesellschaft war das, was man vormals Industriegesellschaft genannt hatte, längst Vergangenheit. Das wurde in den 1990er Jahren auch innerhalb der Technikgeschichte aufgegriffen und kontrovers diskutiert. Ulrich Wengenroth, der damalige Leiter des Zentrums für Technikgeschichte in München, veröffentlichte in der Zeitschrift Technikgeschichte 1997 einen Artikel, in dem er die These eines Deindustrialisierungsprozesses vertrat und den vermeintlichen Industriegesellschaften genau diesen Status als „Industriegesellschaft" absprach. (Wengenroth 1997) Das Phänomen einer Industriegesellschaft definierte er dabei als Ansteigen des Anteils der industriellen Beschäftigung, sowie des Anteils des verarbeitenden Gewerbes am Volkseinkommen. Nur, wenn das erzielte Volkseinkommen aus industrieller Tätigkeit dominierte, sei der Begriff einer Industriegesellschaft gerechtfertigt. Eine Bedingung, die in der Gegenwart nicht mehr erfüllt wurde. Industrialisierung wurde so zu einer historischen Episode, die in einen umfassenderen Prozess des technischen Wandels eingebettet war. Im Zeitalter von Automatisierung und Rationalisierung verliert der Produktionsprozess technischer Güter an gesellschaftlicher Bedeutung, und mit ihm verlieren die technischen Überreste an symbolischere Einbindung. Die Gesellschaft des Verschwindens zeigt sich daran, dass sie sich in der Zerstörung technischer Überreste von ihrer eigenen Vergangenheit lossagt. Industriekultur und ihre museale Erhaltung gerieten aller Symbolprojekte zum Trotz, in die Defensive.

In einer Phase, in welcher der gesellschaftliche Diskurs weniger als je zuvor an einem bewussten Umgang mit dem industriellen Erbe interessiert ist, lassen sich dennoch drei alternative post-industrielle Konzeptionen des Umgangs mit dem industriellen Erbe identifizieren:

- Zerfall – oder das Verschwinden als Kulturform;
- Umnutzung – das Denkmal als Event-Kulisse; sowie
- Restaurierung – oder die Konstruktion einer virtuellen Vergangenheit.

Die radikalste Antwort auf die Gesellschaft des Verschwindens und ihrer Artefakte ist der bewusst gestaltete Prozess des Verfalls. Das Verschwinden materialisiert sich in den funktionslos gewordenen Ruinen des Industriezeitalters. Statt das Verschwindens durch eine Entmaterialisierung in der Form des Abbruchs und eine wie auch immer gestaltete Umnutzung dem gesellschaftlichen Diskurs zu entziehen, bleibt das Technische Monument ein Störfaktor, der eine Reaktion provoziert. Das Modell eines „Verrottungsdenkmals", also eines kontrollierten Verfalls, versucht nicht, das technische Artefakt in einen neuen bequemen, aber immer künstlichen Sinnzusammenhang zu stellen. Im Falle einer verlassenen Produktionsstätte bleibt der Ort, was er ist: eine verlassene Produktionsstätte. Die Ruine ist Ruine und wird auf diesem Weg zum Stein des Anstoßes, sie symbolisiert nur eines, nämlich sich selbst und den gesellschaftlichen Umgang mit ihr. „Jeder mögliche Ansatz des Bewahrens stellt eine Verfälschung dessen dar, was diese Dinosaurier einmal für eine Stadt gewesen sind." (Kähler 1990, S. 101) In dem bewussten Verzicht auf jede Form der erhaltenden Einmischung oder Gestaltung dieser Industrieruinen manifestiert sich eine zutiefst romantische Vorstellung. Die Verweigerung jeder Nutzung ist der Versuch, das industrielle Erbe seinen eigenen Entstehungsgesetzen zu entziehen. Eine Produktionsstätte ist ein funktionaler Ort des Wirtschaftens, des ökonomischen Lebens, Arbeit und der Gewinngenerierung. Die Ruine einer Produktionsstätte stellt das völlige Gegenteil all dessen dar. Sie ist in Raum und Zeit aus der vormaligen Sinnhaftigkeit herausgebrochen und den ehemaligen Verwertungsinteressen entzogen, da sie überflüssig geworden ist. Jede Umnutzung wird so zu einem letzten Betrug des Industriezeitalters an sich selbst. „Denn die Bewahrung in einem Zustand zum Zeitpunkt x ist nicht nur eine Verfälschung des eigentlichen Sinns der Maschinen; sie ist auch untauglich zur Veranschaulichung eines historischen Zustandes." (Kähler 1990, S. 103)

Jede Umnutzung steht für einen Prozess der Verdrängung, und zwar einer Verdrängung der negativen Aspekte der Moderne. Die Ruine symbolisiert das, was die Industriegesellschaft Menschen und Umwelt im Negativen antun kann. Industriekultur als Trauerarbeit bezeichnet in diesem Zusammenhang die Herausarbeitung der industriegesellschaftlichen Deformationen, der Schattenseiten einer rücksichtslosen und menschenverachtenden Industrialisierung, deren Überbleibsel sich nun in Ruinen manifestieren. Die jahrzehntelange Ausbeutung von Menschen und Umwelt hinterließ eine ökologische und psychologische Katastrophenlandschaft. „Ein dezisionistisches Denken, das technischen Fortschritt mit dem Fortschritt der Menschheit gleichsetzte, ist durch die irreparablen Schäden am Ende, die dadurch der Natur angetan wurden. Was dem menschlichen Fortschritt zu dienen vorgab, hat sich gegen ihn gerichtet, die Dinosaurier sterben aus – das zu veranschaulichen, mag zwar dem herkömmlichen Begriff von Denkmalpflege entsprechen, aber es würde ihr eine Rolle zuweisen, die über das Bewahren weit hinausginge: Denk-Mal." (Ebd. S. 104) Es ist dieses industrielle Erbe, dem sich eine postindustrielle Kultur entledigen will, indem es die Überreste durch Inszenierung mit einer ästhetischen Symbolik auflädt.

Hinter dieser Deutung des Symbol- und Zeichencharakters des industriellen Erbes steckt aber ebenso eine realistische Einschätzung des Möglichen. Das „Verrottungsdenkmal" ist auch die Antwort auf die Unmöglichkeit einer wie auch immer gearteten Bewahrung derartiger großtechnischer Anlagen. An Monumenten wie der Völklinger Hütte, den montanindustriellen Strukturen des Ruhrgebietes oder den Megakomplexen der realsozialistischen Kombinate wird deutlich, dass jedes Konzept einer Erhaltung an den bloßen Dimensionen dieser Überreste scheitern muss.

Eine Form des Umgangs mit dem industriellen Erbe, das sich konkret den Verwertungsinteressen stellt, besteht in der Erhaltung einzelner Symbolobjekte mit dem Ziel ihrer Umnutzung. Diese Umnutzung und Verwertung bedeuteten eine Umdeutung des Gegebenen. Entweder werden die Überreste einer ökonomischen Neuverwertung zugeführt – beliebteste Form dieser Neuverwertung bilden sog. Technologiezentren, in denen Vergangenheit mit der Zukunft versöhnt werden soll – oder die Nutzung der historischen Kulisse als Einkaufszentrum. Oder die Objekte werden zu Kulturobjekten ästhetisch umgedeutet und fungieren dann als Veranstaltungsort mit spezieller Aura oder Erzeugung einer virtuellen Realität in Form eines Museums. Beide Neudeutungsprozesse sehen sich mit dem Problem des Auseinandertretens von Authentizität und Realität konfrontiert. Helmut Bönighausen benannte drei Konsequenzen dieses Auseinandertretens von gesellschaftlicher Deutung und neuer realer Funktion (Kierdorf/Hassler 2000):

- weltentrückte Reliquien im Glassarkophag;
- Sozialromantik (süßer Kitsch);
- Elendsrealismus (saurer Kitsch).

Die Resultate der ambitionierten Großprojekte der 1990er Jahre, vor allem aber der Umgang mit dem industriellen Erbe in den ehemaligen realsozialistischen Ländern, voran in der ehemaligen DDR, konfrontierten die professionellen Vertreter der Industriearchäologie mit einer unüberbrückbaren Kluft zwischen ihren Ansprüchen und dem realen gesellschaftlichen Bewusstsein. Sie mussten erkennen, dass ihre bildungspolitischen und kulturpolitischen Ambitionen einer industriegeschichtlichen Aufklärungsarbeit angesichts der bestehenden gesellschaftlichen und politischen Prioritäten keinerlei Relevanz besaßen. Die Kahlschlagmentalität der 1960er Jahre mit ihrer unwiederbringlichen Vernichtung industriegeschichtlicher Substanz feierte in den 1990er Jahren eine Wiedergeburt. Die langwierige und schwierige Detailarbeit von Jahrzehnten hinterließ keine bzw. kaum Spuren. Die Konsequenz war eine tiefe Resignation, wie sie sich in dem Aufsatz von Gerhard Stadler in der Zeitschrift „Blätter für Technikgeschichte“ zeigte. (Stadler 2001) Die Zeit nach dem Zusammenbruch des Ostblocks wurde zur Phase der industriearchäologischen Ernüchterung. „Industriearchäologen und Industriedenkmalpfleger mussten sich dem Primat der neuen Wirtschaftsdoktrin unterordnen.“ (Stadler 2001, S. 26) Mit der neuen Wirtschaftsdoktrin war der Siegeszug des Neoliberalismus gemeint, der mit einer euphorischen Begeisterung für postindustrielle Visionen einer globalen Informationsgesellschaft korrespondierte. Der Geist der „New Economy“ wurde in Bezug auf das industrielle Erbe treffend folgendermaßen beschrieben: „Die Abrissbirnen und Sprengtrupps der postindustriellen Gesellschaft zertrümmerten ihre industrielle Vergangenheit mit Inbrunst und Vehemenz, als gelte es, die Zeugen ihrer Herkunft zu beseitigen.“ (Stadler 2001, S. 26)

Dieser Aufbruch in die Neue Zeit symbolisierte auch das Versagen politischer Institutionen, wie z. B. des Europarates, oder der Bundesregierung, die ursprünglich den Schutz des industriellen Erbes hatte befördern wollen. Aber dies trat in den Hintergrund. Stattdessen erfolgte in der Regel die „Abwicklung der Industriestandorte“, so die zynische Metapher, mitsamt der zugehörigen baulichen und technischen Infrastruktur. Die Vergangenheit wurde der Hoffnung auf eine glänzende Zukunft geopfert, auch wenn dann die erhofften blühenden Landschaften ausblieben. Doch nicht nur diese gigantischen neuen Betätigungsfelder industriearchäologischer Arbeit blieben ungenutzt, auch die bereits bestehenden Aktivitäten waren existenziell gefährdet. Gerade im Bereich der Industriemuseen waren die Einschnitte enorm und die Einsparungsvorgaben derart dimensioniert, dass viele Projekte aufgegeben oder auf unbestimmte Zeit verschoben wurden.

Stadler stellte demzufolge auch dem Versuch der Institutionalisierung der Industriearchäologie ein niederschmetterndes Zeugnis aus: Eine Etablierung des Faches als wissenschaftlicher Disziplin war gescheitert. Ebenso konnte Stadler sich mit den Ergebnissen des ambitioniertesten westdeutschen Projektes der Internationalen Bauausstellung (IBA) Emscher Park wenig anfreunden. Für ihn war dieser Umgang mit industriegeschichtlichen Objekten nichts anderes als deren Verwertung als „[...] malerisch-romantische Bühnen für Events, als historische Filmkulissen oder Vergnügungsparks. Sie würden entfremdet und wie Bausteine der Konsumgesellschaft gehandelt? (nach Stadler 2001, S. 32) Die Konfrontation von Verwertungsinteresse und Authentizität, Symbolcharakter und „ehrlichem Informationsgehalt“ war eindeutig aufgelöst worden. Sicherlich hat der industrielandschaftliche Identitätsverlust auch mit der Orientierungslosigkeit keineswegs allein in den gar nicht mehr so neuen Bundesländern zu tun, die der Bielefelder Soziologe Wilhelm Heitmeyer als Teil der rechtspopulistischen und rechtsextremen „autoritären Versuchung“ seit den 2000er Jahren empirisch dokumentiert und beschreibt. (Heitmeyer 2018, S. 138-145)

Literatur

Helmut Birkhan, Grundzüge einer Kulturkunde des Mittelalters, in: Alfred Ebenbauer, Peter Krämer, Ältere Deutsche Literatur. Eine Einführung, Wien 1985. S. 9-24

Helmut Bönighausen, Arbeits- und Produktionsstätten als Denkmäler, in: Alexander Kierdorf, Uta Hassler (Hg.), Denkmale des Industriezeitalters. Von der Geschichte des Umgangs mit Industriekultur, Tübingen 2000, S. 258-260

Arno Borst, Lebensformen im Mittelalter, Berlin [12]1992

Gordon A. Craig, Geschichte Europas, 1815-1980. Vom Wiener Kongreß bis zur Gegenwart, München [3]1989 (zuerst 1980)

Sigfried Giedion, Die Herrschaft der Mechanisierung. Ein Beitrag zur anonymen Geschichte, Frankfurt am Main 1982

Hermann Glaser, Industriekultur und demokratische Identität, in: APuZ B 41-42 (1981), S. 35-44

Ders., Maschinenwelt und Alltagsleben, Nürnberg 1981

Wilhelm Heitmeyer, Autoritäre Versuchungen. Signaturen der Bedrohung I, Berlin 2018

Gert Kähler, Zum alten Eisen. Vom Umgang mit den Denkmälern und Landschaften der Industriekultur, in: Deutsche Kunst und Denkmalpflege 4 (1990), S. 98-105

Paul Kennedy, Aufstieg und Fall der großen Mächte. Ökonomischer Wandel und militärischer Konflikt von 1500 bis 2000, Frankfurt am Main 1991 (zuerst u. d. T. The rise and fall of the great powers, 1500–2000, New York 1987)

Alexander Kierdorf, Uta Hassler (Hg.), Denkmale des Industriezeitalters. Von der Geschichte des Umgangs mit Industriekultur, Tübingen 2000

Sven Lindqvist, Grabe, wo du stehst. Handbuch zur Erforschung der eigenen Geschichte, Bonn 1989

Conrad Matschoß, Werner Lindner (Hg.), Technische Kulturdenkmale, München 1932

Michael Maurer, Kleine Geschichte Englands, Stuttgart 1997

Eberhard Neumann, Gedanken zur Industriearchäologie. Vorträge – Schriften – Kritiken, Hildesheim 1986

Christian Nieters, Tobias Faupel, Holger Derlien, Revitalisierung eines Industriestandortes. Das Expo-Projekt Chemiepark Bitterfeld-Wolfen, in: APuZ B 22-23 (2000), S. 23-30

Akoš Paulinyi, Industriearchäologie. Neue Aspekte der Wirtschafts- und Technikgeschichte, Dortmund 1975

Gert Selle, Die Unantastbarkeit des erloschenen Feuers. Ein Plädoyer für die alte Völklinger Hütte als Ruine, in: Saarbrücker Hefte 64 (1990), S. 48-58.

Rainer Slotta, Einführung in die Industriearchäologie, Darmstadt 1982

Ders., Technische Denkmäler in der Bundesrepublik Deutschland, 5 Bde., Bochum 1975–1988

Gerhard Stadler, Industriearchäologie quo vadis? Vom Aufbruch in die industrielle Vergangenheit, in: Blätter für Technikgeschichte 63 (2001), S. 13-32

Fritz Stern, Kulturpessimismus als politische Gefahr. Eine Analyse nationaler Ideologie in Deutschland, Bern u. a. 1961

Eberhard Wächtler, Otfried Wagenbreth, Ziele und Methoden der Pflege technischer Denkmale in der Deutschen Demokratischen Republik, in: Geschichte der Produktivkräfte 9 (1975)

Wolfhard Weber, Von der „Industriearchäologie“ über das „Industrielle Erbe“ zur „Industriekultur“. Überlegungen zum Thema einer handlungsorientierenden Technikhistorie, in: Ulrich Troitzsch, Gabriele Wohlauf (Hg.), Technikgeschichte. Historische Beiträge und neuere Ansätze, Frankfurt am Main 1980, S. 420-447

Ulrich Wengenroth, Technischer Fortschritt, Deindustrialisierung und Konsum. Eine Herausforderung für die Technikgeschichte, in: Technikgeschichte 64 (1997), S. 1-18

https://voelklinger-huette.org/ [12.02.2022]

https://tu-freiberg.de/fakult6/technikgeschichte-und-industriearchaeologie [12.02.2022]

7 Technikgeschichte: Situation und Potentiale

Wer sich reflektierend mit dem Phänomen Technik in der Gesellschaft, mit der Frage nach den Ursachen und den Folgen des technischen Wandels oder auch dem Verlauf von Invention, Innovation und Diffusion von Technik auseinandersetzt, und zwar völlig unabhängig davon, welche historische Periode dies betrifft, wird konfrontiert mit Erwartungshaltungen und Ängsten verschiedener sozialer Gruppen sowie Akteuren jedweder Couleur aus Politik, Wirtschaft, Wissenschaft und Zivilgesellschaft. Er wird konfrontiert mit bewussten, unbewussten, gewollten und ungewollten Technikfolgewirkungen; mit komplexen Prozessen von Technikproduktion und Technikgebrauch; mit Bedeutungs- und Symbolzuweisungen; mit alternativen Optionen und auch gescheiterten Innovationen. Es geht um gesellschaftliche Technikdiskurse, sowie um Technikzukünfte mit deren damit verbundenen Lebensentwürfen und Weltbildern. Wie aber kommt es zu diesem Auseinanderdriften der zunehmenden gesellschaftlichen Relevanz von Technik und demgegenüber dem fehlenden Bewusstsein über die Bedeutung der historischen Dimension dieser Thematik? Und worin liegen die spezifischen Vermittlungsprobleme einer reflektiven Technikgeschichte für den aktuellen Diskurs über Technikzukünfte?

Der Technikgeschichte wurde zwischen den 1970er und frühen 1990er Jahren eine goldene Zukunft prognostiziert. Und in der Tat befand sie sich zu diesem Zeitpunkt in einer Aufbruchseuphorie. Etliche Professuren wurden eingerichtet, neue Forschungsfelder eröffneten sich und mit der modernen Technikgeschichte formierte sich eine junge historische Disziplin mit augenscheinlicher gesellschaftlicher und politischer Relevanz. Dies vollzog sich in der Bundesrepublik vor dem Hintergrund massiver technischer Modernisierungsschübe, verbunden mit Wirtschafts- und Wohlstandswachstum bisher nicht gekannten Ausmaßes. Der technologische Wandel, speziell im Bereich von sog. Schlüsseltechnologien, wie z. B. der Informationstechnologie, der Bio- und Nanotechnologie, aber auch der Automatisierung der Produktion versprachen nicht nur eine New Economy, sondern wieder einmal auch eine „next industrial Revolution", und in deren Folge eine neue Kulturstufe der Menschheit. Globale Vernetzung, computergesteuerte Fertigungsprozesse, „denkende" Maschinen, die von menschlicher Arbeitskraft befreite autonome Fabrik, genveränderte Nutzpflanzen und Tiere zur Ernährung der Menschheit, sowie virtuelle Welten/Intelligenzen sollten den Menschen aus der engen Materiegebundenheit der Industriegesellschaft befreien und zu einer neuen Form algorithmenbasierter Wohlstandsexistenz führen. Hinzu trat ein weiteres zeithistorisches Phänomen. Ende der 1980er Jahre vollzog sich im öffentlichen Diskurs der Bundesrepublik ein fundamentaler Wandel bezüglich der gesellschaftlichen Wertung und Bedeutungszuweisung von technischen Innovationen. Der Zeitgeist näherte sich wieder einer naiven Technikgläubigkeit an, wie es sie das letzte Mal in den Planungsvisionen der 1960er gegeben hatte. Dieser Befund mag angesichts der Debatten um Kernenergie, Bio- und Informationstechnologie seit den späten 1970er Jahren zunächst überraschen. Aber er ist Ausdruck einer Technikgläubigkeit, die, und zwar unabhängig davon, ob technischer Wandel positiv oder negativ bewertet wird, diesen im Sinne eines Technikdeterminismus interpretiert und letztlich als dem gestaltenden Willen der Gesellschaft entzogen ansieht. „Die Technik befiehlt, der Mensch gehorcht", so schon das Motto der Weltausstellung in Chicago im Jahre 1894.

In diesen Kontexten von Visionen über die zu erwartenden und angestrebten Technikzukünfte sowie deren Folgen fiel ein politisches Bekenntnis für die Expansion einer modernen Technikgeschichte leicht, denn man versprach sich von ihr einen gewichtigen Beitrag an Erkenntnissen für den zu beschreitenden Weg in die Zukunftsfähigkeit der sich konstituierenden neuen Gesellschaft. Die Technikgeschichte war es doch, die zu erklären vermochte, wie die bisherigen menschheitsgeschichtlichen Verläufe von Technikentwicklung in gesellschaftlichen Kontexten vonstattengegangen waren und welchen Faktoren hierbei besondere Bedeutung zukam. Sie war es doch, die die konkreten Folgen dieser „Technikevolution" zu analysieren und zu beschreiben vermochte. Sie war es doch, von der man sich einen Kriterienkatalog an hilfestellenden Erkenntnissen bei Planungs- und Steuerungsentscheidungen erhoffen konnte, um Fehlentwicklungen zu vermeiden. Und sie würde es nun sein, auf deren historisch basiertes Know-how im gesellschaftlichen Diskurs über die geplante Konkretion von Technikzukunft nicht verzichtet werden konnte.

Eine derartige politische Funktionszuweisung an die Technikgeschichte war zwar eindeutig naiv, wurde aber dessen ungeachtet allgemein akzeptiert und von der Technikgeschichte selbst dankbar angenommen. Als Vermittlungsinstitution zwischen Technik und Gesellschaft sollte Technikgeschichte das Bewusstsein der Notwendigkeit der Anpassung von Menschen und Gesellschaft an die Möglichkeiten von high tech im Sinne eines Technikdeterminismus legitimieren und historisch fundieren. Dies lag im besonderen Interesse der politischen Akteure sowie der Gesellschaft im Allgemeinen, und deshalb wurde das Fach Technikgeschichte stark gefördert. In diesen Kontext müssen die neu geschaffenen Professuren, die Museumsneugründungen und -expansionen, ebenso wie die gigantischen industriearchäologischen Projekte der 1990er Jahre gestellt werden. Bei alldem handelte es sich allerdings um Aufgaben und Anforderungen, die von außen, also aus Politik, Wirtschaft, Wissenschaft und Medien, an die Technikgeschichte herangetragen wurden. Die interne Fachdiskussion sowie das Selbstverständnis dessen, was eine moderne Technikgeschichte ausmachen sollte, sah hingegen gänzlich anders aus. Ein Blick auf die Themen und Methoden des Faches hätte dieses fundamentale Missverständnis zwischen Eigenverständnis und politischer Vereinnahmung frühzeitig offenlegen können. Aber, und hierin liegt vielleicht die Mitverantwortung der Technikgeschichte, man segelte nur zu gerne auf der Welle der öffentlichen Aufmerksamkeit und Wertschätzung für das Fach mit und akzeptierte dankend die erlangte Aufwertung, ohne sich mit den eigentlichen Gründen hierfür ernsthaft auseinandersetzen zu wollen. Wenig überraschend gerieten dann auch bald die externen Ansprüche, die an die Technikgeschichte herangetragen worden waren und das, was sie zu leisten imstande war, miteinander in Konflikt. Zusammen mit den sich ändernden gesellschaftlichen Rahmenbedingungen folgte auf die Phase der Euphorie diejenige der Ernüchterung. Mit den verblassenden Visionen der 1990er Jahre ging ein rascher und umfassender Interessenverlust am Fach einher. Dies bedeutete auch, dass Lehrstühle verloren gingen, etwa in Hamburg und Bremen, später dann in Aachen oder Cottbus. Dies betraf etwa 30 % der bisherigen universitären Verankerung. Aus der ursprünglichen fachlichen Expansion wurde so ein Überlebenskampf mit der bescheidenen Hoffnung auf zumindest ein Mindestmaß an Konsolidierung. (Vgl. Nachrichtenblatt GWMT, Institutsbericht Technikgeschichte 2017)

Infolgedessen ist das Fach derzeit mit einer paradoxen Situation konfrontiert: Gerade in einer Phase der Durchsetzung einer technogenen Superstruktur und der gesellschaftlichen Durchdringung durch diese, die im besonderen Maße auch der Reflektion durch technikhistorische Erkenntnisse bedürfte, befindet sich die reflexiv kritische Auseinandersetzung mit Technik durch die Technikgeschichte auf dem Rückzug in die Bedeutungslosigkeit. Ausgerechnet in der Situation einer totalen gesellschaftlichen Technisierung verschwindet das historische Reflexionspotential, sich mit dieser Entwicklung bewusst auseinandersetzten zu können, um so auch mit Gewicht am gesellschaftlichen Diskurs hierüber zu partizipieren.

Selbst wenn diese Diagnose einer Krise des Faches Technikgeschichte nicht von allen Fachvertreterinnen und -vertretern geteilt werden sollte, bleibt zumindest der Befund einer mangelnden gesellschaftlichen Relevanz bestehen. Jedenfalls sind die Potentiale technikhistorischer Erkenntnisse für den aktuellen reflexiven Technikdiskurses in der gesellschaftlichen Arena der Technikzukünfte nur schwer vermittelbar, was möglicherweise allerdings auch an den fachinternen Diskursen der Technikhistoriographie selbst liegen könnte. Die Bestandskrise – Reduktion von Professorenstellen, vakante Professuren, Etat- und Personalstreichungen bei technikhistorischen Museen, massiver Verlust an industriellem Erbe – ist eben nicht nur eine Folge der allgemein proklamierten Sparzwänge öffentlicher Institutionen, sondern in besonderer Weise Hintergrund einer technikgeschichtlichen Identitäts- und Sinnkrise erster Ordnung. Die von Politik und Öffentlichkeit ehemalig hofierten Hoffnungsträger sind nun auf einmal mehr oder weniger irrelevant geworden. Der technikhistorische Diskurs entsprach seit den 1990er Jahren nicht mehr den öffentlichen und medialen Erwartungen, und die Fachdiskurse entsprechen vor allem nicht den dominanten Kultur- und Medienstilen der Gegenwart.

Damit nähern wir uns einer grundlegenden Einsicht, die jeder reflektiven technikhistorischen Analyse zugrunde liegen muss: *Technik ist historisch, ist etwas Gewordenes, und zwar unter ganz spezifischen zeitbezogenen Rahmenbedingungen.* Technik existiert nicht außerhalb der Zeit, ihre Ergebnisse sind eben nicht „jetztzeitig". Technik ist immer das Produkt gesellschaftlichen Handelns der Vergangenheit, die in die Gegenwart hineinragt.

Die Konsequenzen der Einsicht in die grundsätzliche Geschichtlichkeit von Technik sind schwerwiegend. Betrachten wir zunächst die beiden Extrempositionen, welche die

Einstellung zu Technik einnehmen kann. Da ist einerseits die Ideologie der Technik als Notwendigkeit. Technik ist demnach unabhängig und eigengesetzlich, gleichsam naturwüchsig. Die einzige Möglichkeit des gesellschaftlichen Handelns ist die Akzeptanz des sich ohnehin Vollziehenden. Andererseits gibt es die Gegenposition, die Technik als ein gesellschaftliches Aushandlungsprodukt versteht. Technik ist demnach dem menschlichen und gesellschaftlichen Wollen untergeordnet. Sie ist grundsätzlich gestaltbar. Eine moderne Technikgeschichte muss von der Gestaltungsoption ausgehen, will sie sich nicht ihres Gegenstandes entledigen.

Grundsätzliche Handlungsoptionen gegenüber Technik

1. Akzeptanz

„Die Technik befiehlt, der Mensch gehorcht"
= Technikdeterminismus

2. Gestaltung

„Der Mensch will, die Technik folgt"
= Sozialkonstruktivismus

Damit sind, um es provokativ zu formulieren, drei Komponenten genannt, die eine moderne Technikgeschichte für den aktuellen gesellschaftlichen Diskurs über Technikzukünfte bei einigen Akteuren eher unattraktiv machen können, nämlich Distanz, Kritik und damit die Einmischung in den gesellschaftlichen Diskurs über den zu beschreitenden Weg der technischen Entwicklung. Denn die technikhistorischen Erkenntnisse, die u. a. auf der Basis eines Retrospektive Technology Assessments in die aktuelle, höchst brisante und kontrovers geführte gesellschaftliche Diskussion über Technikzukünfte eingebracht werden könnten, sind a priori nämlich eines nicht: akteursangepasste Statements an einen gesellschaftspolitischen Mainstream.

Wenn nach den Potentialen eines Wissenschaftsbereiches wie der Geschichte, bzw. hier der Technikhistoriographie gefragt wird, dann geht es im Allgemeinen zunächst um die geradezu klassischen Fragen nach dem Nutzen des Faches, und ob, bzw. was man aus der Geschichte lernen könne. Hierzu ist naturgemäß immer wieder Stellung bezogen worden. (Vgl. u. a.: VDI (Hg.), Technikgeschichte 51 (1984), Heft 4, Düsseldorf 1984; Wolfgang König 2009, S.216-225; Tagungsbericht TG, Bd. 88 (2021, H.2) Fasst man die Ergebnisse der derartigen Darlegungen zusammen, so ergibt sich folgendes Bild:

- Zunächst einmal wird, ganz allgemein, auf den wissenschaftlichen Wert der grundsätzlich zweckfreien Auseinandersetzung mit einer historischen Thematik verwiesen: „die zweckfreie Neugier ist [...] Kulturleistung und Bedingung für den rationalen Umgang der Menschen mit der Welt". (König 2009, S.217).
- darüber hinaus wird als grundsätzlicher Nutzen technikhistorischer Erkenntnisse ins Feld geführt, dass technischer Wandel etwas historisch Gewordenes sei und sich

demzufolge „[...] nur unter Heranziehung der Geschichte verstehen und erklären lasse." (König 2009, S.217) Der Nutzen der Technikgeschichte bestünde demzufolge darin, erklären zu können, warum, und unter welchen Rahmenbedingungen Technik sich so ausgeprägt hat, wie sie ist. Für König heißt dies konkretisierend:

> „Wir leben jedenfalls in einer historisch gewordenen Welt mit einer historisch gewordenen Technik. [...] Wollen wir also uns und unsere Umwelt verstehen, dann benötigen wir historisches Wissen. Das derart geforderte Selbst- und Weltverständnis stellt den Kern dessen dar, was üblicherweise als „Bildung" bezeichnet wird. Der technische Mensch in der technisch-wissenschaftlichen Welt benötigt sowohl technische wie historische – und auch technikhistorische – Bildung. [...] Die jeweilig vorhandene Technik stellt gewissermaßen das historische Gedächtnis dar." (König 2009, S. 218)

- Im Rahmen ihrer Analysen des historischen technischen Wandels, d. h. der Ursachen für Inventionen, Innovationen und Diffusionen von Technik, sowie der Rolle, die hierbei die beteiligten Akteure, ihre Motive und die gesellschaftlichen Machtverhältnisse spielten, sowie dem letztendlich zustande gekommenen Ergebnis, vermag die Technikgeschichte Einblick in Zusammenhänge zu geben, welche auch im Kontext aktueller Technikdiskurse von Nutzen sein können.
- Nicht zuletzt liegt der Nutzen der Technikgeschichte auch darin, deutlich zu machen, dass technischer Wandel keineswegs gleichbedeutend mit gesellschaftlichem Fortschritt ist, sondern es in diesem Prozess immer Gewinner und Verlierer gibt.

Dass die Technikgeschichte sich mit dem Postulat, einen Beitrag zum Lernen aus der Geschichte leisten zu können, auf recht dünnem argumentativem und wissenschaftstheoretischem Eis bewegt, ist offensichtlich. Grundsätzlich ist unstrittig, dass sich Geschichte nicht einfach wiederholt, und somit historische Erkenntnisse keineswegs dazu geeignet sind, als schlichte Blaupause für zukünftige Ereignisse und Zusammenhänge dienen zu können. Hierzu sind, und dies dürfte einer modernen Technikgeschichte vollauf bewusst sein, die vielfach sich unterscheidenden Wirkfaktoren technisch-gesellschaftlicher Entwicklungen grundsätzlich zu heterogen.

Zum anderen kommt zum Tragen, dass technikhistorische Forschung sich mit dem Anspruch, ein historisches Lehr- und Lernreservoir auch für Zukunftsentwicklungen darzustellen, allzu leicht der Gefahr aussetzt, sich im Bestreben um fachlichen Bedeutungszuwachs dem Zeitgeist politisch-gesellschaftlicher Ideologien anzubiedern. Beispiele für derartige Fehlentwicklungen und Irrwege lassen sich unschwer benennen. Die Ideologie der marxistischen Theorie der Geschichte der Produktivkräfte mit dem von ihr unterstellten gesetzesmäßigen Abläufen historischer Entwicklungen wären hier zu nennen. Auch das Andocken der Technikgeschichtsschreibung an die seit den 1960er Jahren geführte politische Diskussion im Rahmen der „Entwicklungsdekade der Vereinten Nationen" über „angepasste Technologien für Entwicklungsländer" wäre als ein weiteres Negativbeispiel zu benennen. Sich als jene Wissenschaft zu positionieren, deren Expertise zur Technik der Vergangenheit maßgeblich sein könnte, nachholende Technikentwicklung in den Ländern des globalen Südens zu flankieren, war schlichtweg nichts anderes als Inkompetenz und Ausweis ideologischer Naivität.

Als Konsequenz wäre festzuhalten, dass sich die Technikgeschichte trotz bester Absichten nicht auf Themenfelder begeben sollte, deren Komplexität ihren methodisch-theoretischen Erkenntnishorizont und Zuständigkeitsbereich als Wissenschaft übersteigt. Andererseits besitzt gerade die moderne Technikgeschichte aufgrund ihrer interdisziplinären Ausrichtung und auf der Basis des Ropohlschen Technikbegriffs das Potential zur Erschließung einer usable past. Damit könnte sie dazu beitragen, „[...] multiperspektivische und damit holistischere Narrative von technischer Entwicklung zu zeichnen und so aktuelle Debatten zu erweitern." (Tagungsbericht Technikgeschichte 2021, S. 225) Mit ihrem Leistungspotential der Analyse der systemischen Bedingungen, Wirkfaktoren, Akteuren und Folgen der Innovation und Diffusion von Technik in der Geschichte, sowie den historischen gesellschaftlichen Diskursen hierüber, eröffnet sich der Technikhistoriographie die Möglichkeit, einen substanziellen Beitrag zur aktuellen Diskussion über Technikzukünfte zu leisten. Dies bedeutet, dass die Technikgeschichte die Möglichkeit besitzt, mittels differenzierter Systemanalysen die Faktoren von technischer und gesellschaftlicher Entwicklung am konkreten historischen Fallbeispiel zu erfassen und in ihrer dialektischen aufeinander Bezogenheit aufzuklären. Hierdurch werden die Ursachen der gewählten Gestaltungsoptionen bei aller Komplexität in ihren Einzelheiten erkenn- und verstehbar. Von diesem Wissen könnte dann auch der aktuelle gesellschaftliche Technikdiskurs profitieren.

Diese Perspektiven einer Neuausrichtung der Technikgeschichte sowie die Potentiale, die sich hieraus ergeben, sind den Fachvertretern inzwischen durchaus bewusst geworden. So hob etwa die Berliner Technikhistorikerin Heike Weber in ihrem Schlusskommentar zur Jahrestagung Technikgeschichte 2021 hervor, dass „[...] die Technikgeschichte angesichts zahlreicher gesellschaftlicher Herausforderungen heute mehr denn je zu einer gegenwartsorientierten Forschung im Sinne einer ‚usable past' aufgefordert (sei)" (Tagungsbericht Technikgeschichte 2021, S. 227) Auf diese Weise könnte es dem Fach möglicherweise auch gelingen, im politischen Raum wieder an Bedeutungszuweisungen anzuknüpfen, wie sie vormals im Rahmen der Geschichte der Produktivkräfte bzw. der Planungseuphorie der 1960er/70er Jahre bestanden und sich hierdurch dringlich erforderliche Expansionsmöglichkeiten zu eröffnen.

In diesem Kontext wäre nämlich in Erinnerung zu rufen, dass die Technikgeschichte in Deutschland gerade einmal mit nur etwa zehn universitären Professuren ausgestattet ist und damit zu den „kleinen Fächern" zählt. (Mainzer Arbeitsstelle Kleiner Fächer) Dies schränkt die Potentiale des Faches naturgemäß deutlich ein. An dieser Situation dürfte sich wenig ändern, wenn es der modernen Technikgeschichte nicht gelingt, sich über ihre traditionellen Arbeitsfelder hinaus neu zu positionieren und am gesellschaftlichen Diskurs über Technikzukünfte zu partizipieren. Es ist von daher zu hoffen, dass die Technikgeschichte sich endlich wieder ihrer wissenschaftlichen und gesamtgesellschaftlichen Verantwortung und Bedeutung bewusst wird, sich vom

Klein-Klein des universitären sowie fachintern-disziplinären Alltagsgeschäfts emanzipiert und an jene charismatischen und programmatischen Traditionslinien anknüpft, für die Conrad Matschoß, Albrecht Timm, Ulrich Troitzsch, Wolfhard Weber und Karl-Heinz Ludwig standen, die Neuformation des Faches maßgeblich formten und damit zukunftsfähig auszurichteten vermochten. Wie dringend nötig dies ist, mag allein schon ein Blick auf das vom Karlsruher Institut für Technologie (KIT) herausgegebene „Magazin für Forschung, Lehre, Innovation „looKIT", und hier beispielhaft für alle die Ausgabe 02/2021 zum Thema „Nachhaltige Mobilität" veranschaulichen.(LooKIT 2/2021) Gänzlich der Hochglanz-Präsentation von *cutting-edge*-Forschungen dieser Institution verpflichtet, die stolz auf dem Laufsteg des Fortschritts technisch-wissenschaftlicher Eitelkeiten ausgebreitet werden, findet sich eines nicht, nämlich die Einbeziehung der sozial- und gesellschaftswissenschaftlichen, geschweige denn der technikhistorischen Ebene einer Reflektion über den propagierten Fortschritt in der Wissenschaft.

Eine Rückbesinnung auf das, was bereits 1898 vom Verein Deutscher Ingenieure eingefordert wurde, nämlich dass „die allgemein bildenden Fächer der Technischen Hochschulen [...] eine für diese Hochschulen unbedingt erforderliche Ergänzung der Fachstudien dar(stellen) und [...] den Studierenden die notwendige Verbindung der Technik mit der Gesamtkultur unserer Zeit vermitteln (sollen)" (Matschoß 1889), sowie der gut 100 Jahre später vom Präsidium des Vereins Deutscher Ingenieure in der Präambel seines Memorandums „Empfehlung des VDI zum Studium der Technikgeschichte" formulierten Forderung, ist neuerlich geboten: „Dabei gilt für Technik das gleiche wie für andere Bereiche der Menschheitskultur: Historisches Bewußtsein ist unverzichtbare Grundlage für kulturelle Identitätsfindung sowie für fruchtbare Zukunftsentwürfe." (VDI 1992)

Literatur

Rolf-Jürgen Gleitsmann, Rolf-Ulrich Kunze, Günther Oetzel, Technikgeschichte, Konstanz 2009

Wolfgang König, Technikgeschichte. Eine Einführung in ihre Konzepte und Forschungsergebnisse, Stuttgart 2009

Conrad Matschoß, Der Ingenieur und die Aufgaben der Ingenieurerziehung, in: Zeitschrift des VDI, Bd. 57, Berlin 1913

Nachrichtenblatt der Deutschen Gesellschaft für Geschichte der Medizin, Naturwissenschaft und Technik (GWMT) 67 (2017), H. 2, S. 14-18

Wilhelm Ostwald, Grundsätzliches zur Geschichte der Technik, in: Zeitschrift des Vereins Deutscher Ingenieure 73 (1929), Heft 1, S. 1-8

Tagungsbericht Technikgeschichte, 150 Jahre Conrad Matschoß – Technikgeschichte für die Gegenwart, in: Technikgeschichte 88 (2021), H. 2, S. 223-228

Verein Deutscher Ingenieure (Hg.), Empfehlungen des VDI zum Studium der Technikgeschichte, Düsseldorf 1992

Verein Deutscher Ingenieure (Hg.), Themenheft: Lernen aus der Technikgeschichte, Technikgeschichte 51 (1984), Nr. 4, Düsseldorf 1984

Quellen- und Literaturverzeichnis

Aagard, Herbert u. a. (Hg.), Die technologische Literatur des 18. Jahrhunderts als historische Quelle, in: Das achtzehnte Jahrhundert. Mitteilungen der Deutschen Gesellschaft für die Erforschung des achtzehnten Jahrhunderts 4 (1980), S. 31-61

Ders., Friedrich Klemm, Kommentar und Auswahl, in: Ulrich Troitzsch, Gabriele Wohlauf (Hg.), Technik-Geschichte, Historische Beiträge und neuere Ansätze, Frankfurt am Main 1980, S. 92-102

Académie Royal des Sciences, Descriptions des Arts et Métiers, faites ou approuvés par messieurs de l'Académie royale des sciences, Bde. 1-121, Paris 1761–1789

Adas, Michael, Machines as the Measures of Men. Science, Technology and Ideologies of Western Dominance, Ithaca/London 1990

Adam, Robert, Die USA. Geschichte und Verfassungsordnung, München/Wien 1965

Adams, Willi Paul, Die Vereinigten Staaten von Amerika. Frankfurt am Main 1977 u. ö. (Fischer Weltgeschichte, Bd. 30)

Adorno, Theodor W. Horkheimer, Max, Dialektik der Aufklärung, Frankfurt am Main 1971

Agricola, Georg, Zwölf Bücher vom Berg- und Hüttenwesen, Basel 1556, deutsch 1557

Albrecht, Helmut, Technik als gesellschaftliches Phänomen, in: Helmut Albrecht, Charlotte Schönbeck (Hg.), Technik und Gesellschaft, Düsseldorf 1993, S. 3-31

Allgemeine Deutsche Biographie (ADB), Bd. 26, Leipzig 1888

Allmayer-Beck, Renate, Zusammenhänge zwischen Wohnungsbau und Rationalisierung der Hauswirtschaft anhand der Küchenplanungen von Margarete Schütte-Lihotzky, in: Peter Noever (Hg.), Margarete Schütte-Lihotzky. Soziale Architektur, Zeitzeugin eines Jahrhunderts, Wien 1996, S. 235-246

Aly, Götz, Hitlers Volksstaat. Raub, Rassenkrieg und nationaler Sozialismus, Frankfurt am Main 2005

Andersen, Arne, Der Traum vom guten Leben. Alltags- und Konsumgeschichte vom Wirtschaftswunder bis heute, Frankfurt am Main/New York 1999

Ders., Umweltgeschichte. Forschungsstand und Perspektiven, in: Archiv für Sozialgeschichte 33 (1993), S. 672-701

Ders., Über das Schreiben von Umweltgeschichte, in: Environmental History Newsletter, Umweltgeschichte heute. Neue Themen und Ansätze der Geschichtswissenschaft – Beiträge für die Umwelt-Wissenschaft, Special Issue No. 1, Mannheim 1993, S. 44-57

Anderson, Benedict, Die Erfindung der Nation. Zur Geschichte eines folgenreichen Konzepts, Berlin 1998 (zuerst u. d. T. Imagined communities, London 1983)

Andritzky, Michael (Hg.), OIKOS. Von der Feuerstelle zur Mikrowelle. Haushalt und Wohnen im Wandel, Gießen 1992

Angehorn, Emil, Der Mensch in der Geschichte – Konstellationen historischer Identität, in: ders., Gerd Jüttemann, Identität und Geschichte, Göttingen 2018, S. 7-51

Antragstext zum Göttinger Graduiertenkolleg „Interdisziplinäre Umweltgeschichte", Stand 2003

Appadurai, Arjun (Ed.), The social life of things. Commodities in cultural perspective, Cambridge/UK 1986

APuZ 32-33 (2009): Themenheft Konsumkultur

Arbeitsgemeinschaft Hauswirtschaft e.V. und Stiftung Verbraucherinstitut (Hg.), Haushalts(t)räume. Ein Jahrhundert Technisierung und Rationalisierung im Haushalt. Bearb. von Barbara Orland, Königstein/Taunus 1990

Arendt, Hannah, Vita activa oder: vom tätigen Leben, München 1981

Ariés, Philippe, Duby, Georges, Geschichte des privaten Lebens, 5 Bde., Frankfurt am Main 1989–1993 (zuerst unter dem Titel Histoire de la vie privée, Paris 1985–1987)

Arndt, Melanie, Umweltgeschichte, Version: 3.0, in: Docupedia-Zeitgeschichte, 10.11.2015

http://docupedia.de/zg/Arndt_umweltgeschichte_v3_de_2015 [28.01.2022]

Assmann, Aleida, Konstruktion von Geschichte in Museen, in: [APuZ 2007], https://www.bpb.de/shop/zeitschriften/apuz/30063/konstruktion-von-geschichte-in-museen/ [12.02.2022]

Atkinson, Catherine, Inventing inventors in Renaissance Europe, Polydor Vergils De inventoribus rerum, Tübingen 2007

Autorenkollektiv, Dialektischer und historischer Materialismus. Lehrbuch für das marxistisch leninistische Grundlagenstudium, Berlin 1987

Beckmann, Johann, Beyträge zur Geschichte der Erfindungen, 5 Bände, Leipzig 1780–1805

Beiträge zur Geschichte der Technik und Industrie-Jahrbuch des Vereins Deutscher Ingenieure, hg. v. Conrad Matschoß, Bd. 14, Berlin 1928

Balke, Siegfried, Die Automatisierung als Aufgabe in Technik und Wirtschaft, in: VDI-Zeitschrift 99 (1957), S. 2-7

Bauer, Reinhold, Gescheiterte Innovationen. Fehlschläge und technologischer Wandel, Frankfurt am Main/New York 2006

Baumol, William, Litan, Robert, Schramm, Carl, Good Capitalism, Bad Capitalism and the Economy of Growth and Prosperity, Newhaven/London 2007

Bayerl, Günter (Hg.), Umweltgeschichte. Methoden, Themen, Potentiale, Hamburg 1996 (Cottbuser Studien zur Geschichte von Technik, Arbeit und Umwelt, Bd. 1)

Ders., Torsten Meyer, Aufgaben einer Sozialgeschichte der Technik, in: Blätter für Technikgeschichte 51/52 (1989/90), S. 9-36

Ders., Ulrich Troitzsch, Quellentexte zur Geschichte der Umwelt von der Antike bis heute, Göttingen, Zürich 1998 (Quellensammlung zur Kulturgeschichte, Bd. 23)

Becher, Joh. Phil., Beschreibung der Oranien-Nassauischen Landen nebst einer Geschichte des Siegenschen Hütten- und Hammer-Wesens, Marburg 1789

Beck, Ludwig, Die Geschichte des Eisens in technischer und kulturgeschichtlicher Beziehung, 5 Bde., Braunschweig 1903

Beck, Theodor, Beiträge zur Geschichte des Maschinenbaus, Berlin 1888

Beck, Ulrich, Risikogesellschaft. Auf dem Weg in eine andere Moderne, München 1986

Beckmann, Johann, Beyträge zur Geschichte der Erfindungen, 5 Bde., Leipzig 1783–1805, div. Ausgaben/Nachdrucke, daher divergierende Angaben

Benad-Wagenhoff, Volker, Die Industrielle Revolution des 18. und 19. Jahrhunderts als epochale technische Umwälzung, in: Technikgeschichte 57 (1990), H. 4, S. 329-344

Ders., Wieviel technisches Wissen braucht unser Fach? Für eine prozessorientierte Technikgeschichte, in: Blätter für Technikgeschichte 57/58 (1995/96), S. 79-85

Berding, Helmut, Leopold von Ranke, in: Hans-Ulrich Wehler (Hg.), Deutsche Historiker, Bd. 1, Göttingen 1971, S. 7-24

Berghahn, Volker, Das Kaiserreich 1871–1914, Stuttgart 2003 (Gebhardt Handbuch der deutschen Geschichte, Bd. 16)

Bernheim, Ernst, Einleitung in die Geschichtswissenschaft, Berlin u. a. [3]1926

Beyerchen, Alan D., Wissenschaftler unter Hitler, Köln 1980

Bijker, Wiebe, Hughes, Thomas Parke, Pinch, Trevor, The Social Construction of Technological Systems, Cambridge, Mass.1984

Binswanger, Matthias, Die Tretmühlen des Glücks. Wir haben immer mehr und werden nicht glücklicher. Was können wir tun?, Freiburg i. Br. 2006

Biringuccio, Vannucio, Della pirotechnia libri X, Venezia 1540

Birkhan, Helmut, Grundzüge einer Kulturkunde des Mittelalters, in: Alfred Ebenbauer, Peter Krämer, Ältere Deutsche Literatur. Eine Einführung, Wien 1985, S. 9-24

Bönig, Jürgen, Die Einführung der Fließarbeit in Deutschland, 2 Bde., Münster/Hamburg 1993

Ders., Wenn die Arbeit ausgeht – Zur Gründungsgeschichte des Museums der Arbeit in Hamburg, Hg. von den Freunden des Museums der Arbeit e. V., Hamburg 2010

Bönighausen, Helmut, Arbeits- und Produktionsstätten als Denkmäler, in: Alexander Kierdorf, Uta Hassler (Hg.), Denkmale des Industriezeitalters. Von der Geschichte des Umgangs mit Industriekultur, Tübingen 2000, S. 258-260

Bötzkes, Manfred, Graf, Bernhard, Worsch, Jochen, Tradition und Faszination – Veränderungen und Trends von Museen in Deutschland, in: Organisations-Entwicklung, Zeitschrift für Unternehmensentwicklung und Change Management, Spezial 2 (1994), Schwerpunkt: Veränderungsstrategien im Non-Profit-Bereich, S. 106-115

Borchardt, Knut, Technikgeschichte im Lichte der Wirtschaftsgeschichte, in: Technikgeschichte 34 (1967), S. 1-13

Borries, Bodo von, Didaktische Möglichkeiten und Grenzen der Umweltgeschichte, in: Bayerl, Günter (Hg.), Umweltgeschichte. Methoden, Themen, Potentiale, Hamburg 1996 (Cottbuser Studien zur Geschichte von Technik, Arbeit und Umwelt, Bd. 1), S. 309-324

Ders., Umweltgeschichte. Vergessene Einsichten und neuartige Herausforderungen, in: Jörn Calließ, Jörn Rüsen, Meinfried Striegnitz (Hg.), Mensch und Umwelt in der Geschichte, Pfaffenweiler 1989, S. 353-375

Borst, Arno, Lebensformen im Mittelalter, Berlin [12]1992

Bourdieu, Pierre, Die feinen Unterschiede. Zur Kritik der gesellschaftlichen Urteilskraft, Frankfurt am Main 2007 (zuerst ebd. 1982)

Brämer, Rainer (Hg.), Naturwissenschaft im NS-Staat, Marburg 1983

Brand, Ulrich, Wachstum und Herrschaft, in: APuZ 27-28 (2012), S. 8-14

Brandstetter, Thomas, Troitzsch, Ulrich (Hg.) Hugo Theodor Horwitz. Das Relais-Prinzip, Schriften zur Technikgeschichte, Wien 2008

Braun, Hans-Joachim, Die 101 wichtigsten Erfindungen der Weltgeschichte, München 2003

Ders., Konstruktion, Destruktion und der Ausbau technischer Systeme zwischen 1914 und 1945, in: Hans-Joachim Braun, Walter Kaiser, Energiewirtschaft, Automatisierung, Information seit 1914, Berlin 1992 (Propyläen Technikgeschichte Bd. 5)

Braun, Helmut, Von der Technik- zur Umweltgeschichte, in: Günter Schulz u. a. (Hg.), Sozial- und Wirtschaftsgeschichte. Arbeitsgebiete-Probleme-Perspektiven, Wiesbaden 2005, S. 375-401 (VSWG-Beiheft 169)

Braungart, Michael, „Das richtige Tun" – Öko-Effektivität und intelligente Verschwendung: Cradle to Cradle, in: Michael Braungart, William McDonough (Hg.), Die nächste Industrielle Revolution, 3. Aufl., Hamburg o.J., S. 17-69

Ders., William McDonough, Die nächste industrielle Revolution. Die Cradle to Cradle-Community, Hamburg 2009

Brecht, Bertolt, 700 Intellektuelle beten einen Öltank an, in: Bertolt Brecht, Werke, Bd. 11, Gedichte I, Sammlungen 1918-1938, Frankfurt am Main 1988, S. 174-176 (bearbeitet von Jan Knopf und Gabriele Knopf)

Ders., Werke. Große kommentierte Berliner und Frankfurter Ausgabe, Bd. 11: Gedichte I, Berlin u. a. 1988

Brockhaus-Enzyklopädie, Stichwort Erfindungen, Mannheim 1988

Brüggemeier, Franz-Josef, Environmental History, in: Neil J. Smelser, Paul B. Baltes (Hg.) International Encyclopaedia of the Social & Behaviours Sciences, Vol. 7, Amsterdam u. a. 2001, S. 4621-4627

Ders. (Hg.), Industrie-Natur. Lesebuch zur Geschichte der Umwelt im 19. Jahrhundert, Frankfurt am Main 1995

Ders., Rommelspacher, Thomas (Hg.), Besiegte Natur. Geschichte der Umwelt im 19. und 20. Jahrhundert, München 1987

Ders., Engels, Jens Ivo (Hg.), Natur- und Umweltschutz nach 1945. Konzepte, Konflikte, Kompetenzen, Frankfurt am Main/New York 2005

Buchheim, Christoph, Industrielle Revolution. Langfristige Wirtschaftsentwicklung in Großbritannien, Europa und in Übersee, München 1994

Bundesdrucksache 14/8792. Rat der Sachverständigen für Umweltfragen. 2002. Umweltgutachten 2002

Bundesregierung, Indikatorenbericht 2010, Nachhaltigkeitsstrategie für Deutschland, Erfolgskontrolle: die 21 Indikatoren, aktualisiert 2018: https://www.bundesregierung.de/resource/blob/975292/1559082/a9795692a667605f652981aa9b6cab51/deutsche-nachhaltigkeitsstrategie-aktualisierung-2018-download-bpa-data.pdf [11.02.2022]

Dies., Perspektiven für Deutschland. Unsere Strategie für eine nachhaltige Entwicklung. Fortschrittsbericht, Berlin 2004

Burke, Peter, Offene Geschichte. Die Schule der ‚Annales', Berlin 1991 (zuerst u. d. T. The French Historical Revolution. The Annales School, 1929–89, Cambridge/UK 1990)

Ders., Was ist Kulturgeschichte?, Frankfurt am Main 2005 (zuerst u. d. T. What is cultural history?, Cambridge/UK 2004)

Burlingame, Roger, Machines that Built America, New York 1953

Ders., Men and Machines, Tokio 1959

Busch, Gabriel Christian Benjamin, Versuch eines Handbuchs der Erfindungen, 8 Bde. Eisenach 1790–1798

Calließ, Jörn, Rüsen, Jörn, Striegnitz, Meinfried (Hg.), Mensch und Umwelt in der Geschichte, Pfaffenweiler 1989

Carr, Edward Hallett, What ist history (1961), London 1965

Cech, Brigitte, Technik in der Antike, Darmstadt 2010

Cerman, Markus, Ogilvie, Sheilagh C. (Hg.), Proto-Industrialisierung in Europa. Industrielle Produktion vor dem Fabrikzeitalter, Wien 1994

Cohen, Lizabeth, A consumer's republic. The politics of mass consumption in postwar America, New York 2003

Conrad, Christoph, Kessel, Martina, Blickwechsel: Moderne, Kultur, Geschichte, in: Kultur & Geschichte. Neue Einblicke in eine alte Beziehung, hg. v. dens., Stuttgart 1998, S. 9-40

Conze, Werner, Die prognostische Bedeutung der Geschichtswissenschaft. Möglichkeiten und Grenzen, in: Technikgeschichte. Voraussetzung für Forschung und Planung in der Industriegesellschaft, Düsseldorf 1972

Ders., Die Strukturgeschichte des technisch-industriellen Zeitalters als Aufgabe für Forschung und Unterricht, Düsseldorf 1957

Ders., Sozialgeschichte, in: Hans-Ulrich Wehler (Hg.), Moderne deutsche Sozialgeschichte, Köln u. a. 1966, S. 19-26

Council on environmental quality/Foreign office (ed.), The global 2000 report to the president, Washington, D. C. 1980

Cowan Schwartz, Ruth, More Work for Mother. The Ironies of Household Technology from the Open Hearth to the Microwave, New York 1983

Craig, Gordon A., Geschichte Europas 1815-1980. Vom Wiener Kongreß bis zur Gegenwart, München [3]1989 (zuerst 1980)

Crouch, Collin, Postdemokratie, Frankfurt am Main 2008

Daimler Nachhaltigkeitsbericht 2011. http://nachhaltigkeit.daimler.com [11.02.2022]

Daly, Herman E., The Steady State Economy, London 1972

Ders., Wirtschaft jenseits von Wachstum: die Volkswirtschaftslehre nachhaltiger Entwicklung, Salzburg, München 1999

Daumas, Maurice (Hg.), Histoire générale des techniques, 4 Bde., Paris 1962

DB Museum, Rheingold – ein europäischer Luxuszug, hg. v. Jürgen Franzke, Nürnberg/Frankfurt am Main 1997

Degenhardt, Wolfgang, Das calvinistisch-pietistische Siegerland, in: Interregiones 4 (1995), S. 147-161

Delius, Walter, Hauberge und Haubergsgenossenschaften des Siegerlandes, Baden-Baden 1910

Dessauer, Friedrich, Streit um die Technik, Frankfurt am Main [5]1956

Deutsche Forschungsgemeinschaft (Hg.), Die Geschichte der Medizin, der Naturwissenschaft und der Technik, Bad Godesberg 1959

Deutsche Historiker im Nationalsozialismus, hg. v. Winfried Schulze, Otto Gerhard Oexle, Frankfurt am Main 1999

Deutscher Bundestag, 14. Wahlperiode, Drucksache 14/9200 vom 12.06.2002, „Schlussbericht der Enquete-Kommission Globalisierung der Weltwirtschaft Herausforderungen und Antworten

Deutscher Bundestag, Schlussbericht der Enquete-Kommission Globalisierung der Weltwirtschaft – Herausforderungen und Antworten, Bundesdrucksache 14/2350, 12.6.2002

Dienel, Hans-Liudger, Das Deutsche Museum und seine Geschichte, München 1998

Ders., Ideologie der Artefakte. Die ideologische Botschaft des Deutschen Museums 1903–1945, in: Ideologie der Objekte – Objekte der Ideologie. Naturwissenschaft, Medizin und Technik in Museen des 20. Jahrhunderts, Kassel 1991 (73. Jahrestagung der Deutschen Gesellschaft für Geschichte der Medizin, Naturwissenschaft und Technik, 2.–5. Oktober 1990 in Mannheim), S. 105-113

Ders., Der Optimismus der Ingenieure. Triumph der Technik in der Krise der Moderne um 1900, Stuttgart 1998

Dinzelbacher, Peter (Hg.), Europäische Mentalitätsgeschichte. Hauptthemen in Einzeldarstellungen, Stuttgart 1993

Dippel, Horst, Geschichte der USA, München 2007

Dipper, Christof, Moderne, Version: 2.0, in: Docupedia-Zeitgeschichte, 17.01.2018
http://docupedia.de/zg/Dipper_moderne_v2_de_2018 [15.02.2022]

Dobroc, Paulina, Rothenhäusler, Andie (Hg.), 2000 Revisited. Visionen der Welt von morgen im Gestern und Heute, Karlsruhe 2020

Döge, Peter, Zwischen ‚Scientific Warrior' und ‚Mathematischem Mann', in: Technikfolgenabschätzung – Theorie und Praxis 11 (2002), S. 32-36

Döring, Thomas, 50 Jahre „Grenzen des Wachstums" von der Wachstums- zur Post-Wachstumsökonomie?, in: APuZ 3-4 (2022), S. 18-23

Doering-Manteuffel, Anselm, Deutsche Zeitgeschichte nach 1945. Entwicklung und Problemlagen der historischen Forschung zur Nachkriegszeit, in: Vierteljahreshefte für Zeitgeschichte 41 (1993), S. 1-29

Donndorf, Johann August, Geschichte der Erfindungen in allen Theilen der Wissenschaften und Künste […], 4 Bde., 2 Supplementbände, Quedlinburg/Leipzig 1817–1821

Dr. Gablers Wirtschaftslexikon, Bd. 5, Wiesbaden 1972

dtv Deutsche Geschichte der neuesten Zeit. Vom 19. Jahrhundert bis zur Gegenwart, hg. v. Martin Broszat u. a., München 1986 ff

Durchhardt, Heinz, Das Zeitalter des Absolutismus, 2. Aufl., München 1998

Dülmen, Richard van, Historische Anthropologie, Köln u. a. [2]2001

Düwell, Kurt, Die Technik des Industriezeitalters und die ‚allgemeine' Geschichtswissenschaft, in; Wilhelm Treue (Hg.), Deutsche Technikgeschichte. Vorträge vom 31. Historikertag in Mannheim 1976, Göttingen 1977, S. 10-28

Duve, Freimut (Hg.), Demokratische und autoritäre Technik. Beiträge zu einer anderen Technikgeschichte, Hamburg 1980 (Technologie und Politik 16. Das Magazin zur Wachstumskrise)

Ebert, Anne-Kathrin, „Nationales Design"? Auf der Suche nach dem ‚Holland-Rad', 1900–1940, in: Technikgeschichte 76 (2009), H. 3, S. 211-231

Dies., Radelnde Nationen. Die Geschichte des Fahrrads in Deutschland und den Niederlanden bis 1940, Frankfurt am Main/New York 2010

Eckert, Werner, „Was aus den schönen Worten von Rio wurde", SWR-Umweltredaktion. http://www.tagesschau.de/ausland/rio172.html [11.02.2022]

Edgerton, David, The shock of the old: Technology and global history since 1900, London 2006

Eichberg, Henning, Leistung, Spannung, Geschwindigkeit. Sport und Tanz im gesellschaftlichen Wandel des 18./19. Jahrhunderts, Stuttgart 1978

Eichenauer, Hartmut, Das Siegerland als Beispiel wirtschaftsgeschichtlicher und wirtschaftsgeographischer Harmonie? Überprüfung eines kulturlandschaftlichen Exempels, in: Spieker. Landeskundliche Beiträge und Berichte, hg. v. d. Geographischen Kommission für Westfalen 33, Münster 1989, S. 219-242

Ekardt, Felix, Theorie der Nachhaltigkeit. Rechtliche, ethische und politische Zugänge, Baden-Baden 2011

Elias, Norbert, Über den Prozeß der Zivilisation. Soziogenetische und psychogenetische Untersuchungen, Bd. 2: Wandlungen der Gesellschaft. Entwurf zu einer Theorie der Zivilisation, Frankfurt am Main [15]1990

Encyclopédie ou Dictionnaire raisonné des sciences des arts et des métiers, par une société des gens de lettres. Mis en ordre et publié par D. Diderot; et quant à la partie mathématique, par J. d'Alembert., 35 Bände, davon 12 Tafelbände, Paris u. a. 1751–1780

Environmental History Newsletter, Umweltgeschichte heute. Neue Themen und Ansätze der Geschichtswissenschaft – Beiträge für die Umwelt-Wissenschaft, Special Issue No. 1, Mannheim 1993

Enzensberger, Hans Magnus, in: Der Spiegel 37 (1983), Nr. 6, S. 196-201

Erhard, Ludwig, Wohlstand für alle, Düsseldorf 1957

Erizzo, Seb., Trattato dellínstrumento et via inventrice de gli antichi, Venedig 1554

EU-Kommission, Europa 2020. Eine Strategie für intelligentes, nachhaltiges und integratives Wachstum. Mitteilung der Kommission, Brüssel 2010

Europa und die globale Informationsgesellschaft. Empfehlungen für den Europäischen Rat" (Bangemann-Bericht), Brüssel 1994, https://op.europa.eu/en/publication-detail/-/publication/44dad16a-937d-4cb3-be07-0022197d9459/language-da/format-PDFA1B

European Commission, A sustainable Europe for a better world. A European Union strategy for sustainable development, Brussel 2001

Eversmann, Friedrich August Alexander, Uebersicht der Eisen- und Stahl-Erzeugung auf Wasserwerken in den Ländern zwischen Lahn und Lippe, Dortmund 1804

Feldhaus, Franz Maria, Die Erfindung der elektrischen Verstärkerflasche durch Ewald Jürgen von Kleist, Heidelberg 1903

Ders., Die Geschichte der Magnet-Operation im Auge, Leipzig 1903

Ders., Die Technik der Antike und des Mittelalters, Leipzig 1914

Ders., Die Technik der Vorzeit, der geschichtlichen Zeit und der Naturvölker. Ein Handbuch für Archäologen und Historiker, Museen und Sammler, Kunsthändler und Antiquare, Leipzig, Berlin 1914, München [2]1965

Ders., Geschichte der Technik, in: Geschichtsblätter für Technik, Industrie und Gewerbe 11 (1927), S. 1-5

Ders., Lexikon der Erfindungen und Entdeckungen auf den Gebieten der Naturwissenschaft und der Technik, Heidelberg 1904

Ders., Offener Brief an Herrn Dr. Ing. ehr. Conrad Matschoß [...] 1925, in: Wolfgang König 1985, S. XI, XIV

Ders., Ruhmesblätter der Technik, Leipzig 1923

Ders., Carl Graf von Klinckowstroem, Bibliographie der erfindungsgeschichtlichen Literatur, in: Dies. (Hg.), Geschichtsblätter für Technik und Industrie 10 (1923), Heft 1-12, S. 1-21

Ferguson, John, Notes on some books of receipts, or so-called „secrets", Part II (From: Transactions of the archeological society of Glasgow (1883), in: Bibliographical notes on histories of inventions and books of secrets, Part II, Glasgow 1896

Fetscher, Iring, Marx. Eine Einführung, Berlin 2018

Fickeler, Paul, Achenbach Buschhütten. Festschrift aus Anlass der Gründung des Buschhütter Eisenhammers vor 500 Jahren 1452–1952. Ein Beitrag zur Industriegeschichte des Siegerlandes, München 1952

Ders., Das Siegerland als Beispiel wirtschaftsgeschichtlicher und wirtschaftsgeographischer Harmonie, in Erdkunde, Archiv für wissenschaftliche Geographie, Bd. VIII, Lfg.1, Bonn 1954, S. 15-51

Fiedler, Frank u. a., Dialektischer und historischer Materialismus. Lehrbuch für das marxistisch-leninistische Grundlagenstudium, Berlin 1987

Flachglas AG Fürth-Gelsenkirchen (Hg.), 500 Jahre Flachglas 1487–1987, Fürth 1987

Flanders, Judith, Consuming Passions. Leisure and Pleasure in Victorian Britain, London u. a. 2007

Flechtheim, Ossip (Hg.), Programmatik der deutschen Parteien, Bd. 3, Berlin 1963

Flender, Armin, Pfau, Dieter, Schmidt, Sebastian, Regionale Identität zwischen Konstruktion und Wirklichkeit, Baden- Baden 2001

Forberger, Rudolf, Theoretische und empirische Bemerkungen zum Thema: Die Industrielle Revolution in der Sicht der Genesis der Produktivkräfte, in: Troitzsch/Wohlauf (Hg.), Technik-Geschichte, Frankfurt am Main 1980, S. 302-327

Forbes, Robert J., Studies in Ancient Technology, Bd. 2, Leiden 1955

Ford, Henry, Mein Leben und Werk, Leipzig 1923

Francisci, Erasmus, Die lustige Schaubühne von allerhand Curiositäten, darauf viel nachdenkliche Sachen, sonderbare Erfindungen etc. fürgestellet warden, 3 Bde., Nürnberg 1669–1673

Frankfurter Rundschau, Atomindustrie nur in staatlicher Regie, 13 (4.11.1957), Nr. 256, S. 2

Frederik, Christine, Die rationelle Haushaltsführung: Betriebswissenschaftliche Studien, Berlin 1921

Freyer, Hans, Theorie des gegenwärtigen Zeitalters, Stuttgart 1955

Freytag, Nils, Deutsche Umweltgeschichte – Umweltgeschichte in Deutschland. Erträge und Perspektiven, in: Historische Zeitschrift 283 (2006), S. 383-407

Fücks, Ralf, Intelligent Wachsen, München 2013

Gadamer, Hans-Georg, Das Faktum der Wissenschaft (1967), in: ders., Das Erbe Europas. Beiträge, Frankfurt am Main 1989, S. 87-105

Galbraith, John Kenneth, Die moderne Industriegesellschaft, München/Zürich 1968 (zuerst u. d. T. The new industrial state, New York 1967)

Ders., The affluent society, New York 1959, dt. Gesellschaft im Überfluß, München 1963

Gassert, Philipp, Bewegte Gesellschaft. Deutsche Protestgeschichte seit 1945, Stuttgart 2018

Ders., Kultur und Gesellschaft der 1920er Jahre, in: Philipp Gassert, Mark Häberlein, Michael Wals (Hg.) Kleine Geschichte der USA, Stuttgart 2007, S. 394-403

Gay, Peter, Die Republik der Außenseiter: Geist und Kultur der Weimarer Zeit 1918–1933, Frankfurt am Main 2004

Georg Agricola Gesellschaft (Hg.), Technik und Kultur, 10 Bde. und Registerband, Düsseldorf 1990–1993

Geschichte in Wissenschaft und Unterricht (GWU), Bericht über die 25. Versammlung deutscher Historiker in Duisburg 17. bis 20. Oktober 1962, S. 81-85

Giedion, Sigfried, Die Herrschaft der Mechanisierung. Ein Beitrag zur anonymen Geschichte, Frankfurt am Main 1982 (zuerst u. d. T. Mechanization takes command, New York 1948)

Ders., Raum, Zeit, Architektur: Die Entstehung einer neuen Tradition, Ravensberg 1965 (zuerst 1941 „Space time and architecture")

Glaser, Hermann, Industriekultur und demokratische Identität, in: APuZ B 41-42 (1981), S. 35-44

Ders., Maschinenwelt und Alltagsleben, Nürnberg 1981

Gleitsmann, Rolf-Jürgen, Aspekte der Ressourcenproblematik in historischer Sicht, in: Friedrich-Wilhelm Henning, Harald Winkel (Hg.), Skripta Mercaturae. Zeitschrift für Sozial- und Wirtschaftsgeschichte 2 (1981), S. 33-89

Ders. (Hg.), Automobile Nachhaltigkeit und Ressourceneffizienz. Gestern – Heute – Morgen, Stuttgart 2013, S. 7-14

Ders., Einfach nur schön? Automobilität und Museum. Einführung zum Tagungsband, in: ders. (Hg.), Einfach nur schön? Automobilität und Museum. Stuttgarter Tage zur Automobil- und Unternehmensgeschichte, Karlsruhe 2017, S. 3-24

Ders., Der Einfluß der Montanwirtschaft auf die Waldentwicklung Mitteleuropas. Stand und Aufgaben der Forschung, in: Deutsches Bergbau-Museum Bochum (Hg.), Der Anschnitt, Beiheft 2 (Veröffentlichungen aus dem Deutschen Bergbau-Museum Bochum), Nr. 30, Bochum 1984, S. 24-39

Ders., 500 Jahre Technikgeschichte bis heute – ein Überblick, in: Herbert Colla, Werner Faulstich (Hg.), Panta Rhei. Beiträge zum Begriff und zur Theorie der Geschichte, München 2008, S. 167-184

Ders., Rohstoffmangel und Lösungsstrategien: Das Problem vorindustrieller Holzknappheit, in: Freimut Duve (Hg.), Technologie und Politik 16, Reinbek 1980, S. 104-154

Ders., Strukturelle Nachhaltigkeit: Die Implikationen des Zentralressourcenmanagements der Siegerländer Montanwesens vom Spätmittelalter bis ins frühe 19. Jahrhundert. Ein Beitrag zur aktuellen Nachhaltigkeitsdiskussion und zur Geschichte des Siegerlandes, in: Siegener Beiträge. Jahrbuch für regionale Geschichte 18 (2013), S. 51-89

Ders. (Hg.), Stuttgarter Tage zur Automobil- und Unternehmensgeschichte 18./19. März 2019 „Technikzukünfte in Vergangenheit und Gegenwart." Tagungsprogramm

Ders., Technik und Geschichtswissenschaft, in: Armin Hermann, Charlotte Schönbeck (Hg.): Technik und Kultur. Bd. 3 Technik und Wissenschaft, Düsseldorf 1991, S. 111-136

Ders., Technikgeschichte als Umweltgeschichte. Versuch einer Bilanz, in: Bernd Herrmann (Hg.), Beiträge zum Göttinger Umwelthistorischen Kolloquium 2008-2009, Göttingen 2009, S. 209-234

Ders., Über die Verantwortbarkeit wissenschaftlicher Erkenntnis: Das Fallbeispiel Kernforschung und Atombombe 1938–1945, in: Matthias Maring (Hg.), Fallstudien zur Ethik in Wissenschaft, Wirtschaft, Technik und Gesellschaft, Karlsruhe 2011, S. 36-45

Ders., Und immer wieder starben die Wälder. Waldnutzung und Energiewirtschaft in der Geschichte, in: Jörg Calließ u. a. (Hg.), Mensch und Umwelt in der Geschichte, Pfaffenweiler 1989

Ders., „Wir wissen aber, Gott Lob, was wir thuen“: Erfinderprivilegien und technologischer Wandel im 16. Jahrhundert, in: Zeitschrift für Unternehmensgeschichte 30 (1985), H. 2/1985, S .69-95

Ders., Zum Dilemma von und den Chancen für Nachhaltigkeit in der Massenkonsumgesellschaft, in: Ders. (Hg.) Automobile Nachhaltigkeit und Ressourceneffizienz, Stuttgart 2014, S. 47-67

Ders., Zur Interdependenz von technischer Entwicklung und Arbeitszeitregelung im Glashüttenwesen des 18.–19. Jahrhunderts, in: VDI (Hg.), Technikgeschichte Bd.47 (1980), Nr. 3, S. 215-251

Ders., Kunze, Rolf-Ulrich, Oetzel, Günther, Technikgeschichte, Konstanz 2009

Ders., Oetzel, Günther, Fortschrittsfeinde im Atomzeitalter?, Diepholz/Berlin 2012

Ders., Oetzel, Günter, Franz Schnabel, die Technik und die Geschichtswissenschaft, in: Zeitschrift für die Geschichte des Oberrheins 151 (2003), S. 635-654

Ders., Wittmann, Jürgen E. (Hg.), Innovationskulturen um das Automobil, Stuttgart 2012

Global 2000. Der Bericht an den Präsidenten, Frankfurt am Main 1980

Göbel, Gerhard, Bevölkerung und Ökonomie. Historisch demographische Untersuchung des Kirchspiels Siegen in der Nassau- Oranischen Zeit (1742–1806), St. Katharinen 1988

Greschat, Martin, Kirchliche Zeitgeschichte.Versuch einer Orientierung, Leipzig 2005

Grimm, Jacob, Grimm, Wilhelm, Deutsches Wörterbuch, Bd. 3, Leipzig 1862, hier: Sp. 800, „Erfindungen“

Dies., (Text), Y. Wehrling (Illustration), Der Fischer und seine Frau, Kaltenkirchen 1997; [niederdt.] De Fischer un sine Fru, https://www.deutschland-lese.de/streifzuege/maerchen/von-den-fischer-und-siine-fru/ [11.02.2022]

Große Kracht, Klaus, Die zankende Zunft. Historische Kontroversen in Deutschland nach 1945, Göttingen 2005

Grunwald, Armin, Ende einer Illusion. Warum ökologisch korrekter Konsum die Umwelt nicht retten kann, München 2012

Ders., Nachhaltiger Konsum – das Problem der halbierten Verantwortung, in: Matthias Maring (Hg.), Globale öffentliche Güter in interdisziplinären Perspektiven, Karlsruhe 2012, S. 35-51

Ders., Technikfolgenabschätzung. Eine Einführung, 2. Aufl., Berlin 2010

Ders., Technikdeterminismus oder Sozialdeterminismus: Zeitbezüge und Kausalverhältnisse aus der Sicht des ‚Technology Assessment', in: Ulrich Dolata, Raymund Werle (Hg.), Gesellschaft und die Macht der Technik, Frankfurt am Main 2007, S. 63-82

Ders., Kopfmüller, Jürgen, Nachhaltigkeit, 2. Aufl. Frankfurt am Main/New York 2012

Grünert, Holle, Zur Rolle der Energie bei der Vergesellschaftung der Produktion in Phasen der kapitalistischen Industrialisierung, in: Jahrbuch für Wirtschaftsgeschichte 18 (1977), S. 13-35

Gugerli, David, Redeströme. Zur Elektrifizierung der Schweiz 1880–1914, Zürich 1996

Ders., Technikgeschichte, in: Historisches Lexikon der Schweiz (HLS), Version vom 11.09.2012. Online: https://hls-dhs-dss.ch/de/articles/045891/2012-09-11/, http://www.tg.ethz.ch/lehjre/infos/Technikgeschichte.htm [08.02.2022]

Haase, Ricarda, Das bißchen Haushalt ...? Zur Technisierung und Rationalisierung der Hausarbeit, Stuttgart 1992 (Veröffentlichung des Museums für Volkskultur in Württemberg 1)

Haber, Heinz, Unser Freund das Atom, München 1958

Habermas, Jürgen, Technik und Wissenschaft als Ideologie, Frankfurt am Main 1968

Hager Cohen, Leah, Glass, Paper, Beans. Revelations on the Nature and Value of Ordinary Things, New York 1997

Hägermann, Dieter, Ludwig, Karl-Heinz, Verdichtung von Technik als Periodisierungsindikatoren des Mittelalters, in: Technikgeschichte 57 (1990), H. 4, S. 315-328

Hänsel, Bernhard, Vor- und Frühgeschichte, Werkzeug, Gerät, Waffen aus Stein und Metall, in: Ulrich Troitzsch, Wolfhard Weber (Hg.), Die Technik von den Anfängen bis zur Gegenwart, Braunschweig 1982, S. 8-25

Hahn, Hans Peter, Materielle Kultur, Berlin 2005

Hall, Peter, Soskice, David (Hg.), Varieties of Capitalism: The institutional foundation of competitive advantage, Oxford 2001

Halle, Axel, Bibliothek und Archiv als Grundlage der Forschung: Franz Maria Feldhaus und seine Sammlung, in: Wolfgang König, Helmuth Schneider (Hg.), Die technikhistorische Forschung in Deutschland von 1800 bis zur Gegenwart, Kassel 2007, S. 117-136

Halle, Johann Samuel Werkstätte der heutigen Künste, oder die neue Kunsthistorie, 6 Bde. Brandenburg/Leipzig 1761–1779

Haller, Heinz, Sparen, in: Handworterbuch der Sozialwissenschaften. Zugleich Neuauflage des Handwörterbuchs der Staatswissenschaften, hg. v. Erwin von Beckerath u. a., Bd. 9, Göttingen 1956, S. 661-665

Handbuch der europäischen Geschichte, 7 Bde., hg. v. Theodor Schieder, Stuttgart 1968–1987

Handbuch Materielle Kultur. Bedeutungen, Konzepte, Disziplinen, hg. v. Stefanie Samida, Manfred K. H. Eggert, Hans Peter Hahn, Stuttgart 2014

Harrison, John F. C., The Common people. A history from the Norman conquest to the present, London 1984

Hauff, Michael von, Kleine, Alexandro, Nachhaltige Entwicklung – Grundlagen und Umsetzung, München 2009

Hauff, Volker (Hg.), Unsere gemeinsame Zukunft. Der Brundtland-Bericht der Weltkommission für Umwelt und Entwicklung, Greven 1987

Haupt, Heinz-Gerhard, Torp, Claudius (Hg.), Die Konsumgesellschaft in Deutschland 1890–1990. Ein Handbuch, Frankfurt am Main 2009

Hausen, Karin, Große Wäsche. Technischer Fortschritt und sozialer Wandel in Deutschland vom 18. bis ins 20. Jahrhundert, in: Geschichte und Gesellschaft 13 (1987), S. 273-303

Dies., Reinhard Rürup (Hg.), Moderne Technikgeschichte, Köln 1975

Haustein, Alexandra, Grunwald, Armin, Die Ausweitung des Innovationsdiskurses. Zur Genese, Semantik und gesellschaftlichen Funktion des Innovationsbegriffes, Karlsruhe 2015 (ITZ Discussion Papers 1; https://www.itz.kit.edu/downloads/2015_Hausstein-Grunwald_Die-Ausweitung-des-Innovationsdiskurses_2.pdf) [10.02.2022]

Heesen, Anke te, Theorien des Museums, 3. Aufl., Hamburg 2015

Heggen, Alfred, Moderne Geschichtswissenschaft und Technik, in: APuZ 30 (1979), S. 41-54

Heilbroner, Robert L., Do machines make history?, in: Technology and Culture 8 (1967), S. 335-345

Heinemann, Andreas, Der Wiesenbau im Siegerlande, Berlin 1913

Heinsohn, Kirsten, Kemper, Claudia, Geschlechtergeschichte, Version: 1.0, in: Docupedia-Zeitgeschichte, 04.12.2012
http://docupedia.de/zg/heinsohn_kemper_geschlechtergeschichte_v1_de_2012 [14.02.2022]

Heitmeyer, Wilhelm, Autoritäre Versuchungen. Signaturen der Bedrohung I, Berlin 2018

Hellige, Hans Dieter, Grundlinien der Technikgeschichtsschreibung in der DDR, in: Geschichte und Gesellschaft 4 (1978), S. 272-288

Hermand, Jost, Umweltgeschichte wozu?, in: Günter Bayerl (Hg.), Umweltgeschichte. Methoden, Themen, Potentiale, Hamburg 1996 (Cottbuser Studien zur Geschichte von Technik, Arbeit und Umwelt, Bd. 1), S. 303-308

Hermann, Armin, Dettmering, Wilhelm (Hg.), Technik und Kultur, 10 Bde. und Registerband, Düsseldorf 1990–1994

Ders., Rolf Schumacher (Hg.), Das Ende des Atomzeitalters? München 1986

Herrmann, Bernd, Umweltgeschichte. Eine Einführung in Grundbegriffe, Berlin/Heidelberg 2013

Ders. (Hg.), Mensch und Umwelt im Mittelalter, Stuttgart 1986

Heßler, Martina, Kulturgeschichte der Technik, Frankfurt/New York 2012

Dies., Mrs. Modern Woman. Zur Sozial- und Kulturgeschichte der Haushaltstechnisierung, Frankfurt am Main/New York 2001

Heymann, Matthias, Wohin geht die Umweltgeschichte? Tagungsbericht zur Tagung „Natur und Umwelt in Deutschland“, Freiburg i. Br. 1.–3.11.2002

Historisches Museum Frankfurt/M. (Hg.), Eine neue Zeit! Die internationale elektrotechnische Ausstellung 1891, Frankfurt am Main 1991

Hochreiter, Walter, Vom Musentempel zum Lernort. Zur Sozialgeschichte deutscher Museen 1800–1914, Darmstadt 1994

Hömberg, Albert K., Wirtschaftsgeschichte Westfalens, Münster 1968

Hoepke, Klaus-Peter, Geschichte der Fridericiana: Stationen in der Geschichte der Universität Karlsruhe (TH) von der Gründung 1825 bis zum Jahr 2000, Karlsruhe 2007

Horwitz, Hugo Theodor, an Emil Marburg, Schriftwechsel vom 26.V.1930

Ders., Beiträge zur außereuropäischen und vorgeschichtlichen Technik, in: Beiträge zur Geschichte der Technik und Industrie 7 (1917), S. 169-189

Ders., Das Relais-Prinzip, in: Technik und Kultur 20 (1929), S. 125-129 und S. 141-146

Ders., Die Drehbewegung in ihrer Bedeutung für die Entwicklung der materiellen Kultur, in: Anthropos 28 (1933), S. 721-755 u. 29 (1934), S. 337-358

Ders., Entwicklungsgeschichte der Traglager, Diss., Berlin 1914

Ders., Forschungsgang und Unterrichtslehre der Geschichte der Technik (Methodologie der Technohistorie), in: Technik und Kultur 20 (1929), S. 214-220

Ders., Geschichte der Technik, in: Deutsche Geschichtsblätter 16 (1915), S. 195-207

Ders., Organprojektion, in: Ingenieur-Zeitschrift 12 (1932), S. 41-42

Ders., Rez. Georg Neudeck, Geschichte der Technik, in: Geschichtsblätter für Technik, Industrie und Gewerbe 11 (1927), S. 31 f.

Ders., Rez. Bd. 12., VDI-Jb. Beiträge zur Geschichte der Technik und Industrie, in: Geschichtsblätter für Technik, Industrie und Gewerbe 11 (1927), S. 78 f.

Ders., Über Quellenführung und Quellenkritik in der Geschichte der Technik, in: Technik und Kultur 22 (1931), S. 111-115

Ders., Technische Darstellungen aus alten Miniaturwerken, in: Beiträge zur Geschichte der Technik und Industrie 10 (1920), S. 175-178

Ders., Technische Darstellungen in Bilderhandschriften des 13. bis 17. Jahrhunderts, in: Beiträge zur Geschichte der Technik und Industrie 11 (1921), S. 179-184

Ders., Virgil und die Technik, in: Technik und Kultur 22 (1931), S. 164-167 [Horwitz 1931 II]

Hughes, Thomas Parke, American Genesis. A Century of Invention and technological enthusiasm 1870–1970, New York 1989, dt.: Die Erfindung Amerikas. Der technologische Aufstieg der USA seit 1870, München 1991

Ders., Das „technologische Momentum" in der Geschichte des Hydrierverfahrens in Deutschland 1898–1933, in: Karin Hausen, Reinhard Rürup (Hg.), Moderne Technikgeschichte, Köln 1975, S. 358-383

Ders., Technological Momentum, in: Merrit R. Smith, Leo Marx (Hg.), Does Technology Drive History? The Dilemma of Technological Determinism, London 1994, S. 101-114

Ders., The Evolution of Large Technological Systems, in: Wiebe E. Bijker, Thomas P. Hughes, Trevor J. Pinch (Hg.), The Social Construction of Technological Systems. New Directions in the Sociology and History of Technology, London 1987, S. 51-92

Husberg, Volker, Technikgeschichte als Kulturgeschichte: Carl Graf von Klinkowstroem, in: Technische Intelligenz und ‚Kulturfaktor Technik'. Kulturvorstellungen von Technikern und Ingenieuren zwischen Kaiserreich und früher Bundesrepublik Deutschland, hg. v. Burkhard Dietz u. a., Münster u. a. 1996, S 133-154

Hyde, Kenneth A., Rothwell, James, Ice Cream, Edinburgh/London 1973

Ingenerf, Nikolai, Janneck, Rouven, Tagungsbericht „Technisierte Umwelten", in: Technikgeschichte 84 (2017), H. 3, S. 261-267

Irle, Trutzhart, Werteinheiten der älteren Wirtschaft des Siegerlandes, Siegen 1970

Innovationsagentur Medien- und Kreativwirtschaft (Hg.), OPEN UP! Museum. Wie sich Museen den neuen digitalen Herausforderungen stellen. Ein Leitfaden aus Baden-Württemberg, Stuttgart 2016

Interview mit Thomas Rudel, Rutronik Elektronische Bauelemente GmbH, in: Pforzheimer Zeitung Nr. 105, 8.5.2021, S. 11.

Isenberg, Nancy, White trash. The 400-year untold story of class in America, New York 2016

Isenbort, Gregor, Einschätzungen zur Entwicklung der europäischen Technikmuseen und ihrer Ausstellungen, in: Rolf-Jürgen Gleitsmann (Hg.), Einfach nur schön? Automobilität und Museum, Karlsruhe 2017, S. 39-50

Jackson, Tim, Wohlstand ohne Wachstum. Leben und Wirtschaften in einer endlichen Welt, Bonn 2012

Jäger, Helmut, Einführung in die Umweltgeschichte, Darmstadt 1994

Jäger, Jill, Was verträgt unsere Erde noch? Wege in die Nachhaltigkeit, Frankfurt am Main 2007

Kristiane Janeke, Zeitgeschichte in Museen – Museen in der Zeitgeschichte, in: Docupedia, in: https://zeitgeschichte-digital.de/doks/frontdoor/deliver/index/docId/309/file/docupedia_janeke_zeitgeschichte_in_museen_v1_de_2011.pdf [12.02.2022]

Jonas, Wolfgang (Hg.), Die Produktivkräfte in der Geschichte, Bd. 1, Von den Anfängen in der Urgemeinschaft bis zum Beginn der Industriellen Revolution, Berlin 1969

Journal für Fabrik, Manufaktur, Handlung und Mode, Bd.12, Leipzig 1797, Juli bis Dezember, S. 41-64 und S. 83-100

Kahlert, Helmut, Johann Heinrich Moritz von Poppe (1776–1854): Würdigung einer umstrittenen Persönlichkeit, in: Zeitschrift für Württembergische Landesgeschichte 64 (2005), S. 211-225

Kähler, Gert, Zum alten Eisen. Vom Umgang mit den Denkmälern und Landschaften der Industriekultur, in: Deutsche Kunst und Denkmalpflege 4 (1990), S. 98-105

Kapp, Ernst, Grundlinien einer Philosophie der Technik. Zur Entstehungsgeschichte der Cultur aus neuen Gesichtspunkten, Braunschweig 1877, hier Kap. 2, „Die Organprojektion

Karafyllis, Nicole Christine, „Nur soviel Holz einschlagen, wie nachwächst“. Die Nachhaltigkeitsidee und das Gesicht des deutschen Waldes im Wechselspiel zwischen Fortwissenschaft und Nationalökonomie, in: Technikgeschichte 69 (2002), S. 247-273

Karmarsch, Karl, Geschichte der Technologie seit der Mitte des 18. Jahrhunderts, München 1872

Kellenbenz, Hermann, Schawacht, Jürgen H., Schicksal eines Eisenlandes, Siegen 1974

Kennedy, Paul, Aufstieg und Fall der großen Mächte. Ökonomischer Wandel und militärischer Konflikt von 1500 bis 2000, Frankfurt am Main 1991 (zuerst u. d. T. The rise and fall of the great powers, 1500–2000, New York 1987)

Kerschensteiner, Georg, Die Bildungsaufgabe des Deutschen Museums, in: Conrad Matschoß (Hg.), Das Deutsche Museum. Geschichte, Aufgaben, Ziele, Berlin/München 1925, S. 39-50

Kierdorf, Alexander, Uta Hassler (Hg.), Denkmale des Industriezeitalters. Von der Geschichte des Umgangs mit Industriekultur, Tübingen 2000

Kiesewetter, Hubert, Das einzigartige Europa. Zufällige und notwendige Faktoren der Industrialisierung, Göttingen 1996

Kichenside, Geoffrey, Katastrophale Eisenbahnunfälle. Die schwärzesten Tage, Augsburg 1998

Kirchberg, Volker, Gesellschaftliche Funktion von Museen, makro-, meso- und mikrosoziologische Perspektiven, Wiesbaden 2005

Kistner, Adolf, Rez. Franz Schnabel, Deutsche Geschichte, Bd. 3, in: Historische Zeitschrift 158 (1938), S. 143 f.

Klaus, Georg, Buhr, Manfred (Hg.), Philosophisches Wörterbuch, Bd. 2, 8. Auflage, Berlin 1972

Klemm, Friedrich, Geschichte der Technik. Der Mensch und seine Erfindungen im Bereich des Abendlandes, München 1983

Klinckowstroem, Graf Carl von, Feldhaus, Franz Maria, Bibliographie der erfindungsgeschichtlichen Literatur, in: Dies. (Hg.), Geschichtsblätter für Technik und Industrie, 10. Jg., Heft 1.12, Berlin 1923, S.1-21

Klösch, Christian, Aufstellung der von Anselm Barnet am 5. Oktober 2006 und am 30. März 2007 dem Technischen Museum Wien gewidmeten Dokumente aus dem Nachlass seines Vater Ing. Dr. Hugo Theodor Horwitz (1882–1941), Wien 2007

Knapp, Andreas, Über den Erwerb und Konsum von materiellen Gütern – eine Theorienübersicht, in: Zeitschrift für Sozialpsychologie 27 (1996), S. 193-206

Knopf, Jan, Brecht-Handbuch. Lyrik, Prosa, Schriften, Stuttgart 1986

König, Wolfgang, Auf dem Weg in die Konsumgesellschaft, Tübingen 1993

Ders., Das Problem der Periodisierung und die Technikgeschichte, in: Technikgeschichte 57 (1990), H. 4, S. 285-289

Ders., Das Scheitern einer nationalsozialistischen Konsumgesellschaft, in: Zeitschrift für Unternehmensgeschichte, Bd. 48, Nr. 2, 2003, S. 131-163

Ders., Geschichte der Konsumgesellschaft, Stuttgart 2000

Ders., Kleine Geschichte der Konsumgesellschaft. Konsum als Lebensform der Moderne, Stuttgart 2008

Ders., Männer machen Technikgeschichte. Die ‚Matschoß-Feldhaus-Kontroverse' als Exempel früher Technikgeschichte zwischen Wissenschaft, Kommerz und Rivalität, in: Conrad Matschoß, Männer der Technik. Ein biographisches Handbuch, Berlin 1925, ND Düsseldorf 1985, S. V-XIII

Ders., Massenproduktion und Konsumgesellschaft: Ein historischer und systematischer Abriss, in: Heinz-Gerhard, Haupt, Claudius Torp (Hg.), Die Konsumgesellschaft in Deutschland 1890–1990, Frankfurt am Main/New York 2009, S. 46-61

Ders., „Moderne" Technikgeschichte als Sozialwissenschaft und „nachmoderne" Technikgeschichte, in: Ferrum. Nachrichten aus der Eisenbibliothek 53 (1981), S. 11-13

Ders., Programmatik, Theorie und Methodologie der Technikgeschichte bei Conrad Matschoß, in: Technikgeschichte 50 (1983), S. 306-335

Ders., Technikgeschichte. Eine Einführung in ihre Konzepte und Forschungsergebnisse, Stuttgart 2009

Ders., „Volksprodukte" in Politik, Propaganda und Gesellschaft des „Dritten Reiches", in: Zeitschrift für Unternehmensgeschichte 48 (2003), S. 131-163

Ders., Weber, Wolfhard, Netzwerke Stahl und Strom 1840 bis 1914, Berlin 1990

Kolmer, Lothar, Geschichtstheorien, Paderborn 2008

Ders., Robsanter, Carmen, Geschichte schreiben. Von der Seminar- zur Doktorarbeit, Paderborn u. a. 2006

Kraft, Fritz, Naturwissenschafts- und Technikgeschichte in der Bundesrepublik Deutschland und in West-Berlin 1970–1980. Eine Übersicht über die Forschung und Lehre an den Institutionen, Wiesbaden 1980

Krajewski, Markus, Der Privatregistrator: Franz Maria Feldhaus und seine Geschichte der Technik, in: Sven Spieker (Hg.). Bürokratische Leidenschaften. Kultur- und Mediengeschichte im Archiv, Berlin 2004, S. 295-318

Kruse, Hans, Die Lederindustrie in dem ehem. Fürstentum Nassau-Siegen. Ein Beitrag zur Wirtschaftsgeschichte des Siegerlandes, Marburg 1906

Ders., Forstwirtschaft und Industrie im ehemaligen Fürstentum Nassau-Siegen, in: Friedrich Philippi (Hg.), Beiträge zur Wirtschaftsgeschichte des Siegerlandes, Münster 1909

Kuhn, Thomas S., Die Struktur wissenschaftlicher Revolutionen, Darmstadt 1962

Kuczynski, Jürgen, Geschichte des Alltags des deutschen Volkes, Bd. 1 ff., Berlin 1983 ff.

Kunert, Günter, Museumsbesuch, in: Franz Rottensteiner (Hg.), Die andere Zukunft. Phantastische Erzählungen aus der DDR, Frankfurt am Main 1982, S. 72-77

Kunze, Rolf-Ulrich, Arsenal. Kompendium dinglicher Vorstellungen, Bonn 2021

Ders., Das Ende der Geschichte als Wissenschaft?, in: ders., Reflektionen zur Zeitgeschichte. Essays zu Subjekt und Methodik, Stuttgart 2020, S. 161-171

Ders., Die Dampflok in der deutschen Erinnerung: Zur Konstruktion einer Sonderform des industriekulturellen Gedächtnisses, in: Tel Aviver Jahrbuch für deutsche Geschichte 48 (2020): Made in Germany. Technologie, Geschichte, Kultur, hg. v. Shaul Katzir, Sagi Schaefer, Galili Shahar, S. 198-226

Ders., Faszinationsgeschichte: Subjekt und Technik, in: ders., Reflektionen zur Zeitgeschichte. Essays zu Subjekt und Methodik, Stuttgart 2020, S. 111-136)

Ders., Franz Schnabel revisited. Bildung durch humane Wissenschaft. Franz Schnabel über ‚Humanismus' und deutsche Geschichte, in: Zeitschrift für die Geschichte des Oberrheins 151 (2003), S. 673-684

Ders., Global History und Weltgeschichte. Quellen, Zusammenhänge, Perspektiven, Stuttgart 2017

Ders., Krise des Fortschrittsoptimismus, in: Handbuch der Technikethik, hg. v. Armin Grunwald, Stuttgart 2013, S. 67-72

Ders., Lehrbuch Familiengeschichte. Eine Ressource der Zeitgeschichte, Stuttgart 2018

Ders., Nationalismus: Illusionen und Realitäten. Eine kritische Bestandsaufnahme, Stuttgart 2019

Ders., Wann scheitert Demokratie?, in: ders., Reflektionen zur Zeitgeschichte. Essays zu Subjekt und Methodik, Stuttgart 2020, S. 11-57

Kurlansky, Mark, Cod. A Biography of the Fish That Changed the World, New York 1997; dt. 1997

Kusin, Aleksandr A., Karl Marx und Probleme der Technik, Leipzig 1970

Lackner, Helmut, Von der Geschichte der Technik zur Technikgeschichte: Die erste Hälfte des 20. Jahrhunderts, in: Wolfgang König, Helmuth Schneider (Hg.), Die technikhistorische Forschung in Deutschland von 1800 bis zur Gegenwart, Kassel 2007, S. 35-61

Ders., Günther Luxbacher, Christian Hannes Schläger, Technikgeschichte in Österreich. Eine bibliographische und museale Bestandsaufnahme, München/Wien 1996

Lamprecht, Karl, Deutsche Geschichte: Zur jüngsten deutschen Vergangenheit. Ergänzungsband 2,1, Berlin 1903

Ders., Die Technik und die Kultur der Gegenwart, in: Zeitschrift des Vereins Deutscher Ingenieure 57 (1913), Nr. 38, S. 1523-1526

Landels, John Gray, Die Technik in der antiken Welt, München 1979

Landesmuseum für Technik und Arbeit (Hg.), Zauberformeln des Zeitgeistes. Erlebnis, Event, Aufklärung, Wissenschaft. Wohin entwickelt sich die Museumslandschaft?, Mannheim 2001

Landschaftsverband Rheinland/LVR-Industriemuseum u. a. (Hg.), Industriekultur. Denkmalpflege, Landschaft, Sozial-, Umwelt- und Technikgeschichte, 27. Jg., Heft 94, Essen 2021

Lange, Hellmuth, Technik im Kapitalismus, Köln 1977

Lärmer; Karl, Vierte Jahrestagung des interdisziplinären Arbeitskollektivs zur Erforschung der Geschichte der Produktivkräfte. Tagungsbericht, in: Jahrbuch für Wirtschaftsgeschichte 1974/II, S. 263-271

Leidinger, Paul, Von der historischen Umweltforschung zur historischen Ökologie. Ein Literaturbericht, in: Westfälische Forschungen 41 (1991), S .495-516

Lenger, Friedrich, Industrielle Revolution und Nationalstaatsgründung (1849–1870er Jahre), Stuttgart 2003 (Gebhardt Handbuch der deutschen Geschichte, Bd. 15)

Ders., Werner Sombart 1863–1941. Eine Biographie, München 1994

Lenk, Hans, Zur Sozialphilosophie der Technik, Frankfurt am Main 1982

Ders., Ropohl, Günter, Technik im Brennpunkt interdisziplinärer Reflektion, in: Fridericiana Zeitschrift der Universität Karlsruhe (TH) 15 (1974), S. 93-121

Lenzen, Dieter, Melancholie, Fiktion und Historizität. Historiographische Optionen im Rahmen einer Historischen Anthropologie, in: Gunter Gebauer u. a., Historische Anthropologie. Zum Problem der Humanwissenschaften heute oder Versuche einer Neubegründung, Reinbek 1989, S. 13-48

Lessing, Hans-Erhard, Franz Maria Feldhaus. Kann man von Technikgeschichte leben? in: Peter Blum (Hg.), Pioniere aus Technik und Wirtschaft in Heidelberg, Aachen 2000, S. 80-91

Leupold, Jacob, Theatrum machinarum, 11 Bde., Leipzig 1724–1735

Ley, Karl, Zur Geschichte und ältesten Entwicklung der Siegerländer Eisen- und Stahlindustrie, in: Friedrich Philippi (Hg.), Beiträge zur Wirtschaftsgeschichte des Siegerlandes, Münster 1909, S. 1-64

Linde, Hans, Sachdominanz in Sozialstrukturen, Tübingen 1972

Lindqvist, Sven, Grabe, wo du stehst. Handbuch zur Erforschung der eigenen Geschichte, Bonn 1989

Ders., Ökopax und Anarchie. Eine Geschichte der ökologischen Bewegung in Deutschland, München 1986

Linse, Ulrich, Zurück, o Mensch, zur Mutter Erde. Landkommunen in Deutschland 1890–1933, München 1983
Löwenthal, Gerhard, Hausen, Josef, Wir werden durch Atome leben, Berlin 1956
Loske, Reinhard, Wie weiter mit der Wachstumsfrage? Rangsdorf 2012
Ludwig, Andreas, Zeitgeschichte der Dinge. Spurensuchen in der materiellen Kultur, Köln 2019
Ludwig, Karl-Heinz, Der VDI als Gegenstand der Parteipolitik 1933 bis 1945, in: ders. (Hg.), Technik, Ingenieure und Gesellschaft. Geschichte des Vereins Deutscher Ingenieure 1856–1981, Düsseldorf 1981
Ders., Entwicklung, Stand und Aufgaben der Technikgeschichte, in: Archiv für Sozialgeschichte 1978, S. 502-523
Ders., Grundfragen der Technikgeschichte, in: Geschichte in Wissenschaft und Unterricht (GWU) 15 (1964), S. 75-83
Ders., Technik, in: Enzyklopädie des Nationalsozialismus, hg. v. Wolfgang Benz u. a., Stuttgart 1997, S. 257-274
Ders., Technikgeschichte als Beitrag zur Strukturgeschichte, in: Technikgeschichte 33 (1966), S. 105-120
Ders., Technik und Ingenieure im Dritten Reich, Düsseldorf 1974
Ders., König, Wolfgang, Technik, Ingenieur und Gesellschaft. Die Geschichte des Vereins Deutscher Ingenieure 1856–1981, Düsseldorf 1983
Lundgreen, Peter, Grelon, André (Hg.), Ingenieure in Deutschland, 1770–1990, Frankfurt am Main 1994
Lutz, Burkhart (Hg.), Technik und sozialer Wandel. Verhandlungen des 23. Deutschen Soziologentages in Hamburg 1986, Frankfurt am Main/New York 1987
Mahnkopf, Birgit, Der große (Selbst-)Betrug. „Klimaneutralität“ durch „grünes Wachstum“, in: APuZ 3-4 (2022), S. 42-46
Marburg, Emil an Berthold Lehnert, Schriftwechsel vom 23. Oktober 1930
Markovits, Andrei S., Gorski, Philip S., Grün schlägt Rot. Die deutsche Linke nach 1945, Hamburg 1997
Marx, Karl, Das Elend der Philosophie (1847), Berlin 1980 (MEW, Bd. 4), S. 63-182
Ders., Das Kapital, Bd. 1, Berlin 1974 (MEW, Bd. 25)
Ders., Das Kapital, Bd. 2, Berlin 1971 (MEW, Bd. 25)
Ders., Das Kapital, Bd. 3, Berlin 1962 (MEW, Bd. 25)
Ders., Maschinerie und große Industrie, in: Das Kapital, Bd. 1, Kap.13, Berlin 1973 (MEW, Bd. 23), S. 391-407
Matschoß, Conrad, 1872–1922 Donnersmarckhütte, Berlin 1923
Ders., August Thyssen und sein Werk, Berlin 1921
Ders., Beiträge zur Geschichte der Technik und Industrie. Jahrbuch des Vereins Deutscher Ingenieure 1 (1909), Vorwort
Ders., Das Deutsche Museum – Geschichte, Aufgaben, Ziele, München 1933
Ders., Der Ingenieur und die Aufgaben der Ingenieurerziehung, in: Zeitschrift des VDI, Bd. 57, Berlin 1913
Ders., Die Entwicklung der Dampfmaschine, 2 Bde., Berlin 1908

Ders., Die Maschinenfabrik R. Wolf Magdeburg-Buckau 1862–1912, Magdeburg 1912

Ders., Die Technik in der heutigen Geschichtswissenschaft, in: Technik und Wirtschaft 3 (1910), S. 296-300

Ders., Geschichte der Dampfmaschine. Ihre kulturelle Bedeutung, technische Entwicklung und ihre großen Männer, Berlin 1901

Ders., Große Ingenieure. Lebensbeschreibungen aus der Geschichte der Technik, München 1937

Ders. (Hg.) Männer der Technik. Ein biographisches Handbuch, Berlin 1925

Ders., Lindner, Wilhelm (Hg.) Technische Kulturdenkmale. Im Auftrag der Agricola-Gesellschaft beim Deutschen Museum München 1932

Mauel, Kurt, Arbeit und Leistung. Ihre Bestimmung und Messung in der Technik des 18. Jahrhunderts, in: Troitzsch, Gabriele Wohlauf (Hg.), Technik-Geschichte, Frankfurt am Main 1980, S. 269-301

Mann, Thomas, Der Zauberberg (1929), in: ders., Gesammelte Werke in dreizehn Bänden, Bd. III, Frankfurt am Main 1990

Martinez Alier, Joan, Socially Sustainable economic Degrowth. Development and Change, in: Development and Change 40 (2009), S. 1099-1119

Maurer, Michael, Kleine Geschichte Englands, Stuttgart 1997

Mayntz, Renate, Hughes, Thomas P. (Hg.), The Development of Large Technical Systems, Frankfurt am Main 1988

McDonough, William, Braungart, Michael, Cradle to cradle, New York 2002

McLuhan, Marshall, Die Gutenberg-Galaxis. Das Ende des Buchzeitalters, Düsseldorf 1968

McNeill, John R,. Engelke, Peter, Mensch und Umwelt im Zeitalter des Anthropozän, in: Akira Iriye (Hg.), 1945 bis heute. Die globalisierte Welt, München 2013, S. 357-534

Meadows, Dennis u. a., Die Grenzen des Wachstums. Bericht des Club of Rome zur Lage der Menschheit, Stuttgart 1972 (zuerst u. d. T. The limits to growth, New York 1972)

Meinel, Christoph, Voswinckel, Peer (Hg.), Medizin, Naturwissenschaft, Technik und Nationalsozialismus. Kontinuitäten und Diskontinuitäten, Stuttgart 1994

Melissantes, Joh. Gottfried Greg., Gemüths vergnügendes Historisches Handbuch für Bürger und Bauern [...], Frankfurt am Main/Leipzig 1744

Mergel, Thomas, Geschichte und Soziologie, in: Hans-Jürgen Goertz (Hg.), Geschichte. Ein Grundkurs, Reinbek 1998, S. 621-651

Meyer, Torsten, Tetzlaff, Sven, Zur Geschichte der deutschen Technikhistoriographie bis 1945. Eine Problemskizze, in: Günter Bayerl (Hg.), Johann Bechmann (1739–1811). Beiträge zu Leben, Werk und Wirkung des Begründers der Allgemeinen Technologie, Münster u. a. 1999, S. 275-286

Miegel, Meinhard, Exit. Wohlstand ohne Wachstum, Bonn 2010

Merkel, Ina, Zwischen Utopie und Bedürfnis. Die Geschichte der Konsumkultur in der DDR, Köln 1999

Metz, Karl H., Technik als Geschichte, in: Forschung & Lehre 11 (2005), S. 610-612

Ders., Ursprünge der Zukunft. Die Geschichte der Technik in der westlichen Zivilisation, Paderborn 2005

Meyer, Erna, Der neue Haushalt. Ein Wegweiser zur wissenschaftlichen Haushaltsführung, Stuttgart 1926

Meyers Konversationslexikon, Stichwort Erfindungen, Leipzig/Wien 1974

Miller, Arthur, Tod eines Handlungsreisenden, Frankfurt am Main 1986 (zuerst u. d. T. Death of a salesman, New York 1949)

Ministerium für Wissenschaft und Kunst Baden-Württemberg (Hg.), Landesmuseum für Technik und Arbeit in Mannheim, Karlsruhe 1986

Mohl, Robert von, Lebenserinnerungen 1799–1875, 2 Bde., Stuttgart 1902

Mom, Gijs, The Electric Vehicle. Technology an Expectations in the Automobile Age, Baltimore 2004

Morrison, John S,. Coates, John F., Die athenische Triere. Geschichte und Rekonstruktion eines Kriegsschiffs der griechischen Antike, Mainz 1990

Möser, Kurt, Autodesigner und Autonutzer im Konflikt: Der Fall des Spoilers, in: Gert Schmidt (Hg.), Jahrbuch Technik und Gesellschaft, Frankfurt am Main 1999, S. 219-236 [1999a]

Ders., Automobil und Körper, in: Gert Schmitt u. a. (Hg.), Und es fährt und fährt ... Automobilindustrie und Automobilkultur am Beginn des 21. Jahrhunderts, Berlin 2005, S. 285-296

Ders., Die Geschichte des Autos, Frankfurt am Main/New York 2002

Ders., Fahren und Fliegen in Frieden und Krieg. Kulturen individueller Mobilitätsmaschinen 1880–1930, Ubstadt-Weiher 2009 (Technik + Arbeit, Bd. 13; zugl. Habil.-Schr. Universität Karlsruhe (TH) 2008)

Ders., Innovationskulturen um das Automobil?, in: Rolf-Jürgen Gleitsmann, Jürgen E. Wittmann (Hg.), Innovationskulturen um das Automobil. Von gestern bis morgen, Stuttgart 2011, S. 25-50

Ders., Prinzipielles zur Transportgeschichte, in: Rolf Peter Sieferle (Hg.), Transportgeschichte, Berlin 2008, S. 38-78

Ders., The dark side of early ‚automobilism' 1900–1930: Violence, war and the motor car, in: Journal of Transport History 24 (2003), H. 2, S. 238-258

Ders., Zwischen Systemopposition und Systemteilnahme: Sicherheit und Risiko im motorisierten Straßenverkehr 1890–1930, in: Harry Niemann, Armin Hermann (Hg.), Geschichte der Straßenverkehrssicherheit im Wechselspiel zwischen Fahrzeug, Fahrbahn und Mensch, Bielefeld 1999, S. 159-168 [1999b]

Mokyr, Joel (Ed.), The British Industrial Revolution. An Economic Perspektive, Boulder 1999

Mosel, Gustav, Das Siegerland und die Eisenbahn. Ein Beitrag zur Verkehrsgeschichte des Raumes Siegen, Siegen 1965

Mottek, Hans, Wirtschaftsgeschichte Deutschlands. Ein Grundriss, 3 Bde., Berlin 1976 ff.

Ders., Wirtschaftsgeschichte und Umwelt, in: Jahrbuch für Wirtschaftsgeschichte 2 (1974), S. 77-82

Müller, Rita, Braucht unsere Gesellschaft noch Museen? Die Antworten der Technik- und Industriemuseen in einer digitalisierten und globalisierten Welt, in: Rolf-Jürgen Gleitsmann, Einfach nur schön? Automobilität und Museum, Karlsruhe 2017, S. 25-38

Mumford, Lewis, Autoritäre und demokratische Technik, in: Freimut Duve (Hg.), Demokratische und autoritäre Technik. Beiträge zu einer anderen Technikgeschichte, Hamburg 1980 (Technologie und Politik 16. Das Magazin zur Wachstumskrise), S. 12-22

Ders., The Cultures of Cities, New York 1938

Ders., Mythos der Maschine. Kultur, Technik und Macht. Die umfassende Darstellung der Entdeckung und der Entwicklung der Technik, Frankfurt am Main1977

Ders., The city in history, New York 1961; dt., Die Stadt, Köln/Berlin 1963

Museum der Arbeit (Hg.), Das Paradies kommt wieder […] Zur Kulturgeschichte und Ökologie von Herd, Kühlschrank und Waschmaschine, Hamburg 1993

Museumsverein für Technik und Arbeit e.V. (Hg.), Landesmuseum für Technik und Arbeit in Mannheim. Beiträge zur Planung, Mannheim 1984

Musiolek, Peter u. a., Zu Problemen von Gesellschaft und Umwelt in der vorkapitalistischen Produktionsweisen, in: Jahrbuch für Wirtschaftsgeschichte 4 (1983), S. 105-128

Nachtigall, Werner, Schönbeck, Charlotte (Hg.), Technik und Natur, Bd. 6: Technik und Kultur, Düsseldorf 1994

Nachrichtenblatt der Deutschen Gesellschaft für Geschichte der Medizin, Naturwissenschaft und Technik (GWMT) 67 (2017), H. 2, S. 14-18

Neudeck, Georg, Das kleine Buch der Technik. Ein Handbuch über die Entwicklung und den Stand der Technik, nebst Angabe über technische Schulen und Laufbahnen, Stuttgart 1905

Ders., Geschichte der Technik, Stuttgart/Heilbronn 1923

Neumann, Eberhard, Gedanken zur Industriearchäologie. Vorträge – Schriften – Kritiken, Hildesheim 1986

Nieters, Christian, Faupel, Tobias, Derlien, Holger, Revitalisierung eines Industriestandortes. Das Expo-Projekt Chemiepark Bitterfeld-Wolfen, in: APuZ B 22-23 (2000), S. 23-30

Nipperdey, Thomas, Deutsche Geschichte, 3 Bde., München 1983–1992 (Oldenbourg Grundriss der Geschichte), hg. v. Jochen Bleicken u. a., Bd. 1 ff., München 1979 ff.

Ders., Kann Geschichte objektiv sein?, in: ders., Nachdenken über die deutsche Geschichte. Essays, München 1990 (zuerst ebd. 1986), S. 264-283

Nitschke, August (Hg.), Verhaltenswandel in der industriellen Revolution. Beiträge zur Sozialgeschichte, Stuttgart 1975

Noever, Peter (Hg.), Die Frankfurter Küche von Margarete Schütte-Lihotzky. Aus der Sammlung des Museums für angewandte Kunst, Wien 1991

Nordmann, Alfred, Technikphilosophie zur Einführung, Hamburg 2008

Oetzel, Günther, Dass globale Müll-System. Vom Verschwinden und Wieder-Auftauchen der Dinge, in: Matthias Maring (Hg.), Globale öffentliche Güter in interdisziplinären Perspektiven, Karlsruhe 2012, S. 79-98

Ders., Die nächste industrielle Revolution, in: Rolf-Jürgen Gleitsmann, Jürgen E. Wittmann (Hg.), Automobile Nachhaltigkeit und Ressourceneffizienz, Stuttgart 2014, S. 193-216

Ogburn, William F., Die Theorie des ‚Cultural Lag‘, in: Hans Peter Dreiztel (Hg.), Sozialer Wandel. Zivilisation und Fortschritt als Kategorien der soziologischen Theorie, Neuwied/Berlin 1967, S. 328-339

Ders., Social Change with Respect to Cultur and original Nature. New York 1923

Oldenziel, Ruth, Making Technology Masculine. Men, Women and Modern Machines in America 1870–1945, Amsterdam 1999

Dies., Hård, Mikail, Consumers, tinkerers, rebels: The people who shaped Europe, Basingstoke 2013

Oliver, John W., Geschichte der amerikanischen Technik, Düsseldorf 1959 (zuerst u. d. T. History of American Technique, New York 1956)

Orland, Barbara, Wäsche waschen. Technik- und Sozialgeschichte der häuslichen Wäschepflege, Reinbek 1991

Dies., Wie kann man den Alltagsbegriff für die Technikgeschichte nutzbar machen?, in: Ferrum 71 (1999), S. 4-10

Osietzky, Maria, Die Gründung des Deutschen Museums. Motive und Kontroversen, in: Kultur und Technik 1/2 (1984), S. 1-8

Dies., Die Gründungsgeschichte des Deutschen Museums von Meisterwerken der Naturwissenschaften und Technik in München 1903–1906, in: Technikgeschichte 52 (1985), S. 49-75

Dies., Für eine neue Technikgeschichte, in: Österreichische Zeitschrift für Geschichtswissenschaft (ÖZG) 3 (1992), S. 293-318

Dies., Männertechnik und Frauenwelt. Technikgeschichte aus der Perspektive des Geschlechterverhältnisses, in: Technikgeschichte 59 (1992), S. 45-72

Dies., Technik zwischen Genie und Wahnsinn. Zur Ideologie der Technikentwicklung und -aneignung, in: Ideologie der Objekte – Objekte der Ideologie. Naturwissenschaft, Medizin und Technik in Museen des 20. Jahrhunderts, Kassel 1991 (73. Jahrestagung der Deutschen Gesellschaft für Geschichte der Medizin, Naturwissenschaft und Technik, 2.–5. Oktober 1990 in Mannheim), S. 89-95

Osterhammel, Jürgen, Peterson, Niels P., Geschichte der Globalisierung. Dimensionen, Prozesse, Epochen, München 2003 u. ö.

Ostwald, Wilhelm, Grundsätzliches zur Geschichte der Technik, in: Zeitschrift des Vereins Deutscher Ingenieure 73 (1929), Heft 1, S. 1-8

Paech, Niko, Befreiung vom Überfluss. Auf dem Weg in die Postwachstumsökonomie, 2. Aufl., München 2012

Pancirole, Guido, Rerum Memorabilium jam olim deperditarum & contra recens atque ingeniose inventarum, 2 Bde., Ambergae 1599

Paqué, Karl-Heinz, Wert des Wachstums: Kompass für eine Kontroverse, in: Ders. u. a., Wachstum, Wohlstand, Lebensqualität, aktuelle Debatten, in: APuZ 27-28 (2012), S. 15-26

Pastregicus, Guilelmus, De orginibus rerum libellus, Venedig 1547

Paulinyi, Ákos, Die Eisenproduktion des Siegerlandes im 17. und 18. Jahrhundert, in: Manfred Rasch (Hg.), Das Siegerland, eine Montanregion im Wandel, Essen 2014, S. 83-94

Ders., Die Entwicklung der Stoffumformungstechnik als Periodisierungskriterium der Technikgeschichte, in: Technikgeschichte 57 (1990), S. 299-314

Ders., Industriearchäologie. Neue Aspekte der Wirtschafts- und Technikgeschichte, Dortmund 1975

Ders., Industrielle Revolution. Vom Ursprung der modernen Technik, Reinbek 1989

Ders., Karl Marx und die Technik seiner Zeit, Mannheim 1998 (LTA-Forschung, 26)

Ders., Stand und Möglichkeiten der Technikgeschichte, in: Loccumer Protokolle 19 (1980). Technik und Geschichte, S. 81-102

Ders., Wi(e)der eine neue Technikgeschichte (?) !, in: Blätter für Technikgeschichte 57/58 (1995/96), S. 39-47

Perrow, Charles, Normale Katastrophen, Frankfurt am Main 1992

Perspektiven der Gesellschaftsgeschichte, hg. v. Paul Nolte u. a., München 2000

Theodor Peters, Geleitwort zu: Conrad Matschoß, Die Entwicklung der Dampfmaschine, Berlin 1908

Pfister, Christian (Hg.), Das 1950er Syndrom: Der Weg in die Konsumgesellschaft, 2. Aufl., Bern u. a.1996

Philosophische Anthropologie, Erster Teil und Zweiter Teil, hg. v. Hans-Georg Gadamer, Paul Vogler, Stuttgart 1975 (Neue Anthropologie, Bde. 6/7)

Picht, Georg, Die deutsche Bildungskatastrophe. Analyse und Dokumentation, Freiburg im Breisgau 1964

Pokorny, Rita, Die Rationalisierungsexpertin Irene M. Witte (1894–1976), Berlin 2003

Popitz, Heinrich, Epochen der Technikgeschichte, Tübingen 1989

Poppe, Johann Heinrich Moritz, Über den jetzigen Zustand der Taschenuhren und der Uhrmacherkunst überhaupt, in: Neues Hannoversches Magazin 4 (1794), S. 1649-1662

Ders., Versuch einer Geschichte der Uhrmacherkunst, Göttingen 1797

Ders., Geschichte der Technologie seit der Wiederherstellung der Wissenschaften bis an das Ende des 18. Jahrhunderts, 3 Bde., Göttingen 1807–1811

Ders., Lehrbuch der allgemeinen Technologie, Stuttgart/Tübingen 1818/1821

Ders., Technologisches Lexicon, Stuttgart/Tübingen 1816–1820

Ders., Die Physik vorzüglich in Anwendung auf Künste, Manufakturen und andere nützliche Gewebe, Tübingen 1830

Ders., Geschichte aller Erfindungen und Entdeckungen, Frankfurt am Main ²1847

Ders., Noth und Hilfs-Lexikon zur Behütung des menschlichen Lebens, 2 Bde., Nürnberg 1811

Ders., Über das Studium der Technologie, den Nutzen dieser Wissenschaft, und die rechte Würdigung neuer Erfindungen, Tübingen, 3. Aufl. 1823

Popplow, Marcus, Einleitung Themenheft ‚Technik und Politik'; in: Technikgeschichte 87 (2020) H. 4, S. 287-294

Porter, Roy, Teich, Mikulas, Die Industrielle Revolution in England, Deutschland und Italien, Berlin 1998

Prinz, Michael, Aufbruch in den Überfluss? Die englische „Konsumrevolution" des 18. Jahrhunderts im Lichte der neueren Forschung, in: Ders. (Hg.), Der lange Weg in den Überfluss. Anfänge und Entwicklung der Konsumgesellschaft seit der Vormoderne, Paderborn 2003, S. 191-217

Probst, Lothar, Nachhaltigkeit als politischer Wert, in: APuZ 34-36 (2013), S. 48-52

Produktivkräfte in Deutschland von 1800 bis 1945, Bd. 1-3, Berlin 1985–1990 (Institut für Wirtschaftsgeschichte der Akademie der Wissenschaften der DDR)

ProgRess. Beschluss des Bundeskabinetts vom 29.2.2012. Deutsches Ressourceneffizienzprogamm (ProgRess) Programm zum Schutz der natürlichen Ressourcen, Berlin 2012

Propyläen Technikgeschichte, hg. v. Wolfgang König u. a., Bde. 1-5, Berlin 1990–92
Pudor, Heinrich, Museumsschulen, in: Museumskunde 6 (1910), S. 248-253
Radkau, Joachim, Das Zeitalter der Nervosität. Deutschland zwischen Bismarck und Hitler, München/Wien 1998
Ders., Holz. Wie ein Naturstoff Geschichte schreibt, München 2007
Ders., Literaturbericht Technikgeschichte, in GWU 38 (1987), H. 8, S. 503-518 und H. 10, S. 655-668
Ders., Literaturbericht Technik- und Umweltgeschichte, Teil I-II, in: GWU 48 (1997), H. 7/8, S. 479-497; 50 (1999), H. 4, S. 250-258; H. 5/6, S. 356-384
Ders., Natur und Macht – Eine Weltgeschichte der Umwelt, München 2000
Ders., Tagung „Wendepunkte der Umweltgeschichte" im Zentrum für interdisziplinäre Forschung der Universität Bielefeld vom 16.–18. Juni 2005
Ders., Technik in Deutschland, Frankfurt am Main 1989
Ders., Umweltprobleme als Schlüssel zur Periodisierung der Technikgeschichte, in: Technikgeschichte 57 (1990), S. 345-361
Ders., Was ist Umweltgeschichte?, in: Environmental History Newsletter, Umweltgeschichte heute. Neue Themen und Ansätze der Geschichtswissenschaft Beiträge für die Umwelt-Wissenschaft, Special Issue No. 1, Mannheim 1993, S. 86-107
Ders., Schäfer, Ingrid, Holz. Ein Naturstoff in der Technikgeschichte, Hamburg 1987
Ders., Uekötter, Frank (Hg.), Naturschutz und Nationalsozialismus, Frankfurt am Main 2003
Raeithel, Gert, Geschichte der nordamerikanischen Kultur, Bd. 2: Vom Bürgerkrieg bis zum New Deal 1860–1930, Frankfurt am Main 2002
Rammert, Werner, Technik aus soziologischer Perspektive. Forschungsstand. Theorieansätze. Fallbeispiele. Ein Überblick, Opladen 1993
Ders., Art. Techniksoziologie, in: Günter Endruweit, Gisela Trommsdorff (Hg.), Wörterbuch der Soziologie, Bd. 3, Stuttgart 1989, S. 724-735
Ders., Technik, Technologie und technische Intelligenz in Geschichte und Gesellschaft. Eine Dokumentation und Evaluation historischer, soziologischer und ökonomischer Forschung zur Begründung einer sozialwissenschaftlichen Technikforschung, Bielefeld 1981
Ders., Wer oder was steuert den technischen Fortschritt? Technischer Wandel zwischen Steuerung und Evolution, in: Soziale Welt 43 (1992), S. 7-25
Randers, Jorgen (Hg.), 2052 – A Global Forecast for the Next Forty Years, Rotterdam 2012 (Bericht des Club of Rome) (http://www.clubofrome.org/?p=703) [11.02.2022]
Ranke, Leopold von, Geschichte der romanischen und germanischen Völker von 1494-1514, Leipzig ²1874
Ranke, Wolfram, Korff, Gottfried, Hauberg und Eisen. Landwirtschaft und Industrie im Siegerland um 1900, München 1954
Rasch, Manfred (Hg.), Das Siegerland. Eine Montanregion im Wandel, Essen 2014
Ders., „Der Eisenwald". Der Siegerländer Heimatfilm der Nachkriegszeit, in: derselbe (Hg.), Das Siegerland. Eine Montanregion im Wandel, Essen 2014, S. 281-324
Raulff, Ulrich, Radiergummi, Wärmflasche, Weltwunder: Franz Maria Feldhaus, der Sammler und Historiker, in: Frankfurter Allgemeine Zeitung 9.3.1996

Reith, Reinhold, u. a. (Hg.), Innovationskultur in historischer und ökonomischer Perspektive. Modelle, Indikatoren und regionale Entwicklungslinien, Innsbruck 2006

Ders., Periodisierung der Technikgeschichte, in: Technikgeschichte (1990), Nr. 4, S. 283-284

Ders., Umweltgeschichte der Frühen Neuzeit, München 2011

Ders., Hahn, Sylvia (Hg.), Umwelt-Geschichte. Arbeitsfelder, Forschungsansätze, Perspektiven, Wien und München 2001

Renn, Ortwin u. a., Leitbild Nachhaltigkeit. Eine normativ-funktionale Konzeption und ihre Umsetzung, Wiesbaden 2007

Resolution des Verbandes der Historiker und Historikerinnen Deutschlands zu gegenwärtigen Gefährdungen der Demokratie, verabschiedet von der Mitgliederversammlung am 27. Sept. 2018 in Münster: https://www.historikerverband.de/verband/stellungnahmen/resolution-zu-gegenwaertigen-gefaehrdungen-der-demokratie.html [10.02.2022]

Ritter, Joachim, Subjektivität und industrielle Gesellschaft. Zu Hegels Theorie der Subjektivität (1961), Frankfurt am Main 1974, S. 11-35

Ritzer, George, Die McDonaldisierung der Gesellschaft, Konstanz 2006 (zuerst u. d. T. The McDonaldization of society: an investigation into the changing character of contemporary social life, Thousand Oaks 1993)

Rohkrämer, Thomas, Die Verzauberung der Schlange. Krieg, Technik und Zivilisationskritik beim frühen Ernst Jünger, in: Der Erste Weltkrieg. Wirkung, Wahrnehmung, Analyse, hg. v. Wolfgang Michalka, München/Zürich 1994, S. 849-874

Ropohl, Günter, Die historische Funktion der Technik aus der Sicht der Technikwissenschaften, in: Technikgeschichte 43 (1976), S. 125-134

Ders., Eine Systemtheorie der Technik. Zur Grundlegung der Allgemeinen Technologie, München/Wien 1979

Ders., Karl Marx und die Technik, in: Wolfgang König, Helmuth Schneider (Hg.), Die technikhistorische Forschung in Deutschland von 1800 bis zur Gegenwart, Kassel 2007, S. 63-82

Ders., Technologische Aufklärung, Beiträge zur Technikphilosophie, Frankfurt am Main 1991

Rössner, Philipp R., Kameralismus, Kapitalismus und die Ursprünge des modernen Wirtschaftswachstums – aus Sicht der Geldtheorie, in: Vierteljahreschschrift für Sozial- und Wirtschaftsgeschichte 102 (2015), H. 4, S. 437-471

Rosenberg, Emily, Transnationale Strömungen in einer Welt, die zusammenrückt, in: 1870–1945. Weltmärkte und Weltkriege, hg. v. ders., München 2012 (Geschichte der Welt), S. 815-998

Rubner, Heinrich, Forstgeschichte im Zeitalter der Industriellen Revolution, Berlin 1967

Ruckriegel, Karlheinz, Glücksforschung. Erkenntnisse und Konsequenzen für die Zielsetzung der (Wirtschafts-) Politik, in.: Thomas Sauer (Hg.), Ökonomie der Nachhaltigkeit, Marburg 2012, S. 67-100

Rürup, Reinhard, Die Geschichtswissenschaft und die moderne Technik. Bemerkungen zur Entwicklung und Problematik der technikgeschichtlichen Forschung, in: Aus Theorie und Praxis der Geschichtswissenschaft. Festschrift Hans Herzfeld zum 80. Geburtstag, hg. v. Dieter Kurze, Berlin 1972, S. 49-85

Rüsen, Jörn, Geschichte der Technik in philosophischer Perspektive, in: Technikgeschichte 38 (1971), S. 1-16

Ders., Historische Vernunft. Grundzüge einer Historik I: Die Grundlagen der Geschichtswissenschaft, Göttingen 1983

Ders., Rekonstruktion der Vergangenheit. Grundzüge einer Historik II: Die Prinzipien der historischen Forschung, Göttingen 1986

Ders., Lebendige Geschichte. Grundzüge einer Historik III: Formen und Funktionen des historischen Wissens, Göttingen 1989

Ders., Technik und Geschichte in der Tradition der Geisteswissenschaften, in: Historische Zeitschrift 211 (1970), S. 530-555

Ders., Was heißt: Sinn der Geschichte?, in: Klaus E. Müller, ders. (Hg.), Historische Sinnbildung. Problemstellungen, Zeitkonzepte, Wahrnehmungshorizonte, Darstellungsstrategien, Reinbek 1997, S. 17-47

Sabellicus, Marius Antonius, Opera Mar./Ant., Venedig 1502

Sachs, Wolfgang, Die Liebe zum Automobil. Ein Rückblick in die Geschichte unserer Wünsche, Hamburg 1984

Sachsse, Hans (Hg.), Technik und Gesellschaft, 3 Bde., München 1974–1976

Sauer, Thomas (Hg.), Ökonomie der Nachhaltigkeit, Marburg 2012

Schädel, Gudrun, Zur Rolle der Technikgeschichte in der Ideologie des Marxismus-Leninismus, in: Verein Deutscher Ingenieure (VDI), Technikgeschichte, Bd. 39, Düsseldorf 1972, S. 51-61

Schäfers, Bernhard, Technik, in: ders. (Hg.), Grundbegriffe der Soziologie, Opladen 62000, S. 392-397

Ders., Techniksoziologie, in: Hermann Korte, ders. (Hg.), Einführung in die Spezielle Soziologien, Opladen 1993 (Einführungskurs Soziologie, Bd. IV), S. 167-190

Schelsky, Helmut, Der Mensch in der wissenschaftlichen Zivilisation, in: Helmut Schelsky, Auf der Suche nach der Wirklichkeit. Gesammelte Aufsätze, Düsseldorf u. a. 1965, S. 439-471

Schenck, Karl Friedrich, Der Wiesenbau in seinem ganzen Umfange, insbesondere der Kunstwiesenbau des Siegerlandes, Siegen 1842

Ders., Statistik des Kreises Siegen, Siegen 1820

Schieder, Theodor, Eine Elle für den Menschen, in: Die geistige Welt. Beilage zu ‚Die Welt' vom 16.3.1974

Ders., Geschichte als Wissenschaft. Eine Einführung, München/Wien 1965

Schildt, Axel, Sywottek, Arnold (Hg.), Modernisierung im Wiederaufbau. Die westdeutsche Gesellschaft der 50er Jahre, Bonn 1998

Schimank, Hans, Nachruf Franz Maria Feldhaus, in: VDI-Nachrichten 13 (1957), S. 15

Schivelbusch, Wolfgang, Das Paradies, der Geschmack und die Vernunft: eine Geschichte der Genussmittel, München/Wien 1980

Ders., Die Kultur der Niederlage. Der amerikanische Süden 1865, Frankreich 1871, Deutschland 1918, Berlin 2001

Ders, Geschichte der Eisenbahnreise. Zur Industrialisierung von Raum und Zeit im 19. Jahrhundert, München/Wien 1977

Ders., Lichtblicke: Zur Geschichte der künstlichen Helligkeit im 19.Jahrhundert, München/Wien 1983

Schlözer, August Ludwig von, Weltgeschichte nach ihren Hauptteilen im Auszug und Zusammenhang, Göttingen 1785

Schlumbohm, Jürgen, „Proto-Industrialisierung" als forschungsstrategisches Konzept und als Epochenbegriff – eine Zwischenbilanz, in: Markus Cerman, C. Ogilvie Sheilagh (Hg.), Proto-Industrialisierung in Europa. Industrielle Produktion vor dem Fabrikzeitalter, Wien 1994, S. 23-33

Schmidt, Gert, Exzesskonsum. Die Ekstase der Heckflosse, in: Eckart Liebau, Jörg Zirfas (Hg.), Lust, Rausch und Ekstase. Grenzgänge der ästhetischen Bildung, Bielefeld 2013, S. 177-196

Schmidt, Helmut, Carlo Schmid 1896–1979: Vortrag vor dem Gesprächskreis Geschichte der Friedrich-Ebert-Stiftung in Bonn am 16. Oktober 1996, Bonn 1996

Schmidt, Mario, Die Bedeutung der Effizienz für Nachhaltigkeit – Chancen und Grenzen, in: Axel Schaffer, Jürgen Giegrich, Susanne Hartard (Hg.), Ressourceneffizienz im Kontext der Nachhaltigkeitsdebatte, Baden-Baden 2008

Schmidt, Wolf, Rauchplage – Seuchen –Atomenergie. Neue Literatur zur Umweltgeschichte, in: Geschichtsdidaktik 11 (1986), S. 265-79

Schnabel, Franz, Deutsche Geschichte im neunzehnten Jahrhundert, Freiburg i. Br. 1934 (Bd. 3, Erfahrungswissenschaften und Technik, ND München 1987)

Schneider, Helmuth, Einführung in die antike Technikgeschichte, Darmstadt 1992

Schoenheit, Ingo, Nachhaltiger Konsum, in: APuZ 32-33 (2009), S. 19-26

Schorn-Schütte, Luise, Karl Lamprecht. Kulturgeschichtsschreibung zwischen Wissenschaft und Politik, Göttingen 1988

Schramm, Engelbert (Hg.), Ökologie-Lesebuch, Frankfurt am Main 1984

Schramm, Manuel, Konsumgeschichte, Version: 2.0, in: Docupedia-Zeitgeschichte, 22.10.2012 http://docupedia.de/zg/schramm_konsumgeschichte_v2_de_2012

Schubert, Hans, Geschichte der Nassauischen Eisenindustrie von den Anfängen bis zur Zeit des Dreißigjährigen Krieges. Veröffentlichungen der Historischen Kommission für Nassau, IX, Marburg 1937

Schuchardin, Semen Viktorovič, Grundlagen der Geschichte der Technik, Leipzig 1963

Schulze, Gerhard, Die Erlebnisgesellschaft. Kultursoziologie der Gegenwart, Frankfurt am Main 1993

Schulze, Hagen, Kleine deutsche Geschichte, München 1996

Schumpeter, Joseph A., Kapitalismus, Sozialismus und Demokratie (1942), Stuttgart ^{8}2005

Ders., Theorie der wirtschaftlichen Entwicklung, Berlin 1911

Schurz, Gerhard, Einführung in die Wissenschaftstheorie, Darmstadt ^{3}2011

Selle, Gert, Die Unantastbarkeit des erloschenen Feuers. Ein Plädoyer für die alte Völklinger Hütte als Ruine, in: Saarbrücker Hefte 64 (1990), S. 48-58.

Sellin, Volker, Einführung in die Geschichtswissenschaft, Göttingen 1995

Selter, Bernward, Waldnutzung und ländliche Gesellschaft. Landwirtschaftlicher Nährwald und neue Holzökonomie im Sauerland des 18. und 19. Jahrhunderts, Paderborn 1995

Rolf Seubert, Handwerksbildung als Beitrag zum Aufbau einer Nationalindustrie. Johann Hinrich Moritz Poppe, in: Günter Bayerl u. a. (Hg.), Johann Beckmann (1739–1811), Münster u. a. 1999, S. 185-201

Sieferle, Rolf Peter, Aufgaben einer künftigen Umweltgeschichte, in: Environmental History Newsletter, Umweltgeschichte heute. Neue Themen und Ansätze der Geschichtswissenschaft – Beiträge für die Umwelt-Wissenschaft, Special Issue No.1, Mannheim 1993, S. 29-43

Ders., Das vorindustrielle Solarenergiesystem, in: Hans Günter Brauch (Hg.), Energiepolitik, Berlin 1997, S. 27-46

Ders., Der unterirdische Wald. Energiekrise und Industrielle Revolution, München 1982

Ders. (Hg.), Fortschritte der Naturzerstörung, Frankfurt am Main 1988

Ders., Industrielle Revolution und die Umwälzung des Energiesystems, in: Theo Pirker, Hans Peter Müller, Rainer Winkelmann (Hg.), Technik und Industrielle Revolution. Vom Ende eines sozialwissenschaftlichen Paradigmas, Opladen 1987, S. 147-158

Ders., Nachhaltigkeit in universalhistorischer Perspektive, in: Wolfram Siemann (Hg.), Umweltgeschichte. Themen und Perspektiven, München 2003, S. 39-60

Sieglerschmidt, Jörn (Hg.), Der Aufbruch ins Schlaraffenland. Stellen die Fünfziger Jahre eine Epochenschwelle im Mensch-Umwelt-Verhältnis dar?, Mannheim 1995

Siegrist, Hannes, Konsum, Kultur und Gesellschaft im modernen Europa, in: Hannes Siegrist, Hartmut Kaelble, Jürgen Kocka (Hg.), Europäische Konsumgeschichte. Zur Gesellschafts- und Kulturgeschichte des Konsums (18.–20. Jahrhundert), S. 13-48, Frankfurt am Main 1997

Siemann, Wolfram (Hg.), Umweltgeschichte. Themen und Perspektiven, München 2003

Siemens, Werner von, „Das Naturwissenschaftliche Zeitalter", in: Tageblatt der 59. Versammlung deutscher Naturforscher und Ärzte zu Berlin vom 18.-24. September 1886, Berlin 1886, S. 95 f.

Sinclair, Upton, The Flivver King, Detroit 1937 (dtsch. 1985) Am Fließband, Mr. Ford und sein Knecht Shutt, Reinbek 1985

Ders., The Jungle, New York 1906

Singer, Charles u. a. (Eds.), A history of technology, 5 Bde., Oxford 1954–1958

Slotta, Rainer, Einführung in die Industriearchäologie, Darmstadt 1982

Ders., Technische Denkmäler in der Bundesrepublik Deutschland, 5 Bde., Bochum 1975–1988

Smith, Adam, An Inquiry into Nature and Causes of the Nations, Oxford 1776

Smith, Andrew F., Fast Food and Junk Food. An Encyclopedia of what we love to eat, Bd.1, Santa Barbara u. a. 2012

Sombart, Werner, Der moderne Kapitalismus, Bd. 2, Das europäische Wirtschaftsleben im Zeitalter des Frühkapitalismus, Darmstadt 1969

Ders., Der moderne Kapitalismus, 3. Bde., Berlin 1902

Ders., Die deutsche Volkswirtschaft im 19. Jahrhundert, Berlin[3] 1903 (u. a. 1913)

Ders., Kultur und Technik, in: Archiv für Sozialwissenschaft und Sozialpolitik 33 (1911), S. 305-347

Sonnemann, Rolf, Das Konzept der Geschichte der Produktivkräfte in der DDR-Geschichtswissenschaft, in: Technische Universität Dresden (Hg.), Dresdener Beiträge zur Geschichte der Technikwissenschaften 24 (1996), S. 1-19

Ders. (Hg.), Geschichte der Technik, 2. Aufl., Köln 1987

Ders., Richter, Siegfried, Ursprung und Verlauf der Wissenschaftlich-Technischen Revolution, in: Jahrbuch für Wirtschaftsgeschichte 1974/III, S. 35-53

Sontheimer, Kurt, Antidemokratisches Denken in der Weimarer Republik. Die politischen Ideen des deutschen Nationalismus zwischen 1918 und 1933, München ^{3}1992 (zuerst ebd. 1962)

Sozialanthropologie, hg. v. Hans-Georg Gadamer, Paul Vogler, Stuttgart 1972 (Neue Anthropologie, Bd. 3)

Speitkamp, Winfried, Die Verwaltung der Geschichte. Denkmalpflege und Staat in Deutschland 1871–1933, Göttingen 1996

Spengler, Oswald, Der Untergang des Abendlandes, München 1922

Sprengel, Peter Nathanael, Handwerke und Künste in Tabellen, 17 Theile, Berlin 1767–1777

Staal, Peter-Eloy, Automobilisme in Nederland. Eeen geschiedenis van gebruik, misbruik en nut, Zutphen 2003

Staatliche Museen zu Berlin – Preußischer Kulturbesitz (Hg.), Materialien aus dem Institut für Museumsforschung, Heft 70, Statische Gesamterhebung an den Museen der Bundesrepublik Deutschland für das Jahr 2015, Berlin 2016

Stadler, Gerhard, Industriearchäologie quo vadis? Vom Aufbruch in die industrielle Vergangenheit, in: Blätter für Technikgeschichte 63 (2001), S. 13-32

Steinbeck, John, America and Americans, New York 1966

Ders., The grapes of wrath, New York 1939 u. ö.

Steingart, Gabor, Unser Wohlstand und seine Feinde, München 2013

Stengel, Oliver, Suffizienz. Die Konsumgesellschaft in der ökologischen Krise, München 2011

Stern, Fritz, Kulturpessimismus als politische Gefahr. Eine Analyse nationaler Ideologie in Deutschland, Bern u. a. 1963 (zuerst u. d. T. The politics of cultural despair, New York 1963)

Sternberger, Dolf, Panorama oder Ansichten vom 19. Jahrhundert, Frankfurt am Main 1974 (zuerst Düsseldorf/Hamburg 1938)

Strohm, Holger, Politische Ökologie. Arbeitsmaterialien und Lernmodelle für Unterricht und Aktion, Reinbek 1979

Suhling, Lothar, Bergbau, Territorialherrschaft und technologischer Wandel. Prozeßinnovationen im Montanwesen der Renaissance am Beispiel der mitteleuropäischen Silberproduktion, in: Ulrich Troitzsch, Gabriele Wohlauf (Hg.), Technik-Geschichte, Frankfurt am Main 1980, S. 139-179

Ders., Das Landesmuseum für Technik und Arbeit in Mannheim. Ein Zwischenbericht, Mannheim 1985

Ders., Werden und Wandel von Technikmuseen aus konzeptioneller Sicht. Die neue Museumsgeneration am Beispiel des Landesmuseums für Technik und Arbeit in Mannheim, in: Lothar Hiersemann, Klaus Steinbock (Hg.), Beiträge zur Geschichte von technischer Bildung, Folge 8, Leipzig 1994, S. 3-21

Tagungsbericht: Das postkoloniale Museum, 13.06.2021–16.06.2021 digital (Hamburg), in: H-Soz-Kult, 21.10.2021, www.hsozkult.de/conferencereport/id/tagungsberichte-9092 [10.02.2022]

Tagungsbericht Technikgeschichte, 150 Jahre Conrad Matschoß – Technikgeschichte für die Gegenwart, in: Technikgeschichte 88 (2021), H. 2, S. 223-228

Tanner, Jakob, Historische Anthropologie. Zur Einführung, Hamburg 2004

Taylor, Frederic Winslow, The principles of scientific management, London 1911

Technik und Kultur, Zeitschrift des Verbandes Deutscher Diplom-Ingenieure, Bd. 1 zu 12 Heften, Berlin 1909 ff.

Technisches Museum Wien, Aufstellung der von Anselm Barnet am 5. Oktober 2006 und am 30. März 2007 dem Technischen Museum Wien gewidmeten Dokumente aus dem Nachlass seines Vaters Ing. Dr. Hugo Theodor Horwitz (1882–1941), bearbeitet von Mag. Dr. Christian Klösch, Wien April 2007

The Pocket Oxford Dictionary of current English, Oxford/UK 1926

Thoreau, Henry David, Walden & on the duty of civil disobedience, 1854, Volltext: https://www.fulltextarchive.com/pdfs/Walden-by-Henry-David-Thoreau.pdf [11.02.2022]

Thorn-Pricker, Jan, Ein Besuch im Museum Industriekultur in Nürnberg, in: Museumskunde 54 (1989), S. 16-24

Tilly, Charles, Die europäischen Revolutionen, München 1993 (zuerst u. d. T. European Revolutions 1492–1992, Oxford/UK 1993)

Timm, Albrecht, Einführung in die Technikgeschichte, Berlin u. a. 1972

Ders., Geschichte der Technik und Technologie – Grundsätzliches vom Standort des Historikers, in: Technikgeschichte 35 (1968), S. 1-13

Ders., Kleine Geschichte der Technologie, Stuttgart 1964

Ders., Verlust der Muße. Zur Geschichte der Freizeitgesellschaft, Hamburg 1968

Treitschke, Heinrich von, Politik. Vorlesungen gehalten an der Universität zu Berlin, hg. von Max Cornecelius, Bd. 1, Leipzig 1897

Trentmann, Frank, Herrschaft der Dinge. Die Geschichte des Konsums vom 15. Jahrhundert bis heute, München 2017

Ders., Wir Konsumenten, in: NZZ 6.2.2022, https://www.nzz.ch/geschichte/wir-konsumenten-ld.1536897 [17.02.2022]

Treue, Wilhelm, Conrad Matschoß 100 Jahre, in: Technikgeschichte 38 (1971), S. 87-92

Ders. (Hg.), Deutsche Technikgeschichte, Göttingen 1977

Ders., Gesellschaft, Wirtschaft und Technik Deutschlands im 19.Jahrhundert, München 1975 (Gebhardts Handbuch der deutschen Geschichte, Bd. 17)

Ders., Technikgeschichte und Technik in der Geschichte, in: Technikgeschichte 32 (1965), S. 3-18

Ders., Vorbemerkungen zu: Gustav Goldbeck, Technik als geistige Bewegung in den Anfängen des deutschen Industriestaats, Düsseldorf 1968

Troitzsch, Ulrich, Die historische Funktion der Technik aus der Sicht der Geisteswissenschaften, in: Technikgeschichte 43 (1976), S. 92-100

Ders., Historische Umweltforschung. Einleitende Bemerkungen über Forschungsstand und Forschungsaufgaben, in: Technikgeschichte 48 (1981), S. 177-190

Ders., Hugo Theodor Horwitz – ein fast vergessener Theoretiker der Technikgeschichte, in: Technikgeschichte 50 (1983), S. 337-358

Ders., Technik- und Umweltgeschichte, in: Hans-Jürgen Goertz (Hg.), Geschichte, Ein Grundkurs, Reinbek 1998, S. 431-446

Ders., Rezension Karin Hausen, Reinhard Rürup, Moderne Technikgeschichte, in: Vierteljahresschrift für Sozial- und Wirtschaftsgeschichte 65 (1978), S. 593 f.

Ders., Wilhelm Franz Exner (1840–1931) und sein Verhältnis zu Technologie und Technikgeschichte, in: Günter Bayerl, Jürgen Beckmann (Hg.), Johann Beckmann. 1739-1811, Münster u. a. 1999, S. 253-267

Ders., Weber, Wolfhard, Methodologische Überlegungen für eine künftige Technikhistorie, in: Deutsche Technikgeschichte. Vorträge vom 31. Historikertag, hg. von Wilhelm Treue, Göttingen 1977, S. 99-122

Ders., Weber, Wolfhard (Hg.), Die Technik. Von den Anfängen bis zur Gegenwart, Braunschweig 1982

Ders., Wohlauf, Gabriele (Hg.), Technikgeschichte. Historische Beiträge und neueste Ansätze, Frankfurt am Main 1980

Ders., Zu den Anfängen der deutschen Technikgeschichtsschreibung um die Wende vom 18. zum 19. Jahrhundert, in: Technikgeschichte 40 (1973), S. 33-57

Tschopp, Silvia Serena, Weber, Wolfgang E. J., Grundfragen der Kulturgeschichte, Darmstadt 2007

Turner, William A., A Compleat History of the most Remarkable Providences ..., London 1697

Uekötter, Frank, Literaturbericht Technik und Umweltgeschichte, in: GWU 66 (2016), S. 741-753

Ders., Umweltgeschichte im 19. und 20. Jahrhundert, München 2007

Rublack, Ulinka (Hg.), Die Neue Geschichte. Eine Einführung in 16 Kapiteln, Frankfurt am Main 2013 (zuerst u. d. T. A concise companion to history, Oxford/UK 2011)

Ullrich, Otto, Der Charakter des Fortschritts moderner Technologien. Zur Geschichtsphilosophie der Technikgeschichtsschreibung, in: Freimut Duve (Hg.), Demokratische und autoritäre Technik. Beiträge zu einer anderen Technikgeschichte, Reinbek 1980 (Technologie und Politik 16. Das Magazin zur Wachstumskrise), S. 23-51

Ullrich, Volker, Historischer Materialismus, in: Geschichte. Lexikon der wissenschaftlichen Grundbegriffe, hg. v. Manfred Asendorf u. a., Reinbek 1994, S. 314-316

UN Global Compact/Accenture, A new era of sustainability. UN global Compact accenture CEO study 2010, New York 2010

United Nations Commission on Sustainable Development (UNCSD), Indicators of sustainable development. Framework and methodologies, New York 1996

United Nations Department of Economic and Social Affairs (UNDESA), National sustainable development strategies – the global picture, New York 2009

United Nations Development Program (UNDP), Integrating humans rights with sustainable human rights, New York 1998

VDI, Das industrielle Erbe. Ein virtuelles Museum für die Dokumentation industrieller Produktionsprozesse und der industriellen Arbeitswelt als Internetdokumentation, 2000 (bearb. von Peter Schimkat)

Ders. (Hg.), Empfehlungen des VDI zum Studium der Technikgeschichte, Düsseldorf 1992

VDI (Hg.), Technikgeschichte 76 (2009), H. 4

Ders. (Hg.), Themenheft: Lernen aus der Technikgeschichte, Technikgeschichte 51 (1984), Nr. 4, Düsseldorf 1984

Vergil, Polydor, De inventoribus rerum Libri Tres, Venedig 1499

Ders., De Inventoribus Rerum Libri Tres, Venedig 1499, dt.: Polydor Vergil, Von den erfyndern der dyngen. Wie und durch wölche alle ding, nämlichen allen Künsten, Handwercker[...] Geystlich und Weltliche sachen [...] von anfang der Welt her biss auff diese unsere Zeit geübt [...], Augsburg 1537

Vierhaus, Rudolf, Rankes Begriff der historischen Objektivität, in: Reinhart Koselleck, Wolfgang J. Mommsen, Jörn Rüsen (Hg.), Objektivität und Parteilichkeit in der Geschichtswissenschaft, München 1977, S. 63-76

Virillio, Paul, Der negative Horizont. Bewegung, Geschwindigkeit, Beschleunigung, München 1989

Vollbeding, Joh. Chr., Archiv nützlicher Erfindungen und wichtiger Entdeckungen in Künsten und Wissenschaften zur Erweiterung menschlicher Kenntnisse in alphabetischer Ordnung, Leipzig 1792, Suppl.-Bd., ebd. 1795

Volpert, Walter, Vahrenkamp, Richard (Hg.), Frederick Winslow Taylor. Die Grundzüge wissenschaftlicher Betriebsführung, Weinheim 1977

Vorstand der SPD (Hg.), Protokoll der Verhandlungen des Parteitages der sozialdemokratischen Partei Deutschlands vom 10. bis 14. Juli 1956 in München, Bonn 1956

Wajcman, Judy, Technik und Geschlecht: Die feministische Technikdebatte, Frankfurt am Main 1994

Wächtler, Eberhard, Karl Marx, zwei deutsche Staaten. Gedanken zum Beitrag der DDR zur Formierung und Institutionalisierung der Industriearchäologie 1973 bis 1990, in: Comparativ 1996, S. 225-232

Ders., Wagenbreth, Otfried, Transactions. First International Congress on the Conservation of Industrial Monuments, Ironbridge 29 May–5 June 1973, Telford 1975, S. 45-48

Dies., Ziele und Methoden der Pflege technischer Denkmale in der Deutschen Demokratischen Republik, in: Geschichte der Produktivkräfte 9 (1975)

Wagoner, Harless D., The U.S. Machine Tool Industry from 1900 to 1950, London 1968

Wala, Michael, Lehmkuhl, Ursula (Hg.), Technologie und Kultur. Europas Blick auf Amerika vom 18. bis zum 20. Jahrhundert, Köln u. a. 2000

Walker, Mark, German National Socialism and the Quest of Nuclear Power 1939-1949, Cambridge 1989

Weber, Heike, Stecken, Drehen, Drücken: Interfaces von Alltagstechniken und ihre Bediengesten, in: Technikgeschichte 76 (2009), H. 3, S. 233-254

Weber, Wolfhard, Die Gründung technischer Museen in Deutschland im 20. Jahrhundert, in: Museumskunde 56 (1991), S. 82-93

Ders., Grundzüge der Entwicklung der Technikhistoriographie in Deutschland nach 1945, in: Blätter für Technikgeschichte 57/58 (1995/96), S. 25-38

Ders., Netzwerke Stahl und Strom, 1840 bis 1914, Berlin 1990 (Propyläen Technikgeschichte, Bd. 4)

Ders., Verkürzung von Zeit und Raum. Technik ohne Balance zwischen 1840 und 1880, in: Wolfgang König, ders., Netzwerke Stahl und Strom 1840 bis 1914, Berlin 1990 (Propyläen Technikgeschichte, Bd. 4)

Ders., Von der „Industriearchäologie" über das „Industrielle Erbe" zur „Industriekultur". Überlegungen zum Thema einer handlungsorientierenden Technikhistorie, in: Ulrich Troitzsch, Gabriele Wohlauf (Hg.), Technikgeschichte. Historische Beiträge und neuere Ansätze, Frankfurt am Main 1980, S. 420-447

Ders., Engelskirchen, Lutz, Streit um die Technikgeschichte in Deutschland 1945–1975, Münster u. a. 2000 (Cottbuser Studien zur Geschichte von Technik, Arbeit und Umwelt, Bd. 15)

Wehler, Hans-Ulrich, Deutsche Gesellschaftsgeschichte, 5 Bde., München 1987–2004

Ders., Deutsche Gesellschaftsgeschichte, Bd. I: 1700–1815, München 1987

Ders., Die Herausforderung der Kulturgeschichte, München 1998

Ders., Historisches Denken am Ende des 20. Jahrhunderts, Göttingen 2001

Ders., Modernisierungstheorie und Geschichte, Göttingen 1975

Ders., Modernisierungstheorie und Gesellschaftsgeschichte (1975), in: ders., Die Gegenwart als Geschichte. Essays, München 1995, S. 13-123

Weibel, Peter, Das Museum im Zeitalter von Web 2.0, [APuZ 2007] https://www.bpb.de/shop/zeitschriften/apuz/30061/das-museum-im-zeitalter-von-web-2-0-essay/ [12.02.2022]

Weingart, Peter, „Großtechnische Systeme" – ein Paradigma der Verknüpfung von Technikentwicklung und sozialem Wandel?, in: ders. (Hg.), Technik als sozialer Prozess, Frankfurt am Main 1989, S. 174-196

Weiss, Burghard, Wie finde ich Informationen zur Geschichte der Naturwissenschaften und der Technik, Berlin 2009

Welzer, Harald, Selber denken, Frankfurt am Main 2013

Wengenroth, Ulrich, Technischer Fortschritt, Deindustrialisierung und Konsum. Eine Herausforderung für die Technikgeschichte, in: Technikgeschichte 64 (1997), S. 1-18

Ders., Wir Cyborgs. Die Technisierung des Alltags, in: Kultur & Technik 24 (2000), H. 4, München 2000, S. 39-43

White, Lynn, The Study of Medieval Technology 1924-1974 in: Technology and Culture 16 (1975), S. 519-530

Wiggershaus-Müller, Ursula, Nationalsozialismus und Geschichtswissenschaft. Die Geschichte der Historischen Zeitschrift und des Historischen Jahrbuchs 1933–1945, Hamburg 1998

Winiwarter, Verena, Knoll, Martin, Umweltgeschichte. Eine Einführung, Köln u. a. 2007

Wissenschaften, seit der ältesten bis auf die neueste Zeit, 4 Bde., Dresden 1828/29

Witte, Irene Margarete, Die rationelle Haushaltsführung. Betriebswirtschaftliche Studien, Berlin 1922

Wolbring, Barbara, Neuere Geschichte studieren, Konstanz 2006

Wolfrum, Edgar, Welt im Zwiespalt. Eine andere Geschichte des 20. Jahrhunderts, Stuttgart 2017

Ders., Arendes, Cord, Globale Geschichte des 20. Jahrhunderts, Stuttgart 2007

Wolle, Stefan, Aufbruch nach Utopia. Alltag und Herrschaft in der DDR 1961–1971, Bonn 2011

Wurl, Ernst, Geschichtspolitik und Geschichtskultur in einem gespalten vereinten Land, in: UTOPIE kreativ, H. 134 (Dezember 2001), S. 1115-1125

Zahn, Joh., Specula physico-mathematico-historica notabilium ac mirabilium..., 3 Teile, Norimbergae 1696

Zedler, Heinrich, Großes vollständiges Universal-Lexicon aller Wissenschaften und Künste, Bde. 1-64, nebst Suppl.-Bdn., Halle a. d. S. 1732-1754, hier Artikel „Erfindung“, Sp. 1600-1602

Zerzan, John, Against Civilization: Readings and Reflections, Los Angeles 2005

Zschimmer, Eberhard, Ideen zu einer Geschichte der Technik, in: Technikgeschichte 25 (1936), S. 139-144

Ders., Zur Erkenntniskritik der technischen Wissenschaft, in: Festschrift anlässlich des 100jährigen Bestehens der Technischen Hochschule Fridericiana zu Karlsruhe, Karlsruhe 1925, S. 501-542

Zug der Zeit, Zeit der Züge. Deutsche Eisenbahn 1835–1985, hg. v. d. Eisenbahnjahr Ausstellungsges. m.b.H., Berlin 1985, 2 Bde.

Zweckbronner, Gerhard, Ingenieurausbildung im Königreich Württemberg, Stuttgart 1988

Ders., Technikgeschichte. Ansätze und Selbstverständnisse. 4. Jahrestagung der Gesellschaft für Technikgeschichte e.V. am 17. und 18. Juni 1995 in Stadt Schlaining/Österreich, in: Blätter für Technikgeschichte 57/58 (1995/96), S. 9

Ders., Technikgeschichte – eine Brücke zwischen mathematisch-naturwissenschaftlicher und literarisch-geisteswissenschaftlicher Kultur. Allgemeine Betrachtungen zu Gegenstand, Methode und Funktion der Technikgeschichtsschreibung, in: Gesellschaft der Freunde der Universität Mannheim (Hg.), 33 (1984), Nr. 2, S. 20-29

Websites

http://docupedia.de/zg/schramm_konsumgeschichte_v2_de_2012 [15.02.2022]

http://memory.loc.gov/cgi-bin/ampage?collId=cool&itemLink=r?ammem/coolbib:@FIELD(SUBJ+@band(+Encyclopedias+and+dictionaries++))&hdl=amrlg:lg48:0001 [20.02.2022]

http://soziologie.soz.uni-linz.ac.at/sozthe/freitour/FreiTour-Wiki/Erlebnisgesellschaft.htm#:~:text=Erlebnisgesellschaft%20(Synonym%3A%20Spa%C3%9Fgesellschaft)%20meint,konzentriert%20ist%20(individuelle%20Erlebnissuche).&text=In%20der%20Erlebnisgesellschaft%20ist%20nicht,jeden%20Handelns%2C%20sondern%20das%20Erleben [20.02.2022]

https://de.wikipedia.org/wiki/Arch%C3%A4ologie [19.02.2022]

https://de.wikipedia.org/wiki/Weihnachten_bei_Hoppenstedts [10.02.2022]

https://de.wikipedia.org/wiki/Werner_Lindner [19.02.2022]

https://historiek.net/club-van-rome-grenzen-aan-de-groei-1972/80577/ [11.02.2022]

https://icom.museum/en/resources/standards-guidelines/museum-definition/) [10.02.2022]

https://networks.h-net.org/ [10.02.2022]

https://shmh.de/de/ueber-das-museum-der-arbeit [18.02.2022]

https://voelklinger-huette.org/ [12.02.2022]

https://tu-freiberg.de/fakult6/technikgeschichte-und-industriearchaeologie [12.02.2022]

https://tu-freiberg.de/virtuelle-fakultaet-92 [12.02.2022]

https://www.albanyinstitute.org/ge-monitor-top-refrigerator.html [11.02.2022]

https://www.carsoncenter.uni-muenchen.de/index.html [10.02.2022]

https://www.deutsches-museum.de/museum/kultur-und-technik [10.02.2022]

https://www.gtg.tu-berlin.de/ws/index.php/forschung/17-arbeitskreise/60-arbeitskreis-gender-und-technik [14.02.2022]

https://www.hsozkult.de/ [10.02.2022]
https://www.uni-muenster.de/NiederlandeNet/nl-wissen/freizeit/fahrrad/index.html [10.02.2022]
https://www.ushistory.org/us/46f.asp [11.02.2022]

Bildquellennachweis

Coverbild: https://www.alamy.de [28.01.2022] Detroit industry Wandbild
Abb. 1: Johann Beckmann. https://de.wikipedia.org/wiki/Johann_Beckmann_(Ökonom) [28.01.2022]
Abb. 2: Johann Heinrich Moritz von Poppe. https://de.wikipedia.org/wiki/Johann_Heinrich_Moritz_von_Poppe [28.01.2022]
Abb. 3: Penterenkonstruktion nach Georg Neudeck: Georg Neudeck, Geschichte der Technik, Stuttgart, Heilbronn 1923, Abb. 667
Abb. 4: Conrad Matschoß. © Reichshandbuch der deutschen Gesellschaft. Das Handbuch der Persönlichkeiten in Wort und Bild. Zweiter Band, Berlin 1931, S. 1205
Abb. 5: Franz Maria Feldhaus. © Reichshandbuch der deutschen Gesellschaft. Das Handbuch der Persönlichkeiten in Wort und Bild. Erster Band, Berlin 1930, S. 427
Abb. 6: Hugo Theodor Horwitz: Mit freundlicher Genehmigung durch Prof. Dr. Ulrich Troitzsch
Abb. 7: Sigfried Giedion. Radierung von Eugen Zeller 1931: Mit freundlicher Genehmigung des Sigfried Giedion Archivs Zürich
Abb. 8: Werner Sombart. https://de.wikipedia.org/wiki/Werner_Sombart#/media/Datei:Nicola_Perscheid_-_Werner_Sombart_vor_1930.jpg
Abb. 9: Mandalays Drehmaschine ersetzt die Handarbeit des Drehers. Holzstich nach einer Zeichnung von James Nasmyth von 1841 https://commons.wikimedia.org/wiki/File:Nasmyth_Lathe.png?uselag=de [28.01.2022]
Abb. 10: Das Siegerländer Wirtschaftsgefüge als hochvernetztes Produktionssystem mit seinen Zentralelementen Hauberg und Montanwesen. Bildquelle von Prof. Dr. Rolf-Jürgen Gleitsmann
Abb. 11: Aussichten der Menschheit, in: Dennis Meadows u. a., Die Grenzen des Wachstums, Stuttgart 1972, S. 13

Sachregister

Personenregister